U0287466

PLANT PATHOGENS

植物病原物

胡小平　张管曲　王巍巍　赵璟琛　著

科学出版社

北　京

内 容 简 介

本书是自20世纪90年代迄今作者团队教学科研成果的总结，是一部系统介绍植物病原根肿菌、植物病原黏菌、植物病原卵菌、植物病原真菌、植物病原细菌、植物病毒、植物寄生线虫、寄生性植物的专业著作，包括病原物属、种的形态特征描述。全书共六章，重点阐述了与农业植物病害关系密切的病原物属、种。作者从历年积累的研究材料中精心挑选出植物病害症状照片265幅、植物病原物显微照片446幅，并手绘病原物形态或结构模式图170幅。本书收录这些图片以记述植物病原物与植物病害的因果关系，立意新颖，内容翔实，图文精致。

本书可供植物保护学、微生物学等专业师生以及植物保护科技工作者借鉴与参考。

图书在版编目（CIP）数据

植物病原物 / 胡小平等著. -- 北京 : 科学出版社, 2024. 11

ISBN 978-7-03-079366-9

Ⅰ. S432.4

中国国家版本馆CIP数据核字第2024Z3N577号

责任编辑：陈　新　郝晨扬 / 责任校对：刘　芳
责任印制：肖　兴 / 封面设计：无极书装

科学出版社 出版
北京东黄城根北街16号
邮政编码：100717
http://www.sciencep.com

北京中科印刷有限公司印刷

科学出版社发行　各地新华书店经销

*

2024年11月第　一　版　开本：889×1194　1/16
2024年11月第一次印刷　印张：28 1/4
字数：730 000

定价：280.00 元

（如有印装质量问题，我社负责调换）

序

人类认识植物病害、了解植物病害和防治植物病害是一个漫长而不断创新的过程，创造一个病原、寄主、环境及人类活动相互制约、相互影响的平衡关系是植物保护学的终极目标。在这个过程中，许多有志之士致力于植物病理学的研究和探索，而在植物病理学研究领域中“病原生物学”是不可或缺的重要组成部分。能够侵染植物而引起植物病害的生物种类繁多、致病机制复杂，认识和了解这些病原物是植物病害诊断的关键，是植物病害综合治理的基本依据，也是植物病理学相关研究的基础。

胡小平教授及其研究团队长期从事植物病理学相关研究工作，是我国植物病理学科技创新工作的一位领军学者，在植物病原学、植物病害流行学及植物检疫学等领域取得了一系列高水平的创新性科研成果。正是基于这些研究工作的突破和创新，加之30多年的积累，胡小平教授带领研究团队精心编撰了《植物病原物》一书。该书按照病原物分类特征，对几乎所有田间植物病害的病原物进行了全面、系统地梳理和总结，包括重要病害病原物属和种的形态特征描述、病害田间症状识别要点等，配有病害典型症状照片和病原物显微照片或手绘图，图文并茂，内容丰富，信息量大，学术背景翔实，既有较高的学术价值，又具很好的实用价值。

该书的出版打破了学院式植物病理学与应用植物病理学之间的壁垒，架起了连通实验室研究与田间实用的桥梁，为我国植物保护工作和植物病理学研究提供了一本高水平学术著作。该书既可作为科学研究的参考书，又可作为田间植物病害管理的工具书，在植物病理学的教学、科研及农田病害识别与防控等方面都具有重要的参考价值。

是为序，以示祝贺！

中国工程院院士　康振生

2024年4月

小麦条锈病（西藏昌都，2024年9月5日）

前　言

植物病原物主要包括植物病原根肿菌、植物病原黏菌、植物病原卵菌、植物病原真菌、植物病原细菌、植物病毒、植物寄生线虫、寄生性植物等能引致植物病害的生物。

《真菌词典》(第八版)(*Dictionary of the Fungi*, 8th ed., 1995)中的八界系统，即真菌界(Fungi)、动物界(Animalia)、胆藻界(Biliphyta)、绿色植物界(Viridiplantae)、眼虫动物界(Euglenozoa)、原生动物界(Protozoa)、藻物界(Chromista)、原核生物界(Monera)，将卵菌和丝壶菌归入藻物界，将黏菌和根肿菌归入原生动物界。本书在植物病原物命名、分类上基本依据Whittaker的生物五界系统(1969)，即原核生物界(Monera)、原生生物界(Protista)、植物界(Plantae)、真菌界(Fungi)、动物界(Animalia)，并参考《真菌词典》(第八版)。

真菌的主要分类单元是界、门(-mycota)、亚门(-mycotina)、纲(-mycetes)、目(-ales)、科(-aceae)、属、种。种的命名采用林奈的"双名法"，第一个词是属名，第二个词是种名(即种加词)，属名的首字母要大写，种名一律小写，命名人的姓写在种名之后，拉丁学名要斜体书写，如*Verticillium dahliae* Kleb.。拉丁学名如需要改动，原命名人应置于括号中，如*Peronospora parasitica* (Pers.) Fr.。如果命名人是两位时，用"et"或"&"连接，如*Verticillium albo-atrum* Reink. et Berth.。真菌种以下的分类单元可以根据一定的形态差别分为亚种(subspecies，缩写为subsp.，正体书写)、变种(variety，缩写为var.，正体书写)。真菌还可以划分为专化型(forma specialis，缩写为f. sp.，正体书写)或生理小种(physiological race)，二者在形态上没有差别，而是根据对不同寄主植物的寄生专化性(parasitic specialization)或毒性(virulence)差异进行划分。生理小种实质上是一个群体，其中个体间存在遗传差异，如中国小麦条锈菌依据19个鉴别寄主鉴定出的生理小种已命名到了CYR34(Chinese Yellow Rust 34)。生物型(biotype)是由遗传性状一致的个体所组成的群体。有些植物病原真菌还可以根据营养体亲和性，在种下或专化型下面划分出营养体亲和群(vegetative compatibility group，VCG)或菌丝融合群(anastomosis group，AG)，如*Verticillium dahliae* Kleb.的营养体亲和群可以划分为VCG1～VCG4四个类群，还可以进一步划分为VCG1A、VCG1B、VCG2B、VCG3、VCG4A、VCG4B等类群。细菌的生理小种有时称为菌系(strain)，病毒的生理小种称为毒系或株系(strain)。

下面以条形柄锈菌小麦专化型*Puccinia striiformis* f. sp. *tritici*为例，说明本书所采用的分类系统和菌物的分类单元。

Kingdom界	Fungi真菌界
Phylum门	Eumycota真菌门
Subphylum亚门	Basidiomycotina担子菌亚门

Class纲	Teliomycetes冬孢菌纲
Order目	Uredinales锈菌目
Family科	Pucciniaceae柄锈菌科
Genus属	*Puccinia*柄锈菌属
Species种	*P. striiformis*条形柄锈菌
Forma specialis专化型	*P. striiformis* f. sp. *tritici*条形柄锈菌小麦专化型

一般来说，真核生物的分类主要是基于有性生殖方式和有性态结构特征，但由于许多真菌的有性态尚未被发现，或者只以无性态存在，因此真菌的无性态和有性态特征常常被用于分类研究。近年来，随着基因组学的迅速发展，基因组系统学（phylogenomics）开始广泛应用于物种系统发育研究中，使得生物生命树的准确度有了进一步的提升。最近，越来越多的真菌分类学家提倡“一菌一名”，并在国际植物学大会上开展过两次讨论，但相关的规定还需要不断完善和进一步落实。

在本书，我们把卵菌、黏菌、根肿菌单独列作一章介绍，其余内容与生物五界系统保持一致。在真菌界的真菌门下主要按接合菌亚门（Zygomycotina）、子囊菌亚门（Ascomycotina）、担子菌亚门（Basidiomycotina）、半知菌亚门（Deuteromycotina）依次进行介绍。

本书的出版得到了科技部国际合作项目（KY202002018）和国家小麦产业技术体系岗位科学家项目（CARS-03-37）资助。在编写过程中还得到了西北农林科技大学孙广宇、商文静、朱明旗、郝兴安、韩自端，福建农林大学胡加怡等同仁的大力协助。在本书定稿之际，康振生院士欣然为本书题序。在此，一并致以最诚挚的谢意！

限于学术水平和写作经验，不足之处恐难避免，敬请广大读者批评指正。

胡小平

2024年1月

目 录

小麦条锈病（西藏林芝，2015年6月11日）

第一章 植物病原根肿菌、黏菌和卵菌

根肿菌（Plasmodiophoromycetes）全部为高等植物、藻类和其他水生真菌的专性寄生菌，是介于黏菌和真菌之间的一类低等生物，细胞壁主要成分是几丁质，寄生于高等植物的地下部分，常常造成根部肿大，引致根肿病。其营养体为无细胞壁、多核的原生质团，变形虫状，整体产果。无性生殖以泡囊割裂的方式形成薄壁游动孢子囊，内生游动孢子。有性生殖由两个游动孢子配合形成合子，合子经发育形成厚壁休眠孢子囊。1个休眠孢子囊萌发时释放1个游动孢子，习惯上称为休眠孢子。游动孢子顶生长短不等的鞭毛（图1-1，图1-2）。主要为害十字花科、茄科、禾本科植物的根部，刺激细胞膨大和组织增生，导致受害根系膨肿，中国普遍发生的十字花科根肿病就是由芸薹根肿菌引起的。

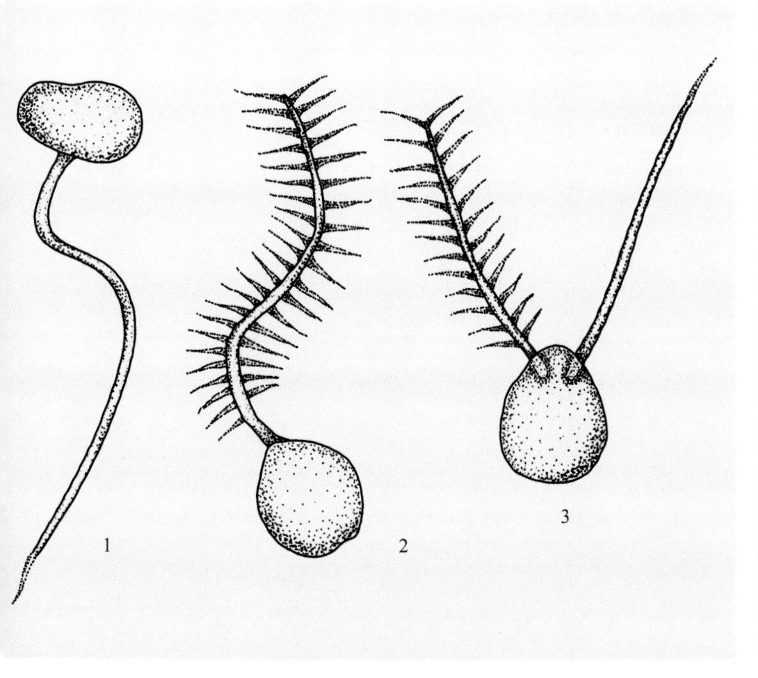

图1-1　游动孢子的鞭毛类型

1：尾鞭式；2：茸鞭式；3：茸鞭和尾鞭式

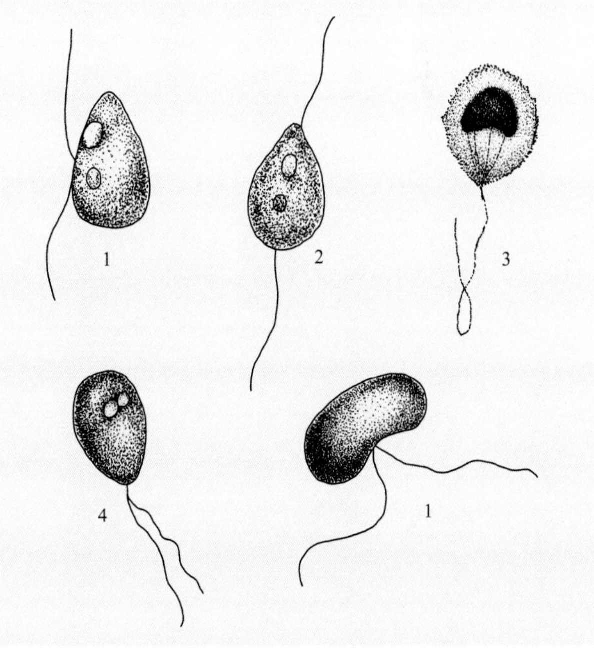

图1-2　游动孢子鞭毛的着生方式

1：侧面双鞭毛；2：两端双鞭毛；3：单极鞭毛；4：双极鞭毛

黏菌（Myxomycetes）营养体为变形体状的原生质团，生活史中不产生明显的菌丝体，但能形成有细胞壁的孢子。营养体生长到一定阶段，形成具有一定结构的有柄或无柄的子实体（孢子囊），在孢子囊中产生有细胞壁的孢子。孢子萌发时释放出变形体或双鞭毛的游动细胞。黏菌吸取营养的方式主要是吞食其他微生物和有机质。黏菌营养体的结构和营养方式与低等动物相似，但繁殖方式却是形成一定结构的子实体，主要为害食用菌，在露地或大棚栽培的食用菌上发生普遍。

卵菌（Oomycetes）是一类真核生物，大多是植物病原菌。在Ainsworth等（1973）的分类系统中，将卵菌划入真菌门的鞭毛菌亚门（Mastigomycotina），单独列为卵菌纲（Oomycetes）。卵菌的营养体为无隔膜的菌丝体，细胞壁主要成分是纤维素，无性生殖产生游动孢子囊，孢子囊内产生多个游动孢子，游动孢子具1根茸鞭式鞭毛和1根尾鞭式鞭毛，等长。游动孢子囊多产生于菌丝或不同分化程度的孢囊梗上，孢囊梗有限生长或无限生长，游动孢子囊单生或串生，成熟后脱落或不脱落，直接或间接萌发，游动孢子有单游或两游现象。有性生殖通过卵配生殖产生卵孢子，有些还可以进行孤雌生殖，卵孢子休眠后直接萌发产生菌丝，或间接萌发产生游动孢子。卵菌中不少种类是高等植物寄生菌，引致植物的疫霉病、霜霉病和白锈病等重要病害。

第一节　植物病原根肿菌及其所致病害

1. 根肿菌属 *Plasmodiophora* Woronin

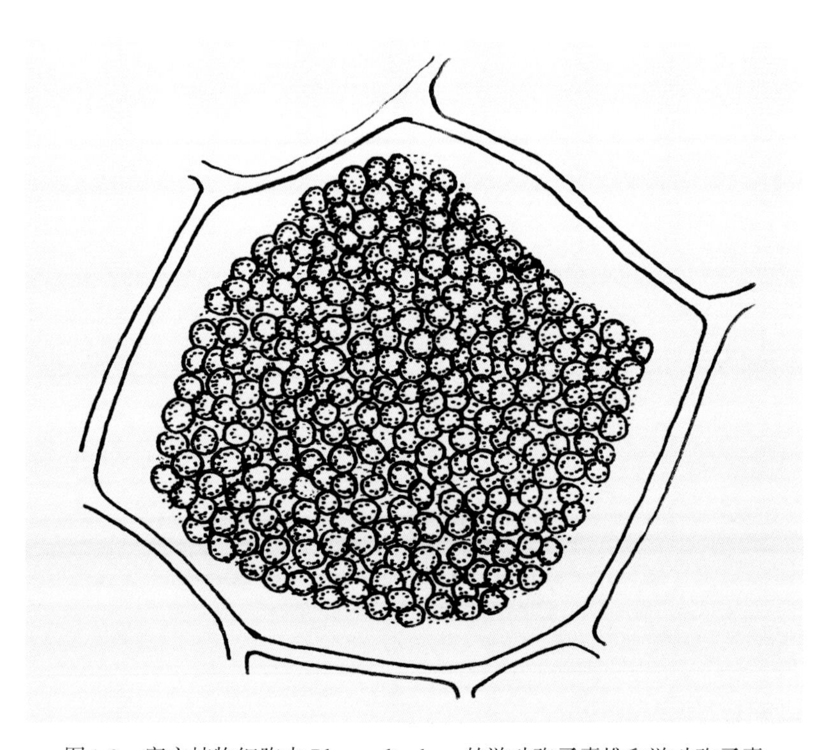

图1-3　寄主植物细胞中*Plasmodiophora*的游动孢子囊堆和游动孢子囊

侵入寄主植物的游动孢子为变形虫状，顶生不等长双鞭毛，能游动，侵入寄主植物后产生小型原生质团，寄生于寄主植物薄壁细胞内。菌体继续在寄主植物体内发育形成游动配子囊群，产生游动配子，游动配子经过交配后，穿透寄主植物细胞壁继续侵入，进入相邻细胞内，形成大型菌体充塞寄主植物细胞，成熟后分割成球状游动孢子囊，呈鱼卵状充满寄主植物细胞（图1-3）。游动孢子囊萌发后，又形成具不等长双鞭毛的游动孢子。该属寄生种类仅侵染植物的根部，并形成肿瘤。

芸薹根肿菌*Plasmodiophora brassicae* Woronin，为害甘蓝，引致甘蓝根肿病。刺激根部薄壁细胞加速分裂和增大，十字花科作物主根、侧根和须根上形成大小不等的肿瘤，肿瘤表面粗糙，易龟裂，后期被杂菌感染腐烂发臭（图1-4）。病株地上部生长缓慢，叶片萎蔫发黄，呈失水状。在甘蓝细胞内形成1至数个变形体或大量孢子囊堆（图1-5，图1-6）；孢子囊无色，直径1.6～4.3μm，萌发产生具2根不等长鞭毛的游动孢子；游动孢子与甘蓝根系表皮细胞接触后，鞭毛收缩形成休止孢，休止孢萌发形成管状结构，穿刺甘蓝细胞壁，将原生质注入甘蓝细胞内，发育成新原生质团，这种原生质团成熟后经过重新分割，从而获得大量薄壁的游动孢子囊，每个孢子囊可释放4~8个游动孢子，游动孢子具有配子的功能，质配是由两个游动孢子结合后形成合子，合子侵入甘蓝细胞后，发育成产生游动孢子囊的原生质团，在游动孢子形成以前，原生质团内的细胞核发生核配和减数分裂，随即分割成具厚壁的单核休眠孢子囊，休眠孢子囊有抵抗不良环境的能力。以休眠孢子囊在土壤中越冬，并能保持活力和侵染力10年以上。除甘蓝外，还为害白菜、萝卜等多种十字花科植物。严格检疫、水旱轮作可减轻病害发生。

图1-4　*Plasmodiophora brassicae*引致白菜根肿病症状

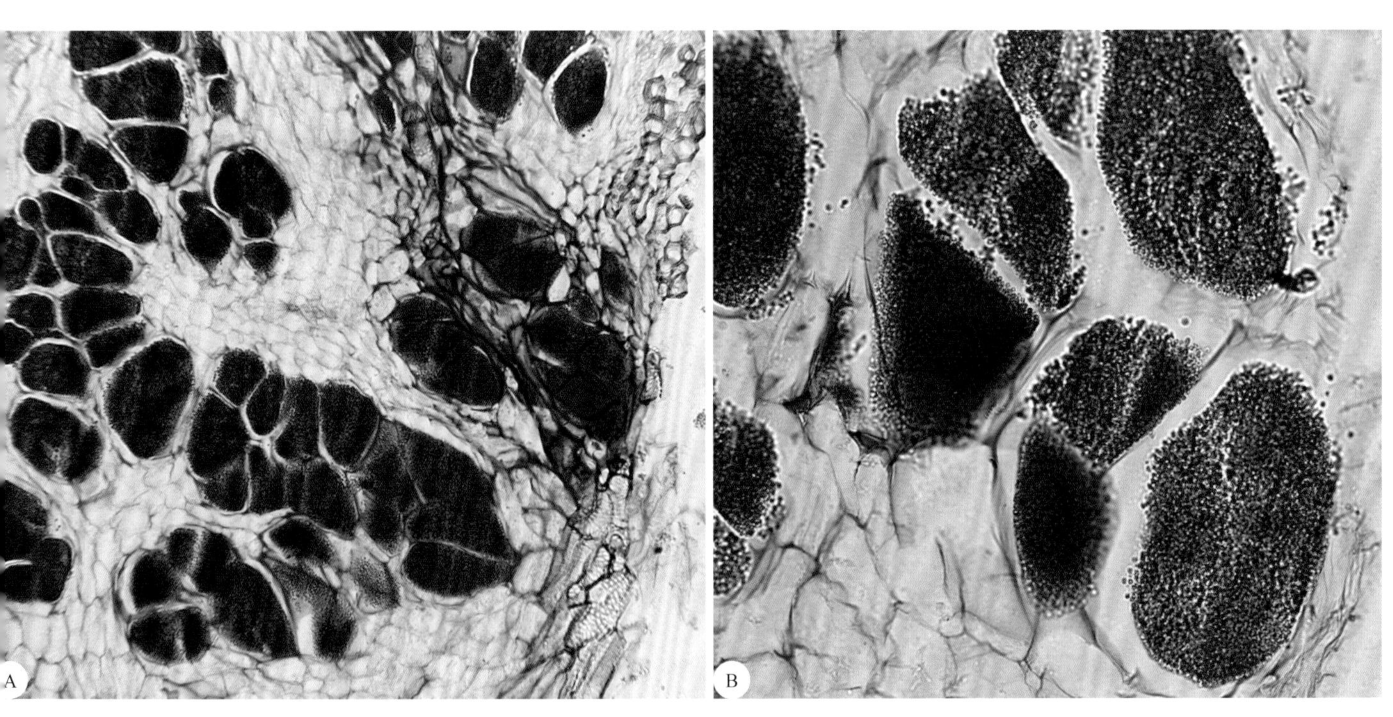

图1-5　*Plasmodiophora brassicae*在寄主植物细胞中的休眠孢子囊堆（A）和鱼卵状休眠孢子囊（B）

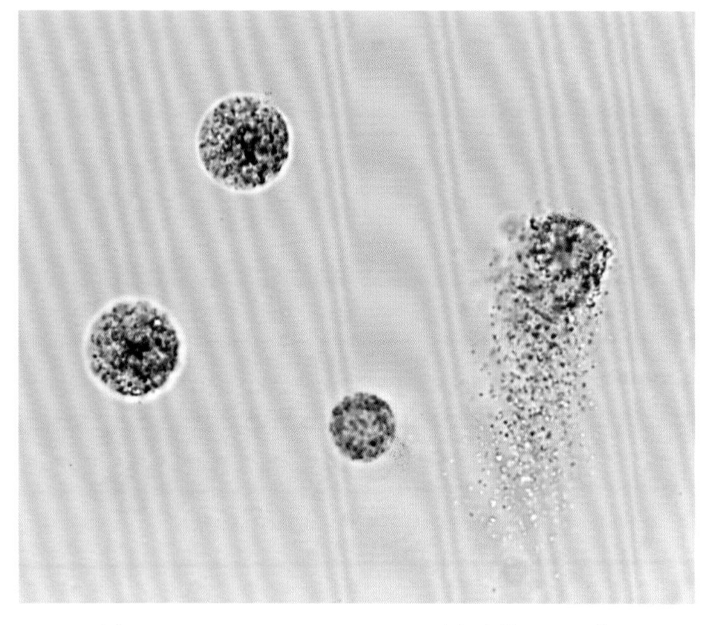

图1-6 *Plasmodiophora brassicae*游离态休眠孢子囊

2. 粉痂菌属*Spongospora* Brunch.

多寄生在显花植物根茎部，在寄主植物细胞内聚集形成多孔、松散的海绵球状结构，中间多空隙，称为休眠孢子囊堆。休眠孢子囊堆球形、椭圆形或多角形，黄色或黄绿色，孢子囊堆内的原生质团分化割裂，形成孢子囊或休眠孢子囊，孢子囊萌发产生游动孢子；游动孢子近圆形，顶生不等长双鞭毛，经过短暂静止后形成变形体。

马铃薯粉痂菌*Spongospora subterranea* (Wallr.) Lagerheim，为害马铃薯，引致马铃薯粉痂病。侵染马铃薯块茎和根，该病菌产生的游动孢了（变形体）从马铃薯根毛或块茎表皮侵入，在马铃薯体内进一步发育成多核变形体，穿透马铃薯细胞壁进行扩展，为害一般限于皮层组织。马铃薯受害后，病薯表面初生褐色小斑点，逐渐膨大隆起，形成直径3～5mm的疱斑，疱斑下陷后病部呈火山口状，表皮破裂散出褐色粉状物（休眠孢子囊）（图1-7）。在发病马铃薯的皮层组织内，产生海绵状的休眠孢子囊堆。休眠孢子囊黄色至黄绿色，球形，直径19～33μm，内含多个休眠孢子；休眠孢子浅褐色至深褐色，瓜子状，直径3～4μm（图1-8，图1-9）。除马铃薯外，还为害番茄。严格检疫，发病田实行5年以上轮作、高畦栽培等措施，可防止病害传播蔓延。

图1-7 *Spongospora subterranea*引致马铃薯粉痂病症状

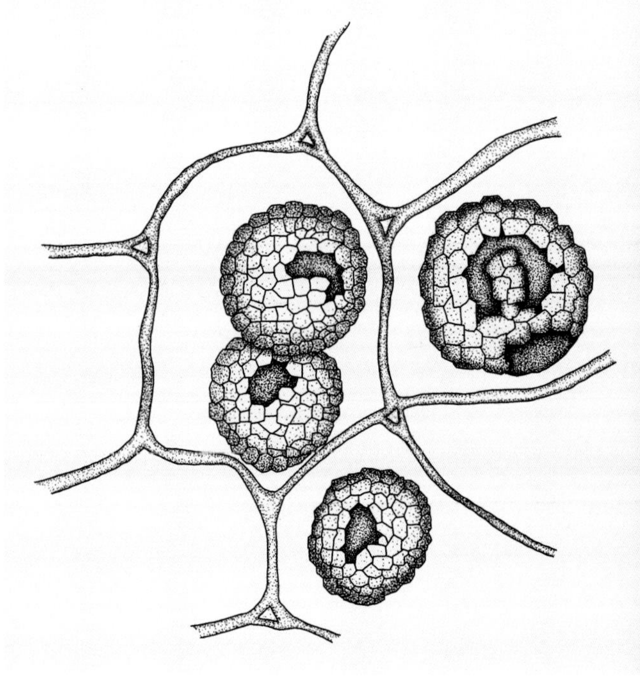

图1-8 *Spongospora subterranea*休眠孢子囊堆模式图

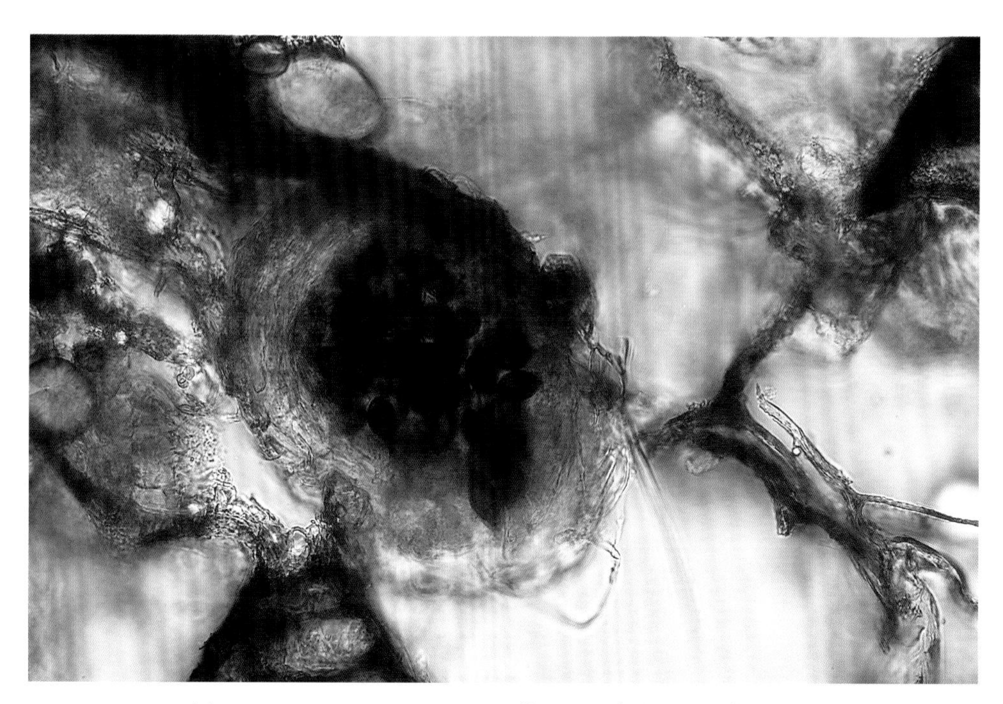

图1-9　*Spongospora subterranea*休眠孢子囊内形成的休眠孢子

3. 集壶菌属 *Synchytrium* de Bary et Woronin

菌体寄生在寄主植物薄壁细胞内，初为无细胞壁且裸露的原生质团（变形体），后产生细胞壁，由一个菌体分割成多个孢子囊（条件适宜时形成薄壁孢子囊，在干旱、低温等不利于其生长的环境下，形成厚壁休眠孢子囊或配子囊），最后在寄主植物细胞内形成具共同膜壁包被的孢子囊堆。薄壁孢子囊无色，有壁，成熟后产生游动孢子或游动配子。游动配子交配后形成可游动的双鞭毛合子侵入寄主植物，并在寄主植物细胞内形成休眠孢子囊。厚壁休眠孢子囊萌发后再转化成薄壁孢子囊，薄壁孢子囊萌发产生游动孢子和游动配子，二者均具后生单鞭毛。

内生集壶菌 *Synchytrium endobioticum* (Schilb.) Percival，为害马铃薯，引致马铃薯癌肿病。内寄生，主要侵染地下部分。受害块茎的芽眼和匍匐茎受病菌刺激，不断进行细胞分裂，形成大小不等、形状不定、表面粗糙突出的肿瘤，初黄白色，后变黑褐色，易腐烂并产生恶臭味（图1-10）。休眠孢子囊球形，锈褐色（图1-11）。以休眠孢子囊在病组织内或随病残体在土壤中越冬，条件适宜时，休眠孢子囊萌发转化成薄壁孢子囊，薄壁孢子囊萌发产生游动孢子，游动孢子从马铃薯表皮细胞侵入。在马铃薯生长期，孢子囊萌发产生的游动孢子或游动配子可进行持续反复侵染。严格检疫、选用抗病品种、合理轮作、发病初期药土覆盖种薯等措施可减轻病害发生。

4. 节壶菌属 *Physoderma* Wallr.

菌体寄生在寄主植物薄壁细胞内，但不引致瘿瘤。菌体有细胞壁，多核，形状多变，菌体之间有丝状体相连，最后在寄主植物细胞内形成球形厚壁休眠孢子囊；休眠孢子囊黄褐色，近圆形，一面扁平，扁平面隐约可见细微裂纹（休眠孢子囊的囊盖），萌发时囊盖裂开释放游动孢子；游动孢子接触寄

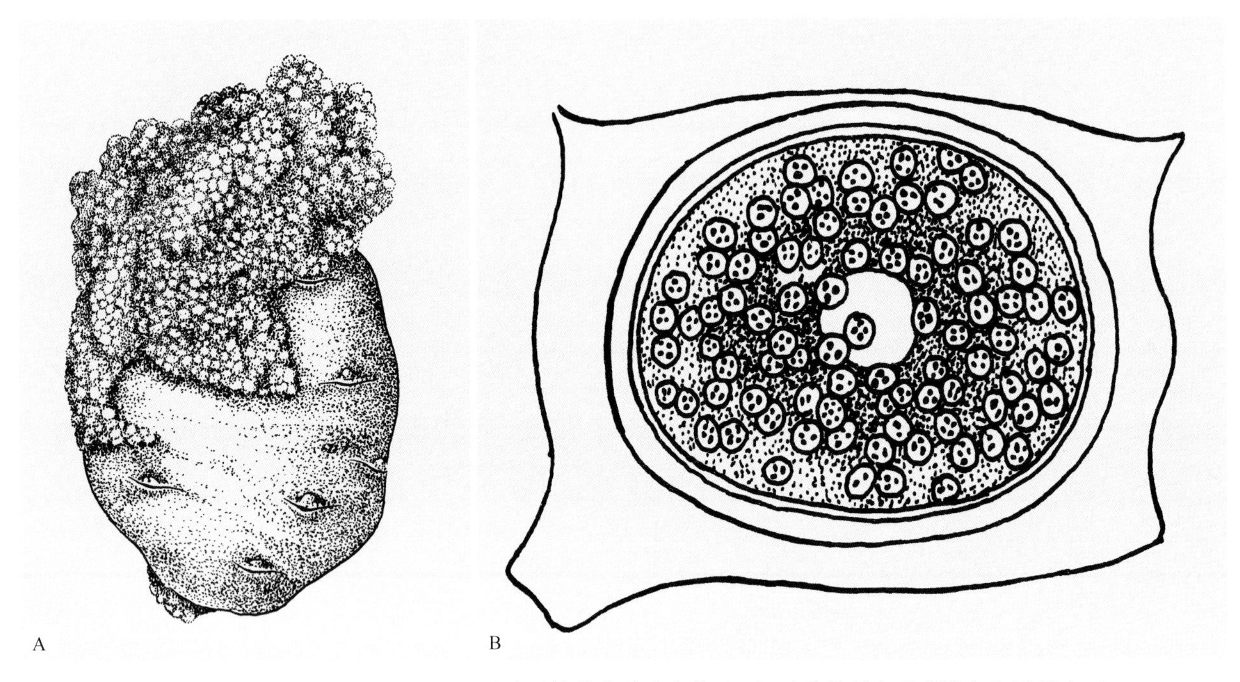

图1-10 *Synchytrium endobioticum*引致马铃薯癌肿病症状（A）及其休眠孢子囊堆和孢子囊（B）

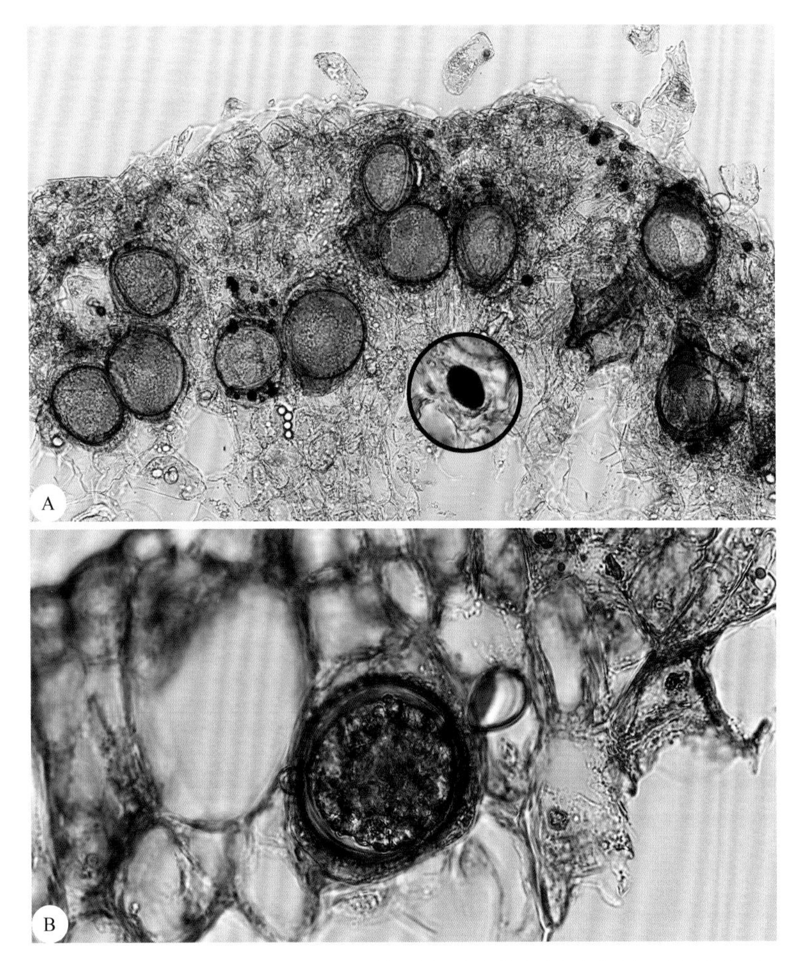

图1-11 *Synchytrium endobioticum*休眠孢子囊堆与厚壁休眠孢子囊（A），休眠孢子囊堆内原生质团割裂形成薄壁孢子囊（B）

主植物细胞后产生须状假根，从表皮侵入，但大部分原生质仍遗留在寄主植物体外；菌体成熟后转变为配子囊，产生配子（或结合子）并侵入寄主植物细胞，形成数个由丝状体相连的菌体。该属病菌主要寄生禾本科植物的叶鞘和叶片，形成褐斑。

玉蜀黍节壶菌*Physoderma maydis* Miyabe，为害玉米，引致玉米褐斑病。主要侵染玉米叶片、叶鞘、茎秆和苞叶。叶片病斑近圆形或椭圆形，紫黑色，隆起，初黄色，水渍状，后变为黄褐色、红褐色至紫褐色，后期病斑破裂，散出黄色粉状物（休眠孢子囊）（图1-12A）。休眠孢子囊大小20～30μm×18～24μm，萌发产生游动孢子，游动孢子萌发产生侵入丝，形成细短的假根侵入玉米幼嫩组织（图1-12B，图1-13，图1-14）。以休眠孢子囊在土壤或病残体中越冬，翌年休眠孢子囊随风雨传播。玉米褐斑病在中国普遍发生，一般减产10%左右，

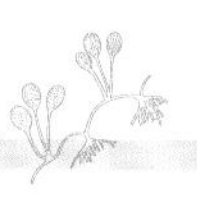

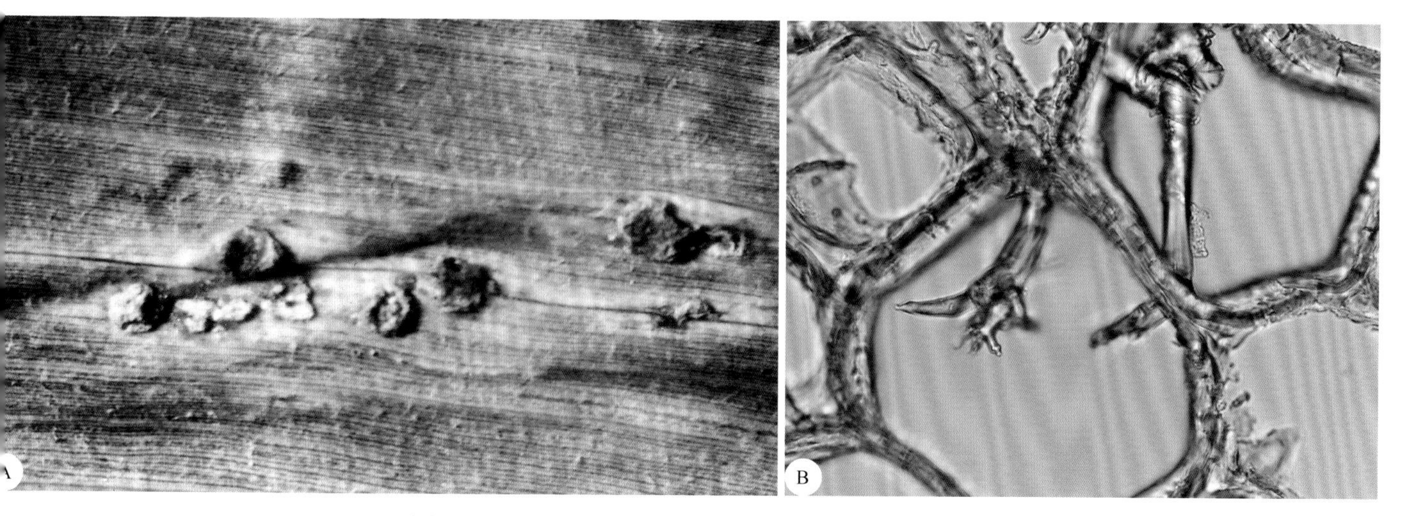

图1-12 *Physoderma maydis*为害玉米引致玉米褐斑病

A：玉米褐斑病叶片症状；B：菌体产生根状菌丝穿透玉米细胞壁

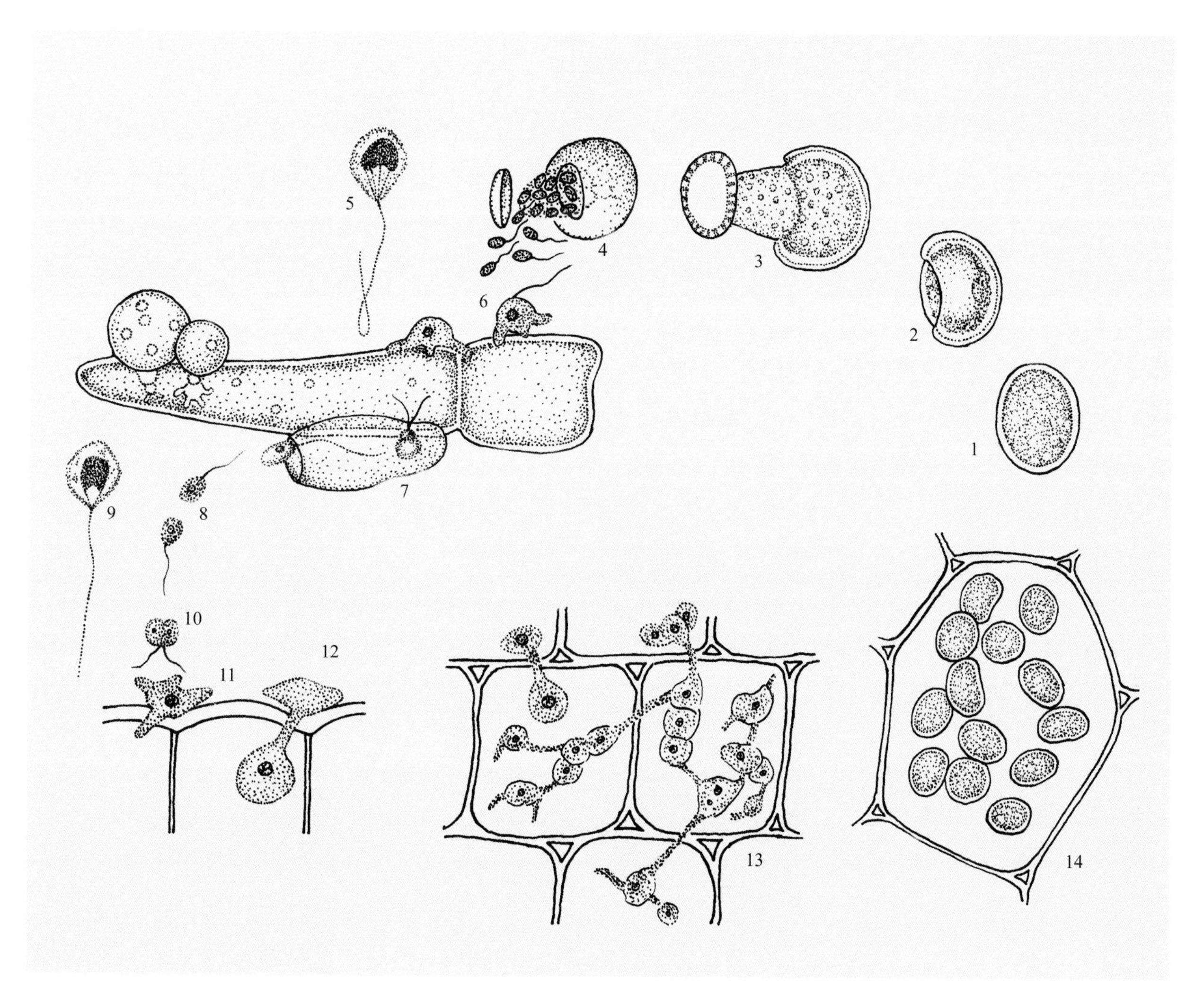

图1-13 *Physoderma maydis*生活史模式图

1：休眠孢子囊；2和3：休眠孢子囊盖开裂萌发；4：释放出游动孢子；5：游动孢子；6：变形体状的游动孢子以根状菌丝侵入叶毛细胞；7和8：菌体在玉米组织上形成配子囊，并释放出配子；9：游动配子；10：同形配子结合为结合子；11和12：双倍变形体侵入玉米组织；13：菌体在玉米组织细胞内以根状菌丝穿过玉米细胞壁进行扩展，并产生膨大体；14：休眠孢子囊

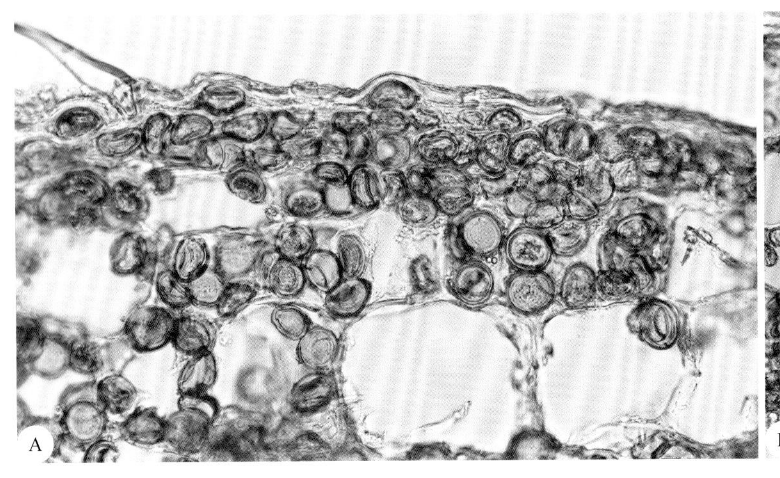

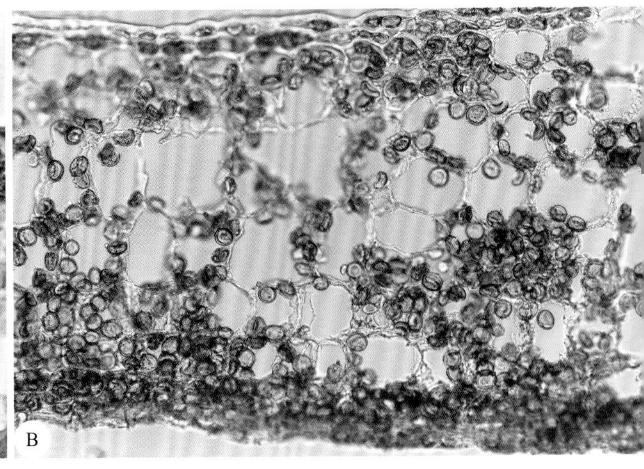

图1-14 *Physoderma maydis*形态特征及其在玉米叶片中的分布
A：休眠孢子囊扁平面隐约可见细微裂纹（囊盖）；B：分布于玉米叶片细胞中的休眠孢子囊

严重时可达30%以上。一般在玉米喇叭口期始见发病，抽穗至乳熟期为发病高峰期。轮作和深耕可减轻病害发生。

第二节 植物病原黏菌及其所致病害

黏菌（Myxomycetes）是隶属于原生动物界的特殊真核生物，兼具原生动物和真菌的特征，一般认为是介于动物和真菌之间的一类生物。黏菌的营养体是变形体状的原生质团，营养体生长到一定阶段形成具有一定结构的有柄或无柄的孢子囊（子实体），在孢子囊中产生有细胞壁的孢子。黏菌在亚纲或目的分类界定上部分依据生长中子实体化过程的特性，但在属和种的鉴定上完全依赖子实体的形态特征，如子实体或孢子囊的大小、颜色，有无石灰质的覆盖物，石灰质的种类等都是鉴定的重要依据。因此，黏菌的分类地位经常发生变动。黏菌都是腐生的，大都产生在腐木、树皮、落叶和腐烂的草堆上，少数生长在草本植物的茎、叶上，因而也会影响植物的生长。例如，中国发现的扁绒泡菌*Physarum compressum* Alb. et Schwein.和草生发网菌*Stemonitis herbatica* Peck，在高温高湿条件下为害甘薯幼苗，密集的子实体覆盖幼苗茎、叶从而影响其生长，严重时引致萎蔫。

灰绒泡菌*Physarum cinereum* (Batsch) Pers.引致西瓜、草坪草、顶羽菊、多年生黑麦草、狗牙根、白三叶、莴苣、芝麻菜、燕麦、芹菜、大豆和茄科植物的黏菌病。白柄菌*Diachea leucopodia* (Bull.) Rostaf.侵染草莓引致黏菌病。有些黏菌可以吞食菌物的孢子和菌体组织，还可以在其他菌物的孢子果上产生子实体，对磨菇和银耳的栽培有一定影响。

为害食用菌的黏菌类群可分为为害子实体的黏菌和为害栽培基质的黏菌。黏菌在食用菌上引起的病害称为围食性病害。彩囊钙丝菌和黄黏菌可导致小孢鳞伞*Pholiota microspore* (Berk.) Sacc.子实体的腐烂融解，草生发网菌侵染茶树菇，美发菌*Comatricha pulchella* (Bab.) Rostaf.引致竹荪黏菌病，针箍菌*Physarella oblonga* (Berk. et Curtis) Morgan引致香菇菌棒病害，长发丝菌*Stemonaria longa* (Peck) Nann.-Bremek., Sharma et Yamam.引致香菇菌棒软腐。黏菌在食用菌上的病害症状，初期表现为子实体表面出现网脉状的黏菌原生质团，并且不断向健康部位蔓延；后期受感染子实体呈融解状，表面有黏液，严重时整个子实体腐烂变软，形成大量黏液，有臭味，严重影响食用菌的产量和品质。

白柄菌*Diachea leucopodia* (Bull.) Rostaf.，为害草莓，引致草莓黏菌病。病部初期形成淡黄色黏液，后期产生圆柱形孢子囊，白色或淡黄色，有短柄，排列整齐，覆于草莓叶片、叶柄和茎上，受害部位不能正常生长，天气干燥时，病部产生灰白色粉末状硬壳质结构（图1-15）。

图1-15 *Diachea leucopodia*引致草莓黏菌病并在茎秆基部（A）、果梗（B）和叶片（C）上产生圆柱形孢子囊

第三节 植物病原卵菌及其所致病害

1. 水霉属 *Saprolegnia* Nees

菌丝体发达，多分枝，无隔膜；孢子囊棍棒状，形成于菌丝的顶端，其内产生的游动孢子排成多列，自孢子囊顶端孔口释放；游动孢子初期洋梨形，双鞭毛，在囊外形成初次休止孢并短暂休止后，变成肾形、侧生双鞭毛的游动孢子，这一现象称为两游现象；双鞭毛的游动孢子形成二次休止孢。水霉菌在前孢子囊的空壳基部，可连续多次产生新的孢子囊（图1-16）；藏卵器球形，内含多个卵球，一个藏卵器中可以形成多个卵孢子；雄器侧生；环境条件不利时产生长形或不规则形的厚垣孢子（芽孢）。该属大多数腐生，少数寄生。

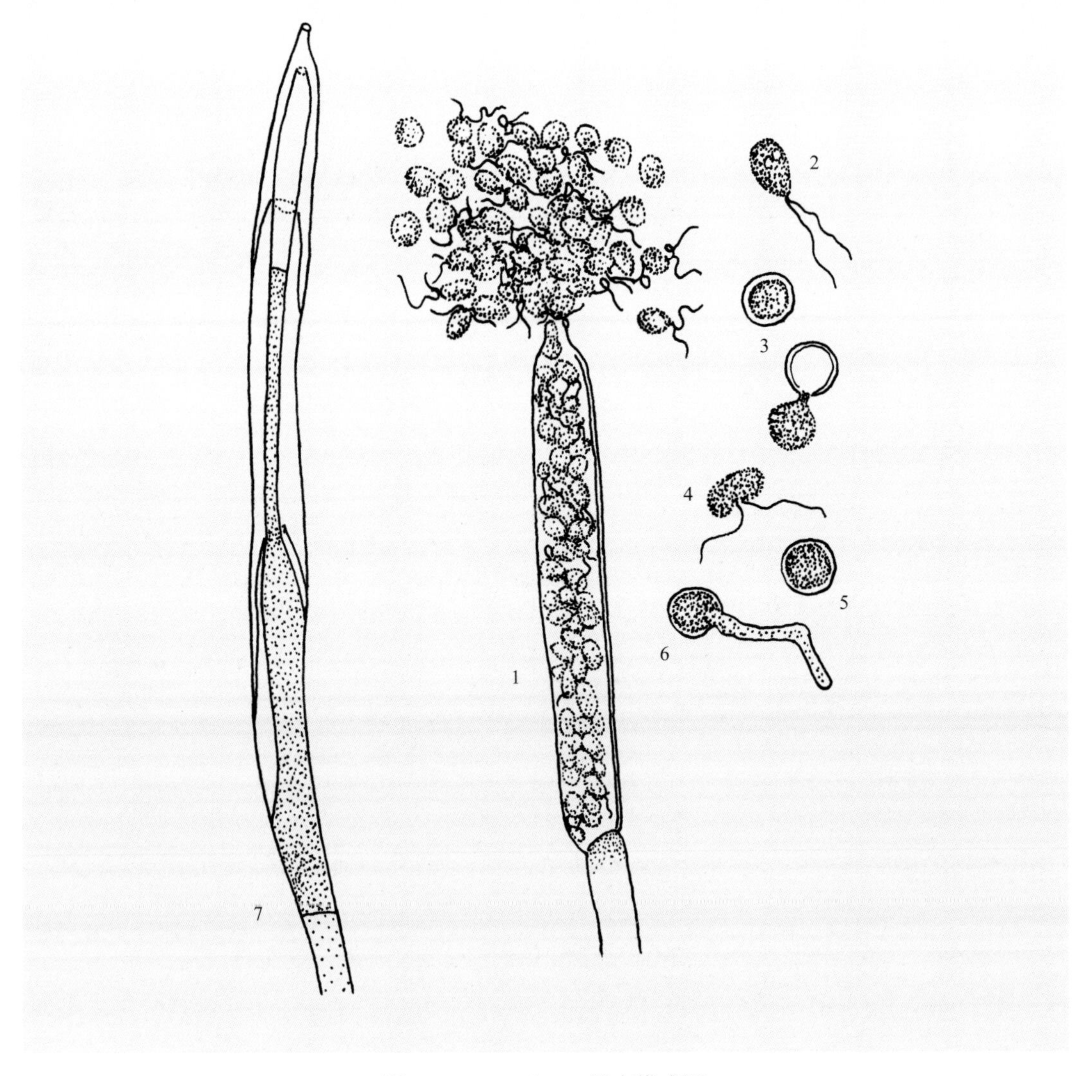

图1-16 *Saprolegnia*形态模式图

1：孢子囊；2：洋梨形双鞭毛游动孢子；3：初次休止孢；4：肾形、侧生双鞭毛的游动孢子；5：二次休止孢；6：萌发的休止孢；7：在前孢子囊空壳基部产生新的孢子囊

异孢水霉 *Saprolegnia anisospora* de Bary，寄生水稻幼苗，引致稻绵腐病。谷粒受害，自颖壳破裂处产生白色放射状霉层，在幼苗与种子相连处发生最多，引致幼苗枯萎死亡。菌丝基部肥大，顶端纤细；孢子囊产生于肥大菌枝的端部，圆筒形、长梭形或不规则形，中央或基部肥大，宽29～55μm；次生孢子囊从前孢子囊基部生出，或在前孢子囊内，或贯穿前孢子囊在其上部形成；初生游动孢子有大、小两种类型，小型游动孢子最多，直径8～11μm；藏卵器产生于主干菌丝基部分化出的细长菌丝先端，有时直接产生于菌丝侧面，也可以间生，圆形、卵圆形或棍棒形，下端有颈状结构，内含卵孢子1～20个（大多数4～6个）；卵孢子球形，17～38μm，油球中位。

2. 绵霉属 *Achlya* Nees

绵霉属与水霉属相似，主要区别如下：①新孢子囊在前孢子囊的侧面产生，并可重复多次产生，呈聚伞花序状；②水霉属游动孢子的释放为典型的两游式，绵霉属虽然也是两游式，但第一阶段不明显，初始游动孢子逸出后，聚集在孢子囊孔口处形成初次休止孢呈休止状，然后变为肾形、侧生双鞭毛的游动孢子，双鞭毛的游动孢子形成二次休止孢（图1-17）。该属大多数腐生，少数弱寄生。

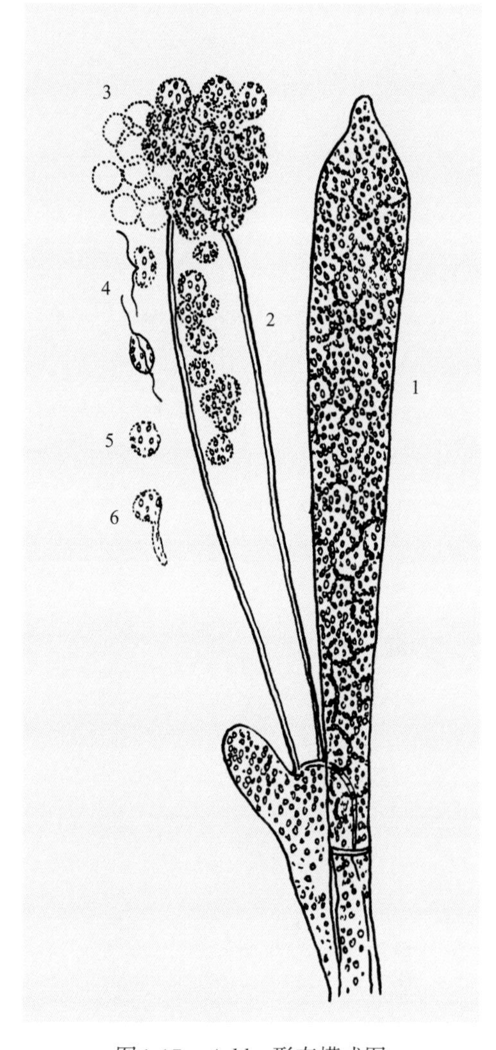

图1-17 *Achlya*形态模式图

1：孢子囊；2：新孢子囊；3：初次休止孢；4：肾形、侧生双鞭毛的游动孢子；5：二次休止孢；6：萌发的休止孢

中国报道的引致稻烂秧病的绵霉菌主要有以下3种。

1）总状绵霉 *Achlya racemosa* Hildebrand，侵染水稻幼苗，引致稻烂秧病。孢子囊长圆筒形，常常弯曲，600～887μm×18～43μm；游动孢子直径9～11μm；厚垣孢子（芽孢）很少产生，顶生，分成数节；藏卵器球形，从主干生出，总状排列，下有短柄，顶生或间生的很少，直径36～100μm，壁黄色，平滑，内含卵孢子1～12个（大多数2～5个）；卵孢子球形，直径17～33μm（平均22μm），油球中位；雄器与藏卵器同株，短棍棒形，每个藏卵器附着雄器1或2个，间有多个。

2）异丝绵霉 *A. klebsiana* Pieters，侵染水稻幼苗，引致稻烂秧病。菌丝主干淡褐色，孢子囊圆筒形或长纺锤形，有时弯曲，134～496μm×26～48μm；芽孢棍棒状，有时球形，顶端膨大，串生，67～84μm×10～31μm；藏卵器多，球形或洋梨形，直径34～77μm，内含卵孢子2～10个；卵孢子球形，直径16～24μm，油球侧位；雄器与藏卵器同株或异株，细长，分枝，圆筒形。

3）鞭绵霉 *A. flagellata* Coker，侵染水稻幼苗，引致稻烂秧病。菌丝粗而密，长约1cm；孢子囊多，近圆筒形或梭形，有时稍弯曲，300～751μm×31～60μm；游动孢子直径11～12μm；芽孢多，由菌丝顶部分段形成，圆筒形或洋梨形，有时不规则形，常转变为孢子囊；藏卵器多，圆形，有时畸形，从主轴生出，总状排列，有短柄，间生者少，直径31～132μm，内含卵孢子1～17个（一般2～6个）；

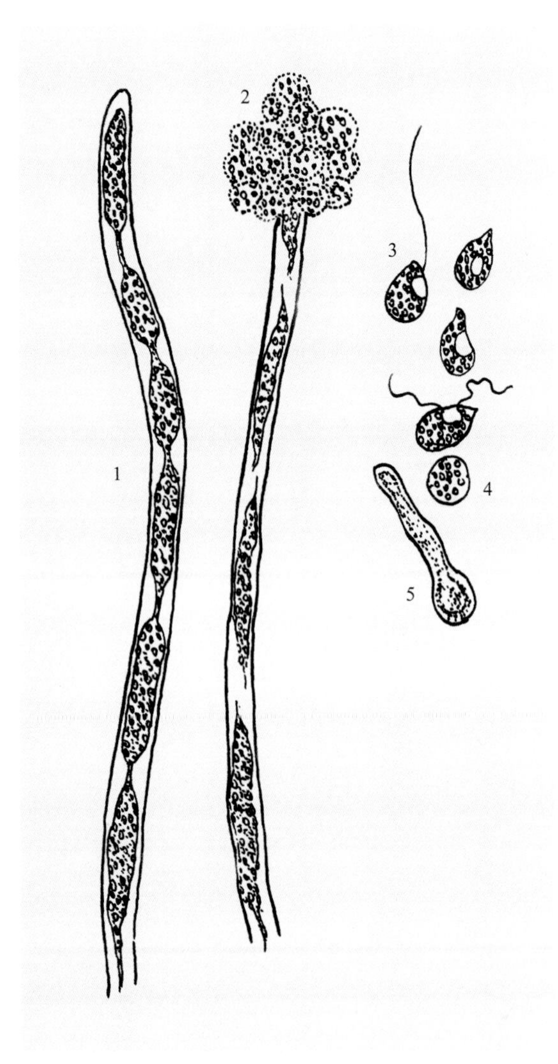

图1-18 *Aphanomyces*形态模式图

1：孢子囊；2：初次休止孢；3：游动孢子；4：二次休止孢；5：萌发的休止孢

卵孢子球形，直径23～38μm，油球侧位；雄器有分枝，形状不规则，与藏卵器同株或异株，每个藏卵器附有雄器1至数个。

3. 丝囊霉属 *Aphanomyces* de Bary

丝囊霉属与水霉属及绵霉属相似，主要特征为孢子囊细长，游动孢子单行排列。游动孢子逸出后，即聚集在孢子囊孔口处形成初次休止孢，短暂休止后初次休止孢萌发形成双鞭毛的游动孢子，双鞭毛的游动孢子形成二次休止孢（图1-18）。藏卵器内只形成1个卵孢子。该属大多数腐生，少数弱寄生。主要寄生于藻类及植物的根部。

1）根腐丝囊霉 *Aphanomyces euteiches* Drechsler，为害豌豆，引致豌豆根腐病。除豌豆外，还为害番茄等多种植物。

2）螺壳状丝囊霉 *A. cochlioides* Drechsler，为害甜菜幼苗，引致甜菜猝倒病。幼苗根尖黑褐色，水渍状，软腐。游动孢子囊顶生，棒状，细长，顶部略窄，50～100μm×4～20μm；初次休止孢直径6～10μm，萌发产生肾形、具双鞭毛的游动孢子，或直接萌发产生芽管；藏卵器顶生，近圆形，表面光滑，壁厚1～2μm，直径18～30μm；雄器短圆形，异株，顶生，多弯曲，10～14μm×9～11μm，1个藏卵器可被4或5个雄器缠绕包围，受精后形成1个卵孢子；卵孢子近圆形，浅色至深黄色，直径15～21μm，油球侧位。

4. 腐霉属 *Pythium* Pringsh.

菌丝发达，较粗壮，多分枝，无隔膜，白色棉絮状；孢子囊顶生，少数间生，丝状、瓣状或球形，形态变化大，与菌丝间有或无隔膜，成熟后一般不脱落；孢子囊萌发产生泡囊，在泡囊内形成游动孢子；游动孢子肾形，双鞭毛；藏卵器球形，单卵球；雄器异株或同株，侧生或附着于藏卵器底部；卵孢子壁光滑，或有网状突起，或有刺状物。该属大多数腐生在土壤或水中，少数兼性寄生，引致植物幼苗的猝倒病、根腐病以及果实和储藏器官的绵腐病。

1）瓜果腐霉 *Pythium aphanidermatum* (Edson) Fitzpatrick，侵染多种植物的幼苗和果实，引致幼苗猝倒病、根腐病和果实绵腐病。孢子囊瓣状，萌发产生泡囊（又称泄胞），在泡囊内形成游动孢子（图1-19）；在老熟的菌丝上产生藏卵器和雄器；藏卵器球形，顶生，直径17～19μm；卵孢子在藏卵器

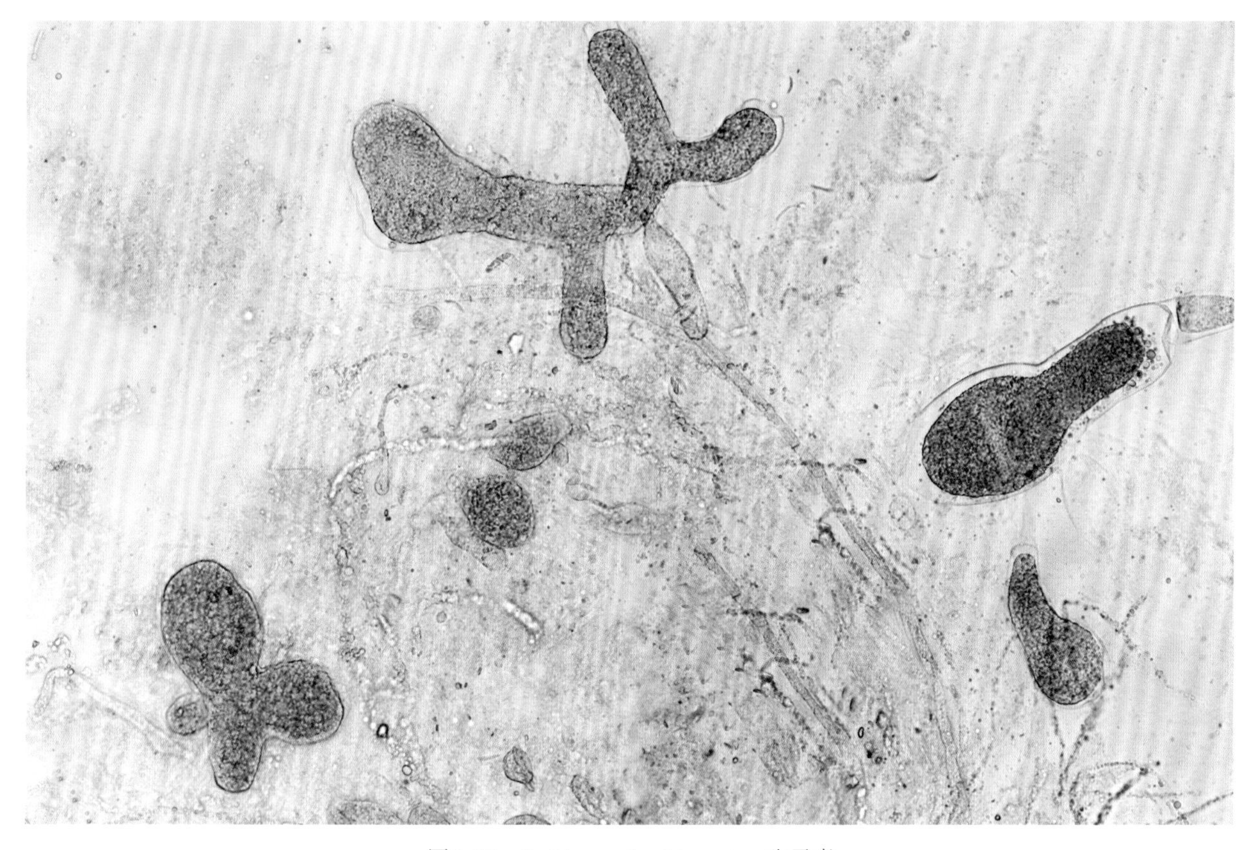

图1-19　*Pythium aphanidermatum*孢子囊

内呈游离态，直径12～24μm（图1-20）；雄器间生。病菌分布广泛，侵染瓜类、豆类、茄科蔬菜、烟草、玉米、棉花、甜菜及多种林木。以卵孢子在病残体或土壤中越冬，卵孢子在土壤中能存活4年，是苗床及低洼湿润地区植物的重要病原菌。防治时不用病土育苗，采取苗床消毒、高畦栽植等措施。

2）德巴利腐霉*P. debaryanum* Hesse，为害多种植物，引致基腐、幼苗猝倒等病症。孢子囊圆形或卵圆形，直径20～25μm，萌发产生乳头状突起，泡囊由突起部位生出；雄器与藏卵器异株或同株，但从藏卵器的下方生出；卵孢子球形，无色，平滑，直径15～18μm。该病菌在中国常见，但没有*P. aphanidermatum*发生普遍，为害甘蓝、白菜、瓜类、茄子、番茄、烟草、高粱、玉米及松柏科植物。

3）刺腐霉*P. spinosum* Sawada，侵染红薯块根，引致红薯黑心病。孢子囊顶生或间生，圆形、卵圆形至梭形，直径13～31μm；藏卵器顶生的为球形，间生的为球形或柠檬形，表面有刺，直径15.7～24.0μm；卵孢子球形，单生，表面光滑，直径12.9～24.3μm；雄器有柄，顶生。除红薯外，还为害芋头等。

5. 疫霉属*Phytophthora* de Bary

菌丝体在寄主植物细胞内或细胞间寄生，产生吸器并伸入寄主植物细胞吸取水分和营养物质，营养菌丝体分化形成孢囊梗，一般自气孔伸出，端生孢子囊；孢囊梗不分枝或假轴式分枝，产生孢子囊后继续生长，当顶端形成新的孢子囊以后，将以前产生的孢子囊推向一侧，孢囊梗上可以不断产生多个孢子囊；孢子囊卵圆形或倒洋梨形，具乳头状突起，成熟后脱落或不脱落；孢子囊萌发产生游动孢子，

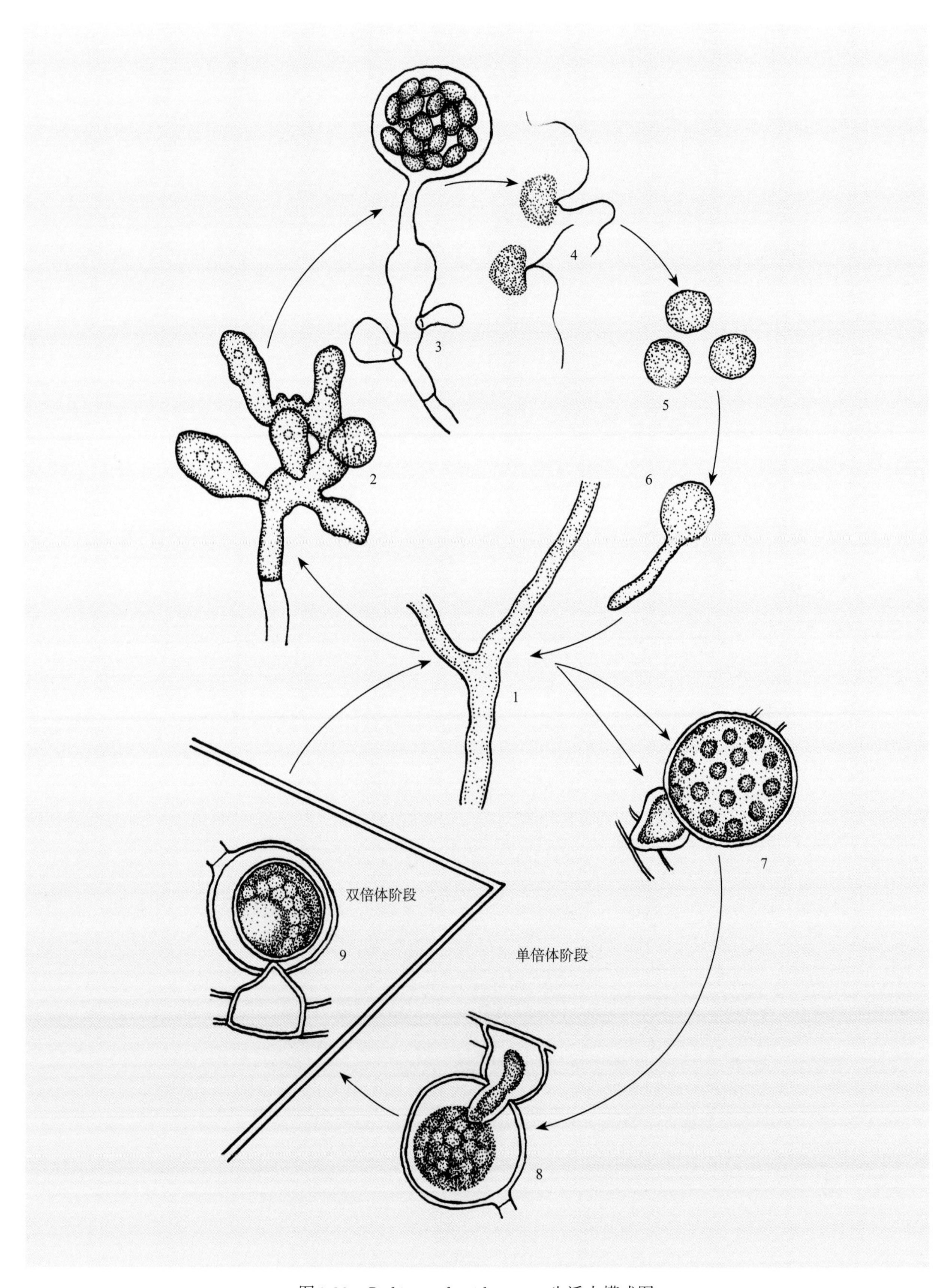

图1-20 *Pythium aphanidermatum*生活史模式图

1：菌丝体；2：孢子囊（瓣状）；3：孢子囊萌发，在泄胞内形成游动孢子；4：游动孢子；5：休止孢；6：休止孢萌发；7：雄器和藏卵器；8：性器官的结合（受精作用）；9：形成卵孢子

或直接萌发产生芽管；游动孢子在孢子囊内形成，肾形，双鞭毛；藏卵器圆形，单卵球，形成单个卵孢子；雄器侧生，也有附着在藏卵器基部的。除致病疫霉*Phytophthora infestans*等少数种外，疫霉属一般都能人工培养。该属大多数是高等植物寄生菌，为害植物的根、茎、叶片和果实，引致寄主植物组织死亡和腐烂。

1）致病疫霉*Phytophthora infestans* (Montagne) de Bary，为害马铃薯，引致马铃薯晚疫病。主要侵染叶片和茎蔓，严重时扩及块茎，以菌丝寄生于马铃薯细胞内或细胞间，叶片发病呈湿腐状，黑褐色，病斑近圆形至不规则形，轮廓不清晰，在叶背病斑边缘产生白色霉层（图1-21）；茎蔓发病形成油渍状黑褐色条斑，潮湿条件下产生白色霉层；薯块病斑淡褐色，薯肉坏死。晚疫病是马铃薯的重要病害，一旦条件适宜能在短期内暴发流行，造成严重危害。孢囊梗2或3根从气孔伸出，假轴式分枝，小梗基部膨大，连续生长，因多次产生孢子囊，致孢囊梗呈结节状突起；孢子囊倒洋梨形，顶端稍尖，具乳头状突起，孢子囊脱落后，尾端带短柄，27～30μm×15～20μm（图1-22，图1-23）。孢子囊萌发产生肾形、具双鞭毛的游动孢子（图1-23），在土壤中，或处于不利环境条件下，孢子囊内原生质浓缩，变圆，孢壁变薄，形成薄壁圆孢子，直径18～24μm，后期薄壁圆孢子壁逐渐加厚，形成厚垣孢子，直径16～20μm。在中国，自然条件下很少产生卵孢子。游动孢子或者孢子囊直接萌发产生的芽管都能侵入植株的任何绿色部位，一般更容易从叶背侵入，侵入薯块则需要通过伤口、皮孔或者芽眼外面的鳞片。以菌丝体在土壤中或潜伏在薯块中越冬，是翌年初侵染源。除马铃薯外，还为害番茄。防治时应选用抗病品种或无病种薯，适时喷药消除发病中心，加强栽培管理等。

图1-21 *Phytophthora infestans*引致马铃薯晚疫病叶背症状

2）辣椒疫霉*P. capsici* Leonian，为害辣椒，引致辣椒疫病。叶片发病症状为茎、叶片和叶柄发黑软腐，急速凋萎，高湿条件下病部生稀疏的白色霉层。果实发病后初生水渍状黑褐色斑块，潮湿条件下产生白色霉层（孢囊梗和孢子囊）（图1-24A）。孢囊梗丝状，淡色，有分枝，顶生孢子囊；孢子囊卵圆形、椭圆形或长椭圆形，具明显的乳头状突起（图1-24B），萌发产生游动孢子，特殊条件下萌发直接产生芽管；卵孢子圆球形，褐色，半透明，直径25～35μm；雄器基生。

3）烟草疫霉*P. nicotianae* Breda et de Haan，为害烟草，引致烟草黑胫病。主要侵染根及茎基，病株枯死，髓部变黑，干缩呈叠片状，间生白色菌丝。叶片病斑圆形，初呈水渍状，后为墨绿色，边缘生白色霉层。孢囊梗2或3根自气孔伸出，菌丝状；孢子囊顶生或侧生，洋梨形或椭圆形，顶端具乳头状突起，27～35μm×21～31μm；游动孢子圆形、椭圆形或肾形，9～12μm×8～9μm，侧生双鞭毛；

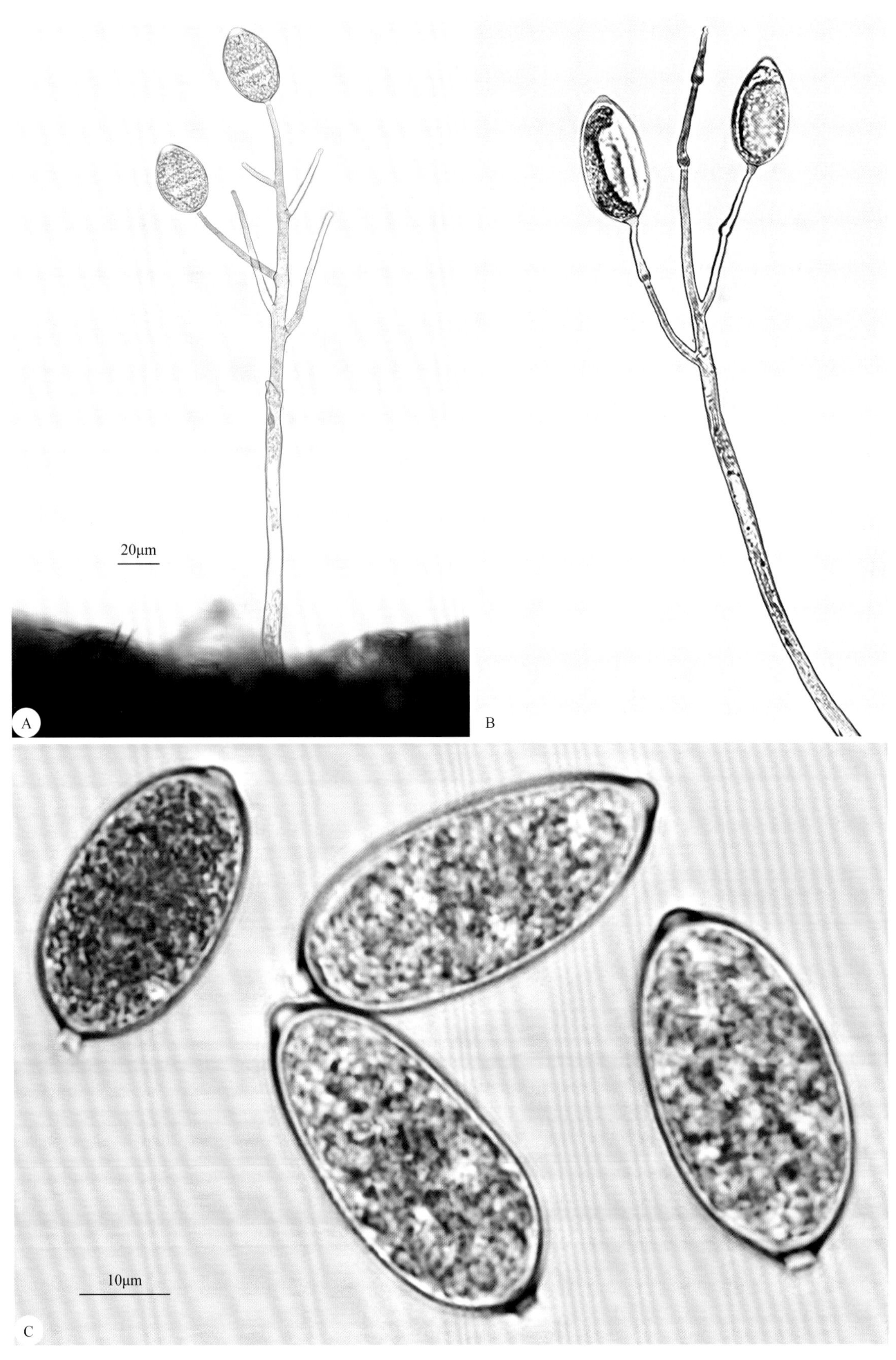

图1-22 *Phytophthora infestans*孢囊梗上初生孢子囊（A），连续产孢后的孢囊梗上形成结节状突起（B），孢子囊脱落后尾端带短柄（C）

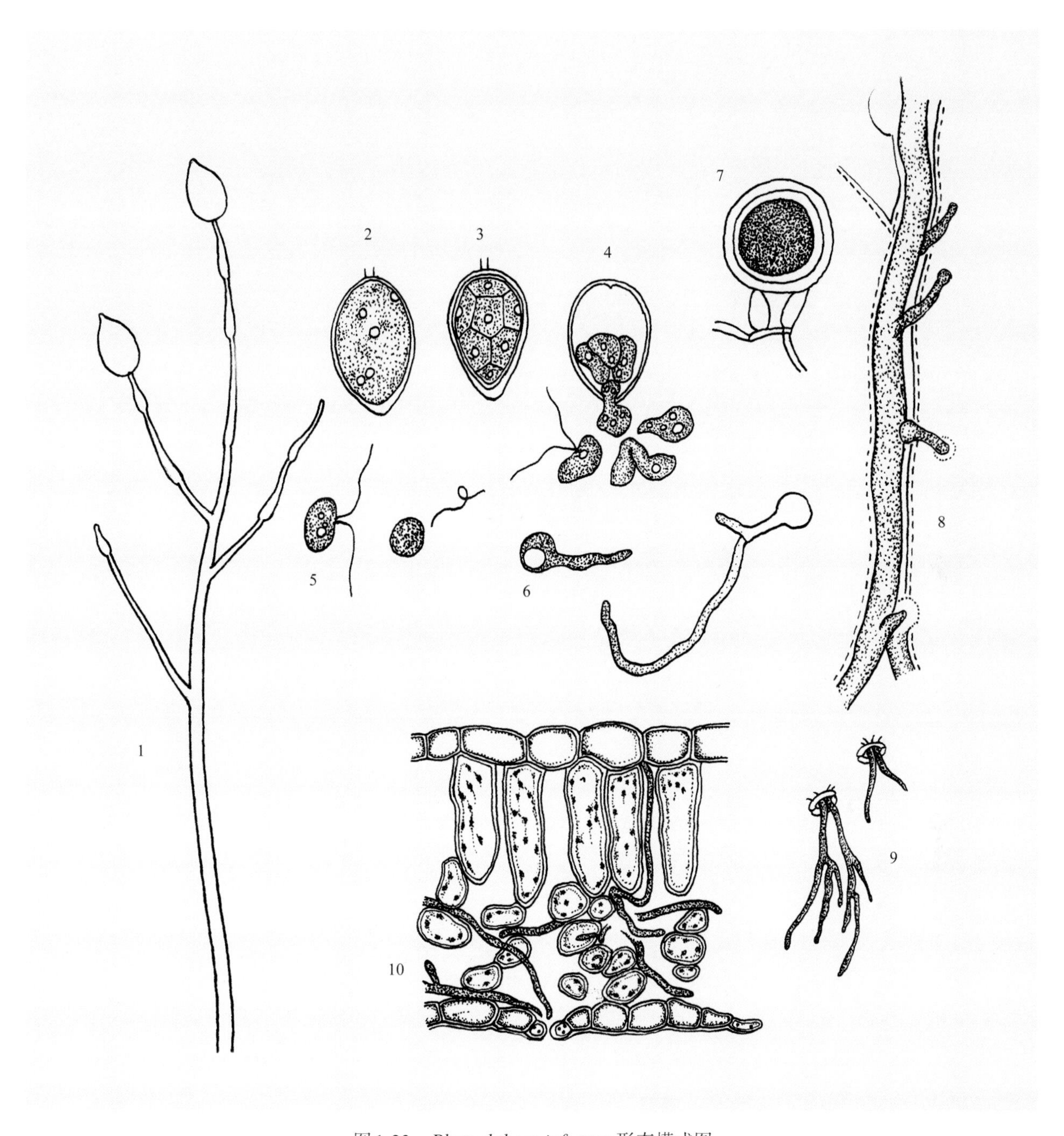

图1-23 *Phytophthora infestans*形态模式图

1：孢囊梗及孢子囊；2～4：孢子囊萌发过程；5和6：游动孢子及其萌发；7：藏卵器及雄器；8：营养菌丝生于马铃薯细胞间，并以吸器伸入细胞内；9：自气孔伸出的初生孢囊梗；10：马铃薯组织内的菌丝体

卵孢子产生于枯死的病组织内，淡黄色，球形，直径27～83μm，在土壤中可存活3～5年。主要在土壤或堆肥中越冬。种植抗病品种、加强栽培管理可有效防控烟草黑胫病。

4）苎麻疫霉*P. boehmeriae* Sawada，为害棉铃，引致棉铃疫病。受害棉铃软腐，天气潮湿时病部生黄白色霉层，平贴在棉铃表面。孢囊梗无色，单枝，长100～150μm；孢子囊单胞，无色，卵圆形，25～50μm×20～40μm，具乳头状突起；卵孢子单胞，无色，球形，直径13～24μm；藏卵器壁厚，黄色。

图1-24 *Phytophthora capsici*引致辣椒疫病症状（A）及其孢囊梗和孢子囊（B）

5）寄生疫霉芝麻变种*P. parasitica* var. *sesami* Prasad，为害芝麻，引致芝麻疫病。叶片、茎及蒴果均可受害。叶片症状与马铃薯晚疫病相似。茎基发病，引致全株萎蔫，最后枯死，病部形成墨绿色水渍状病斑，上生白色绵毛状霉层。

6）伊朗疫霉*P. iranica* Ershad，为害茄子，引致茄疫病。叶片、茎秆、花器及果实均可受害。果实最易发病，果面生圆形或不规则形水渍状褐色病斑，表面生白色绵霉，果肉变黑腐烂。菌丝在茄子细胞间寄生，孢囊梗与菌丝难以区分；孢子囊球形或卵圆形，具乳头状突起，24～72μm×20～48μm，萌发产生游动孢子或芽管；藏卵器球形，平滑，无色或淡黄色，直径19～33μm；雄器位于藏卵器下方；卵孢子球形，平滑，无色或淡色，直径15～29μm。以卵孢子在土壤或病残体中越冬。

7）芋疫霉*P. colocasiae* Raciborski，为害芋头，引致芋头疫霉病。叶片受害初生黄褐色斑点，后合并为圆形或不规则形、具同心轮纹的大斑。孢囊梗单根或数根自气孔伸出，不分枝或偶有分枝。孢子囊顶生，无色，椭圆形或长椭圆形，40～114μm×15～24μm，具乳头状突起，脱落时常带孢囊梗的一部分；游动孢子双鞭毛，15～18μm×10～12μm。在病组织内或土壤中越冬。

8）不全疫霉*P. imperfecta* Sarejanni，为害柑橘，引致幼苗猝倒病、茎基腐病或果腐病等。孢囊梗不分枝，与菌丝无明显区别；孢子囊顶生，圆形或椭圆形，25～50μm×20～40μm，具乳头状突起，萌发产生游动孢子或芽管；卵孢子球形，直径12～35μm。除柑橘外，还为害苹果、辣椒、番茄、蓖麻、荞麦等多种植物。以卵孢子在土壤或病残体中越冬。

9）柑橘褐腐疫霉*P. citrophthora* Leonian，为害柑橘，引致柑橘褐腐病。果实、叶片及枝梢均可受害。果实上病斑不规则形，污褐色，病果腐烂。叶片病斑圆形，中央黄褐色，边缘有绿褐色晕圈。枝干受害引致流胶。孢囊梗丝状，孢子囊顶生，卵圆形，18～55μm×16～41μm，具乳头状突起，萌发产生游动孢子或芽管。以菌丝体在病残体或土壤中越冬。

10）恶疫霉*P. cactorum* (Lebert et Cohn) Schröt.，为害梨树，引致梨疫霉病。主要侵染叶片和果实，

产生褐色水渍状病斑，病斑边缘不明显，上生白色霉层。根、茎部受害造成病株干枯凋萎。孢囊梗无分枝；孢子囊顶生，无色，卵圆形或椭圆形，32～54μm×19～30μm，具乳头状突起；孢子囊萌发产生游动孢子，偶尔产生芽管；藏卵器球形，无色或淡黄色，壁薄，表面光滑，直径30～36μm；卵孢子球形，黄褐色，表面光滑，直径28～32μm；雄器多为异株侧生。除梨树外，还为害苹果、柑橘、槭树、苎麻、百合、人参、细辛等多种植物。

6. 指梗霉属 *Sclerospora* Schröt.

孢囊梗粗壮，顶部不规则双叉状分枝，单根或者2或3根自气孔伸出；孢子囊着生于孢囊梗顶端，卵圆形，乳头状突起不明显，萌发产生芽管，或形成肾形、具双鞭毛的游动孢子；卵孢子大量产生，球形，外壁褐色，有不规则的皱褶（图1-25）；卵孢子壁与藏卵器壁愈合，萌发产生芽管。该属为专性寄生菌，主要为害谷子、狗尾草等禾本科植物。

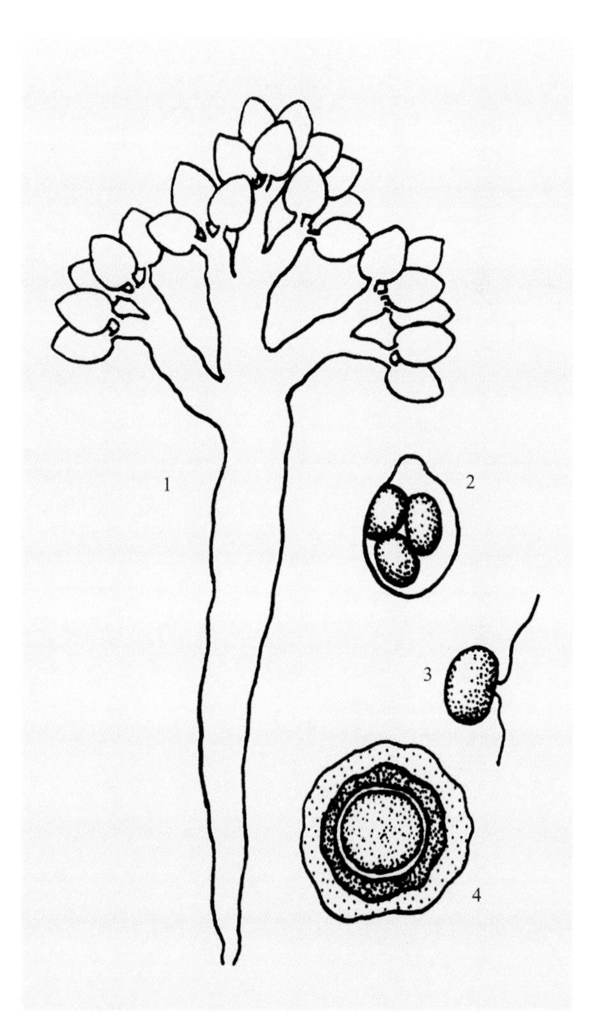

图1-25 *Sclerospora*形态模式图

1：孢囊梗及孢子囊；2：孢子囊；3：游动孢子；4：卵孢子

禾生指梗霉 *Sclerospora graminicola* (Sacc.) Schröt.，为害谷子，引致谷子白发病（属于系统性病害）。侵染叶片，病部初生白色霉层，渐变灰白色到灰褐色，俗称“灰背”（图1-26A）；后期病叶撕裂，维管束裸露呈丝状，俗称“白发”（图1-26B）；谷穗受害后，病穗蓬松，畸形肥大，呈刺猬头状，俗称“看谷佬”（图1-26C）；发病严重的植株不抽穗，成为光秆，俗称“枪秆”（图1-26D）。孢囊梗自叶片气孔伸出，单生或数根丛生，粗短，长96～144μm，顶端2或3次分枝；孢子囊倒卵圆形或长椭圆形，17～23μm×14～21μm，无乳头状突起；卵孢子近圆形，黄褐色，壁厚，表面有皱褶，直径32～54μm（图1-27～图1-29），卵孢子在室内可存活35个月，田间至少存活22个月。以卵孢子在土壤中越冬，引起初侵染。孢子囊寿命短，在陕北地区有再侵染作用。除谷子外，还为害狗尾草等禾本科植物。防治谷子白发病应选用抗病品种，并清除土壤、种子及肥料中的病原菌。

7. 指疫霉属 *Sclerophthora* Thirum., Shaw et Naras

孢囊梗细短，菌丝状，单生，不分枝或少数假轴式分枝。孢子囊柠檬形或倒梨形，陆续产生而成簇，顶部具乳突，萌发产生游动孢子。卵孢子壁与藏卵器壁融合。

大孢指疫霉水稻变种*Sclerophthora macrospora* var. *oryzae* Liu, Zhang et Liu，为害水稻，引致稻霜霉病。病株黄化萎缩，叶面生黄褐色条斑，叶片局部枯死，穗部畸形等。孢囊梗常成对自气孔伸出，呈菌丝状分枝，长13 ~ 32μm；孢子囊圆形或卵圆形，单生，60 ~ 114μm × 28 ~ 56μm，具乳头状突起，萌发产生游动孢子；卵孢子球形或多角形，表面粗糙或光滑，36 ~ 75μm × 36 ~ 68μm。以卵孢子在病残体内越冬。除水稻外，还为害大麦、小麦、玉米、看麦娘、鹅冠草等多种禾本科植物。

图1-26 *Sclerospora graminicola*引致谷子白发病“灰背”症状（A）、“白发”症状（B）、“看谷佬”症状（C）、“枪杆”症状（D）

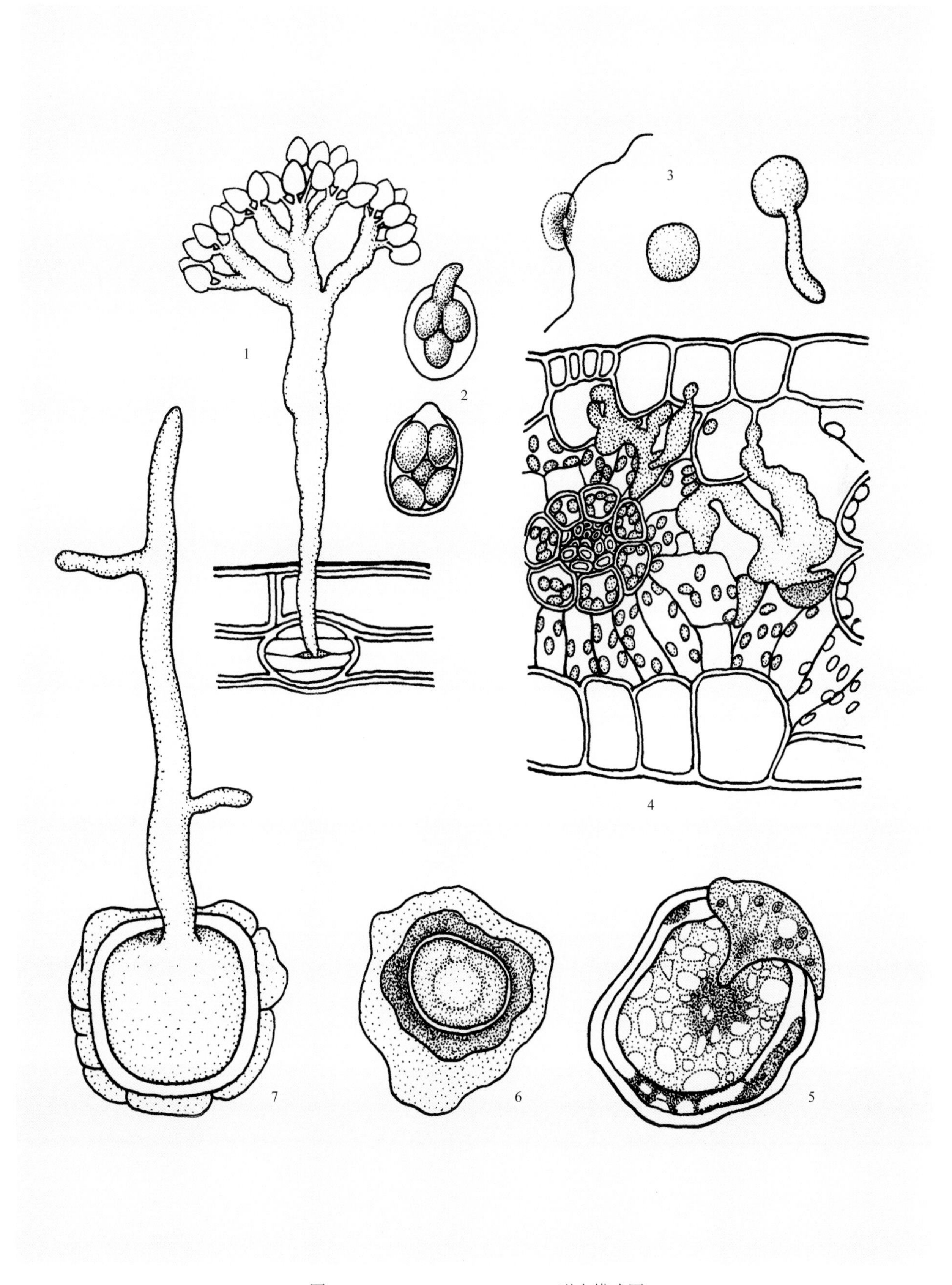

图1-27　*Sclerospora graminicola*形态模式图

1：孢囊梗及孢子囊；2：孢子囊萌发；3：游动孢子及其萌发过程；4：谷子叶片体内的菌丝体；5：藏卵器及雄器结合（受精作用）；6：卵孢子；7：卵孢子萌发产生芽管

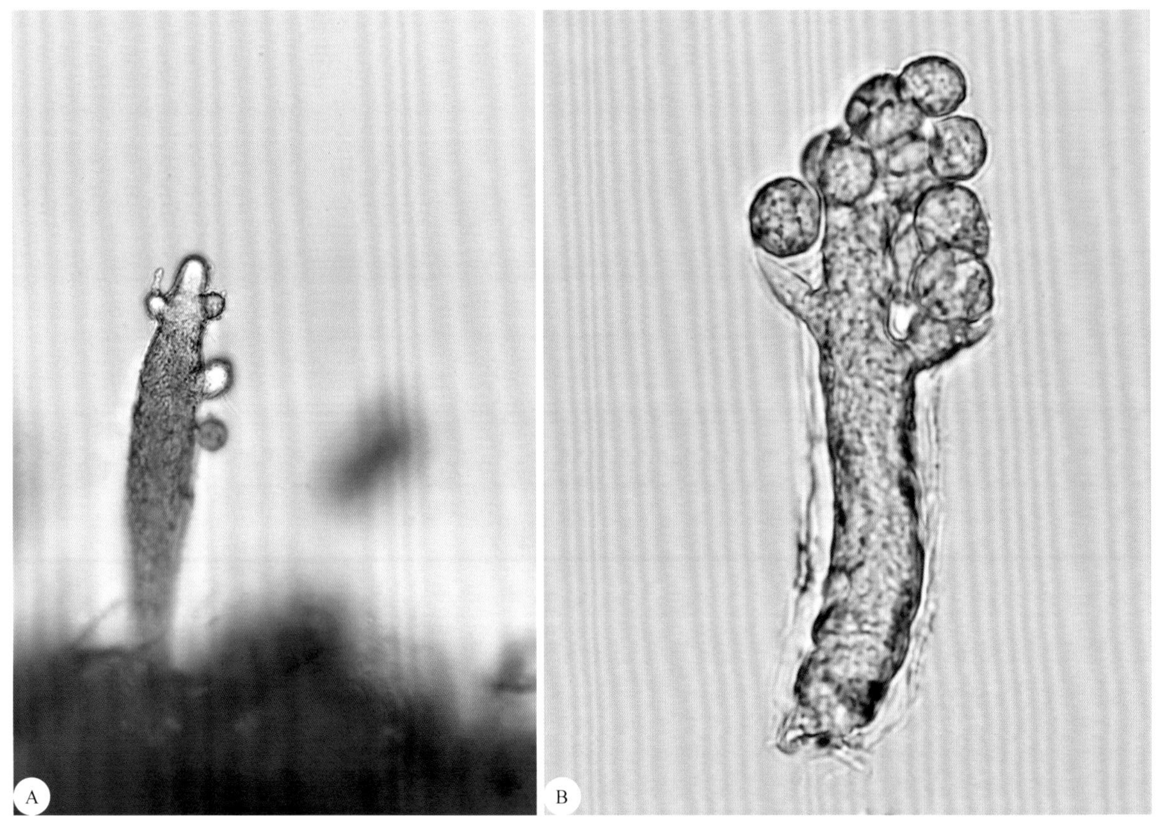

图1-28 *Sclerospora graminicola*初生孢囊梗（A），孢囊梗与孢子囊（B）

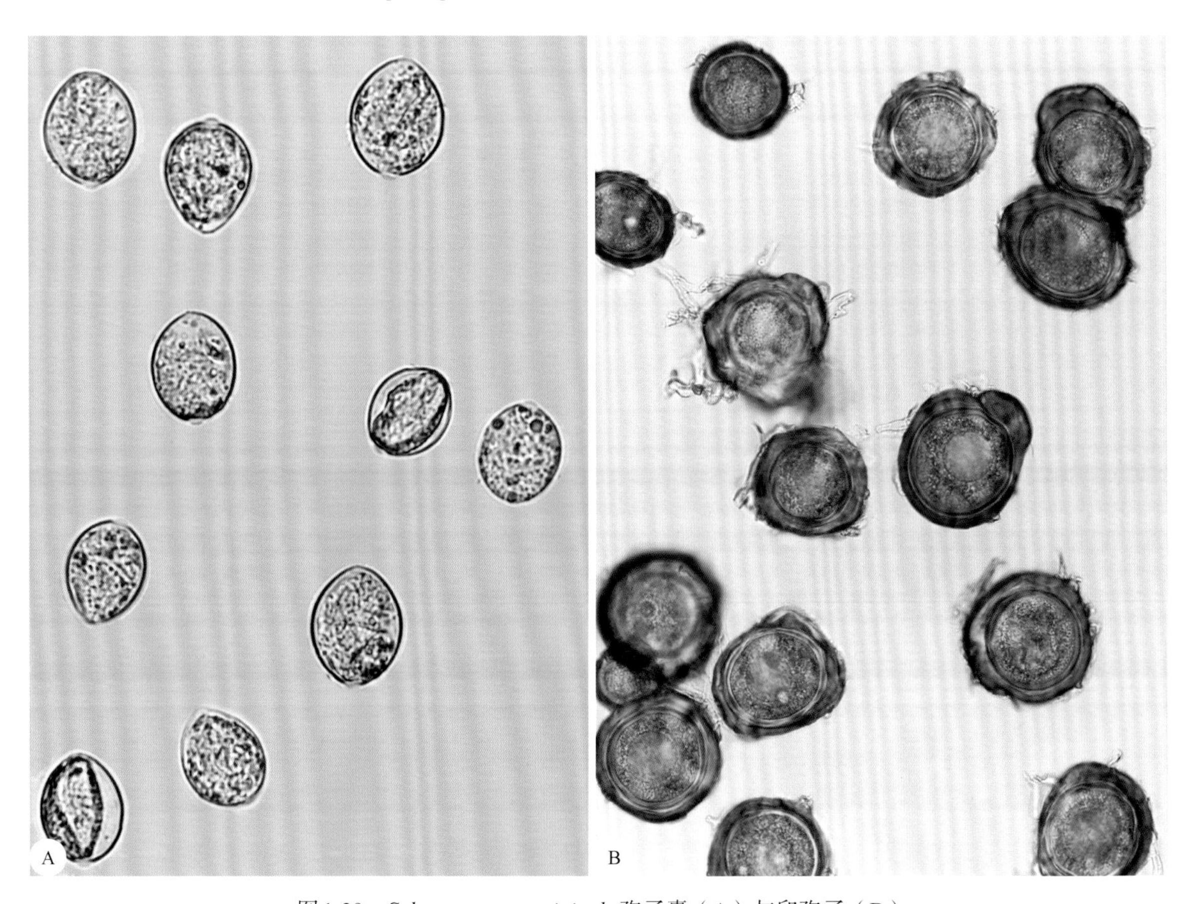

图1-29 *Sclerospora graminicola*孢子囊（A）与卵孢子（B）

8. 指霜霉属 *Peronosclerospora* Shaw

菌丝有两种类型：一种直而少分枝；另一种具裂片，不规则分枝而成簇。菌丝产生不同形状的吸器。除根部外，在病株各部分都有菌丝，以叶部最多。分生孢子梗无色，基部细，1个横隔膜，上部肥大，双分叉2～4次，整体呈圆锥形，梗长150～550μm，小梗近圆锥形弯曲，顶生1个孢子囊。孢子囊无色，长椭圆形至近球形，27～39μm×17～23μm。藏卵器近球形至不规则形。雄器侧生。卵孢子球形至近球形，黄色或黄红色。

1）甘蔗指霜霉 *Peronosclerospora sacchari* (Miyake) Shirai et Hara，为害甘蔗，引致甘蔗霜霉病。病株叶面形成与叶脉平行的黄色线条，其上产生断续的红褐色条斑，病叶变细，背面生白色霉层，茎徒长，生侧芽，畸形。孢囊梗基部细，上部肥大，顶端分枝；孢子囊椭圆形至长卵圆形，55～78μm×49～58μm；卵孢子球形，淡黄色，直径40～50μm。以卵孢子在土壤中的病残体内越冬，也能以菌丝体在宿根上越冬。除甘蔗外，还为害玉米等。

2）蜀黍指霜霉 *P. sorghi* (Weston et Uppal) Shaw，为害高粱，引致高粱白发病。孢囊梗自叶片下表皮生出，长180～300μm，顶端双叉状分枝；孢子囊顶生，圆形，无色，无乳突，15～29μm×15～27μm，萌发产生芽管；卵孢子球形，褐色，直径31～69μm；雄器侧生，浅黄褐色。以卵孢子在土壤中越冬。

9. 轴霜霉属 *Plasmopara* Schröt.

菌丝体细胞间寄生，产生瘤状吸器并伸入寄主植物细胞内吸取营养物质和水分；孢囊梗单根或数根自气孔伸出，单轴式分枝，分枝与主轴成直角，分枝末端平钝；孢子囊圆形或卵圆形，无色，具乳头状突起，萌发产生游动孢子，偶尔产生芽管；卵孢子球形，褐色，外壁有皱褶或网纹状突起（图1-30）；藏卵器壁不消解，与卵孢子壁分离。

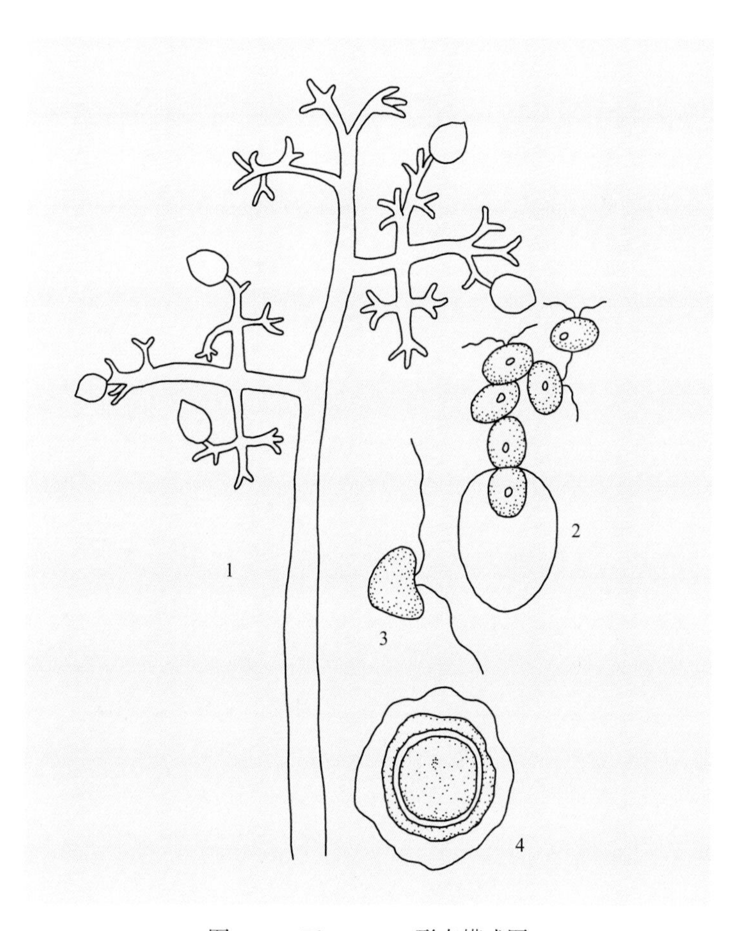

图1-30　*Plasmopara*形态模式图

1：孢囊梗与孢子囊；2：孢子囊释放游动孢子；3：游动孢子；4：卵孢子

1）葡萄生轴霜霉 *Plasmopara viticola* (Berk. et Curt.) Berlese et de Toni，为害葡萄，引致葡萄霜霉病。侵染葡萄绿色器官，叶片发病最重，叶面生褪绿黄斑，后期呈褐色枯斑，叶背生白色霉层（图1-31）。嫩梢、卷须和幼果病部水渍状褐变，上生白色霉层。孢囊梗无色，多枝束生，自气孔伸出，主干占全长的2/3～5/6，150～450μm×6～10μm，2～6

图1-31 *Plasmopara viticola*引致葡萄霜霉病叶背症状（A）与叶面症状（B）

次分枝，末端小梗圆锥形，较短，顶端略钝（图1-32A）；孢子囊卵圆形或椭圆形，无色透明，具乳头状突起，9～24μm×9～15μm（图1-32B）；卵孢子褐色，球形，壁厚，直径30～35μm。以卵孢子在病组织内越冬。除葡萄外，还为害爬山虎等。

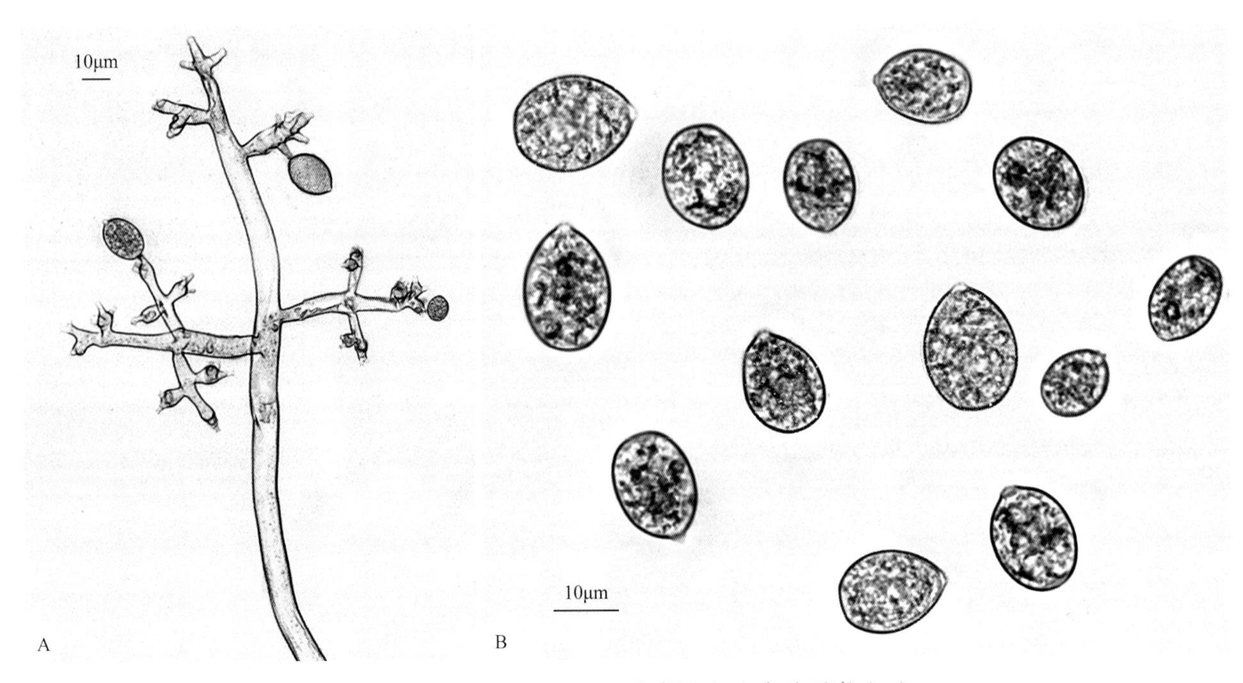

图1-32 *Plasmopara viticola*孢囊梗（A）与孢子囊（B）

2）苘麻轴霜霉*P. skvortzovii* Miura，为害苘麻，引致苘麻霜霉病。叶面病斑受叶脉限制呈多角形，初呈黄色，后为褐色，叶背生白色霉层。孢囊梗单根或者2或3根自气孔伸出，无色，主干占全长的2/3～4/5，短粗，基部不膨大，55～300μm×10～15μm，分枝2或3次，小梗短，基部宽，顶端钝；孢子囊圆形、广卵圆形或广椭圆形，无色透明，具乳头状突起，18～40μm×16～24μm；卵孢子很少产生。

3）当归轴霜霉*P. angelicae* (Caspary) Trotter，为害当归，引致当归霜霉病。孢囊梗自气孔伸出，100～300μm×5～9μm，小梗短；孢子囊卵圆形或圆形，具乳头状突起，19～32μm×12～26μm；卵孢子球形，直径30～40μm。除当归外，还为害防风、茴香、芹菜、胡萝卜等多种植物。

10. 假霜霉属*Pseudoperonospora* Rostovzev

孢囊梗单生或束生，自气孔伸出，主干单轴式分枝，次生分枝2或3次，为不完全对称的双叉状锐角分枝，分枝末端尖细；孢子囊大型，椭圆形，具乳头状突起，聚集时呈灰色或紫色，孢子囊萌发产生肾形、具双鞭毛的游动孢子（图1-33）；卵孢子球形，黄褐色，壁薄，表面光滑或有突起，一般很少产生。

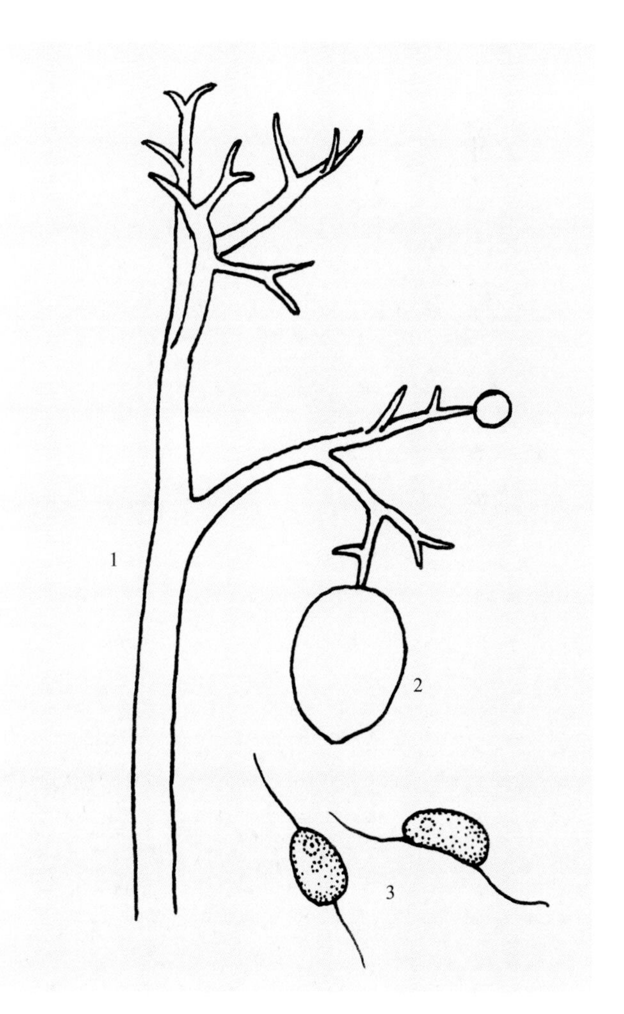

图1-33　*Pseudoperonospora*形态模式图

1：孢囊梗；2：孢子囊；3：游动孢子

1）古巴假霜霉*Pseudoperonospora cubensis* (Berkeley et Curtis) Rostovzev，为害黄瓜，引致黄瓜霜霉病。叶片发病，叶面产生多角形褪绿黄斑，叶背生灰黑色霉状物（图1-34）。孢囊梗1～3根自气孔伸出，无色，基部稍膨大，分枝3或4次，分枝末端尖锐；孢子囊淡褐色，卵圆形或椭圆形，具乳头状突起，22～30μm×16～20μm（图1-35）；卵孢子球形，黄色，表面有瘤状突起，直径30～43μm，生于枯死的病叶组织中。除黄瓜外，还为害甜瓜、丝瓜、南瓜、冬瓜等多种葫芦科植物。

2）大麻假霜霉*P. cannabina* (Otth) Curzi，为害大麻，引致大麻霜霉病。叶片和茎均可受害，叶片病斑不规则形，初呈黄色，后为褐色，叶背生灰黑色霉状物。孢囊梗2～5根自气孔伸出，无色，主干占全长的1/2～3/4，基部稍大，90.0～240.0μm×3.0～6.5μm，顶端分枝2～4次；孢子囊椭圆形，淡褐色，20～30μm×12～20μm；卵孢子尚未发现。以孢子囊在病组织内越冬。

3）葎草假霜霉*P. humuli* (Miyabe et Takahashi) Wilson，为害啤酒花，引致啤酒花霜霉病。叶片、

图1-34 *Pseudoperonospora cubensis*引致黄瓜霜霉病叶背症状（A）与叶面症状（B）

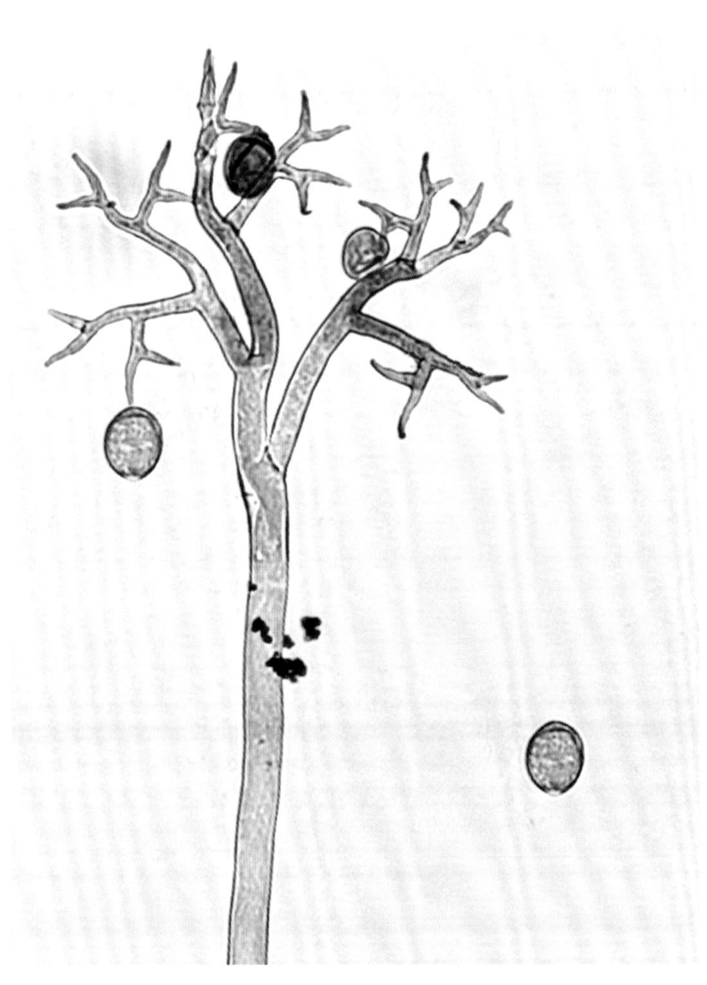

图1-35 *Pseudoperonospora cubensis*孢囊梗与孢子囊

茎蔓及球果均可受害。叶片病斑多角形或不规则形，正面初呈黄色，后为紫色或紫褐色。茎蔓及球果发病常变褐发软。孢囊梗2～4根自气孔伸出，128～352μm×6～8μm，顶端3～5次锐角分枝；孢子囊卵圆形至椭圆形，具乳头状突起，淡色或淡灰色，16～52μm×12～19μm；卵孢子球形，淡褐色，表面平滑，直径约38μm。

11. 霜霉属*Peronospora* Corda

菌丝体在细胞间寄生，产生吸器并伸入细胞内吸取营养物质，吸器丝状，有分枝，少数瘤状；孢囊梗双叉状锐角分枝，分枝2～10次，小梗末端尖锐；孢子囊卵圆形，有色或无色，无乳头状突起，萌发产生芽管；卵孢子近圆形，表面光滑或有花纹（图1-36）。

1）寄生霜霉*Peronospora parasitica* (Pers.) Fr.，为害白菜，引致白菜霜霉病。地上绿色器官均可受害。叶片发病后，叶面产生褪绿黄斑，病斑受叶脉限制呈多角形，叶背生白色霉层（图1-37）。种荚发病形成水渍状褐色斑点，上生白色稀疏霉层。孢囊梗单生或丛生，成束自气孔伸出，双叉状分枝4～8次，主轴和分枝成锐角，小梗尖锐；孢子囊椭圆形或卵圆形，24～27μm×15～20μm，萌发产生芽管（图1-38）；卵孢子产生

于枯死的病组织中，球形，壁厚，黄褐色，表面光滑或略带皱褶，直径30～40μm。该病菌有生理分化现象。以卵孢子在土壤中或病残体内越冬。除白菜外，还为害萝卜、甘蓝、油菜等多种十字花科植物。选用抗病品种、加强栽培管理、田间喷药保护等措施可有效防控白菜霜霉病。

2）东北霜霉*P. manshurica* (Naumov) Syd.，为害大豆，引致大豆霜霉病。叶片、种荚及种子均可受害。叶面病斑不规则形，初期褪绿呈黄色斑点，逐渐变成褐色，叶背生灰黄色霉层；豆荚受害后，荚内充满菌丝体及卵孢子；种皮下亦有卵孢子。孢囊梗自气孔伸出，分枝3或4次，240～424μm×6～10μm；孢子囊椭圆形或倒卵圆形，少数球形，14～26μm×14～20μm；卵孢子近圆形，黄褐色，壁厚，直径29～50μm。以卵孢子在病组织内或种子表面越冬。

3）野豌豆霜霉*P. viciae* (Berkeley) Caspary，为害豌豆，引致豌豆霜霉病。叶片和种荚均可受害。叶背霉层淡紫灰色。孢囊梗成束自

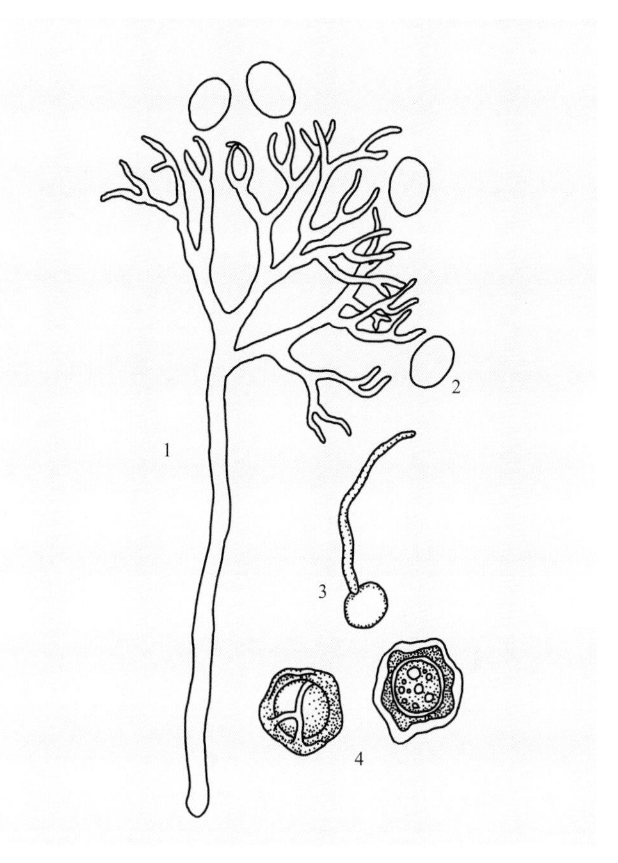

图1-36 *Peronospora*形态模式图

1：孢囊梗；2：孢子囊；3：萌发的孢子囊；4：卵孢子

图1-37 *Peronospora parasitica*引致白菜霜霉病叶片症状

图1-38 *Peronospora parasitica*孢囊梗与孢子囊

气孔伸出，主轴占全长的2/3～3/4，最长可达1300μm；孢子囊卵圆形或椭圆形，黄绿色或微带紫色，22～27μm×15～19μm，萌发产生芽管；卵孢子球形，黄绿色，壁厚，直径26～43μm，表面有网纹。以卵孢子在土壤中或病组织内越冬。

4）野豌豆（蚕豆）霜霉原变种*P. viciae* var. *viciae* de Bary，为害蚕豆，引致蚕豆霜霉病。孢囊梗束生，分枝4～8次，230～700μm×6～9μm；孢子囊椭圆形、卵圆形或长圆形，褐色，28～34μm×17～28μm；卵孢子较小，直径25～30μm。除蚕豆外，还为害豌豆、大豆、扁豆、兵豆、苕子等豆科植物。

5）苜蓿霜霉病病原菌主要有2个种：①苜蓿霜霉*P. aestivalis* Syd.，侵染苜蓿叶片及嫩茎，引致植株生长迟缓和褪绿，叶背生灰紫色霉层。孢囊梗单生或2～4根束生，192～432μm×8～10μm，双叉状分枝4～7次；孢子囊椭圆形或近圆形，淡褐色，16～30μm×14～21μm。②三叶草霜霉*P. trifoliorum* de Bary，为害苜蓿、车轴草、大豆等，在苜蓿上引致幼株茎叶褪绿卷缩，霉层紫灰色。孢囊梗分枝4～6次，360～600μm×9～11μm；孢子囊圆形至广椭圆形，淡紫色，15～20μm×18～36μm；卵孢子球形，光滑，淡褐色，直径24～30μm。以卵孢子在病组织内或以菌丝体在宿根中越冬。

6）天仙子霜霉烟草专化型*P. hyoscyami* f. sp. *tabacina* Skalický，为害烟草，引致烟草霜霉病。叶片病斑圆形或近圆形，淡黄色至黄绿色，无明显边缘，霉层蓝灰色或灰褐色，较厚。孢囊梗2～5根自气孔伸出，无色；孢子囊卵圆形或广梭形，无色或淡黄色，萌发产生芽管，潮湿黑暗条件下可产生游动孢子；卵孢子球形，光滑，卵球淡黄色，周围有无色膜包被，有时因干燥收缩而显现皱褶。该病菌是中国进境检疫对象，在中国以外地区流行较广，有生理小种分化现象。

7）甜菜霜霉*P. farinose* f. sp. *betae* Byford，为害甜菜，引致甜菜霜霉病。主要侵染叶片，病部霉层紫灰色。孢囊梗分枝6～8次；孢子囊淡褐色，卵圆形，20～24μm×15～18μm；卵孢子直径26～36μm。

8）荞麦霜霉*P. fagopyri* Elenev，为害荞麦，引致荞麦霜霉病。叶面病斑不规则形，黄色或黄褐色，叶背生淡灰色霉层。孢囊梗单根或成束自气孔伸出，无色，基部稍大，主干占全长的1/2～1/3，176～326μm×6～8μm，双叉状分枝3～5次；孢子囊卵圆形或椭圆形，少数球形，无色或淡色，16～27μm×14～19μm。

9）粉霜霉*P. farinosa* (Fr.: Fr.) Fr.，为害菠菜，引致菠菜霜霉病。孢囊梗无色，长200～450μm；孢子囊卵圆形或椭圆形，淡紫色或灰色，22～38μm×16～26μm；卵孢子球形，淡褐色，壁厚，直径35～47μm。主要以菌丝体在病组织内越冬。

10）葱韭霜霉*P. destructor* (Berkeley) Caspary ex Berkeley，为害葱和韭菜，引致葱韭霜霉病。叶片及花茎受害，病斑椭圆形或梭形，上生紫灰色霉层。孢囊梗长122～820μm，分枝4或5次；孢子囊卵圆形，煤烟色，40～72μm×18～29μm；卵孢子生于枯死的病组织内，黄褐色，球形，直径40～44μm。以卵孢子在病残体或种子上越冬，或以菌丝体在鳞茎内越冬。除葱、韭菜外，还为害洋葱、冬葱、野葱等。

12. 盘梗霉属*Bremia* Regel

孢囊梗双叉状锐角分枝，分枝末端膨大呈盘状，边缘生数根小梗，小梗上生孢子囊；孢子囊卵圆形，具乳头状突起，萌发产生芽管，很少形成游动孢子（图1-39）；卵孢子少见，球形，黄褐色，壁较薄，表面光滑或有微皱。寄生在莴苣等菊科植物上，引致霜霉病。

莴苣盘梗霉*Bremia lactucae* Regel，为害莴苣，引致莴苣霜霉病。主要侵染叶片，下部老叶首先发病，叶面产生多角形、褪绿黄斑，叶背生白色霉层（图1-40）。孢囊梗2或3根自气孔伸出，2或3次双叉状分枝，梗端膨大呈盘状，上生小梗3～5根；孢子囊无色，卵圆形，具乳头状突起，16～22μm×15～20μm（图1-41）；卵孢子不常见，球形，黄褐色，表面平滑或微皱，直径26～35μm。以菌丝体在秋播莴苣或其他越年寄主植物上越冬。除莴苣外，还为害多种菊科植物。选用抗病品种、高垄高畦栽培、重病田与非菊科蔬菜轮作等措施可有效防控莴苣霜霉病。

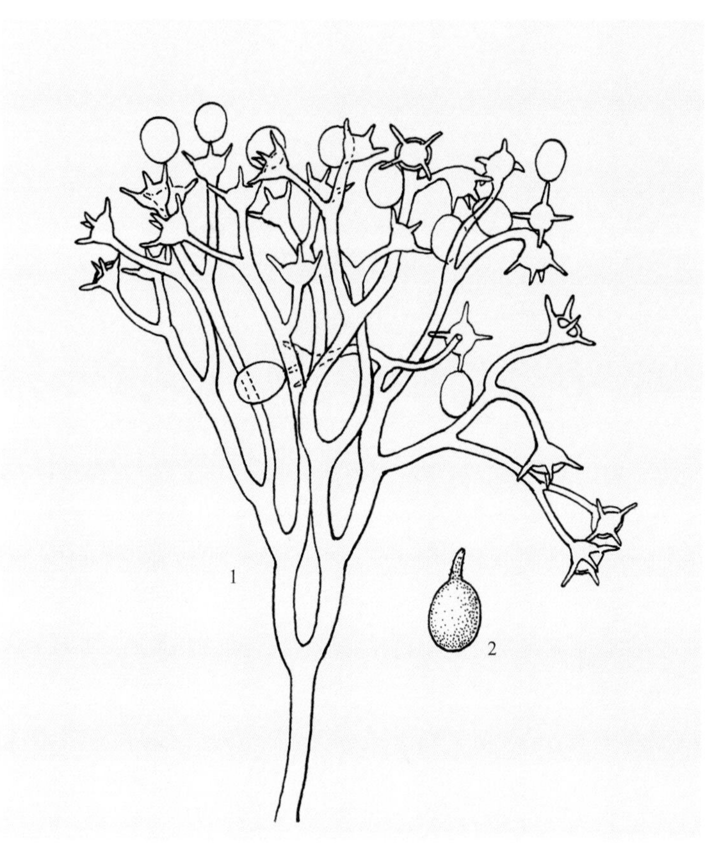

图1-39　*Bremia*形态模式图

1：孢囊梗与孢子囊；2：萌发的孢子囊

图1-40　*Bremia lactucae*引致莴苣霜霉病叶背症状

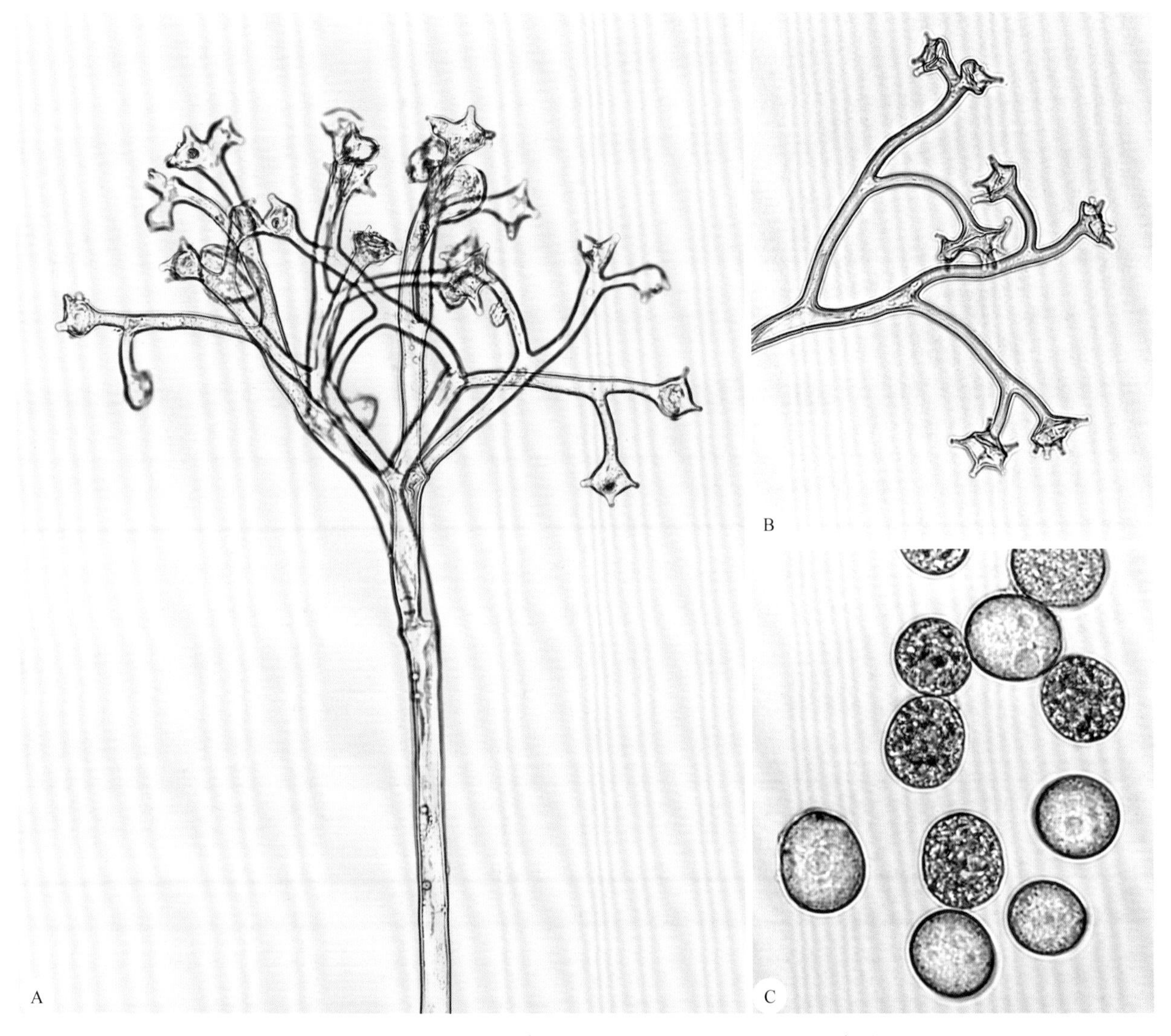

图1-41 *Bremia lactucae*孢囊梗（A），盘状小梗（B），孢子囊（C）

13. 白锈属*Albugo* (Pers.) Roussel

菌丝体生于寄主植物细胞间，产生小而圆的吸器并伸入寄主植物细胞内吸取营养物质和水分。孢囊梗短粗，棒状，不分枝，栅栏状生于寄主植物表皮下，顶端串生孢子囊；孢子囊球形，串珠状自上而下连续形成，孢子囊之间有孢囊壁外膜胶化形成的连接体，成熟后连接体溶化，孢子囊分散脱离；孢子囊萌发产生肾形、具双鞭毛的游动孢子，从顶端裂口释放；藏卵器球形，在菌丝顶部或中间形成；雄器棍棒状，侧面与藏卵器接触；成熟的卵孢子外壁有不同的网状突起或瘤突，是鉴定种的主要依据；卵孢子萌发产生游动孢子（图1-42）。该属各种都是高等植物的专性寄生菌，为害植物的茎、叶片和果实，病部产生白色疱状孢子囊堆，破裂后散出大量白色粉状物（孢子囊）。

1）白锈菌*Albugo candida* (Gmelin: Persoon) Kuntze，为害小白菜，引致小白菜白锈病。叶片发病，多在叶面出现褪绿斑点，叶背生凸起的乳白色疱斑，表面有银白色光泽。幼茎、花梗受害肿大畸形，

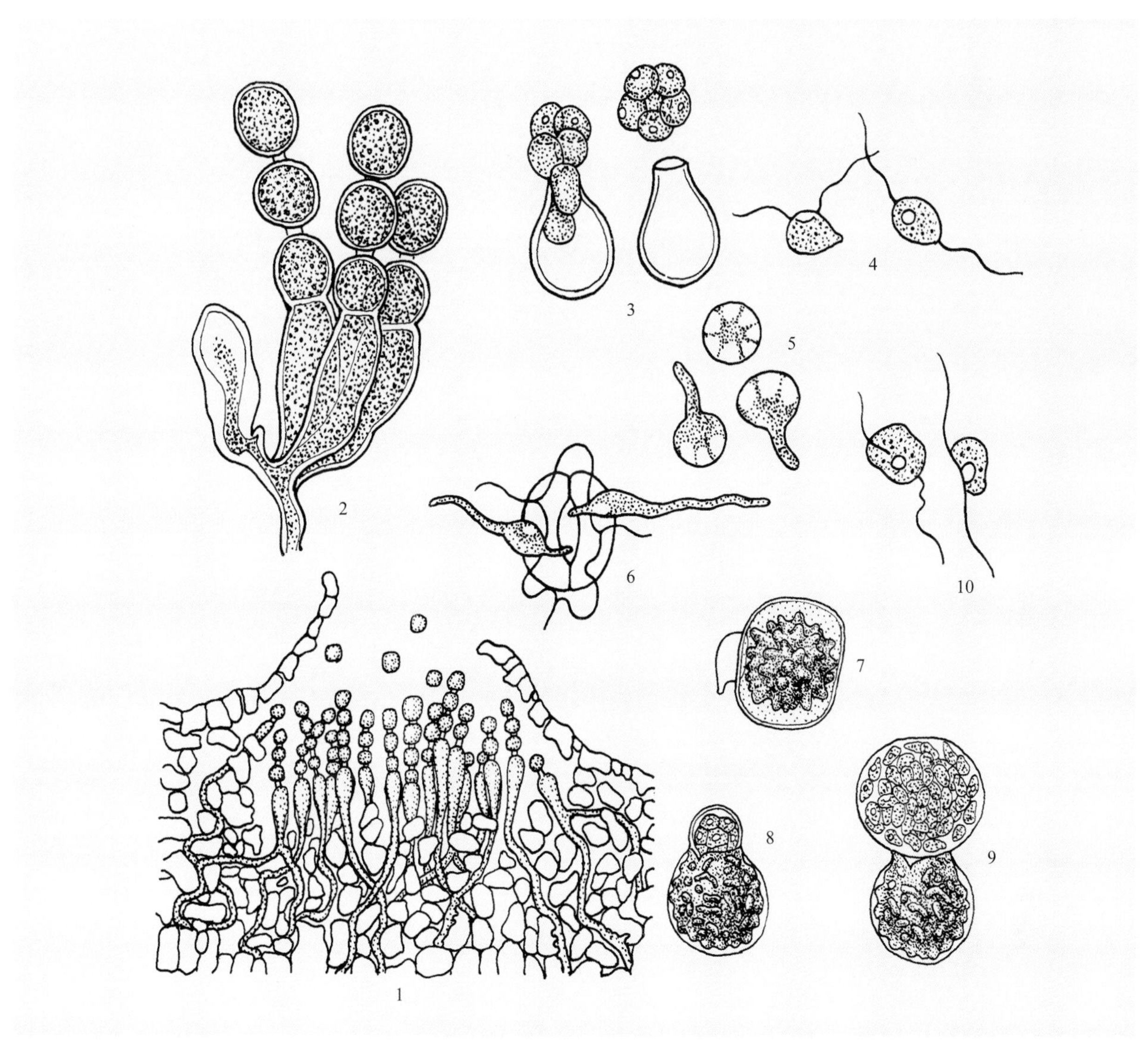

图1-42　*Albugo*形态模式图

1：孢子囊堆；2：孢囊梗及串生孢子囊；3：孢子囊萌发；4：游动孢子；5：休止孢及其萌发状态；6：侵染；7：卵孢子；8～10：卵孢子萌发产生游动孢子

弯曲呈“龙头”状。花器发病，花瓣膨大畸形，变绿色，呈叶状。受害作物的茎、枝、花梗、花器和角果上均可产生凸起的乳白色疱斑（图1-43）。孢囊梗单胞，无色，棍棒状，28～42μm×13～17μm；孢子囊近圆形至广椭圆形，壁薄，光滑，14～20μm×13～18μm（图1-44）；卵孢子球形，暗褐色，壁厚，外壁有瘤状突起或短条状隆起，直径36～52μm。该病菌有生理分化现象，芸薹、萝卜、荠菜上为不同的生理小种。以卵孢子或菌丝体在病组织上越冬。除小白菜外，还为害多种十字花科作物及杂草。

2）婆罗门参白锈菌*A. tragopogi* (Pers.) Schröt.，为害向日葵，引致向日葵白锈病。叶片、茎秆、叶柄和花萼均可受害。叶面形成淡黄色斑点（块），叶背生白色疱状突起，后期淡黄色，破裂后散出白色粉末状孢子囊（图1-45）。孢囊梗短棍棒形，无色，单胞，不分枝，30.7～58.9μm×10.2～13.8μm；孢子囊短圆筒形、腰鼓形或椭圆形，无色，单胞，壁膜中腰增厚或稍厚，短链生，生于最顶端的孢子囊近球形，18.47～21.11μm×19.79～23.75μm；卵孢子球形，沿叶脉生或散生，淡褐色至深褐色，网

图1-43 *Albugo candida*引致小白菜白锈病叶片症状（A）、花器症状（B）及果梗症状（C）

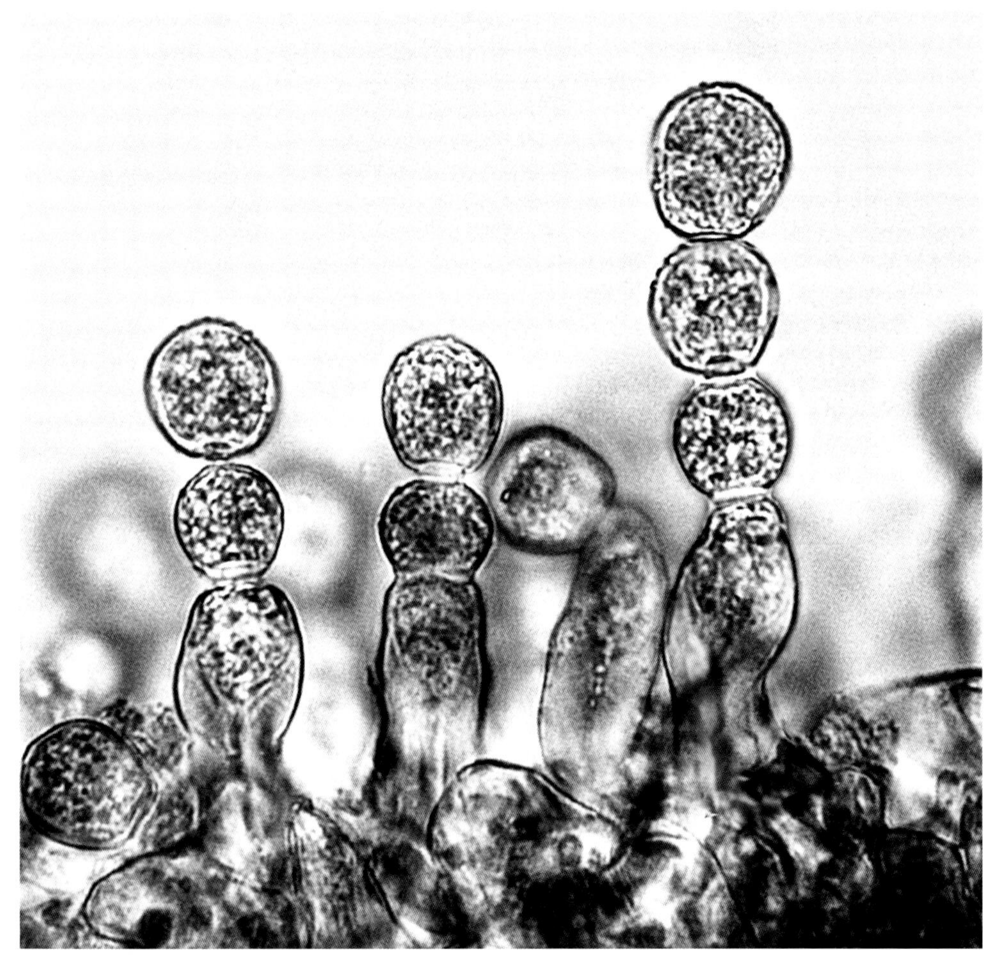

图1-44　*Albugo candida*孢囊梗与孢子囊

纹双线，边缘有较高的突起，具网状棱纹，27.5～37.5μm×25.0～32.5μm（图1-46）。目前，仅在中国新疆发现。以卵孢子在病残体、土壤或种子中越冬，是主要初侵染源。

3）苋白锈菌*A. bliti* (Bivona-Bernardi) Kuntze，为害苋菜，引致苋菜白锈病。叶面形成黄色褪绿斑点，叶背生白色疱状突起斑点（图1-47A）。孢囊梗无色，棒状，25～40μm×10～18μm；孢子囊球形或近球形，直径14～22μm（图1-47B）；卵孢子球形，褐色，外壁有网纹状突起，网眼长形，不规则弯曲，直径42～56μm。除苋菜外，还为害多种苋科植物。

4）旋花白锈菌*A. ipomoeae-panduratae* (Schwein.) Swingle，为害甘薯，引致甘薯白锈病。孢囊梗无色，近棒状，25～50μm×14～20μm；孢子囊短圆柱形，生于最顶端的有时球形，赤道部壁厚，15～25μm×14～20μm；卵孢子淡黄褐色，表面有瘤状突起，直径30～60μm。以卵孢子在病组织内越冬。除甘薯外，还为害蕹菜、牵牛花等多种旋花科植物。

5）马齿苋白锈菌*A. portulacae* (de Candolle) Kuntze，为害马齿苋，引致马齿苋白锈病。叶片发病，孢囊堆多生于叶面。孢囊梗棍棒形，50～80μm×17～21μm；孢子囊卵圆形至长圆形，一端略平截，16～26μm×12～16μm；卵孢子球形，暗褐色，直径48～60μm，外壁有网纹状突起，网眼方形或矩形。

图1-45 *Albugo tragopogi*引致向日葵白锈病叶面症状（A）、叶背症状（B）及其田间为害状（C）

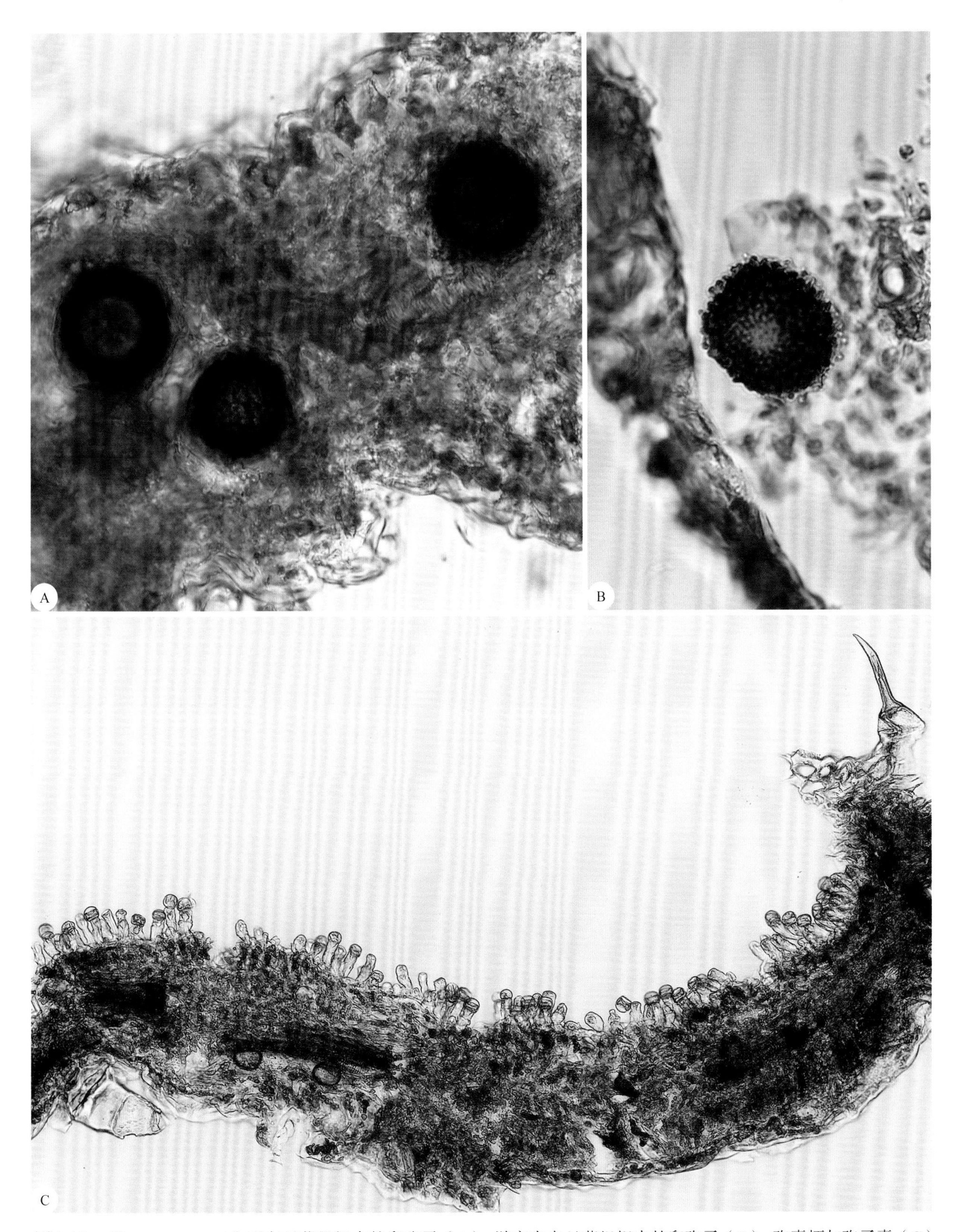

图1-46　*Albugo tragopogi*生于向日葵组织内的卵孢子（A），游离在向日葵组织内的卵孢子（B），孢囊梗与孢子囊（C）

图1-47 *Albugo bliti*引致苋菜白锈病叶背症状（A）及其孢囊梗和孢子囊（B）

第二章
植物病原真菌

真菌（Fungi）是一类可产孢且无叶绿体的真核生物。真菌独立于动物、植物和其他真核生物自成一界，即真菌界。真菌的细胞壁含有几丁质（chitin），能通过无性生殖和有性生殖的方式产生孢子。真菌不仅能引致植物病害，还能使食物或者其他农产品腐败和变质，一些真菌产生的毒素可引致人畜中毒或者致癌。同时，真菌是重要的工业、农业和医用微生物，许多真菌还可以食用。真菌的主要特征如图2-1～图2-7所示。

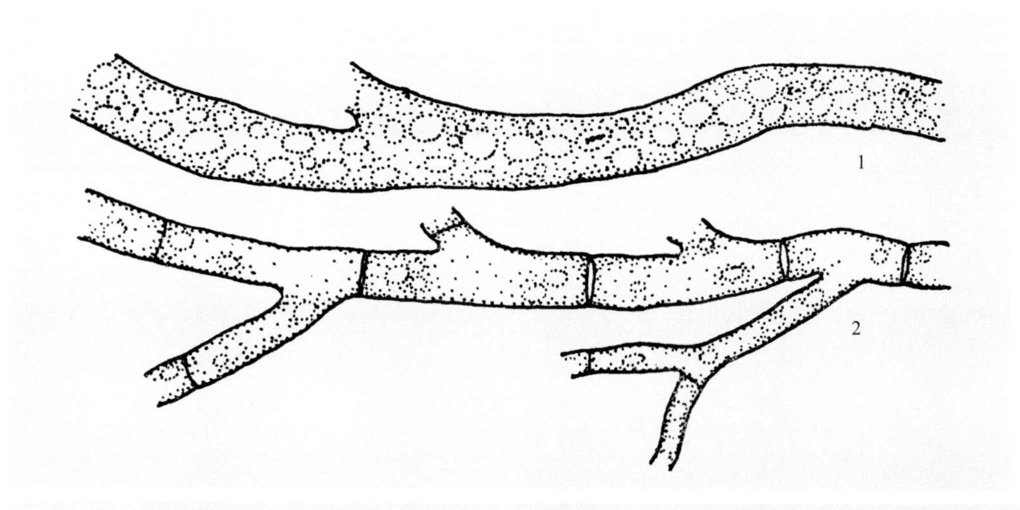

图2-1　真菌的无隔菌丝（1）和有隔菌丝（2）

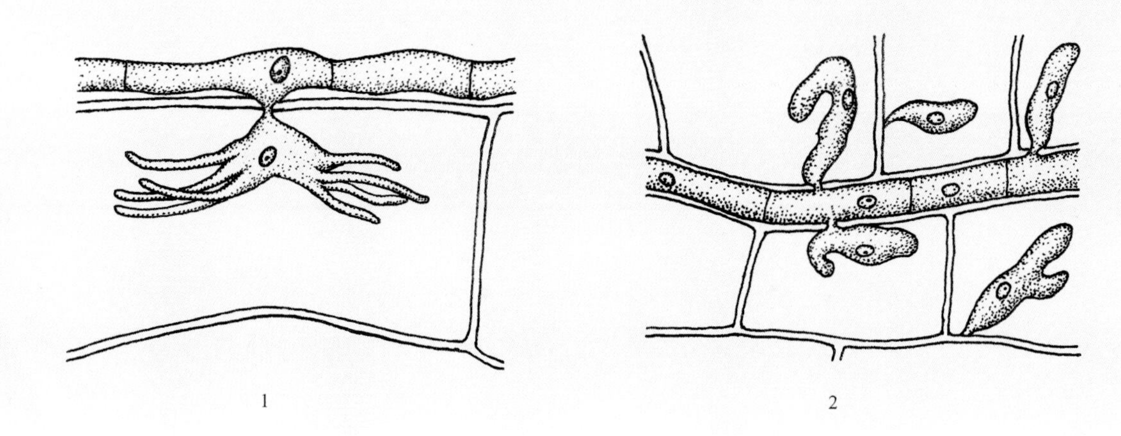

图2-2　白粉菌（1）和锈菌（2）的吸器

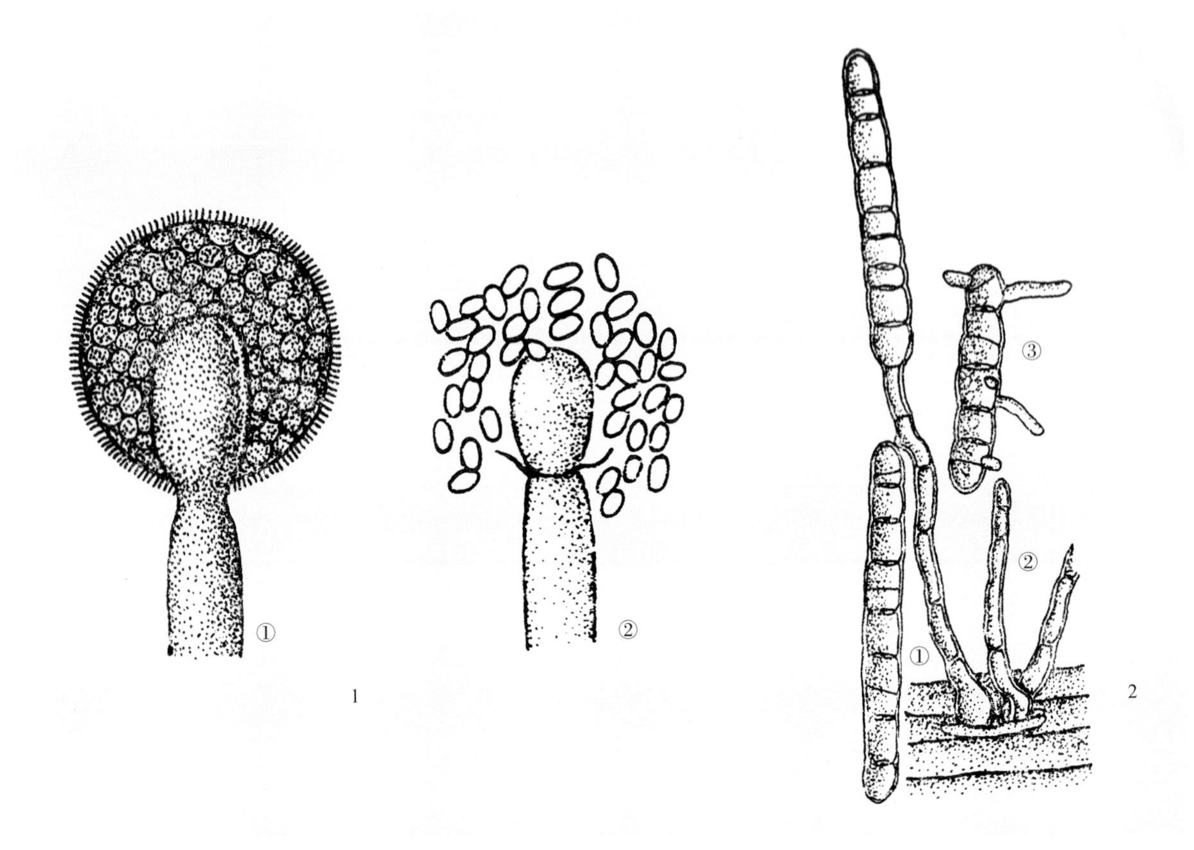

图2-3　真菌无性生殖的孢子类型

1. 孢囊孢子（sporangiospore）：①孢子囊与孢囊梗；②孢子囊成熟，破裂后释放出孢囊孢子。2. 分生孢子（conidium）：①分生孢子；②分生孢子梗；③分生孢子萌发

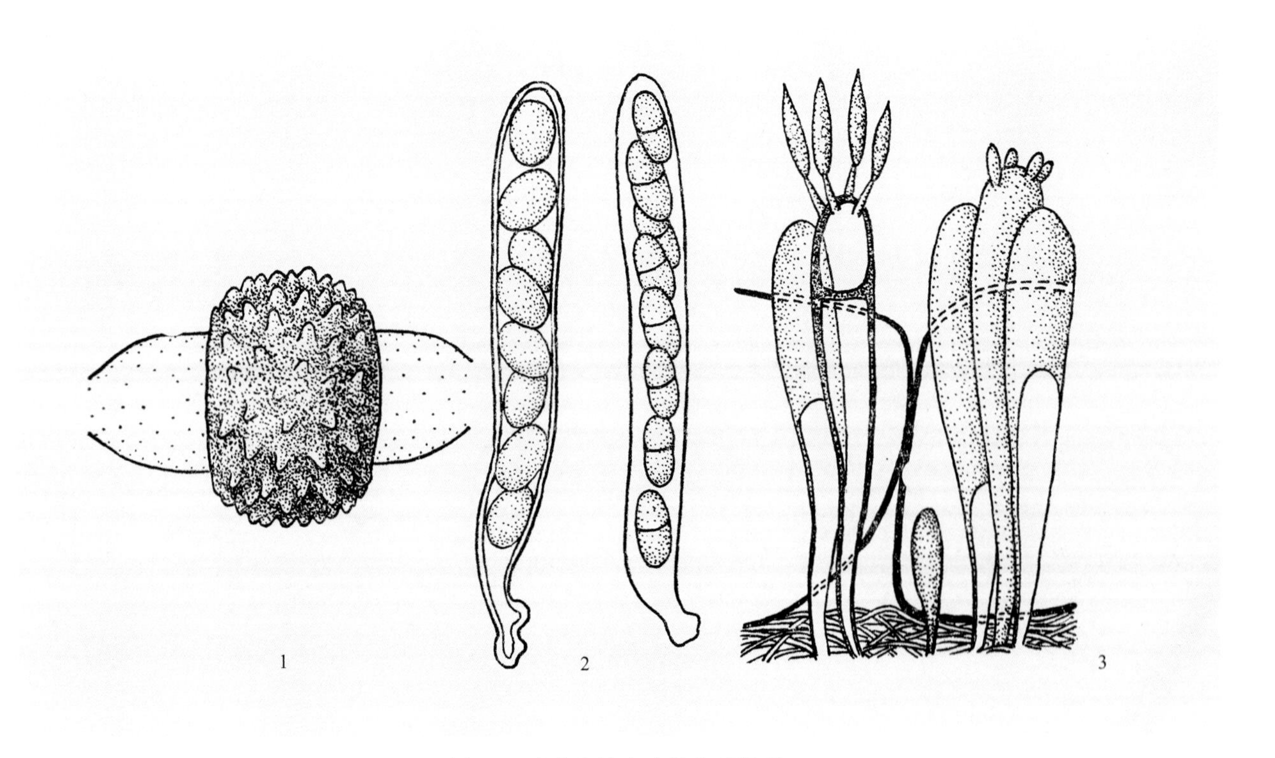

图2-4　真菌有性生殖的孢子类型

1：接合孢子（zygospore）；2：子囊孢子（ascospore）；3：担孢子（basidiospore）

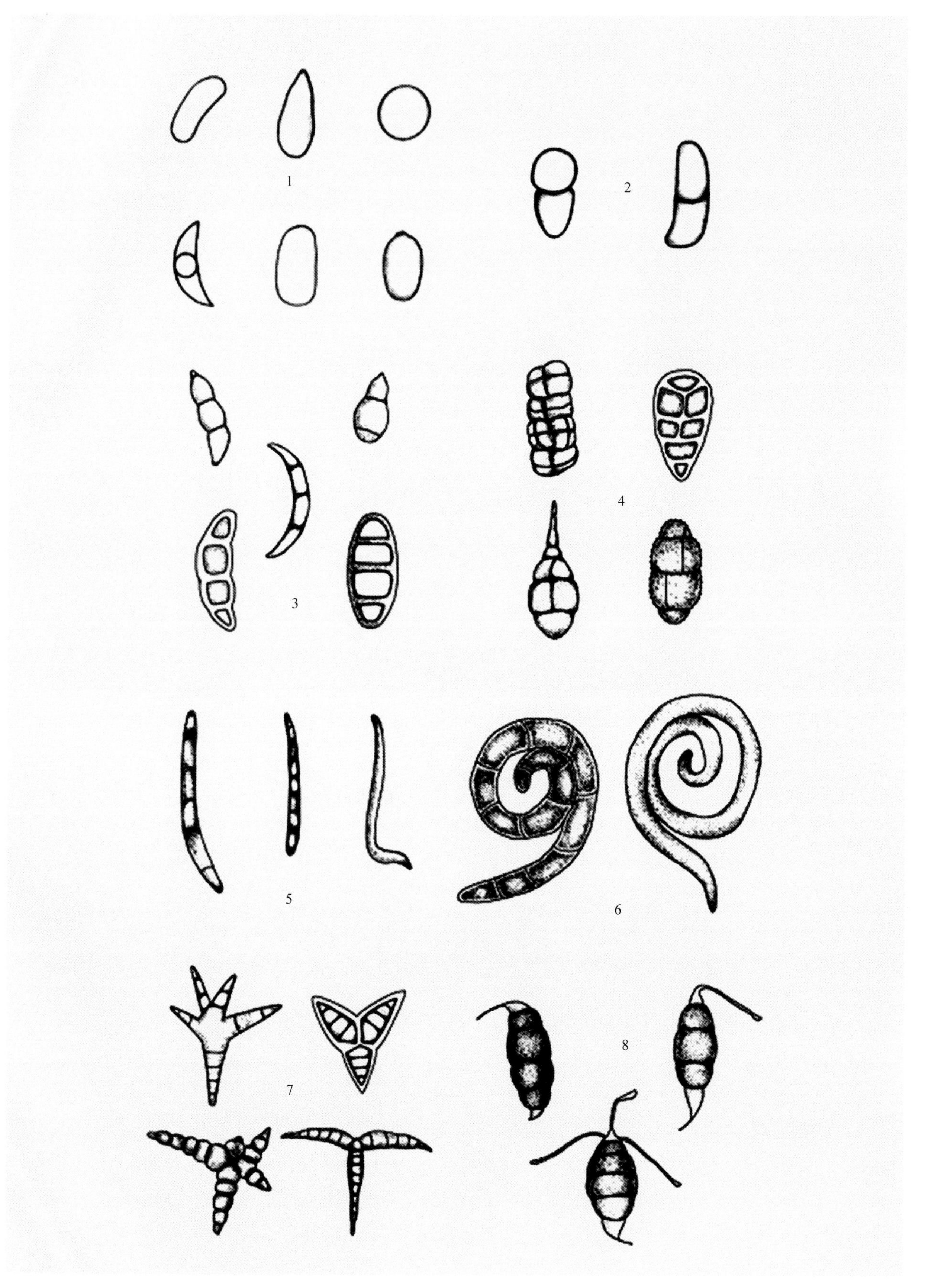

图2-5　真菌的分生孢子类型

1：单胞孢子；2：双胞孢子；3：多胞孢子；4：砖格状孢子；5：线形孢子；6：螺旋孢子；7：星状孢子；8：顶生刺毛孢子

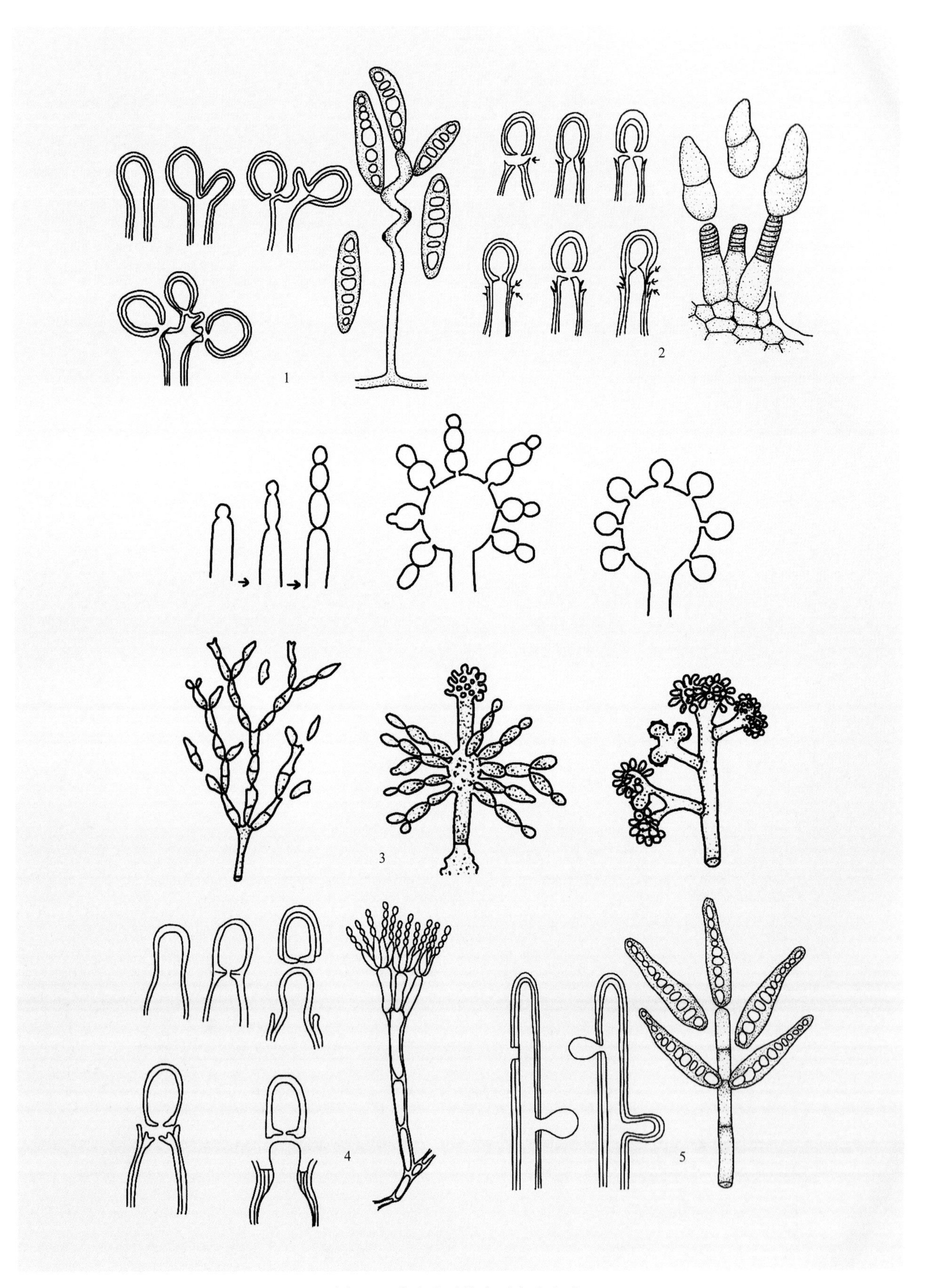

图2-6　分生孢子的主要产生方式

1：合轴式；2：环痕式；3：芽生式；4：瓶梗式；5：孔生式

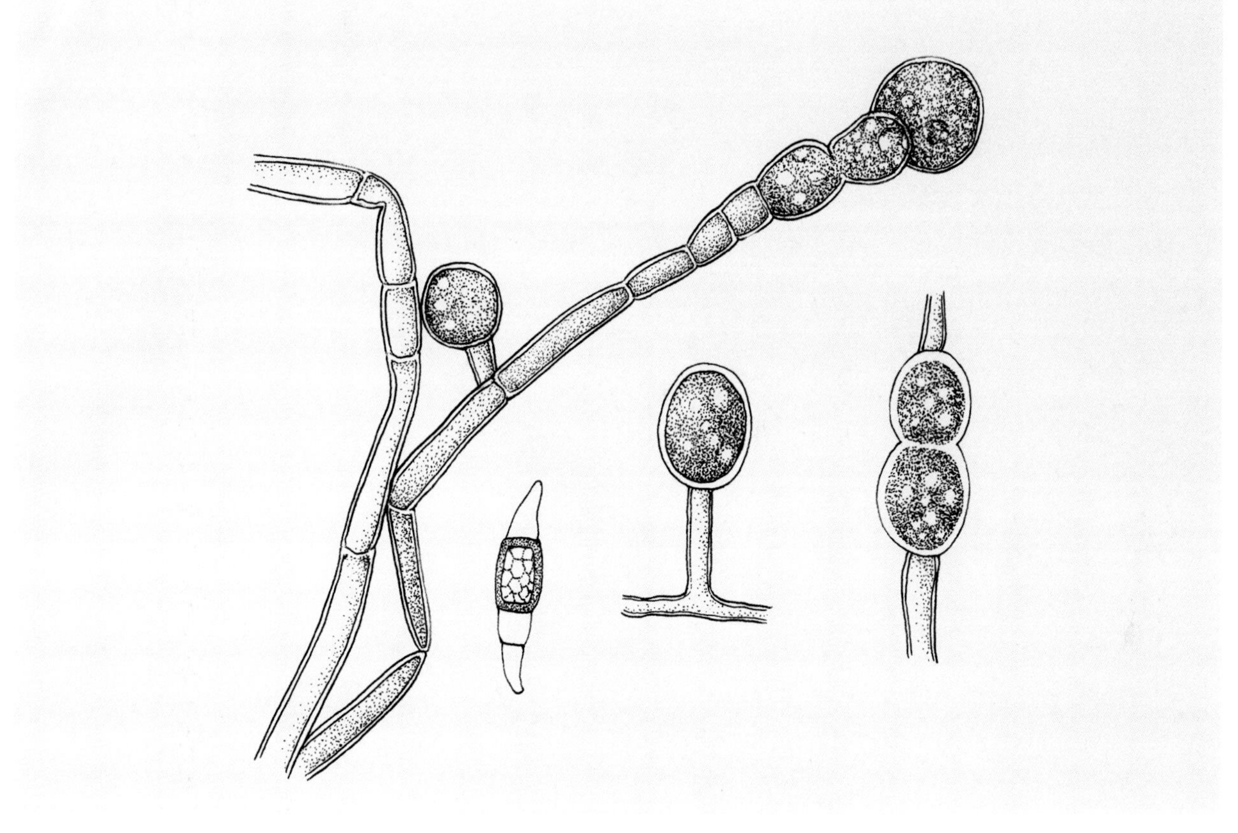

图2-7　真菌厚垣孢子形态模式图

第一节　接合菌亚门病原真菌及其所致病害

接合菌亚门真菌的共同特征是有性生殖产生接合孢子，这类真菌通常也被称为接合菌，接合菌的营养体为单倍体，多数为发达的无隔菌丝体，高等接合菌的菌丝体有隔膜。有的接合菌菌丝体可以分化成假根和匍匐菌丝。接合菌都是陆生菌，通过无性生殖在孢子囊中产生孢囊孢子。低等的接合菌产生大孢子囊，内生大量孢囊孢子；较高等的接合菌产生小孢子囊，内生几个或者1个孢囊孢子，这种产孢方式与子囊菌无性态的产孢方式已经非常接近。接合菌的有性生殖以配子囊配合的方式进行质配，两个原配子囊接触后，在原配子囊内形成1个隔膜，将原配子囊分割为两个细胞，顶端的细胞称为配子囊，与菌丝相连的细胞称为配囊柄。质配时，两个配子囊顶端接触部分的细胞壁消解后融合成1个细胞，最后发育成接合孢子。

接合菌菌丝发达，多分枝，无隔膜，多核；无性生殖由菌丝顶端的多核原生质团不断聚集、膨大形成孢子囊，孢子囊内的原生质团割裂成许多小块，每一块发育成1个孢囊孢子。孢囊孢子无鞭毛，不能游动，少数种类还可以形成虫菌体、节孢子、变形细胞等，孢子囊成熟后破裂，孢囊孢子随风散布，在适宜条件下再萌发形成菌丝。接合菌不产生具鞭毛的游动孢子和配子，明显表现出由水生发展到陆生的特征。有性生殖由相同或不同的菌丝所产生的两个同形等大或同形不等大的配子囊经过接合质配，形成球形或双锥形接合孢子。接合菌亚门下分接合菌纲和毛菌纲，约110属610种。

接合菌多为腐生菌，有些接合菌是高等植物的菌根菌，与高等植物共生形成菌根；有的接合菌用于食品发酵、酶制剂生产；有的接合菌可以寄生植物或动物，引致植物病害或动物疾病。

1. 毛霉属 *Mucor* Fresen.

菌丝体发达，有分枝，一般无隔膜，不形成匍匐丝和假根；孢囊梗由菌丝分化产生，单生，直立，不分枝或有时分枝，顶端产生孢子囊；孢子囊球形，有膨大的囊轴，囊轴不下垂，孢子囊内产生大量孢囊孢子（图2-8）；孢囊孢子圆形或椭圆形，无色或有色；有性态产生接合孢子，接合孢子表面粗糙，有瘤状突起，萌发产生芽管。腐生，储藏条件不良时引致谷物及其他多汁器官如果实、块根和块茎霉烂。

大毛霉 *Mucor mucedo* (L.) Fres.，为害苦瓜，引致苦瓜果腐病。菌丛初呈白色，后为黄色，有光泽（图2-9）。孢囊梗粗，直径20～60μm，不分枝，或罕具短侧枝；孢子囊初期黄色，老熟时灰黄色，直径70～200μm；孢子囊壁有细刺，成熟时壁消解；囊轴倒卵圆形、梨形至圆柱形，黄色或有橙色内含物；孢囊孢子椭圆形，8～18μm×6～10μm（图2-10）；接合孢子外壁黑色，有粗疣，直径100～200μm。除苦瓜外，常引致多种水果、蔬菜、面包、肉类食品霉烂和腐败。

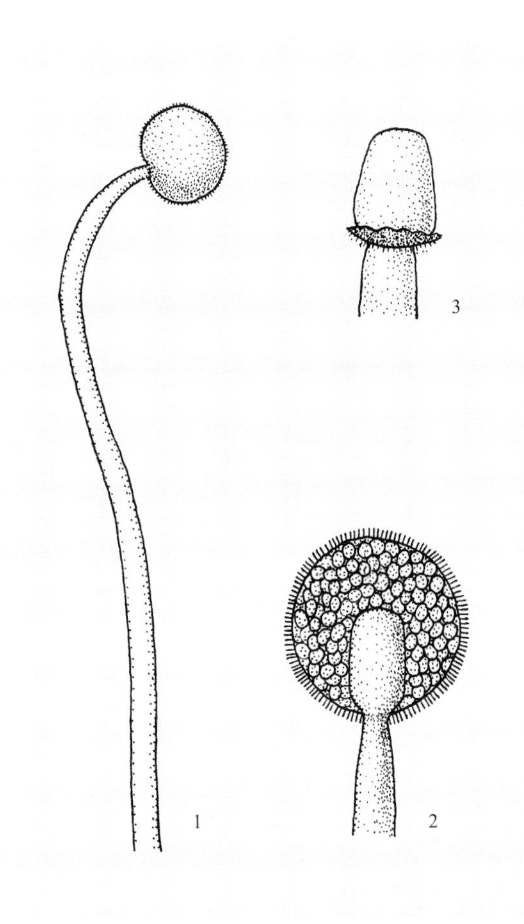

图2-8 *Mucor*形态模式图
1：孢囊梗与孢子囊；2：成熟的孢子囊；3：残留的囊轴

图2-9 *Mucor mucedo*引致苦瓜果腐病症状

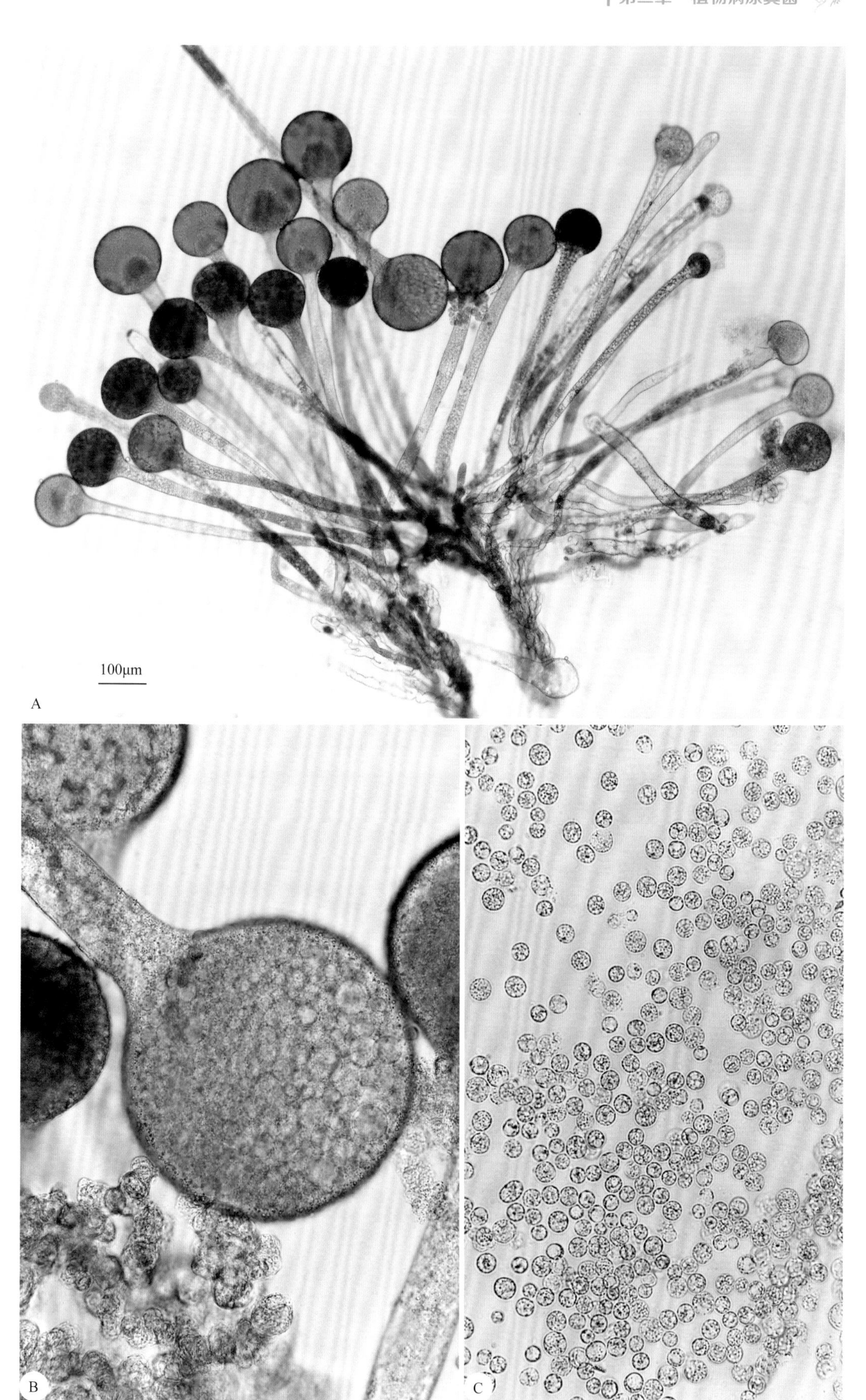

图2-10　*Mucor mucedo*孢囊梗与孢子囊（A），未成熟的孢子囊壁破裂后释放孢囊孢子（B），孢囊孢子（C）

2. 根霉属 *Rhizopus* Ehrenb.

菌丝体发达，匍匐生长，有分枝，以假根附着于基物；孢囊梗不分枝，直或顶端弯曲，2～5根丛生，产生于匍匐菌丝上自假根相对方向长出，顶端生孢子囊；孢子囊球形或半球形，初呈白色，成熟时呈黑色，具膨大的鼓槌状囊轴（图2-11）；孢囊孢子近圆形、卵圆形或多角形，通常有色并具纹饰；接合孢子产生于营养菌丝或匍匐枝上，深色，成熟后表面有疣状突起。根霉属真菌大多数为腐生菌，广泛分布于自然界，有些种对植物有一定的弱寄生性，常引致作物果实和块根腐烂。

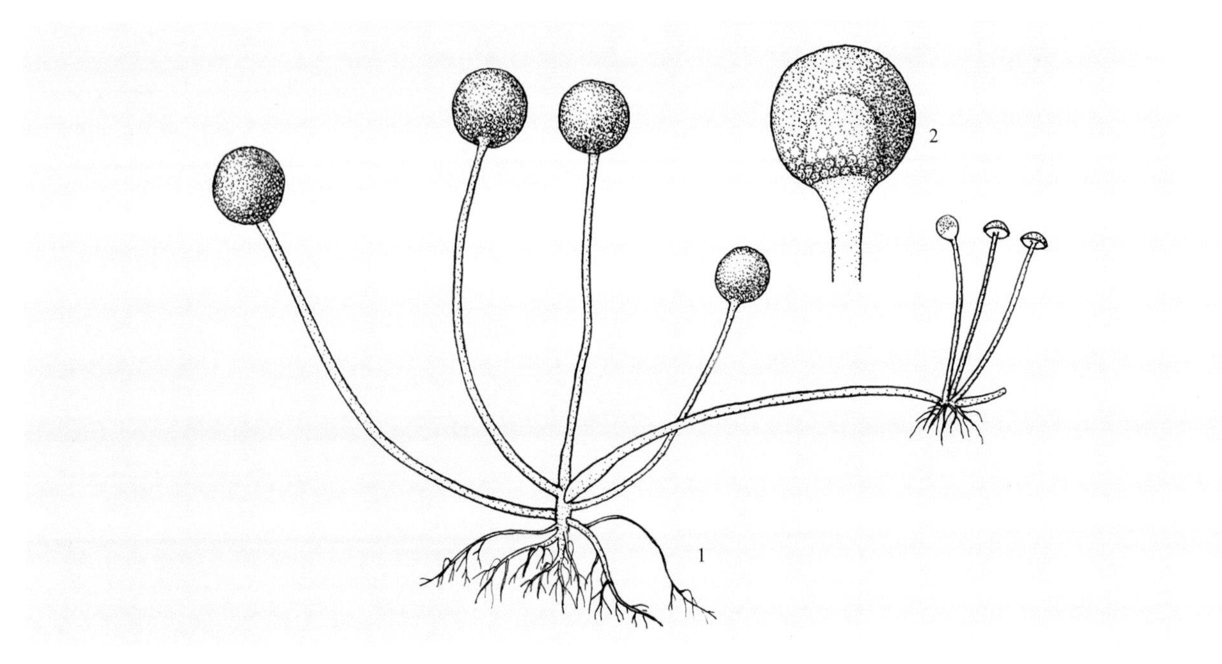

图2-11 *Rhizopus*形态模式图

1：具有假根和匍匐枝的丛生孢囊梗及孢子囊；2：放大的孢子囊

图2-12 *Rhizopus nigricans*引致西葫芦果腐病症状

黑根霉 *Rhizopus nigricans* (Ehrenb.) Vuill，为害西葫芦，引致西葫芦果腐病。病果表面初生水渍状腐烂斑点，很快扩展蔓延成大斑，上生茂密霉层，初呈白色，后变黑色，有点状黑头（孢子囊）（图2-12）。孢囊梗直立，丛生于匍匐枝上，在假根相对方向生长；孢子囊球形，初呈白色，成熟后呈黑褐色，直径约200μm（图2-13）；孢囊孢子圆形或卵圆形，淡黑褐色，单胞，表面有饰纹，成熟后孢子囊壁破裂，散出大量孢囊孢子，孢囊孢子萌发产生芽管，形成菌丝（图2-14）；接合孢子黑色，球形，表面有瘤状突起（图2-15），不同交配型的菌株（“+”菌株和“−”菌株）上

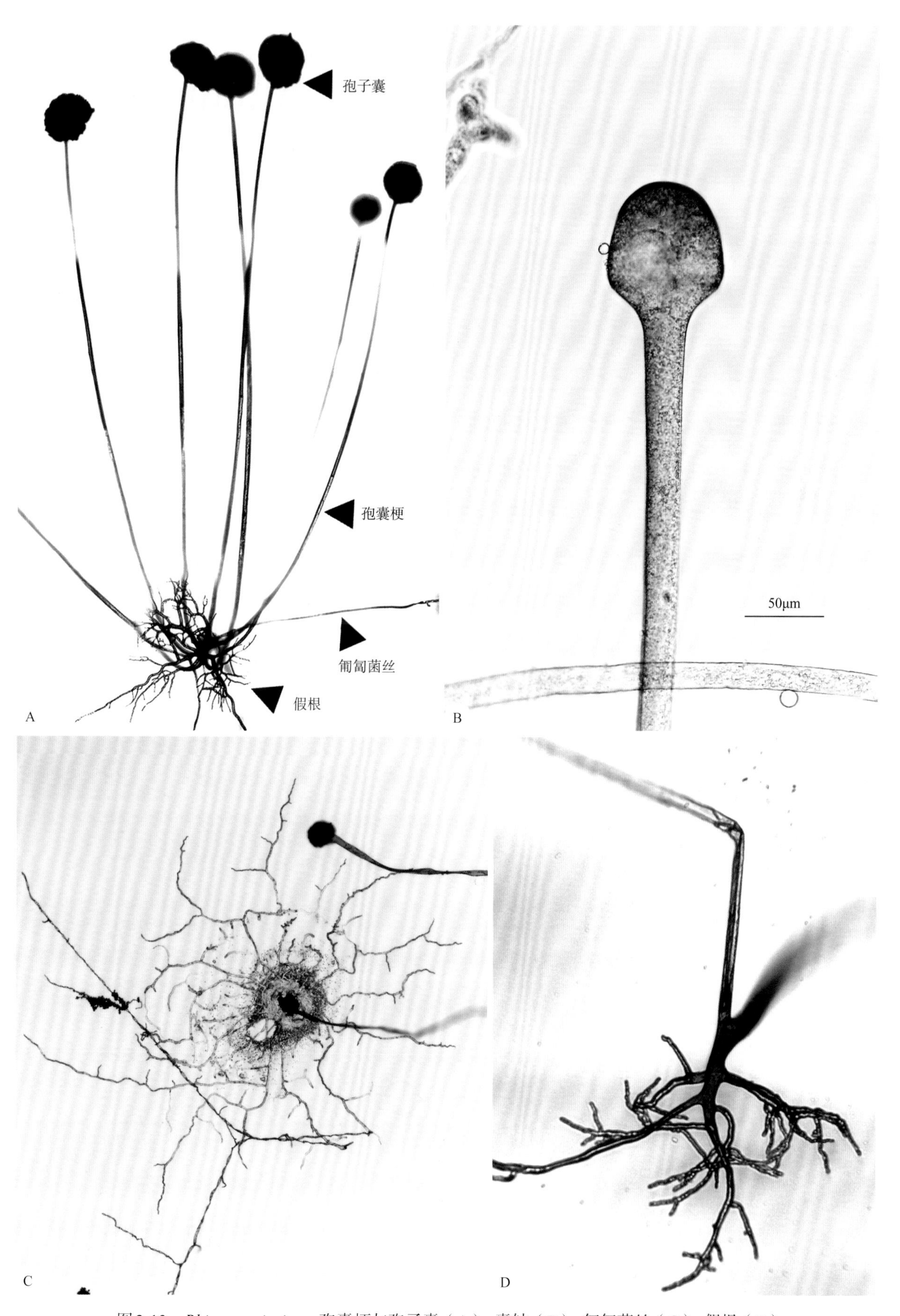

图2-13 *Rhizopus nigricans*孢囊梗与孢子囊（A），囊轴（B），匍匐菌丝（C），假根（D）

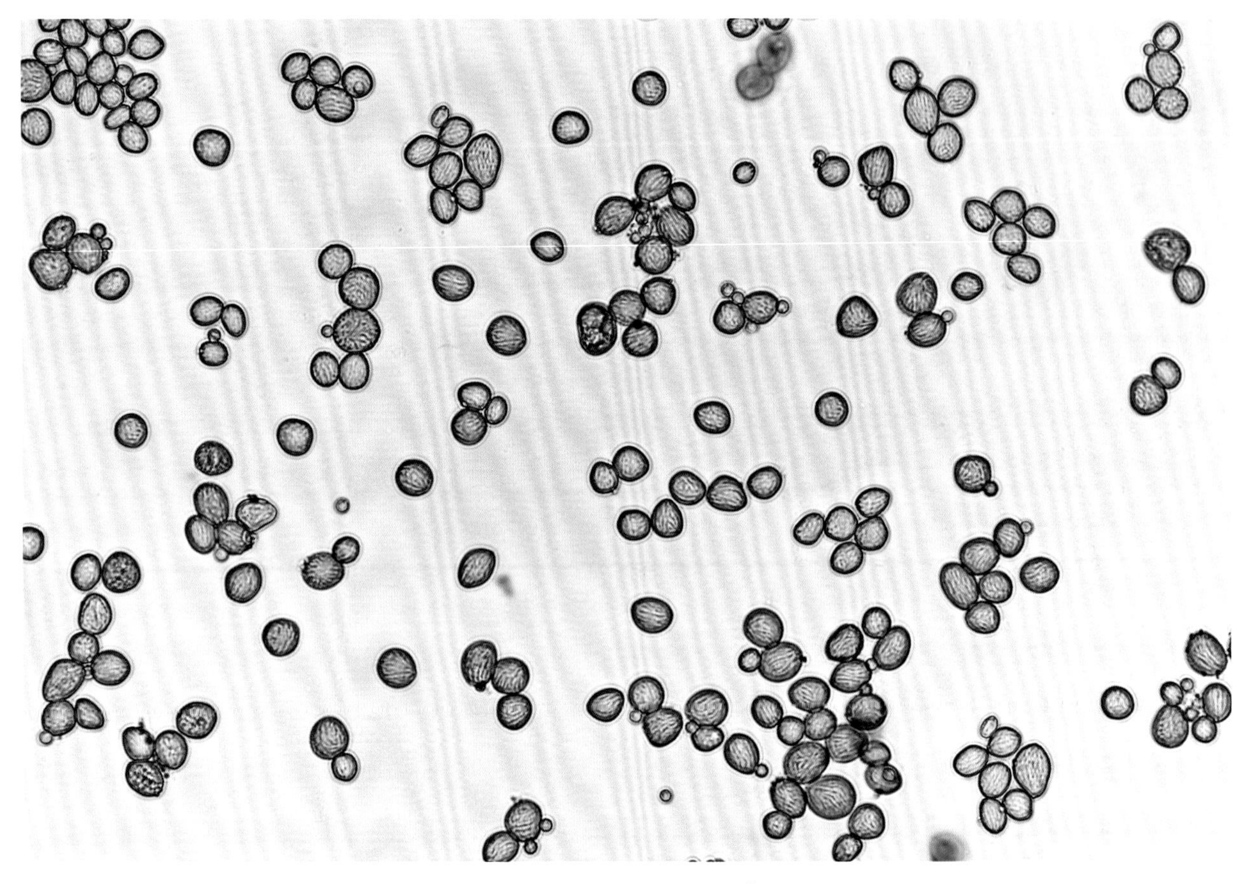

图2-14 *Rhizopus nigricans*孢囊孢子

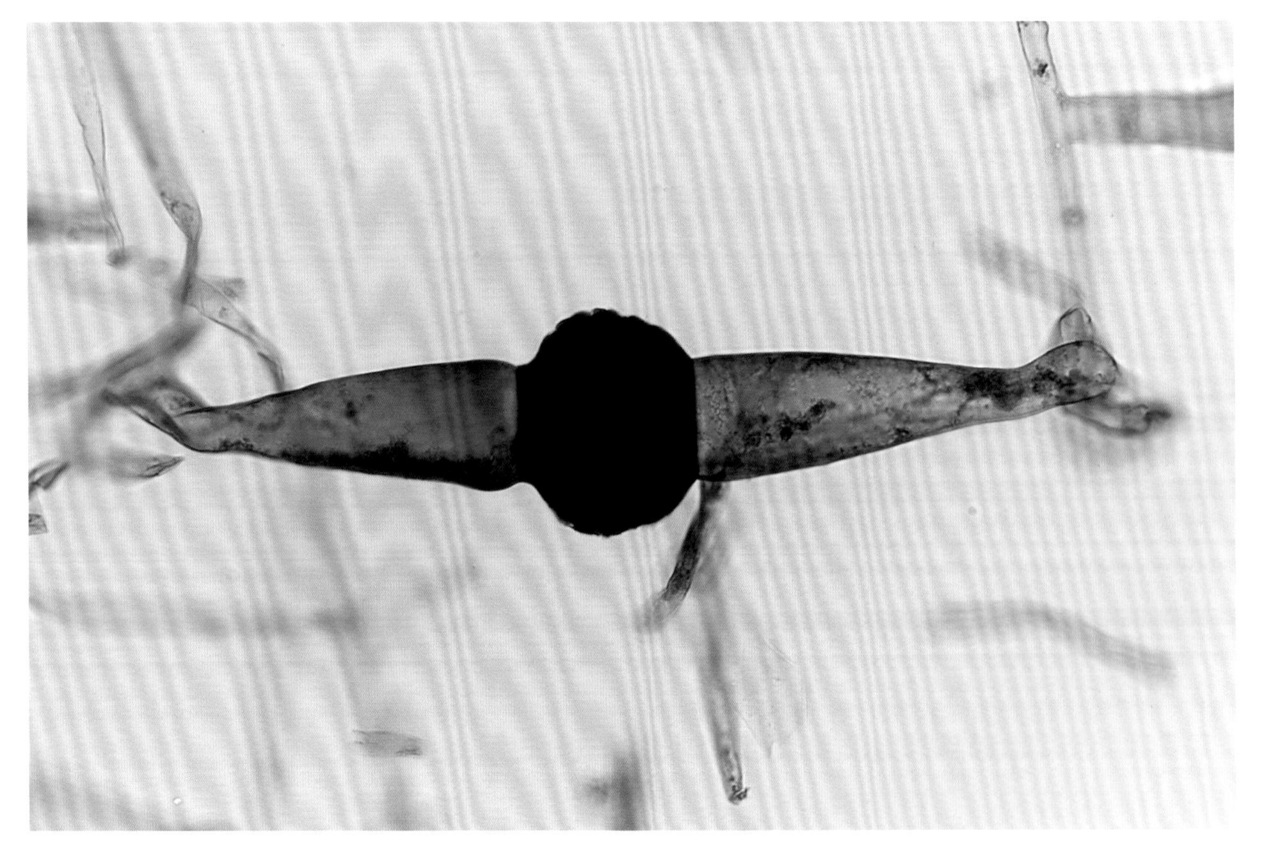

图2-15 *Rhizopus nigricans*“+”菌株与“-”菌株上产生的配囊体结合后形成的接合孢子

产生的配子囊接触和质配后，发育成表面有瘤状突起的接合孢子。除西葫芦外，还为害多种作物果实、块根、块茎及蔬菜的花和叶片，引致腐烂，在发霉的馒头和面包上也常见。

3. 犁头霉属 *Absidia* van Tieghem

菌丝体分化出匍匐菌丝及假根，孢囊梗着生在假根间的弓形匍匐菌丝上，顶端着生梨形孢子囊，匍匐菌丝接触基质处产生假根，但假根不与孢囊梗对生。孢囊梗2～5根成簇，常作轮状或不规则分枝。孢子囊基部有囊托，囊轴锥形或半球形。有性态多为异宗配合，也有同宗配合，接合孢子生于匍匐枝上，配囊柄产生附属丝包围接合孢子（图2-16，图2-17）。

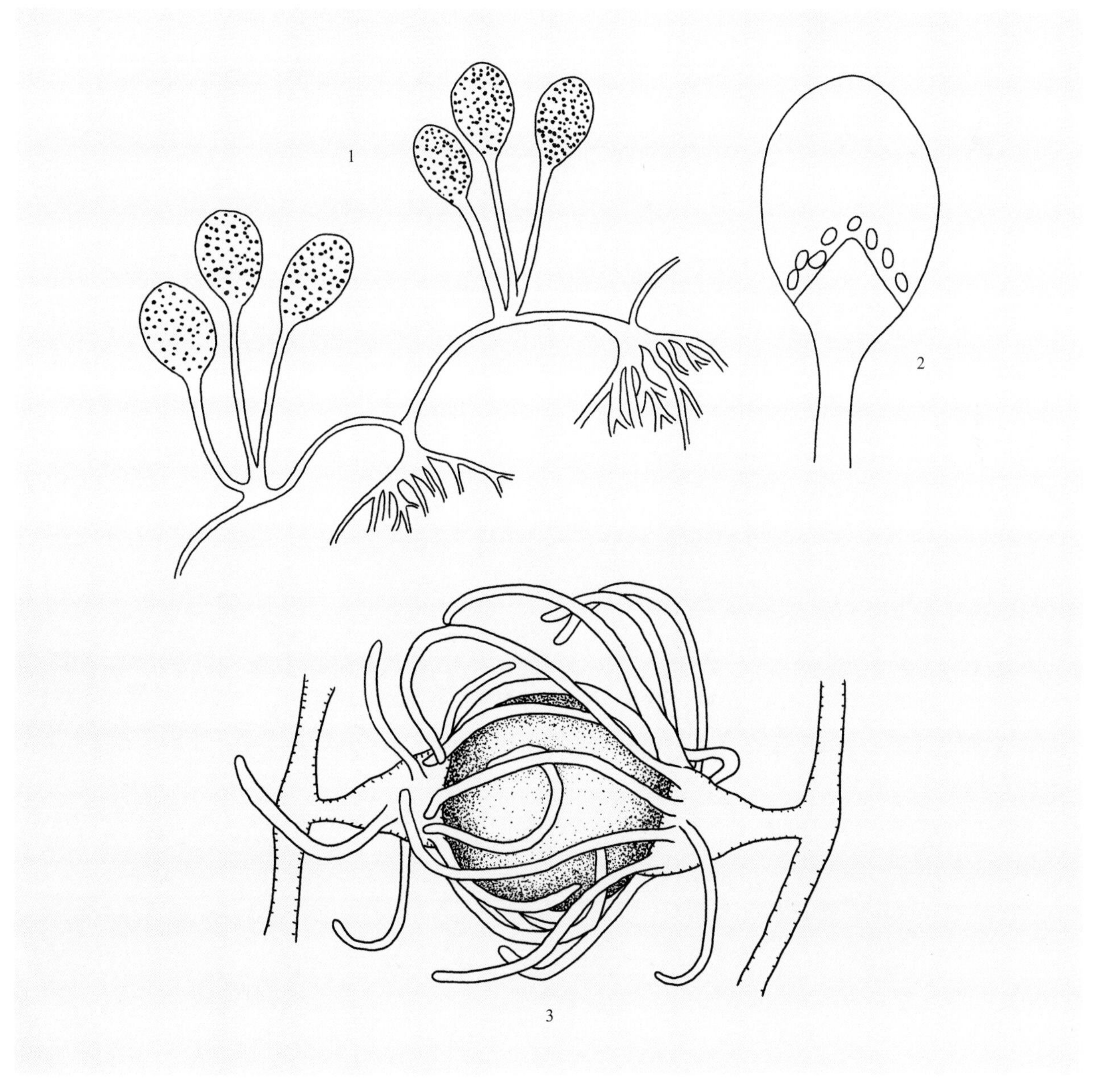

图2-16　*Absidia*形态模式图

1：孢子囊、孢囊梗、假根和匍匐菌丝；2：孢子囊与囊轴；3：接合孢子与附属丝

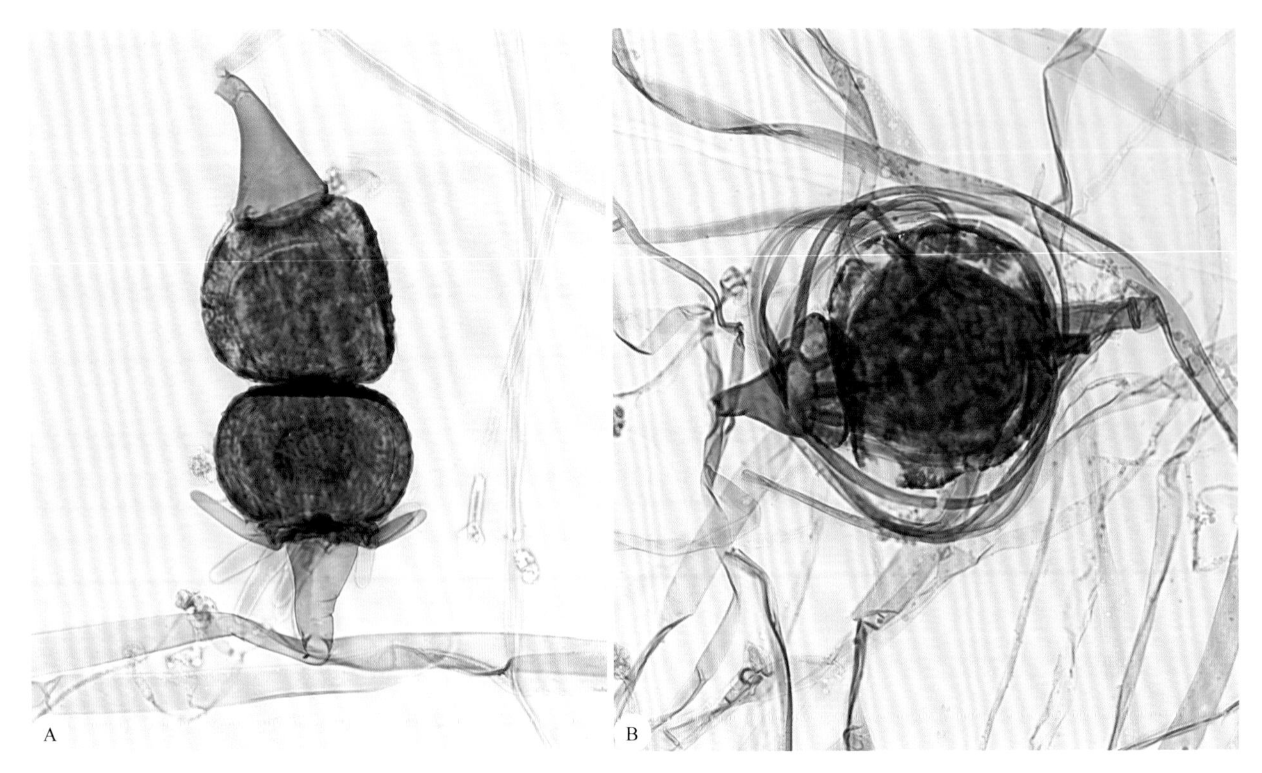

图2-17 *Absidia*“+”菌株和“-”菌株的配囊体接触后进行质配（A）及形成的接合孢子（B）

犁头霉属真菌广泛分布于土壤、酒曲和粪便中，是制酒业的主要污染菌，有些菌株是甾族化合物生物转化的重要菌株。腐生，常引致储藏谷物腐败。

4. 笄霉属 *Choanephora* Curr.

菌丝体发达，孢囊梗不分枝，可形成两种孢子囊，在适宜条件下产生小孢子囊（类似分生孢子），条件不利时产生大孢子囊。产生小孢子囊时，在孢囊梗顶端膨大体上产生小梗，小梗末端形成膨大的小囊体，小孢子囊生于小囊体表面突起的小梗上，圆形或纺锤形，表面有纹饰，每个小孢子囊中只形成1个孢子，实际已和分生孢子无异；大孢子囊产生于顶端弯曲的孢囊梗上，球形，有膨大的囊轴，其中形成多个孢囊孢子；孢囊孢子椭圆形或三角形，表面光滑，两端或三端各有一束纤毛。大多数腐生，少数弱寄生，常引致寄主植物花腐或果腐。

瓜笄霉 *Choanephora cucurbitarum* (Berk. et Raven.) Thaxter，为害瓜类，引致瓜类笄霉果腐病。孢囊梗直立，无色，无隔膜；小孢子囊椭圆形至广梭形，褐色至红褐色，单胞，表面有许多纵纹，14～27μm×9～13μm。在瓜类上通常只产生小孢子囊；大孢子囊及接合孢子在马铃薯葡萄糖琼脂（PDA）培养基上容易产生，大孢子囊梗无色，不分枝，端部微卷，顶端生大孢子囊；大孢子囊球形，黑褐色，下垂，有囊轴，直径38～128μm；囊轴梨形或近球形，直径22～54μm；孢囊孢子椭圆形至近梭形，褐色至红褐色，两端或三端各具一束纤毛，15～29μm×8～14μm；接合孢子球形，暗褐色至黑褐色，有纵纹，直径48～98μm（图2-18）。除瓜类外，还为害棉花、洋麻、辣椒、茄子、扁豆、豇豆等多种植物的花及幼果，引致花腐和果腐。

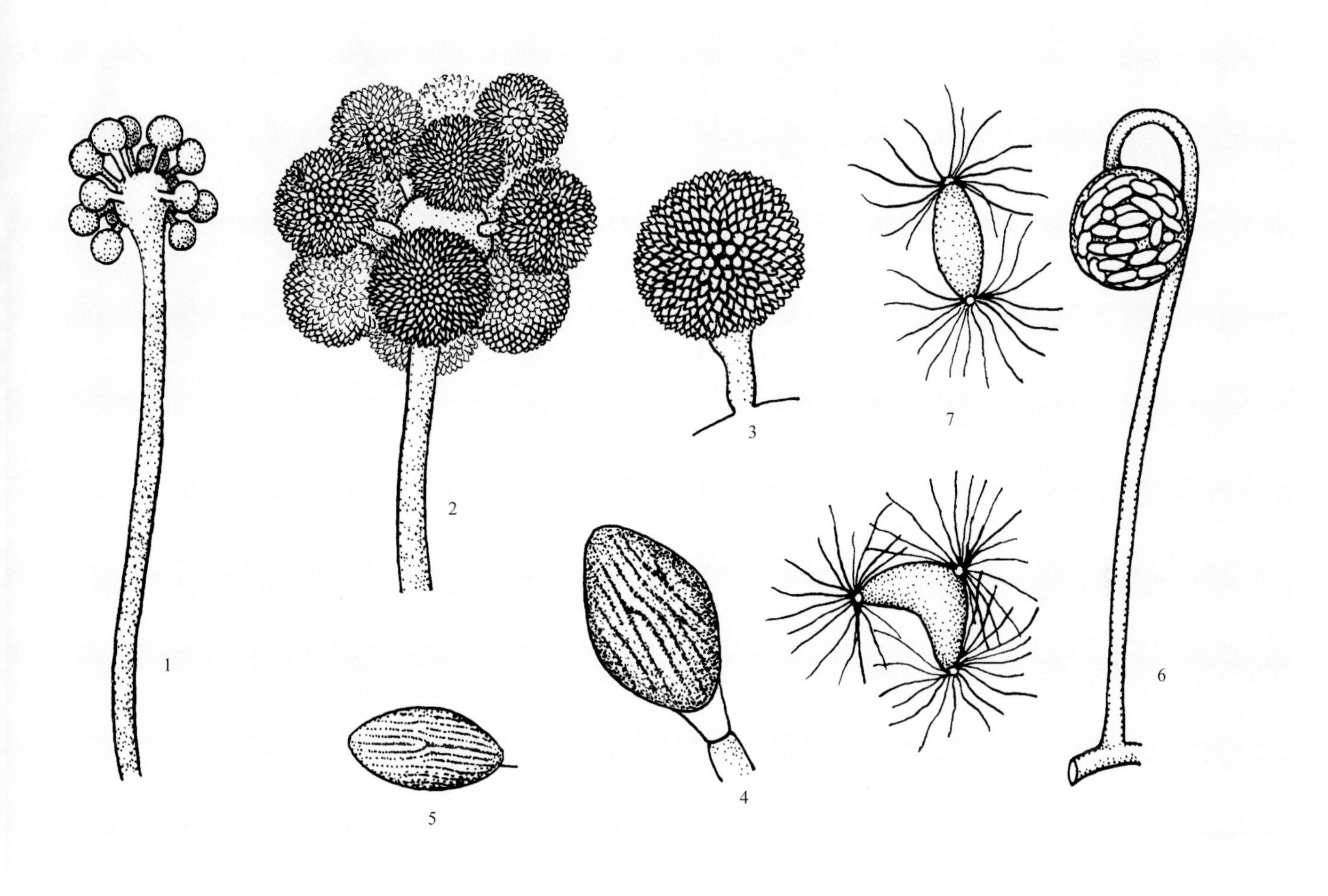

图2-18　*Choanephora cucurbitarum*形态模式图

1：末端丛生的球状膨大体；2：成熟的孢囊梗，膨大体表面密集生长的小孢子囊；3：单一的球状膨大体上密生的小孢子囊；4：单一的小孢子囊，每个孢子囊只含有1个孢囊孢子；5：小孢囊孢子；6：大孢子囊及其孢囊梗；7：具纤毛的大孢囊孢子

第二节　子囊菌亚门病原真菌及其所致病害

子囊菌亚门真菌已知约3万种，生长习性与营养特性差别很大。子囊菌的腐生种类可以生长在各种各样的基物上，其代谢产物包括一些有巨大经济和应用价值的医药产品，如乙醇、青霉素、赤霉素等。更多子囊菌栖居于土壤中，对促进土壤物质转化和增强土壤肥力起着巨大作用。子囊菌在植物上寄生的种类也很多，是引致植物病害发生的最大生物类群，常常给农业生产造成巨大的经济损失。

子囊菌的菌丝生长茂盛，是具有分枝和横隔膜的多胞菌丝，隔膜自菌丝内壁开始发育，逐渐向中心扩展，最后在中央留出小孔，方便水分、营养物质和原生质的交换与输送。寄生在植物上的子囊菌，除了白粉菌的营养菌丝在寄主植物体外生长、以吸器进入寄主植物细胞并吸收营养物质和水分，其他子囊菌的菌丝都是内寄生，其营养菌丝在寄主植物体内生长和扩展，通过营养菌丝吸收寄主植物细胞的水分和营养物质。一般专性寄生菌都是通过吸器进入寄主植物细胞内获取营养物质。子囊菌通常在旺盛生长的菌丝体上可以形成无性生殖结构。子囊菌在进入有性生殖阶段之前，菌丝体紧密聚集交织形成菌核或子囊座，菌核和子囊座组织储存着大量营养物质，为后续有性生殖器官的形成奠定物质基础。此外，也有一些子囊菌的有性器官直接产生于营养菌丝上，并不形成上述特殊结构。

无性生殖：子囊菌的无性生殖极为发达，可以在营养菌丝体上形成各种繁殖器官以产生无性孢子，或由营养体芽殖产生芽孢子，或菌丝体个别细胞在不良环境条件下转变为厚垣孢子，或菌丝节裂生成粉孢子等。子囊菌的无性态可以产生各种形状的分生孢子，产生分生孢子的器官有分生孢子梗、分生孢子器和分生孢子盘，产生无性孢子是子囊菌最常见的生殖方式。无性孢子的每个细胞中虽然可以有多个细胞核，但它们都是由单倍体的菌丝生成的，因此其细胞核本质上都是同质的，无性孢子是没有经过异质细胞核结合而形成的孢子。菌丝的生长和无性孢子的形成都属于单倍体阶段，或称为无性态。无性孢子迅速而大量产生，是导致植物病害流行和扩大为害的重要因素。

有性生殖：寄生在植物上的子囊菌一般在植物生长末期开始越冬。有些子囊菌以菌丝或菌核越冬，到翌年春季开始萌发并迅速完成有性生殖过程，多数子囊菌从秋季起，自菌丝和子囊座上开始进行有性结合过程，形成部分有性生殖结构，产生子囊果，经越冬后进入春季，在子囊果中形成子囊孢子，完成整个有性生殖过程。大部分子囊菌的有性生殖过程是菌体在腐生状态下进行的，还有一些子囊菌在植物生长期就已形成了完全成熟的子囊孢子，子囊孢子以休眠状态越冬。越冬后，很多真菌的子囊孢子成为植物病害发生的重要初侵染源。

子囊菌的有性结合方式：少数低等子囊菌以分化不明显的同型配子囊结合后即可生成子囊，大多数子囊菌需要产生形状不同的配子囊（精子器和造囊器）。雄性器官称为精子器，较小；雌性器官称为造囊器，通常为1个膨大的细胞，顶端有1根细长的受精丝。精子器与受精丝结合时，雄性细胞核通过受精丝注入造囊器，源于不同细胞的“+”“-”核在造囊器内并不立即结合，而是并列进入造囊器产生的造囊菌丝（图2-19），等待进一步发育后进行质配和核配。曲霉目和一些白粉菌目的真菌，其子囊由造囊菌丝顶端或中部细胞膨大生成。大部分子囊菌以子囊钩的方式在造囊菌丝上连续地生成多数子囊。子囊形状多为棍棒形或圆柱状，也有卵圆形或球形的。子囊内子囊孢子的数量一般为8个或为2的倍数，即2n。子囊果的有无、类型和形态是子囊菌分类的重要根据。子囊壁的层数也是值得关注的特征，许多子囊具有双层子囊壁，这是分类上的一个重要参考依据。此外，子囊的顶部结构及子囊孢子的释放方式也在子囊菌的分类上有重要参考意义（图2-20）。

大多数子囊菌的子囊是集体集中形成的，并被菌丝体形成的特殊组织包被，构成子囊果。子囊果的类型介绍如下。

（1）子囊腔

子囊腔是子囊座组织消解后形成的空腔，腔内孕育子囊。子囊座在性细胞结合之前已经形成，在有性结合期间，造囊菌丝和子囊的孕育过程中，凡接触到有性结构组织的子囊座细胞逐渐消解形成空腔，即为子囊腔，子囊腔消解时为处于发育过程中的子囊提供充分的营养物质和生长空间，子囊腔形成后，腔内还残留若干未消解的子囊座组织，一般称为假侧丝，假侧丝从子囊腔底部一直延伸到子囊腔顶部，与子囊混杂而生。子囊腔顶部溶出一个孔口贯穿子囊座表面，使整个子囊腔呈瓶状。一个子囊座中可能只产生一个子囊腔，或有多个子囊腔，子囊座内产生子囊腔的方式和数量与子囊菌的种属类群有关，含有子囊腔的子座称为子囊座。

（2）子囊壳

子囊壳是由数层菌丝体构成外层壳壁、壳内空间孕育子囊的一种球状结构，一般称为子囊果。很多

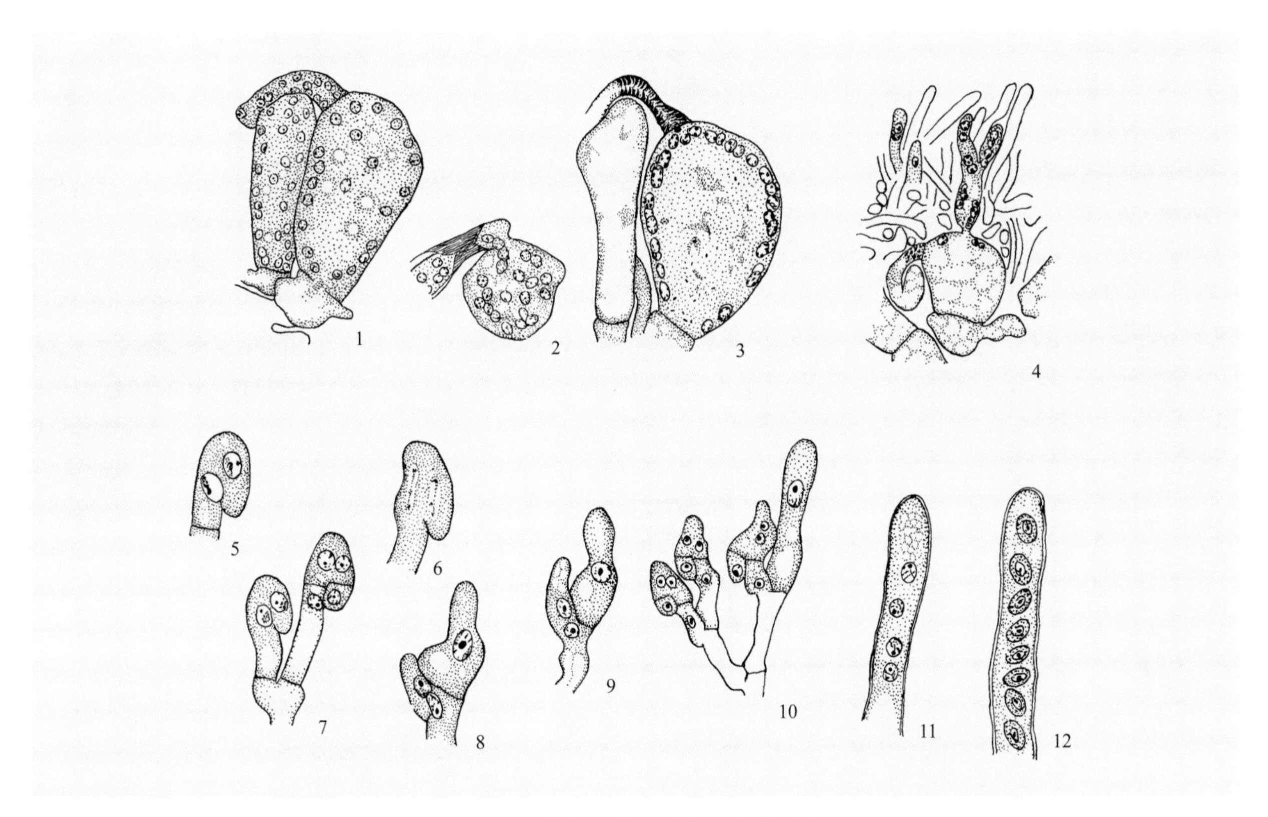

图2-19　子囊菌的有性生殖与子囊的形成过程

1：雄器、造囊器和受精丝；2：雄器细胞核自雄器经过受精丝进入造囊器，进行质配；3：造囊器中两性核成对排列形成双核；4：造囊器上产生造囊菌丝；5：钩状细胞；6：双核并裂；7：形成子囊母细胞；8：核配；9：雏形子囊；10：造囊菌丝的重育；11：减数分裂后的子囊；12：子囊与子囊孢子

子囊菌在有性细胞结合过程中同时产生了若干新的菌丝，组成坚固的球状或瓶状壳壁，将孕育有性生殖的细胞组织包围起来，形成子囊壳。子囊壳内常常有侧丝生成，并夹杂在子囊间，侧丝顶部不与子囊壳顶连接（图2-21）。子囊壳有具孔口和封闭无孔口两种形式，无孔口的子囊壳称为闭囊壳。

（3）子囊盘

子囊外层保护组织张开呈盘状或杯状的结构，称为子囊盘。在子囊盘的盘面上着生子囊，其中夹杂有侧丝，子囊盘底部保护组织通常边缘薄而中央厚，有时甚至形成长柄（图2-22）。

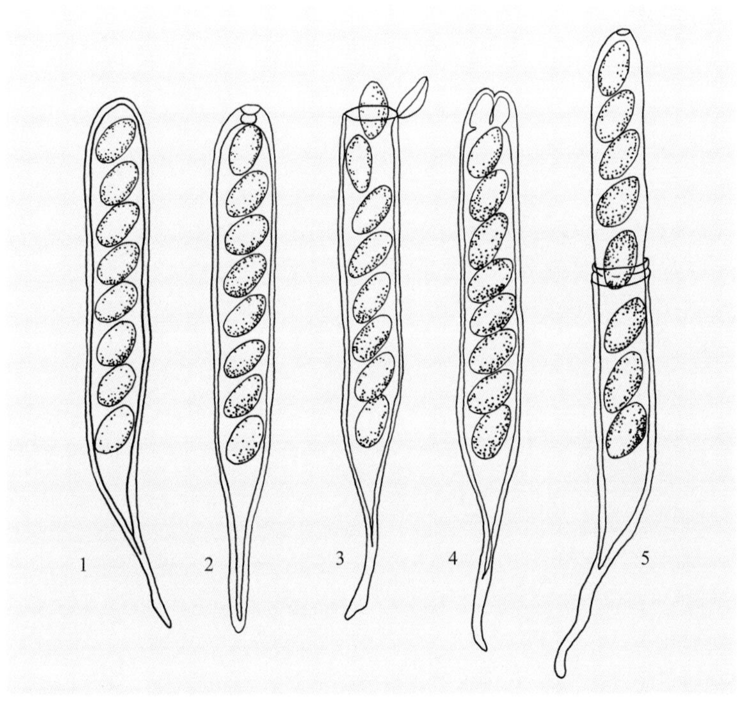

图2-20　子囊顶部结构与子囊孢子释放模式图

1：无孔口；2：有孔口；3：有囊盖；4：不规则开裂的狭缝；5：双层壁子囊释放孢子时内壁膨胀伸出，顶部形成孔口

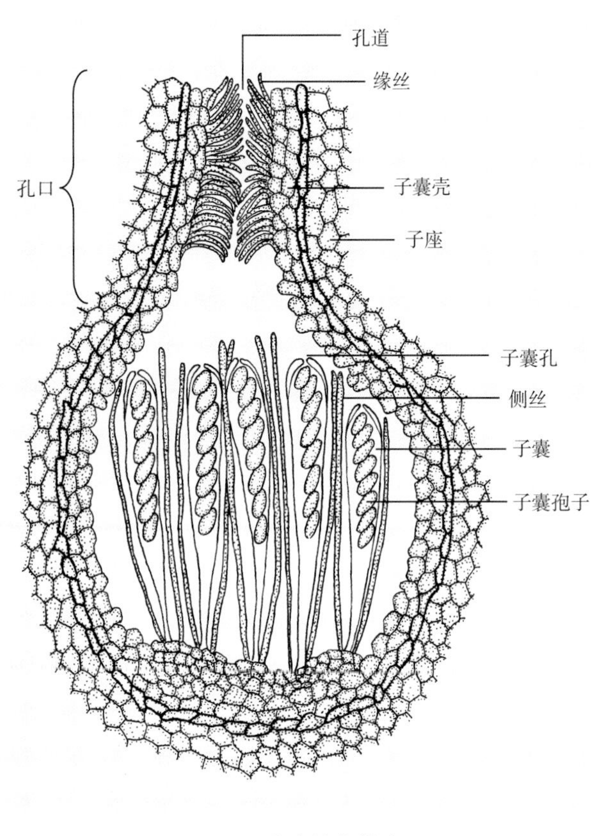

图2-21 子囊壳结构模式图

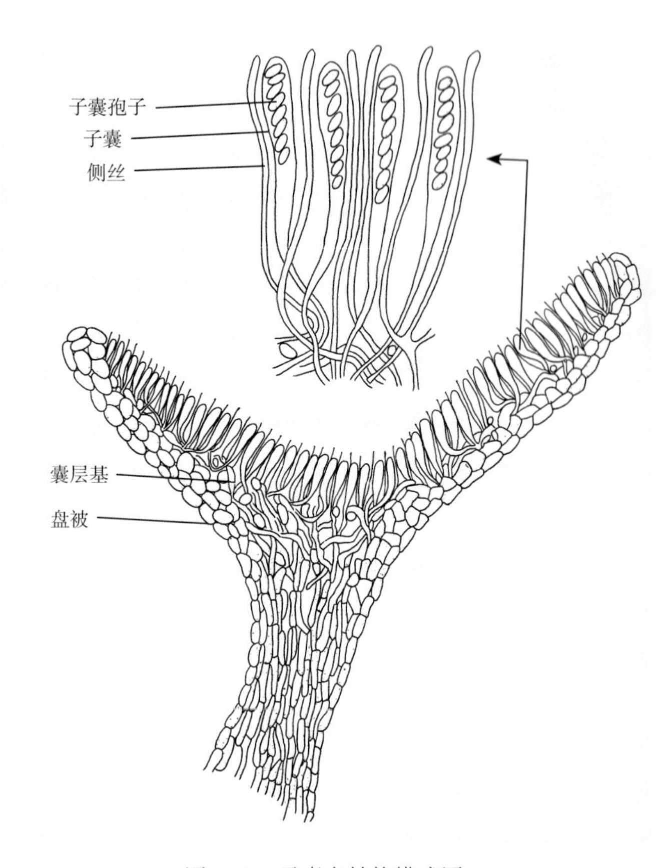

图2-22 子囊盘结构模式图

1. 外囊菌属 *Taphrina* Fr.

无子囊果，子囊平行排列于寄主植物角皮层下，后突破角皮层外露。子囊长圆柱形，内含8个子囊孢子（图2-23）；子囊孢子圆形，无色，可在子囊内进行芽殖，因此子囊中常见8个以上子囊孢子。该属全部为高等植物寄生菌，为害嫩叶、嫩梢和幼果，在寄生过程中分泌毒素，刺激植物细胞增生和膨大，引致缩叶、丛枝及叶片和果实肿大等症状。以子囊孢子及芽殖孢子在寄主植物芽鳞内或以菌丝体在寄主植物组织内越冬。

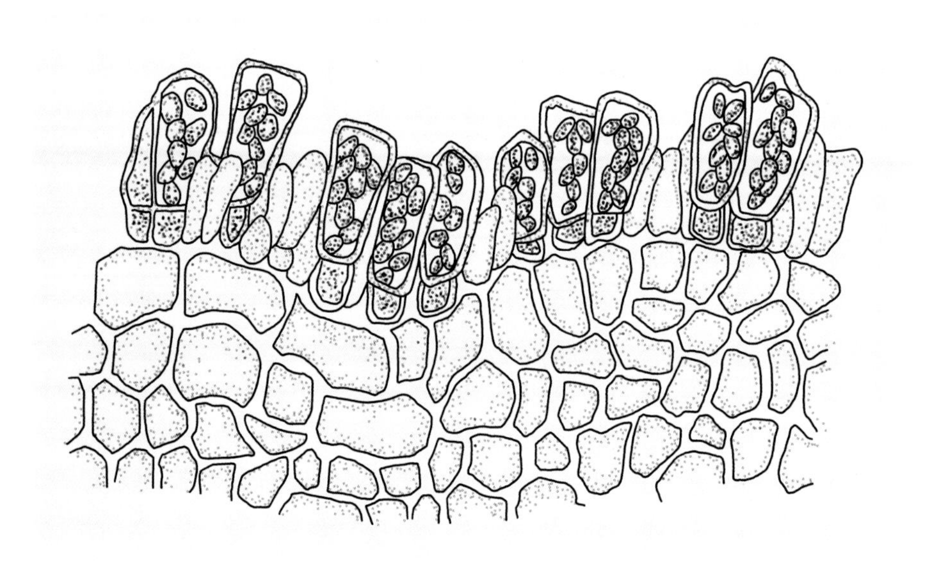

图2-23 *Taphrina*在寄主植物表面呈栅栏状排列的子囊

1）畸形外囊菌*Taphrina deformans* (Berk.) Tul.，为害桃树，引致桃缩叶病。主要侵染桃树幼嫩部位，菌丝体在桃树细胞间隙蔓延，刺激细胞增生和增大。枝梢发病呈灰绿色或黄色，节间缩短，叶片丛生。叶片受害皱缩畸形，病部肥厚肿大，质地嫩脆，紫红色或浅绿色（图2-24），上生银白色粉状物（子囊层）。无子囊果，子囊裸露，栅栏状排列，17 ~ 50μm × 7 ~ 15μm；子囊孢子单胞，无色，椭圆形或卵圆形，直径3 ~ 7μm，子囊孢子成熟后，子囊顶端破裂，散出子囊孢子（图2-25）。子囊孢子借气流传播，潜伏在桃树芽鳞内越夏、越冬，不发生再侵染（图2-26）。桃树芽萌发前喷药（石硫合剂等）保护，可以有效防治桃缩叶病。

图2-24　*Taphrina deformans*引致桃缩叶病叶片症状

图2-25　*Taphrina deformans*子囊与子囊孢子

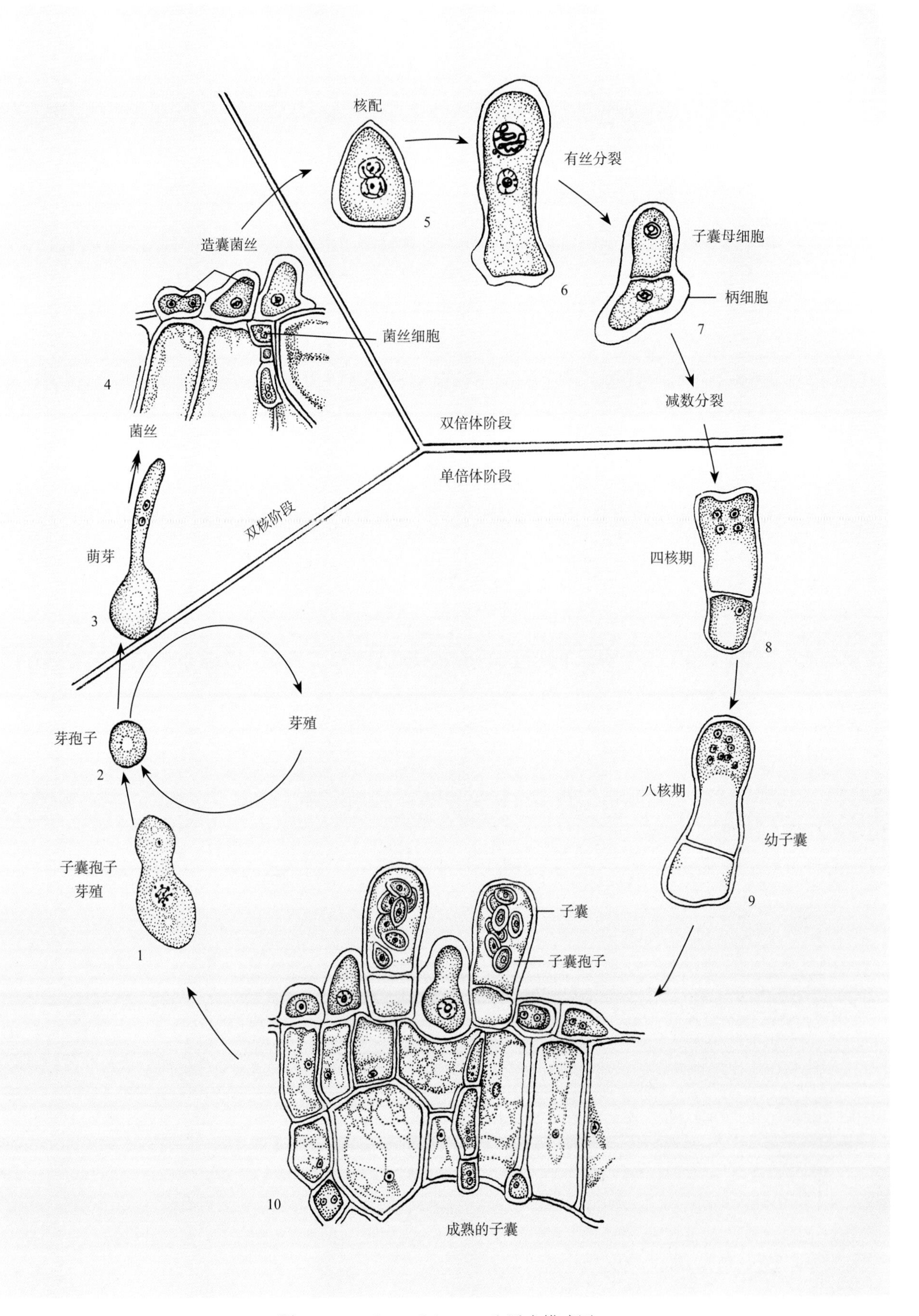

图2-26 *Taphrina deformans*生活史模式图

2）李外囊菌*T. pruni* (Fuck.) Tul.，为害李树，引致李袋果病。侵染果实引致病果肿大，果肉肥厚，中空，初期果面色泽青里带红，表面光滑，后颜色变深，果面微皱，上生一层灰白色粉状物（子囊层）。子囊平行排列于李树果实角皮层下，后突破角皮层外露，30～60μm×8～15μm；子囊孢子球形，直径4～5μm。以菌丝体在病组织内越冬。除李树外，还为害樱桃等。

3）樱桃外囊菌*T. cerasi* (Fuck.) Sadeb.，为害樱桃，引致樱桃丛枝病。主要侵染叶片和新梢，引致卷叶和丛枝症状。病株枝梢直立，基部肿大，簇生。子囊17～53μm×5～15μm，子囊孢子3.5～9.0μm×3.0～6.0μm。

4）梅外囊菌*T. mume* Nish.，为害梅，引致梅缩叶病。侵染嫩叶及新梢，病叶肥厚多肉，淡紫红色或黄色。受害新梢肥大，短缩，叶片簇生，畸形，后在病叶两面或叶背产生一层灰白色粉状物（子囊层）。子囊25～52μm×5～15μm；子囊孢子无色，卵圆形，4～6μm×3～5μm。以子囊孢子及芽殖孢子附着在芽鳞内与枝梢上越冬。除梅外，还为害杏树等。

2. 梭孢壳属 *Thielavia* Zopf

子囊果由较薄的表层菌丝组织构成，无孔口；子囊孢子单胞，暗色，表面光滑，具单个芽孔。

基生梭孢壳*Thielavia basicola* (Berk. et Br.) Zopf，为梭孢壳属代表种。子囊果为无孔口的闭囊壳，直径80～100μm。子囊圆形或椭圆形，散生于闭囊壳中。子囊孢子暗褐色，单胞，双凸镜状，液胞8～12μm×4～5μm（图2-27）。在PDA培养基上的菌丝体白色至灰色。无性态产生两种类型的分生孢子：一种为无色、单胞、柱状的内生分生孢子，分生孢子梗生于短的菌丝侧枝上，基部较粗，顶端渐

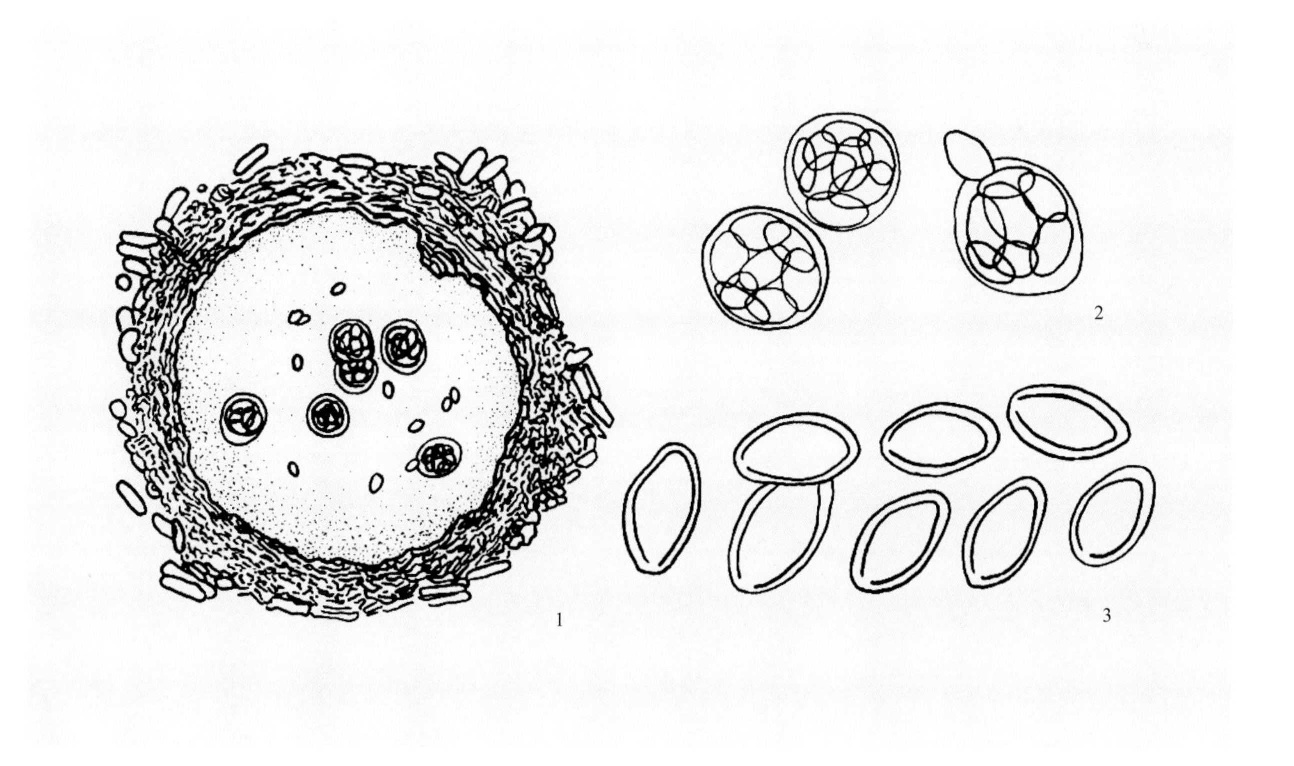

图2-27 *Thielavia basicola*形态模式图

1：闭囊壳；2：子囊；3：子囊孢子

细，产生成串的内生分生孢子，自顶端释放；另一种为暗色、串生的外生厚坦孢子。以菌丝体或分生孢子在植物病残体或储藏器官（如薯块）表面越冬。

3. 痂囊腔菌属 *Elsinöe* Racib.

子囊座形成于寄主植物表皮下或表皮内，与寄主植物组织结合在一起，外层无菌丝浓缩变态构成的壳，后期子囊座突破寄主植物表皮外露，子囊座内有多个子囊腔，散乱分布，每腔只有1个子囊，若2个子囊腔靠近，子囊发育过程中可能挤破腔间的子囊座组织，看似在一个腔中；子囊球形，双层壁，内壁较厚；子囊孢子长圆筒形，无色，3个横隔膜，极少数呈砖格型（图2-28）；子囊孢子成熟时，随着子囊座表面逐渐风化，致使子囊外露。有性态少见。常见种有藤蔓痂囊腔菌 *Elsinöe ampelina*、南

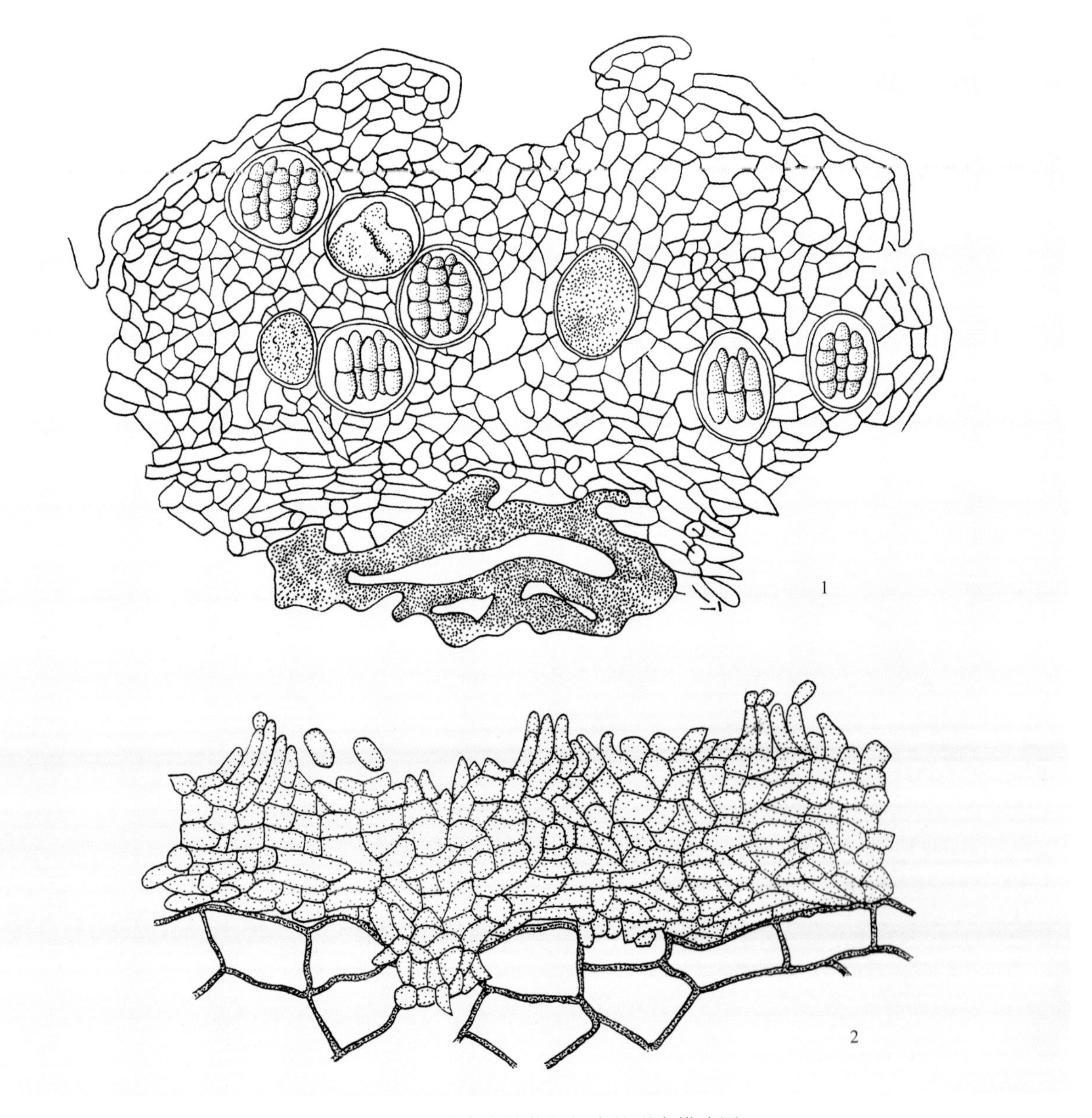

图2-28 *Elsinöe* 在寄主植物组织中的形态模式图

1：子实体剖面示子囊腔及子囊；2：分生孢子盘

方痂囊腔菌*E. australis*、柑橘痂囊腔菌*E. fawcettii*、菜豆痂囊腔菌*E. phaseoli*、甘薯痂囊腔菌*E. batatas*等。无性态为痂圆孢属*Sphaceloma*，都是植物寄生菌，引致植物的茎、叶片和果实发生炭疽、疮痂、溃疡、痘斑等症状。

1）藤蔓痂囊腔菌*Elsinöe ampelina* (de Bary) Shear，无性态为葡萄痂圆孢*Sphaceloma ampelinum* de Bary，为害葡萄，引致葡萄黑痘病。叶片、叶柄、果实、果梗、嫩梢和卷须均可受害。叶片病斑边缘暗褐色，中央灰褐色，病部易形成穿孔；果实受害病斑中央灰褐色至灰色，边缘红褐色至紫褐色，病部凹陷呈鸟眼状。以分生孢子萌发形成的芽管侵入，以菌丝在葡萄表皮下蔓延，之后突破表皮形成分生孢子盘，产生单胞、无色的分生孢子。天气潮湿时，病斑上产生橙红色点粒状黏质物（分生孢子盘和分生孢子）。一般仅见无性孢子，有性态不常见。有性生殖时，菌丝体在葡萄表皮下形成子囊座，子囊座为块状不规则形的拟薄壁组织，子囊座中间产生多个排列不整齐的子囊腔，每腔有1个子囊；子囊近圆形，无色，内含4～8个子囊孢子；子囊孢子无色，腊肠形，3个横隔膜，15.0～16.0μm×4.0～4.5μm。

2）柑橘痂囊腔菌*E. fawcettii* Bitanc. et Jenk.，无性态为柑橘痂圆孢*Sphaceloma fawcettii* Jenk.，为害柑橘，引致柑橘疮痂病。叶片、果实及新梢均可受害，产生疮痂症状。有性态不常见，子囊腔散生在子囊座状菌丝组织内，1～20个，多分布在产生无性态的子座周边，每腔内含1个子囊；子囊孢子长椭圆形，无色，1～3个横隔膜。主要以菌丝体潜伏在病组织内越冬。除柑橘外，还为害多种柑橘类植物。

3）菜豆痂囊腔菌*E. phaseoli* Jenk.，为害绿豆，引致绿豆疮痂病。叶片上形成近圆形、灰白色、边缘稍隆起、表面粗糙的病斑，严重时病斑密集连接，叶片凋枯。后期，病斑上长出小黑点（子囊座）。叶柄上病斑椭圆形，中央灰白色，略凹陷，边缘褐色，亦生小黑点。子囊座黑色，其内散生2～5个球形或扁球形的子囊腔，每个子囊腔内含1个子囊；子囊卵圆形，无色透明，吸水后外膜破裂呈棒状，17～26μm×16～22μm，内含8个子囊孢子；子囊孢子椭圆形或长椭圆形，排列不规则，无色透明，两端钝圆，通常正直，多具3个横隔膜，分隔处无缢缩，8～17μm×4～5μm。除绿豆外，还为害小豆等多种豆科作物。

4）甘薯痂囊腔菌*E. batatas* Jenk. et Vieg.，无性态为甘薯痂圆孢*Sphaceloma batatas* Saw.，为害甘薯，引致甘薯疮痂病。甘薯茎蔓和叶片均可受害，产生灰色或黄色病斑，病斑表面粗糙，木栓化，疮痂状，严重时茎、叶畸形，顶芽萎缩。

4. 球腔菌属 *Mycosphaerella* Johns.

子囊座黑色，球形或瓶形，具短乳头状孔口；子囊圆柱形至棍棒形，有双层膜，初期束生于子囊腔底部，成熟时平行排列，内含8个子囊孢子，有假侧丝，早期消解；子囊孢子双胞，无色或淡绿色，椭圆形。有性态腐生或弱寄生，多在寄主植物枯死组织内形成并越冬，常常是病害的初侵染源。无性态为叶点霉属*Phyllosticta*、茎点霉属*Phoma*、壳针孢属*Septoria*、壳二孢属*Ascochyta*、尾孢属*Cercospora*、梨孢属*Pyricularia*、柱隔孢属*Ramularia*、小卵孢属*Ovularia*、枝孢属*Cladosporium*、盘二孢属*Marssonina*、小壳丰孢属*Phloeosporella*等，其中属于尾孢属的最多。无性态寄生性强，引致多种植物的叶斑病等。

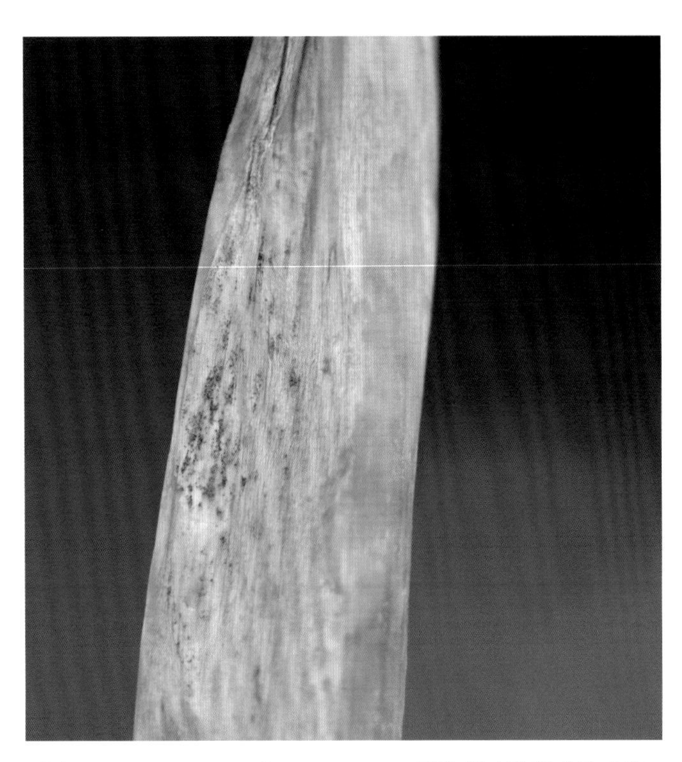

图2-29 *Mycosphaerella schoenoprasi*引致葱叶枯病叶片症状

1）葱球腔菌*Mycosphaerella schoenoprasi* (Rabenh.) Schröt.，为害葱，引致葱叶枯病。侵染叶片，病斑圆形，初呈苍白色，扩大后呈黄褐色，病部凹陷，发病后期病部红褐色，其上散生黑色小点（子囊腔）（图2-29）。子囊腔球形或扁球形，黑褐色，直径80～144μm；子囊倒卵圆形，44～64μm×18～29μm；子囊孢子长椭圆形，双胞，分隔处略缢缩，上部细胞较短而宽，下部细胞细长，18～23μm×5～8μm（图2-30）。

2）梨球腔菌*M. sentina* (Fr.) Schröt.，无性态为梨生壳针孢*Septoria piricola* Desm.，为害梨树，引致梨褐斑病。叶片病斑圆形或多角形，中央白色或淡褐色，边缘褐色或暗褐色。子囊腔多产生于落叶上，球形或扁球形，黑色，埋生于表皮下，孔口露出，直径50～100μm；子囊棍棒形、长卵圆形或圆筒形，45～60μm×15～17μm；子囊孢子纺锤形至圆筒形，略弯，双胞，无色，分隔处缢缩，27～34μm×4～6μm（图2-31）。以分生孢子器及子囊腔在落叶上越冬。

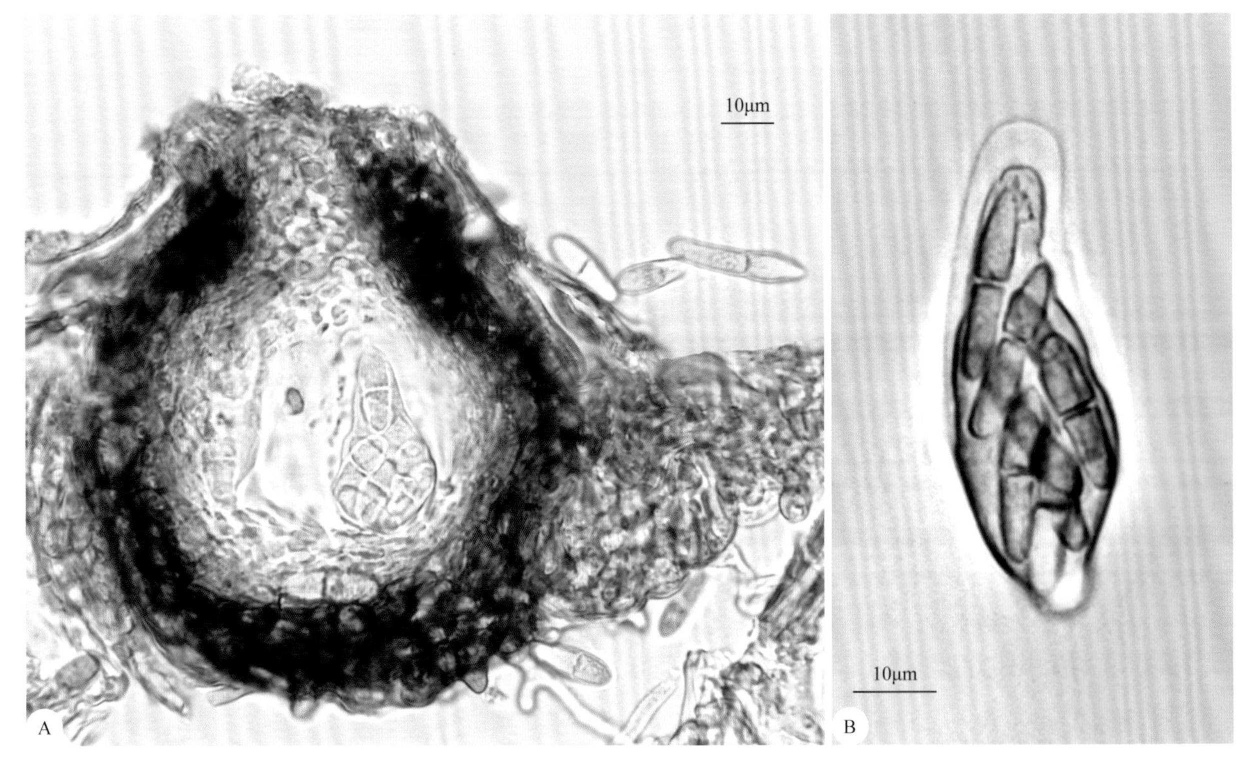

图2-30 *Mycosphaerella schoenoprasi*子囊腔（A），子囊与子囊孢子（B）

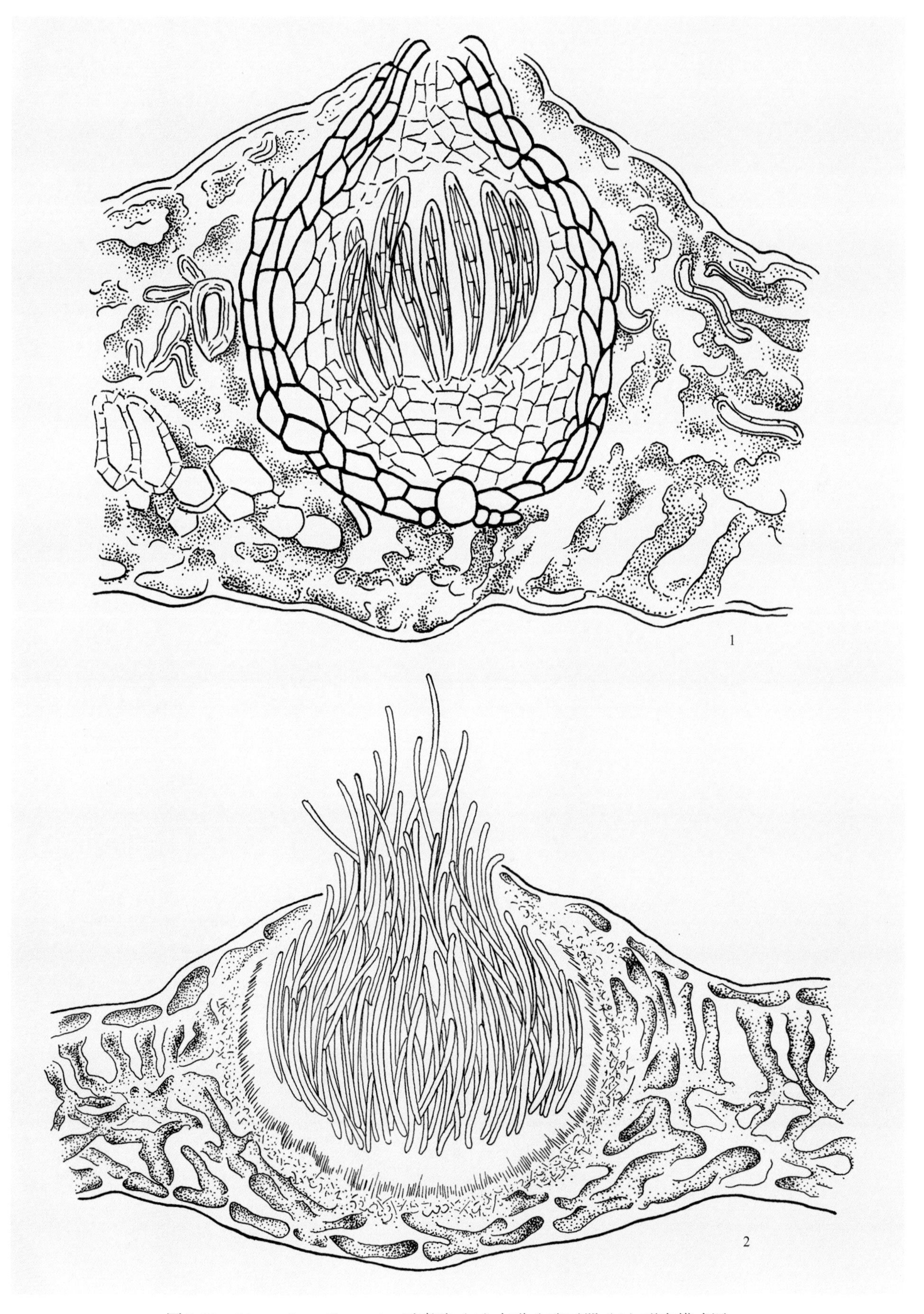

图2-31　*Mycosphaerella sentina*子囊腔（1）与分生孢子器（2）形态模式图

3）图拉球腔菌*M. tulasnei* (Jancz.) Lindau，无性态为多主枝孢*Cladosporium herbarum* (Pers.) Link，为害小麦，引致小麦黑变病。主要侵染叶片、茎秆和穗，病部产生不规则形病斑，上生黑色霉层。子囊腔黑色，球形或扁球形，壁厚，具短颈，150～250μm×100～150μm；子囊圆筒形或纺锤形，100～150μm×14～16μm；子囊孢子椭圆形或圆筒形，无色，双胞，分隔处缢缩，18.0～28.0μm×6.0～8.5μm。弱寄生。除小麦外，还为害大麦、黑麦、高粱、玉米、豌豆等多种作物。

4）塔森球腔菌*M. tassiana* (de Not.) Johans.，为害水稻，引致稻叶斑病。叶片两面形成中央灰白色、边缘红褐色的病斑，病斑多发生在叶尖和叶缘，后期病部产生黑色小点（子囊座）。子囊座球形或扁球形，直径60～150μm，顶端具乳头状孔口；子囊圆筒形、长椭圆形或棍棒形，35～70μm×10～15μm，内含8个子囊孢子；子囊孢子长卵圆形或纺锤形，无色或淡黄色，双胞，隔膜稍偏上方，向内缢缩，15～20μm×4～6μm。除水稻外，还为害大麦、小麦、黍、稷、薏苡等禾本科作物。

5）玉蜀黍球腔菌*M. maydis* (Pass.) Lindau，为害玉米，引致玉米叶斑病。叶片病斑不规则形，中央灰白色，边缘淡褐色，病斑上产生小黑点（子囊座）。子囊座黑色，直径75～125μm；子囊无色，顶部膜壁显著加厚，35.0～76.0μm×15.2μm；子囊孢子长圆形，无色，1个隔膜，稍缢缩，14.0～16.0μm×3.5～4.0μm。

6）豆煤污球腔菌*M. cruenta* (Sacc.) Lath.，无性态为菜豆假尾孢*Pseudocercospora cruenta* (Sacc.) Deighton，为害豇豆，引致豇豆叶斑病。子囊孢子不常产生。除豇豆外，还为害菜豆等。

7）大豆球腔菌*M. sojae* Hori，为害大豆，引致大豆褐斑病。叶片和荚果均可受害，病斑不规则形，黄褐色，边缘深褐色，子囊座黑色，小点状，散乱，生于病斑表面（图2-32）。子囊壳黑褐色，球形至近球形，近表生，壳壁膜质，有孔口，直径70～130μm；子囊束生于子囊壳内，圆筒形至棍棒形，内含8个子囊孢子，排成双列，无侧丝，35～73μm×8～13μm；子囊孢子无色，梭形至纺锤形，1个隔膜，分隔处略缢缩，13～23μm×4～9μm（图2-33）。

图2-32 *Mycosphaerella sojae*引致大豆褐斑病荚果症状

8）豌豆球腔菌*M. pinodes* (Berk. et Blox.) Stone，无性态为豆类壳二孢*Ascochyta pinodes* (Berk. et Blox.) Jones，为害豌豆，引致豌豆深色褐斑病。侵染叶片、茎秆和荚果，叶片病斑圆形或不规则形，深褐色，具轮纹，边缘淡褐色。茎、荚上病斑褐色至深褐色，茎秆受害部位多发生在茎基部，造成植株枯死。子囊座球形，黑色或黑褐色，直径100～140μm；子囊长圆形至圆筒形，55～65μm×13～16μm；子囊孢子纺锤形，双胞，14～18μm×7～9μm。主要以菌丝体或子囊腔在种子或病残体内越冬。除豌豆外，还为害小豆、苕子等作物。

9）伯克利球腔菌*M. berkeleyi* Jenk.，无性态为球座尾孢*Cercospora personata* (Berk.) Ell.

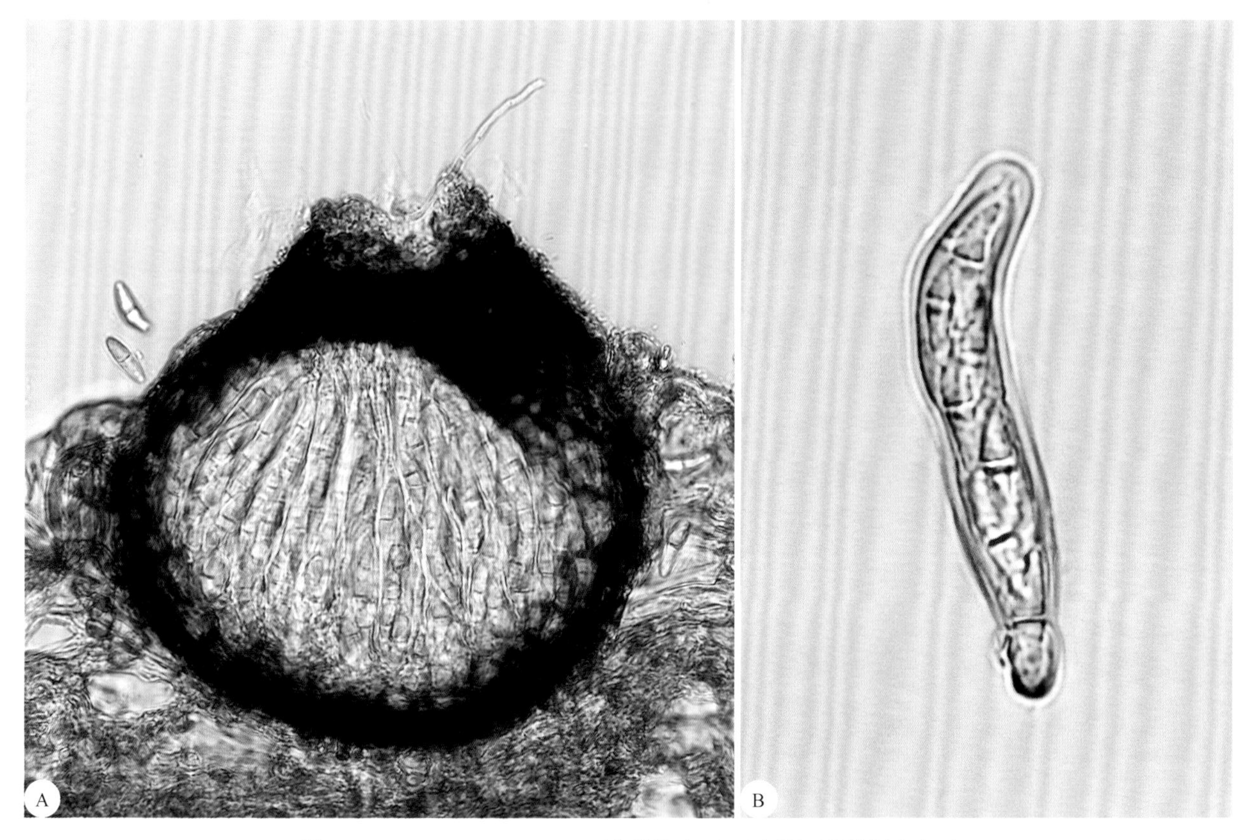

图2-33　*Mycosphaerella sojae*子囊壳（A），子囊与子囊孢子（B）

et Ev.；落花生球腔菌*M. arachidicola* (Hori) Jenk.，无性态为落花生尾孢*Cercospora arachidicola* Hori，二者均为害花生，分别引致花生黑斑病、花生褐斑病。前者叶片病斑黑褐色，后者褐色至深褐色，主要由无性态侵染为害。有性态产生于晚秋或早春的落叶上，少见。

10）棉球腔菌*M. gossypina* (Cooke) Earle，无性态为棉尾孢*Cercospora gossypina* Cooke，为害棉花，引致棉花灰斑病。主要侵染生长后期的叶片，病斑灰色，不规则形，中央褐色，边缘紫色、稍隆起。子囊座黑色，球形，60 ~ 70μm × 65 ~ 91μm；子囊棍棒状，30 ~ 46μm × 10 ~ 15μm；子囊孢子椭圆形至纺锤形，双胞，上部细胞较宽，顶端尖细，12 ~ 14μm × 5 ~ 7μm。主要以菌丝体在病残体内越冬，子囊孢子也能越冬。

11）网孢球腔菌*M. areola* (Ark.) Ehrl. et Wolf，无性态为白斑柱隔孢（棉柱隔孢）*Ramularia areola* Atk.，为害棉花，引致棉花白霉病。主要侵染老叶，形成淡绿色角斑，后期病斑呈苍白色，背面生白色霉层。有性态很少产生。

12）大麻球腔菌*M. cannabis* Johans.，为害大麻，引致大麻茎斑病。大麻生长后期在茎上形成病斑，病斑上密生黑色小点（子囊座）。子囊圆柱状，50 ~ 80μm × 10μm；子囊孢子在子囊中排成两列，长椭圆形或纺锤形，顶端渐尖，不等大双胞，无色或淡绿色。

13）苘麻生球腔菌*M. abutilontidicola* Miura，为害苘麻，引致苘麻褐斑病。叶片病斑圆形，黄褐色，边缘深褐色，具轮纹，上生小黑点。

14）瓜类球腔菌*M. citrullina* (Smith) Grossenb.，无性态为黄瓜壳二孢*Ascochyta cucumis* Fautr. et Roum.，为害瓜类，引致瓜类蔓枯病。主要侵染茎蔓，叶片和果实亦能受害。病蔓近节间产生水渍状褪色斑块，病部稍凹陷，分泌黄白色黏液，干燥后呈红褐色胶质块，后期病部产生黑色小点（分生孢子器或子囊腔）。子囊腔生于表皮下，扁球形，黑褐色，直径96～110μm；子囊圆筒形，束生，38.0～78.0μm×7.8～13.0μm；子囊孢子无色，双胞，长椭圆形或纺锤形，10.4～15.6μm×3.9～8.3μm。以分生孢子器或子囊壳在土壤中越冬。

15）草莓球腔菌*M. fragariae* (Tul.) Lindau，无性态为杜拉柱隔孢*Ramularia tulasnei* Sacc.，为害草莓，引致草莓蛇眼病。叶片病斑圆形，中央灰白色，边缘紫红色，有轮纹，上生小黑点。子囊腔黑色，球形或扁球形，直径90～130μm；子囊束生，长圆形或棍棒形；子囊孢子无色，双胞，卵圆形，一端略尖，13～15μm×3～4μm。有性态大多在秋季形成。

16）樱桃球腔菌*M. cerasella* Aderh.，为害樱桃，引致樱桃穿孔性褐斑病。叶片病斑圆形，褐色，其上散生小黑点，病斑干燥后收缩脱落，形成穿孔。子囊座深褐色，球形或扁球形，直径53～102μm；子囊束生，棍棒形，顶端圆，基部略尖，微弯曲，28.0～43.0μm×6.4～10.0μm；子囊孢子纺锤形，双胞，上部细胞略大，下部细胞略细，11.5～17.8μm×2.5～4.3μm。以子囊腔在病落叶上越冬。

5. 球座菌属*Guignardia* Viala et Ravaz.

子囊座埋生，球形或扁球形，黑色，顶端有孔口，无喙，孔口平或突出；子囊棍棒状，束生，假侧丝早期消解；子囊孢子椭圆形或梭形，无色，略弯，初为单胞，成熟后为大小不等的双胞（图2-34）。寄生性地为害植物的茎、叶片和果实。有性态多腐生在枯死的茎秆、落叶或僵果上。无性态主要是叶点霉属*Phyllosticta*和茎点霉属*Phoma*。

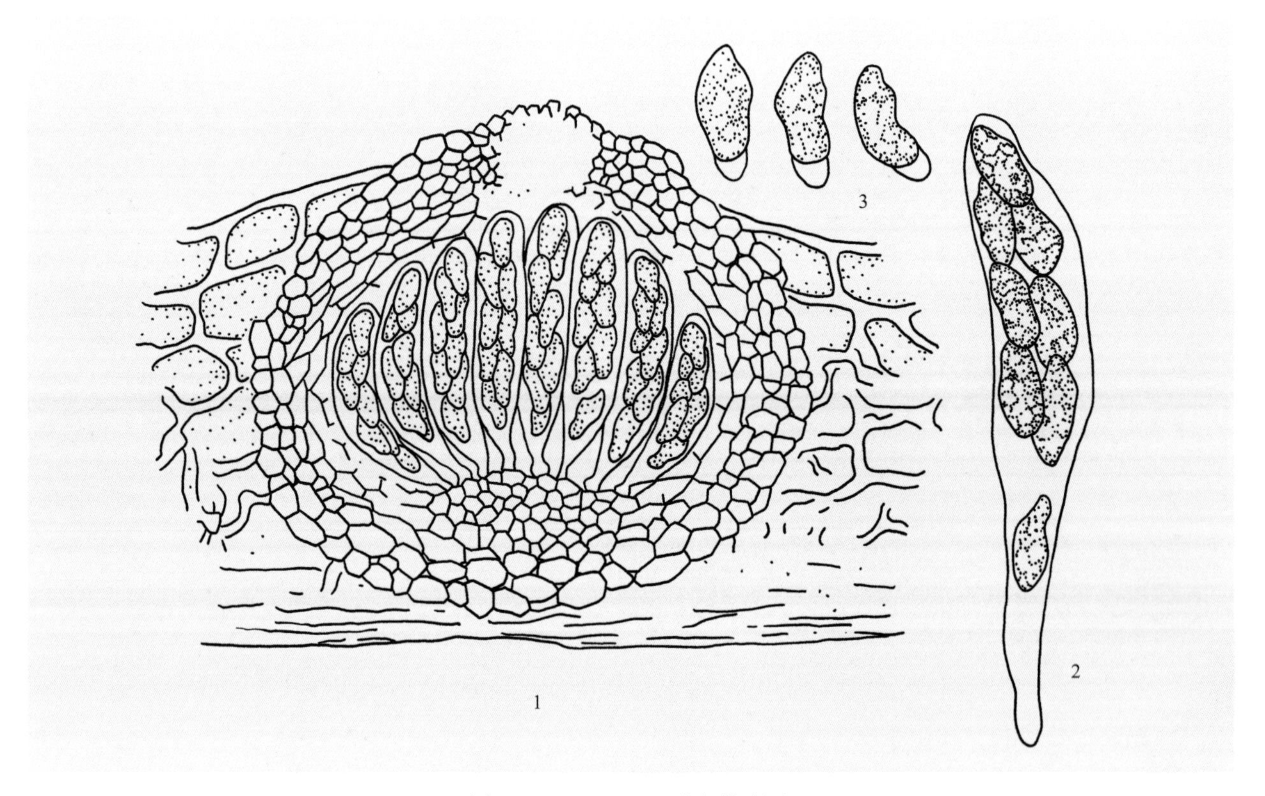

图2-34 *Guignardia*形态模式图

1：子囊腔与子囊；2：子囊与初生子囊孢子；3：成熟的子囊孢子

1）葡萄球座菌*Guignardia bidwellii* (Ell.) Viala et Ravaz.，无性态为葡萄黑腐茎点霉*Phoma uvicola* Berk.，为害葡萄，引致葡萄黑腐病。主要侵染果实，严重时叶片、叶柄和枝梢也可受害，病果初生紫黑色圆斑，扩大后病部凹陷，果实腐烂。生长后期，病果干缩成黑色僵果，上面密生黑色小粒点。病梢上生梭形红褐色斑。病叶的叶脉间形成圆形红褐色斑，轮生黑色小点。子囊座扁球形，孔口不突出；子囊棍棒形，62～80μm×9～12μm；子囊孢子椭圆形或卵圆形，一侧稍平，12～17μm×5～7μm。葡萄球座菌的假囊壳一般产生于病果表皮下，大多在越冬阶段形成，生长季节只形成分生孢子器。主要以分生孢子器或子囊座在病残体上越冬，翌年夏季天气比较潮湿时，产生子囊孢子，引起初侵染，发病后分生孢子不断产生并进行再侵染。

2）浆果球座菌*G. baccae* (Cav.) Jacz.，无性态为葡萄房枯大茎点菌*Macrophoma faocida* (Viala et Ravaz.) Cav.，为害葡萄，引致葡萄房枯病。主要发生在果实、果梗及穗轴上，叶片也可受害。果梗受害产生不规则形褐色病斑，果梗渐缢缩，果实失水干缩，变成紫黑色僵果，表面散生黑色粒点，僵果挂在枝蔓上，不易脱落。子囊腔扁球形，黑褐色，具稍突出的孔口；子囊棍棒形，束生，62.9～91.5μm×15.7～25.0μm，假侧丝早期消解；子囊孢子无色，单胞，椭圆形或纺锤形，14.3～20.7μm×5.7～9.3μm。以分生孢子器或子囊座在病果或病叶上越冬。

3）山茶球座菌*G. camelliae* (Cooke) Butl.，无性态为山茶炭疽菌*Colletotrichum camelliae* Mass.，为害茶树，引致茶云纹病。叶片上形成圆形或不规则形病斑，初呈淡绿色至褐色，后为灰白色，边缘暗褐色，有不明显的轮纹，上生黑色小粒点。子囊腔埋生，褐色，球形或扁球形，具稍突出或稍平的孔口，直径120～180μm；子囊棍棒形、圆筒形或长卵圆形，顶端圆，基部较细，44～62μm×8～12μm；子囊孢子无色，纺锤形或椭圆形，14～19μm×3～5μm。无性态较常见。主要以菌丝体在病组织内越冬，子囊座也可以越冬。

6. 亚球壳属 *Sphaerulina* Sacc.

子囊座埋生于寄主植物组织内，球形，黑色，其内形成单个子囊腔；子囊束生，广卵圆形或圆筒形，基部有柄；子囊孢子圆筒形或长椭圆形，无色，多胞，3个或3个以上横隔膜（图2-35，图2-36）。寄生种主要引致叶斑病。无性态是许多不同属的半知菌，常见的有炭疽菌属*Colletotrichum*、柱盘孢属*Cylindrosporium*、壳针孢属*Septoria*等。

万年青亚球壳*Sphaerulina rhodeae* Henn et Shirai，为害万年青，引致万年青红斑病。叶片受害，病斑圆形，赤红色，病部略增厚，边缘深红色。子囊座散生在叶面，球形，直径100～140μm；子囊束生，顶端圆，35～40μm×13～18μm；子囊孢子排成双列，椭圆形、圆筒形或梭形，无色，3个横隔膜，16.0～18.0μm×3.0～3.5μm。万年青红斑病多在苗圃发生，除万年青外，还为害麦冬等植物。

7. 煤炱属 *Capnodium* Mont.

菌丝体外生，以蚜虫、介壳虫的蜜露为营养，在寄主植物表面形成黑色污霉层，影响植物光合作用及果实着色和外观，降低商品质量。菌丝细胞黑色，球形，串珠状。子囊座产生于表生菌丝体上，长瓶状，黑色或藏青色，在顶端膨大组织内产生单个子囊腔，子囊腔有孔口；子囊椭圆形，有假侧丝；

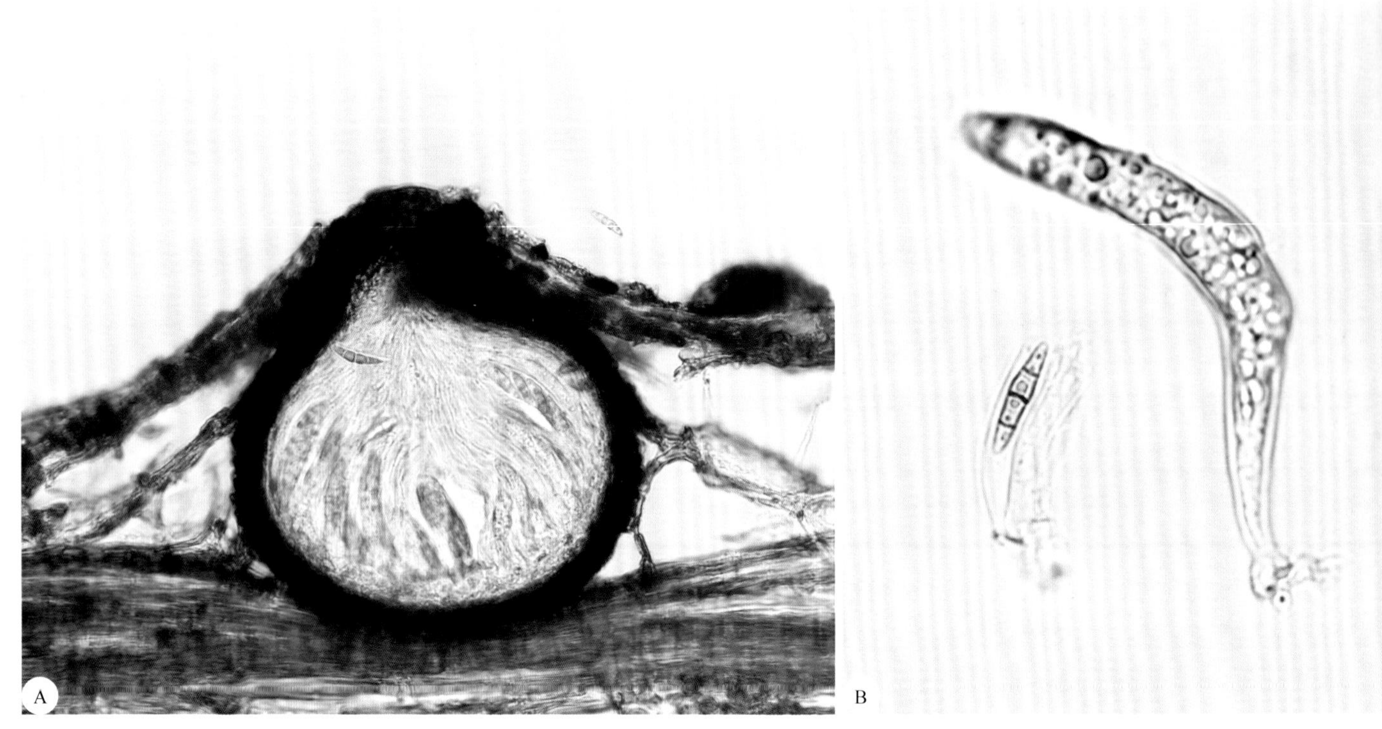

图2-35 *Sphaerulina* sp.子囊腔（A），子囊与子囊孢子（B）

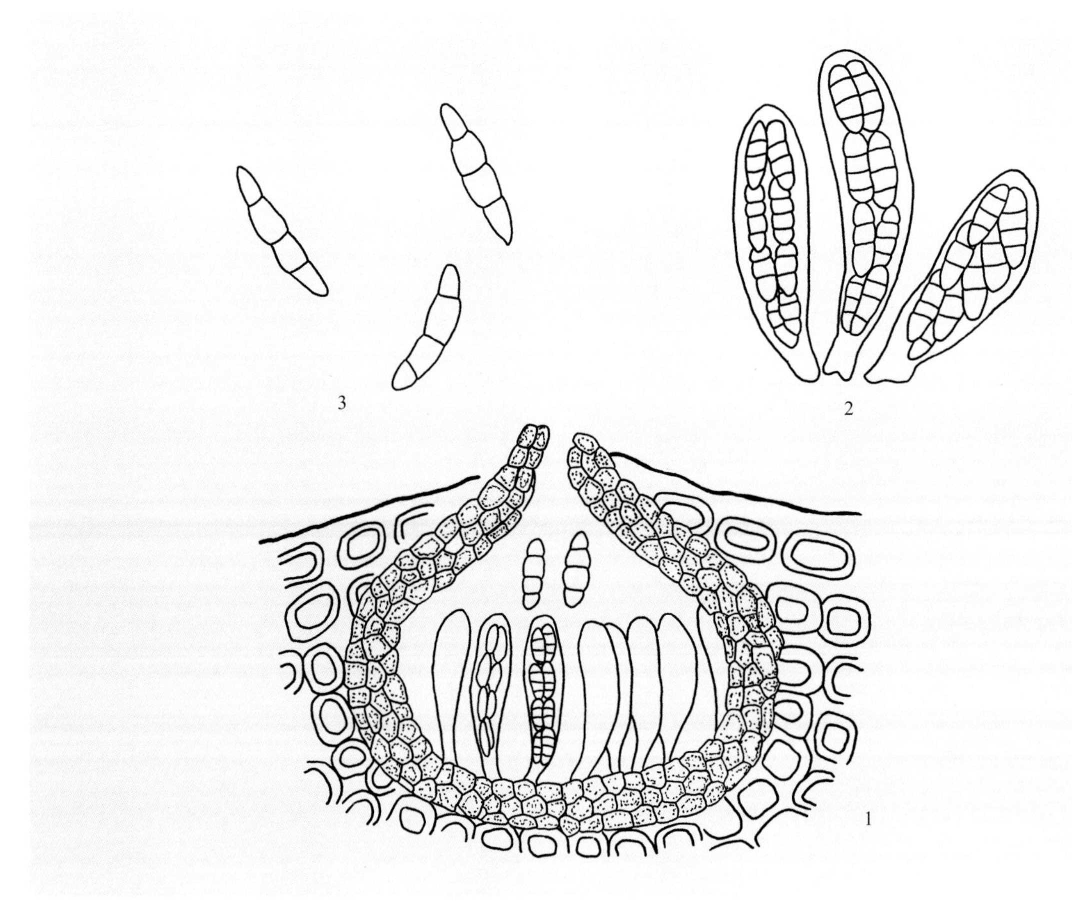

图2-36 *Sphaerulina*形态模式图

1：子囊腔；2：子囊；3：子囊孢子

子囊孢子长卵圆形，无色或暗色，多胞，具纵、横隔膜；分生孢子器棒状、筒形或球形。

1）富特煤炱 *Capnodium footii* Berk. et Desm.，为害茶树，引致茶煤污病。枝干和叶片发生严重，病部覆盖黑色霉层，后期霉层上生黑色小点（子囊座）。菌丝细胞球形，黄褐色，串珠状；子囊座表面光滑，顶端膨大成头状，形成子囊腔（图2-37A）；子囊腔黑色，内生多个子囊；子囊棍棒状或卵圆形，内含8个子囊孢子；子囊孢子长卵圆形，多胞，具纵、横隔膜，暗色（图2-37B和C，图2-38）；分生孢子器圆筒形，具长柄，黑褐色，顶部膨大，有孔口；分生孢子单胞，无色，椭圆形至卵圆形（图2-39）。

图2-37　*Capnodium footii* 菌丝层与子囊座（A），子囊腔剖面（B），子囊腔破裂时释放子囊和子囊孢子（C）

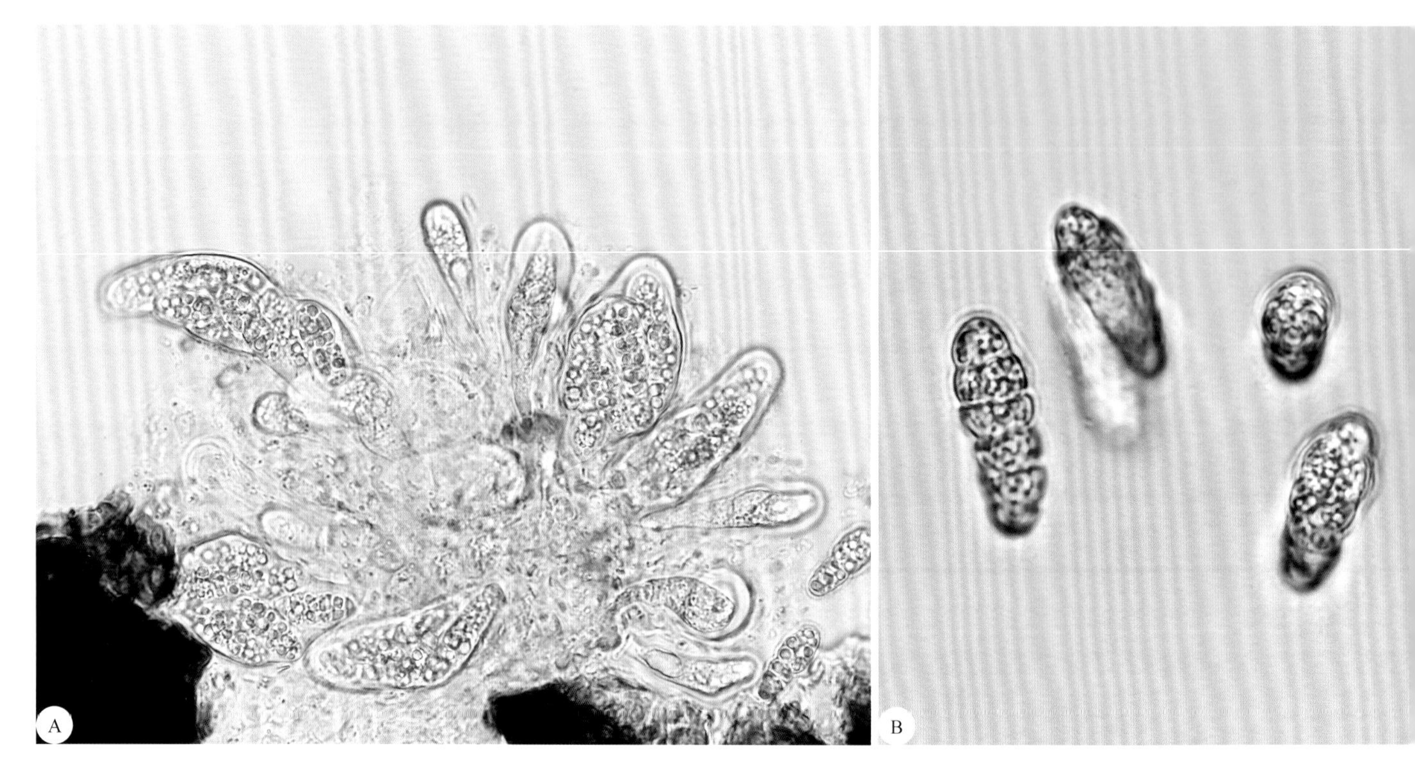

图2-38 *Capnodium footii*子囊（A）与子囊孢子（B）

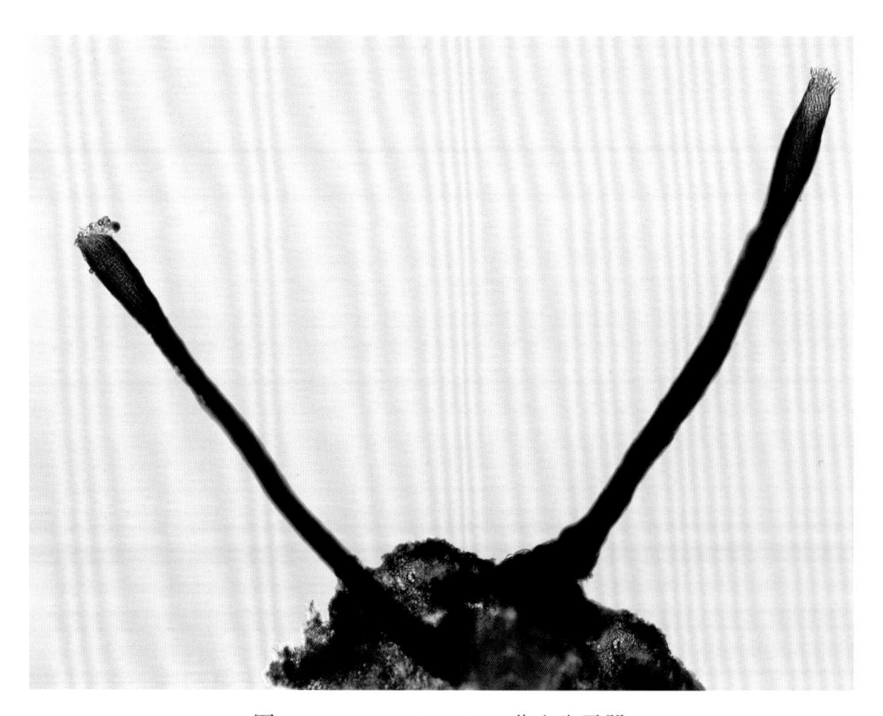

图2-39 *Capnodium footii*分生孢子器

2）柑橘煤炱 *C. citri* Berk. et Desm.，为害柑橘，引致柑橘煤污病。菌丝暗黑色，生长在柑橘表面，子囊座生于菌丝层表面，内有单个子囊腔，子囊孢子多胞，有性态形态变化很大。子囊座球形或扁球形，直径110～150μm，壳壁膜质，暗褐色，顶端有孔口，表面生刚毛；子囊长卵圆形或棍棒形，60～80μm×12～20μm，内含8个子囊孢子，排成双列；子囊孢子无色，长椭圆形，两端略细，3个横隔膜，20～25μm×6～8μm（图2-40）。以菌丝体、子囊座或分生孢子器在病部越冬。

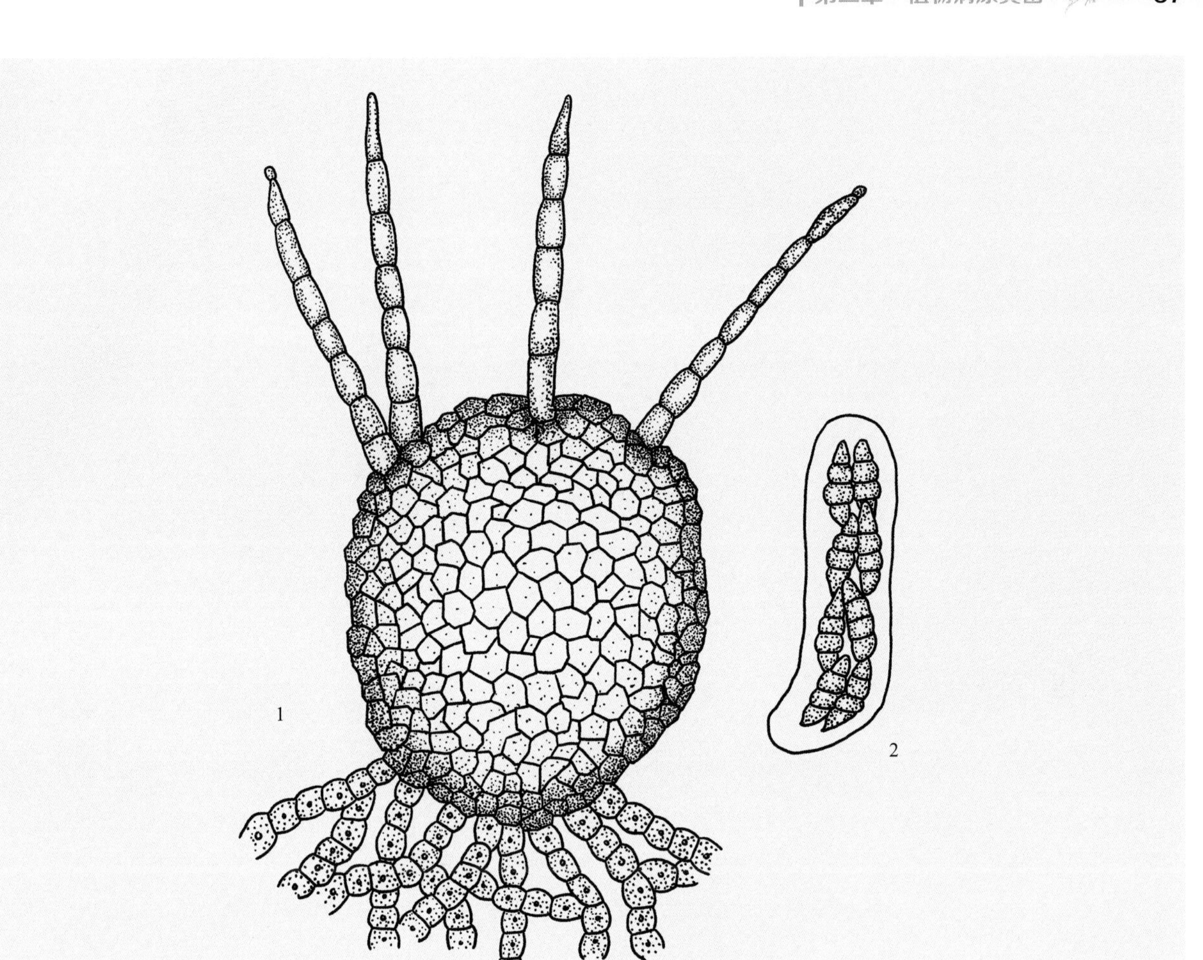

图2-40 *Capnodium citri*形态模式图

1：子囊座；2：子囊与子囊孢子

8. 囊孢壳属 *Physalospora* Niessl

子囊座扁球形，黑色，孔口稍突出；子囊棍棒形或圆筒形，平行排列在子囊腔内；子囊孢子长卵圆形，单胞，无色或淡黄色（图2-41）。无性态为球壳孢属*Sphaeropsis*、大茎点菌属*Macrophoma*、炭疽菌属*Colletotrichum*、壳色单隔孢属*Diplodia*等。

1）仁果囊孢壳*Physalospora obtusa* (Schw.) Cooke，无性态为仁果球壳孢*Sphaeropsis malorum* Peck，为害苹果，引致苹果黑腐病。主要侵染枝干、叶片及果实，病部产生黑色小点（分生孢子器或子囊腔）。子囊腔扁球形，黑色，具孔口，300～400μm×190～320μm；子囊棍棒状，130～180μm×21～32μm；子囊孢子椭圆形，单胞，无色或淡黄绿色，23～84μm×10～15μm。除苹果外，还为害梨树、木瓜、山楂、枇杷等。

2）棉囊孢壳*P. gossypina* Stev.，无性态为棉壳色单隔孢*Diplodia gossypina* Cooke，为害棉铃，引致棉铃黑果病。子囊腔聚生于子囊座内，黑色。子囊孢子无色，单胞。有性态不常见。

3）柑橘囊孢壳*P. rhodina* Berk. et Curt.，无性态为可可球色单隔孢*Botryodiplodia theobromae* Pat.，主要为害柑橘，引致柑橘黑色蒂腐病。主要侵染果实和枝干，发病初期环绕果蒂处发生变色，水渍

图2-41 *Physalospora*形态模式图
1：子囊座与子囊腔；2：子囊与子囊孢子

状，后渐变黄褐色至黑褐色，并扩展至果肉，常从病部分泌琥珀色黏液。子囊腔聚生，黑色，直径250～300μm；子囊孢子单胞，无色，24～42μm×7～17μm。除柑橘类外，还为害沙果、梨树、西瓜等多种作物。

4）塔地囊孢壳*P. tucumanensis* Speg.，无性态为镰孢炭疽菌*Colletotrichum falcatum* Went.，为害甘蔗，引致甘蔗赤腐病。主要发生在茎部，叶片、叶鞘和根亦可受害。病茎内部变红，发生赤腐病。子囊腔不规则形，散生，部分埋生于甘蔗组织内，孔口突出，100～260μm×80～250μm；子囊棍棒形，顶壁厚。子囊孢子梭形、椭圆形或卵圆形，在子囊中排成双列，18～22μm×7～8μm。

9. 葡萄座腔菌属*Botryosphaeria* Ces. et de Not.

子囊座发达，垫状，黑色，内生多个子囊腔；子囊腔埋生于寄主植物表皮下的子囊座内，有稍突出的孔口；子囊棍棒状，有短柄，双层壁，子囊间有假侧丝；子囊孢子单胞，无色，卵圆形至椭圆形（图2-42）。该属弱寄生性，大多数为害树木枝干，引致溃疡。无性态为大茎点菌属*Macrophoma*、小穴壳菌属*Dothiorella*。

1）贝氏葡萄座腔菌梨专化型*Botryosphaeria berengeriana* f. sp. *piricola* Koganezawa et Sakuma，无性态为轮纹大茎点菌*Macrophoma kawatsukai* Hara，为害苹果，引致苹果轮纹病。主要侵染枝干，果实和叶片也可发病。枝干上病斑凹陷，但不到达形成层和木质部。叶片、果实上的病斑具轮纹，上生黑色小粒点。子囊座发达，子囊腔和分生孢子器共生于同一个子囊座内；子囊腔球形或扁

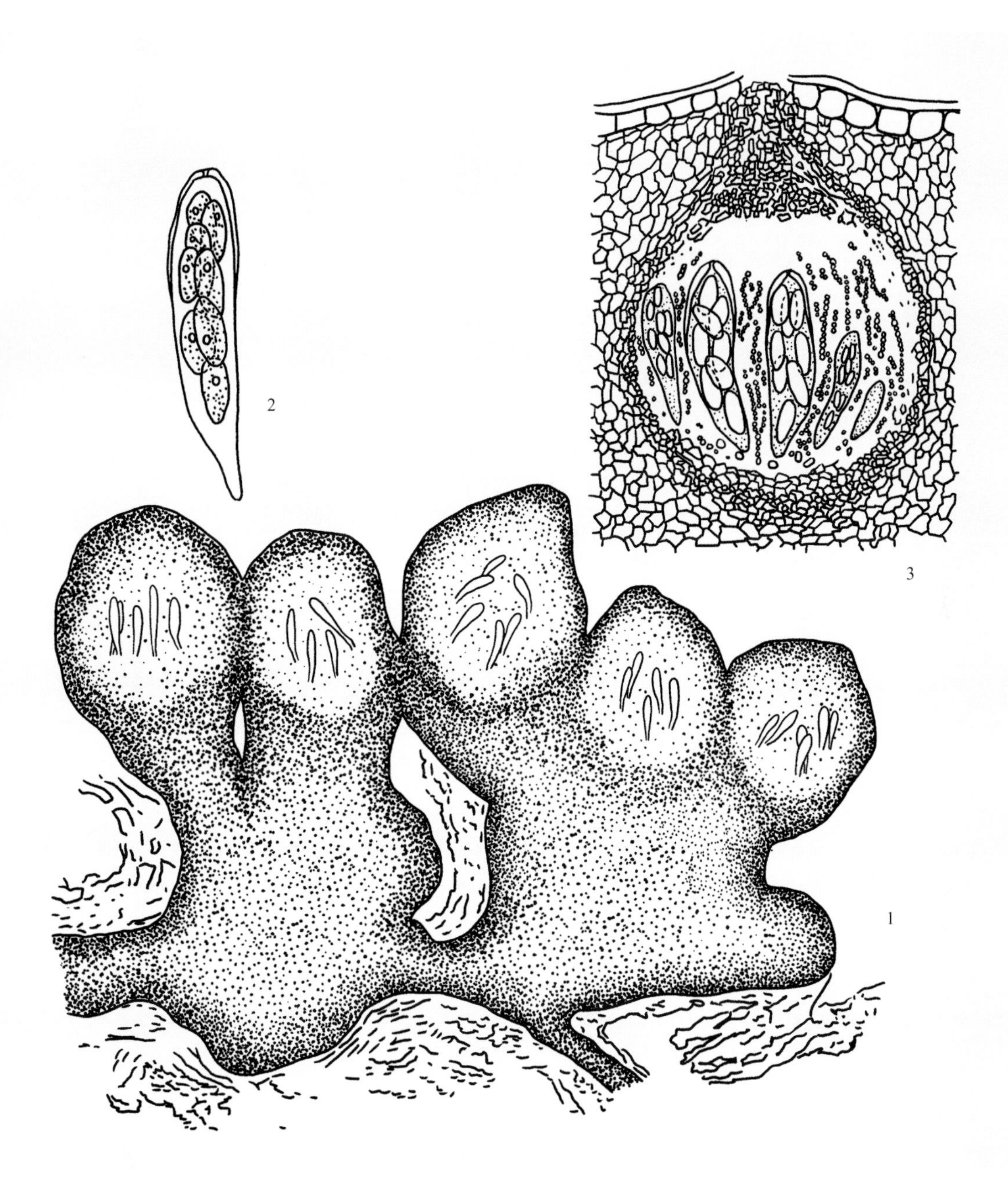

图2-42　*Botryosphaeria*形态模式图

1：子囊座；2：子囊与子囊孢子；3：子囊腔

球形，黑褐色，具孔口，170～310μm×230～310μm；子囊长棍棒状，无色，顶端膨大，基部较细，110.0～130.0μm×17.5～20.0μm；子囊孢子单胞，无色，椭圆形，24.5～26.0μm×9.5～10.5μm。主要以菌丝体和分生孢子器在枝干病斑中越冬。除苹果外，还为害梨树、桃树、杏树、李树、枣树、榅桲、沙果、木瓜、板栗、甜橙等多种果树。

2）贝氏葡萄座腔菌*B. berengeriana* de Not.，无性态为*Macrophoma rosae* Edward et al.，为害苹果，引致苹果树干腐病。多发生于果树主枝和侧枝，嫁接口处易发病，引致枯枝或溃疡症状。枯枝型多出现在衰老树，溃疡型多出现在幼、壮树。发病后期，病部产生黑色小粒点。子囊座埋生于皮层下，不规则形，内生1至多个子囊腔；子囊腔扁球形或洋梨形，黑褐色，具乳头状孔口，

227 ~ 254μm × 209 ~ 247μm；子囊棍棒状，无色，50 ~ 80μm × 10 ~ 14μm，子囊间有假侧丝；子囊孢子单胞，无色，在子囊内排成双列，椭圆形，16.8 ~ 26.4μm × 7.0 ~ 10.0μm（图2-43）。主要以菌丝体、分生孢子器或子囊座在病部越冬。

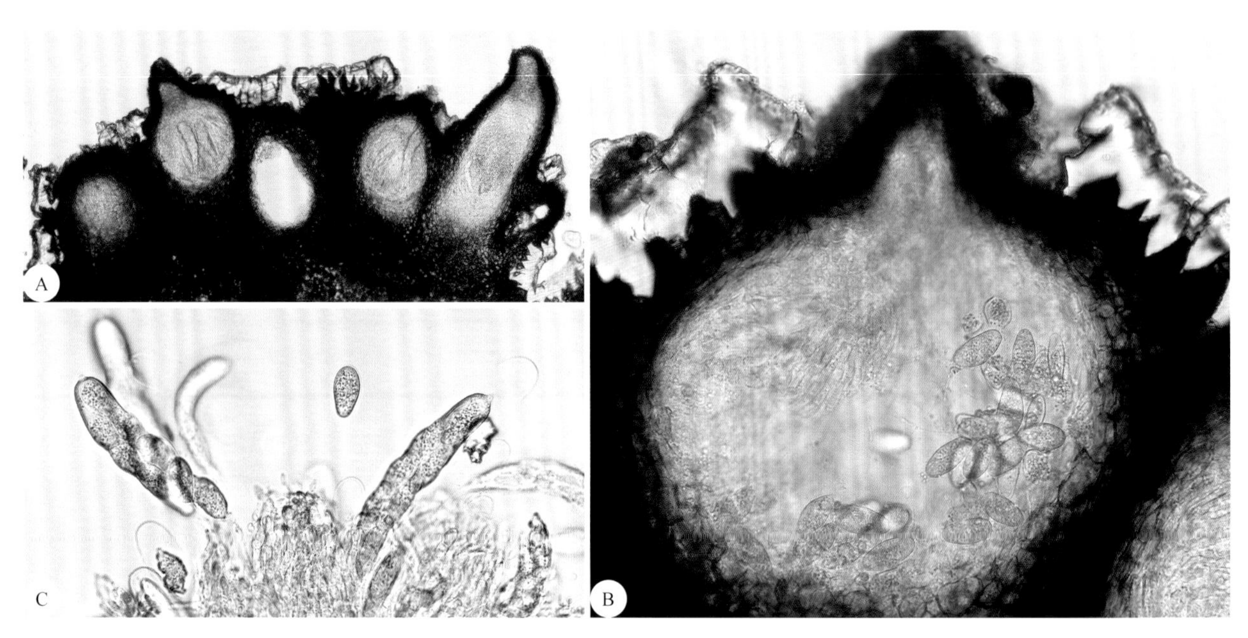

图2-43 *Botryosphaeria berengeriana*子囊座（A），子囊腔（B），子囊与子囊孢子（C）

3）煤色葡萄座腔菌*B. fuliginosa* (Moug. et Nestl.) Ell. et Ev.，无性态为大茎点菌属*Macrophoma* sp.，为害李树，引致李枝枯病。子囊腔190 ~ 360μm × 250 ~ 320μm，子囊孢子14 ~ 33μm × 7 ~ 10μm。除李树外，还能为害棉铃并引致棉铃腐烂。

10. 黑星菌属 *Venturia* Sacc.

子囊座多产生于寄主植物病残体的表皮层下，埋生，扁球形，黑色，孔口外露，周生数根黑色且具隔膜的刚毛；子囊长圆筒形，无柄或有短柄，平行排列，有假侧丝，后期消解；子囊孢子椭圆形或长圆形，不等大双胞，分隔处缢缩，无色或淡黄色。为害植物叶片、果实和嫩枝，引致黑星病。生长季常见的是无性态，属于黑星孢属*Fusicladium*和环黑星霉属*Spilocaea*。

1）梨黑星菌*Venturia pyrina* Aderh.，无性态为梨黑星孢*Fusicladium virescens* Bon.，为害梨树，引致梨黑星病。侵染梨树绿色幼嫩组织，叶片、叶柄、芽、花序、新梢及1年生枝条均可受害。叶片病斑多出现在叶背，初期产生黑色小斑点，病斑沿叶脉放射状扩展，边缘呈网状或刺芒状，圆形或近圆形，上生墨绿色或黑色霉层。幼果发病形成裂果和畸形果，病部生黑色霉层。子囊腔产生于越冬后的病残叶片组织内，暗褐色，球形，孔口露出，周围具数根暗色针状刚毛，直径100 ~ 150μm；子囊棍棒形，中部稍粗，60 ~ 70μm × 10 ~ 12μm；子囊孢子长鞋底状，褐色，双胞，上部细胞较大，下部细胞稍小，分隔处缢缩，14 ~ 15μm × 5 ~ 6μm（图2-44）。以菌丝体在病枝梢、芽鳞，或者以子囊或子囊孢子随病残体在土壤中越冬。

2）不平黑星菌*V. inaequalis* (Cooke) Wint.，无性态为苹果环黑星霉*Spilocaea pomi* Fr.: Fr.，为害苹

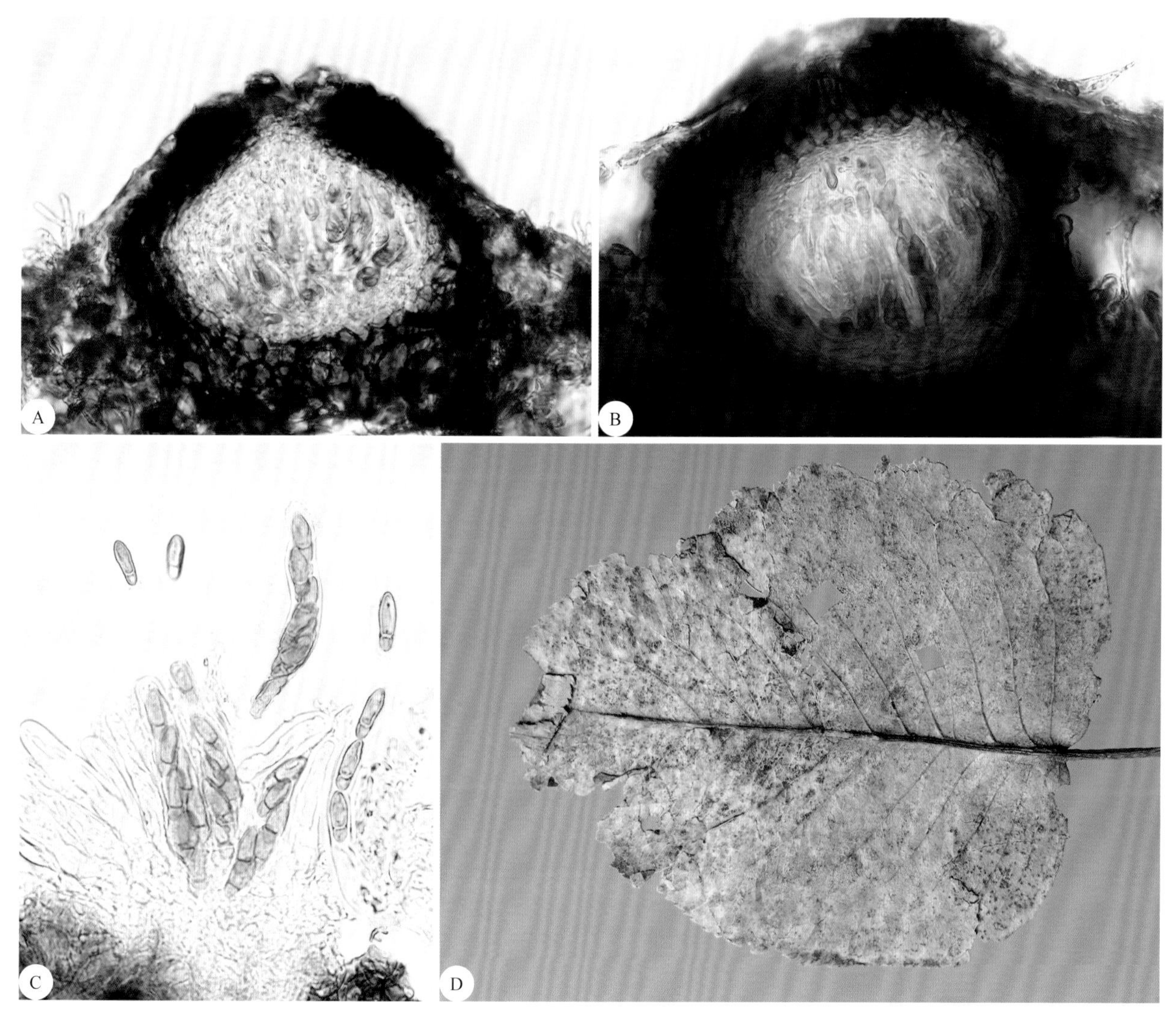

图2-44　*Venturia pyrina*假囊壳（A），生于假囊壳内的子囊（B），子囊和子囊孢子（C），历冬后产生了假囊壳的病叶（D）

果，引致苹果黑星病。可侵染叶片、叶柄、嫩梢、果梗及果实，叶片和果实受害最重。叶片病斑圆形，放射状向外扩展，连片后呈不定形，褐色至黑褐色，有时病部向上隆起呈泡状，上生褐色绒状霉层。果实病斑圆形或椭圆形，淡黄绿色，后变褐色或黑褐色，病部生绒状霉层，常引致果实开裂或者畸形。子囊座埋生于落叶的叶肉组织中，烧瓶形，直径90～170μm，孔口露出，周围有刚毛；子囊长棍棒形，初60～70μm×6～11μm，子囊孢子双列，湿润后子囊拉长，子囊孢子排成单列自子囊溢出；子囊孢子双胞，上部细胞较小，下部细胞较大，淡绿褐色，11～15μm×4～8μm（图2-45）。病菌有生理分化现象。除苹果外，还为害沙果、海棠、槟子等。

11. 绒座壳属 *Gibellina* Pass.

子囊座发达，垫状，黑色，埋生于寄主植物组织中，内有多个子囊腔；子囊腔球形，黑色，有长颈；子囊圆柱状，平行排列，有假侧丝；子囊孢子长椭圆形，双胞，褐色，未成熟前单胞，无色。兼性寄生，为害禾本科植物的茎基部。

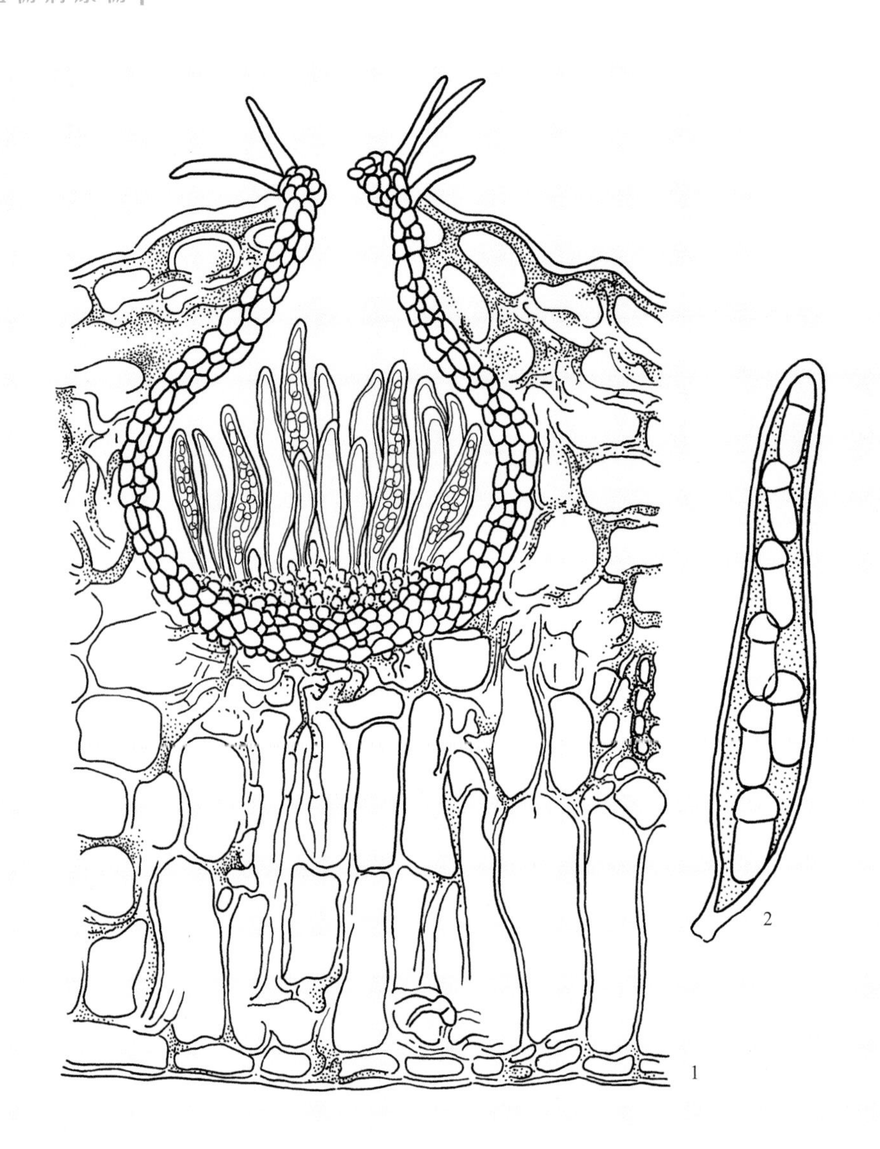

图2-45　*Venturia inaequalis*形态模式图

1：假囊壳与孔口周围的刚毛；2：子囊与子囊孢子

禾谷绒座壳*Gibellina cerealis* Pass.，为害小麦，引致小麦秆枯病。主要侵染叶鞘及茎秆，在茎基部形成不规则形病斑，叶鞘与茎间生灰白色菌丝层，病株常折断，病部生小黑点（子囊座和子囊腔）（图2-46），子囊座埋生于叶鞘表皮下，后期突破表皮外露，子囊腔聚生于子囊座内（图2-47A）。子囊壳椭圆形，外壁光滑，有长颈，300～430μm×140～270μm；子囊圆柱状，具短柄，118.0～139.0μm×13.9～16.7μm；子囊孢子梭形，两端钝圆，未成熟时单胞、无色，成熟后为双胞，米黄色至浅褐色，2.7～34.9μm×6.0～10.0μm（图2-47B和C）。病菌主要通过土壤传播。除小麦外，还为害大麦。

12. 顶囊壳属 *Gaeumannomyces* Arx et Olivier

子囊座发达，生于寄主植物组织中，内含多个子囊腔；子囊腔散生，扁球形，黑色，具乳头状孔口和圆柱状长颈，全埋或半埋于子囊座中；子囊圆柱形，平行排列，有假侧丝，内含8个子囊孢子；子囊孢子平行排列在子囊内，多胞，线形，无色或淡黄绿色（图2-48～图2-50）。主要为害禾本科植物。

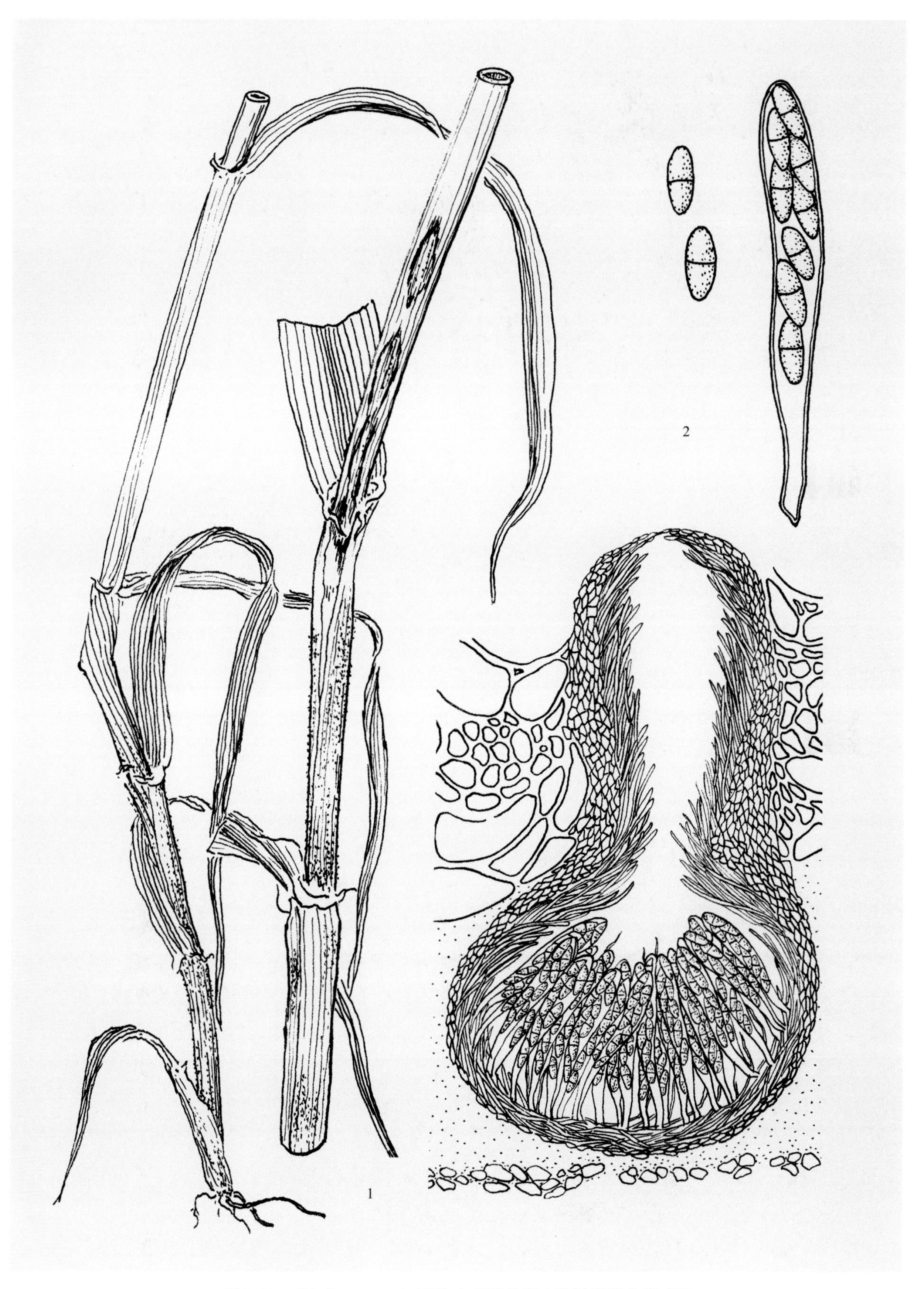

图2-46　*Gibellina cerealis*引致小麦秆枯病症状及其形态模式图

1：病株；2：子囊壳、子囊及子囊孢子

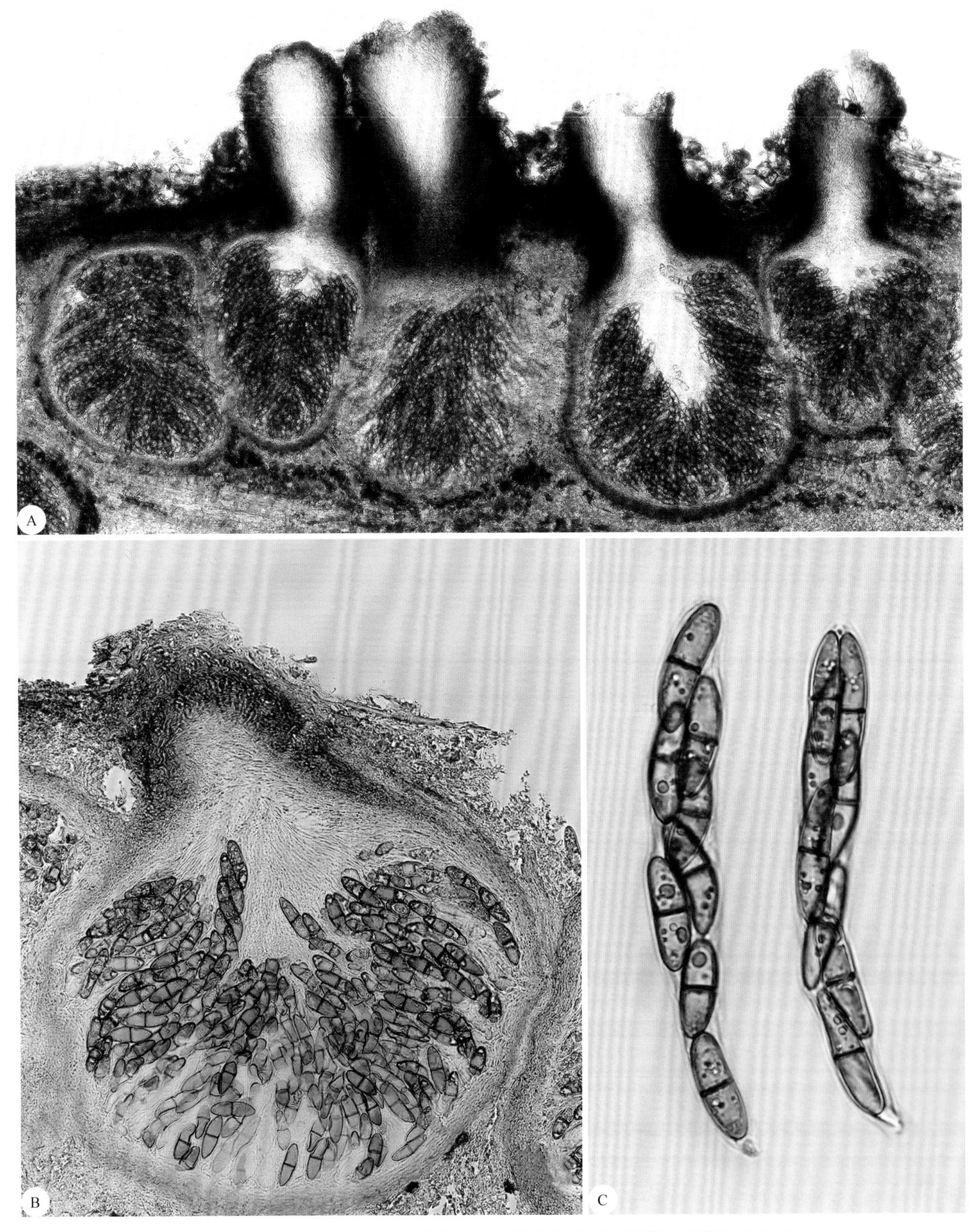

图2-47 *Gibellina cerealis*子囊座（A），子囊腔（B），子囊与子囊孢子（C）

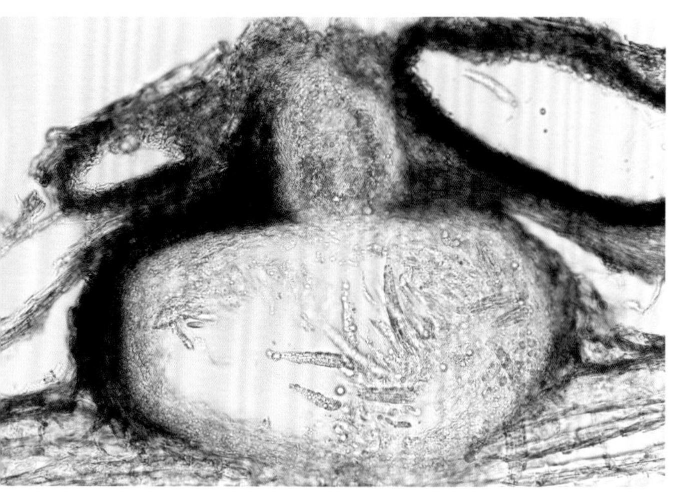

图2-48 *Gaeumannomyces* sp.子囊腔

图2-49 *Gaeumannomyces* sp.子囊与子囊孢子

禾顶囊壳*Gaeumannomyces graminis* (Sacc.) Arx et Olivier，为害小麦，引致小麦全蚀病（图2-51）。主要侵染根及茎基部，造成植株矮化，生长衰弱，易拔出。病根黑色，茎基生褐色或黑色长条形病斑，表面及叶鞘布满黑褐色菌丝层，后期颜色加深呈黑膏药状，叶鞘内生黑色颗粒，即子囊座（图2-52）。子囊腔烧瓶状，黑色，具长颈，表面有菌丝残余形成的栗褐色茸毛，直径330～500μm；子囊棍棒状，无色，有柄，有假侧丝，90～115μm×10～13μm，内含8个子囊孢子；子囊孢子线形，无色（聚集在子囊内为淡黄色），微弯，3～7个横隔膜，60～90μm×3～5μm（图2-53～图2-56）。全蚀病在国外较普遍，我国山东、浙江、陕西、甘肃等地局部发生，带菌种子和田间病残体是该病害的主要初侵染源。除小麦外，还为害大麦、黑麦、燕麦、玉米、谷子、水稻等禾本科植物。

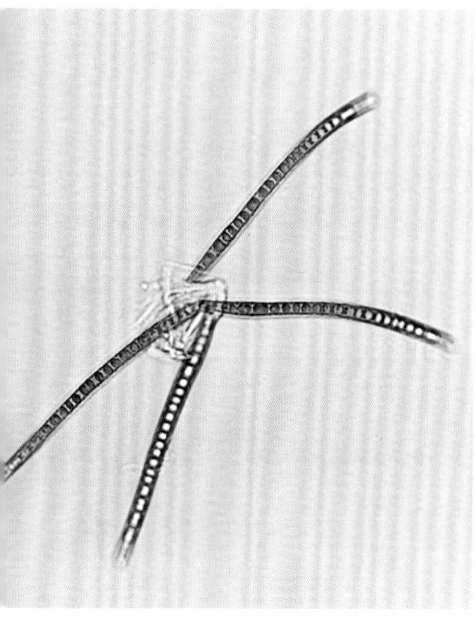

图2-50 *Gaeumannomyces* sp.子囊孢子

图2-51 *Gaeumannomyces graminis*引致小麦全蚀病症状

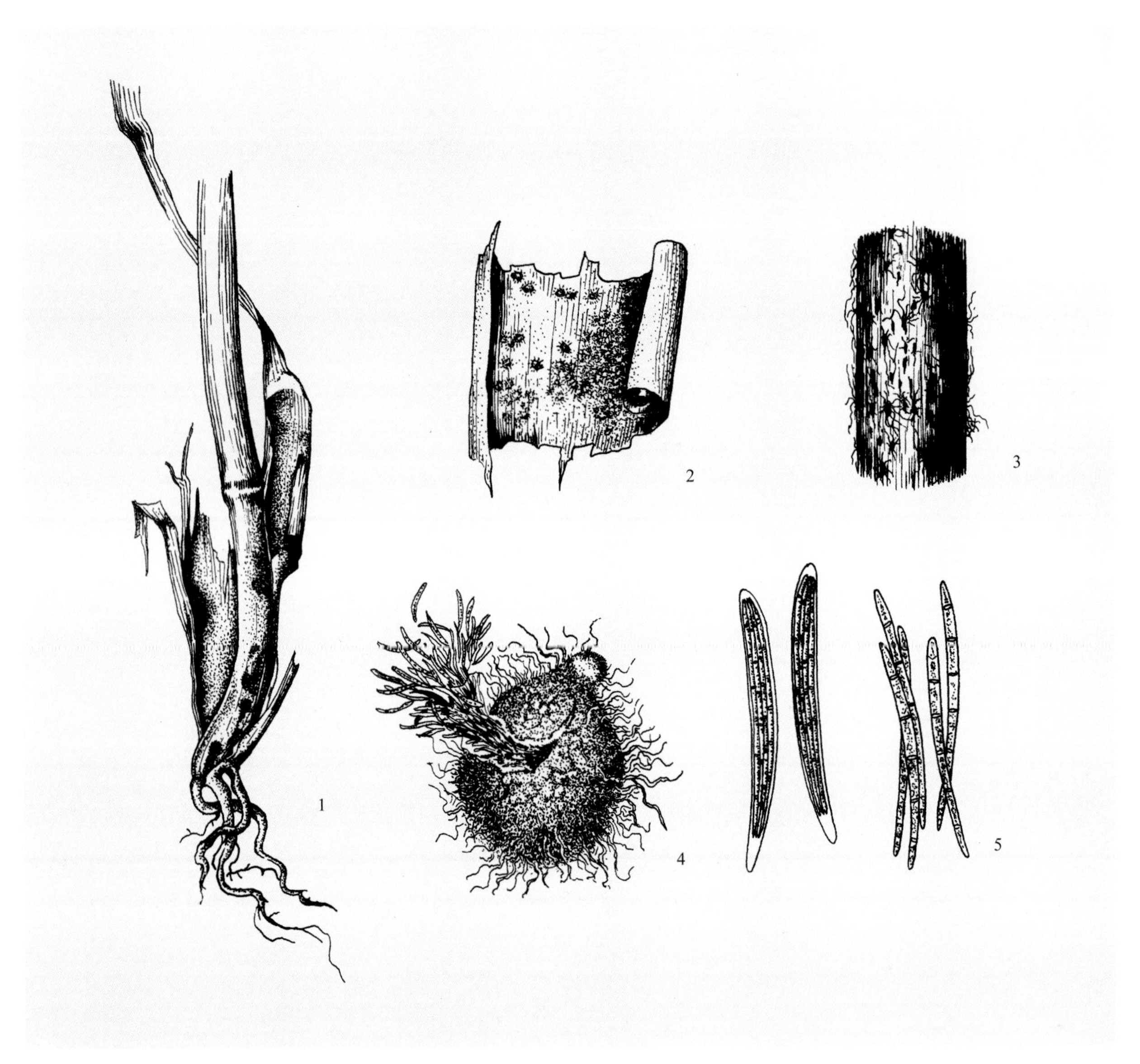

图2-52 *Gaeumannomyces graminis*引致小麦全蚀病症状及其形态模式图

1：抽穗期茎基部受害状；2：叶鞘内的子囊壳；3：病茎表面的菌丝体；4：子囊壳与被挤压出的子囊；5：子囊与子囊孢子

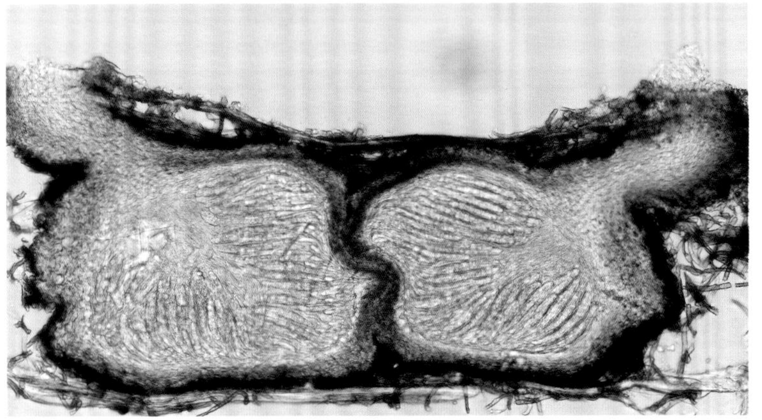

图2-53 *Gaeumannomyces graminis*子囊座（子囊座发达，子囊腔聚生）

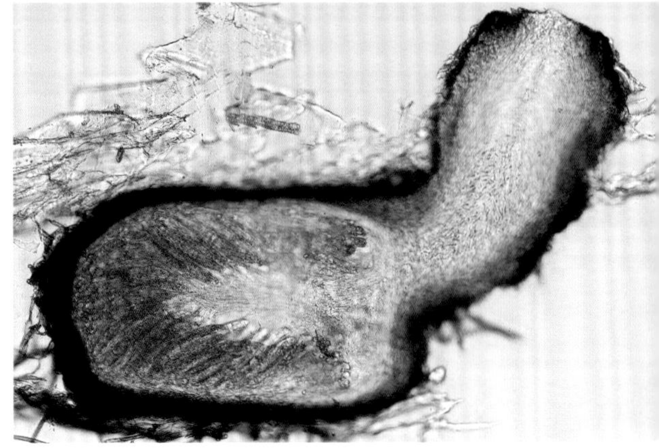

图2-54 *Gaeumannomyces graminis*子囊腔与子囊孢子

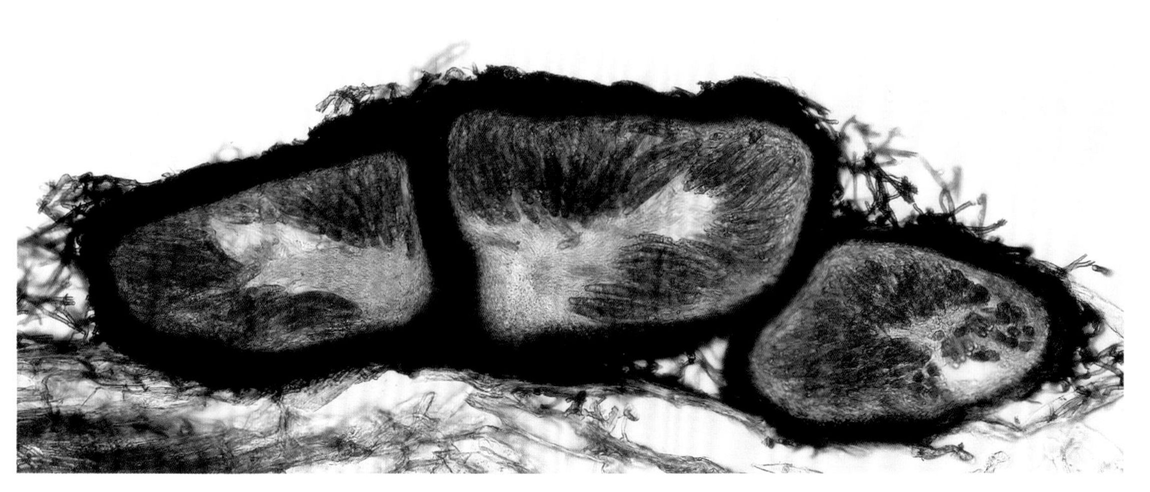

图2-55　*Gaeumannomyces graminis*子囊腔底部横切面（腔周有菌丝残存的栗褐色茸毛状物）

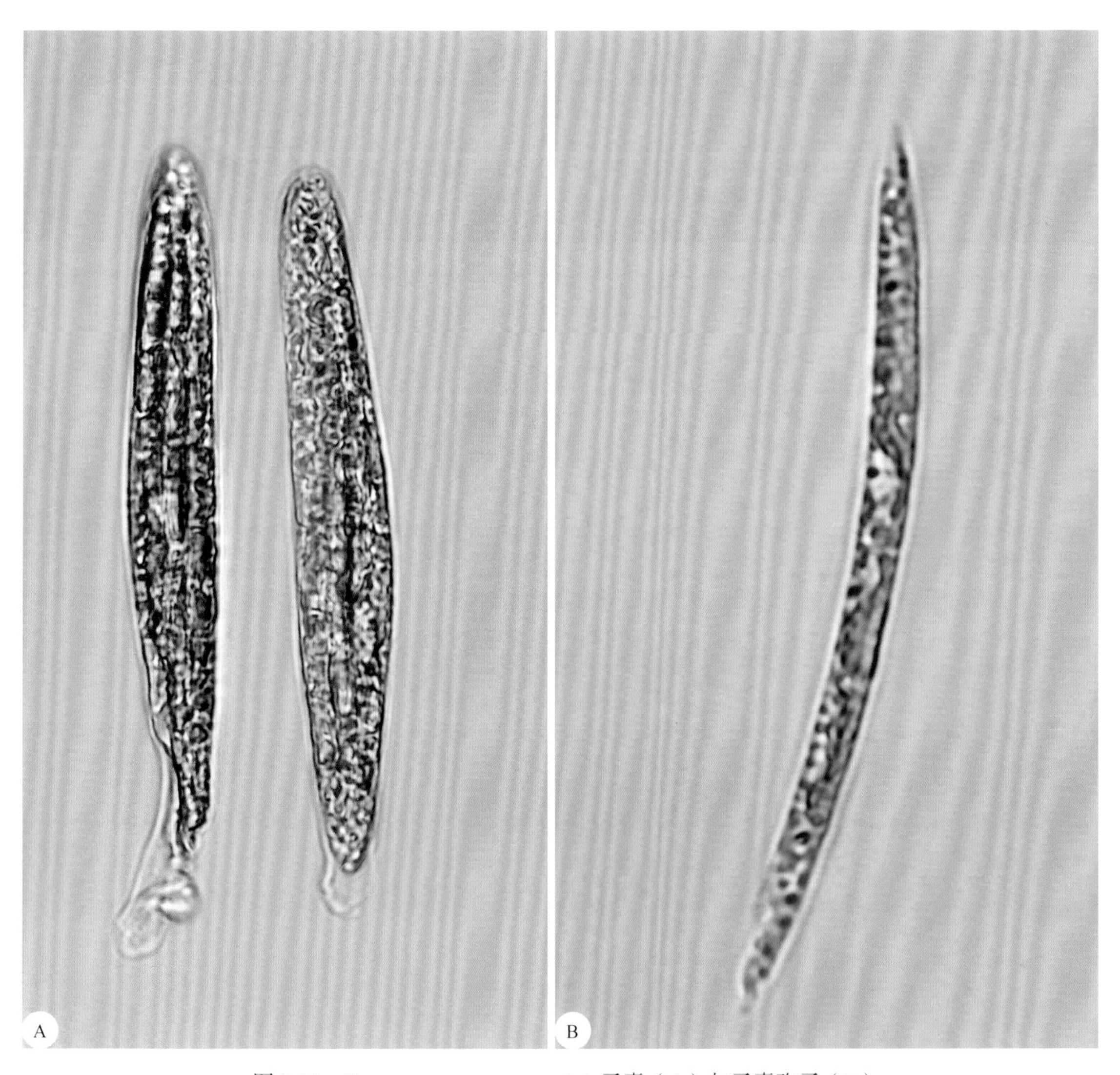

图2-56　*Gaeumannomyces graminis*子囊（A）与子囊孢子（B）

13. 旋孢腔菌属 *Cochliobolus* Drechsler

子囊座黑色，球形，有短颈，无刚毛；子囊棍棒状，假侧丝少见；子囊孢子线形，多胞，无色或淡黄色，在子囊内螺旋状排列。有性态不常见。兼性寄生，主要为害禾本科植物。无性态为长蠕孢属 *Helminthosporium*、平脐蠕孢属 *Bipolaris*。

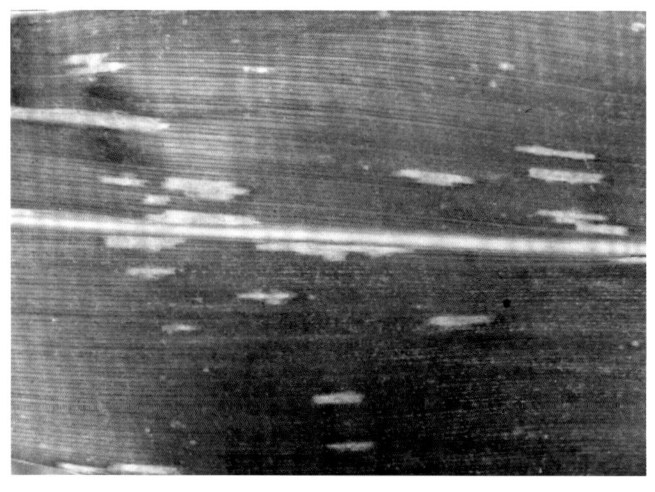

图2-57 *Cochliobolus heterostrophus*引致玉米小斑病叶片症状

1）异旋孢腔菌 *Cochliobolus heterostrophus* Drechsler，无性态为玉蜀黍平脐蠕孢 *Bipolaris maydis* Shoem.，为害玉米，引致玉米小斑病。主要侵染叶片、叶鞘、雄花及苞叶。病斑椭圆形，黄褐色，边缘褐色，微显轮纹（图2-57）。子囊座生于枯死的病组织上，黑色，椭圆形，357～642μm×276～443μm；子囊圆筒形，顶端钝圆，有短柄，160～180μm×24～28μm，内含1～8个子囊孢子；子囊孢子无色，线形，在子囊内螺旋状扭曲排列，5～9个横隔膜，130～340μm×6～9μm（图2-58）。以分生孢子

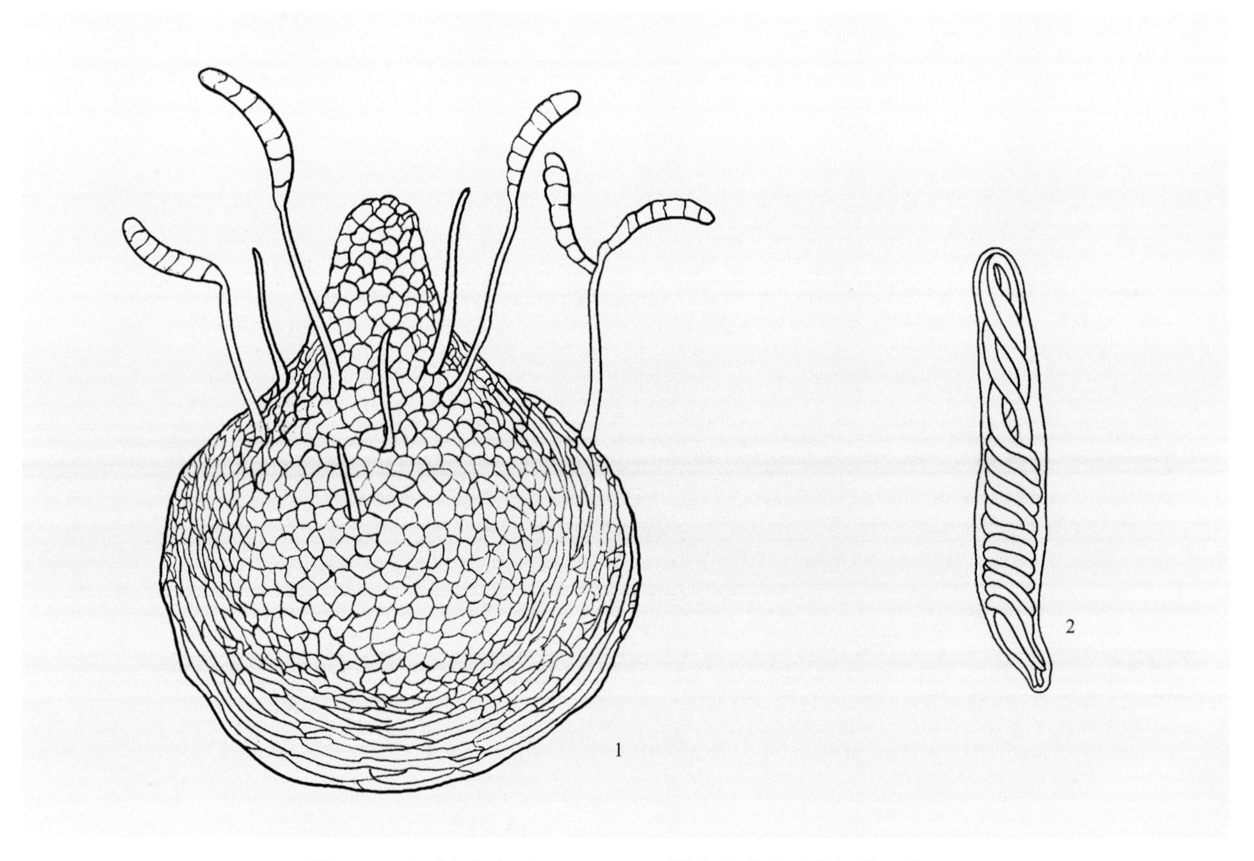

图2-58 *Cochliobolus heterostrophus*形态模式图（胡加怡 绘）

1：子囊腔外观，腔壁上生分生孢子梗和分生孢子；2：子囊与子囊孢子

和子囊座在病组织内越冬。

2）禾旋孢腔菌 *C. sativus* (Ito et Kurib.) Drechsler，无性态为麦根腐平脐蠕孢 *B. sorokiniana* (Sacc.) Shoem.，为害小麦，引致小麦根腐病。多发生在根、茎基、叶鞘、叶片及种子上，引致根和茎基腐烂、叶斑、种胚变黑。子囊腔褐色，烧瓶状，340～470μm×370～530μm，孔口发达；子囊纺锤形或圆筒形，有短柄，微弯，110～230μm×32～45μm；子囊孢子线形，螺旋状排列，6～13个横隔膜，160～360μm×6～9μm。弱寄生。有性态不常见。除小麦外，还为害大麦、燕麦等。

3）宫部旋孢腔菌 *C. miyabeanus* (Ito et Kurib.) Drechsler，无性态为稻平脐蠕孢 *B. oryzae* (Breda de Haan) Shoem.，为害水稻，引致稻胡麻斑病。秧苗到成熟期都能发病，芽、叶、穗都可受害，叶最为普遍。病叶初现褐色小点，逐渐扩大成椭圆形褐斑，如芝麻粒大小，外围环绕黄色晕圈。子囊腔球形或扁球形，外壁深黄褐色，560～950μm×368～377μm；子囊圆筒形或纺锤形，142～235μm×21～36μm；子囊孢子线形，无色或淡绿色，呈螺旋状扭曲排列，6～15个横隔膜，250～468μm×6～9μm。有性态不常见。

4）狗尾草旋孢腔菌 *C. setariae* (Ito et Kurib.) Drechsler，无性态为狗尾草平脐蠕孢 *B. setariae* (Saw.) Shoem.，为害谷子，引致谷子斑点病。主要侵染叶片、叶鞘及颖壳。病斑椭圆形，暗褐色，上生黑霉（无性子实体）。有性态少见。除谷子外，还为害狗尾草等禾本科植物。

14. 小球腔菌属 *Leptosphaeria* Ces. et de Not.

子囊腔初埋生，后部分露出，球形，黑色，具乳头状孔口；子囊棍棒形，双层壁，假侧丝不消失，内含8个子囊孢子；子囊孢子卵圆形至纺锤形，2个及以上隔膜，深黄绿色、黄色或褐色（图2-59，图2-60）。寄生种为害植物叶片、叶鞘和茎秆。无性态有尾孢属 *Cercospora*、枝孢属 *Cladosporium*、长蠕孢属 *Helminthosporium*、茎点霉属 *Phoma*、盾壳霉属 *Coniothyrium*、壳针孢属 *Septoria* 等。

1）稻小球腔菌 *Leptosphaeria salvinii* Catt.，无性态为岐曲长蠕孢 *Helminthosporium sigmoideum* var. *irregulare* Cralley et Tullis，为害水稻，引致稻小球菌核病。主要侵染茎基的叶鞘和茎秆，引致秆腐，病部产生大量黑色小颗粒（菌核）。菌核散生，球形、卵圆形或不规则形，外表黑色，粗糙，内部褐色，直径150～300μm×100～250μm，菌核与菌核之间无菌丝连接；子囊腔聚生于叶鞘的薄壁组织内，球形，黑色，直径350～400μm，有短颈；子囊棍棒形，无色，有短柄，内含8个子囊孢子，2或3个排成一列；子囊孢子淡黄色，长纺锤形，弯曲，3个隔膜，分隔处稍缢缩。病菌通常靠菌核传播。有性态在中国尚未发现。

图2-59 *Leptosphaeria* sp. 子囊腔

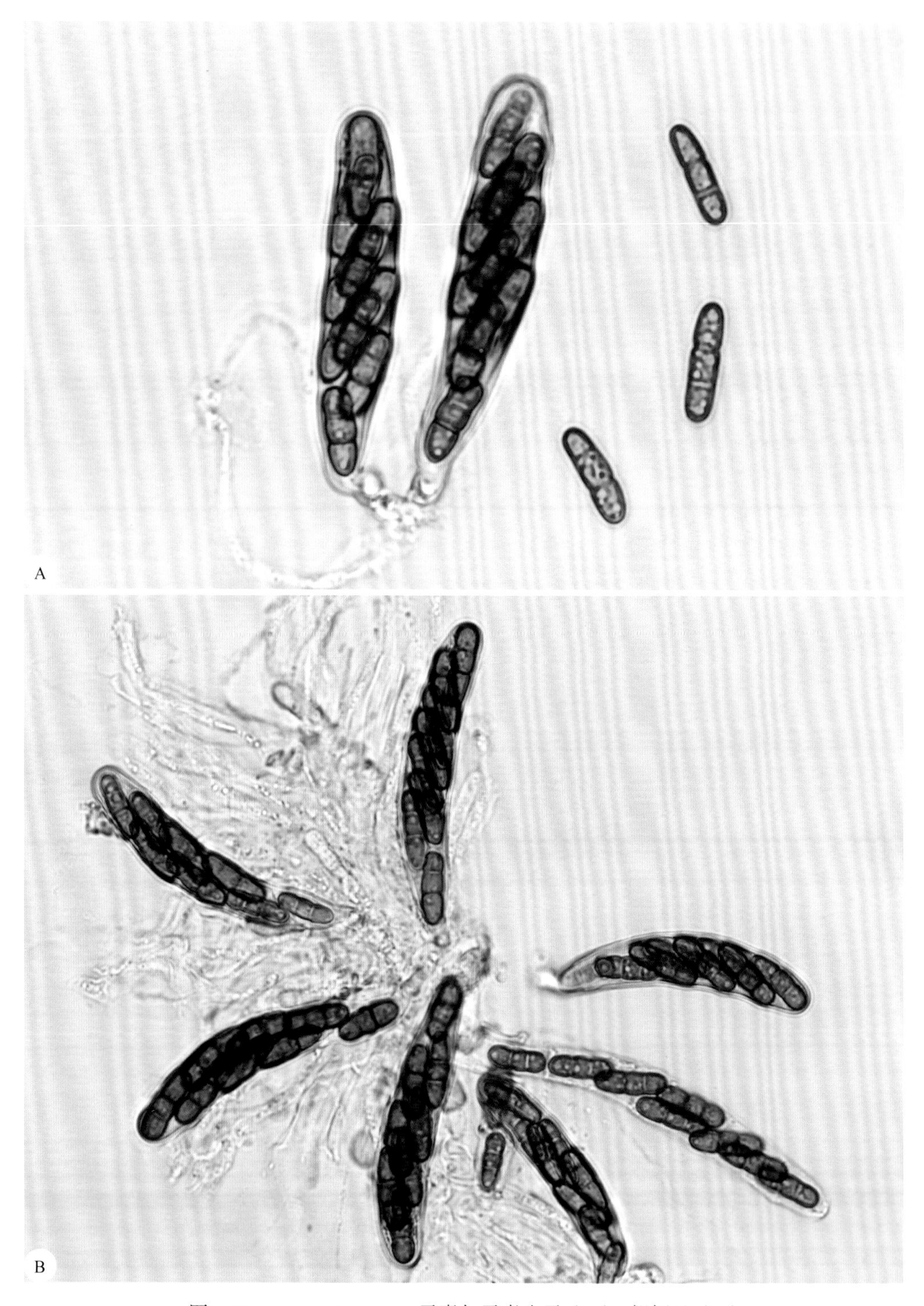

图2-60 *Leptosphaeria* sp.子囊与子囊孢子（A），假侧丝（B）

2）小麦小球腔菌*L. tritici* (Garov.) Pass.，无性态为禾生壳二孢*Ascochyta graminicola* Sacc.，为害小麦，引致小麦鞘腐病。叶上病斑多发生于叶缘，半椭圆形，褐色，上生黑色小点（子囊腔）。子囊腔埋生，球形，黑色，具乳头状孔口；子囊棍棒形，有假侧丝，具短柄，内含8个子囊孢子；子囊孢子圆形至纺锤形，3个隔膜，无色或淡青色，18.0～19.0μm×4.2～5.5μm。除小麦外，还为害多种禾谷类作物。

3）甘蔗小球腔菌*L. sacchari* Breda，无性态为蔗生叶点霉*Phyllosticta saccharicola* Henn.，为害甘

蔗，引致甘蔗轮斑病。叶片初生黄褐色病斑，渐变灰白色，边缘红褐色至黑褐色，略呈轮纹状。以分生孢子器随病组织在土壤中越冬。

4）东北小球腔菌*L. mandshurica* Miura，为害苹果，引致苹果斑纹病。叶片病斑圆形或近圆形，初呈褐色，后为灰白色，具细而暗褐色的边缘，上生黑色小点（子囊座）。

15. 核腔菌属*Pyrenophora* Fr.

子囊座球形或扁球形，黑色，外形似子囊壳，孔口顶端有刚毛；子囊长圆筒形，平行排列，假侧丝不消失，内含8个子囊孢子；子囊孢子褐色，排成双列，卵圆形或长圆形，多胞，具纵、横隔膜。寄生种主要为害禾本科植物的叶片，无性态为长蠕孢属*Helminthosporium*、内脐蠕孢属*Drechslera*。

1）麦类核腔菌*Pyrenophora graminea* (Rabenh.) Ito et Kurib.，无性态为禾内脐蠕孢*Drechslera graminea* (Rabenh. ex Schl.) Shoem.，为害大麦，引致大麦条纹病。主要侵染叶片、叶鞘及茎秆，产生褐色条斑，病部生黑色霉层，为病菌的分生孢子梗及分生孢子。子囊座生于大麦表皮下，黑褐色，烧瓶形，350 ~ 850μm × 450 ~ 800μm，孔口周围生刚毛数根；子囊束生，长棍棒形，弯曲，255 ~ 425μm × 32 ~ 50μm，内含4 ~ 8个子囊孢子；子囊孢子黄褐色，椭圆形，3个横隔膜（偶见2个），0 ~ 2个纵隔膜，45.0 ~ 75.0μm × 20.0 ~ 32.5μm（图2-61）。常见其无性态，有性态少见。

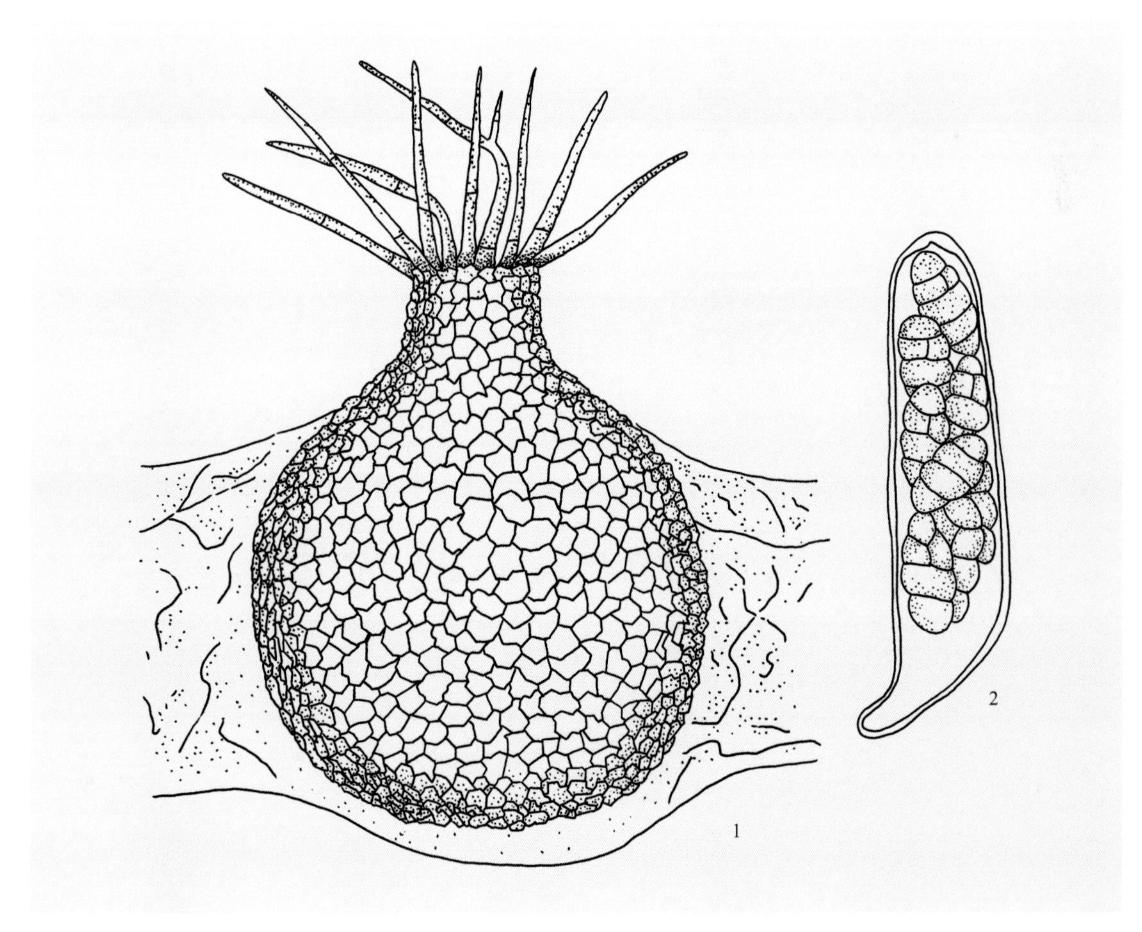

图2-61 *Pyrenophora graminea*形态模式图

1：子囊座；2：子囊与子囊孢子

2）圆核腔菌*P. teres* (Died.) Drechsler，无性态为大麦网斑内脐蠕孢*Drechslera teres* (Sacc.) Shoem.，为害大麦，引致大麦网斑病。叶片发病产生褐色条斑，上有网状纹。子囊座生于田间病株残体上，圆形或椭圆形，黑褐色，300～600μm×430～800μm，孔口周围有黑褐色刚毛，长针状，6～10个横隔膜；子囊棍棒形，束生，190～335μm×32～42μm，内含4～8个子囊孢子；子囊孢子椭圆形或纺锤形，黄褐色，3或4个横隔膜，0～2个纵隔膜，40.0～62.5μm×17.5～27.5μm。有性态在PDA培养基上极易形成。以菌丝体、分生孢子或子囊腔在种子、病残体内越冬。

3）燕麦核腔菌*P. avenae* (Eid.) Ito et Kurib.，无性态为燕麦内脐蠕孢*Drechslera avenacea* (Curtis ex Cooke) Shoem.，为害燕麦，引致燕麦叶枯病。多发生在叶片、叶鞘、颖和芒等部位，形成褐色不规则形条斑，病斑边缘呈黄色。

16. 格孢腔菌属*Pleospora* Rabenh.

子囊座埋生，后露出，球形，黑色，表面光滑、无刚毛；子囊棍棒形或圆筒形，平行排列，有假侧丝，内含8个子囊孢子；子囊孢子卵圆形或长圆形，无色或黄褐色，多胞，具纵、横隔膜（图2-62）。无性态有链格孢属*Alternaria*、枝孢属*Cladosporium*、匍柄霉属*Stemphylium*、茎点霉属*Phoma*、长蠕孢属*Helminthosporium*等。大多数腐生，少数寄生。常见其无性态。

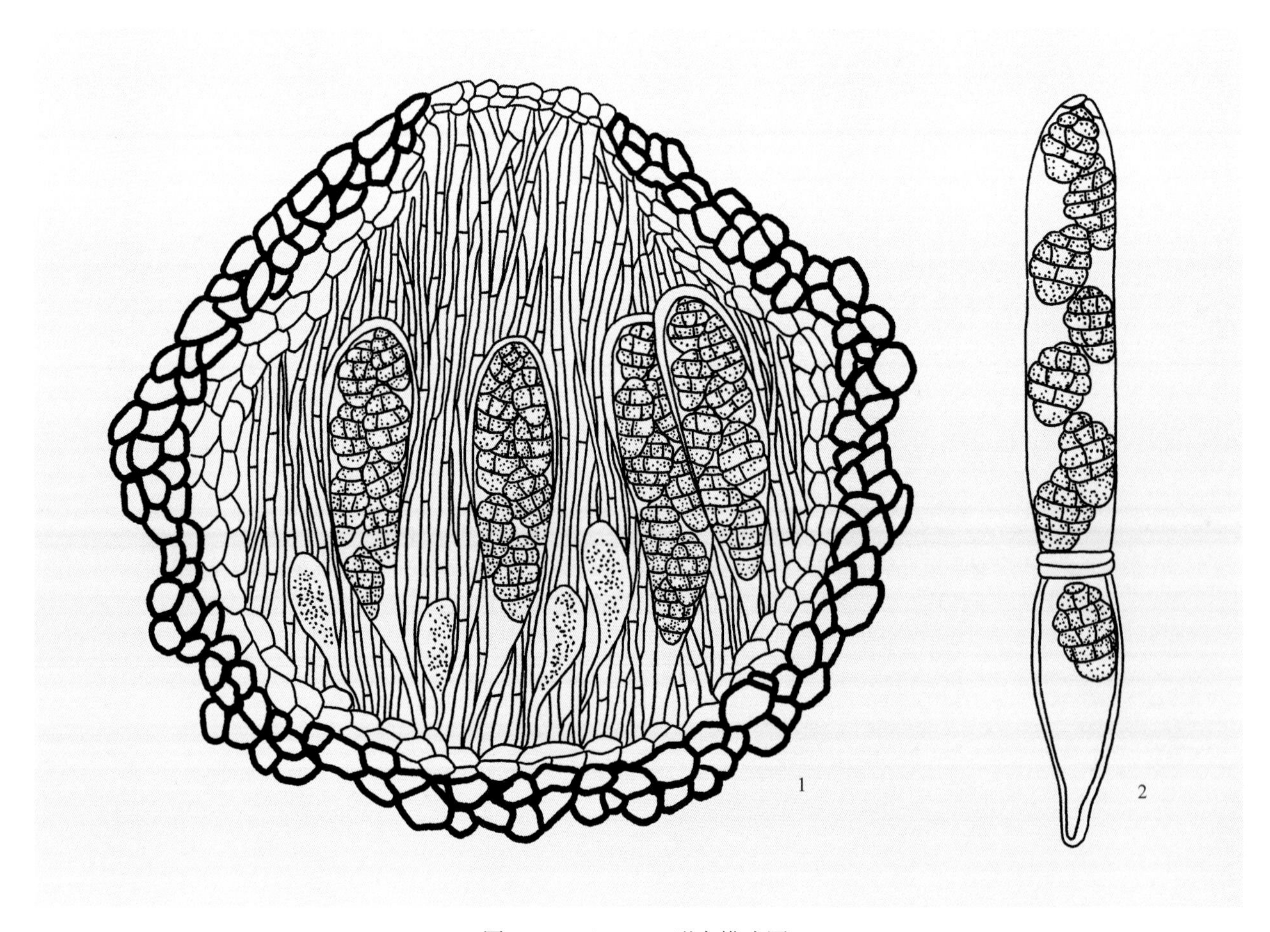

图2-62 *Pleospora*形态模式图

1：子囊座；2：子囊与子囊孢子

1）枯叶格孢腔菌*Pleospora herbarum* (Pers.) Rabenh.，无性态为匍柄霉*Stemphylium botryosum* Wallr.，为害葱、大蒜，引致葱蒜紫斑病。主要侵染叶片和花茎，引致叶斑（紫斑、轮纹）症状。病叶初生长圆形病斑，黄白色，略显轮纹，边缘具黄色晕圈，生紫黑色短绒状霉层，后期病部产生黑色小点（子囊座）。子囊座埋生于葱或大蒜表皮下，球形或扁球形，有孔口，直径180～250μm；子囊棍棒形或长圆形，有短柄，内含子囊孢子8个，双列或不规则排列，100～150μm×20～25μm；子囊孢子椭圆形或纺锤形，3～7个横隔膜，0～7个纵隔膜，分隔处略缢缩，25～45μm×10～15μm（图2-63）。以子囊座随病残体在土壤中越冬。弱寄生性，为害生长衰弱或衰老的葱或大蒜组织。除葱、大蒜外，还为害洋葱、苜蓿等作物。

2）甜菜格孢腔菌*P. betae* (Berl.) Nevod.，无性态为甜菜茎点霉*Phoma betae* Frank，为害甜菜，引致甜菜蛇眼病。主要侵染叶片、茎及块根。子囊座半球形，黑色，230～340μm×160～205μm；子囊棍棒形或圆筒形，内含8个子囊孢子，80～100μm×15～180μm；子囊孢子淡黄色，3或4个横隔膜，1个纵隔膜，19.5～25μm×8.5～10.0μm。常见其无性态。

17. 单囊壳属*Sphaerotheca* Lév.

菌丝表生，以吸器伸入寄主植物表皮细胞内吸取营养物质；闭囊壳深褐色，扁球形，内含1个子囊；附属丝菌丝状，不分枝或稍有分枝，褐色或无色，常与菌丝交织在一起；子囊圆形或卵圆形，有短柄，内含4～8个子囊孢子；子囊孢子卵圆形，无色，单胞（图2-64）。无性态为粉孢属*Oidium*。专性寄生菌，引致植物白粉病。

1）棕丝单囊壳*Sphaerotheca fusca* (Fr.) Blum.，主要为害瓜类，引致瓜类白粉病。瓜类自苗期至收获期都可发病，初期病叶产生圆形或近圆形白色霉层，边缘不明显，病斑扩展至相互合并后，白色霉层布满整个叶面。茎蔓和叶柄症状与叶片相似，只是白粉斑较小，白色粉状物稀疏。秋季叶背产生黑褐色小颗粒（闭囊壳）（图2-65）。闭囊壳扁球形，暗褐色，附属丝稀少，无孔口，直径70～120μm，内生1个子囊，63～98μm×46～74μm；子囊孢子椭圆形，无色或淡黄色，15～26μm×13～17μm（图2-66）。病菌有寄生专化性。除瓜类外，还为害豆类、向日葵、黄麻、苎麻等多种草本植物。

2）凤仙花单囊壳*S. balsaminae* (Wallr.) Kari，为害凤仙花，引致凤仙花白粉病。主要侵染叶片及嫩梢，严重时也为害花蕾和蒴果。初期叶片产生白色粉状小斑，逐渐扩大至全叶，白色霉层布满叶面，后期霉层中密生黄色至黑色小颗粒（闭囊壳）（图2-67）。闭囊壳散生或群生，球形或扁球形，直径70～119μm，壳壁细胞大；附属丝弯曲，具隔膜，大多不分枝，褐色至近无色，内含1个子囊，直径12～31μm；子囊短椭圆形至圆形，内含8个子囊孢子，48～96μm×51～75μm；子囊孢子单胞，无色，椭圆形，14～27μm×11～19μm（图2-68～图2-70）。

3）毡毛单囊壳*S. pannose* (Wallr.: Fr.) Lév.，为害蔷薇，引致蔷薇白粉病。菌丝生于叶片和嫩茎表面，黄灰色；闭囊壳生于菌丝层中，球形或梨形，直径90～110μm，内含1个子囊；附属丝少而短，淡褐色；子囊100μm×60～75μm，内含子囊孢子8个，子囊孢子20～27μm×12～15μm。

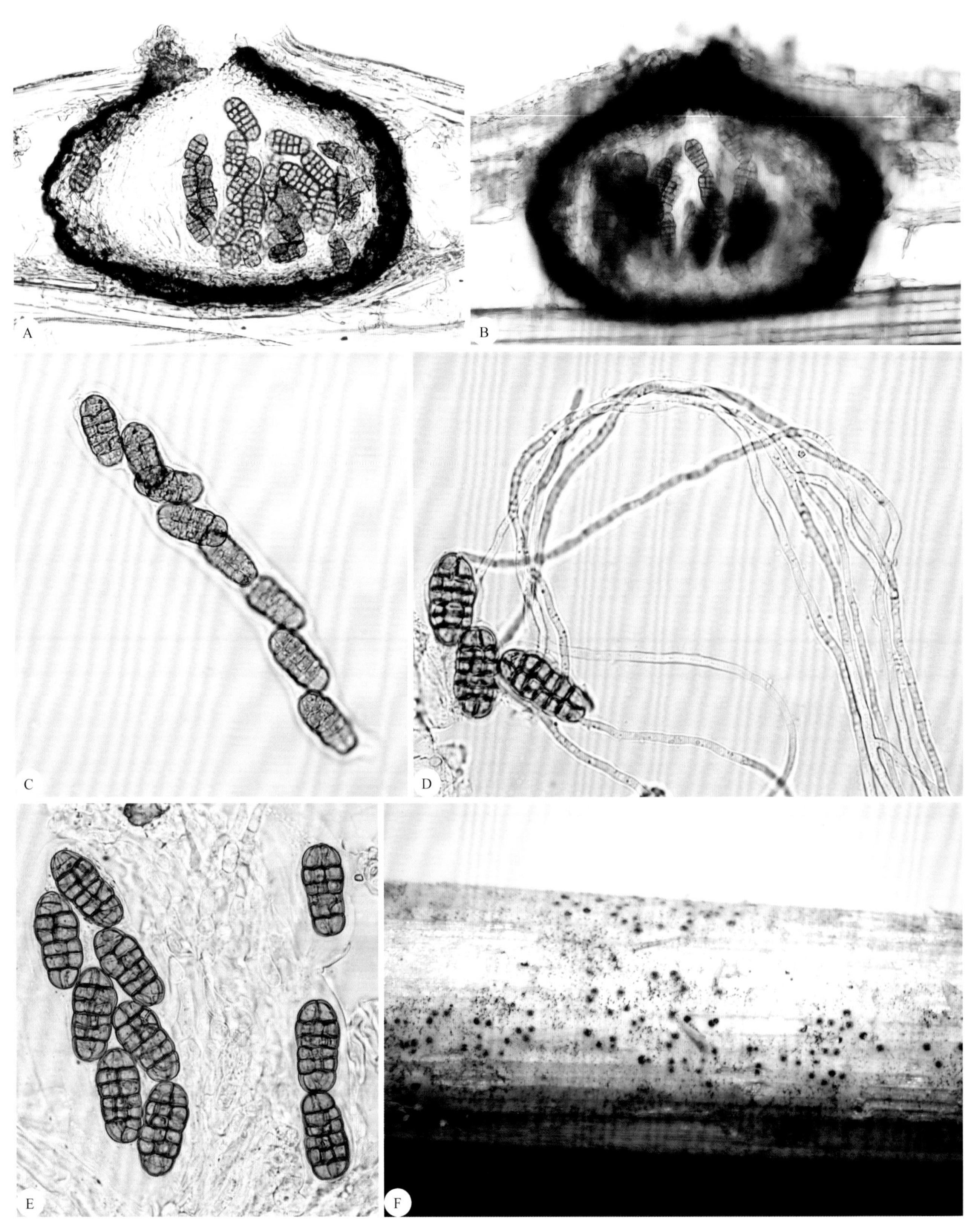

图2-63 *Pleospora herbarum*子囊壳（A），子囊在子囊壳内的生长态（B），子囊（C），萌发状态的子囊孢子（D），子囊孢子（E），生于大葱茎部的子囊座（F）

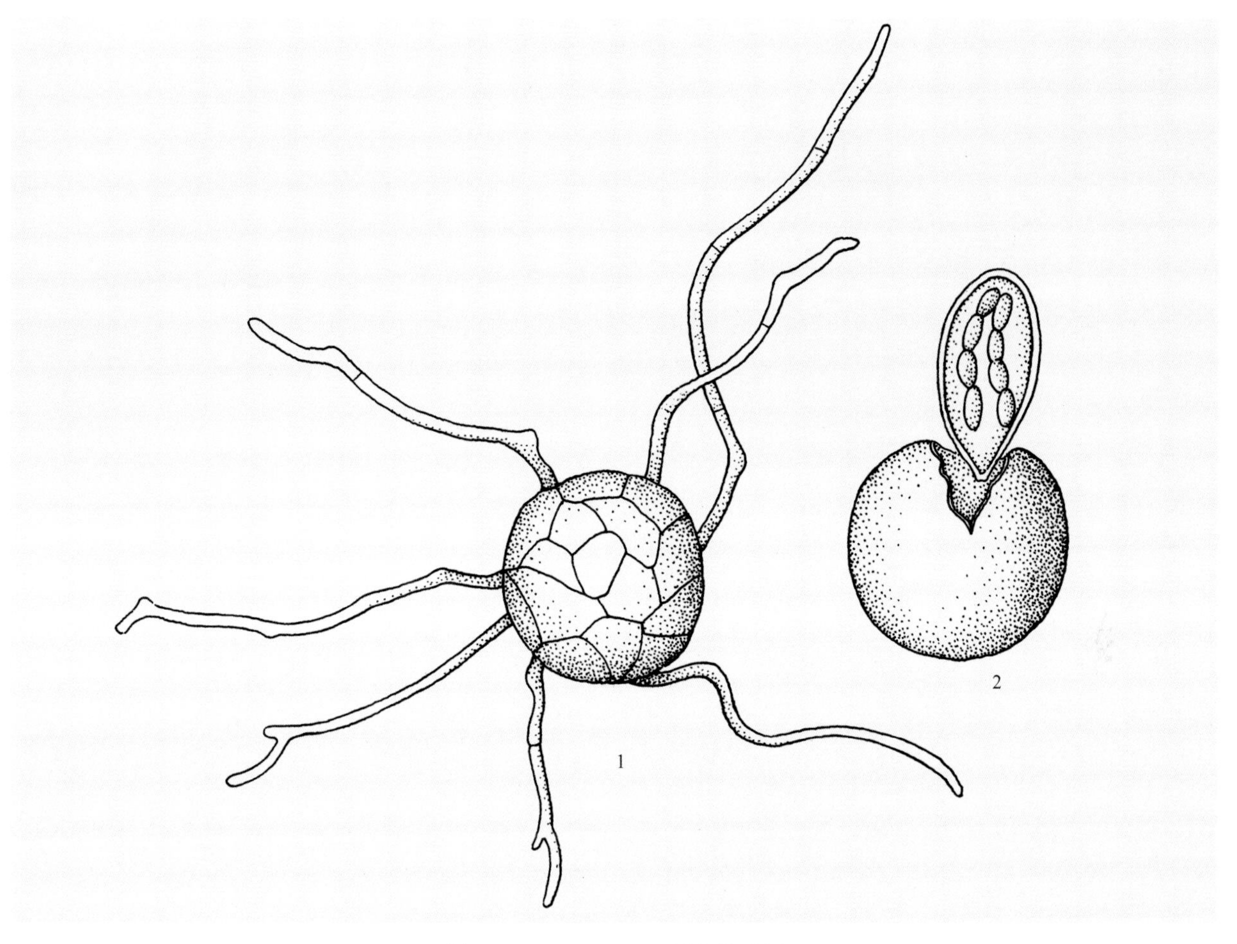

图2-64　*Sphaerotheca*形态模式图

1：闭囊壳与菌丝状附属丝；2：子囊（单个）与子囊孢子

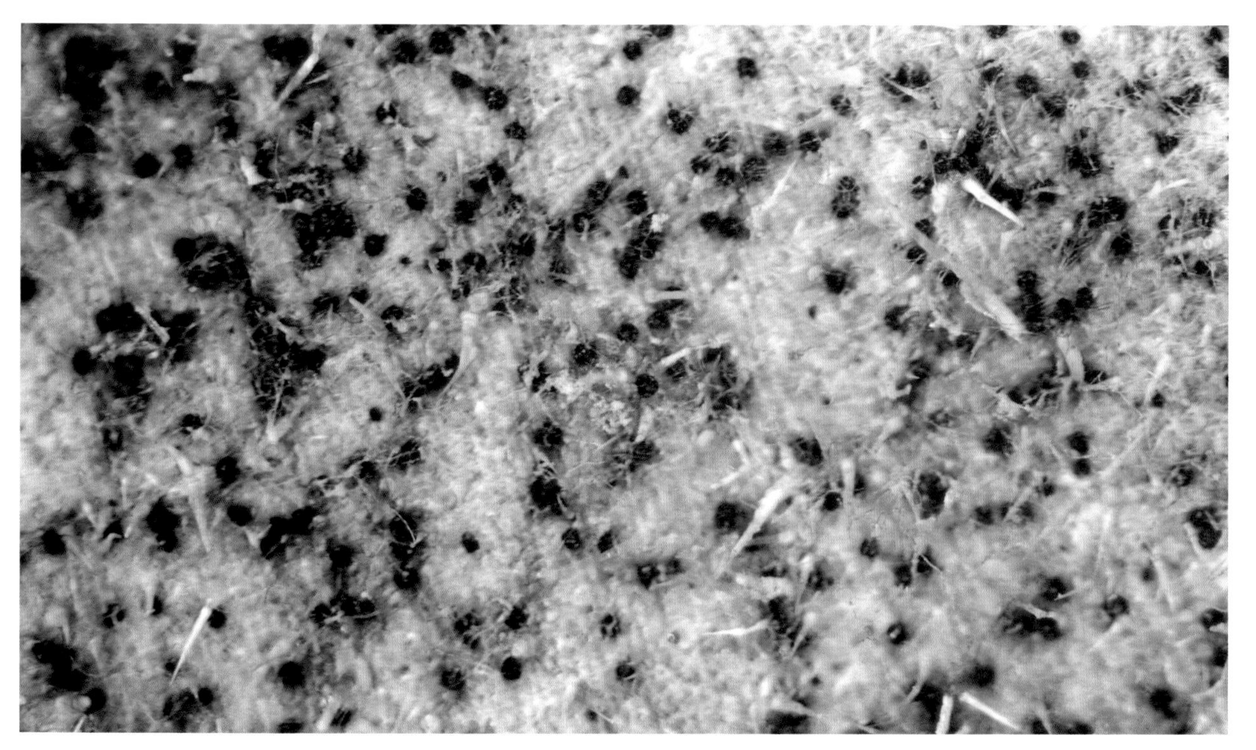

图2-65　*Sphaerotheca fusca*秋季在瓜叶背面形成的闭囊壳

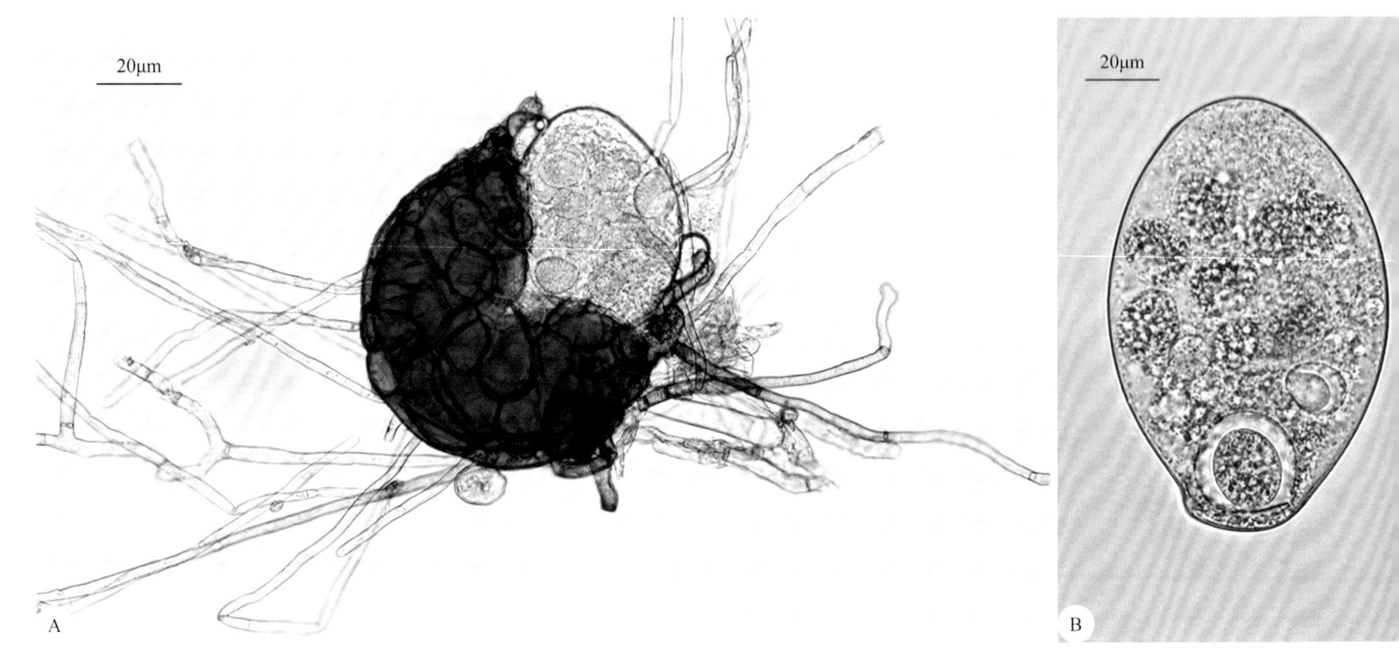

图2-66 *Sphaerotheca fusca*闭囊壳（A），子囊与子囊孢子（B）

图2-67 *Sphaerotheca balsaminae*引致凤仙花白粉病症状

A：叶背产生黑色小颗粒（闭囊壳）；B：叶面形成白粉层

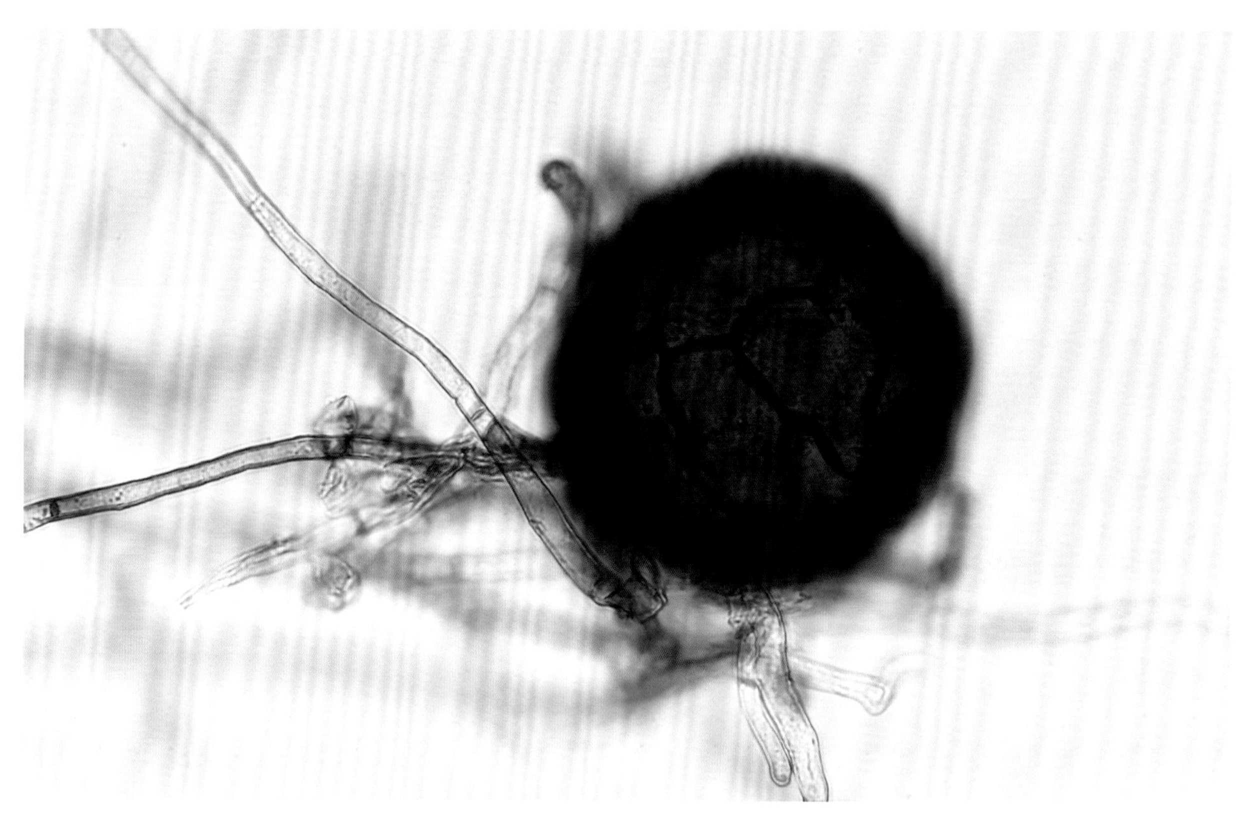

图2-68　*Sphaerotheca balsaminae*闭囊壳与附属丝

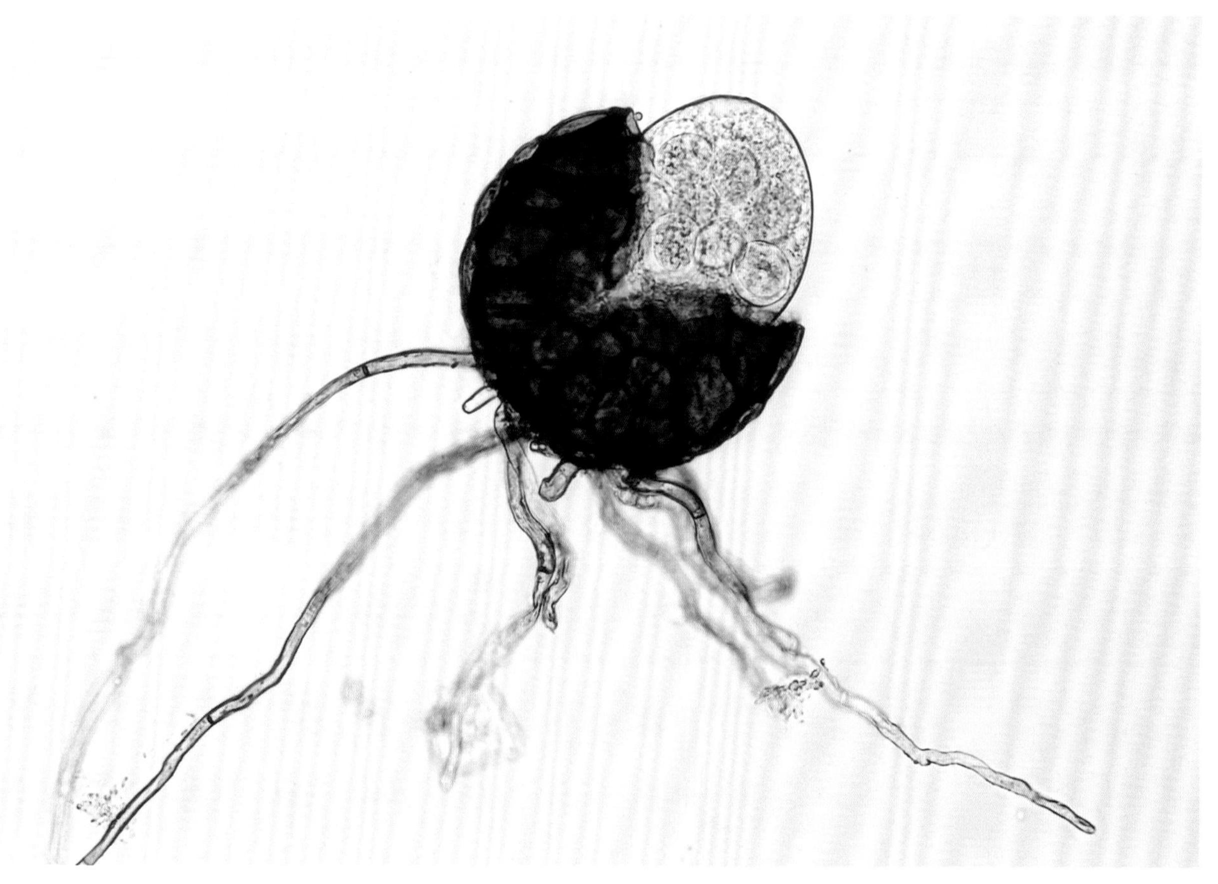

图2-69　*Sphaerotheca balsaminae*闭囊壳破裂（含单个子囊）

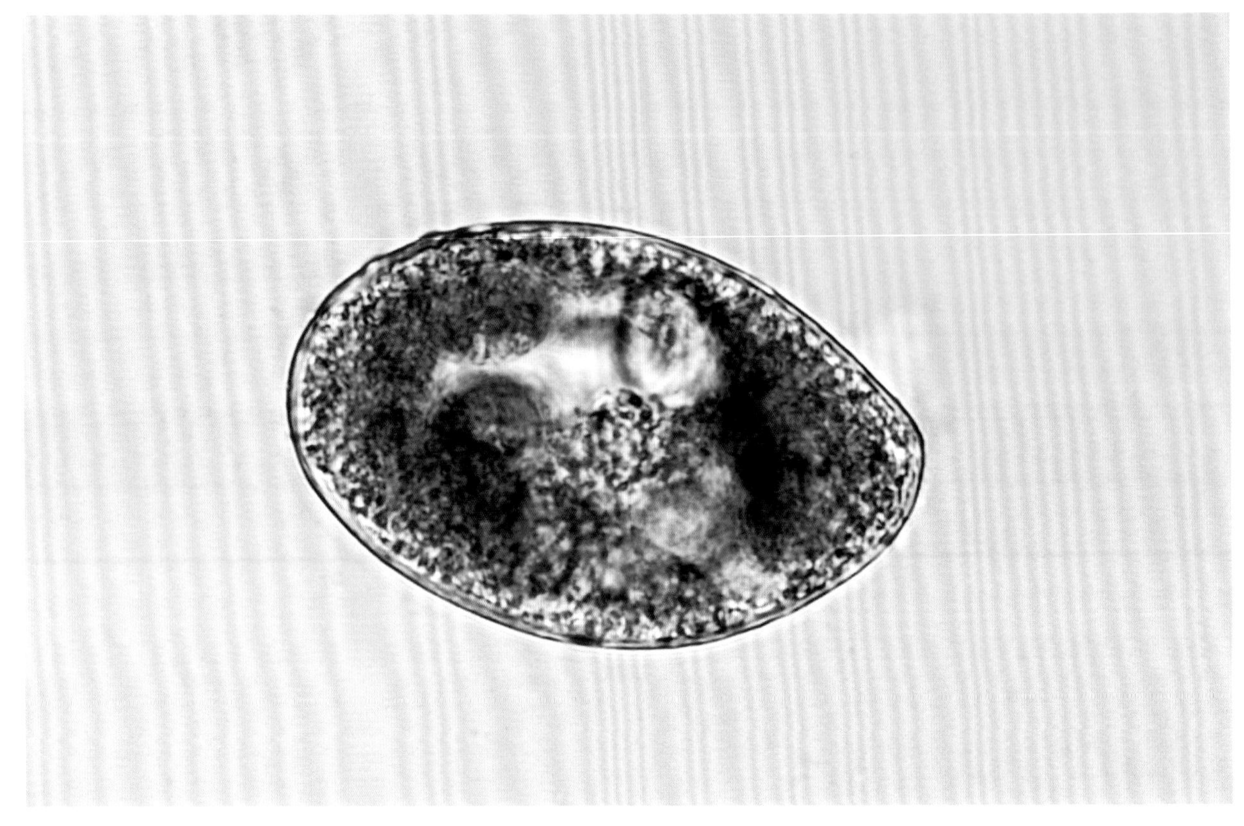

图2-70 *Sphaerotheca balsaminae*子囊与子囊孢子

18. 叉丝单囊壳属*Podosphaera* Kunze

附属丝生于闭囊壳中部或顶端，暗褐色或淡色，刚直，顶端具1至数次双叉状分枝，闭囊壳内含1个子囊；子囊圆形或卵圆形，有短柄，内含4～8个子囊孢子；子囊孢子卵圆形，单胞，无色（图2-71）。无性态为粉孢属*Oidium*。专性寄生菌。主要为害蔷薇科植物，引致白粉病。

1）白叉丝单囊壳*Podosphaera leucotricha* (Ell. et Ev.) Salm.，为害苹果，引致苹果白粉病。多发生在顶叶、幼芽和新梢等幼嫩组织。新梢受害展叶迟缓，病叶细长，皱卷，新梢和嫩叶上覆一层白粉，后期在嫩茎和叶脉处生黑色小颗粒（闭囊壳）（图2-72）。闭囊壳球形或扁球形，暗褐色至黑色，直径72～79μm，顶部具附属丝3～7根；附属丝直立，顶端不分枝或者稀有1或2次双叉状分枝；闭囊壳内含1个子囊；子囊长椭圆形，55～70μm×44～50μm。子囊孢子单胞，无色，卵圆形，22～26μm×12～14μm（图2-73）。以休眠菌丝体潜伏于腋芽鳞片内越冬。除苹果外，还为害沙果、山荆子等植物。

2）三指叉丝单囊壳*P. tridactyla* (Wallr.) de Bary，为害桃树，引致桃白粉病，主要侵染叶片，严重时也能侵染果实。叶面产生白色粉斑，严重时白粉层覆盖整个叶面。后期白粉层上产生黑色小颗粒（闭囊壳）（图2-74）。闭囊壳球形或扁球形，暗褐色至黑色，直径84～98μm，内含1个子囊；附属丝2～5根，顶生，双叉状分枝4～6次；子囊椭圆形，60～71μm×54～58μm；子囊孢子椭圆形至长圆形，单胞，无色，19～26μm×12～14μm（图2-75）。以闭囊壳在病落叶上越冬。除桃树外，还为害李树、杏树、樱桃等多种核果类果树。

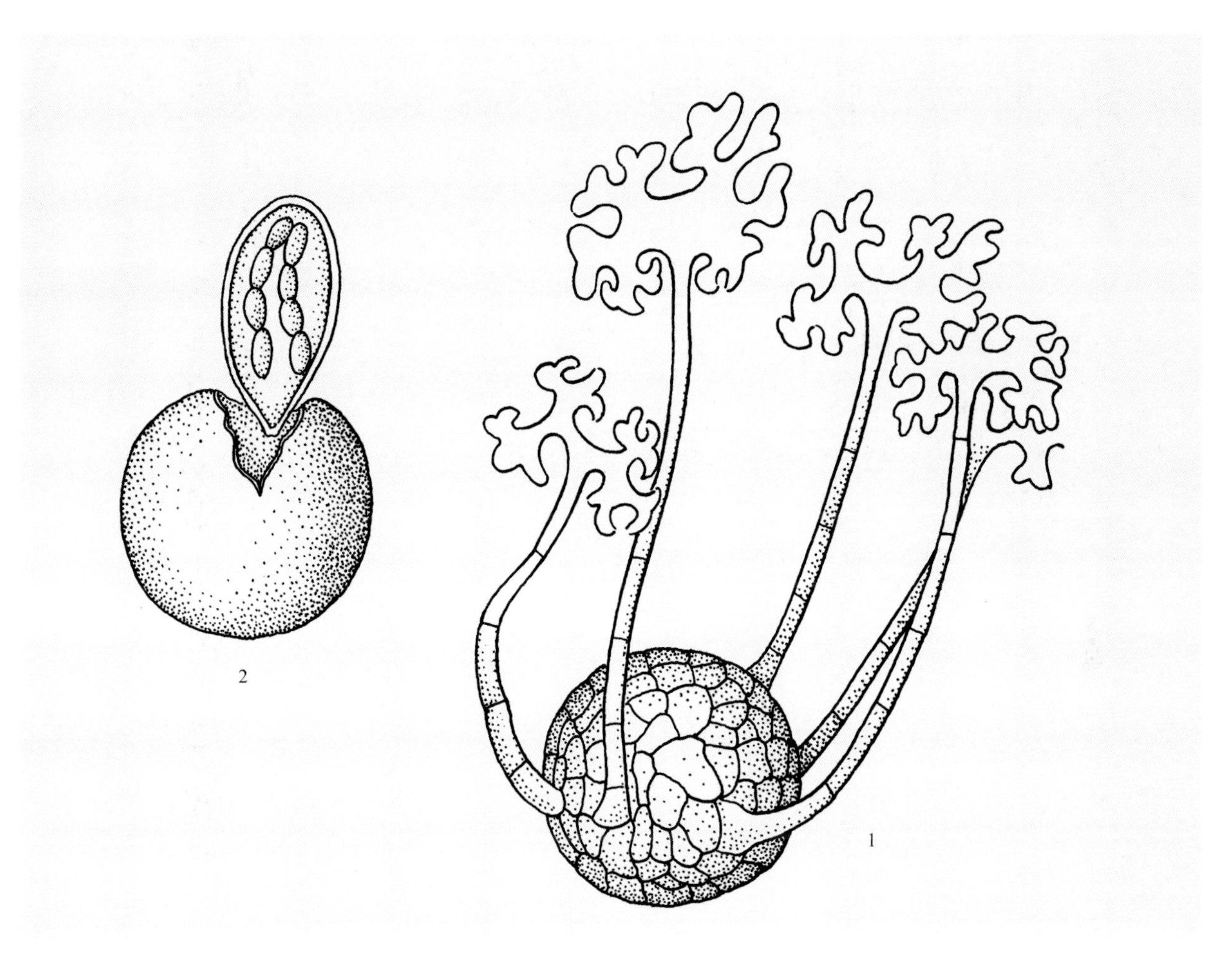

图2-71　*Podosphaera*形态模式图

1：闭囊壳与双叉状附属丝；2：子囊（单个）与子囊孢子

图2-72　*Podosphaera leucotricha*引致苹果白粉病症状

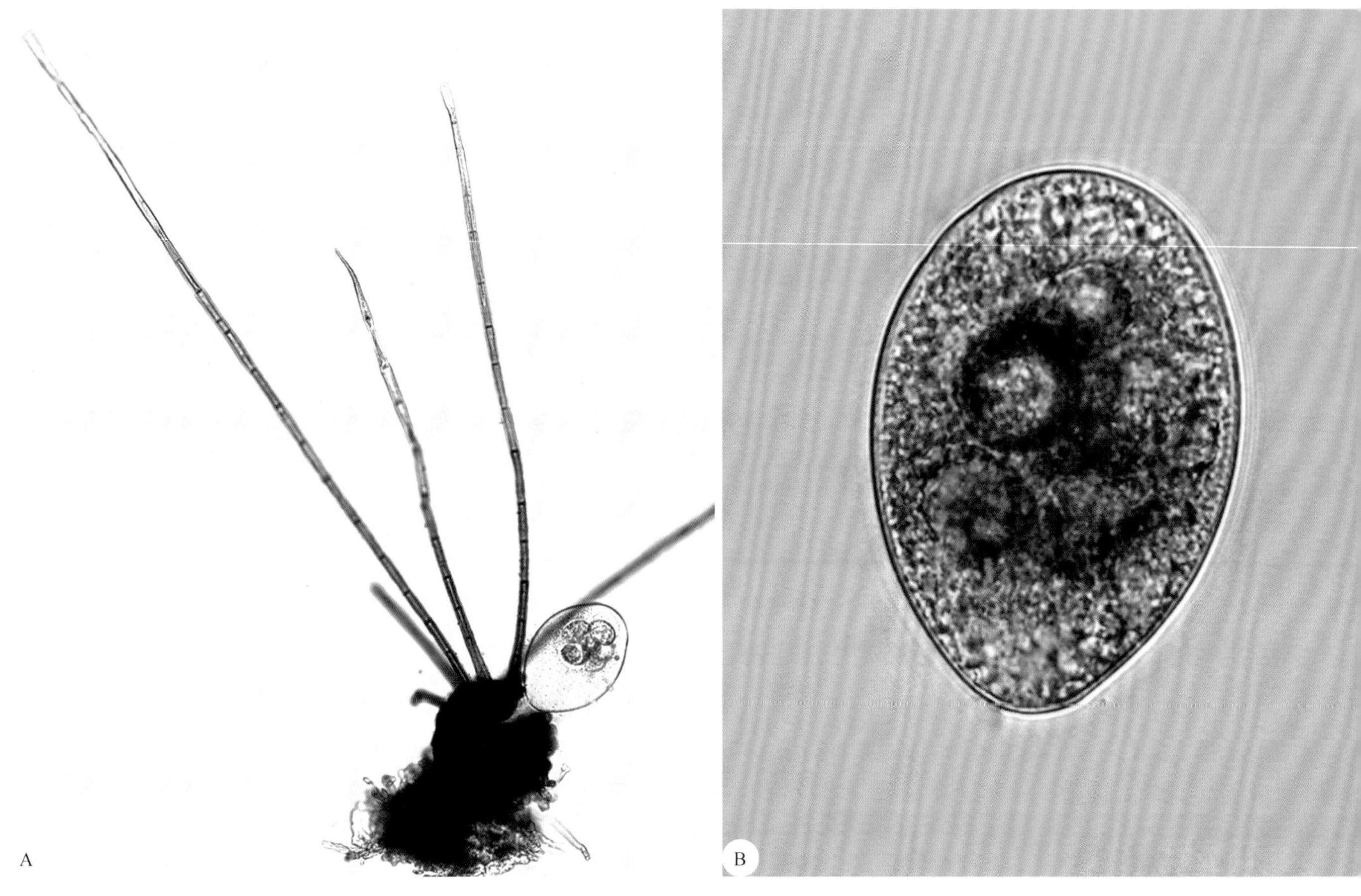

图2-73 *Podosphaera leucotricha*闭囊壳与附属丝（A），子囊与子囊孢子（B）

图2-74 *Podosphaera tridactyla*引致桃白粉病叶片症状

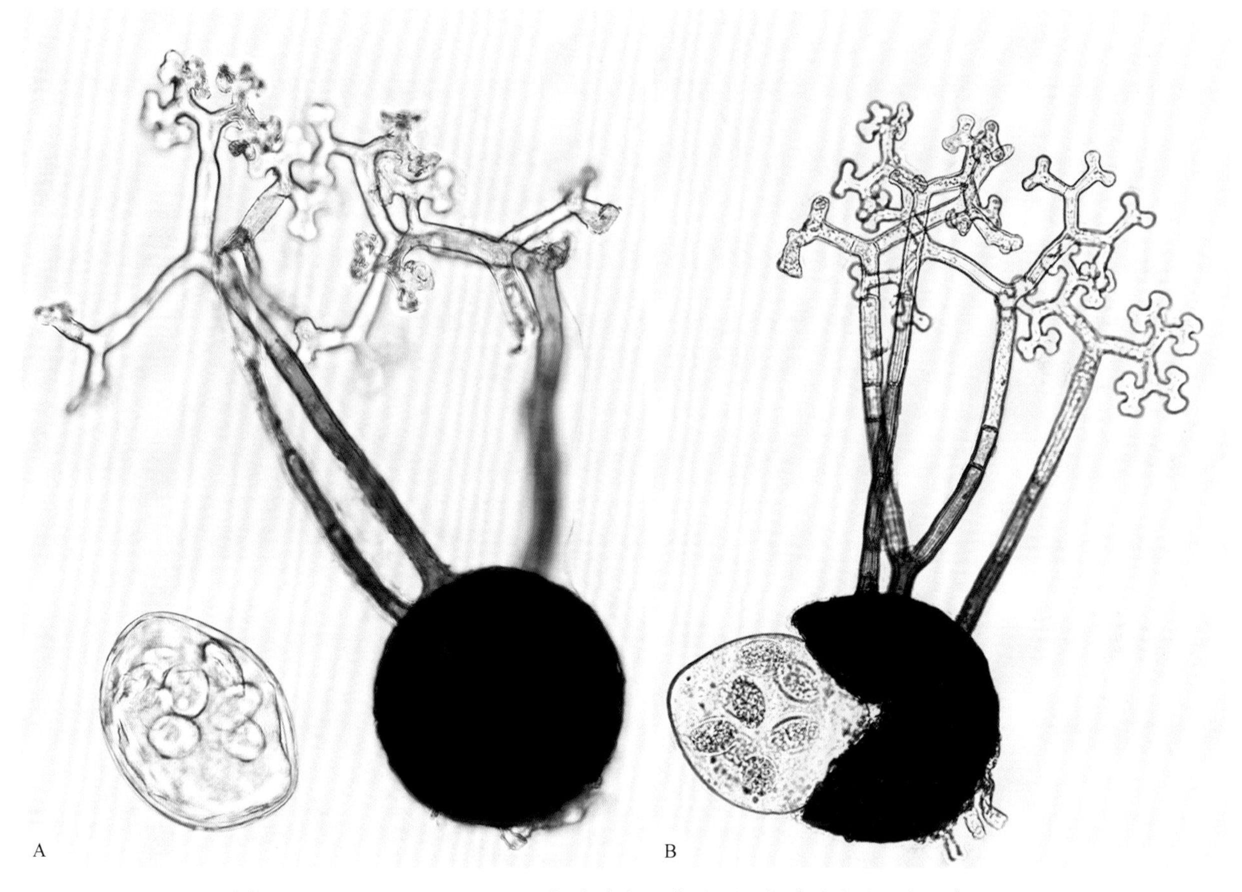

图2-75 *Podosphaera tridactyla*闭囊壳与子囊（A），闭囊壳内含1个子囊（B）

三指叉丝单囊壳*P. tridactyla* (Wallr.) de Bary，为害杏树，引致杏白粉病。主要侵染果实和叶片。受害果实上形成圆形病斑，上覆一层白色粉状物。叶片受害后，叶面产生白色粉斑，严重时覆盖全叶，后生黑色小颗粒（闭囊壳）(图2-76A)。闭囊壳球形，暗褐色至黑褐色，顶部有2或3根附属丝，附属丝刚直，端部双叉状分枝，分枝末端卷曲，内生1个子囊；子囊椭圆形或球形，内含8个子囊孢子；子囊孢子单胞，无色，椭圆形（图2-76B）。

3）隐蔽叉丝单囊壳*P. clandestina* (Wallr.: Fr.) Lév.，为害山楂，引致山楂白粉病。叶片初生白色小粉斑，小粉斑扩大后相互合并，布满叶面，后期白粉层上产生黑色小颗粒，叶面较多。闭囊壳球形或扁球形，黑褐色，聚生，直径72～96μm；附属丝自闭囊壳基部产生，8～14根，暗褐色，顶端3～5次双叉状分枝；子囊近圆形，无色，无柄，64～84μm×60～72μm；子囊孢子单胞，无色，椭圆形，透明，20～32μm×12～18μm。除山楂外，还为害苹果和梨树。

19. 布氏白粉菌属 *Blumeria* Golovin ex Speer

闭囊壳扁球形，黑色，内含多个子囊，附属丝不发达，呈短菌丝状（图2-77）。该属只有禾布氏白粉菌*Blumeria graminis*一个种，为害禾本科植物。禾布氏白粉菌有不同的专化型，如为害小麦的禾布氏白粉菌小麦专化型*B. graminis* f. sp. *tritici*、为害大麦的禾布氏白粉菌大麦专化型*B. graminis* f. sp. *hordei*等。无性态为粉孢属*Oidium*，分生孢子梗基部膨大呈球形。

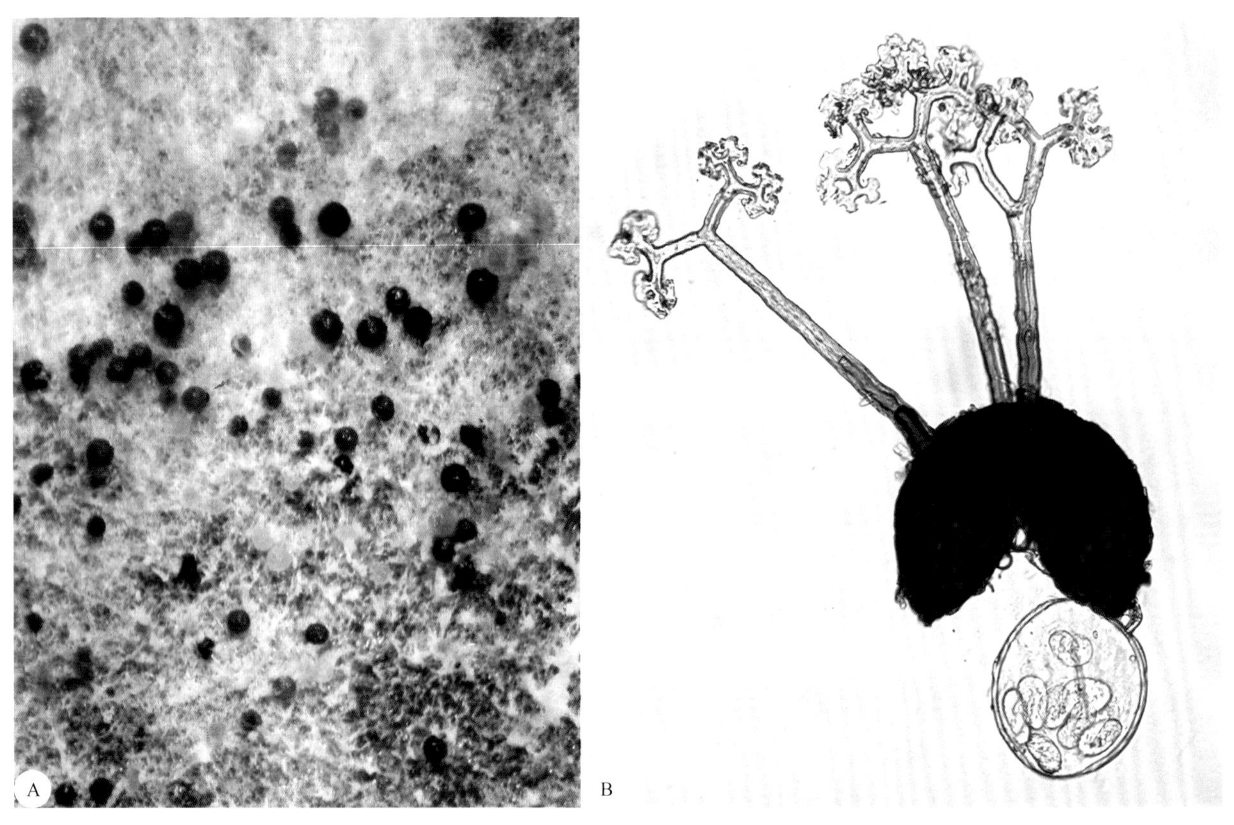

图2-76 *Podosphaera tridactyla*生于杏树叶片上的闭囊壳（A），附属丝、子囊和子囊孢子（B）

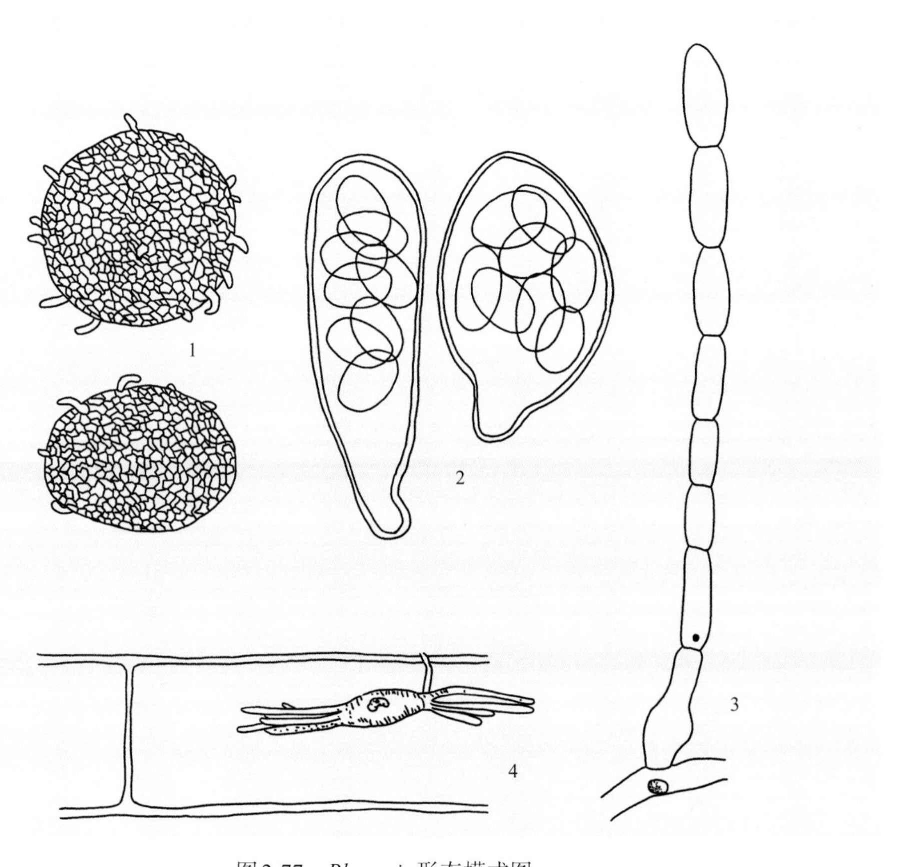

图2-77 *Blumeria*形态模式图

1：闭囊壳；2：子囊与子囊孢子；3：分生孢子梗与分生孢子；4：吸器

禾布氏白粉菌小麦专化型*Blumeria graminis* f. sp. *tritici* Marchal.，为害小麦，引致小麦白粉病。侵染小麦地上绿色部分，一般叶片和叶鞘发病重，严重时也可为害颖壳和麦芒。发病初期叶面产生白色霉点，扩大为圆形至近圆形霉斑（菌丝、分生孢子梗和分生孢子），发病严重时霉斑相互融合覆盖整个叶面，后期霉层由白色变为灰白色至浅褐色，散生针头状黑色小颗粒（闭囊壳）（图2-78）。闭囊壳球形或扁球形，褐色、黑褐色至黑色，直径135～280μm，内含多个子囊，附属丝短丝状，18～52根；子囊圆形或椭圆形，有短柄，66～108μm×26～44μm；子囊孢子单胞，无色，长圆形，20～23μm×10～13μm（图2-79）。该病菌有生理小种分化现象。寄生在小麦上的类型，冬麦区主要以闭囊壳越夏，以休眠菌丝体在冬麦苗上越冬，有些地区很少发现闭囊壳和成熟的子囊孢子，越冬的菌丝体是主要初侵染源。防治小麦白粉病除选用抗病品种外，还要加强栽培管理，发病严重时喷药防治。

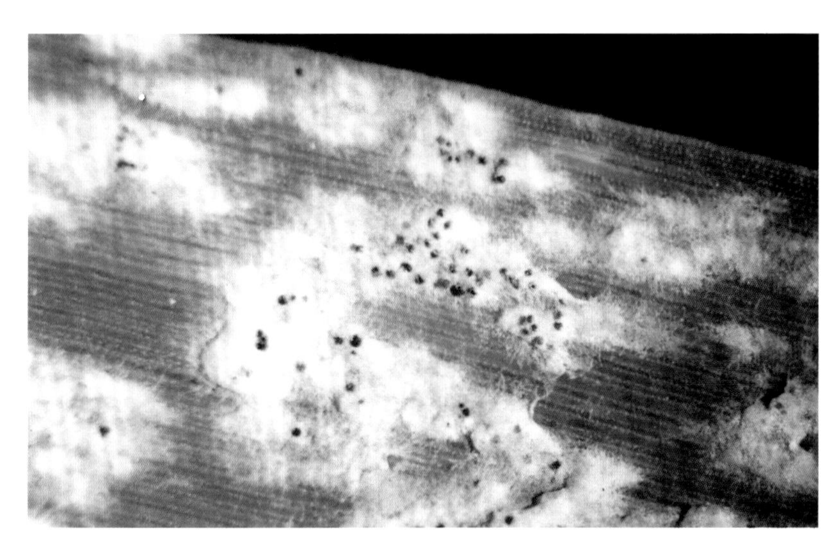

图2-78 *Blumeria graminis* f. sp. *tritici*引致小麦白粉病叶片症状及白粉层中产生的闭囊壳

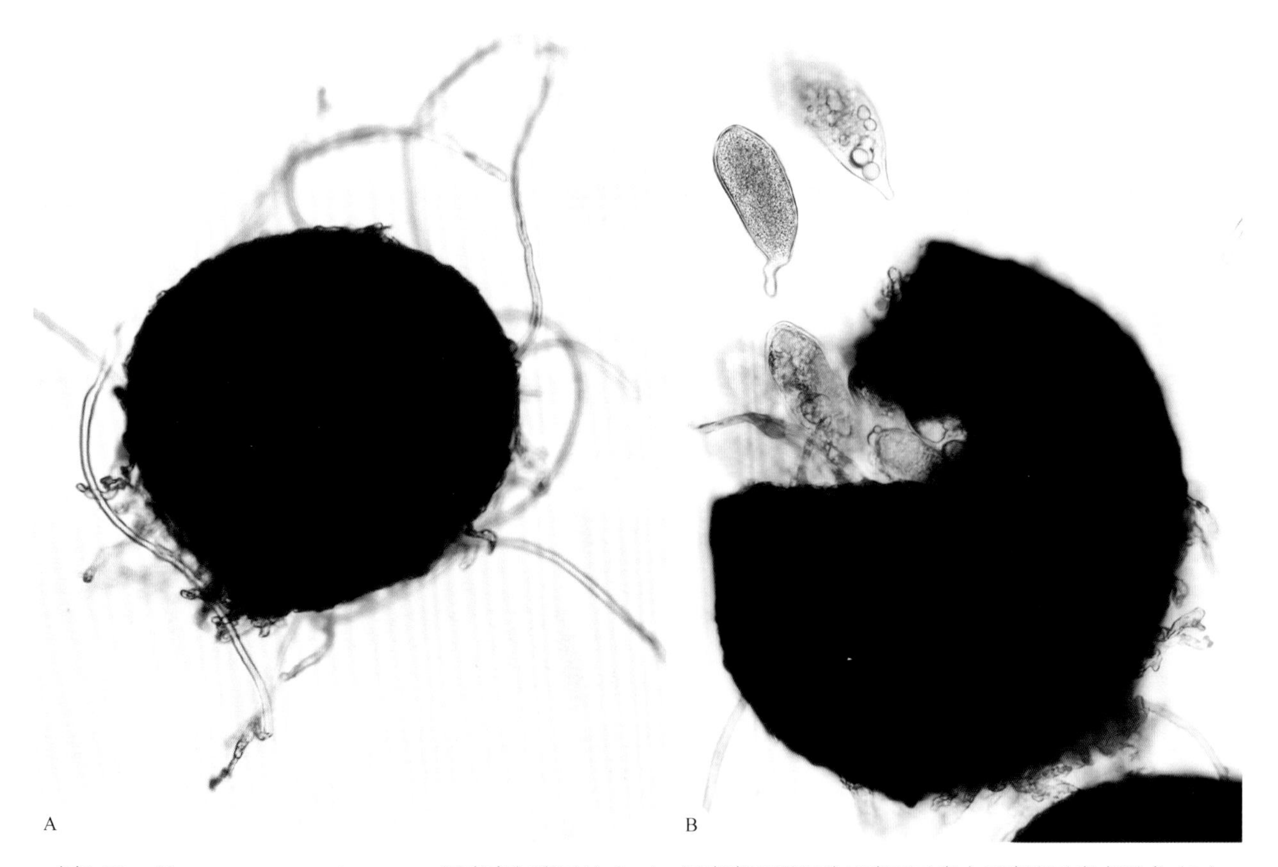

图2-79 *Blumeria graminis* f. sp. *tritici*闭囊壳与附属丝（A），闭囊壳破裂释放子囊而子囊内子囊孢子尚未形成（B）

20. 白粉菌属*Erysiphe* Hedw. ex Fr.

菌丝表生，在寄主植物体表扩展蔓延，以吸器伸入寄主植物细胞并吸取水分和营养物质；闭囊壳深褐色，球形或扁球形；附属丝丝状，不分枝或稍有不规则分枝，内含多个子囊；子囊椭圆形或梨形，有柄，内含2～8个子囊孢子；子囊孢子单胞，无色，椭圆形（图2-80）。无性态为粉孢属*Oidium*。专性寄生菌。为害烟草、甜菜、豌豆、向日葵、芝麻和瓜类，引致白粉病。

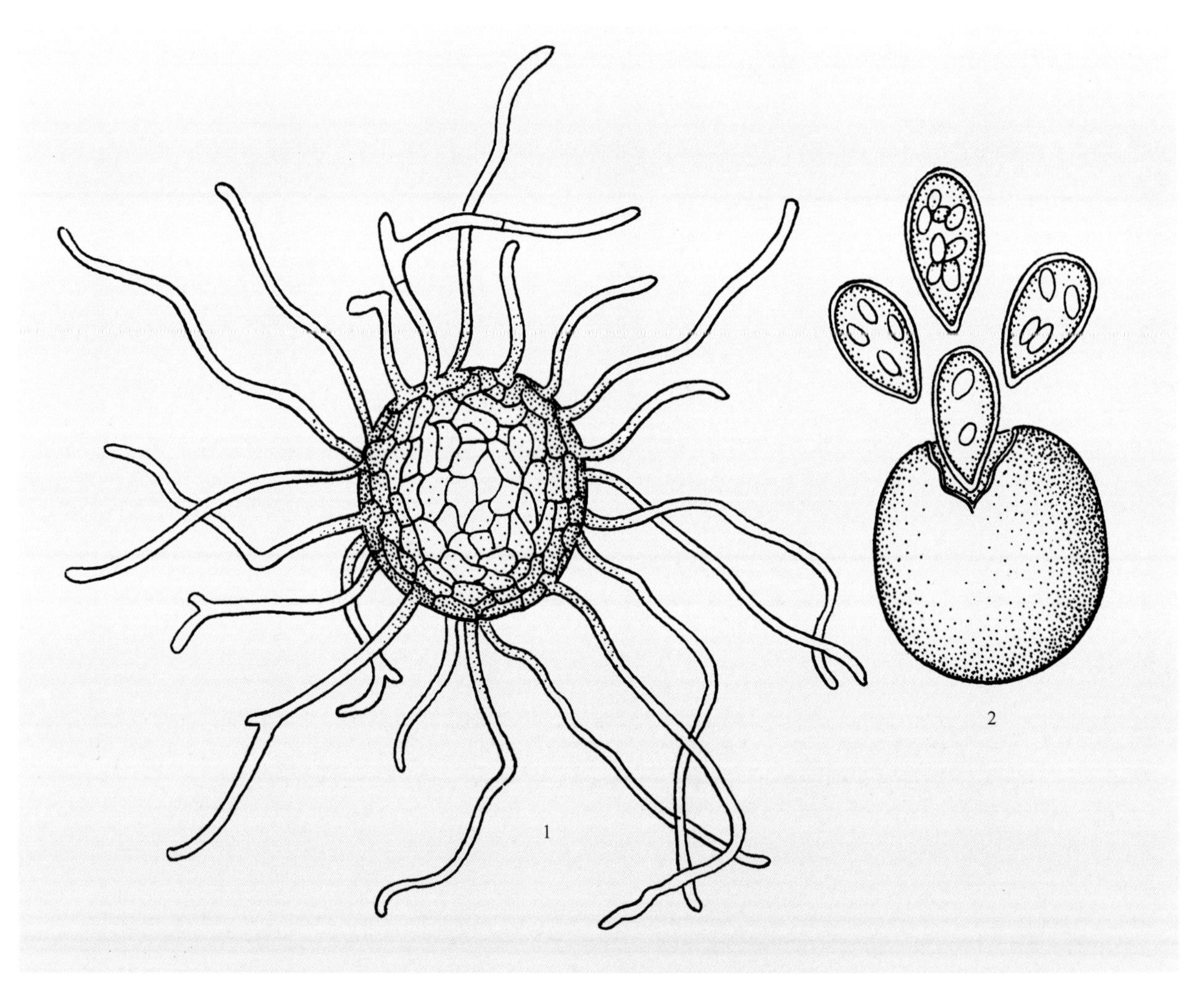

图2-80 *Erysiphe*形态模式图

1：闭囊壳与丝状附属丝；2：子囊（多个）与子囊孢子

1）芍药白粉菌*Erysiphe paeoniae* Zheng et Chen，为害芍药，引致芍药白粉病。主要侵染叶片、叶柄和嫩茎。菌丝体叶片两面生，以叶背为主，初为近圆形白粉斑，最后扩展覆盖整个叶面，白色霉层后期变为灰白色，散生黑色小颗粒（闭囊壳）（图2-81）。闭囊壳散生或聚生，暗褐色，扁球形，直径94～108μm，内含3～10个子囊；附属丝丝状，褐色，粗细不均，扭曲，有短分枝，无隔膜，端部颜色淡；子囊卵圆形或近球形，具短柄，58～71μm×35～43μm；子囊孢子椭圆形，无色透明，14～24μm×9～16μm（图2-82）。除芍药外，还为害牡丹等植物。

图2-81　*Erysiphe paeoniae*引致芍药白粉病叶片症状（黑色小颗粒为闭囊壳）

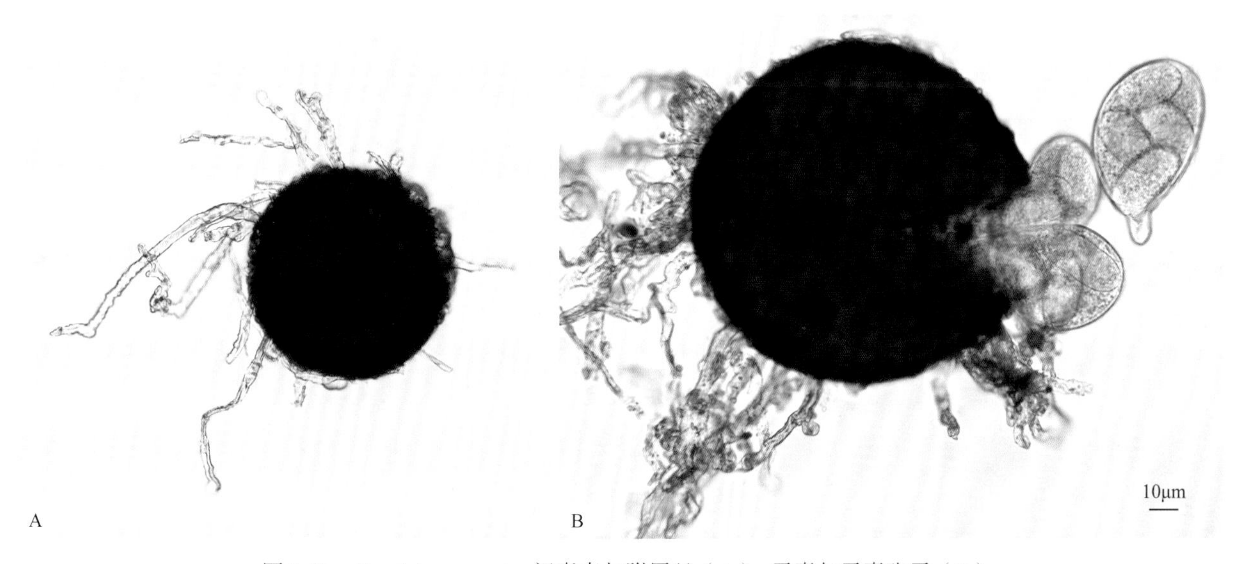

图2-82　*Erysiphe paeoniae*闭囊壳与附属丝（A），子囊与子囊孢子（B）

2）蓼白粉菌*E. polygoni* DC.，为害绿豆，引致绿豆白粉病。闭囊壳黑褐色，扁球形，直径60～150μm，内含2～10个子囊；附属丝丝状，数量多；子囊卵圆形至近圆形，有短柄，50～70μm×30～45μm，内含3～6个子囊孢子；子囊孢子单胞，无色，17～28μm×10～18μm。除绿豆外，还为害豌豆、蚕豆、扁豆、苜蓿等豆科，蓼科，十字花科，藜科，毛茛科的植物。

3）豌豆白粉菌*E. pisi* DC.，为害豇豆，引致豇豆白粉病。闭囊壳暗褐色，扁球形，直径81～176μm，内含3～8个子囊；子囊卵圆形，稍弯，有短柄，54～78μm×32～48μm，内含3～5个子囊孢子；子囊孢子单胞，无色，椭圆形，19～37μm×9～18μm。以闭囊壳越冬。除豇豆外，还为害豌豆、绿豆、蚕豆、扁豆、苜蓿等豆科，蓼科，十字花科，藜科，毛茛科的多种植物。

4）菊科白粉菌*E. cichoracearum* DC.，为害烟草，引致烟草白粉病。闭囊壳直径90～135μm，内含6～12个子囊；附属丝丝状，数量多；子囊卵圆形或椭圆形，有短柄，60～30μm×25～50μm，内含2个子囊孢子（少数3个）；子囊孢子椭圆形，单胞，无色，20～28μm×12～20μm。以闭囊壳在土表病残体上越冬。除烟草外，还为害芝麻、向日葵、薄荷、瓜类等多种植物。

5）十字花科白粉菌*E. cruciferarum* (Opiz) Junell，为害甜菜，引致甜菜白粉病。在叶背产生白色粉霉斑，后期生闭囊壳。闭囊壳直径80～100μm，内含3～6个子囊；子囊卵圆形，有短柄，62～65μm×35～40μm，内含3～6个子囊孢子；子囊孢子单胞，无色，20～24μm×13～14μm。

6）独活白粉菌*E. heraclei* DC.，为害独活，引致独活白粉病。主要侵染叶片、叶柄、茎和花梗，病部初生白色霉层，后期霉层间夹生黑色小颗粒（闭囊壳）。闭囊壳球形或扁球形，黑褐色，直径75～132μm，内含4～6个子囊；附属丝丝状，15～26根；子囊椭圆形或卵圆形，具明显的柄，内含2～6个子囊孢子，51～75μm×30～36μm；子囊孢子椭圆形或卵圆形，单胞，无色，18～27μm×10～14μm。除独活外，还为害防风、蛇床子、川芎等。

7）鼬瓣白粉菌*E. galeopsidis* DC.，为害益母草，引致益母草白粉病。叶片产生白色粉斑，秋季生黑色小颗粒（闭囊壳）。闭囊壳扁球形，内含4～8个子囊；附属丝丝状，较长。

21. 钩丝壳属*Uncinula* Lév.

闭囊壳球形至扁球形，深褐色；附属丝不分枝，或少数有双叉状分枝，顶端卷曲呈钩状或螺旋状，一般无色，有时基部或全部呈褐色或深褐色；闭囊壳内含多个子囊，子囊内含2～8个子囊孢子（图2-83）。侵染葡萄、桑树、榆树、柳树等，引致白粉病。

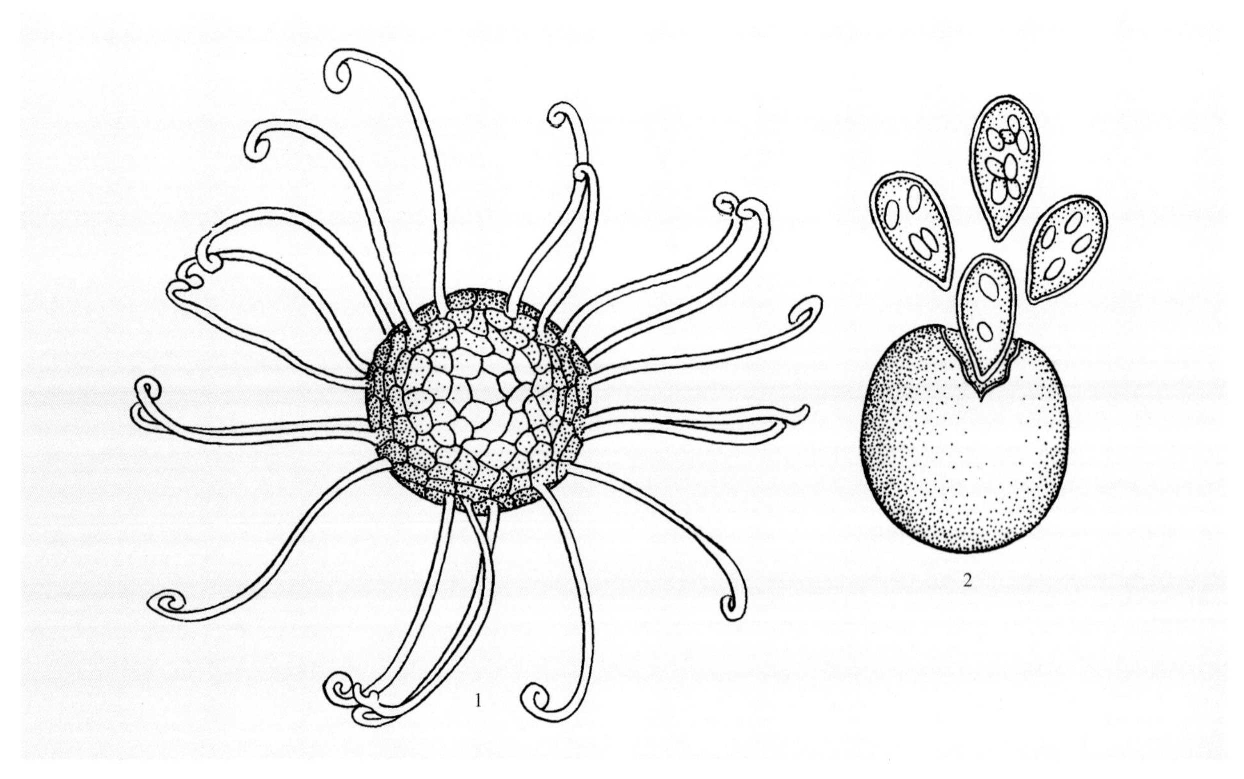

图2-83 *Uncinula*形态模式图

1：闭囊壳与钩状附属丝；2：子囊（多个）与子囊孢子

1）葡萄钩丝壳*Uncinula necator* (Schwein.) Burr.，为害葡萄，引致葡萄白粉病。主要侵染葡萄绿色幼嫩组织，叶片发病初期产生圆形白色粉斑，边缘不明显，上覆白色粉霉，重者整个叶面布满白粉。幼果病部褪绿并覆盖白粉。秋季病部产生黑色小颗粒（闭囊壳）。闭囊壳扁球形，黑褐色，直径80～100μm，内含4～8个子囊；附属丝具隔膜，不分枝，顶端卷曲（图2-84A）；子囊无色，椭圆形，50～60μm×25～35μm，内含4～6个子囊孢子；子囊孢子无色，单胞，椭圆形，20～25μm×10～12μm（图2-84B）。专性寄生菌，以菌丝体及闭囊壳在病部越冬。除葡萄外，还为害葡萄属和猕猴桃属的多种植物。

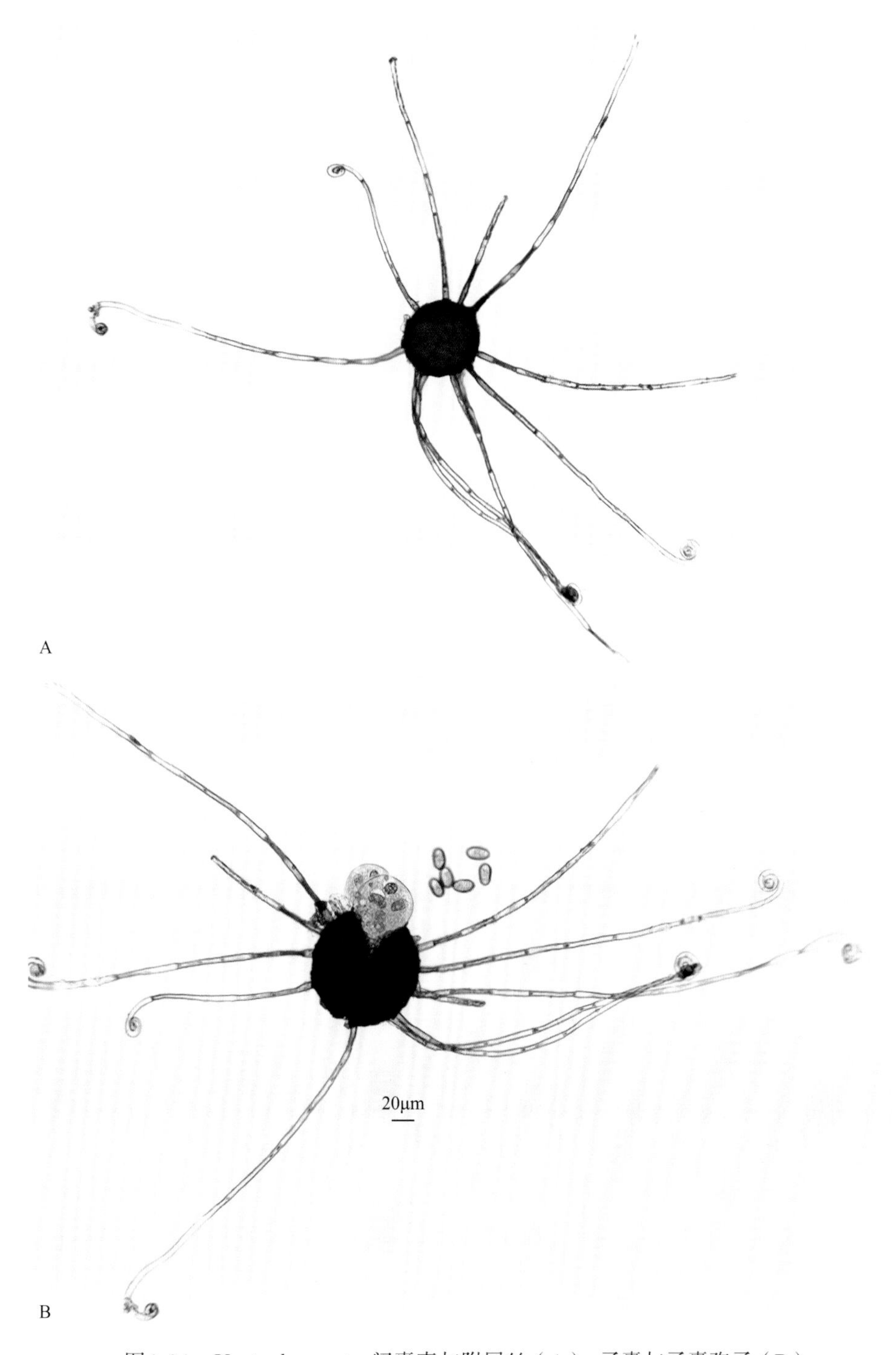

图2-84　*Uncinula necator*闭囊壳与附属丝（A），子囊与子囊孢子（B）

2）反卷钩丝壳*U. kenjiana* Homma，为害榆树，引致榆白粉病。闭囊壳扁球形，黑褐色，直径71～93μm，内含多个子囊；附属丝无色，壁薄，顶端一般旋卷两圈（图2-85A）；子囊无色，椭圆形，内含2个子囊孢子（偶3个）（图2-85B）。

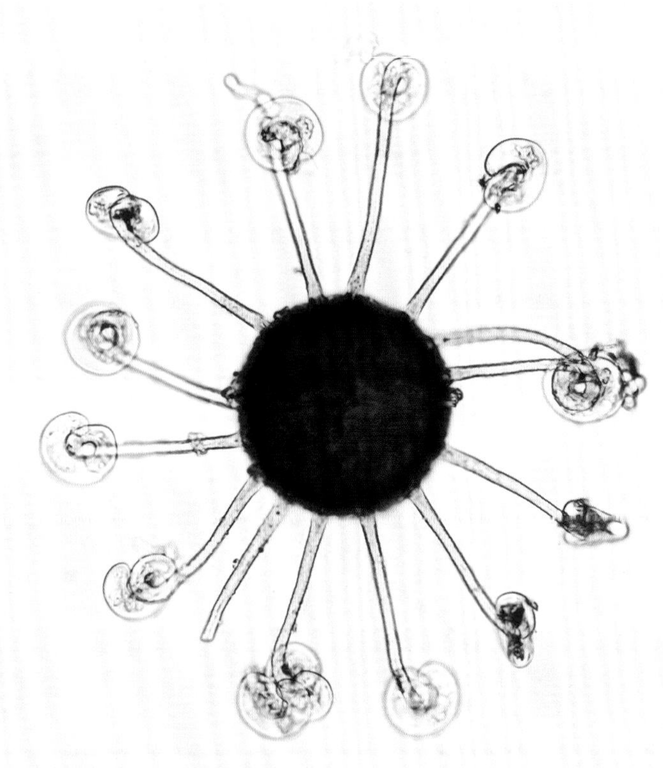
A

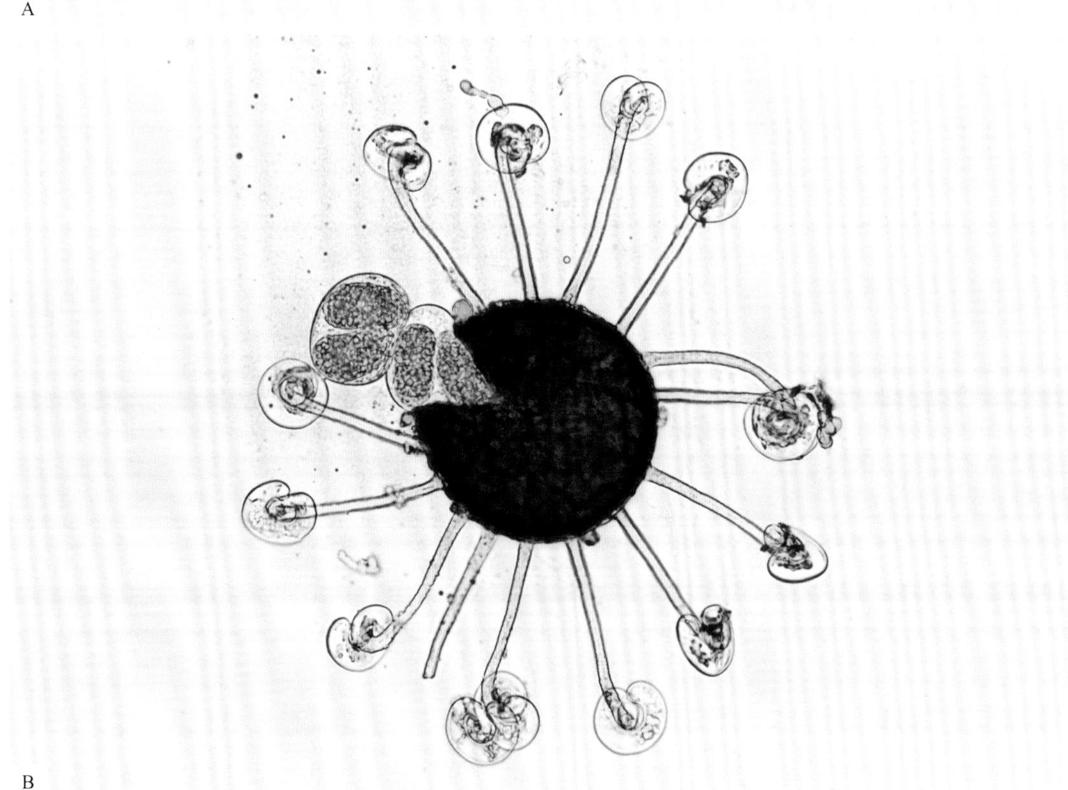
B

图2-85 *Uncinula kenjiana*闭囊壳与附属丝（A），子囊与子囊孢子（B）

3）槭钩丝壳*U. bicornis* (Fr.) Lév.，为害槭树，引致槭白粉病。菌丝生于叶片两面，不易消失。发病初期叶背产生白色粉斑，扩展后呈圆形或不规则形，白粉斑汇合后布满叶片大部或全部，后期白粉斑中生黑色小颗粒（闭囊壳）。闭囊壳散生，扁球形，直径160～200μm，内含6～8个子囊；附属丝很多，无色，壁厚，上部有分叉，端部钩状，长60～130μm（图2-86A）；子囊卵圆形至长方形，具短柄或近无柄，70～80μm×40～50μm，内含8个子囊孢子；子囊孢子长方形至椭圆形，18～24μm×10～13μm（图2-86B）。

A

B

图2-86　*Uncinula bicornis*闭囊壳与附属丝（A），子囊与子囊孢子（B）

4）钩状钩丝壳*U. adunca* (Wallr.: Fr.) Lév.，为害河柳，引致柳白粉病。闭囊壳内含8～10个子囊，具附属丝30～150根；附属丝无色，壁薄，基部较细，上部稍粗；子囊55～80μm×34～40μm，内含4～8个子囊孢子。除河柳外，还为害河杨、响叶杨等植物。

22. 叉丝壳属*Microsphaera* Lév.

菌丝表生，闭囊壳深褐色，附属丝先端有数次双叉状分枝，末端分枝短；闭囊壳内含多个子囊（图2-87）。无性态为粉孢属*Oidium*。侵染核桃、板栗、栎树等多种木本植物，引致白粉病。

图2-87 *Microsphaera*形态模式图

1：闭囊壳与双叉状分枝附属丝；2：子囊（多个）与子囊孢子

山田叉丝壳*Microsphaera yamadai* (Salm.) Syd.，为害核桃，引致核桃白粉病。叶片两面均生白色粉层，霉层稀疏，易消失，闭囊壳多在叶背聚生或散生（图2-88A）。闭囊壳球形至扁球形，褐色至黑褐色，直径94～126μm，内含3～8个子囊；附属丝5～14根，末端双叉状分枝2～4次，第一次分枝较长；子囊广卵圆形，有或无柄，51～60μm×34～49μm，内含4～8个子囊孢子；子囊孢子椭圆形，19～25μm×15～17μm（图2-88B）。

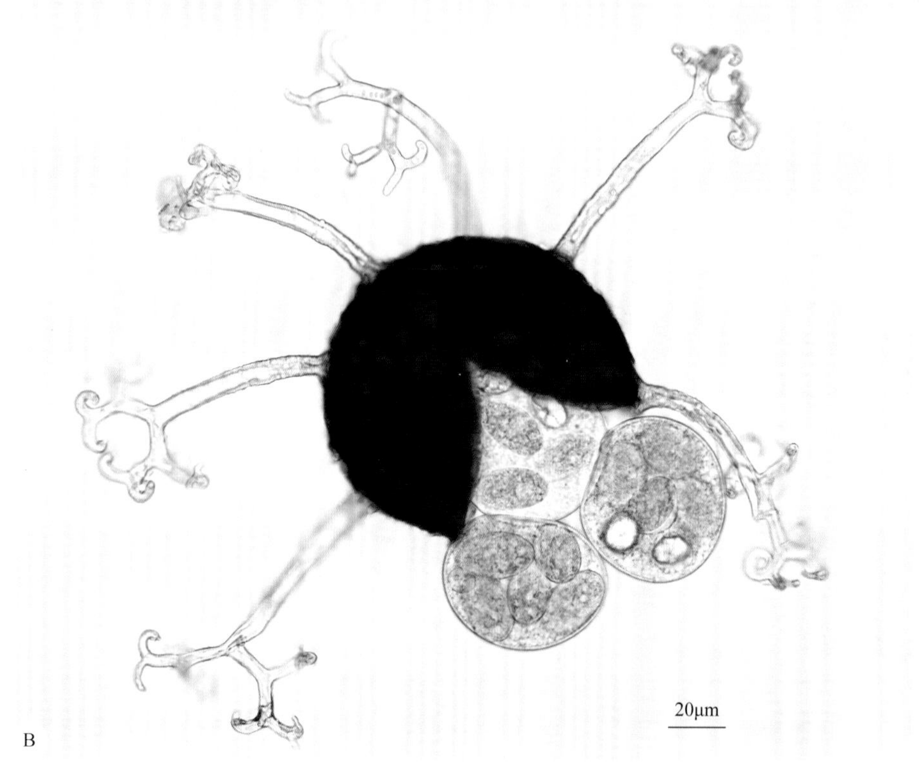

图2-88　*Microsphaera yamadai*引致核桃白粉病叶片症状（A），闭囊壳破裂释放子囊和子囊孢子（B）

23. 球针壳属 *Phyllactinia* Lév.

菌丝通过气孔寄生在叶肉组织间，部分表生，以吸器伸入表皮细胞；闭囊壳扁球形，深褐色，顶部有可消解的帚状细胞；附属丝生于闭囊壳的赤道部位，刚直，基部膨大呈球形；闭囊壳内含多个子囊，子囊球形，内含子囊孢子2或3个；子囊孢子卵圆形，淡黄色（图2-89）。无性态为拟小卵孢属 *Ovulariopsis*，分生孢子瓜子形或棍棒形，单生在分生孢子梗上。主要寄生木本植物，引致白粉病。

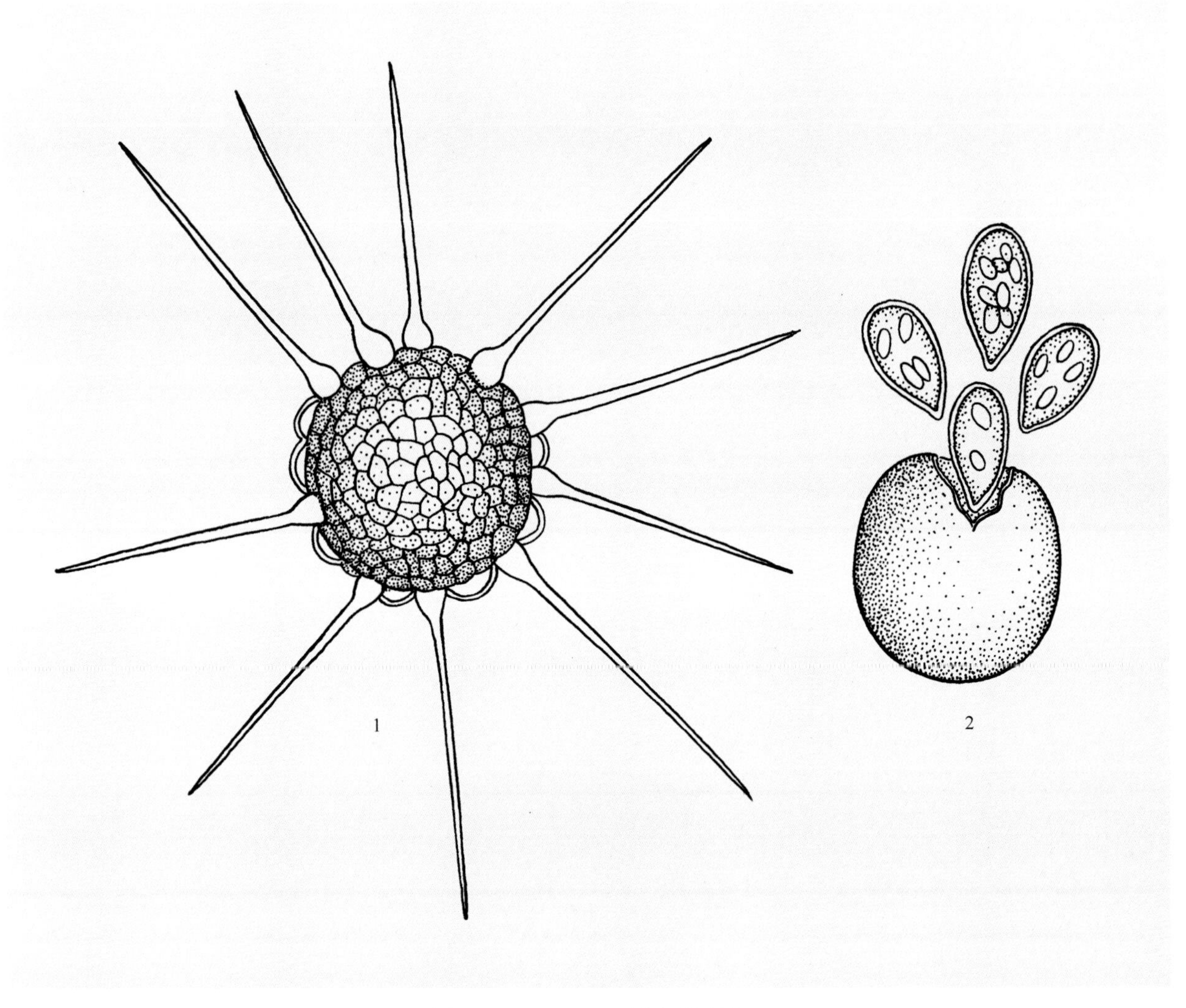

图2-89 *Phyllactinia*形态模式图

1：闭囊壳与针状附属丝；2：子囊（多个）与子囊孢子

1）棒球针壳*Phyllactinia corylea* (Pers.) Karst.，为害桑树，引致桑白粉病。叶面产生不明显的淡黄褐色褪绿斑，叶背产生白色粉状霉层，后期白色霉层间散生黄褐色至黑色的小颗粒（闭囊壳）（图2-90A）。闭囊壳扁球形，直径140～290μm，含子囊5～45个，顶端簇生粗壮、总状冠毛丛；附属丝生于闭囊壳的赤道部位，刚直，基部膨大呈半球形，附属丝5～18根（有时达32根）；子囊短圆形或倒卵圆形，有短柄，60～105μm×25～40μm，内含2或3个子囊孢子；子囊孢子单胞，椭圆形，27～40μm×19～26μm（图2-90B～D）。以闭囊壳在病组织上越冬。子囊孢子引起初侵染，分生孢子引起再侵染。除桑树外，还为害君迁子、柿树、核桃、梨树、皂角等80多种木本植物。

2）滴状球针壳*P. guttata* (Wallr.: Fr.) Lév.，为害椿树，引致椿白粉病。主要侵染叶片，有时也侵染枝条。叶面、叶背及嫩枝产生白色粉状物，后期产生初呈黄色、逐渐转为黄褐色至黑褐色的小颗粒（闭囊壳）。闭囊壳散生或群生，暗褐色，扁圆形，直径160～230μm，内含20～30个子囊；附属丝7～12根，生于闭囊壳的赤道部位，刚硬，针状，基部膨大呈半球形（图2-91A）；子囊长圆形至椭圆形，具短柄，内含2个子囊孢子（罕为3个），70～90μm×25～40μm；子囊孢子椭圆形或长方形，30～40μm×15～22μm（图2-91B）。

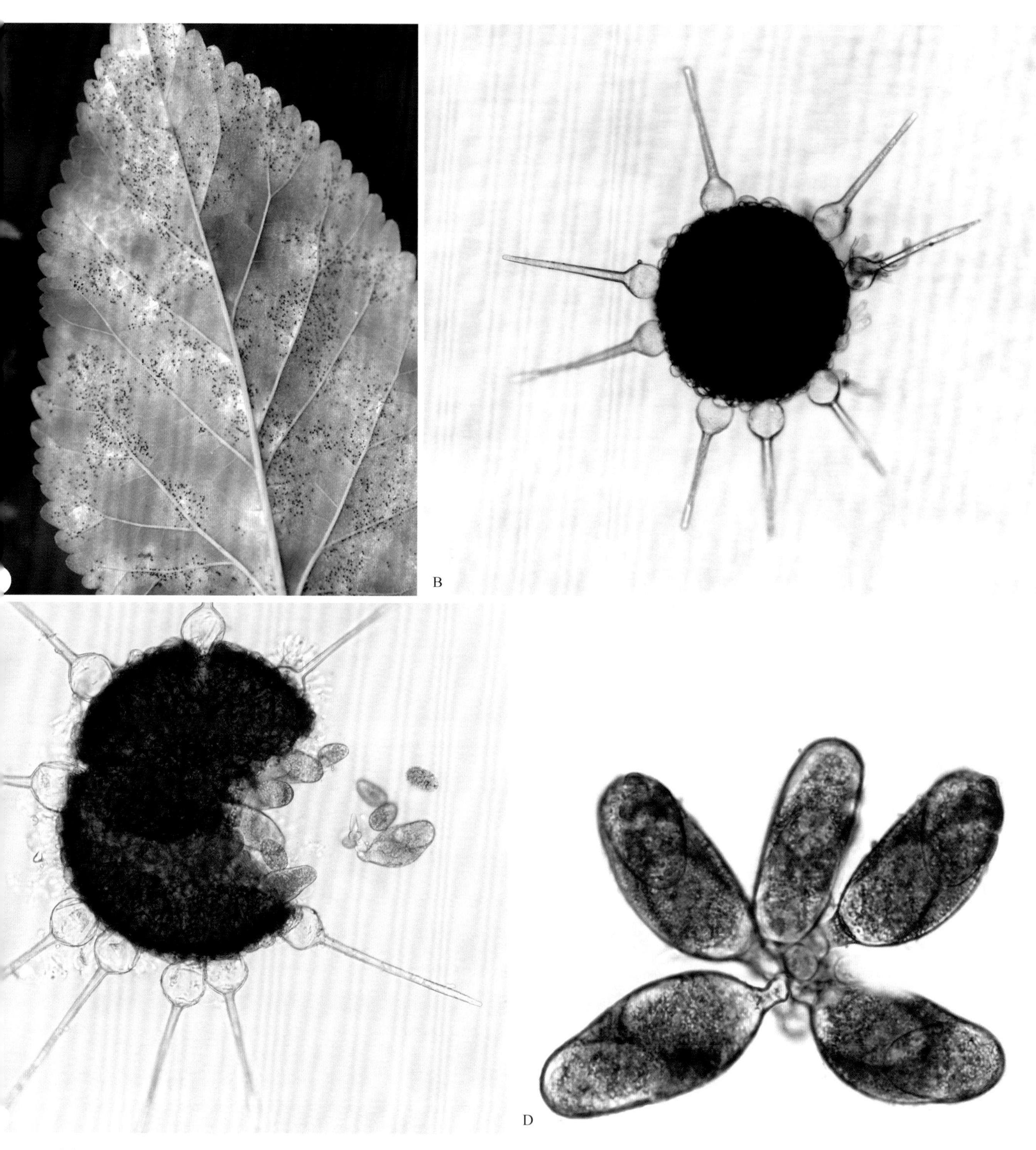

图2-90　*Phyllactinia corylea*引致桑白粉病叶片症状（A），闭囊壳与附属丝（B），子囊壳释放子囊和子囊孢子（C），子囊与子囊孢子（D）

3）萨蒙球针壳*P. salmonii* Blum.，为害猕猴桃，引致猕猴桃白粉病。闭囊壳较大，直径312～393μm，顶部有簇生的冠毛丛，赤道部位生11～26根基部膨大的球针状附属丝。除猕猴桃外，还为害泡桐属植物。

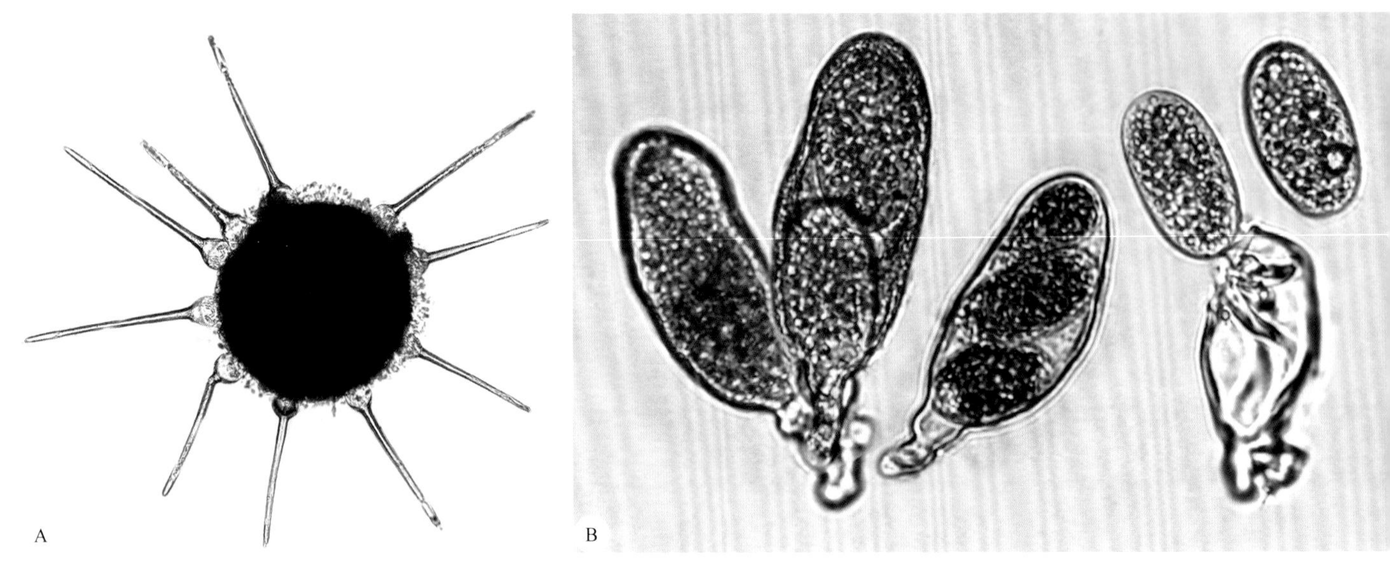

图2-91 *Phyllactinia guttata*闭囊壳与附属丝（A），子囊与子囊孢子（B）

24. 束丝壳属 *Trichocladia* Neger

子囊果散生或聚生，暗褐色，球形至扁球形。附属丝柔弱，自然情况下成束并全朝一个方向，少部分附属丝顶端可双叉状分枝1至数次。闭囊壳内含多个子囊，子囊卵形至椭圆形，子囊孢子卵形至椭圆形。

黄芪束丝壳菌 *Trichocladia astragali* (DC.) Neger，为害黄芪，引致黄芪白粉病。主要侵染叶片，发病初期，叶片表面产生白色小斑点，近圆形，病斑扩大后整个叶片被白色霉层覆盖，后期白色霉层变为灰白色，上生小黑点（闭囊壳）（图2-92A和B）。闭囊壳球形或近球形，黑褐色，直径83.5～150.3μm，内含子囊4～9个；附属丝细长柔弱，丝状，不分枝，无色，无隔，10～19根单生，有些顶端有1或2次不反卷分叉；子囊卵形或椭圆形，具短柄，33.4～93.4μm×26.7～80.0μm，内含子囊孢子1～6个（多数3或4个）；子囊孢子单胞，椭圆形或卵圆形，无色，20.0～33.4μm×13.3～20.0μm（图2-92C～E）。

25. 小煤炱属 *Meliola* Fr.

菌丝体暗褐色，群体墨黑色，引致植物烟煤病。菌丝体表生，产生脚胞并吸附在植物表面，很少侵入植物表皮细胞和产生吸器。子囊果球形，无孔口，通过不规则地破裂或顶裂释放子囊孢子；子囊束生，数目少，内含2～8个子囊孢子；子囊孢子椭圆形，暗褐色，2～4个隔膜（图2-93）。无性态在分生孢子器内产生分生孢子。该属菌群多以植物外渗物质或昆虫的分泌物为营养，对寄主植物的危害主要是影响光合作用、降低产品质量和商业价值。该属多分布于热带和亚热带，温带地区一般较少发生。子囊果球形，菌丝细胞细长，此为与煤炱属 *Capnodium* 的主要区别。

1）山茶小煤炱 *Meliola camelliae* (Catt.) Sacc.，为害茶树，引致茶烟煤病。叶片霉层黑色，辐射状扩展；子囊果球形，黑色，直径80～150μm；子囊束生于子囊果底部，袋状，内含8个子囊孢子；子囊孢子茶褐色，3个隔膜，16～18μm×45μm。

-92　*Trichocladia astragali*引致黄芪白粉病形成的白色霉层（A）和闭囊壳（B），闭囊壳与附属丝（C），闭囊壳释放子囊（D），子囊
又子囊孢子（E）

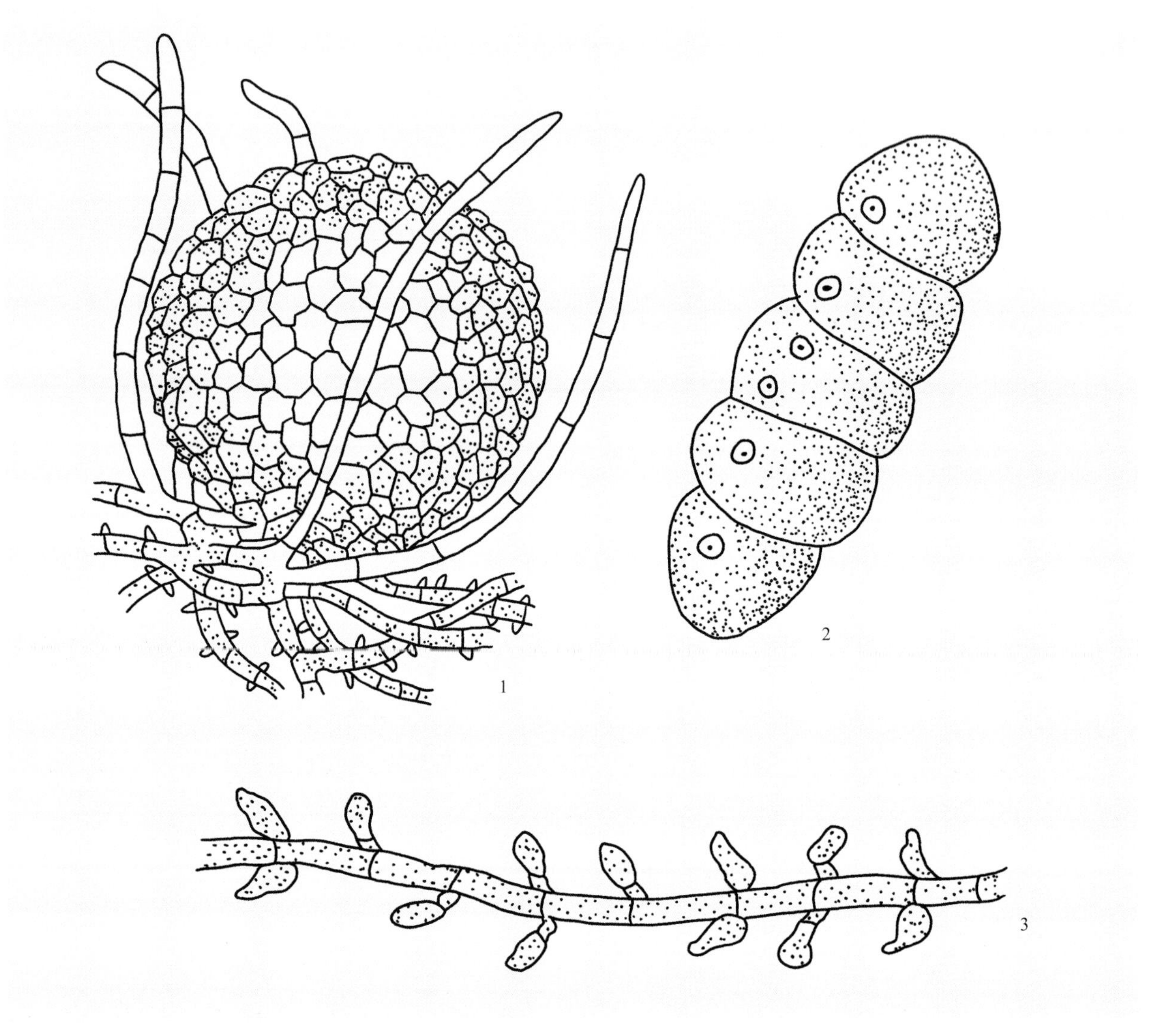

图2-93 *Meliola*形态模式图
1：闭囊壳；2：子囊孢子；3：附着枝

2）好望角小煤炱龙眼变种*M. capensis* var. *euphoriae* Hansf.，为害龙眼，引致龙眼烟煤病。主要侵染叶片、枝梢和果实，病部生黑色霉层，辐射状向四周扩展，霉层增厚呈煤烟状，菌丝紧贴龙眼叶片表面，不易脱落（图2-94A和B）。菌丝表生，黑色，有附着枝，附着枝上生有脚胞。子囊壳球形，黑色，具刚毛，含大量子囊；子囊无侧丝，内含2个子囊孢子；子囊孢子多胞，黑色，多个横隔膜（图2-94C和D）。

26. 长喙壳属 *Ceratocystis* Ell. et Halst.

子囊壳丛生于寄主植物组织中或表面，肉眼观察呈刺毛状。子囊壳烧瓶形，黑色，具长颈，颈端组织疏松，羽状散开；子囊卵圆形至长圆形，无侧丝，子囊壁早期消解；子囊孢子卵圆形、椭圆形、肾形或钢盔状，成熟后自孔口释放。无性态产生分生孢子，有时产生厚垣孢子。寄生或腐生，引致寄主植物组织腐烂。

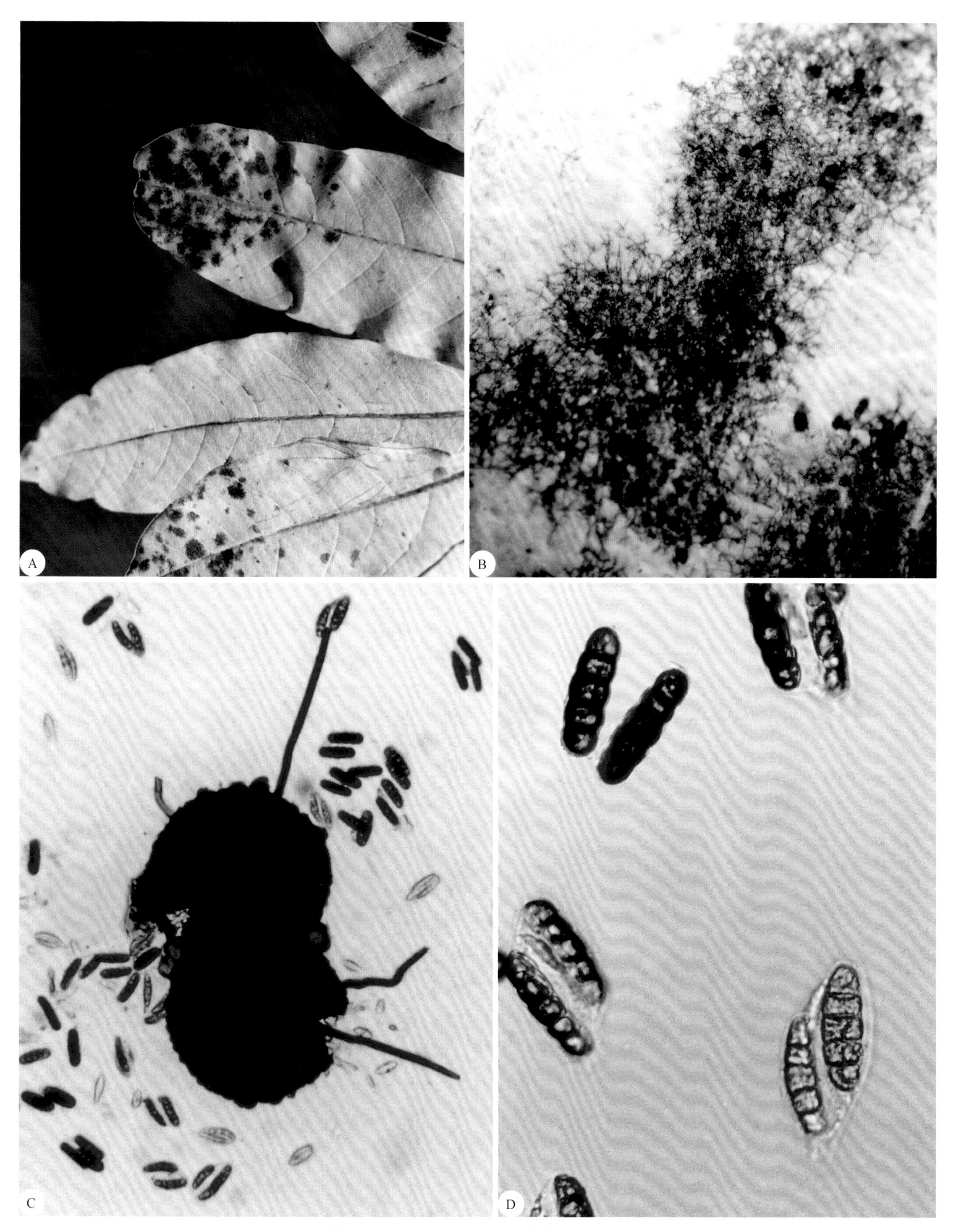

图2-94　*Meliola capensis* var. *euphoriae*引致龙眼煤污病叶片症状（A），辐射状菌丝（B），破裂的闭囊壳（C），子囊与子囊孢子（D）

1）甘薯长喙壳*Ceratocystis fimbriata* Ell. et Halst.，无性态为*Sphaeronaema fimbriatum* (Ell. et Halst.) Sacc.，为害甘薯，引致甘薯黑斑病。主要侵染薯块及薯苗的非绿色组织。薯苗发病，茎基白色部位产生黑色圆形病斑，病部稍凹陷。薯块病斑圆形或不规则形，墨绿色，稍凹陷，病薯有苦味（图2-95A）。高温高湿条件下，病部生灰黑色霉层（病菌的无性生殖器官），后形成黑色刺毛状物（子囊壳）。子囊壳球形，直径105 ~ 140μm，具长颈，350 ~ 800μm × 20 ~ 30μm，颈口有毛刷状疏松组织（图2-95B）；子囊生于子囊壳内，子囊梨形，壁薄，易消解；子囊孢子单胞，无色，钢盔状，4.5 ~ 4.7μm × 3.5 ~ 4.7μm（图2-95C）。无性生殖产生无色、单胞、杆状或棍棒状的内生分生孢子，也可以产生厚壁、褐色、近圆形的厚垣孢子（图2-96）。以厚垣孢子或子囊壳在土壤中越冬，或者以菌丝体、有性孢子及无性孢子在薯块上越冬。防治甘薯黑斑病，重点注意培育无病壮苗，采取高剪苗栽培等措施。

2）多脂长喙壳*C. adiposa* (Butl.) Moreau，为害甘蔗，引致甘蔗黑腐病。初生菌丝青褐色，后期黑色。子囊壳密集生于菌丝层上，球形，黑色，直径450 ~ 560μm，颈长约6000μm、粗60 ~ 80μm；子囊孢子椭圆形，无色，6.5 ~ 8.5μm × 4.5 ~ 6.0μm。无性生殖产生内生链状分生孢子，初期近长方形，无色或近无色，光滑，后期暗褐色，倒卵圆形或近圆形，10 ~ 24μm × 5 ~ 8μm，有小疣。

3）奇异长喙壳*C. paradoxa* (Dade) Moreau，无性态为奇异根串珠霉*Thielaviopsis paradoxa* (de Seyn.) Höhn.，为害甘蔗，引致甘蔗凤梨病。多发生在储藏期及播种期，病菌从茎的切断面入侵，切口处初呈淡

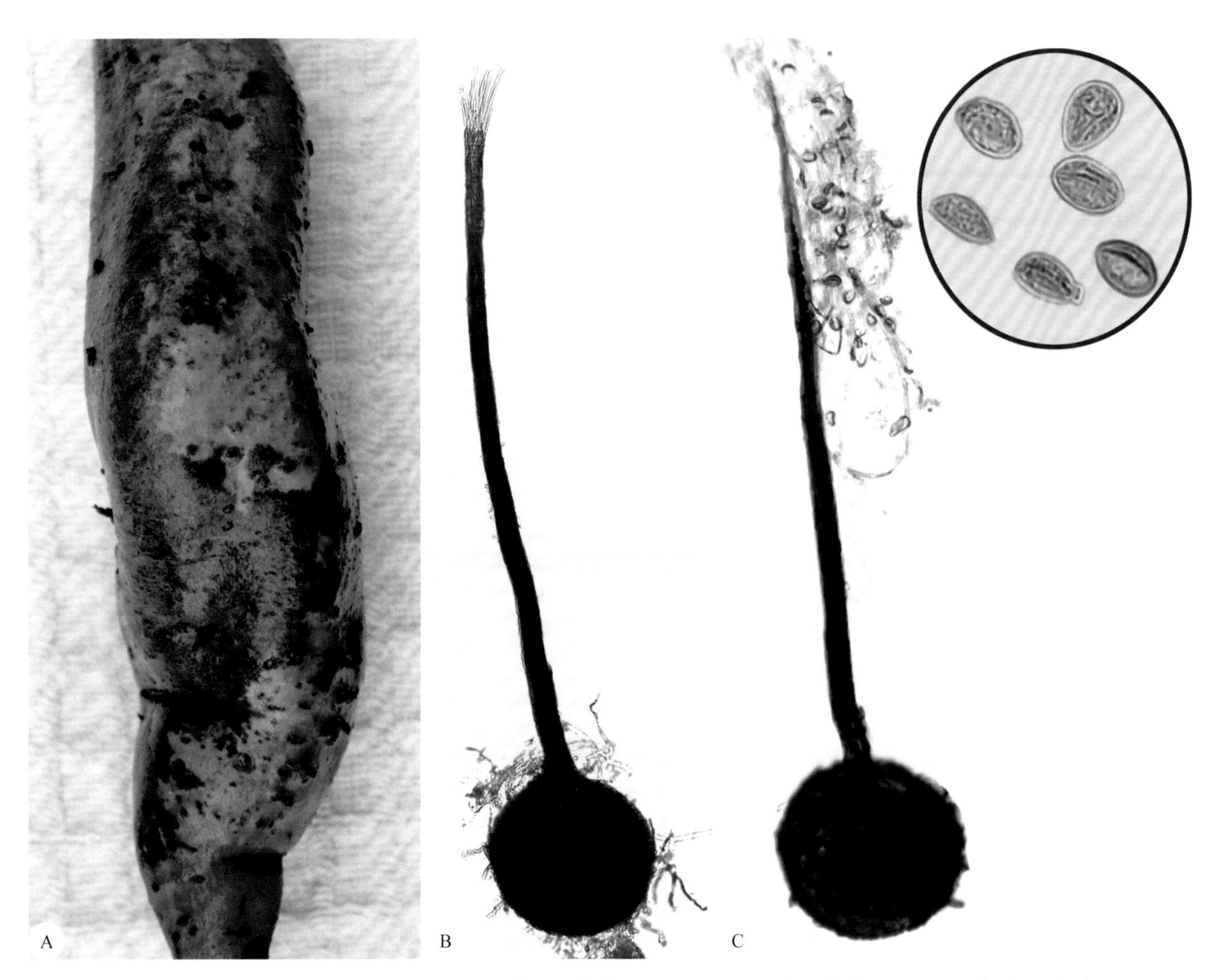

图2-95 *Ceratocystis fimbriata*引致甘薯黑斑病薯块症状（A）及其子囊壳（B）和子囊孢子（C）

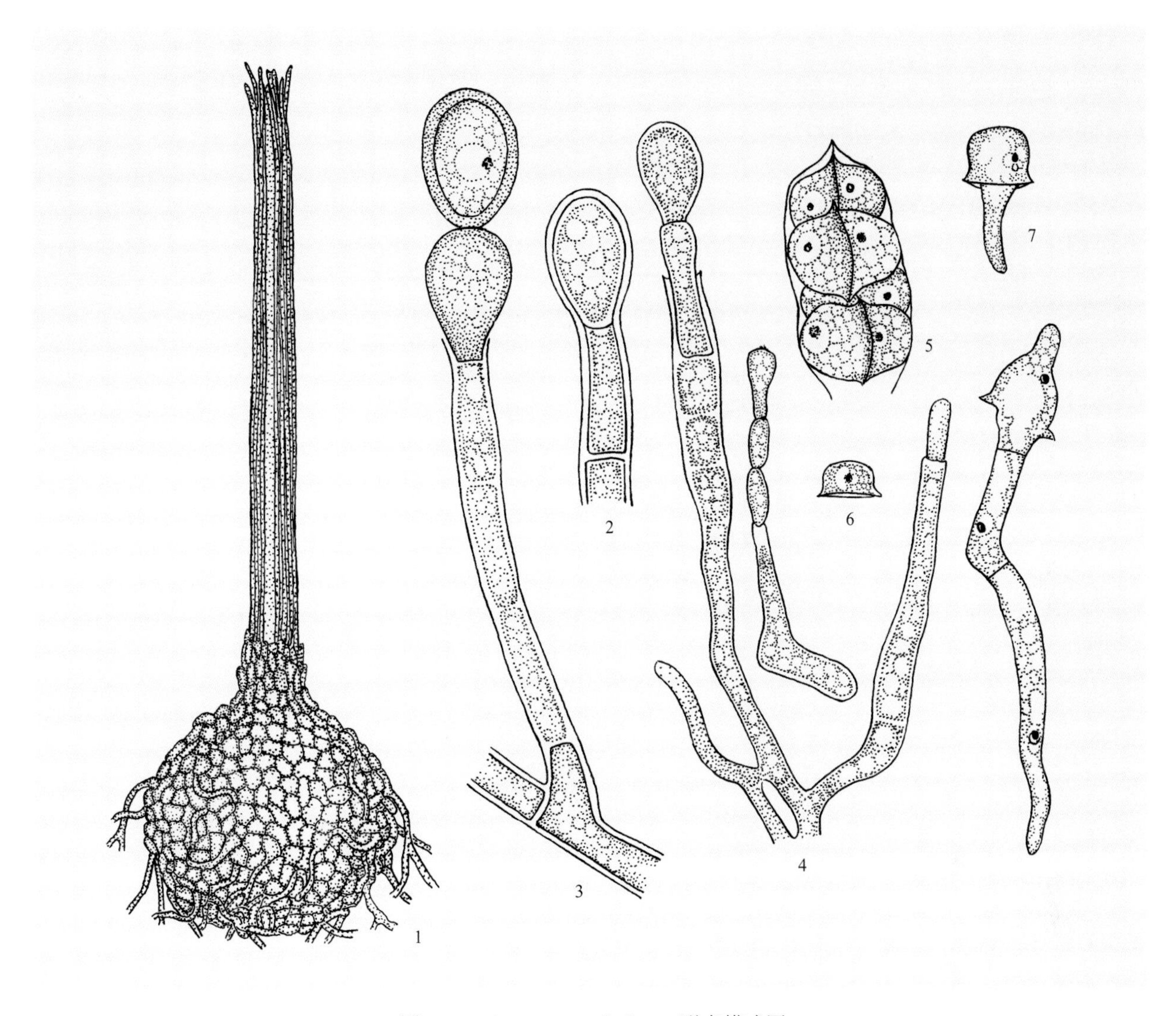

图2-96 *Ceratocystis fimbriata*形态模式图

1：子囊壳；2和3：内生厚壁分生孢子的形成；4：内生薄壁分生孢子的形成（右边的分枝）；5：子囊与子囊孢子；6：子囊孢子；7：子囊孢子萌发

红色，后为黑色并向髓部蔓延，有凤梨香味。后期病部产生黑色烟煤状物（分生孢子和厚垣孢子）和黑色刺毛状物（子囊壳）。子囊壳球形，基部平截，有长颈，1000～1500μm×200～350μm；子囊棍棒状；子囊孢子无色，椭圆形，7.0～10.0μm×2.5～4.0μm。厚垣孢子椭圆形，黑褐色，16～19μm×10～12μm；分生孢子内生，近长方形或短圆筒形，无色，10.0～15.0μm×3.5～5.0μm。寄生性弱，以菌丝体或厚垣孢子在病组织内或土壤中越冬。除甘蔗外，还为害可可、香蕉、椰子、杧果等。

27. 小丛壳属 *Glomerella* Schrenk et Spauld.

子囊壳聚生于子囊座上，具乳头状孔口，突破寄主植物表皮后孔口外露，基部半埋。子囊壳壁膜质，外壁四周有毛，壳内无侧丝；子囊棍棒形，无柄，顶端壁厚，有孔口；子囊孢子无色，长圆形，直或略弯，单胞，萌发时变为双胞。寄生类群引致植物炭疽病。无性态主要是炭疽菌属*Colletotrichum*，引致苹果、梨树、葡萄等多种果树发生炭疽病。

1）大豆小丛壳 *Glomerella glycines* (Hori) Lehman et Wolf，无性态为大豆炭疽菌 *Colletotrichum glycines* Hori，为害大豆，引致大豆炭疽病。侵染幼苗、叶片、茎和荚，引致苗枯和斑点。种子带菌致幼苗不能出土。子叶病斑黑褐色，扩展后出现开裂或凹陷，气候潮湿时子叶水渍状，很快萎蔫，脱落。病斑从子叶扩展到幼茎上，造成病斑以上部分枯死。叶片发病，病斑不规则形，边缘深褐色，内部浅褐色，病部生粗糙刺毛状黑点（分生孢子盘），潮湿条件下涌出粉红色分生孢子团。茎秆发病初生红褐色、不规则形病斑，渐变褐色，最后变灰色，其上密布不规则排列的小黑点。豆荚病斑圆形或不规则形，具轮纹状排列的小黑点，病荚不结实或荚内种子发霉，呈暗褐色皱缩。子囊壳密集埋生于茎部病斑的子囊座上，球形，孔口多毛，直径222～340μm；子囊长圆形至粗棍棒形，70.0～106.0μm×9.5～13.5μm；子囊孢子单胞，无色，弯曲，13～23μm×4～6μm（图2-97）。

2）棉小丛壳 *G. gossypii* (Southw.) Edg.，无性态为棉炭疽菌 *C. gossypii* Southw.，为害棉花，引致棉花炭疽病。主要侵染棉花子叶和下胚轴，造成死苗。秋季为害棉铃，病斑圆形，红褐色，凹陷，生红色点状黏质物（分生孢子团）。子囊壳球形或梨形，埋生，暗褐色，内含多个子囊，80～120μm×10～160μm，颈长约60μm；子囊棍棒形，55～70μm×10～14μm；子囊孢子椭圆形，无色，单胞，略弯，12～20μm×5～8μm。常见无性态，有性态不常见。主要以分生孢子或菌丝体在种子内外越冬，也可随病残体在土壤中越冬。

3）蓖麻小丛壳菌 *G. ricini* (Maubl.) Hemmi et Matsuo，无性态为蓖麻炭疽菌 *C. ricini* Bub. et Frag.，为害蓖麻，引致蓖麻炭疽病。主要侵染茎及叶柄。病斑梭形，淡褐色，无明显边缘，其上密生黑色小点（子囊座）。子囊壳埋生于子囊座内，扁球形，壳壁膜质，暗褐色，直径96～144μm。子囊棍棒形，无侧丝，48～60μm×10～14μm；子囊孢子无色，单胞，腊肠形，10.0～16.0μm×3.5～5.0μm。

4）菜豆小丛壳 *G. lindemuthianum* (Sacc. et Magn.) Shear et Wood，无性态为菜豆炭疽菌 *C. lindemuthianum* (Sacc. et Magn.) Br. et Cav.，为害菜豆，引致菜豆炭疽病。主要侵染豆类作物的子叶、下胚轴、叶片、茎秆和荚果，子叶上形成红褐色、近圆形病斑，稍凹陷，溃疡状。下胚轴发病造成幼苗猝倒。叶片病斑沿叶脉扩展，产生红褐色至黑褐色条斑。豆荚发病初生褐色小点，扩大后呈圆形或椭圆形，边缘隆起，中心凹陷，潮湿时产生粉红色黏质物（分生孢子团）。常见其无性态，子囊壳仅在PDA培养基上形成。有生理分化现象。除菜豆外，还为害豆科的多种作物。

5）胡椒小丛壳 *G. piperata* (Stonem.) Spaud. et Schrenk，无性态为胶孢炭疽菌 *C. gloeosporioides* (Penz.) Sacc.，为害辣椒，引致辣椒炭疽病。可侵染辣椒幼果或成熟的果实，病斑圆形或椭圆形，淡褐色，凹陷，病部生橙红色点状黏质物（分生孢子团）。子囊壳簇生，梨形，暗褐色，壳壁膜质，外表多毛；子囊棍棒状；子囊孢子椭圆形，微弯，12～18μm×4～6μm。有性态不常见。

6）葫芦小丛壳 *G. lagenarium* (Pass.) Wotonabe Stev.，无性态为瓜类炭疽菌 *C. lagenarium* (Pass.) Ell. et Halst.，为害瓜类，引致瓜类炭疽病。主要侵染叶片、茎蔓和果实。叶片病斑圆形或近圆形，中央灰白色至红褐色，上生不明显的黑色小点，潮湿条件下溢出橙黄色胶质物。病斑易穿孔。成熟瓜条生圆形褐色湿腐斑，凹陷，中央颜色较深，密生轮纹状排列的小黑点，潮湿条件下产生粉红色黏质物（分生孢子团）。常见其无性态，人工培养条件下通过紫外线照射刺激可产生子囊壳。

7）围小丛壳 *G. cingulata* (Stonem.) Spauld. et Schrenk，无性态为胶孢炭疽菌 *C. gloeosporioides* (Penz.) Sacc.，为害苹果，引致苹果炭疽病。主要侵染果实。果实多在近成熟或储藏期发病，果面生褐色、圆形、略凹陷的病斑，病部生轮纹状排列的黑色小粒点（分生孢子盘），在潮湿条件下溢出红色黏质

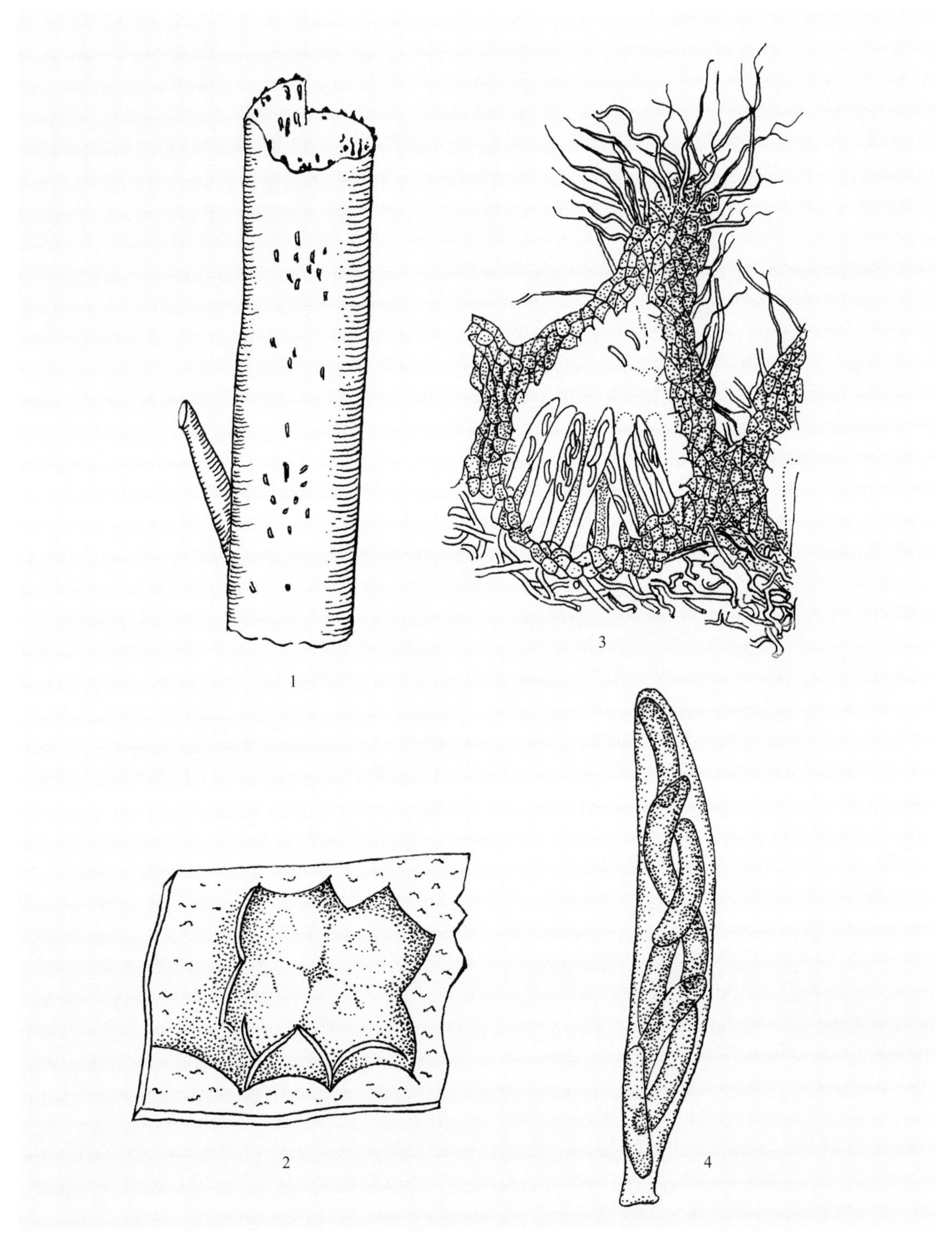

图2-97　*Glomerella glycines*引致大豆炭疽病症状及其形态模式图

1：大豆茎秆症状；2：症状局部放大，展示聚生于表皮下的子囊壳；3：子囊壳剖面；4：子囊与子囊孢子

物（分生孢子团）。病斑深入果肉，果肉褐色，味苦。子囊壳半埋生于子囊座内，单生或聚生，瓶状，深褐色，壳壁有毛（图2-98A）；子囊棍棒形，无柄，平行排列；子囊孢子单胞，无色，椭圆形，略弯，12.0～22.0μm×3.5～5.0μm（图2-98B）。有性态在自然情况下少见，在PDA培养基上容易产生（图2-98C～E）。主要以菌丝体在枝条的溃疡部、枯枝及僵果上越冬。除苹果外，还为害梨树、李树、葡萄、柿树、枇杷、无花果、油茶、番茄等多种植物的叶片、茎及果实。

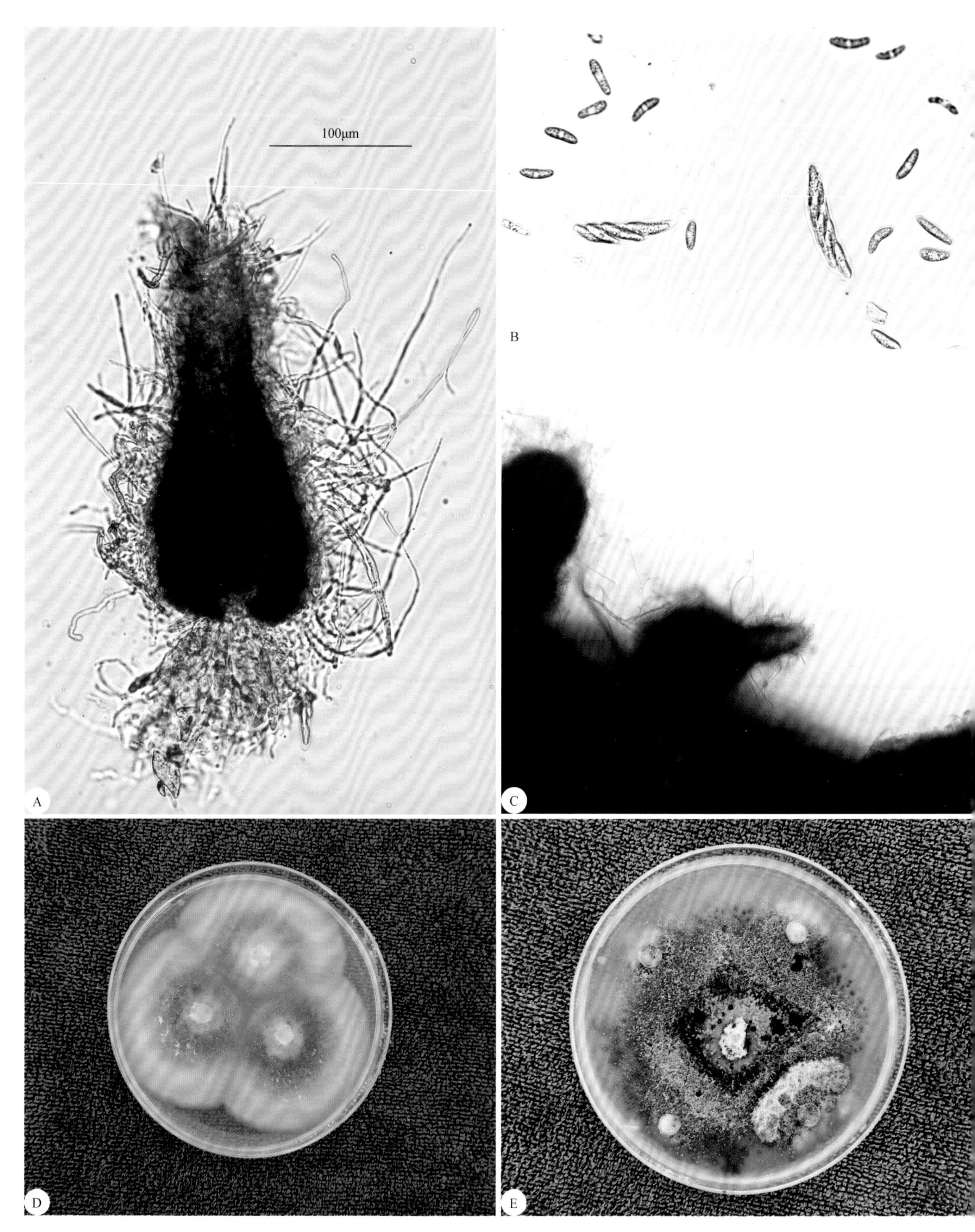

图2-98　*Glomerella cingulata*子囊壳（A），子囊与子囊孢子（B），生于PDA培养基表面的子囊壳（C），在PDA培养基平板上形成的菌落（D）及菌落中产生的子囊壳（E）

8）梅小丛壳 *G. mume* (Hori) Hemmi，为害梅，引致梅炭疽病。主要侵染叶片及嫩梢，叶上生圆形或椭圆形病斑，嫩梢上生椭圆形溃疡斑。子囊壳球形或洋梨形，暗黑色，直径100～250μm；子囊棍棒状，50～80μm×8～13μm；子囊孢子长椭圆形，略弯，无色，单胞，10.0～18.4μm×3.2～5.0μm。在自然情况下仅见其无性态，子囊壳在人工培养条件下可以产生。

28. 日规壳属 *Gnomonia* Ces. et de Not.

子囊壳球形，黑色，埋生于寄主植物组织内，有长颈，后期突破寄主植物表皮外露；子囊长椭圆形或圆柱状，子囊壁较厚，顶部有孔口，内含8个子囊孢子；子囊孢子长椭圆形，无色，2～4个细胞，多数为大小不等的双胞（图2-99）。寄生种多为害木本植物，引致炭疽病或叶斑病。无性态多为炭疽菌属 *Colletotrichum*、盘二孢属 *Marssonina*、壳梭孢属 *Fusicoccum* 等。

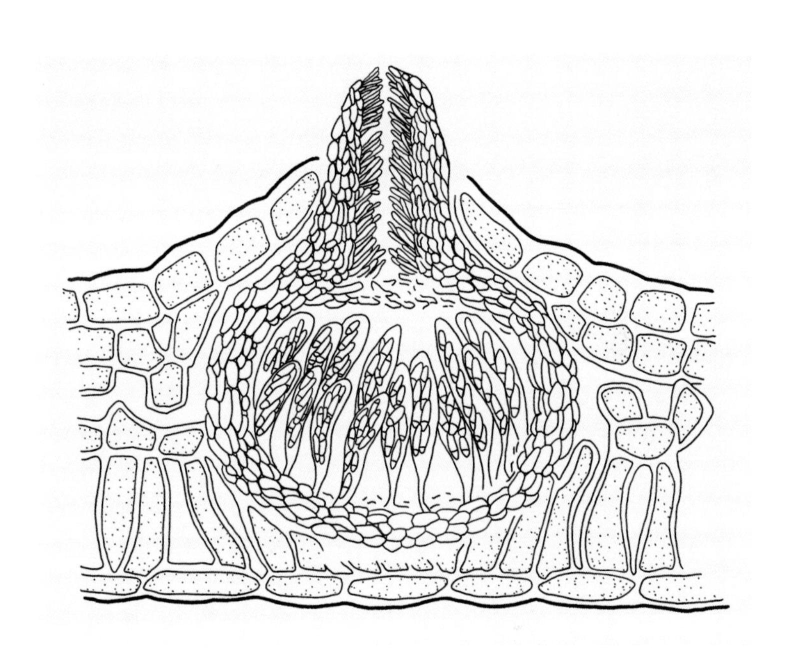

图2-99　*Gnomonia*形态模式图

榆日规壳 *Gnomonia ulmea* (Sacc.) Thüm，无性态为 *Gloeosporium ulmeum* Mil.，为害榆树，引致榆叶斑病。叶片病斑近圆形，初呈淡褐色，后为灰白色，上生黑色小点（子囊壳）（图2-100）。无性态产生分生孢子盘，生于榆树叶片角质层下，后期

图2-100　*Gnomonia ulmea*引致榆叶斑病叶片症状

图2-101　*Gnomonia ulmea*子囊壳

突破角质层外露。子囊壳扁球形，无侧丝，有长颈，孔口位于子囊壳的一侧，后期突破榆树叶片表皮外露，250～300μm×150～200μm（图2-101）；子囊长椭圆形，45～55μm×9～11μm，内含8个子囊孢子（图2-102）；子囊孢子无色，不等大双胞，上部细胞大，下部细胞较小，呈甲壳虫状，5.0～10.0μm×3.0～3.5μm（图2-103）。

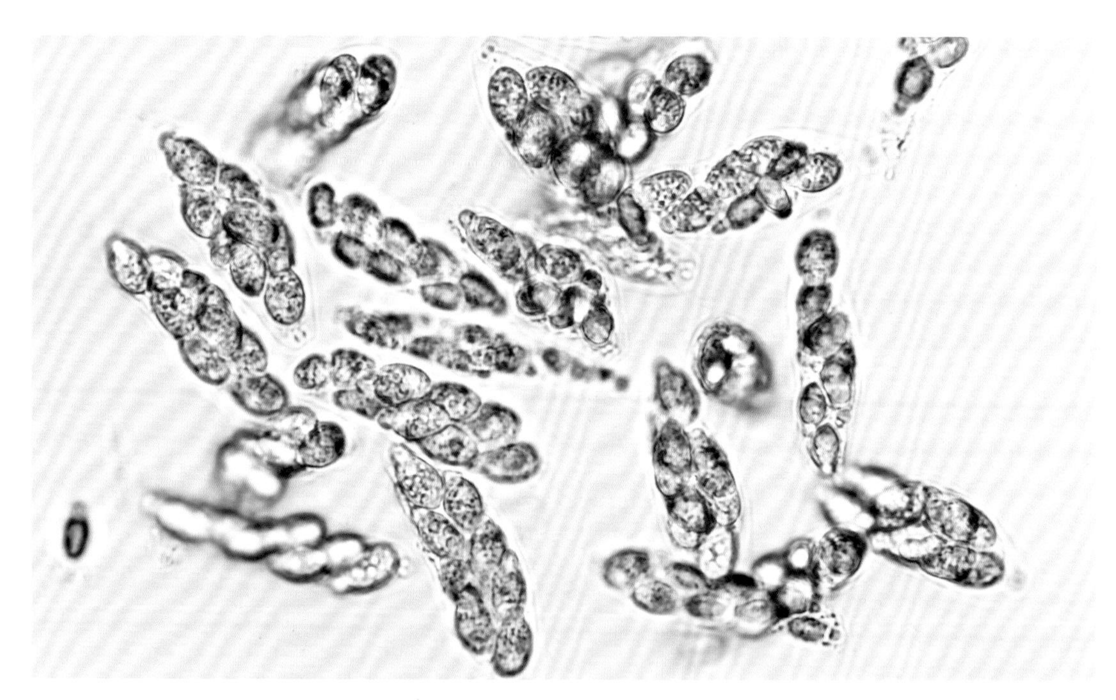

图2-102　*Gnomonia ulmea*子囊

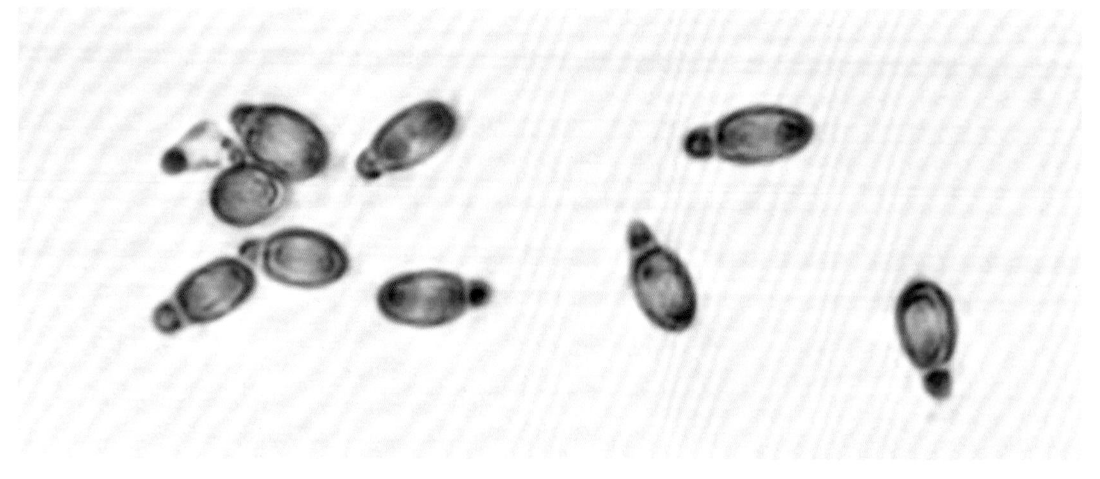

图2-103　*Gnomonia ulmea*子囊孢子（甲壳虫状）

29. 黑痣菌属*Phyllachora* Nits.

子囊座发达，盾片状，黑色，埋生于寄主植物表皮下，随着子囊座发育向外隆起，在寄主植物表面形成许多黑痣状的小黑点；子囊壳数个聚生于子囊座内，子囊壳球形，黑色，具孔口；子囊生于子囊壳底部，棍棒形，双层壁，平行排列，具孔口，内含子囊孢子8个，有侧丝；子囊孢子椭圆形，单胞，无色，单列或双列排于子囊内。侵染寄主植物叶片，引致黑痣病。

1）禾黑痣菌*Phyllachora graminis* (Pers.) Fuck.，为害多种禾本科牧草及杂草，引致禾黑痣病。子囊壳球形，黑色，聚生于子囊座内，186～220μm×145～175μm；子囊圆柱形，60～70μm×8～10μm，内含8个子囊孢子；子囊孢子椭圆形，无色，单胞，9～11μm×4～5μm（图2-104，图2-105）。除禾本科牧草、杂草外，还为害竹等。

2）中国黑痣菌*P. sinensis* Sacc.，为害竹，引致竹黑痣病。子囊座生于叶片表面疏散的黄色小斑上，近圆形，黑色，稍凸，直径0.5～1.5mm（图2-106）；子囊腔球形至扁球形，具孔口，埋生于子囊座内，300～400μm×120～200μm；子囊圆柱形至棒形，有侧丝，内含8个子囊孢子，110～180μm×10～12μm；子囊孢子单行排列，梭形，无色，单胞，两端钝，16～30μm×7～9μm（图2-107）。

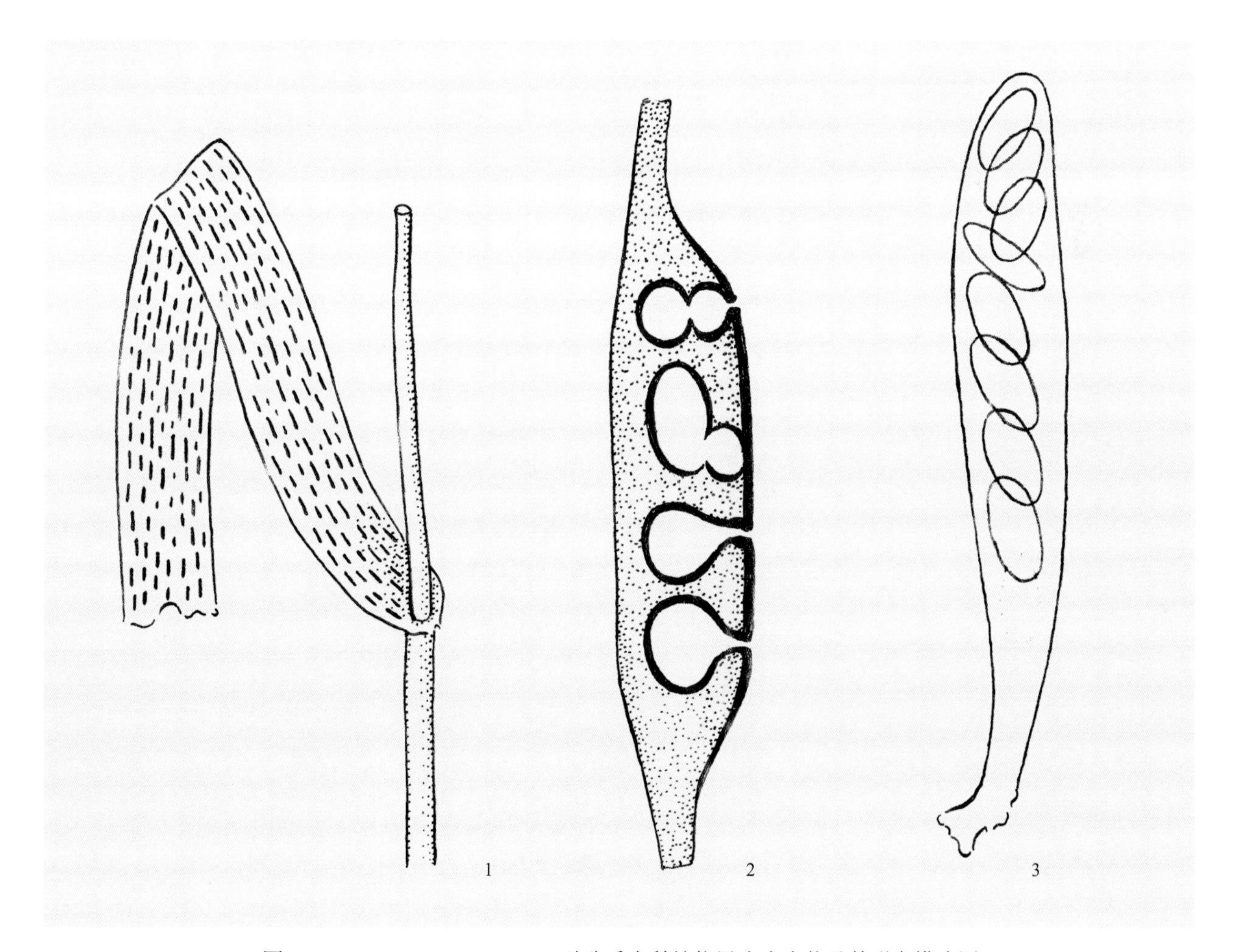

图2-104　*Phyllachora graminis*引致禾本科植物黑痣病症状及其形态模式图

1：叶片症状；2：子囊座剖面，表面为黑色壳皮层，内有子囊壳；3：子囊与子囊孢子

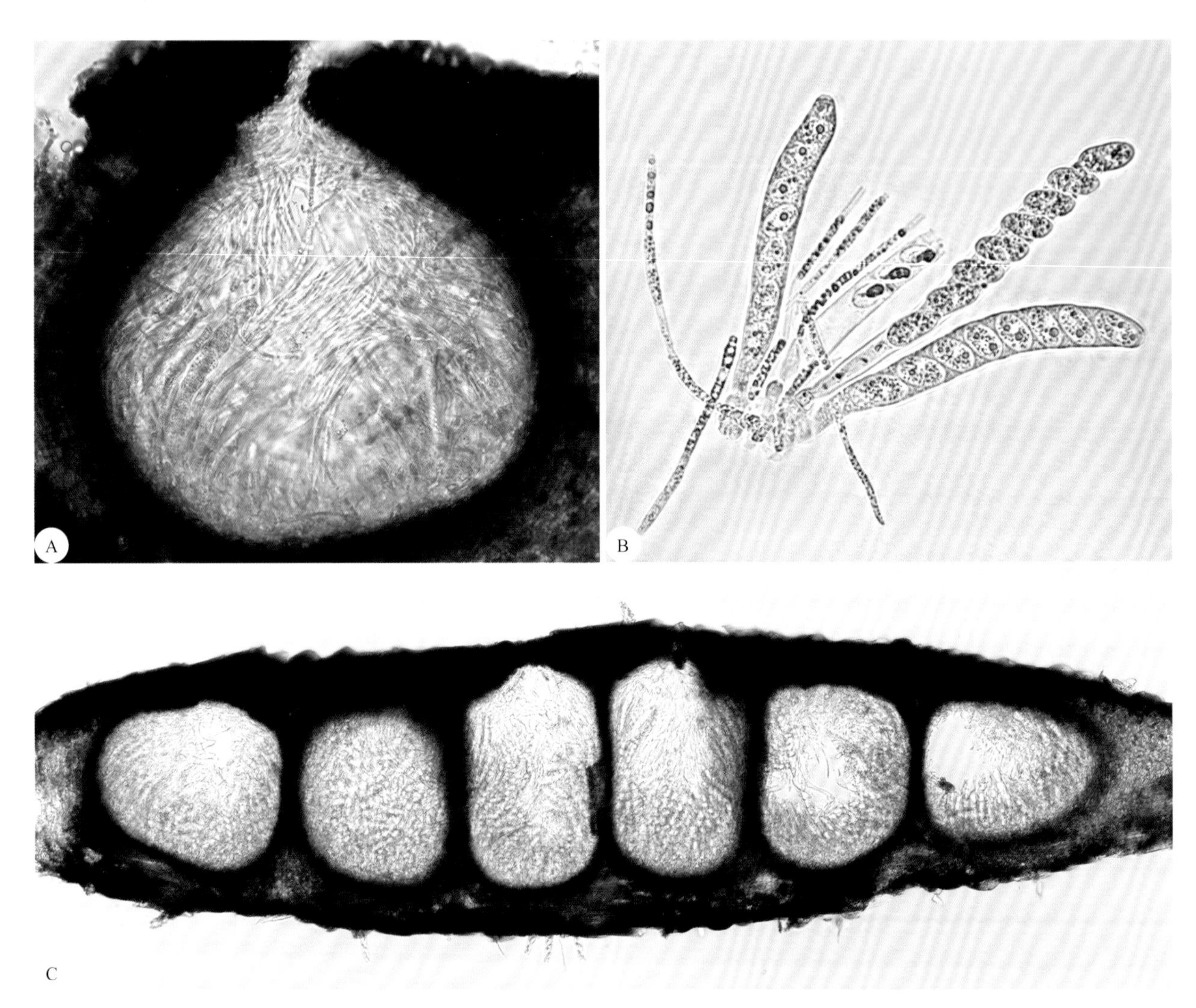

图2-105 *Phyllachora graminis*子囊壳（A），子囊、子囊孢子和侧丝（B），子囊座剖面（C）

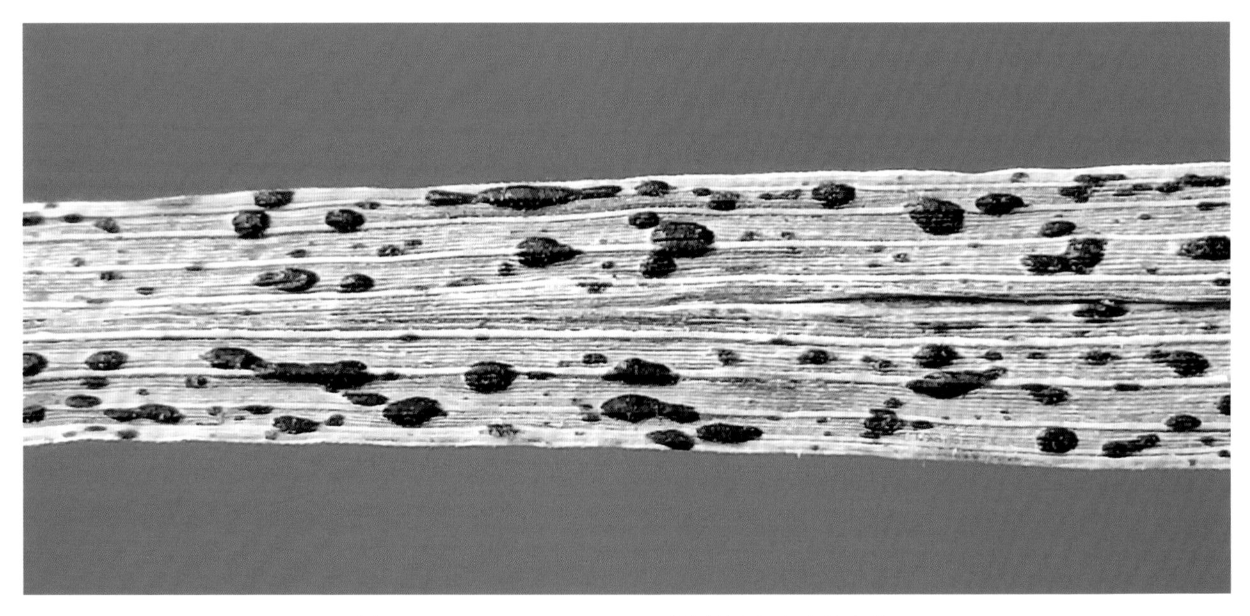

图2-106 *Phyllachora sinensis*引致竹黑痣病叶片症状

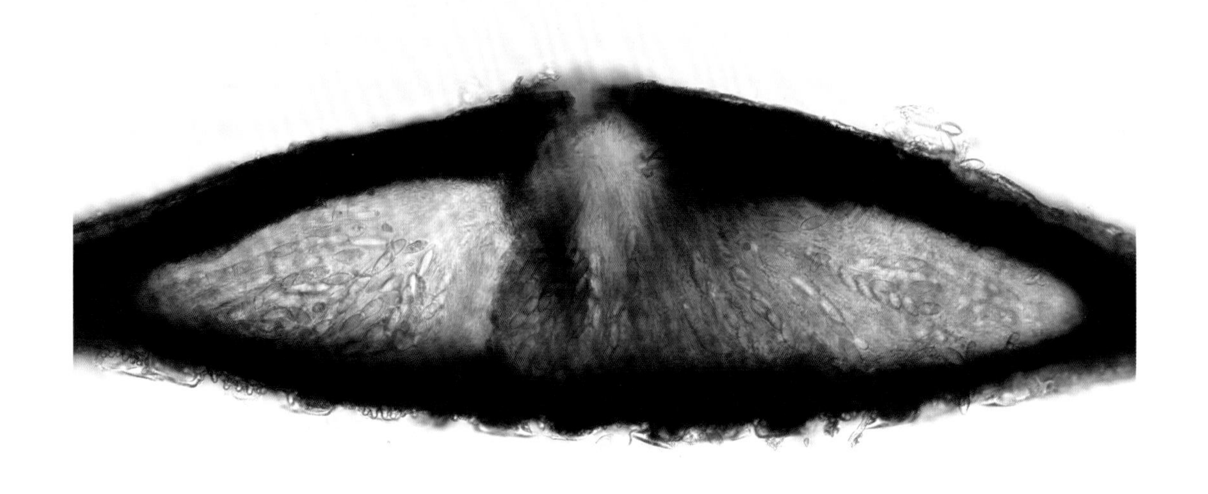

图2-107　*Phyllachora sinensis*子囊座剖面

30. 黑腐皮壳属 *Valsa* Fr.

子囊座发达，埋生于寄主植物组织内，后期突破表皮外露，子囊座内外颜色一致，无暗色边缘；子囊壳聚生于子囊座内，球形或烧瓶形，具长颈，伸出子囊座，孔口外露，在子囊壳的内壁产生子囊；子囊棍棒形或圆柱形，有柄，子囊壁早期消解，无侧丝或早期消解，内含子囊孢子8个；子囊孢子单胞，无色，腊肠形或香蕉形（图2-108）。无性态为壳囊孢属*Cytospora*。侵染多种树木，引致腐烂病。

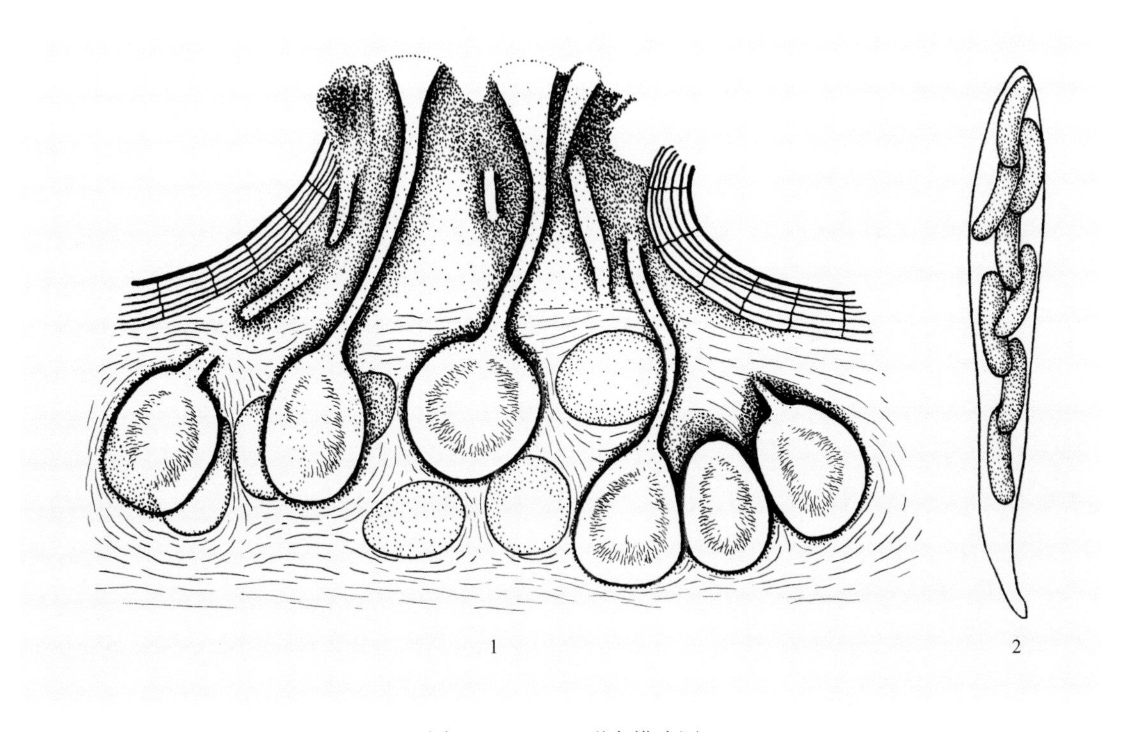

图2-108　*Valsa*形态模式图

1：子囊座剖面，展示具长颈的子囊壳；2：子囊与子囊孢子

1）角精黑腐皮壳*Valsa ceratosperma* (Tode et Fr.) Maire，无性态为苹果壳囊孢*Cytospora mali* Grove，为害苹果树，引致苹果树腐烂病。中国的优势种为苹果壳囊孢*Cytospora mali* Grove。苹果壳囊孢主要侵染苹果树枝干，造成韧皮部腐烂。发病初期皮层组织松软，易撕裂，有酒糟味，常流出黄褐色汁液。后期病部形成较大的黑色点状物（子囊座），或产生黑色小粒点（分生孢子器），潮湿或雨后自分生孢子器中涌出黄色、卷丝状分生孢子角。子座发达，与苹果树组织之间有明晰的黑色界线，并分为内子座和外子座。子囊壳生于内子座中，分生孢子器生于外子座中。一个内子座中可埋生3～14个子囊壳，子囊壳烧瓶形，黑褐色，壁厚，孔口外露，具长颈，直径160～400μm；子囊生于子囊壳的内壁上，长椭圆形或纺锤形，顶端膜厚，圆或平截，基部较窄，24～36μm×6.4～9.0μm，内含8个子囊孢子（图2-109A）；子囊孢子无色，单胞，腊肠形或香蕉形，微弯，两端圆，8.0～10.0μm×1.5～2.0μm（图2-109B）。分生孢子器在苹果树表皮下形成，黑色，圆锥状。分生孢子器初为1室，后多室，具1个孔口，直径517～1560μm，高430～1300μm，器壁褐色至暗褐色，最内层细胞无色，密生分生孢子梗。分生孢子梗不分枝或分枝，长12～21μm，宽1.2～2.0μm，顶端着生分生孢子。分生孢子单胞，无色，腊肠形，两端钝圆，3.6～6.0μm×1.2μm。秋季病枝上形成较大的黑色点状物（子囊座）（图2-110）。以菌丝、分生孢子器或子囊壳在患病组织、病残体内越冬。

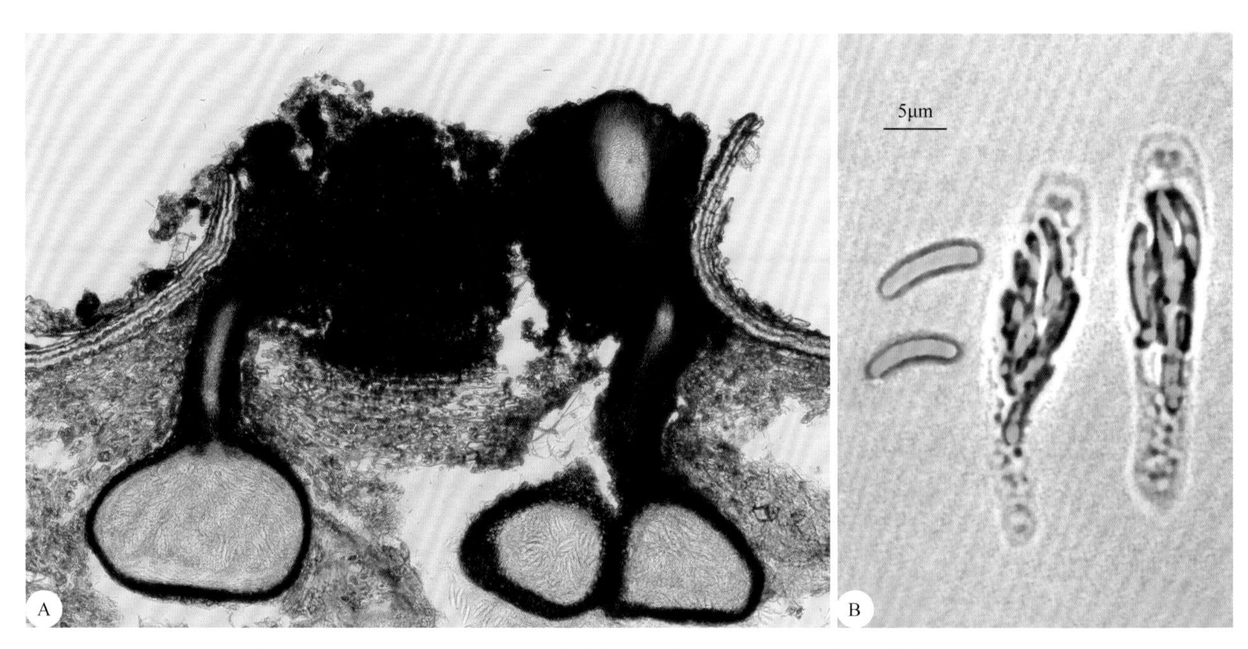

图2-109 *Valsa ceratosperma*子囊座与子囊壳（A），子囊与子囊孢子（B）

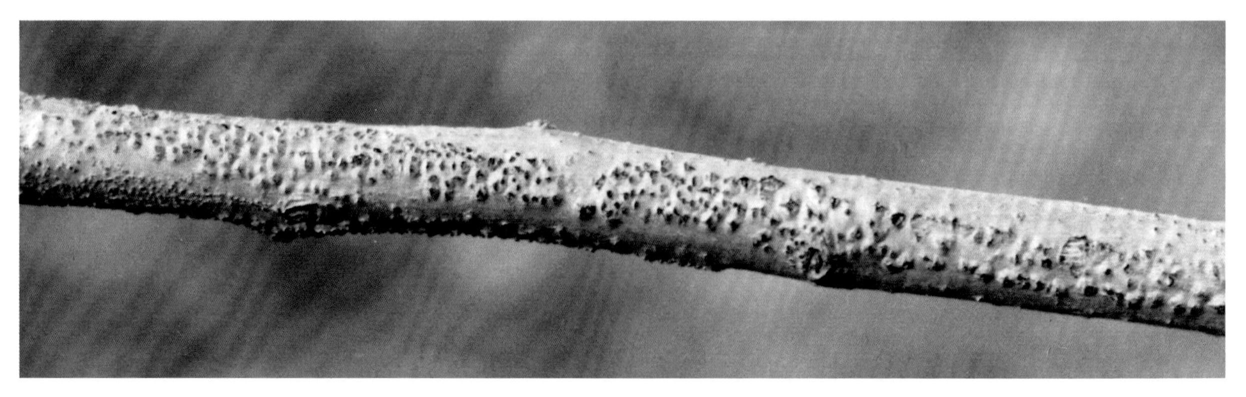

图2-110 *Valsa ceratosperma*引致苹果树腐烂病及其在枯枝上形成的子囊座（黑色点状物）

2）核果黑腐皮壳*V. leucostoma* (Pers.) Fr.，异名普尔松白座壳*Leucostoma persoonii* (Nitschke) Höhn，无性态为核果壳囊孢*Cytospora leucostoma* (Pers.) Sacc.，为害桃树，引致桃树腐烂病。主要侵染桃树枝干，造成树皮黄褐色腐烂。子囊座发达，内部灰白色，边缘暗色；子囊壳埋生于子囊座内，烧瓶形，暗褐色，具长颈，孔口外露，300～362μm×250～356μm（图2-111）；子囊棍棒形或纺锤形，45～56μm×7～11μm（图2-112A）；子囊孢子腊肠形，单胞，无色或带黄色，12～22μm×3～5μm（图2-112B）。

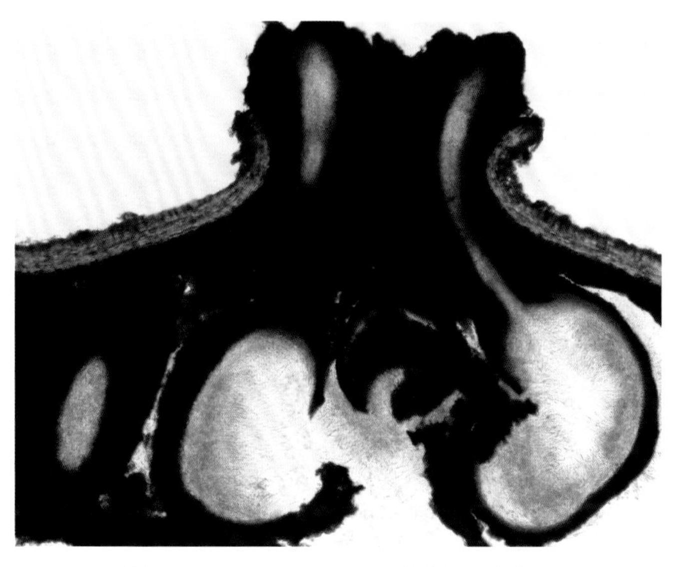

图2-111 *Valsa leucostoma*子囊座与子囊壳

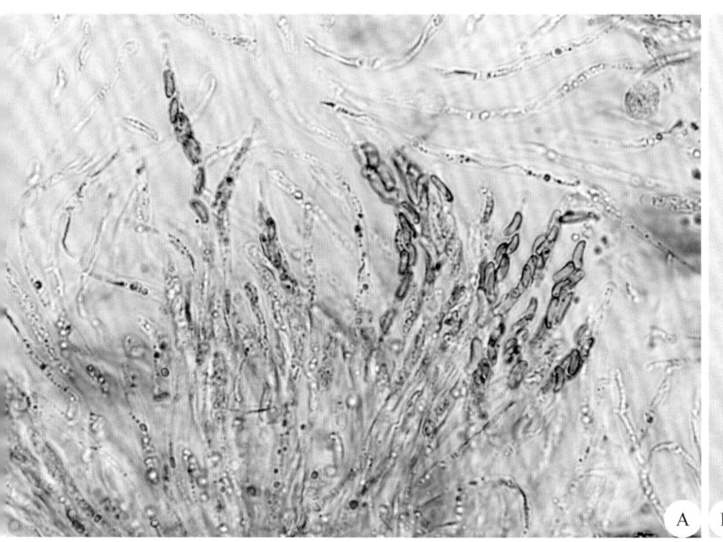

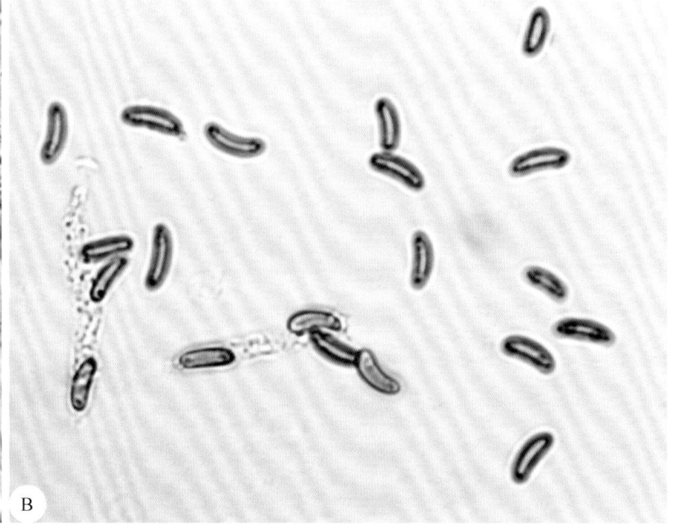

图2-112 *Valsa leucostoma*子囊（A）与子囊孢子（B）

3）梨黑腐皮壳*V. ambiens* (Pers. ex Fr.) Fr.，无性态为迂回壳囊孢*Cytospora ambiens* Sacc.，为害梨树，引致梨树腐烂病。子囊座发达，黑色，埋生，与梨树组织间无清晰的黑色分界线；子囊壳生于外子座下面或旁边的内子座中，球形或烧瓶形，具长颈，子囊壳的孔口分布在分生孢子器孔口周围；子囊长椭圆形或纺锤形，顶端圆，顶壁稍厚，基部稍窄，40～50μm×8～10μm；子囊孢子单胞，无色，微弯，腊肠形或香蕉形，12～18μm×3～4μm。

4）日本黑腐皮壳*V. japonica* Miyabe et Hemmi，为害李树，引致李树腐烂病。主要侵染枝干，引致溃疡和枝枯。有性态形态特征与苹果壳囊孢有性态*Valsa ceratosperma* (Tode et Fr.) Maire相似。子囊壳直径240～480μm；子囊棍棒形或圆柱形，18～68μm×8～14μm，内含4～8个子囊孢子（偶见1个）；子囊孢子腊肠形，10.0～24.0μm×3.0～4.5μm。除李树外，还为害桃树、杏树、樱桃等。

5）污黑腐皮壳*V. sordida* Nits.，无性态为金黄壳囊孢*Cytospora chrysosperma* (Pers.) Fr.，为害杨树，引致杨树腐烂病。主要侵染枝干，引致溃疡和枝枯。子囊座发达，子囊壳数个生于子囊座内，有长颈；子囊棍棒形，41～60μm×8～9μm，内含4～8个子囊孢子；子囊孢子无色，单胞，长椭圆形，12～20μm×3～4μm。常见其无性态。除杨树外，还为害白蜡树以及柳树、槭树、榆树等多种木本植物。

31. 小隐孢壳属 *Cryptosporella* Sacc.

子囊座发达，埋生于寄主植物组织中。子囊壳生于子囊座内，扁球形，具长颈，颈聚集，开口于子囊座外；子囊棍棒状，内含子囊孢子；子囊孢子椭圆形或纺锤形，无色，单胞。无性态为壳梭孢属 *Fusicoccum* 等。侵染树木枝干，引致皮层腐烂。

葡萄生小隐孢壳 *Cryptosporella viticola* (Red.) Shear，无性态为葡萄生壳梭孢 *Fusicoccum viticolum* Redd.，为害葡萄，引致葡萄蔓割病。茎蔓尤其是茎基部发病严重，病部紫黑色，皮层纵裂，后期密生黑色小粒点。子座发达，枕状，埋生于葡萄茎蔓组织中，分生孢子器和子囊壳均生于子座内；子囊壳球形，黑褐色，壳壁薄，颈较短；子囊长椭圆形或纺锤形，有侧丝，内含8个子囊孢子；子囊孢子单胞，无色，长椭圆形，11～15μm×4～6μm（图2-113）。常见其无性态，有性态在老病斑上偶尔发生。

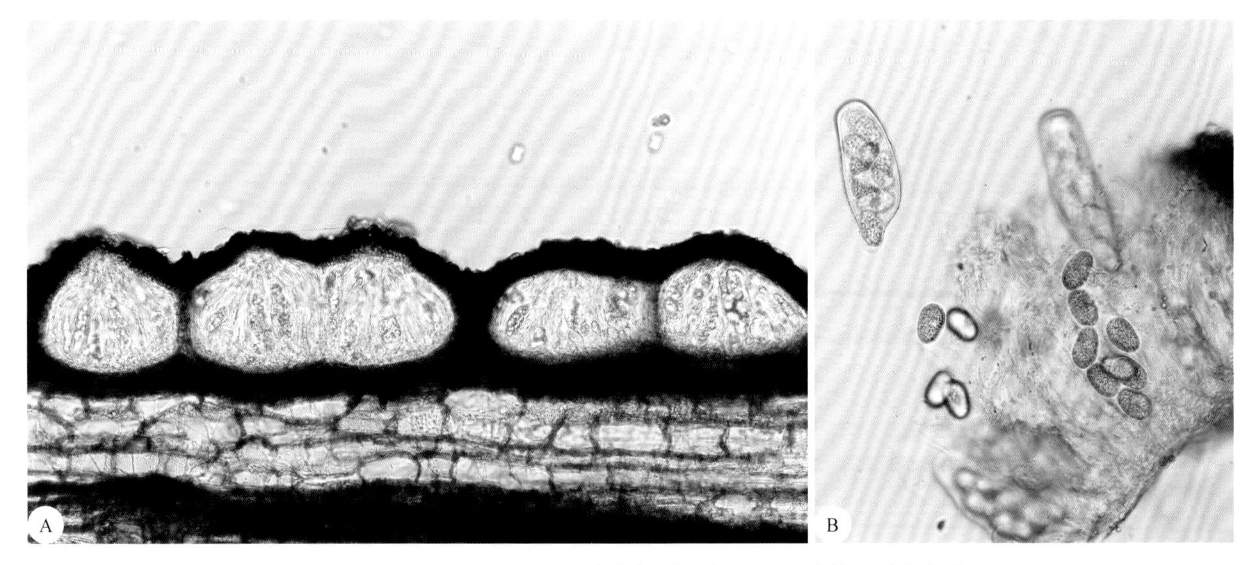

图2-113 *Cryptosporella viticola* 子囊座与子囊壳（A），子囊与子囊孢子（B）

32. 间座壳属 *Diaporthe* Nits.

子囊座发达，平铺，黑色，生于基物内，部分突出，子囊座边缘与基物间有明显的黑色分界线；子囊壳扁球形，埋生于子囊座基部，有长颈，伸出子囊座外；子囊短圆柱形，顶壁厚，有细的孔道通过厚壁，孔口较大，子囊基部有短柄，子囊壁和柄早期胶化，子囊和子囊孢子游离于子囊壳内，每个子囊内含8个子囊孢子；子囊孢子无色，椭圆形或纺锤形，直或微弯，双胞（偶见三胞或四胞）（图2-114）。无性态多为拟茎点霉属 *Phomopsis*。主要为害寄主植物枝干和果实，如柑橘枝干流胶病、叶片黑点病、果实蒂腐病等。

1）大豆间座壳 *Diaporthe sojae* Lehman，无性态为大豆拟茎点霉 *Phomopsis sojae* Lehman，为害大豆，引致大豆黑点病。主要侵染茎、荚和种子，引致斑点症状，病部生黑色小点。子囊座黑色；子囊棍棒状，无色；子囊孢子长椭圆形，双胞，无色，9.6～12.4μm×2.4～4.2μm。常见其无性态，子囊壳

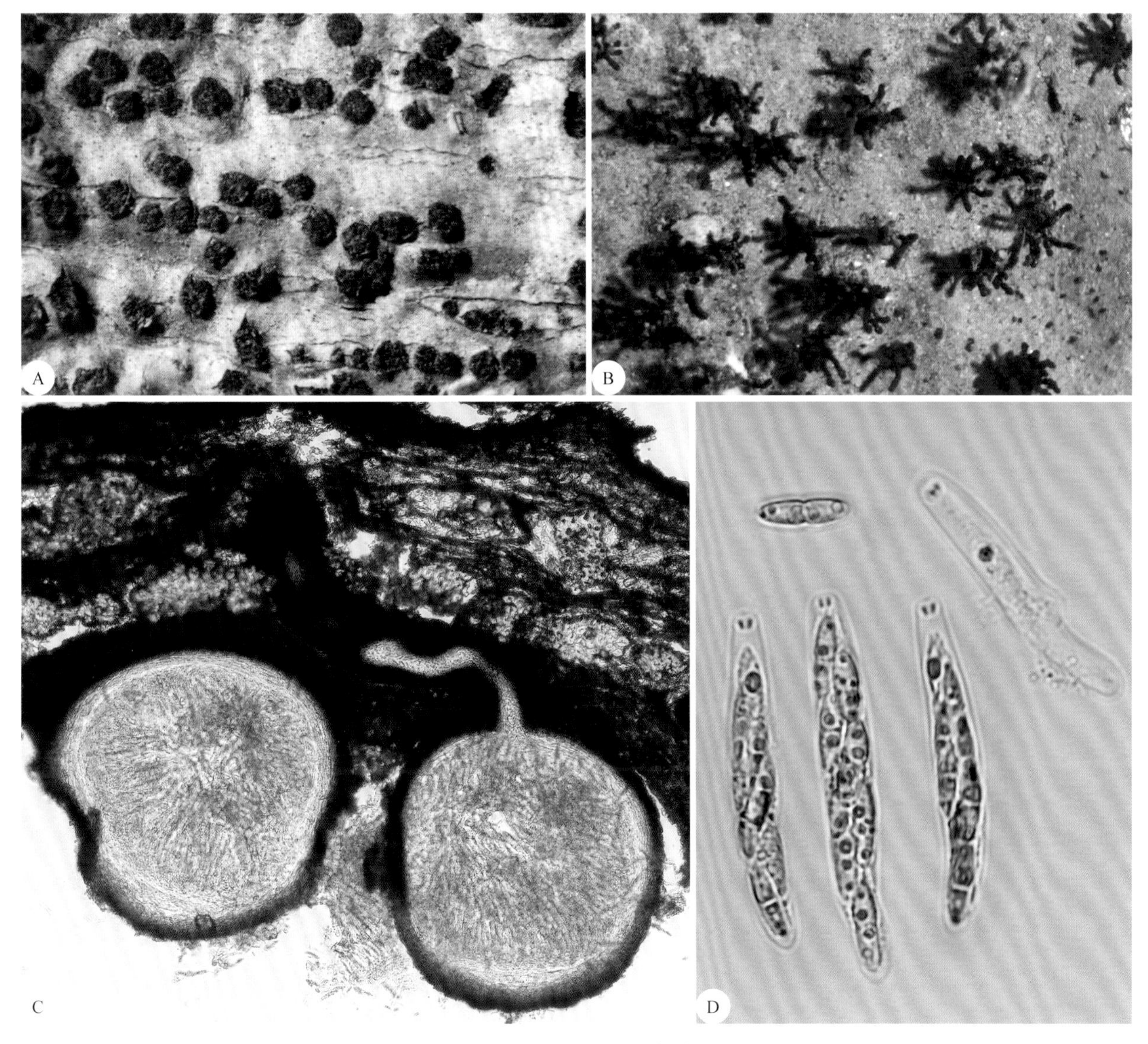

图2-114　*Diaporthe*形态特征

A：子囊座半埋生于寄主植物组织内；B：子囊腔的长颈伸出子囊座外；C：埋生于寄主植物组织中的子囊腔；D：子囊与子囊孢子

在人工培养条件下亦可形成。

2）甘薯间座壳*D. batatatis* Harter et Field，无性态为甘薯拟茎点霉*P. batatate* Ell. et Halst.，为害甘薯，引致甘薯干腐病。主要侵染储藏期薯块，病薯薯肉棕褐色，干腐状，表面生沙粒状黑色子囊座。子囊壳埋生于子囊座内，黑褐色，扁球形，直径120～370μm；子囊棍棒状，无侧丝，25～38μm×7～12μm，内含8个子囊孢子；子囊孢子椭圆形，无色，双胞，8～12μm×4～6μm。

3）坏损间座壳*D. vexans* Gratz，无性态为茄褐纹拟茎点霉*P. vexans* (Sacc. et Syd.) Harter，为害茄子，引致茄褐纹病。幼苗、叶片、茎及果实发病，引致苗枯、叶斑、茎腐和果腐。病部生黑色小点（分生孢子器）。子囊壳少见，偶尔在病茎的老病斑上产生，球形或卵圆形，有不规则的颈部，直径130～350μm；子囊倒棍棒形，无柄；子囊孢子长椭圆形至钝纺锤形，无色，双胞，分隔处缢缩。

4）苹果间座壳*D. pomigena* (Schw.) Miura，无性态为苹果拟茎点霉*P. mali* Roberts，为害苹果，引致苹果黑点病。主要侵染枝干和果实。病果初生黑色病斑，后全部变为褐色，果皮皱缩，上生黑色小点（分生孢子器）。枝干病斑褐色，不规则形，病部龟裂，上生黑色小点（分生孢子器）。有性态少见。

5）含糊间座壳*D. ambigua* (Sacc.) Nits，无性态为福士拟茎点霉*P. fukushii* Tanaka et Endo，为害梨树，引致梨树干枯病。枝干病斑椭圆形或不规则形，黑褐色，稍凹陷，上生黑色小点（分生孢子器）。子囊壳瓶形，褐色或黑色，直径320～550μm；子囊圆筒形或棍棒形，60～69μm×7～14μm；子囊孢子圆筒形、椭圆形或纺锤形，双胞，分隔处有缢缩，14.0～21.0μm×3.5～8.0μm。有性态少见。以菌丝体或分生孢子器在老旧病斑中越冬。

6）柑橘间座壳*D. citri* (Fawcett) Wolf，无性态为柑橘拟茎点霉*P. citri* Fawcett，为害柑橘，引致柑橘树脂病。主要侵染枝干、叶片和果实，引致枝干流胶或干枯，叶片形成沙皮或黑点，果实发生蒂腐。子囊座黑色，多生于树皮上；子囊壳球形，单生或聚生于子囊座内，直径420～700μm，具肉眼可见的长颈，伸出子囊座外，毛发状，长200～800μm；子囊长棍棒状，无色，顶壁厚，42.0～58.0μm×6.5～12.0μm；子囊孢子长椭圆形或纺锤形，双胞，分隔处有缢缩，9～16μm×3～6μm。以菌丝体或分生孢子器在病死树皮内越冬，子囊孢子也可越冬，但数量较少。

7）桑间座壳*D. nomurai* Hara，无性态为拟茎点霉属*Phomopsis* sp.，为害桑树，引致桑树干枯病。枝干病斑圆形，凹陷，上生小黑点（子囊座）。子囊壳与分生孢子器在子座内同时产生；子囊壳黑色，球形或扁球形，直径220～300μm，颈极长，100～400μm；子囊有短柄，无色，倒棍棒形，45～60μm×6～11μm；子囊孢子无色，双胞，纺锤形，10.0～15.0μm×3.5～4.4μm。以分生孢子器或子囊壳在病枝上越冬。

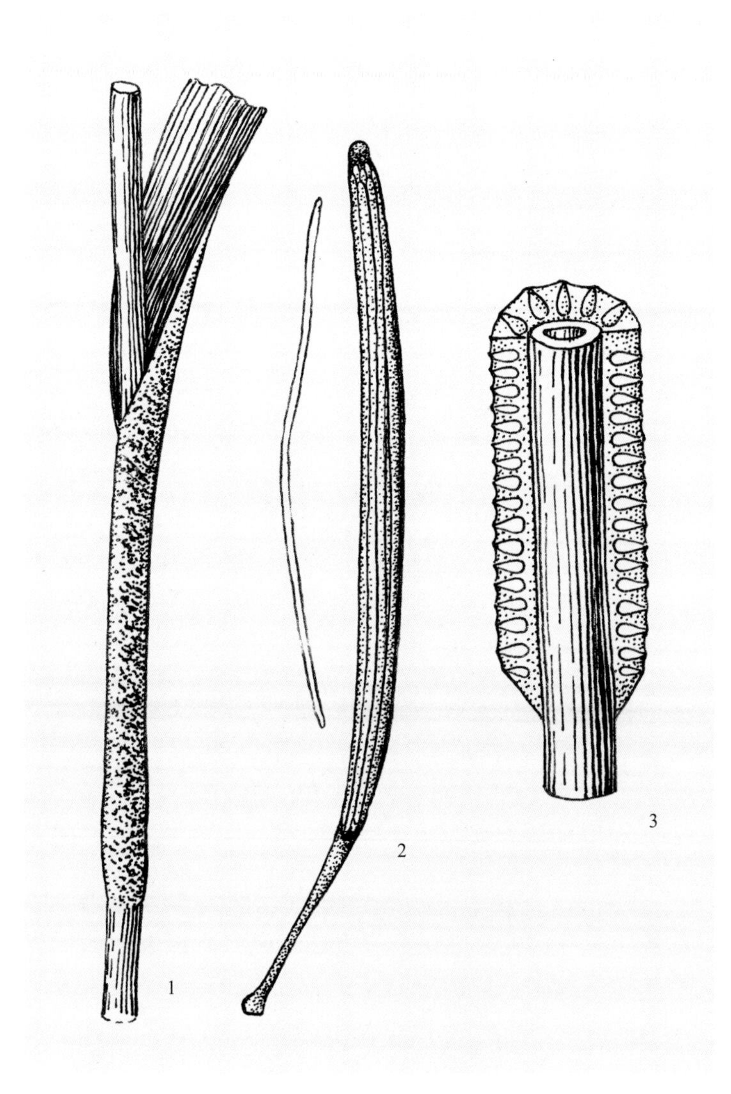

图2-115　*Epichloë*形态模式图

1：子座绕茎而生；2：子囊与子囊孢子；3：子囊座的剖面，边缘生子囊壳

33. 香柱菌属*Epichloë* (Fr.) Tul.

该属病菌寄生在禾本科植物的茎和穗部，子座平展，鞘套状包围茎（穗）器官，子座柔软，初为白色，渐变为枯黄色；子座表面初生香柱菌属*Ephelis*型的分生孢子，后期在子座内产生子囊壳；子囊壳完全埋生于子座中或有突出的孔口；子囊圆柱形，内含8个子囊孢子；子囊孢子线状，多胞（图2-115）。

梯牧草香柱菌*Epichloë typhina* (Pers.) Tul.，侵染多花黑麦草的茎和穗部，引致多花黑麦草一柱香病（图2-116）。子

图2-116 *Epichloë typhina*为害多花黑麦草症状（子座由白色渐变为黄色或橙黄色）

座鞘状，由菌丝形成的绒毡状子座包围茎秆、花序、叶片和叶鞘，子座初呈白色或灰白色，后为黄色或橙黄色，长2～5cm（图2-117）；分生孢子梗生于子座表面，细长、直立；分生孢子无色，卵圆形，3～9μm×1～3μm（图2-118）。子囊壳埋生于子囊座内，黄色，梨形，孔口突出于子囊座表面（图2-119，图2-120A，图2-121）；子囊长柱形，单膜，顶壁加厚，有折光性顶帽，无色透明，130～200μm×7～10μm；子囊孢子无色，线状，具隔膜，长度几乎与子囊相等（图2-120B和C）。

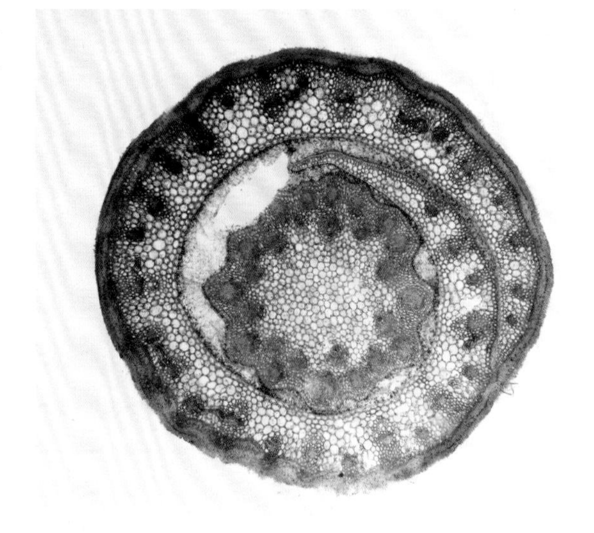

图2-117 *Epichloë typhina*子座横截面

34. 绿核菌属 *Ustilaginoidea* Brefeld

侵染禾本科植物子房，使之变成异常膨大的分生孢子座，上生球形或扁球形、深色、有疣刺的分生孢子，形态与黑粉菌属的厚垣孢子相似。后期在分生孢子座内形成麦角型扁平菌核，菌核萌发产生长柄，在长柄顶端形成子囊座，子囊座头状，子囊壳生于子囊座内，子囊长棒形；子囊孢子线状，无色。

稻绿核菌 *Ustilaginoidea virens* (Cooke) Tak.，为害水稻，引致稻曲病。主要侵染水稻籽粒。分生孢子座球形，墨绿色，内部橙黄色，中央近白色；厚垣孢子墨绿色，球形或椭圆形，直径4～6μm，表面有疣状突起。分生孢子座内的黄色部分形成菌核，菌核扁平，长椭圆形，老熟后黑色，萌发产生具长

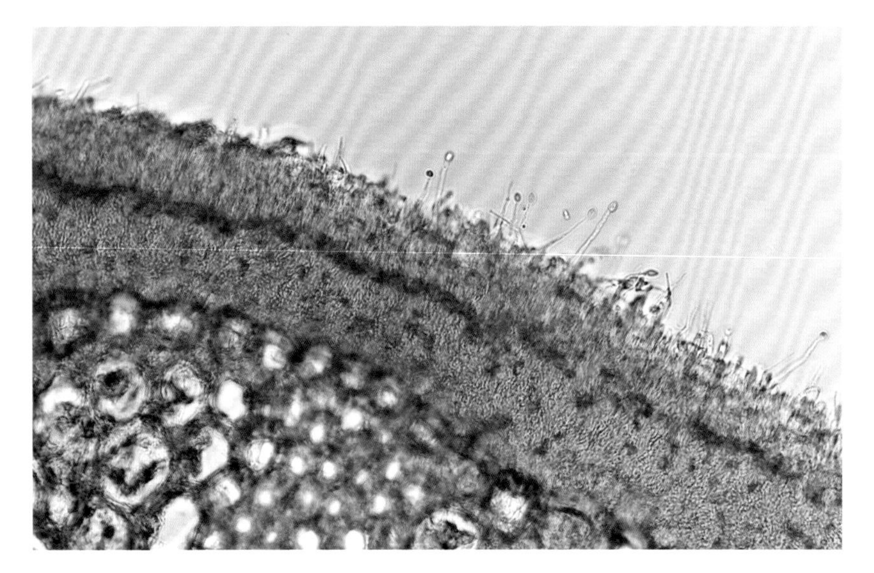

图2-118 *Epichloë typhina*子座表面产生分生孢子梗和分生孢子

图2-119 *Epichloë typhina*子座表面形成的子囊壳

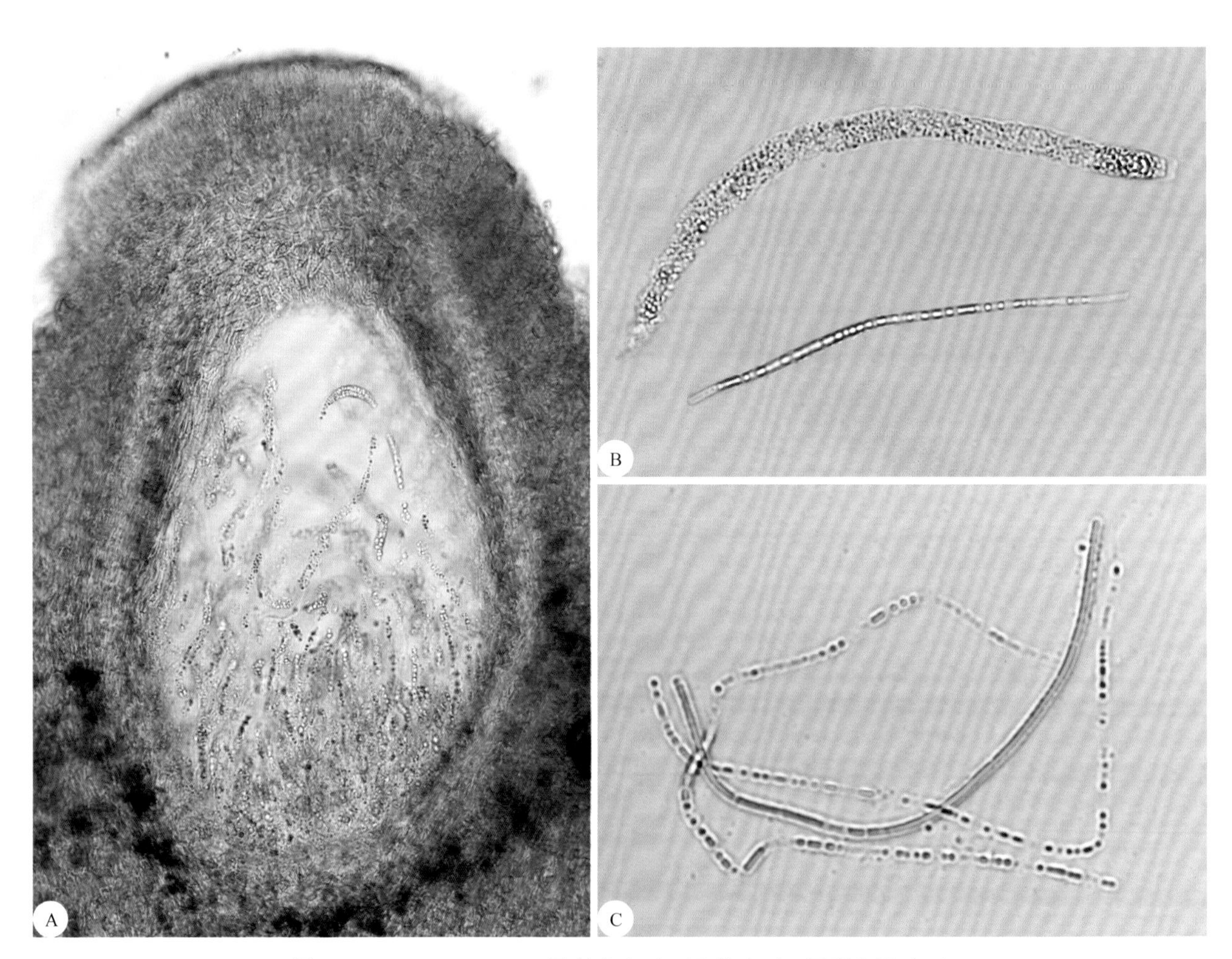

图2-120 *Epichloë typhina*子囊壳（A），子囊（B），子囊孢子（C）

柄的头状子囊座。子囊壳埋生于头状子囊座外缘，扁球形，孔口突出，外露；子囊长棒形；子囊孢子无色，线状（图2-122）。

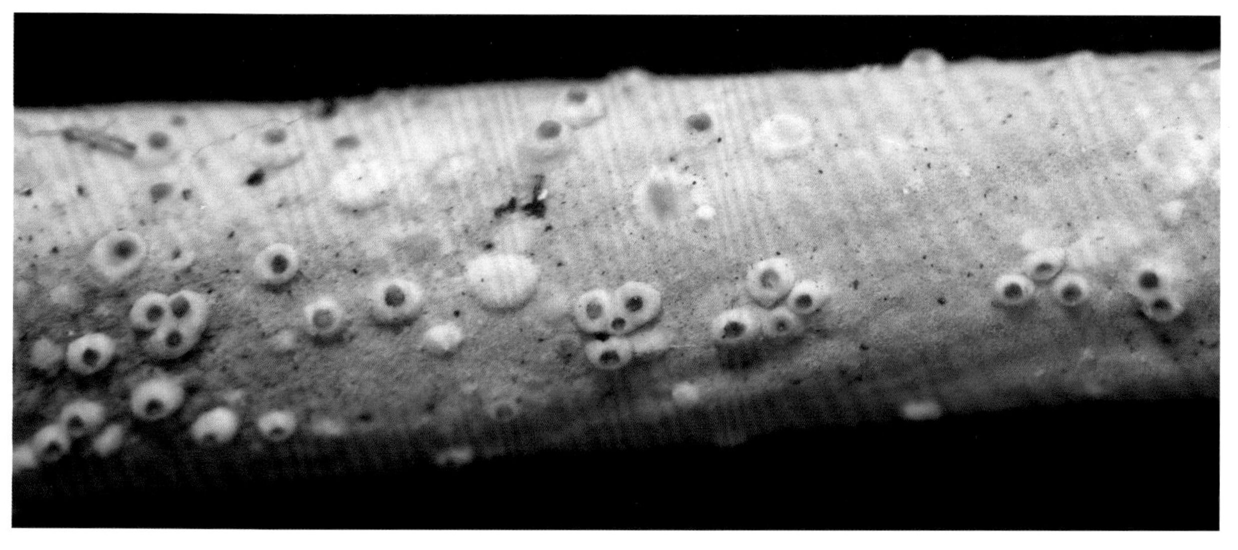

图2-121　*Epichloë typhina*子囊座上的子囊壳孔口外露

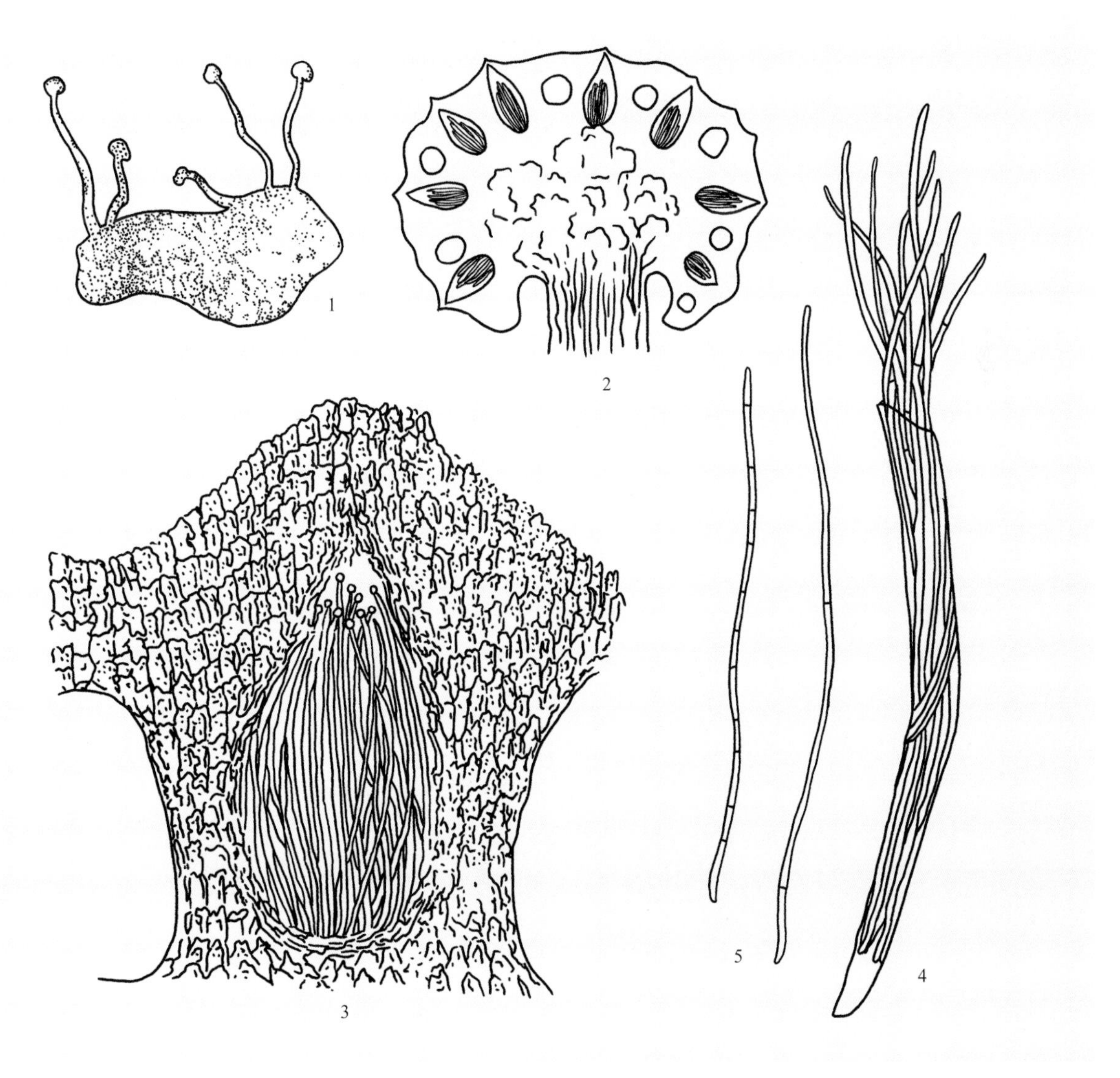

图2-122　*Ustilaginoidea virens*形态模式图

1：菌核萌发产生有柄的头状子囊座；2：头状子囊座剖面；3：子囊壳；4：子囊；5：子囊孢子

35. 疔座霉属*Polystigma* DC. ex Chev.

子囊座肉质，平铺，橘红色；子囊壳埋生于子囊座内，壁薄，革质，仅露孔口；子囊长棍棒状，内含8个子囊孢子；子囊孢子椭圆形，无色，单胞。

1）畸形疔座霉*Polystigma deformans* Syd.，为害杏树，引致杏疔病。主要侵染新梢和叶片。新梢发病后节间缩短，病叶簇生，肥厚，赤黄色或红褐色，密生小红点（病菌的分生孢子器）。叶片染病后叶柄短粗，基部肿胀，病叶赤黄色，肥厚，卷曲畸形（图2-123）。后期病叶干枯，变为褐色至红褐色，质地硬，叶背生红褐色小点（子囊座）。子囊壳生于子囊座内，球形或扁球形，壁薄，红褐色，具乳头状颈，直径160～360μm；子囊倒棒形，无色，80～108μm×12～17μm；子囊孢子椭圆形，单胞，无色，10～16μm×5～6μm（图2-124）。以子囊壳随病残体越冬。

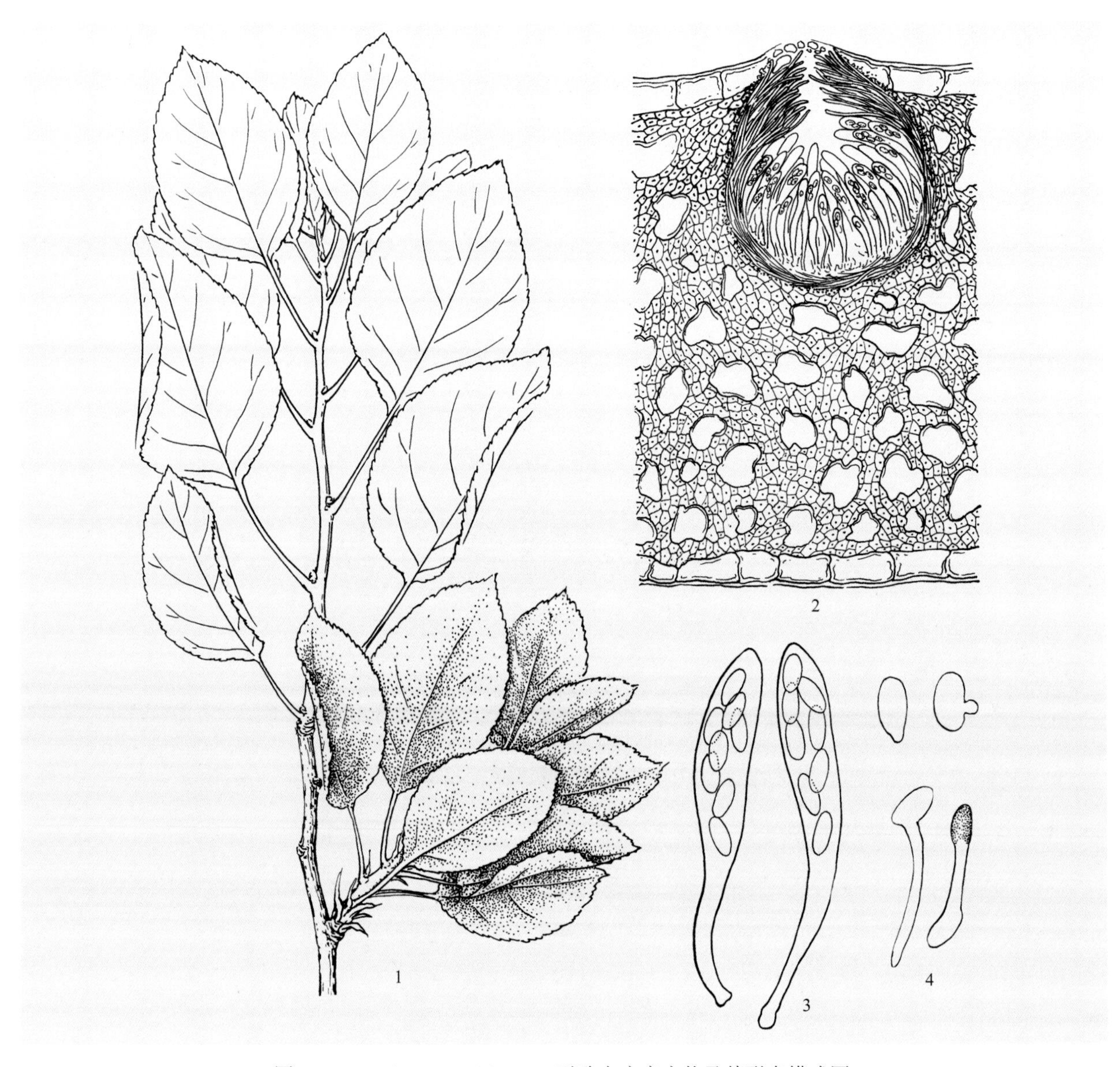

图2-123 *Polystigma deformans*引致杏疔病症状及其形态模式图

1：杏疔病症状；2：病原菌剖面，展示子囊壳；3：子囊与子囊孢子；4：子囊孢子萌发

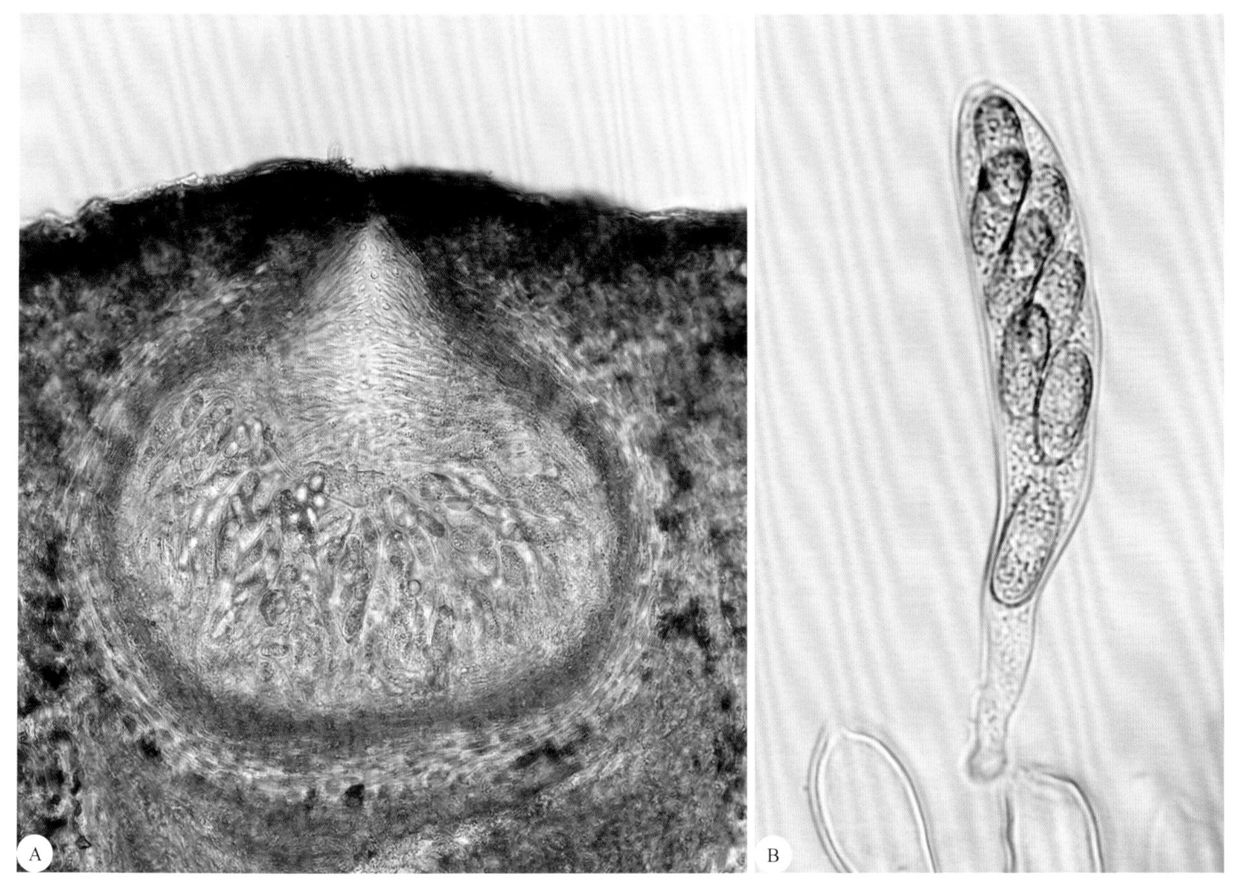

图2-124　*Polystigma deformans*子囊壳（A），子囊与子囊孢子（B）

2）红色疔座霉*P. rubrum* (Pers.) DC.，为害李树，引致李红点病。叶片受害初生橙黄色、近圆形病斑，病部微隆起，病叶变厚，颜色加深，其上密生暗红色小粒点（分生孢子器），秋末病叶深红色，生红褐色小粒点（子囊座）。子囊壳埋生于子囊座内，扁球形，壁红褐色，具乳头状孔口，直径128～272μm；子囊倒棒状，72～88μm×10～13μm；子囊孢子长椭圆形，单胞，无色，直或微弯，10～14μm×3～4μm。以子囊壳在病叶上越冬。除李树外，还为害欧李、稠李等植物的叶片。

36. 丛赤壳属*Nectria* Fr.

子囊壳球形或扁球形，具乳头状孔口，壳壁肉质，黄色、红色至褐色，光滑或有毛，无子囊座，或生于色泽和质地相同的垫状或块状子囊座上，埋生或半埋生于子囊座内；子囊棍棒状或圆柱形，内含8个子囊孢子；子囊孢子双胞，无色，偶尔红色，两端平或尖，子囊孢子在子囊中可以进行芽殖。多腐生，少数为伤口寄生菌。

朱红丛赤壳*Nectria cinnabarina* (Tode) Fr.，无性态为普通瘤座孢*Tubercularia vulgaris* Tode，为害树木枝干，引致树木红癌病。侵染树木枝干，引致溃疡和枝枯等症状。秋季，子囊座基部形成深红色子囊壳，数十个点状子囊壳在子囊座上聚集后又形成较大的颗粒物。子囊壳半埋生于红色子囊座中，扁球形，直径375～400μm；子囊棒状，50～90μm×7～12μm；子囊孢子多数双胞，长椭圆形，端部钝，微弯，12～20μm×4～6μm（图2-125）。

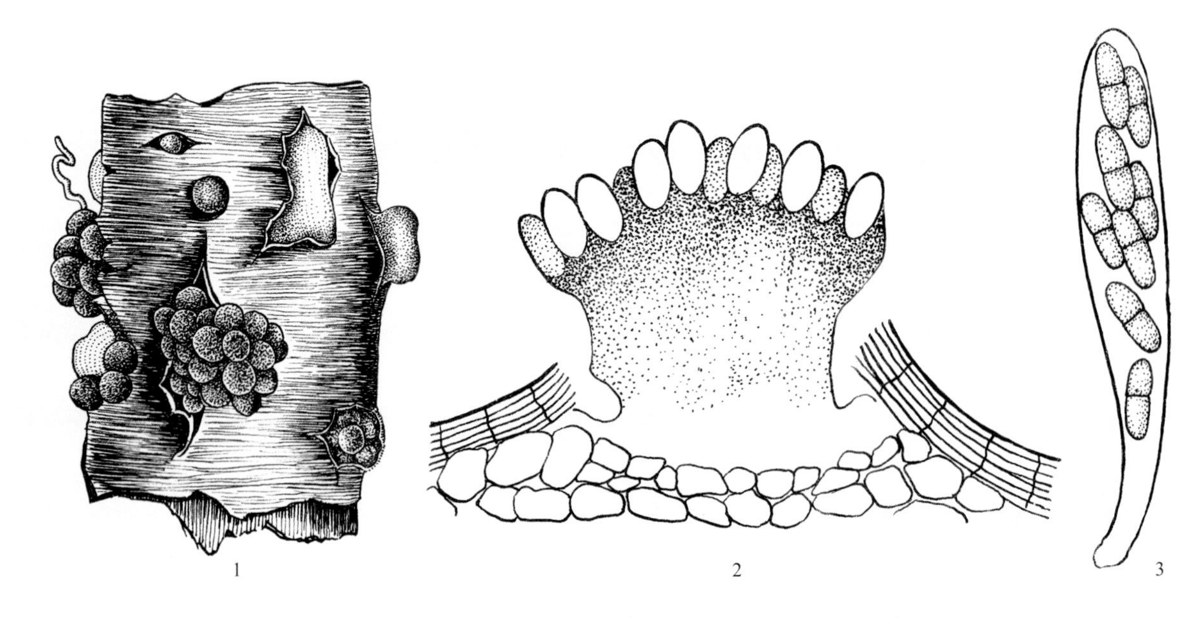

图2-125 *Nectria cinnabarina*引致树木红癌病症状及其形态模式图
1：突破树木茎部皮层的子囊座；2：子囊座剖面，上部展示子囊壳；3：子囊与子囊孢子

37. 赤霉属 *Gibberella* Sacc.

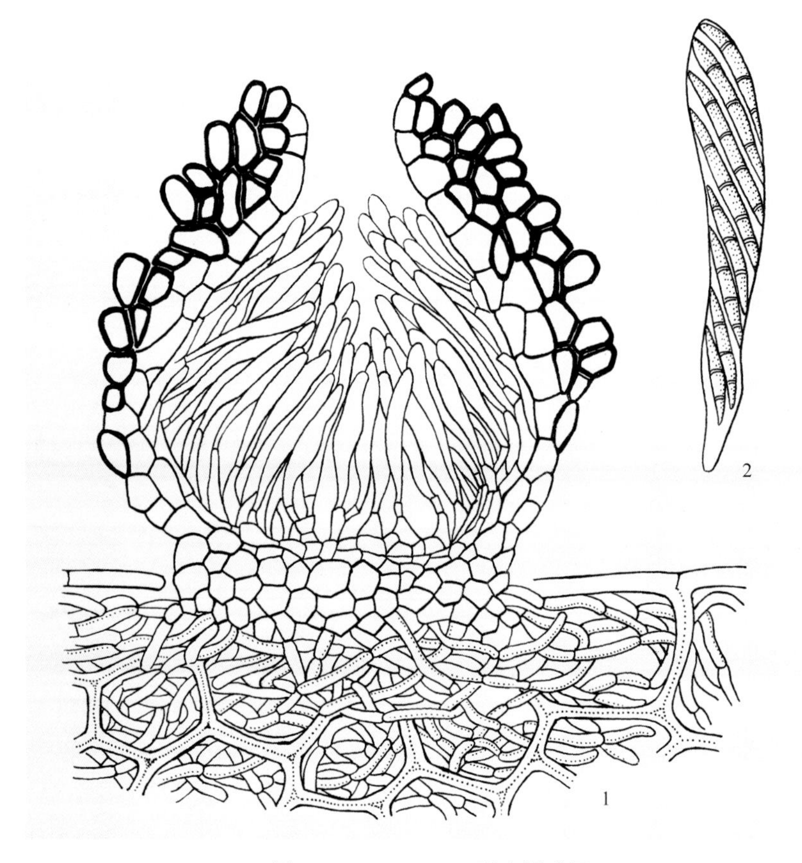

图2-126 *Gibberella*形态模式图
1：子囊壳剖面；2：子囊与子囊孢子

子囊座瘤状或垫状，散生；子囊壳群生或单生于子囊座内，球形至圆锥形，蓝色或紫色；子囊棍棒形，具柄，有侧丝，内含8个子囊孢子；子囊孢子纺锤形，无色，多胞，少数双胞，梭形（图2-126）。病菌兼性寄生，主要为害植物的苗、茎和穗等，引致苗枯和穗腐，如麦类赤霉病、稻恶苗病等。

1）玉蜀黍赤霉 *Gibberella zeae* (Schw.) Petch，无性态为禾谷镰孢 *Fusarium graminearum* Schw.，为害小麦，引致小麦赤霉病（图2-127，图2-128）。子囊壳扁球形，具孔口，深紫色至深蓝色，150～250μm×100～250μm；子囊棍棒形，基

图2-127 *Gibberella zeae*引致小麦赤霉病症状

图2-128 *Gibberella zeae*田间为害状

部较细，70 ~ 95μm × 8 ~ 12μm；子囊孢子梭形，略弯，多数具3个横隔膜，20.0 ~ 30.0μm × 3.7 ~ 4.2μm（图2-129 ~ 图2-133）。可腐生于稻桩或玉米残秆及其他植物残体上。兼性寄生，以菌丝或子囊壳随植物的病残体越冬。子囊孢子是主要的初侵染源，分生孢子引起再侵染。防治小麦赤霉病，应采用抗病品种、加强栽培管理及药剂防治相结合的综合措施。除小麦外，还为害大麦、水稻、玉米、燕麦等多种禾本科作物，引致死苗、茎枯、穗腐。

2）藤仓赤霉 *G. fujikuroi* (Saw.) Wollenw.，无性态为串珠镰孢 *F. moniliforme* Sheld.，为害水稻，引致稻恶苗病。植株徒长不实，病株多在拔节、抽穗前枯死，茎变褐色，叶鞘生粉红色霉层（分生孢子），收获前病茎生黑色小点（子囊壳）。子囊壳单生或聚生，球形或扁球形，表面粗糙，250 ~ 330μm × 220 ~ 280μm；子囊棍棒形，顶端扁平，90 ~ 102μm × 7 ~ 9μm；子囊孢子椭圆形，初生1个隔膜，萌发前形成3或4个隔膜，14 ~ 18μm × 4 ~ 7μm。病菌有生理分化现象，不同菌系所引起的寄主反应不同，普遍表现为徒长；有些菌系引致矮缩；另外一些则无显著变化。除水稻外，还为害玉米、高粱、大麦、小麦等。

3）近粘藤仓赤霉 *G. fujikuroi* var. *subglutinans* Fdwards，无性态为串珠镰孢亚黏团变种 *F. monilifome* var. *subglutinans* Wollenw. et Reink.，为害甘蔗，引致甘蔗鞘腐病。主要侵染顶部叶片及梢头，引致斑点、梢头畸形弯曲，发病严重时梢头腐烂，叶片枯死，病部生红色粉状物。

4）桑生浆果赤霉 *G. baccata* var. *moricola* (de Not.) Wollenw.，无性态为砖红镰孢桑变种 *F. lateritium* var. *mori* Desm.，为害桑树，引致桑树芽枯病。子囊壳球形，深青紫色；子囊圆筒形或棍棒形，有短柄，55 ~ 85μm × 8 ~ 12μm；子囊孢子椭圆形，3个横隔膜，12 ~ 20μm × 4 ~ 6μm。

图2-129 *Gibberella zeae*引致小麦赤霉病症状及其形态模式图

1：穗部症状；2：病颖；3：病粒；4：健粒；5：子囊壳剖面；6：子囊与子囊孢子；7：分生孢子梗与分生孢子

图2-130 生于稻桩上的*Gibberella zeae*子囊壳

图2-131 *Gibberella zeae*子囊壳破裂后释放子囊和子囊孢子

38. 核盘菌属 *Sclerotinia* Fuck.

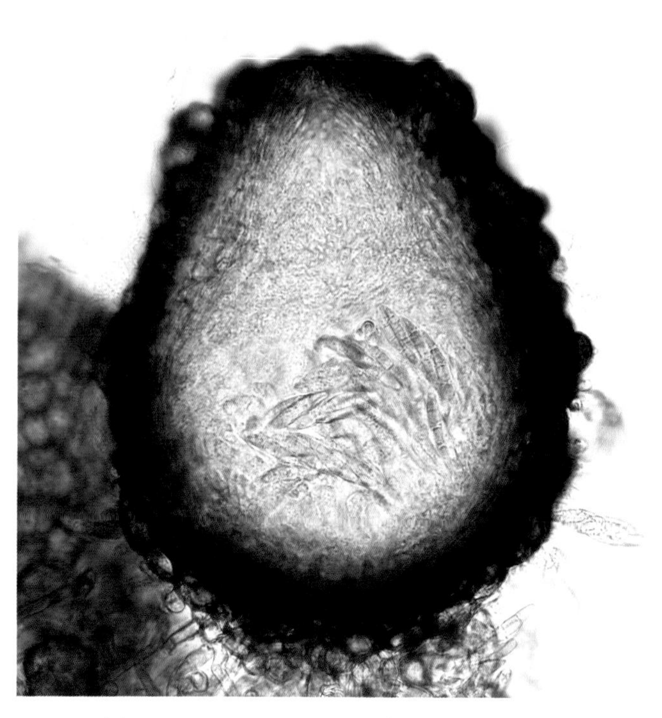
图2-132 *Gibberella zeae*子囊壳、子囊和子囊孢子

菌核颗粒状，圆形或不规则形，多数产生于寄主植物主根和茎髓拟薄壁组织解体后形成的空腔内，菌核萌发产生子囊盘；子囊盘杯状或漏斗状，有长柄，褐色或灰褐色，成熟时呈浅盘状，盘径2～40mm；子囊棍棒形，栅栏状排列在子囊盘上，有侧丝；子囊孢子椭圆形或纺锤形，单胞，无色。引致植物根和茎的坏死、腐烂。

1）核盘菌 *Sclerotinia sclerotiorum* (Lib.) de Bary，为害油菜，引致油菜菌核病。主要侵染茎、叶片及种荚，病部初现水渍状腐烂斑，表生白色菌丝体，后期在油菜茎秆髓部拟薄壁组织消解后形成的空腔内产生鼠粪状黑色菌核（图2-134）。菌核不经过休眠就可以萌发。春季冷凉条件（15℃）有利于子囊盘的形成，一粒菌核上可产生1～9个子囊盘。子囊盘盘状，初呈淡黄褐色，后为褐色，盘面生平行排列的子囊和侧

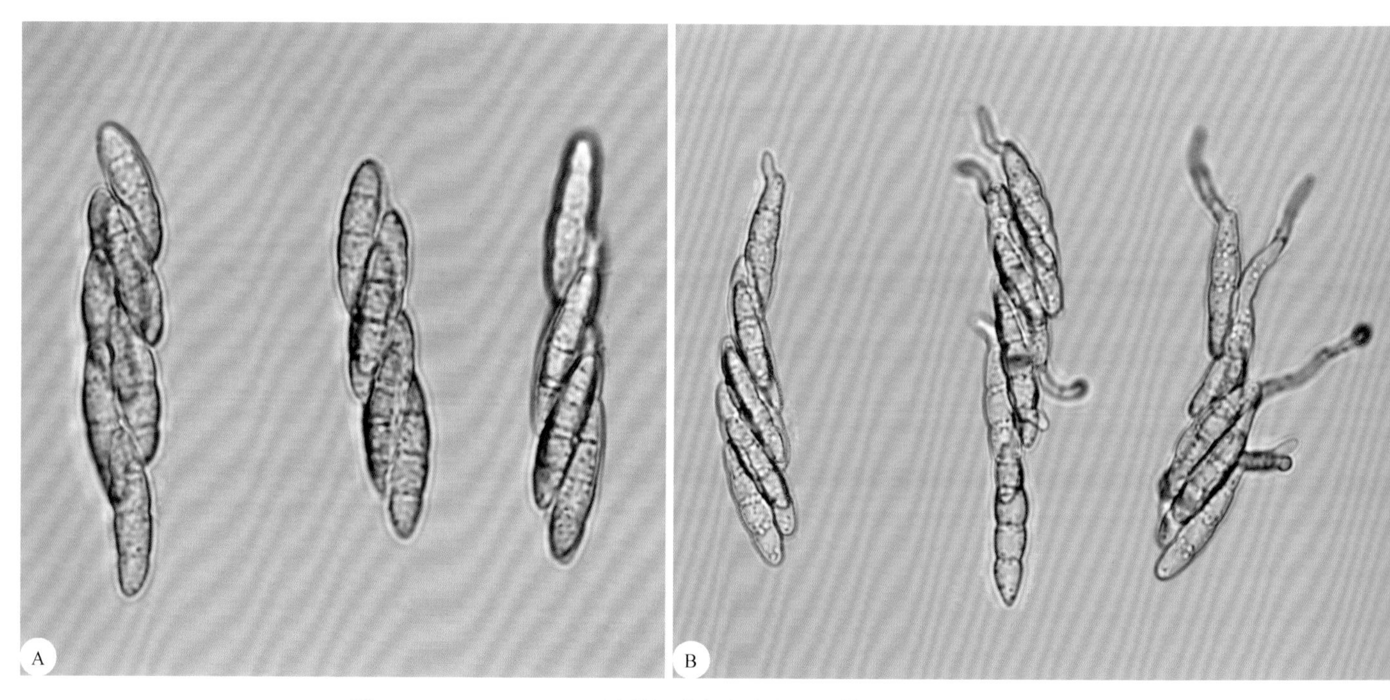

图2-133 *Gibberella zeae*子囊与子囊孢子（A），萌发的子囊孢子（B）

图2-134　*Sclerotinia sclerotiorum*引致油菜菌核病田间症状（A），病茎髓腔中产生的菌核（B）

丝；子囊棍棒形，无色，91 ~ 125μm × 6 ~ 9μm；子囊孢子无色，单胞，椭圆形，9 ~ 14μm × 3 ~ 6μm（图2-135 ~ 图2-137）。病菌以菌核在土壤或混杂在种子间度过寄主中断期，潮湿环境中菌核可以存活1年，干燥条件下至少存活2年。除油菜外，还为害十字花科的多种作物及甘薯、马铃薯、蚕豆、大豆、紫云英、烟草、花生、向日葵、莴苣、辣椒、黄瓜、菠菜、洋葱等。防治时应采取选用抗病品种，加强栽培管理，消灭菌源，生长季辅以药剂保护的综合措施。

2）宫部核盘菌*S. miyabeana* Hanz.，为害花生，引致花生大菌核病。初期茎蔓上形成不规则形病斑，病部红褐色，后逐渐扩大，茎蔓表皮腐烂撕裂，木质部外露，病斑以上部位茎叶枯死，病部生鼠粪状菌核，黑色，3 ~ 12mm × 3 ~ 5mm。以菌核在土壤中或病残体上越冬。

3）落花生核盘菌*S. arachidis* Hanz.，为害花生，引致花生小菌核病。主要侵染叶片、茎和果实。病斑褐色至黑褐色，软化腐烂，生褐色菌丝体，后期病茎及病果上产生黑色小菌核，菌核不规则形，表面粗糙，1.0 ~ 2.5mm × 0.5 ~ 1.5mm。以菌核在病组织内或土壤中越冬。

4）大蒜核盘菌*S. allii* Saw.，主要侵染葱茎，引致葱小菌核病。初期病茎基部产生水渍状斑块，后干腐，微凹陷。叶鞘发病初生白色绒状菌丝，后变灰黑色，并产生大量菌核。菌核片状，较小，常重叠成块状，休眠数月后萌发产生4或5个子囊盘；子囊盘杯状，淡褐色，0.8 ~ 2.0mm × 1.0 ~ 3.0mm，上生平行排列的子囊；子囊无色，棍棒状，184 ~ 212μm × 12 ~ 18μm，侧丝有隔膜，中部2或3次分枝；子囊孢子单胞，无色，长椭圆形，17 ~ 21μm × 7 ~ 11μm。以菌丝体或菌核随病残体在土壤中越冬。

5）杯状核盘菌*S. ciborioides* (Hoffm.) Noack，为害紫云英，引致紫云英菌核病。主要侵染茎和叶片，茎基受害最重。病部紫褐色，湿腐状，生白色绵毛状菌丝，后期菌丝层间生鼠粪状菌核，茎部病斑以上部位枝叶凋萎。菌核不规则形，黑色，1.5 ~ 5.0mm × 1.5 ~ 4.0mm。春、秋季菌核萌发产生子囊盘，子囊盘淡褐色，漏斗状，直径2.5 ~ 6.8mm，子囊平行排列，有侧丝；子囊棍棒状，156 ~ 192μm × 12 ~ 14μm，

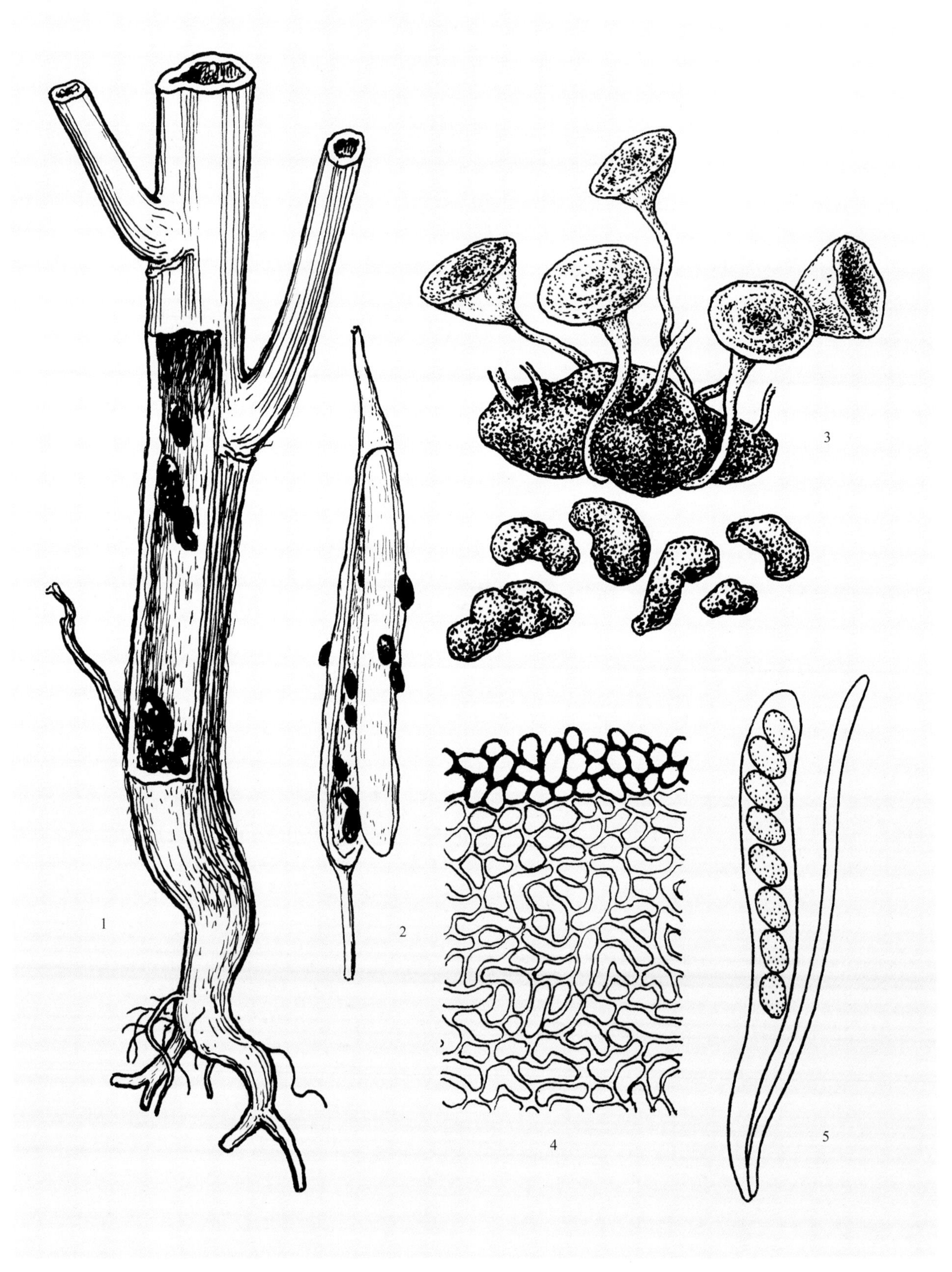

图2-135 *Sclerotinia sclerotiorum*引致油菜菌核病症状及其形态模式图

1：茎基部受害症状和茎内菌核；2：病荚；3：菌核萌发产生子囊盘；4：菌核的横切面；5：子囊、子囊孢子及侧丝

图2-136 *Sclerotinia sclerotiorum*子囊盘田间生长态（A），菌核萌发形成子囊盘（B）

内含8个子囊孢子；子囊孢子单胞，无色，椭圆形，14 ~ 20μm × 8 ~ 10μm。主要以菌核混杂于种子中，或者以菌丝或菌核随病残体在土壤中越冬。除紫云英外，还为害三叶草、苜蓿、蚕豆等。

6）小核盘菌*S. minor* Jagger，为害莴苣，引致莴苣菌核病。主要侵染莴苣根、茎、叶片和花梗，近地面组织易受害，病部软腐、变褐，生白色菌丝体，后期菌丝间生颗粒状菌核，病株凋萎。菌核黑色，不规则形，萌发产生子囊盘；子囊盘淡褐色，漏斗状；子囊圆筒形，115.0 ~ 165.0μm × 6.5 ~ 10.0μm，侧丝无色，纤细，具隔膜；子囊孢子单胞，无色，椭圆形，10 ~ 17μm × 5 ~ 8μm。以菌

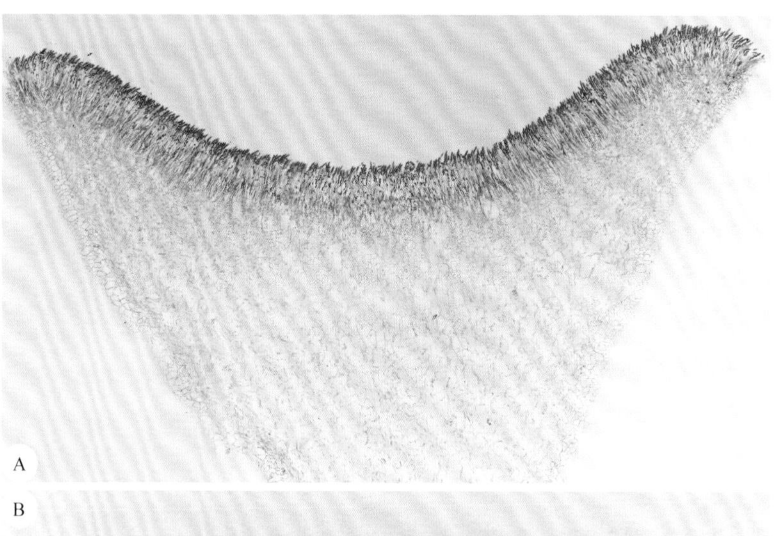

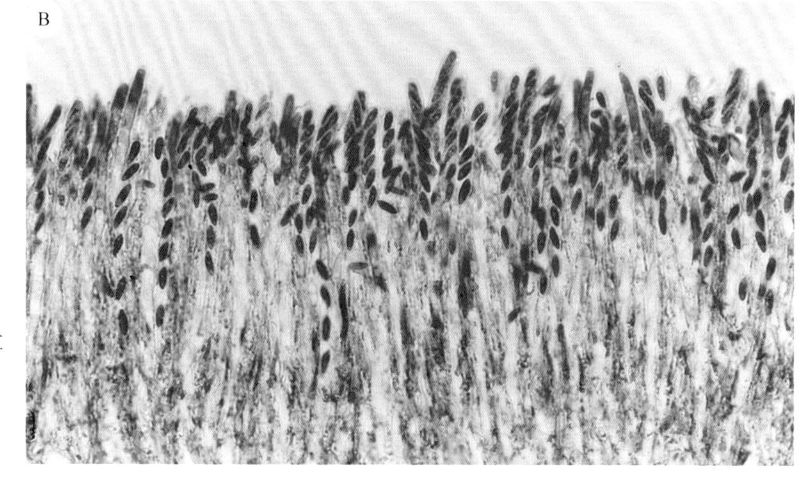

图2-137 *Sclerotinia sclerotiorum*子囊盘纵切面（A），子囊与子囊孢子（B）

核在病部或土壤中越冬。除莴苣外，还为害芹菜、蚕豆、除虫菊等多种植物。

39. 链核盘菌属 *Monilinia* Honey

菌核由菌丝和寄主植物果肉组织共同组成，圆形中空；菌核萌发产生子囊盘，少见；子囊盘杯状或漏斗状，具长柄，褐色或暗褐色；子囊棍棒状或圆筒形，内含子囊孢子4～8个，有侧丝，单生或有分枝；子囊孢子单胞，无色，椭圆形。无性态为丛梗孢属 *Monilia*。

1）核果链核盘菌 *Monilinia laxa* (Aderh. et Ruhl.) Honey，无性态为灰丛梗孢 *Monilia cinerea* Bon.，为害桃树，引致桃褐腐病。侵染花器、叶片及新梢，分别引致花腐、叶腐和枝干溃疡。子囊盘直径约1cm，紫褐色，有柄；子囊棍棒形，内含8个子囊孢子，121.0～188.0μm×7.5～11.8μm，有侧丝，分枝或不分枝；子囊孢子单胞，无色，椭圆形或卵圆形，7.0～19.0μm×4.8～8.5μm（图2-138）。常见其无性态。除桃树外，还为害李树、杏树、樱桃等。

2）果生链核盘菌 *M. fructigena* (Aderh. et Ruhl.) Honey，无性态为仁果丛梗孢 *Monilia fructigena* Pers.，主要为害苹果，引致苹果褐腐病。侵染果实，果面病斑圆形，浅褐色，软腐状，病部产生轮纹排列的灰白色绒球状霉丛（分生孢子座和分生孢子链），后扩展使全果腐烂。冬季在发病僵果上产生菌核，菌核蓝黑色，子囊盘生于由菌核形成的僵果上，漏斗状，褐色，盘径5～15mm，具柄，柄长5～30mm；子囊棍棒形，栅栏状排列在子囊盘上，直径125～215μm；子囊孢子梭形，10～15μm×5～8μm。有性态少见。主要以菌丝体在病（僵）果上越冬。

3）苹果链核盘菌 *M. mali* (Takahashi) Whetz.，为害苹果，引致苹果花腐病。主要侵染叶片、花、幼果及嫩枝，引致腐烂，尤以花腐和果腐损失最大。潮湿时病部生灰白色霉层，后期产生鼠粪状菌核。子囊盘漏斗形，褐色或淡褐色，盘径2～8mm，黑褐色；子囊无色，棍棒形，130.0～187.0μm×7.5～10.6μm，有侧丝，少有分枝，内含4～8个子囊孢子；子囊孢子单胞，无色，椭圆形，7.5～14.5μm×4.5～7.5μm。

40. 假盘菌属 *Pseudopeziza* Fuck.

子囊盘生于寄主植物表皮下的子囊座上，成熟后突破表皮外露，盘状，浅色，侧丝粗短，无色；子囊内含8个子囊孢子；子囊孢子单胞，无色，椭圆形。该属菌群全部为寄生菌，引致植物叶斑病。无性态为炭疽菌属 *Colletotrichum*、盘二孢属 *Marssonina* 等。

苜蓿假盘菌 *Pseudopeziza medicaginis* Sacc.，为害苜蓿，引致苜蓿褐斑病。主要侵染叶片、叶柄及茎。病斑褐色，圆形，中央生黑色小粒点（子囊盘）（图2-139）。子囊盘散生或聚生，初埋生于苜蓿表皮下，后突破表皮外露，碟形，无柄，淡黄褐色，盘径0.4～1.0mm（图2-140A）；子囊棍棒形，内含8个子囊孢子，80～99μm×8～10μm，有侧丝；子囊孢子单胞，无色，椭圆形，8～11μm×3～5μm（图2-140B）。以子囊盘在落叶上越冬。

41. 麦角菌属 *Claviceps* Tul.

子囊座由菌核萌发形成，菌核产生于禾本科植物的小穗上，紫灰色至黑色，内部灰白色，菌核萌

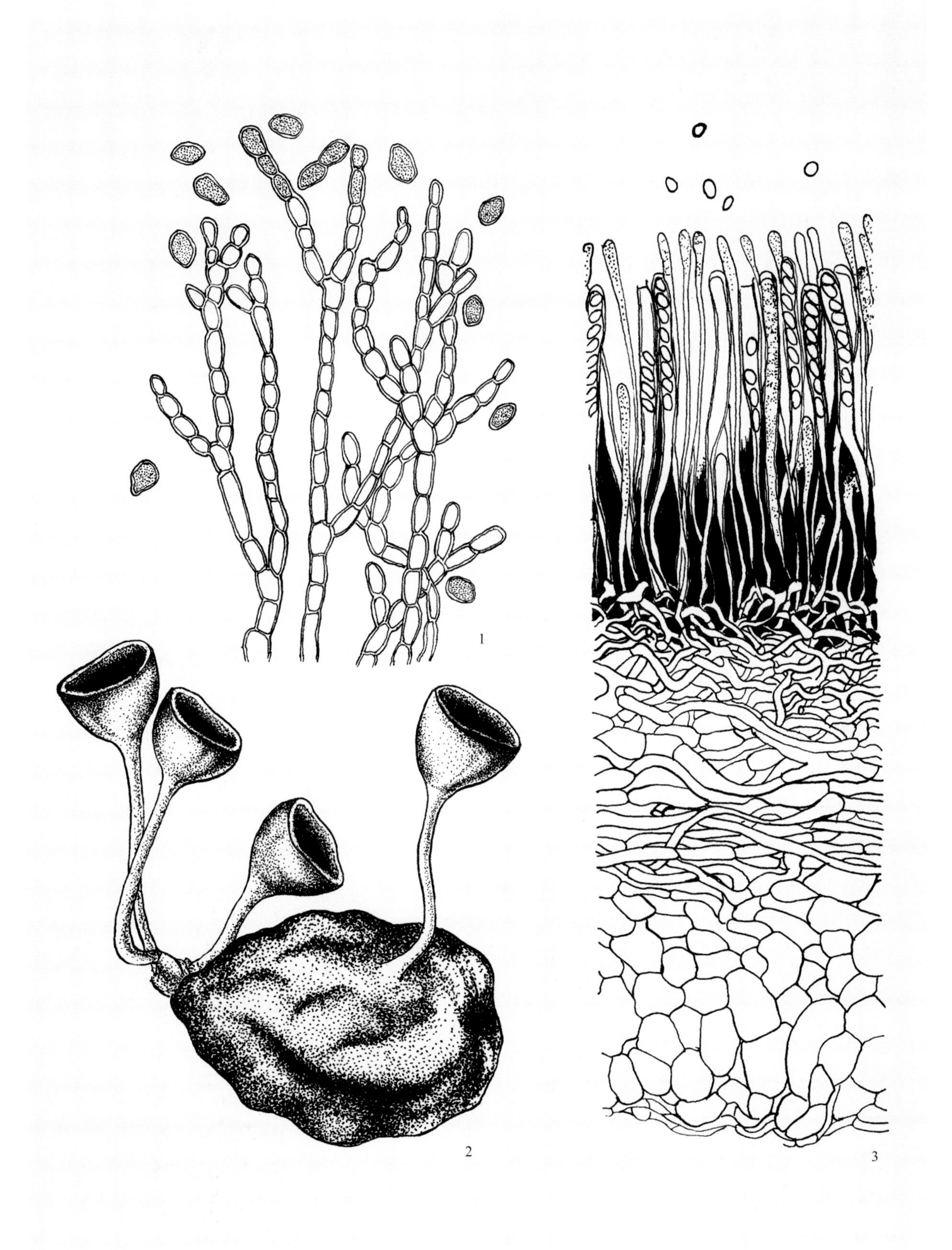

图2-138　*Monilinia laxa*形态模式图

1：分生孢子；2：僵果萌发产生子囊盘；3：子囊盘局部剖面，子囊与侧丝

图2-139　*Pseudopeziza medicaginis*引致苜蓿褐斑病症状

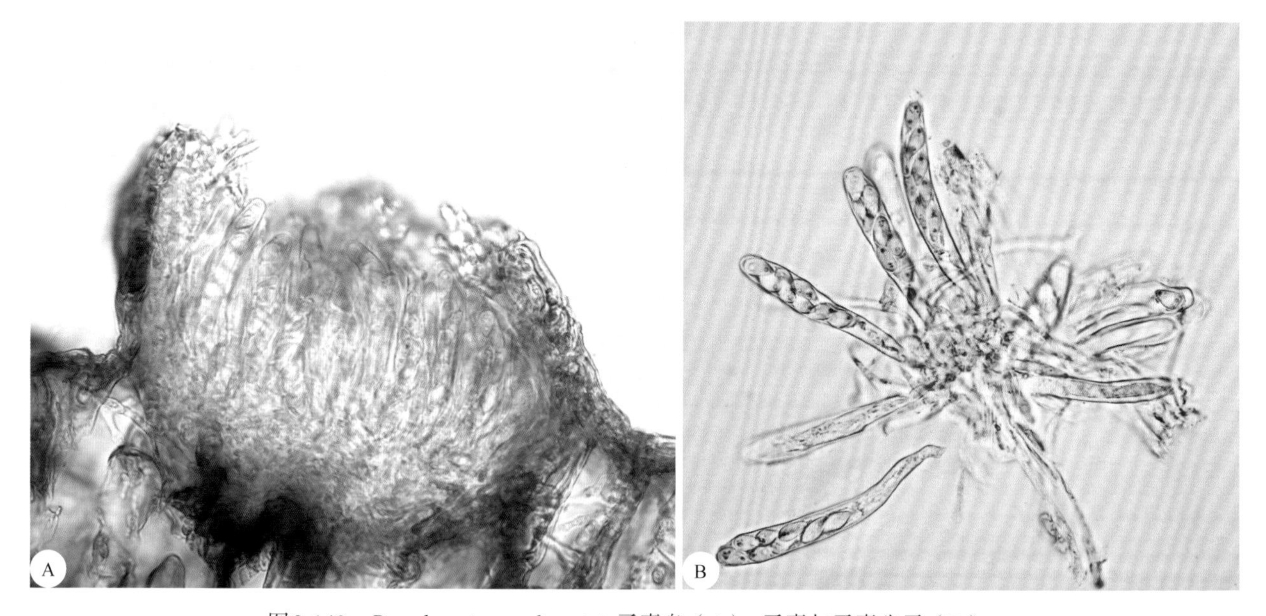

图2-140　*Pseudopeziza medicaginis*子囊盘（A），子囊与子囊孢子（B）

发产生头状子囊座，有长柄；子囊壳埋生于头状子囊座外缘，瓶状，壁薄，有颈，孔口露出；侧丝形成于子囊壳内侧壁上，早期消解，不与子囊混生；子囊顶端有盖，盖裂后释放子囊孢子；子囊孢子线形，无色，初单胞，成熟时有分隔，并可断裂成单胞的孢子（图2-141）。该属均寄生在禾本科植物的子房上。无性态为蜜孢霉属*Sphacelia*，在形成菌核以前，受害子房上形成单胞、无色、椭圆形的分生孢子。

紫麦角菌*Claviceps purpurea* (Fr.) Tul.，为害小麦，引致麦角病。主要侵染禾本科植物的子房，受害子房变成麦角（菌核）（图2-142）。菌核长圆柱形，角状，多数稍弯曲，粗3mm，长1～2cm，成熟后紫黑色，内部近白色，菌核萌发产生多个锣锤状子囊座；子囊座有长柄，长柄暗褐色，多弯

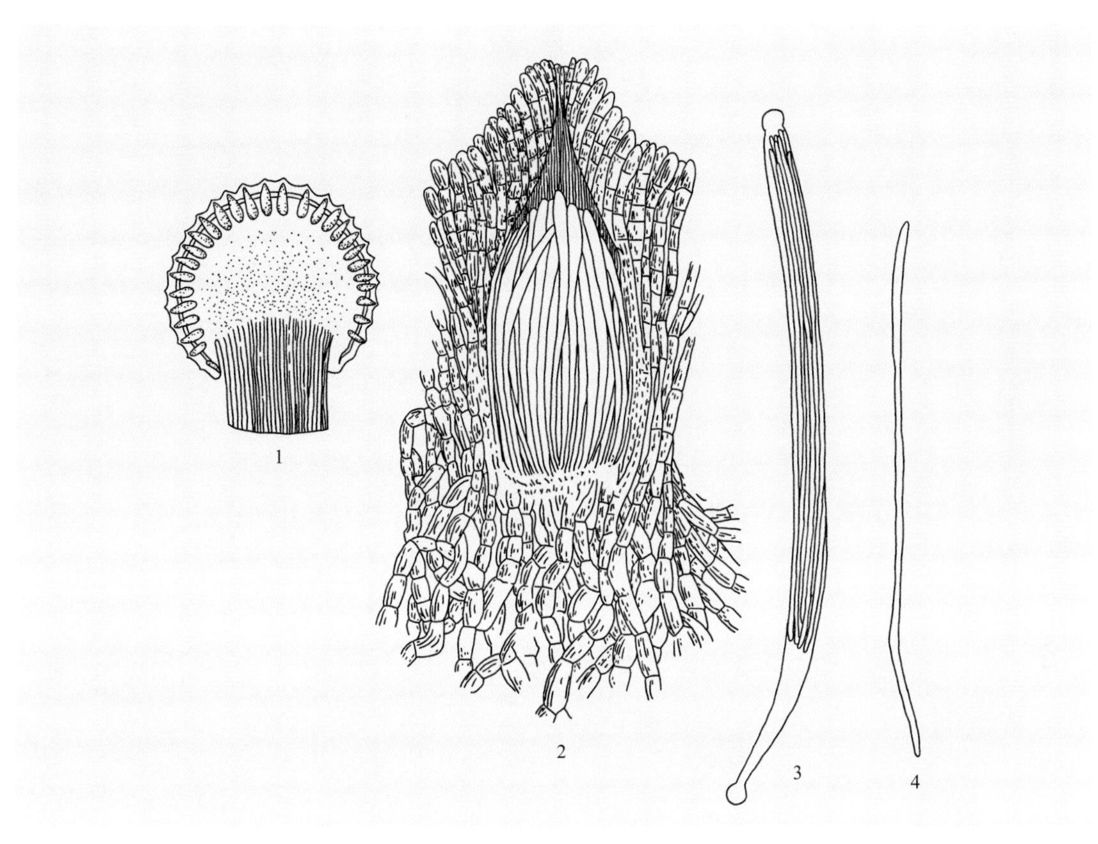

图2-141　*Claviceps*形态模式图

1：子囊壳着生在头状子囊座的外缘；2：子囊壳；3：子囊；4：子囊孢子

图2-142　*Claviceps purpurea*引致小麦麦角病症状［受害子房变成菌核（麦角）］

曲；子囊座近球形，红褐色，直径1～2mm；子囊壳埋生在子囊座外缘，孔口伸出子囊座表面，200～250μm×150～175μm；子囊长圆柱形，100～250μm×4μm；子囊孢子线形，单胞，萌发时产生隔膜（图2-143）。无性态产生长圆形或狭椭圆形大型分生孢子，5.9～10.2μm×3.1～4.4μm，或产生卵圆形至长圆形小型分生孢子，2.9～4.5μm×2.0～3.2μm。菌核混于种子内或落入土壤中越冬。该病菌寄主范围广，有生理分化现象。除小麦外，还为害大麦、黑麦、燕麦、雀麦、鹅冠草等。

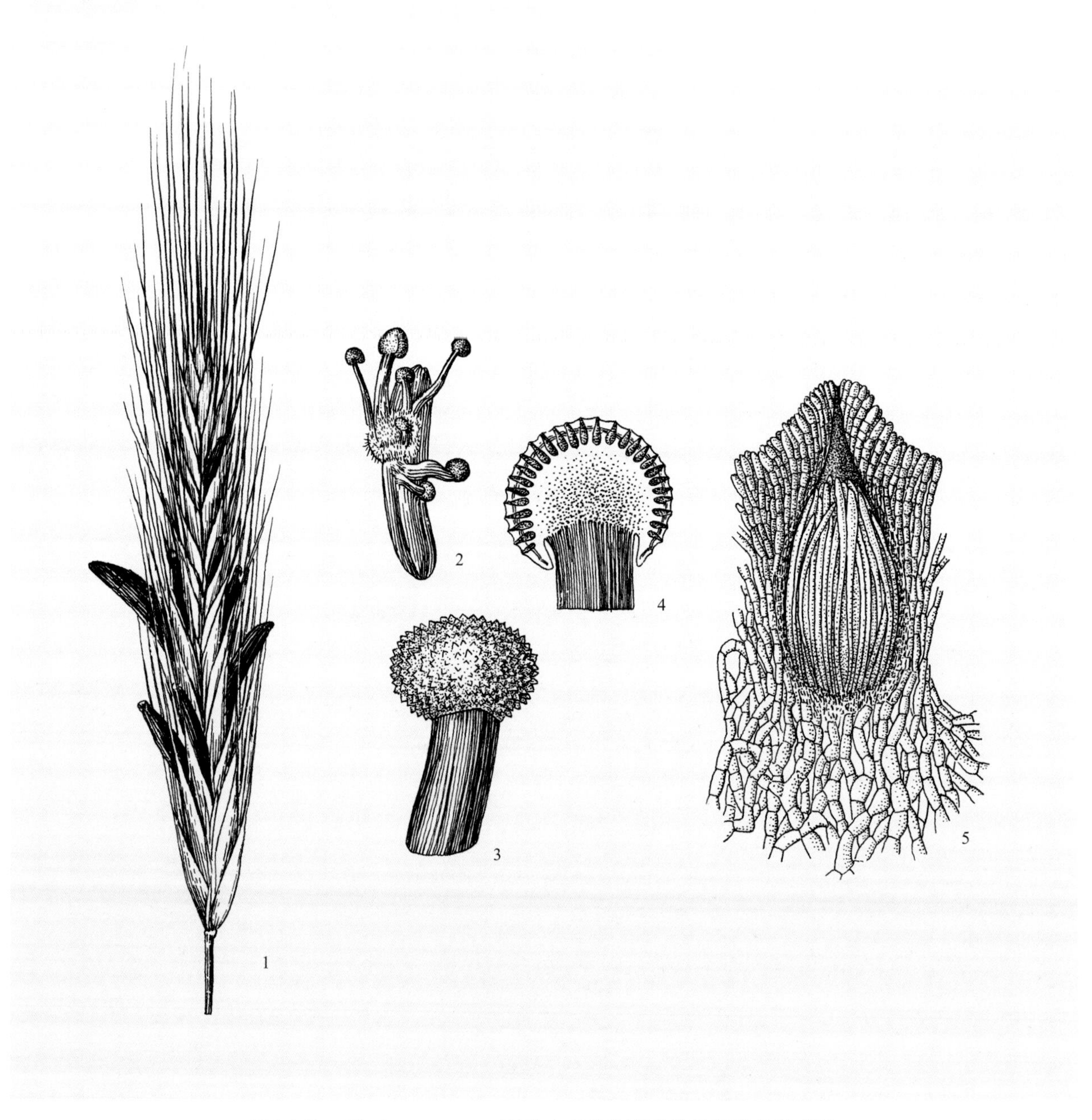

图2-143 *Claviceps purpurea*引致小麦麦角病症状及其形态模式图

1：穗部症状，部分小穗受病原菌侵染后生成菌核（麦角）；2：菌核萌发产生子囊座；3：子囊座，顶部为可孕的头状膨大体；4：头状膨大体剖面，边缘有子囊壳；5：子囊壳与子囊

第三节　担子菌亚门病原真菌及其所致病害

担子菌亚门真菌一般称为担子菌，是真菌中最高等的类群，已知约有2万种，许多是重要的植物病原菌，如黑粉菌、锈菌、多孔菌等，可为害多种植物，给农林业生产造成重大损失。担子菌亚门真菌的共同特征是有性生殖产生担孢子。

担子菌的营养体由有隔菌丝组成，在适宜条件下，担子菌的菌丝体非常发达，遇到不良环境或进入休眠时，有些种类的菌丝体交织成团，形成菌核，或平行互相联合形成菌索。菌核和菌索有储存养分、抗逆和入侵寄主植物的功能。担子菌的菌丝体有单核期和双核期的不同阶段。担孢子萌发产生含单核的菌丝，称为初生菌丝或单倍体菌丝。单倍体菌丝之间，或单倍体菌丝和单倍体孢子所产生的芽管之间，可以互相联合，发生质配，质配之后不立即进行核配，从而产生了含有双核的次生菌丝体，或者称为双倍体菌丝体。一些次生菌丝体以锁状联合的方式进行细胞分裂，双核分裂时，一个细胞核形成的纺锤体，与细胞的纵轴平行，另一个细胞核形成的纺锤体斜向锁状突起部分；或双核同时分裂，姐妹核同时平均注入两个子细胞内，使子细胞始终存在异源的双核物质（图2-144）。并非所有的担子菌和所有菌丝都进行锁状联合，含有双核的次生菌丝体在担子菌的生活史中占据着重要地位，主要执行营养功能。

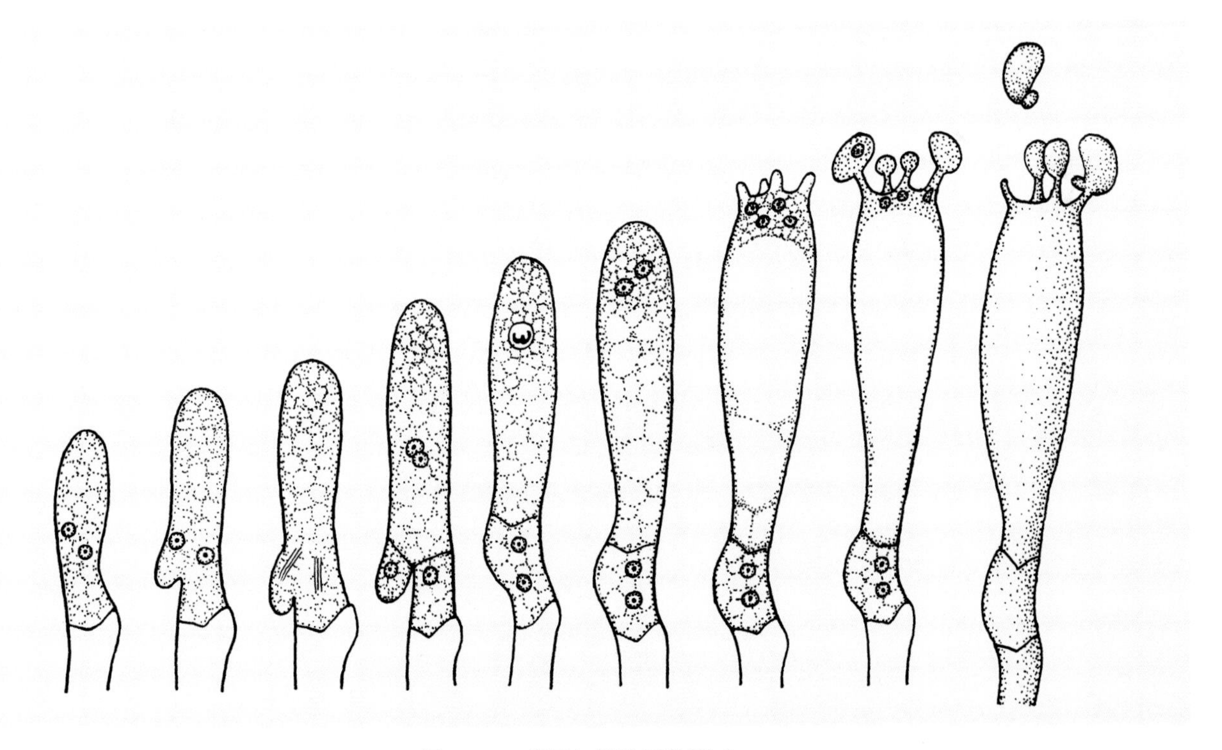

图2-144　担子与担孢子的形成

担子菌的无性生殖在自然条件下很少发生或不发生，这一点与子囊菌大量产生分生孢子及分生孢子在繁殖、致病、传播等方面起主要作用的情况显然不同。黑粉菌的小孢子可以进行芽殖，芽孢子也可以侵染，起到分生孢子的作用，但其本质仍属于有性孢子；锈菌的锈孢子和夏孢子除源于双核菌丝且含有双核之外，其功能也相当于子囊菌无性生殖产生的分生孢子。

担子菌的有性生殖产生担子和担孢子，生殖过程比较简单。除锈菌外，大部分不产生特殊的生殖器官，而是由形状相同而性征不同的单倍体孢子或菌丝（以“+”表示雄性、“-”表示雌性）进行质配，产生双核菌丝，然后在双核菌丝所形成的担子中进行核配，完成有性结合过程。

双核菌丝产生担子和担孢子有两种方式（图2-145），在低等担子菌中，由双核菌丝形成内生厚垣孢子［也称冬孢子（黑粉菌目）］或外生冬孢子（锈菌目），冬孢子萌发产生担子，双核在担子内进行核配和减数分裂，形成担孢子。高等担子菌的担子形成过程，是双核菌丝进行锁状联合时期，由菌丝顶端细胞膨大形成的，双核在担子内经过核配，产生1个二倍体细胞核，二倍体细胞核减数分裂后，形成4个单倍体核，这时担子顶端长出4根小梗，小梗顶端膨大，4个单倍体核分别进入小梗的膨大部分，形成4个担孢子。上述双核菌丝产生担子的方式虽然不同，但担孢子的发育过程基本相同，即担子内的双核先行合并，形成双倍体细胞核，再进行减数分裂，形成4个单倍体核，4个单倍体核在担子上分别形成4个外生担孢子。

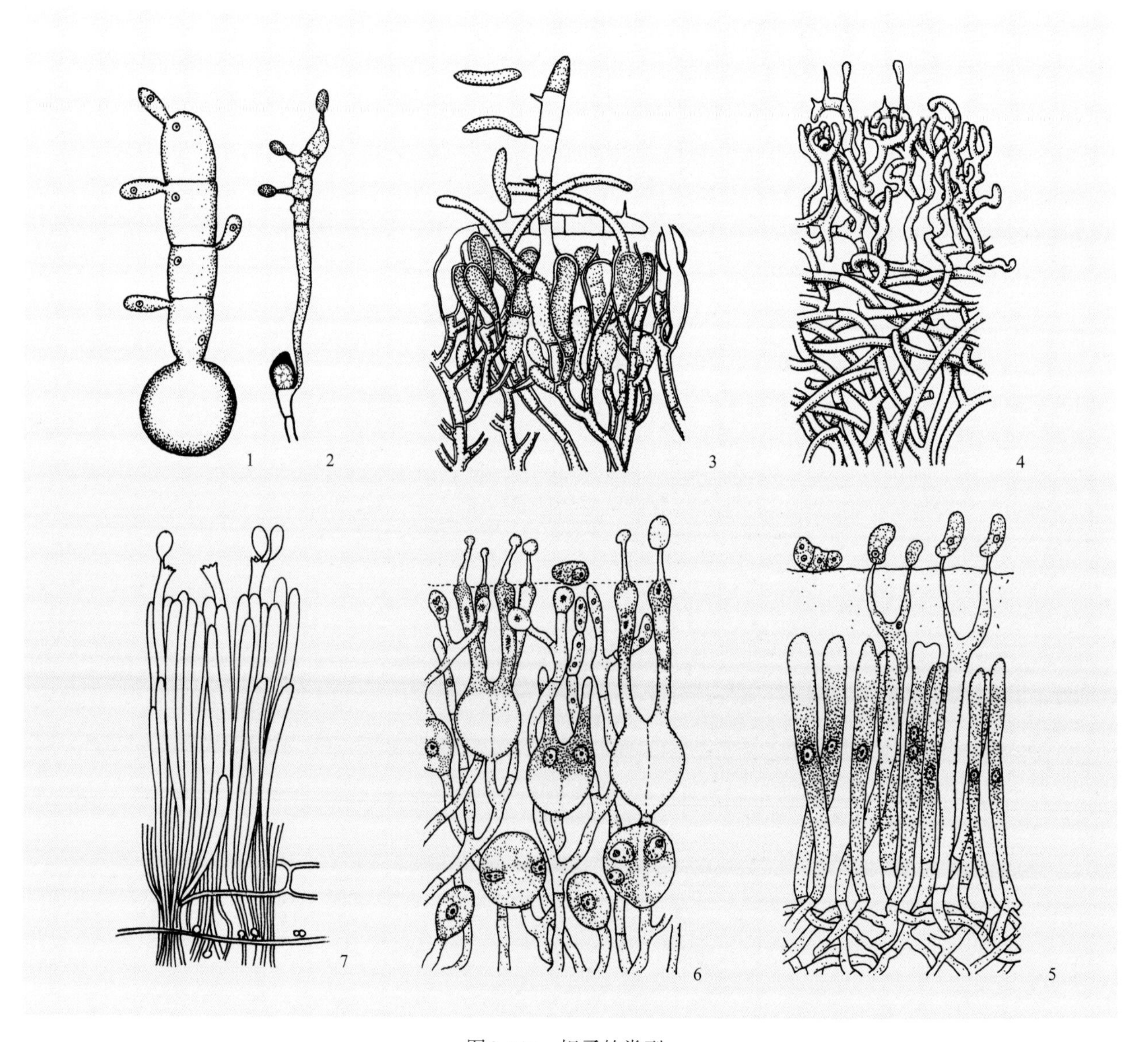

图2-145　担子的类型

1：黑粉菌目；2：锈菌目；3和4：木耳目；5：花耳目；6：银耳目；7：伞菌目

担子菌的有性生殖过程虽然简单，但性征比较复杂。绝大部分担子菌是异宗配合，即只有来自不同担子的异性担孢子才能配合。此类担子菌担子上形成的4个担孢子，根据它们之间的性征亲和力，可以属于2种（称为两极）或4种（四极）不同类型。黑粉菌和锈菌一般都是两极的；高等担子菌则两极和四极的都有，以四极占多数。

锈菌生长发育循环比较特殊，它的单核和双核菌丝体可以产生多种不同类型的孢子器和孢子，而且许多锈菌需要在两种亲缘关系很远的植物间进行转主寄生，才能完成发育循环，锈菌典型的发育循环循序产生性孢子、锈孢子、夏孢子、冬孢子、担孢子5种类型的孢子，方便起见，常以罗马数字代表不同的孢子类型以及相应的发育阶段（表2-1）。

表2-1　锈菌孢子及其发育阶段的罗马数字代号

代号	核相	器官	孢子
0	单倍体	性孢子器	性孢子
Ⅰ	双核	锈孢子器	锈孢子
Ⅱ	双核	夏孢子堆	夏孢子
Ⅲ	双核，双倍体	冬孢子堆	冬孢子
Ⅳ	单倍体	担子	担孢子

0．性孢子（pycniospore）：性孢子单核，单胞，产生于性孢子器（pycnium）内，其作用是与受精丝中释放出来的精细胞进行交配，萌发形成具有双核的有性菌丝体。性孢子器是由担孢子萌发形成的单核菌丝体侵染寄主植物后形成的一种有孔口、近球形的结构，在性孢子器中产生性孢子和受精丝。

Ⅰ．锈孢子（aeciospore）：锈孢子单胞，双核，产生于锈孢子器（aecium）内。锈孢子器和锈孢子是由性孢子器中的性孢子与受精丝交配后形成的双核菌丝体产生的。因此，锈孢子器和锈孢子与性孢子器和性孢子伴随产生。

Ⅱ．夏孢子（urediniospore）：夏孢子是双核菌丝体产生的单胞双核孢子，夏孢子萌发产生双核菌丝，可以继续侵染寄主植物，一个生长季节可以连续多次进行侵染，作用与分生孢子相似，但二者性质完全不同，夏孢子属于有性孢子，分生孢子是无性孢子。许多夏孢子聚生在一起形成夏孢子堆（uredinium）。

Ⅲ．冬孢子（teliospore）：冬孢子是双核菌丝体产生的厚壁双核孢子，是在寄主植物生长后期形成的休眠孢子。冬孢子也是锈菌双核进行核配的场所。许多冬孢子聚生在一起形成冬孢子堆（telium）。

Ⅳ．担孢子（basidiospore）：担孢子是单胞单核，由冬孢子萌发形成先菌丝，先菌丝转化为有隔担子，由担子产生的小梗上产生担孢子。锈菌的担孢子是经过减数分裂后形成的单核孢子。

自然界中并非所有锈菌都能完整地产生上述5种孢子，一些锈菌生活史中会缺少5种孢子类型中的1种、2种或3种，据此将锈菌分为缺夏型（0、Ⅰ、Ⅲ、Ⅳ），缺锈型（0、Ⅱ、Ⅲ、Ⅳ），冬孢型（0、Ⅳ，或Ⅲ、Ⅳ），全锈型（0、Ⅰ、Ⅱ、Ⅲ、Ⅳ）。高等担子菌有性生殖常产生大型担子果，如常见的木耳、蘑菇、马勃、茯苓等。梨胶锈菌 *Gymnosporangium haraeanum* 不产生夏孢子，它的生活史是0、Ⅰ、Ⅲ、Ⅳ，属于典型的缺夏型。

锈菌目 Uredinales 的冬孢子萌发后，在其产生的先菌丝内形成横隔膜，之后就特化成担子，每个担子有4个细胞，每个细胞上产生1根小梗，小梗上产生单胞、无色的担孢子，担孢子释放时可以强力弹射。有些锈菌是同主寄生，有些是转主寄生，锈菌的完整生活史最多产生5种类型的孢子，即性孢子、锈孢子、夏孢子、冬孢子、担孢子，如小麦条锈菌、小麦秆锈菌等。锈菌分类主要依据冬孢子的形态特征、排列及萌发形式（图2-146）。锈菌主要为害植物的叶片和茎秆，引起局部侵染，因其在病斑表面常常形成锈粉状孢子堆，故将其统称为锈病，如小麦秆锈菌等（图2-147）。

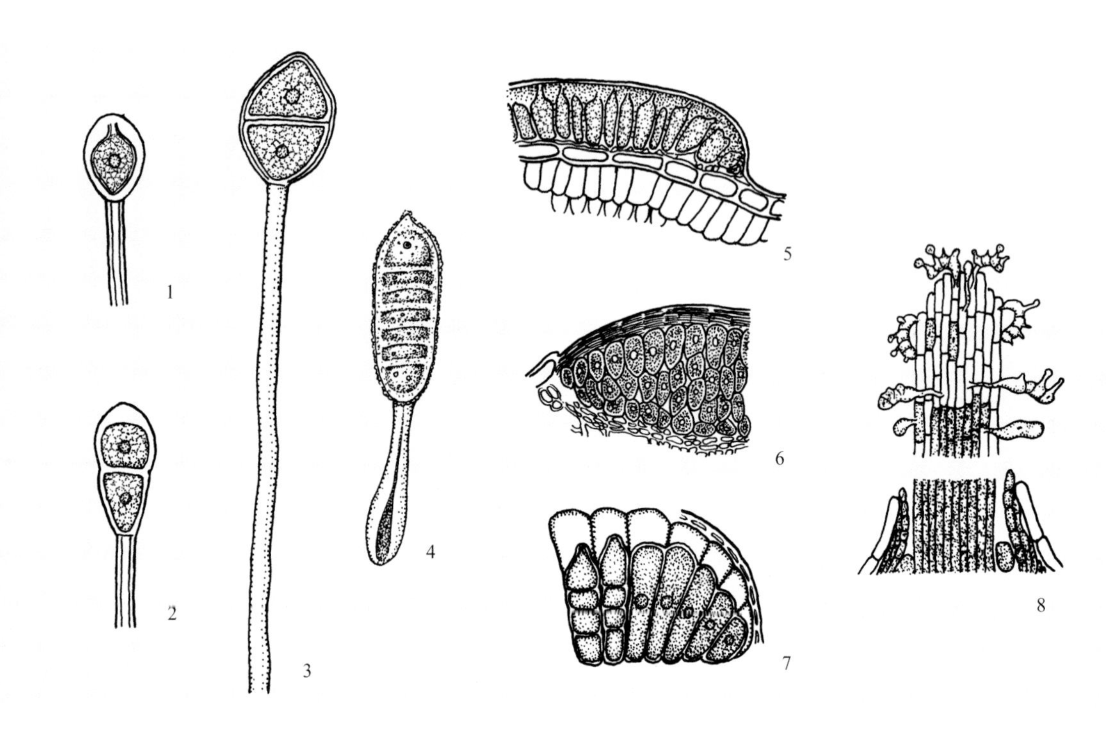

图2-146 锈菌的冬孢子类型

1：单胞锈菌属 *Uromyces*；2：柄锈菌属 *Puccinia*；3：胶锈菌属 *Gymnosporangium*；4：多胞锈菌属 *Phragmidium*；5：栅锈菌属 *Melampsora*；6：层锈菌属 *Phakopsora*；7：鞘锈菌属 *Coleosporium*；8：柱锈菌属 *Cronartium*

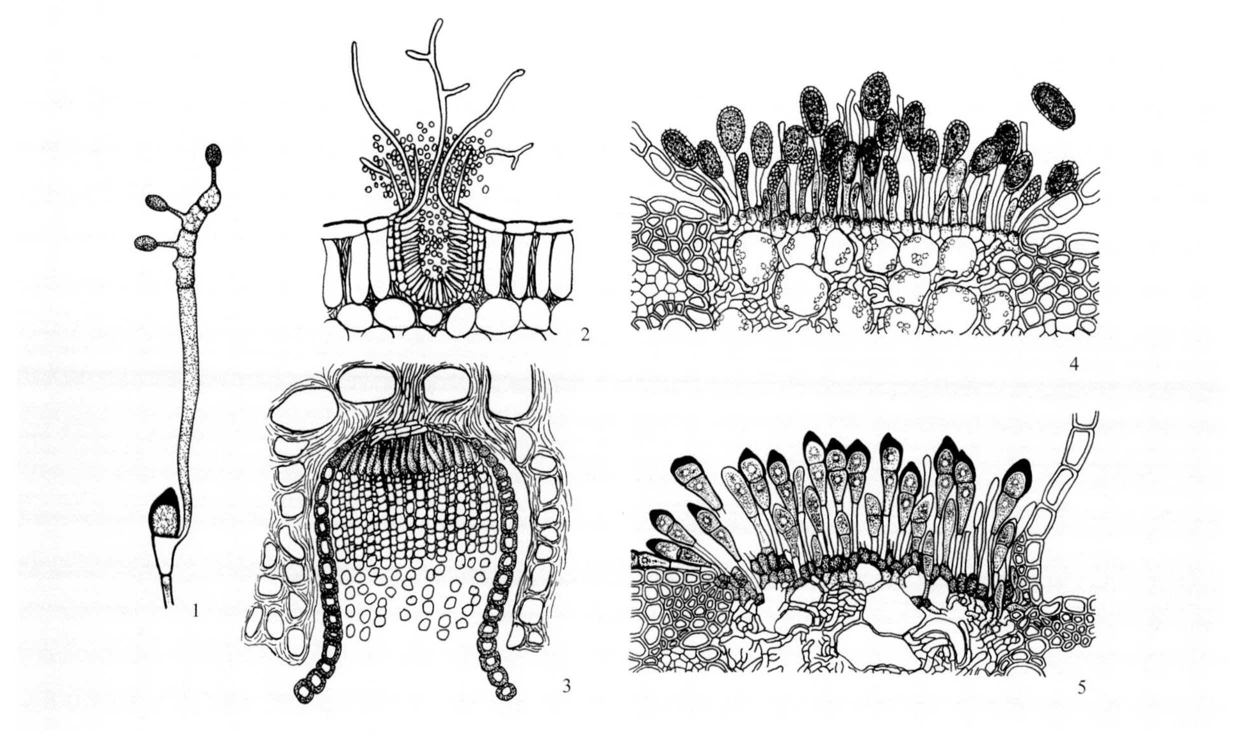

图2-147 锈菌的生活史所产生的孢子类型及形态（以小麦秆锈菌为例）

1：担子（basidium）和担孢子（basidiospore）；2：性孢子器（pycnium）和性孢子（pycniospore）；3：锈孢子器（aecium）和锈孢子（aeciospore）；4：夏孢子堆（uredinium）和夏孢子（urediniospore）；5：冬孢子堆（telium）和冬孢子（teliospore）

1. 单胞锈菌属 *Uromyces* (Link) Ung.

冬孢子堆生于寄主植物表皮下，一般成熟后突破表皮，暗褐色至黑色，粉状；冬孢子单胞，有柄，顶壁较厚，具乳头状突起，有一顶生的芽孔，萌发产生担子和担孢子；担孢子一侧扁平，或呈肾形；性孢子器常埋生于寄主植物组织内，多呈坛形，孔口有侧丝突出；锈孢子器杆状或短圆筒状，有包被，顶端开裂；锈孢子串生，近球形或椭圆形，有疣或平滑，色淡；夏孢子堆埋生于寄主植物表皮下，成熟后突破表皮，粉状；夏孢子单生于柄上，单胞，近球形、椭圆形或倒卵圆形，表面有小刺。单主寄生或转主寄生。

1）豇豆属单胞锈菌 *Uromyces vignae* Barcl.，为害豇豆，引致豇豆锈病。全锈型，单主寄生，侵染豇豆叶片（图2-148）、茎及果荚等。夏孢子堆红褐色，后期转变成（或新形成）黑色冬孢子堆；夏孢子黄褐色，椭圆形或卵圆形，表面有细微小刺，19～36μm×12～35μm，中腰以上有2个明显的发芽孔；冬孢子圆形或短椭圆形，顶壁较厚，具乳头状突起，24～40μm×20～34μm（图2-149）；性孢子器常埋生于豇豆叶片组织内，为橘红色小点，数个集结成群；锈孢子器短圆筒状，有包被，顶端开裂；锈孢子串生，近球形或椭圆形，有疣或平滑，淡色。性孢子阶段和锈孢子阶段不常发生。

2）疣顶单胞锈菌 *U. appendiculatus* (Pers.) Ung.，为害菜豆，引致菜豆锈病。主要侵染叶片、茎及果荚。夏孢子堆埋生于菜豆表皮下，红褐色，成熟后表皮破裂并散出夏孢子；夏孢子单胞，球形、椭圆形至卵圆形，黄褐色，表面有细刺，18～28μm×18～24μm；在菜豆生长后期，夏孢子堆可转变为黑色的冬孢子堆，或长出新的冬孢子堆；冬孢子单胞，圆形或短椭圆形，栗褐色，表面光滑，或仅上部有微刺，下端有长柄，顶端壁厚，具乳头状突起，24～41μm×19～30μm（图2-150）。以冬孢子在病组织内越冬，在温暖地区夏孢子也能越冬。

3）粟单胞锈菌 *U. setariae-italicae* Yosh.，为害谷子，引致谷子锈病。主要侵染叶片及叶鞘。夏孢子堆多生于叶片上，长圆形，稍隆起，后期破裂呈粉状；冬孢子堆黑色，粉状，多在谷子生长后期发生于叶鞘上。夏孢子单胞，椭圆形，黄褐色，表面有小刺，有3或4个发芽孔，22～34μm×18～26μm；冬孢子单胞，球形，长球形至多角形，有柄，黄褐色，20～30μm×16～24μm。以冬孢子越冬，夏孢子也能越冬。除谷子外，还为害狗尾草等。

4）三叶草（车轴草）单胞锈菌 *U. trifolii* (Hedw.) Lév.，为害三叶草，引致三叶草锈病，具有长生活史，单主寄生。主要侵染叶片、叶柄及茎，产生棕褐色夏孢子堆，夏孢子生于表皮下，突破表皮后散出铁锈色粉末。在生长后期，病部出现暗褐色冬孢子堆（图2-151A和B）。春季新叶出现蜜黄色杯状小点（锈孢子器）。锈孢子器生于叶片两面，叶背较多，或在叶柄聚生黄白色、杯状锈孢子器（图2-151C和D）。锈孢子近球形至椭圆形，浅黄色，有细瘤，14～24μm×12～20μm；性孢子器生于叶面，黄色。夏孢子球形、椭圆形或卵圆形，浅褐色，具细刺，有2～4个芽孔，22～30μm×20～26μm；冬孢子卵圆形、椭圆形或球形，深褐色，壁光滑，或具少数疣突，顶生芽孔，乳突无色，柄无色，常在近孢子处断裂，20～29μm×15～23μm（图2-151E）。

5）蚕豆单胞锈菌 *U. fabae* (Pers.) de Bary，为害蚕豆，引致蚕豆锈病。主要侵染叶片（图2-152A和B）、茎及果荚。性孢子器、锈孢子器、夏孢子堆及冬孢子堆先后发生于同一寄主上，为单主寄生的全锈型锈菌。夏孢子堆主要发生于叶片上，圆形，红褐色，单生或围绕大的孢子堆产生数个小的夏孢子堆，周围有黄色晕圈，后期形成黑色的冬孢子堆；夏孢子广椭圆形至倒卵圆形，褐色，22～28μm×17～24μm，表面具稀疏的小刺，围绕中腰散生4个发芽孔；冬孢子广椭圆形至倒卵圆形，22～45μm×18～26μm，褐色，壁厚而光滑，顶壁特厚（6～8μm），基部有柄（图2-152C，图2-153）；性孢子器瓶形，为橘红色小点，往往数个集结成群，生于叶面；锈孢子器浅杯状，白色或黄色；锈孢子黄色，具细密的细疣，直径14～22μm。性孢子器与锈孢子器不常发生。除蚕豆外，还为害豌豆等。

图2-148 *Uromyces vignae*引致豇豆锈病叶片症状

A：叶面的夏孢子堆；B：冬孢子堆；C：叶面形成的性孢子器；D：叶背产生的锈孢子器

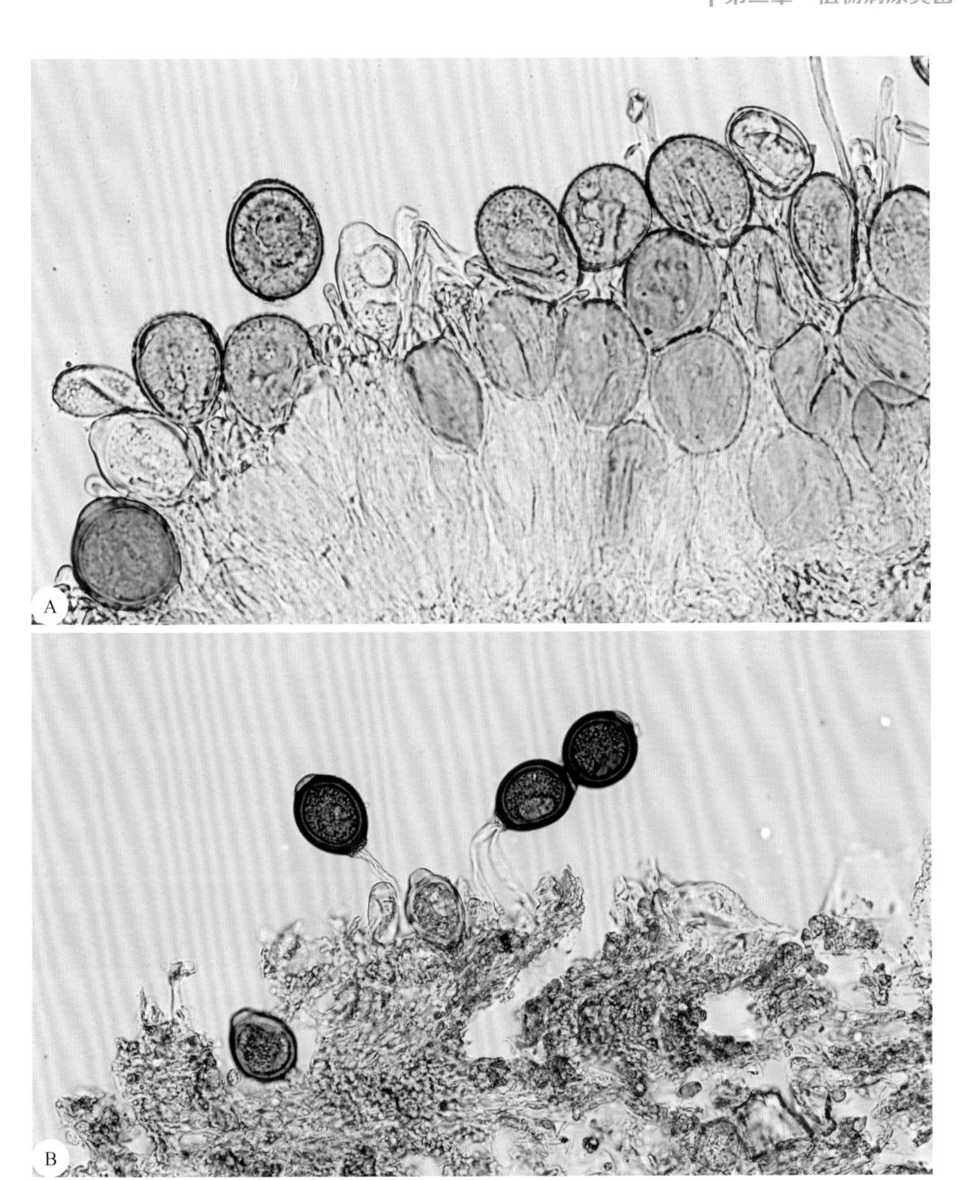

图2-149　*Uromyces vignae*夏孢子堆与夏孢子（A），冬孢子（B）

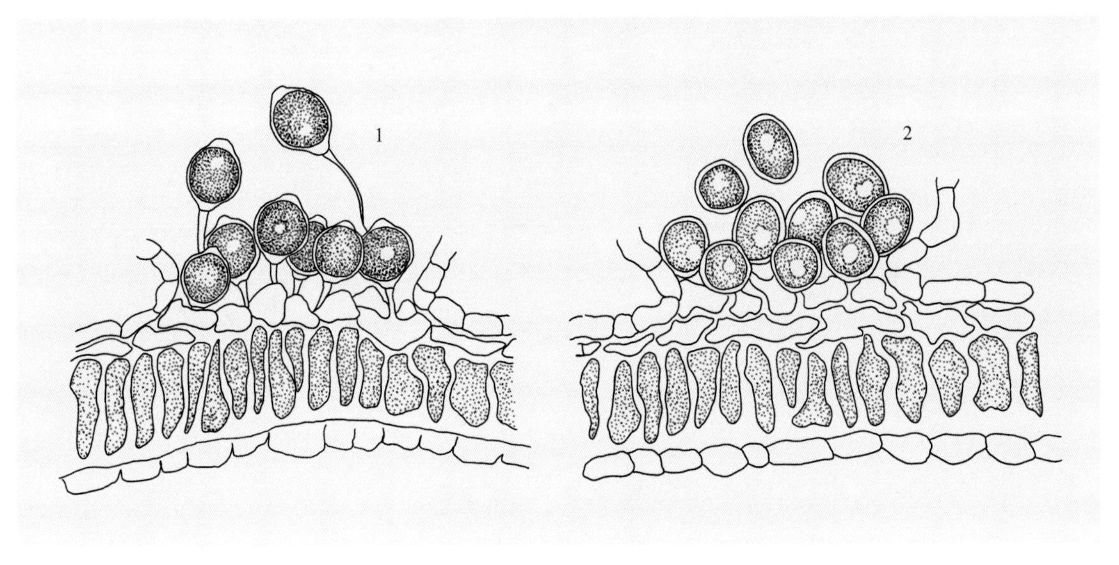

图2-150　*Uromyces appendiculatus*冬孢子（1）与夏孢子（2）

图2-151 *Uromyces trifolii*引致三叶草锈病症状及其形态特征

A：叶面上的冬孢子堆；B：叶柄上的冬孢子堆；C：叶背上的锈孢子器；D：叶片纵切面上的性孢子器和锈孢子器；E：冬孢子堆

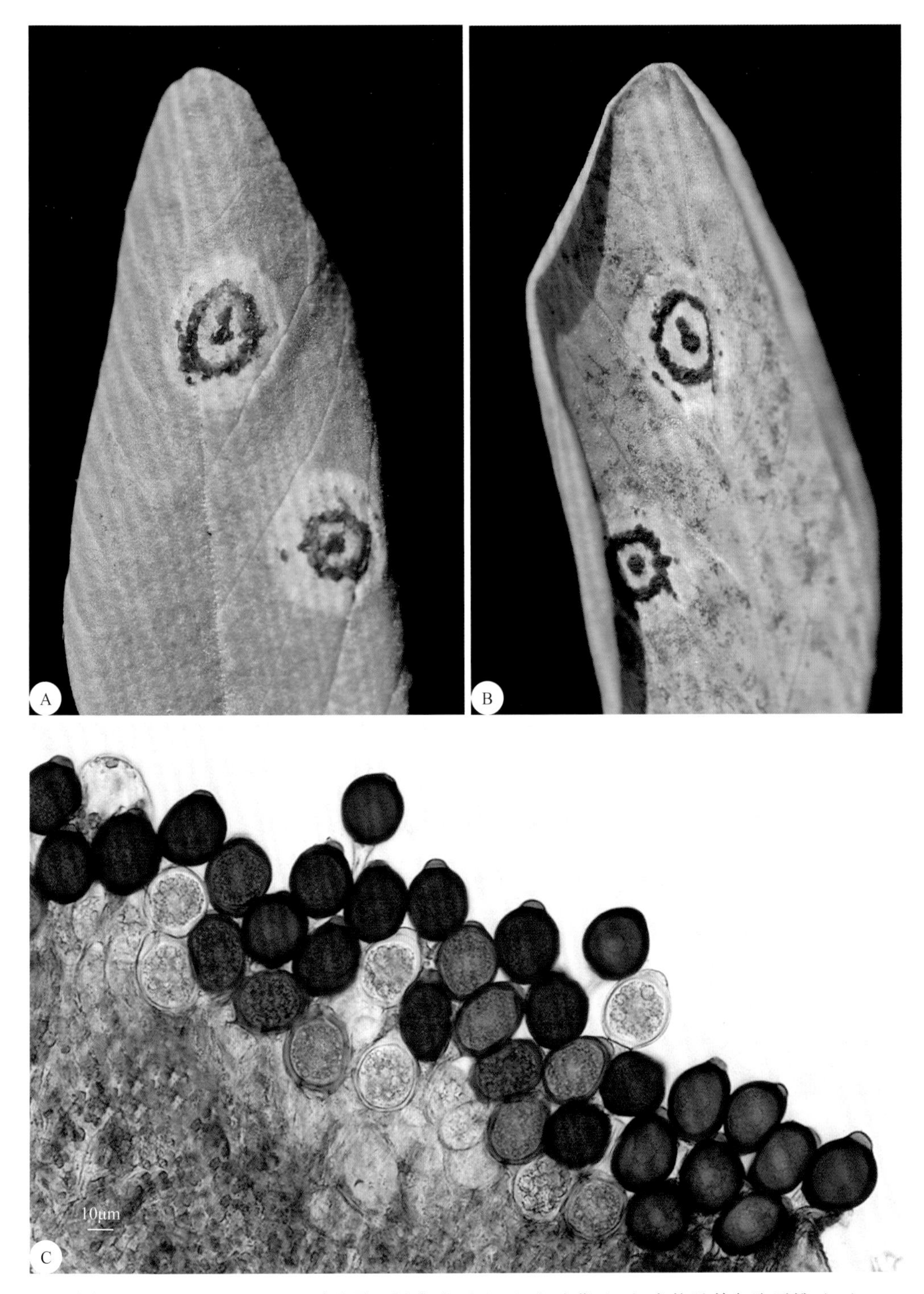

图2-152　*Uromyces fabae*引致蚕豆锈病叶面（A）和叶背（B）症状及其冬孢子堆（C）

6）条纹单胞锈菌苜蓿变种*U. striatus* var. *medicaginis* (Pass.) Arth.，为害苜蓿，引致苜蓿锈病，为转主寄生的全锈型锈菌。夏孢子堆和冬孢子堆生于苜蓿叶片上。夏孢子堆锈褐色，早期即裸露，粉末状；夏孢子近球形至广椭圆形，黄褐色，具微细小刺，18～24μm×15～21μm，中腰有3或4个发芽孔；冬孢子堆较夏孢子堆小，暗褐色；冬孢子近球形至广椭圆形，褐色，有纵皱，顶端有近无色的乳头状突起，18～23μm×14～19μm，有无色短柄，易脱落。性孢子器与锈孢子器生于大戟属植物上。

7）甘草单胞锈菌*U. glycyrrhizae* (Rabenh.) Magn.，为害甘草，引致甘草锈病。夏孢子堆和冬孢子

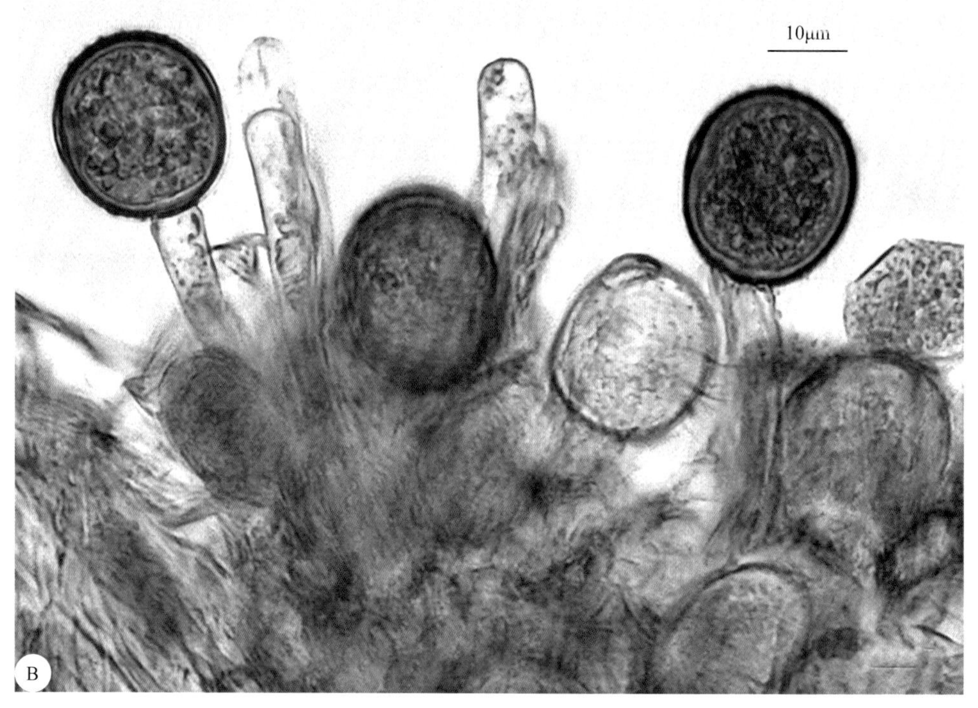

图2-153 *Uromyces fabae*冬孢子（A）与夏孢子（B）

堆均生于叶背，有时也为害茎秆。夏孢子堆黄褐色，夏孢子球形或近球形，淡褐色，表面有小刺，中腰具2个发芽孔，直径18～28μm；冬孢子堆黑褐色，冬孢子卵圆形、椭圆形或近球形，单胞，褐色，表面光滑，顶端具无色的乳头状突起，18～30μm×4～20μm，具无色短柄，易脱落。

2. 柄锈菌属 *Puccinia* Pers.

柄锈菌属又称为双胞锈菌属，冬孢子堆裸露或埋生于寄主植物表皮下，冬孢子双胞，有柄，冬孢子单生于柄端，孢壁有色，光滑，顶细胞具一顶生发芽孔，下部细胞具一侧生发芽孔，萌发产生有隔担子，上生担孢子；夏孢子堆生于表皮下，易突破表皮外露，夏孢子单生于柄上，单胞，球形或近球形，壁有色，有刺，具多个芽孔；性孢子器球形，埋生于寄主植物组织内；锈孢子腔杯状或筒形，有包被（极少数包被发育不完全），顶端开裂，锈孢子串生，球形或椭圆形，常互相挤压呈多角形，壁有色，有疣，发芽孔不明显。单主寄生或转主寄生，主要寄生禾本科植物，如小麦、大麦、莎草等。

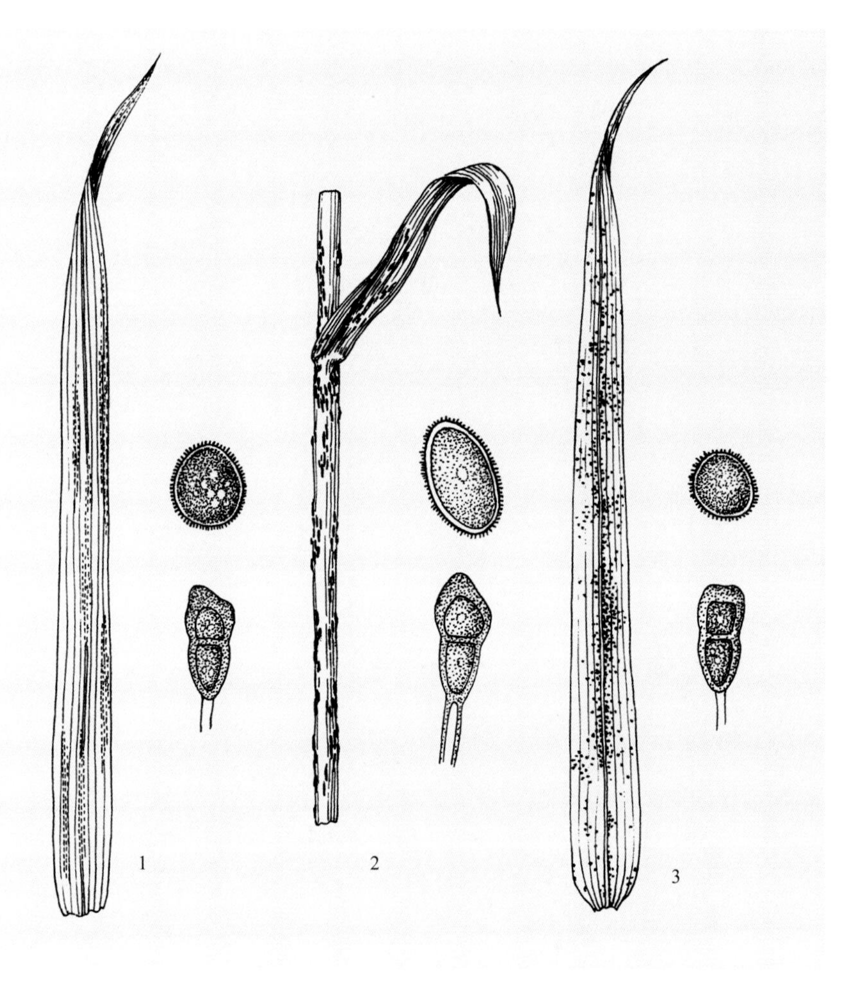

图2-154　小麦3种锈病症状及其锈菌夏孢子和冬孢子形态模式图

1：小麦条锈病症状及其病原菌夏孢子和冬孢子；2：小麦秆锈病症状及其病原菌夏孢子和冬孢子；3：小麦叶锈病症状及其病原菌夏孢子和冬孢子

1）条形柄锈菌小麦专化型 *Puccinia striiformis* f. sp. *tritici* Erikss. et Henn.、禾柄锈菌小麦专化型 *P. graminis* f. sp. *tritici* Erikss. et Henn.、隐匿柄锈菌小麦专化型 *P. recondita* f. sp. *tritici* Erikss. et Henn.，均为害小麦，分别引致小麦条锈病、小麦秆锈病、小麦叶锈病（图2-154）。这3种锈菌所致小麦病害症状及其形态特征如表2-2、图2-155、图2-156所示。其中，小麦条锈菌和小麦秆锈菌的生活史有0、Ⅰ、Ⅱ、Ⅲ、Ⅳ五种孢子类型（图2-157，图2-158），属于全锈型生活史。

表2-2　小麦3种锈菌比较

病原菌	条形柄锈菌小麦专化型 *P. striiformis* f. sp. *tritici*	禾柄锈菌小麦专化型 *P. graminis* f. sp. *tritici*	隐匿柄锈菌小麦专化型 *P. recondita* f. sp. *tritici*
为害部位	主要为害叶片，叶鞘、茎秆和颖片次之	主要为害茎秆、叶鞘，也为害叶片和颖片	主要为害叶片，叶鞘、茎秆次之
夏孢子堆	夏孢子堆小，鲜黄色，狭长形至长椭圆形，和叶脉平行，呈条点状排列	夏孢子堆大，红褐色，长椭圆形至狭长形，不规则散生，常汇合成大斑，孢子堆周围表皮翘起	夏孢子堆中等大小，橙褐色，圆形至长椭圆形，不规则散生
夏孢子	夏孢子球形或卵圆形，鲜黄色，表面有细刺，散生有6～16个芽孔，18～28μm×18～24μm	夏孢子卵圆形或长圆形，黄褐色，表面有明显的细刺，中腰具4个芽孔，21～42μm×13～24μm	夏孢子圆形或椭圆形，橘黄色，表面有微小细刺，散生有6～8个芽孔，18～29μm×18～26μm
冬孢子堆	冬孢子堆主要生于叶背，埋生于小麦叶片表皮下，黑色，狭长形，呈条点状排列	冬孢子堆主要生于叶鞘和茎秆上，初埋生，长椭圆形至狭长形，黑褐色，散生，突破表皮	冬孢子堆大多生于叶背，矩圆形，黑色，散生，长期埋生于小麦叶片表皮下

续表

病原菌	条形柄锈菌小麦专化型 *P. striiformis* f. sp. *tritici*	禾柄锈菌小麦专化型 *P. graminis* f. sp. *tritici*	隐匿柄锈菌小麦专化型 *P. recondita* f. sp. *tritici*
冬孢子	棍棒形或者楔形，双胞，顶端楔形，褐色，向下色较浅，横隔处稍缢缩，30～53μm×12～20μm，具有色的短柄	椭圆形至长方棒形，双胞，顶端圆形至近圆锥形，光滑，分隔处稍缢缩，35～64μm×13～24μm；柄上端黄褐色，下部近无色	椭圆形至棒形，双胞，顶端通常平截，向下变窄，顶端褐色，下部色淡，33～58μm×11～12μm，柄短，有色
侵染循环	Ⅱ、Ⅲ生于小麦及一些禾本科杂草上；0、Ⅰ生于小檗上	Ⅱ、Ⅲ生于小麦、大麦及一些禾本科杂草上；0、Ⅰ生于小檗属和十大功劳属植物上。但在中国未发现其对病害流行有重要影响	Ⅱ、Ⅲ生于小麦上；Ⅰ能侵染唐松草属的某些种和乌头。但与小麦叶锈菌的转主寄生关系还不清楚

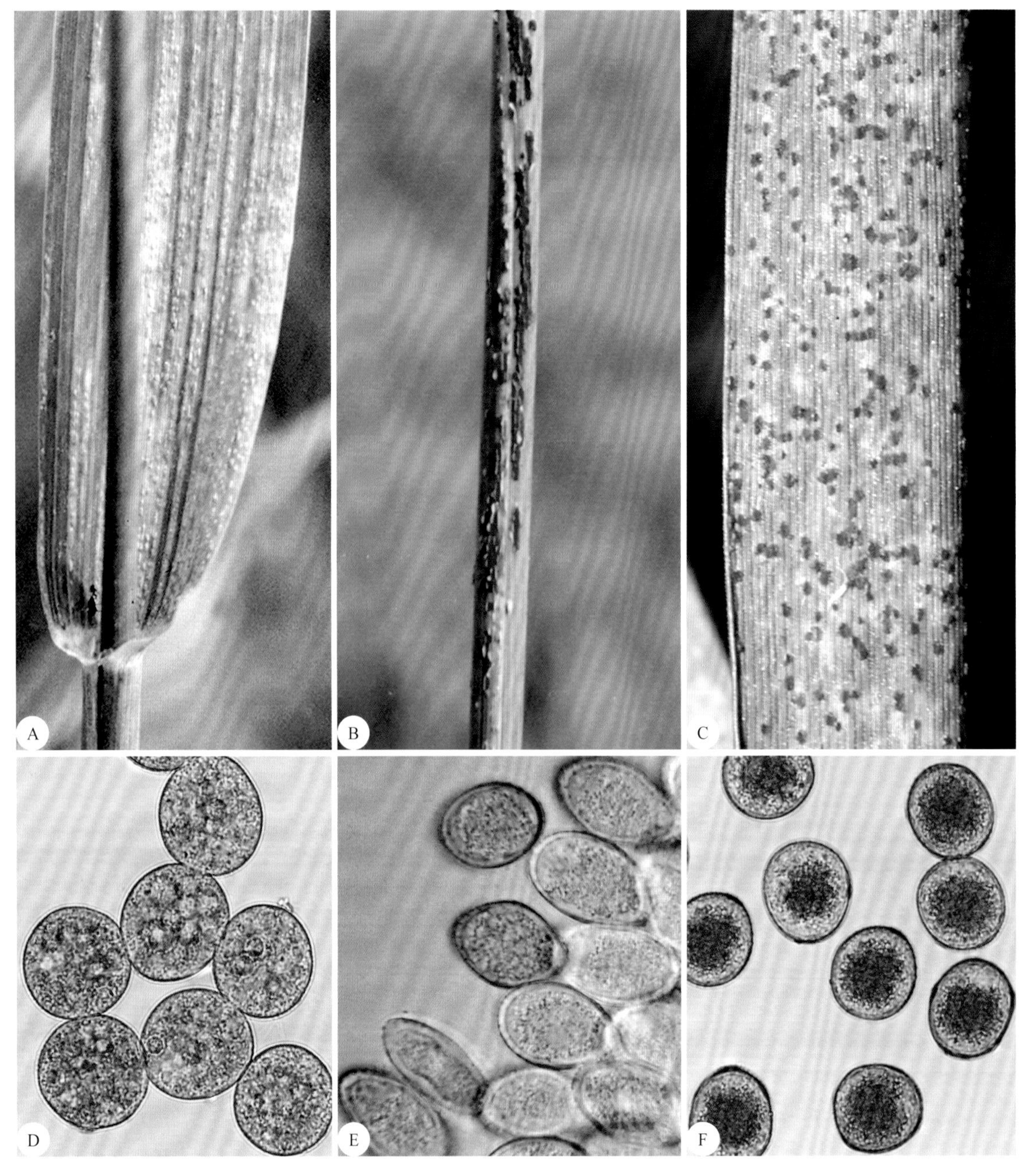

图2-155　小麦3种锈病症状及其锈菌夏孢子形态

A：小麦条锈病症状；B：小麦秆锈病症状；C：小麦叶锈病症状；D：*Puccinia striiformis* f. sp. *tritici*；E：*P. graminis* f. sp. *tritici*；F：*P. recondita* f. sp. *tritici*

图2-156　光学显微镜下小麦3种锈菌冬孢子形态

A：*Puccinia striiformis* f. sp. *tritici*冬孢子堆和冬孢子；B：*P. graminis* f. sp. *tritici*冬孢子堆和冬孢子；C：*P. recondita* f. sp. *tritici*冬孢子堆和冬孢子

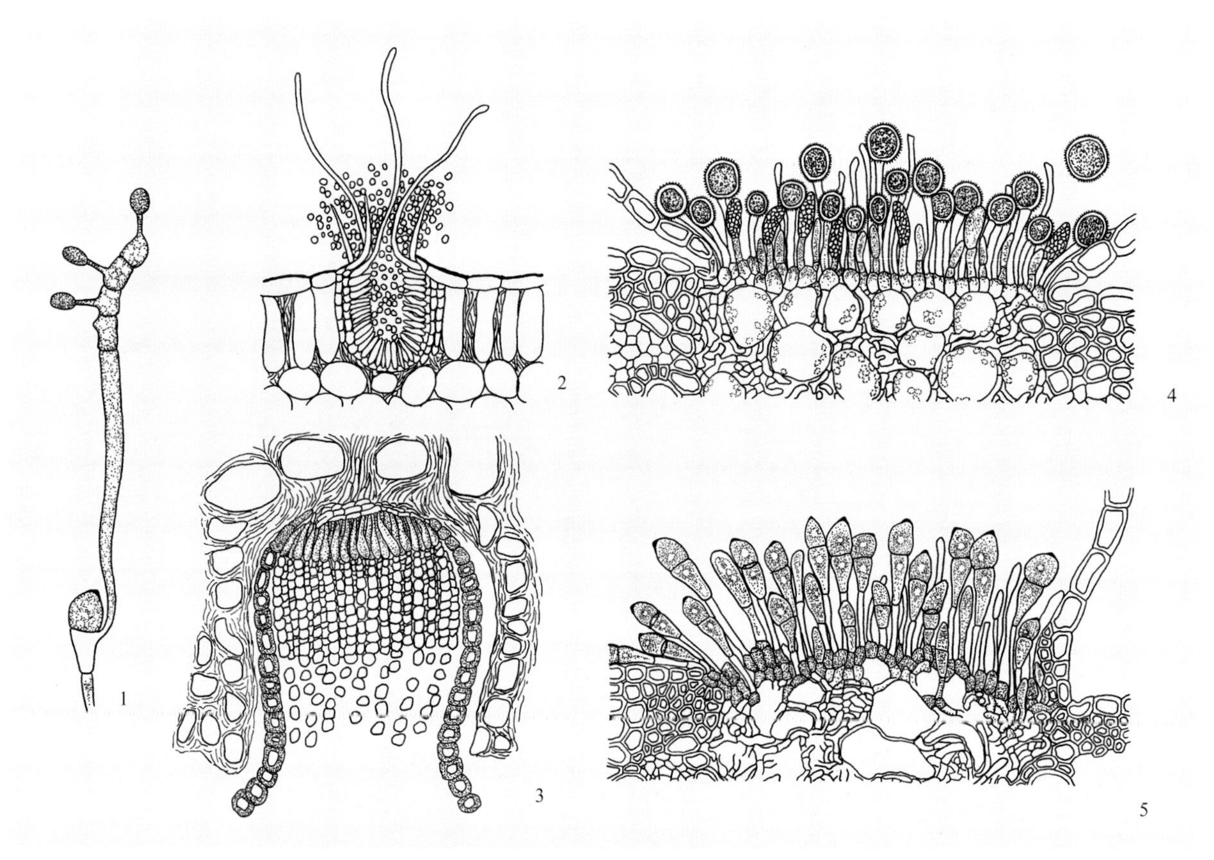

图2-157　*Puccinia striiformis* f. sp. *tritici*产生的5种类型孢子

1：担子与担孢子；2：性孢子器与性孢子；3：锈孢子器与锈孢子；4：夏孢子堆与夏孢子；5：冬孢子堆与冬孢子

2）大麦柄锈菌*P. hordei* Otth，为害大麦，引致大麦叶锈病。主要侵染叶片、叶鞘、茎秆及穗部。夏孢子堆小而圆，淡黄褐色，主要生于叶面；夏孢子单胞，球形，淡黄色，有细刺，散生4~7个芽孔，24~36μm×21~27μm；冬孢子堆黑褐色，非常小，多生于叶背；冬孢子双胞，短棍棒状或洋梨形，深褐色，表面光滑，顶端壁厚，40~48μm×19~24μm，具短柄，单胞的冬孢子也很多，其顶端壁厚，呈囊状或倒三角形。

3）冠柄锈菌*P. coronata* Corda，为害燕麦，引致燕麦冠锈病。主要侵染叶片和叶鞘，茎秆和穗也可受害。夏孢子堆橙黄色，椭圆形，多数夏孢子堆聚集变成大斑；夏孢子球形或卵圆形，淡黄色，表面有细刺，有6~8个芽孔，24~32μm×18~24μm；冬孢子堆多产生于夏孢子堆边缘，黑色，埋生于表皮下；冬孢子双胞，长棒形或楔形，暗褐色，光滑，36~64μm×12~26μm，顶端增厚，有几个钝的突起，似冠状，柄粗短，不易脱落。Ⅱ和Ⅲ生于燕麦、野燕麦、野青茅等多种禾本科杂草上，0和Ⅰ生于鼠李等植物上。以冬孢子在病部越冬，翌年春季萌发产生担孢子，侵染鼠李等，在叶面产生性孢子器，在叶背产生锈孢子器，以锈孢子侵染燕麦。

4）高粱柄锈菌*P. sorghi* Schw.，为害玉米，引致玉米锈病。夏孢子堆生于叶片两面，散生或群生，埋生于表皮下，黄褐色，椭圆形或长椭圆形，隆起；夏孢子球形或近球形，有细刺，淡褐色，24~32μm×20~28μm，中腰有4个芽孔；冬孢子堆生于叶片两面，散生或群生，椭圆形至长椭圆形，黑褐色，后突破表皮；冬孢子长椭圆形、椭圆形或棒形，顶端钝圆，表面光滑，分隔处缢缩，栗褐色，28~48μm×13~25μm，孢柄上部淡褐色，下部无色。0和Ⅰ生于酢浆草上。除玉米外，还为害高粱等。

图2-158 *Puccinia striiformis* f. sp. *tritici*引致小麦条锈病症状与转主寄主小檗锈病叶片症状
A：小麦叶片上的冬孢子堆；B：小麦叶鞘上的冬孢子堆；C：生于小檗叶片上的性孢子器

5）向日葵柄锈菌*P. helianthin* Schw.，为害向日葵，引致向日葵锈病。同主寄生，0、Ⅰ、Ⅱ和Ⅲ均生于向日葵上。夏孢子堆散生于叶的两面，以叶背为主，锈褐色；夏孢子球形、卵圆形或椭圆形，黄褐色，有小刺，23～30μm×21～27μm，中腰有2个芽孔；冬孢子堆同样散生或群生于叶的两面，以叶背为主，黑褐色；冬孢子双胞，椭圆形或卵圆形，两端圆，分隔处稍缢缩，表面光滑，栗褐色，40～54μm×22～29μm，柄长达110μm，无色或近无色；性孢子器球形，黄色，群生；锈孢子器杯状。以冬孢子越冬，早春萌发产生担孢子，侵染子叶和嫩叶，形成性孢子器及锈孢子器，病害流行主要由夏孢子引起。

6）葱柄锈菌 *P. allii* (DC.) Rud.、葱褐锈菌 *P. porri* (Sow.) Wint.，为害葱、洋葱等，分别引致葱赤锈病、葱褐锈病，二者的寄主及其形态特征比较如表2-3所示。

表2-3 葱柄锈菌与葱褐锈菌的寄主及其形态特征比较

病原菌	葱柄锈菌 *P. allii*	葱褐锈菌 *P. porri*
寄主	葱、洋葱、大豆、韭菜、大蒜	葱、洋葱、大蒜
夏孢子堆	橙黄色，周围有黄色晕圈，成熟后开裂，表皮翘起，露出赤黄色粉状夏孢子	红褐色，椭圆形或梭形，成熟后开裂，粉状
夏孢子	黄色至黄褐色，圆形或椭圆形，表面有细刺，27～32μm×20～26μm	黄色，近球形至广椭圆形，表面有小刺，23～28μm×18～22μm
冬孢子堆	黑色或栗褐色，圆形、椭圆形或不正圆形，埋生，表皮不开裂	深褐色至黑色，长椭圆形或梭形，外表铅色，初埋生，后纵裂，露出暗紫色粉末
冬孢子	双胞，棍棒形或倒卵圆形，黄褐色至深褐色，顶部圆形或角状突起，表面平滑，32～70μm×18～25μm，具短柄	双胞，短圆形或倒卵圆形，无色或淡黄色，顶端圆或平截，向下渐窄，光滑，黄褐色，横隔处稍缢缩，35～87μm×17～22μm，具短柄，易脱落
越冬方式	在温暖地区以夏孢子越冬，在寒冷地区以冬孢子越冬	主要发生在北方寒冷地区，以冬孢子越冬

7）荞麦生柄锈菌 *P. fagopyricola* (Barcl.) Jørst.，为害荞麦，引致荞麦锈病。夏孢子堆散生于叶背，很小，锈褐色，粉状；夏孢子球形、近球形至倒卵圆形，黄褐色，有小刺，18～25μm×17～24μm，基部有2或3个芽孔；冬孢子堆生于叶背，淡栗褐色，粉状；冬孢子椭圆形，褐色，双胞，两端圆，光滑，分隔处缢缩，24～40μm×14～21μm，芽孔上有无色或近无色的乳头状突起，柄无色。

8）落花生柄锈菌 *P. arachidis* Speg.，为害花生，引致花生锈病。主要侵染叶片，也侵染叶柄、果柄及茎。夏孢子堆多生于叶背，黄褐色，散生，周围有黄色晕圈，后突破表皮，粉状；夏孢子广椭圆形或倒卵圆形，黄褐色，表面具细刺，23～29μm×16～22μm；冬孢子堆生于叶背，很小，散生，栗褐色；冬孢子长圆形或倒卵圆形，38～42μm×14～16μm，向下渐窄，柄无色。冬孢子在中国尚未发现。

9）异孢柄锈菌 *P. heterospora* Berk. et Curt.，为害苘麻，引致苘麻锈病。冬孢子堆生于叶背的黄斑上，群生或排列成圈，黑褐色；冬孢子极少，近球形，光滑，褐色，两端圆，大小约为25μm×26μm，顶壁特厚，柄无色，长达100μm，单胞的冬孢子很多。

10）莴苣柄锈菌 *P. lactucae* Diet.、米努辛柄锈菌 *P. minussensis* Thüm.，均为害莴苣叶片，分别引致莴苣锈病、莴苣黄疱锈病，二者的形态特征比较如表2-4所示。

表2-4 莴苣柄锈菌与米努辛柄锈菌的形态特征比较

病原菌	莴苣柄锈菌 *P. lactucae*	米努辛柄锈菌 *P. minussensis*
夏孢子堆	散生于叶片两面，主要生于叶背，圆形，黄褐色	散生于叶片两面，主要生于叶背，圆形，黄褐色，粉状
夏孢子	近球形，浅黄褐色，粗糙，20～25μm×19～23μm，中腰有4个芽孔	近球形至广椭圆形，黄褐色，具微细小刺，22～26μm×18～24μm，芽孔4个，散生
冬孢子堆	与夏孢子堆相似，暗褐色	叶片两面生，主要在叶背，近圆形，暗褐色，早期破裂，粉状
冬孢子	双胞，广椭圆形，两端圆，褐色，有微细小疣，30～37μm×22～26μm，具无色短柄	双胞，椭圆形或倒卵圆形，两端圆，褐色，有微细小疣，28～42μm×18～25μm，上部细胞芽孔在顶端，下部细胞芽孔在近基部，柄无色，不脱落
性孢子器		生于叶片两面，褐色
锈孢子器		生于叶片两面，主要在叶背，沿叶脉处较多，埋生于表皮下，中央开口，露出黄色孢子堆
锈孢子		近球形、倒卵圆形或椭圆形，黄色，密生微细小疣，19～28μm×17～22μm

11）屈恩柄锈菌*P. kuehnii* Butl.，为害甘蔗，引致甘蔗锈病。主要侵染叶片及叶鞘。夏孢子堆生于叶片两面，主要在叶背，黄褐色，长形，与叶脉平行，破裂后粉状；夏孢子卵圆形或梨形，淡黄色至栗褐色，有刺，25～42μm×17～25μm，中腰有4个芽孔；夏孢子堆周围侧丝甚多，棒形或圆柱形，直或弯，1个横隔膜，近无色至褐色，30～50μm×8～10μm；冬孢子堆生于叶片两面，主要在叶背，黑色，长形，周围有破裂的表皮；冬孢子椭圆形至棒形，双胞，顶端圆或平截，向下渐窄，光滑，黄褐色，顶端色较深，30～48μm×15～22μm，有黄褐色短柄；冬孢子堆周围有侧丝，初呈圆柱形，后为头状，黄褐色，壁厚，30～68μm×7～16μm。

12）阿嘉菊柄锈菌矢车菊变种*P. calcitrapae* var. *centaureae* (DC.) Cumm.，为害红花，引致红花锈病。夏孢子堆生于叶片两面，主要在叶背，茶褐色或暗褐色，初小泡状，后突破表皮，呈粉状；夏孢子球形、近球形或卵圆形，淡茶褐色，单胞，表面有小刺，中腰有2个芽孔，24～29μm×18～26μm；冬孢子堆生于叶片两面，主要在叶背，散生或聚生，圆形，暗褐色，粉状；冬孢子广椭圆形，双胞，茶褐色，两端圆形，分隔处稍缢缩，表面有小疣，28～45μm×19～25μm，柄短，无色，易脱落。

13）南布柄锈菌*P. nanbuana* Henn.，为害独活，引致独活锈病。主要侵染叶片，夏孢子堆生于叶背，散生或聚生，圆形或近圆形，褐色，后突破表皮外露（图2-159A和B）；夏孢子卵圆形或椭圆形，单胞，黄褐色，表面有小刺，顶端壁厚（3～10μm），23～82μm×16～80μm，有2～4个芽孔；冬孢子堆生于叶背，与夏孢子堆相似，黑褐色，突破表皮；冬孢子双胞，棒形，长椭圆形或椭圆形，顶端圆形或圆锥形，茶褐色，表面光滑，基部渐窄，发芽孔上有无色的芽帽，32～54μm×18～26μm，柄无色，易脱落（图2-159C～F）。除独活外，还为害白芷等。

14）薄荷柄锈菌*P. menthae* Pers.，为害薄荷，引致薄荷锈病。同主寄生，侵染薄荷叶片和茎。夏孢子堆生于叶背，散生或聚生，近圆形，锈褐色，后突破表皮外露，粉状；夏孢子单胞，近球形、倒卵圆形至椭圆形，浅褐色，有小刺，16～31μm×16～26μm，近中腰处有3个芽孔；冬孢子堆散生或聚生于叶背，有时生于茎上，黑褐色，圆形，粉状；冬孢子椭圆形、卵圆形或近球形，深褐色，顶端有一无色或浅褐色的乳头状突起，表面有小疣，27～42μm×19～29μm；锈孢子器及性孢子器埋生，主要生于茎部，不规则开裂；锈孢子单胞，圆形或椭圆形，黄色，表面有细疣，20～31μm×20～27μm；性孢子单胞，椭圆形，无色，2.0～3.0μm×0.5～1.0μm。以冬孢子或夏孢子在病组织内越冬。

3. 胶锈菌属 *Gymnosporangium* Hedw. ex DC.

除个别种外，该属均为转主寄生菌，不产生夏孢子，是典型的缺夏型锈菌。冬孢子堆初埋生于桧柏等柏科植物枝条表皮下，后突破表皮外露，有垫状、角状等多种形式，遇水胶化，呈黄色或深褐色；冬孢子双胞，具长柄，孢壁有色，光滑，每胞具2个芽孔，柄无色，潮湿时冬孢子堆膨胀成胶块状；冬孢子萌发产生担子和担孢子，担孢子肾形或卵圆形；性孢子器埋生于寄主植物叶片表皮下，瓶状，初蜜黄色，后橙黄色，最后变为黑色；锈孢子器具圆管状包被，聚生于寄主植物表皮下，后突破表皮外露，毛发状；锈孢子串生，圆形至椭圆形，深褐色，具疣。不产生夏孢子。冬孢子寄生于刺柏属*Juniperus*植物上。

1）梨胶锈菌*Gymnosporangium asiaticum* Miyabe ex Yamada，为害梨，引致梨锈病。性孢子和锈孢子阶段侵染梨、木瓜、山楂、贴梗海棠等的叶片、新梢和幼果。性孢子器生于梨树叶面的橙红色病斑上，橘黄色，后变为暗褐色，扁球形，孔口外露，120～170μm×90～120μm，受精丝丝状，自性孢子

图2-159 *Puccinia nanbuana*引致独活锈病叶片症状（A）与茎秆症状（B），冬孢子堆（C），生于叶片两面的冬孢子堆（D），冬孢子（E），夏孢子堆与夏孢子（F）

器孔口伸出（图2-160A），性孢子器在发育后期变为黑色（图2-160B）；锈孢子器生于叶背、叶柄或果实表面隆起的病斑上，灰白色，丛生，毛发状，长2～5mm，直径0.2～0.3mm（图2-160C和D）；梨锈病的转主寄主为桧柏，在其鳞叶、嫩梢和小枝上产生米粒大小、棕褐色、角状冬孢子角，冬孢子角吸水膨胀以后，变成黄色、花朵状胶质团（图2-160E和F）；性孢子器近球形，受精丝自孔口伸出；性孢子纺锤形或椭圆形，无色，单胞，8.0～12.0μm×3.0～3.5μm（图2-161A）；锈孢子器长筒状，锈孢子近圆形，淡黄褐色，串生，壁厚，有小疣，18～20μm×19～24μm（图2-161B和C）；冬孢子双胞，椭圆形或两端稍尖，淡黄褐色，3～62μm×1～28μm，具胶质长柄，易消解（图2-161D）；冬孢子萌发产生担子和担孢子，担孢子萌发侵染梨树（图2-161E）。梨锈病是典型的缺夏型病害，不产生夏孢子，也没有再侵染过程。在梨园周围5km内禁止种植桧柏，及时喷药保护，可以防治梨锈病。

2）山田胶锈菌 *G. yamadae* Miyabe ex Yamada，为害苹果，引致苹果锈病。性孢子和锈孢子阶段侵染苹果、沙果、山荆子、西府海棠等的叶片、嫩梢及幼果。叶片发病初期，在病叶产生的橙黄色病斑上密生鲜黄色细小粒点（性孢子器），后期性孢子器变为黑色（图2-162）。性孢子器球形，埋生于苹果叶片组织内，孔口外露，受精丝丝状，自孔口伸出（图2-163，图2-164A）；性孢子单胞，纺锤形，无色（图2-164B）；从病斑背面隆起部位丛生淡黄色毛状物（锈孢子器），锈孢子器长筒形，毛发状，锈孢子球形，茶褐色，单胞，壁厚，串生，有疣突，16～25μm×16～24μm（图2-165，图2-166）；冬孢子和担孢子阶段生于桧柏上，在桧柏嫩枝上形成球形或半球形菌瘿（冬孢子角，该特征可与梨锈病区别），冬孢子角深褐色，吸水膨胀后呈鲜黄色、花朵状胶质块（图2-167A）；冬孢子长卵圆形，双胞，深褐色，具胶质长柄，长柄易消解，23～55μm×15～23μm（图2-167B），冬孢子萌发产生的担孢子侵染苹果。发病规律与防治策略同梨锈病。

4. 花孢锈菌属 *Nyssopsora* Arth.

同主寄生。锈孢子堆和夏孢子堆相似，无侧丝；锈孢子球形，具稀疏小疣，壁有色；夏孢子堆未发现或无；冬孢子三胞，排成三角形，每个细胞有2个以上芽孔，壁有色，孢身有刺突。

香椿花孢锈菌 *Nyssopsora cedrelae* (Hori) Tranz.，为害香椿，引致香椿锈病。主要侵染叶片，初期叶片两面生橙黄色小点锈孢子堆，叶背较明显，严重时孢子堆布满叶片，之后在橘红色病斑上产生黑色冬孢子堆。冬孢子堆散生或聚生，黑褐色，破裂后散出锈褐色粉末，即冬孢子；冬孢子三胞，“品”字形排列，分隔处缢缩，暗褐色，直径30～44μm，每个细胞有2或3个芽孔，孢身有刺突22～30个，尖端1或2次分枝，冬孢子柄无色，不脱落（图2-168，图2-169A）；锈孢子球形或卵圆形，表面有细疣，无色，壁厚2.0～2.5μm，芽孔不明显，14～18μm×10～14μm（图2-169B和C）。

5. 瘤双胞锈菌属 *Tranzschelia* Arth.

冬孢子由两个圆形且易分离的细胞构成，具疣状突起，褐色，以短而易断的小柄着生在短而不显著的总柄上；夏孢子堆红褐色，夏孢子单胞，红褐色，椭圆形或倒卵圆形，孢壁有刺疣，芽孔位于腰部；性孢子器扁平，圆锥形或半球形，褐色至黑色；锈孢子器杯状，埋生，有外突的包被；锈孢子串生，球形，密生疣刺。多数同主寄生，少数转主寄生。

图2-160 *Gymnosporangium asiaticum*性孢子器与性孢子（A），性孢子器后期变黑（B），叶柄上的锈孢子器（C），果实上的锈孢子器（D），生于转主寄主刺柏上的冬孢子角（E），冬孢子角吸水膨胀（F）

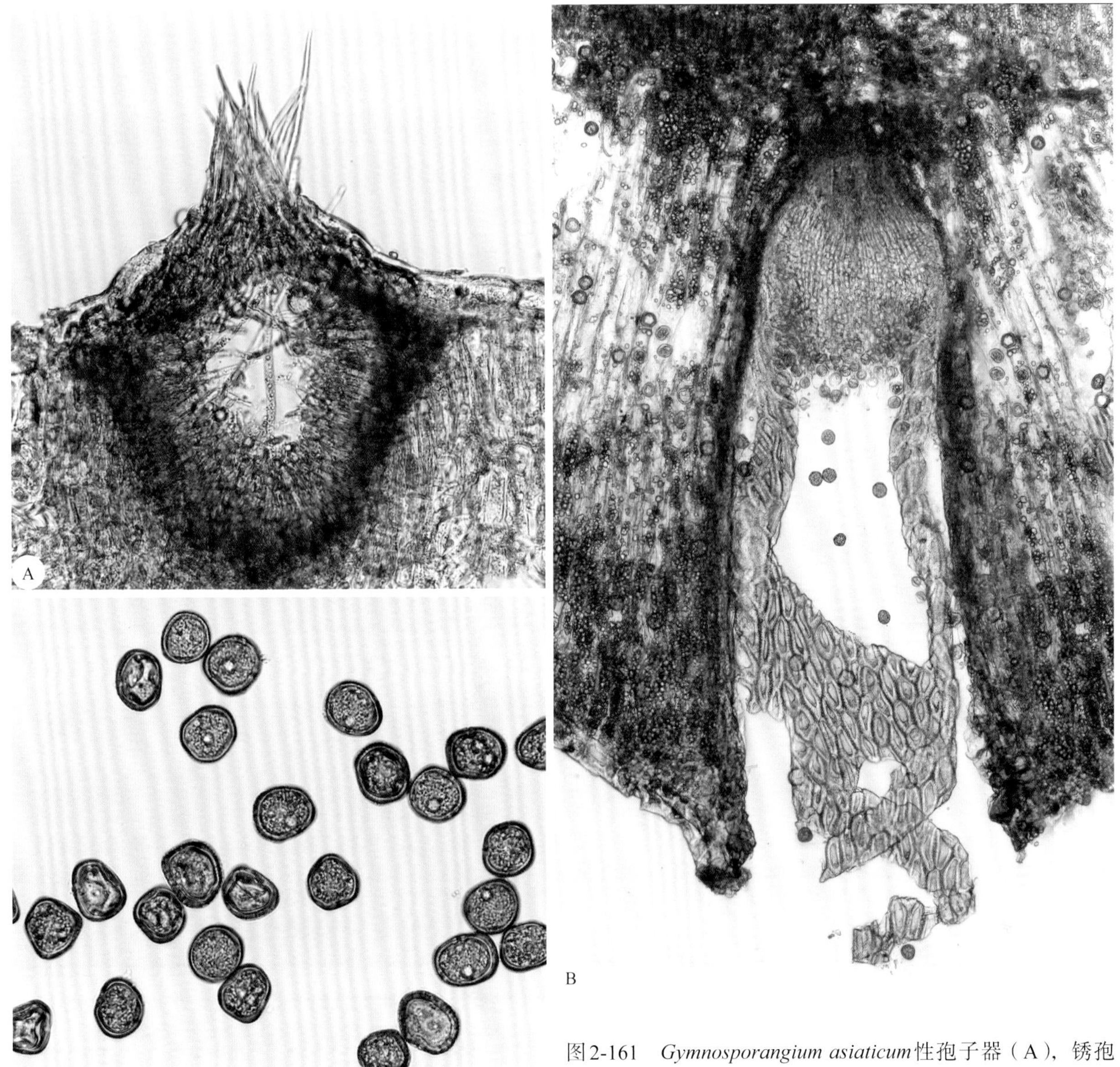

图2-161　*Gymnosporangium asiaticum*性孢子器（A），锈孢子器（B），锈孢子（C），冬孢子（D），冬孢子萌发产生担子和担孢子（E）

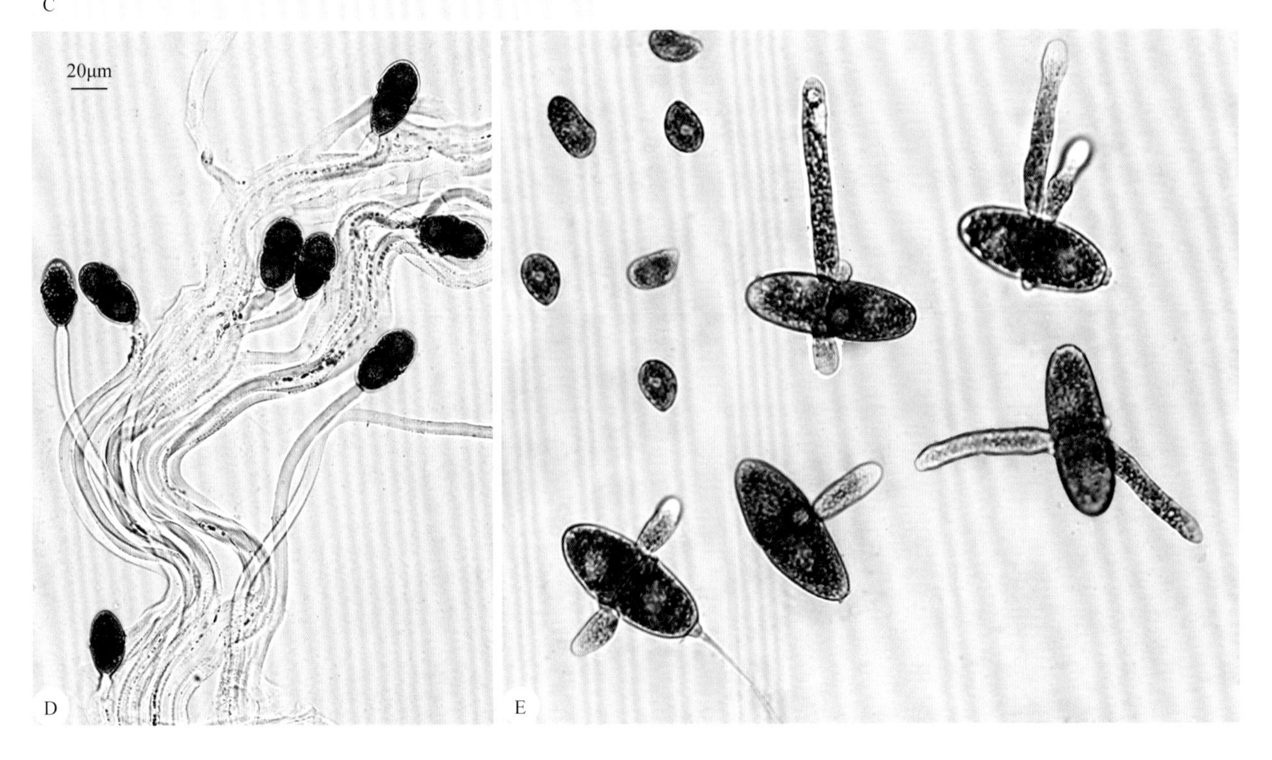

图2-162 *Gymnosporangium yamadae*性孢子器初呈橘黄色（A），后为黑色（B）

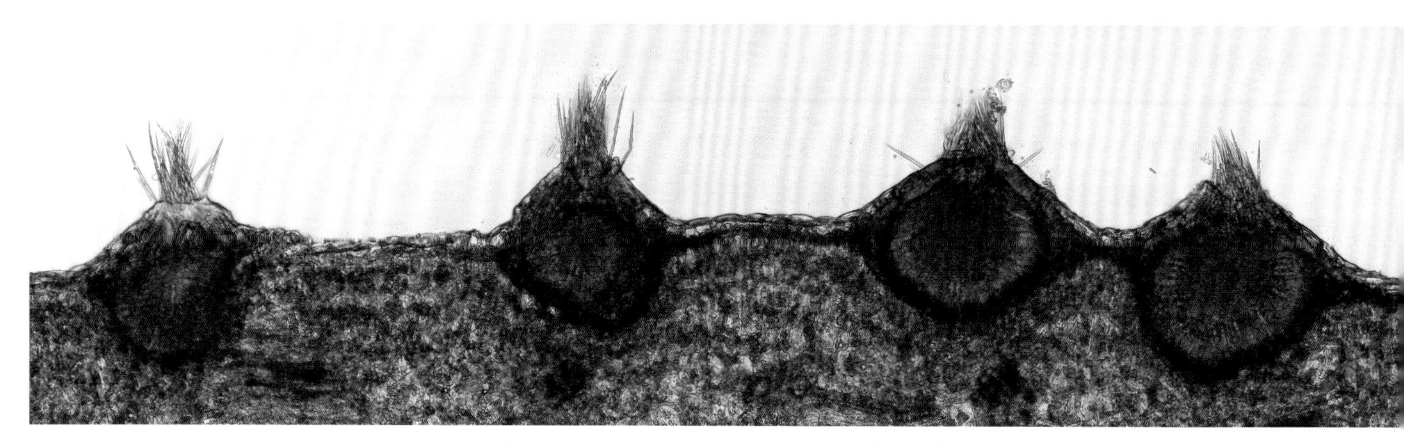

图2-163 *Gymnosporangium yamadae*性孢子器

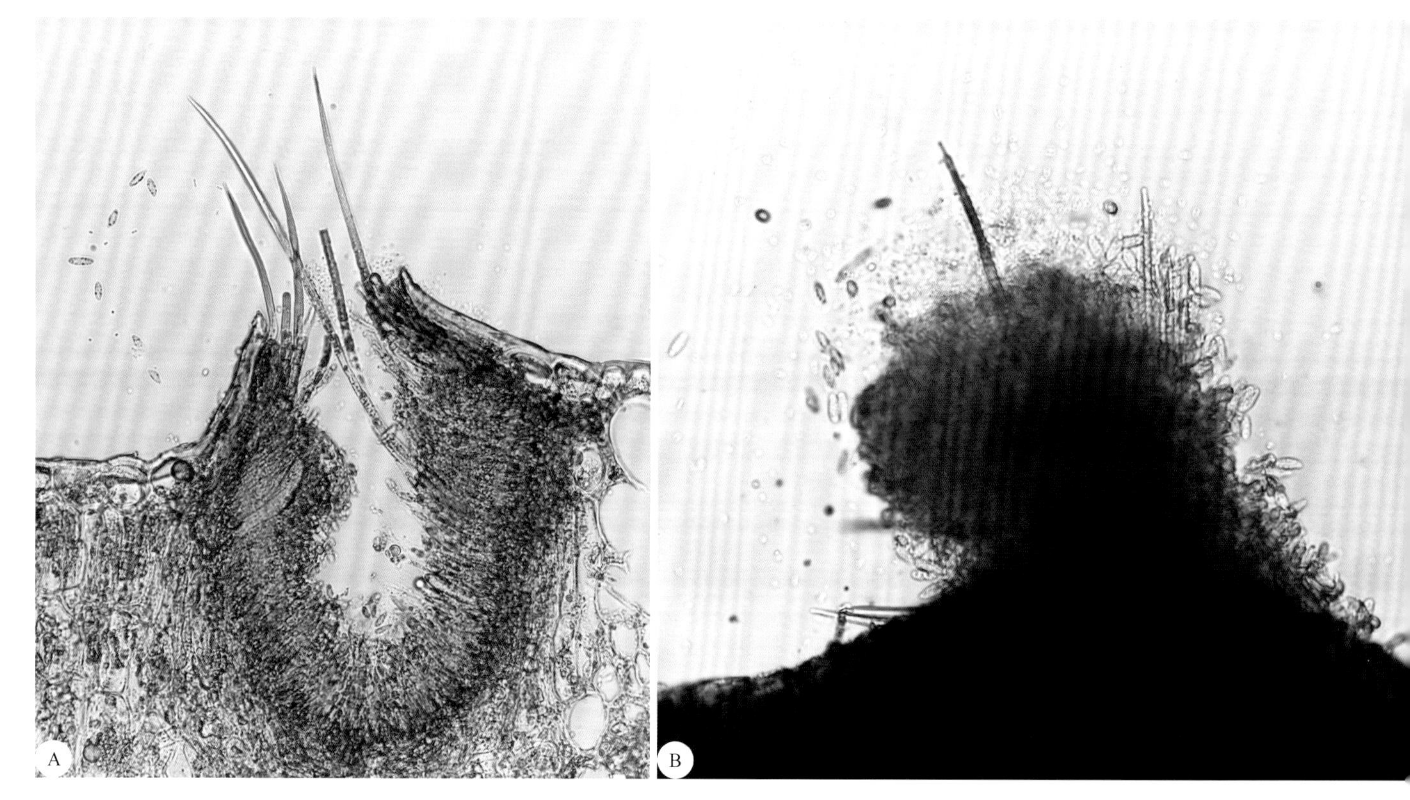

图2-164 *Gymnosporangium yamadae*性孢子器与受精丝（A），性孢子器涌出性孢子及受精丝释放精细胞（B）

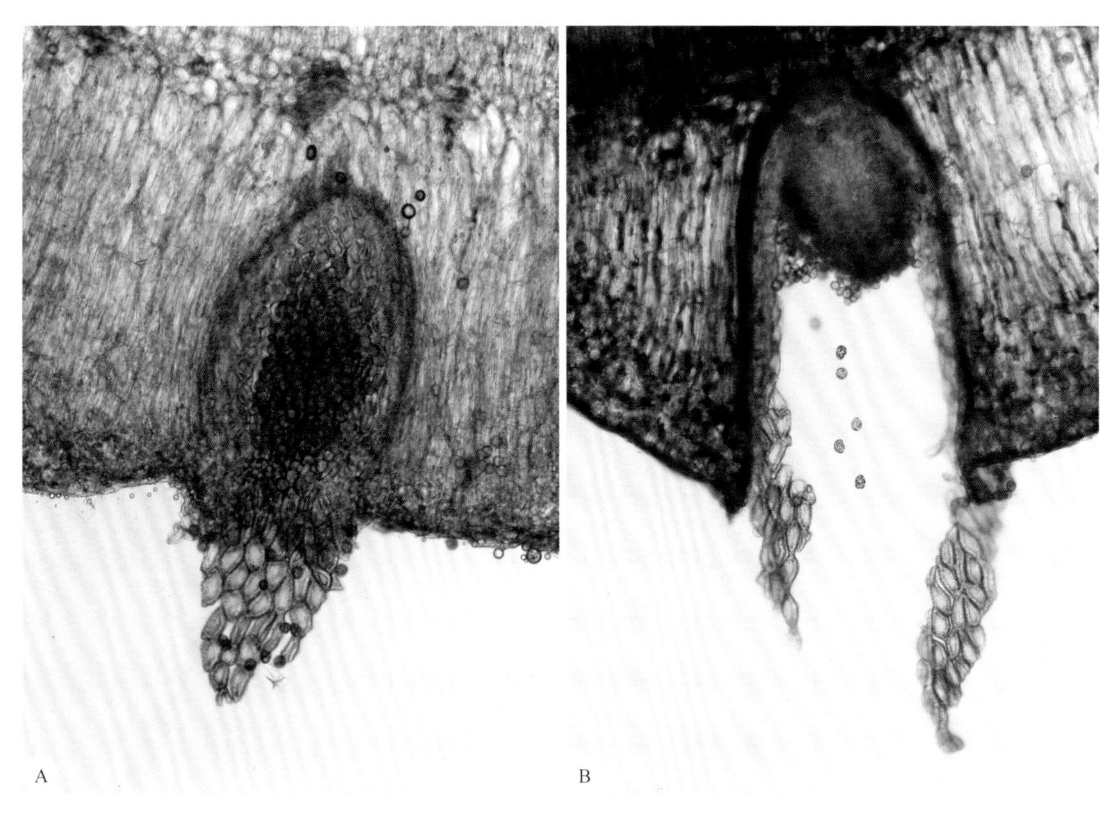

图2-165　*Gymnosporangium yamadae*锈孢子器形态

A：锈孢子器形成初期；B：锈孢子器后期形态

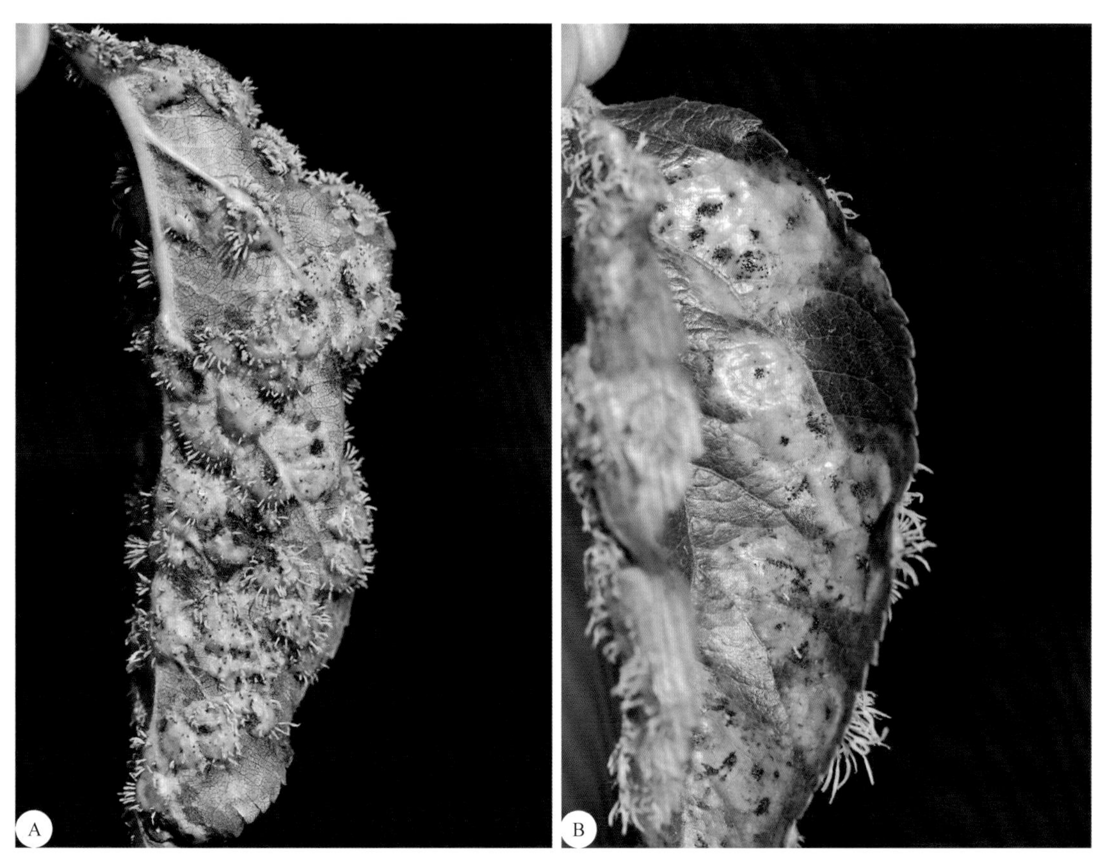

图2-166　*Gymnosporangium yamadae*生于叶背的锈孢子器（A）与生于叶面的性孢子器（B）

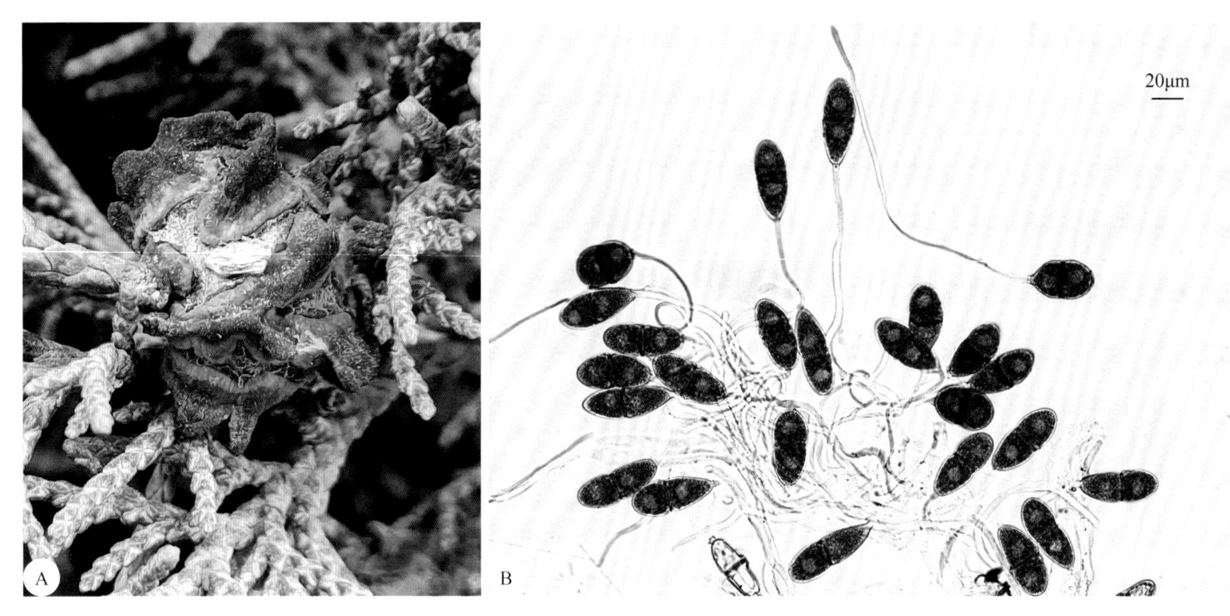

图2-167 *Gymnosporangium yamadae*在转主寄主桧柏上形成的冬孢子角（A）与冬孢子（B）

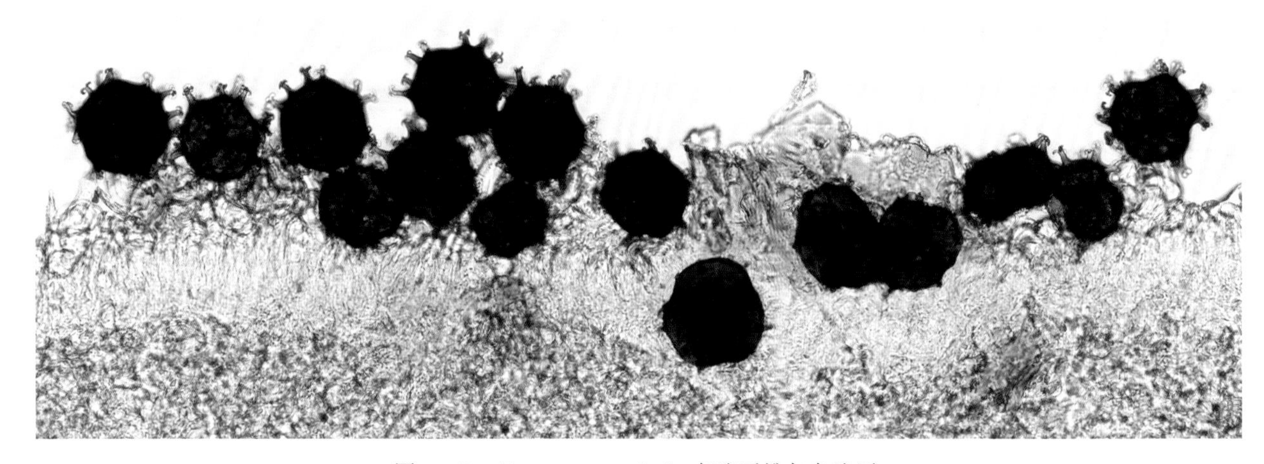

图2-168 *Nyssopsora cedrelae*冬孢子堆与冬孢子

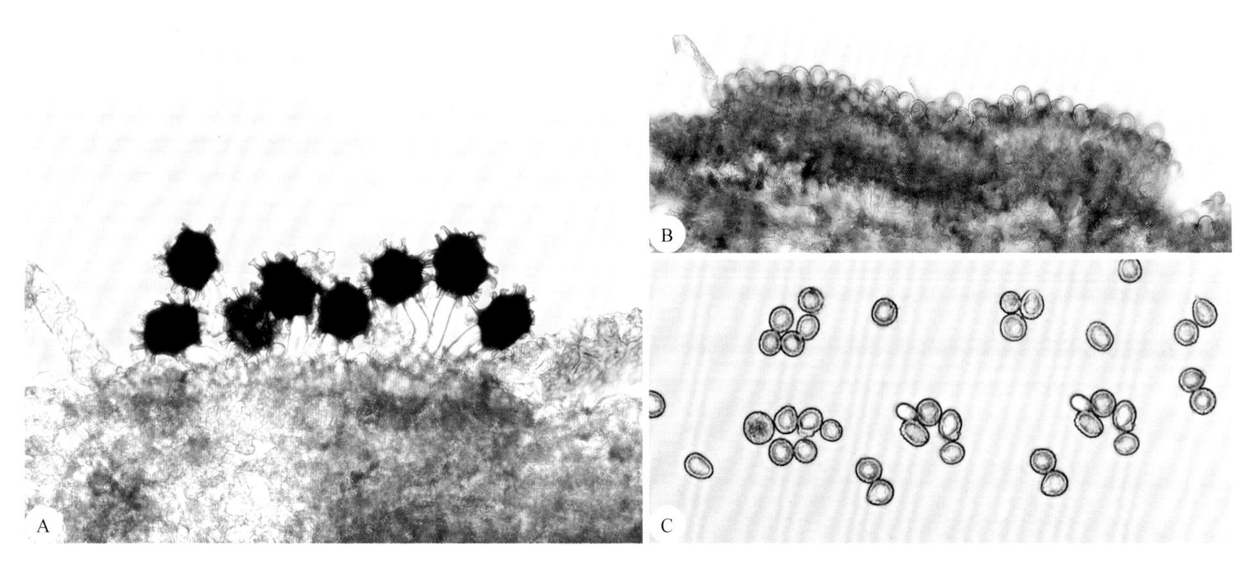

图2-169 *Nyssopsora cedrelae*无色冬孢子柄（A），锈孢子堆（B），锈孢子（C）

刺李瘤双胞锈菌*Tranzschelia pruni-spinosae* (Pers.) Diet.，Ⅱ、Ⅲ时期为害桃树，引致桃褐锈病（图2-170A）。夏孢子堆初期埋生于叶背，黄褐色，散生，后突破表皮外露。夏孢子长椭圆形、棒形或纺锤形，上部黄褐色，光滑，下部色淡，具刺疣，24～34μm×15～18μm，有头状侧丝（图2-170B，图2-171）；冬孢子堆散生于叶背，圆形，栗褐色；冬孢子长椭圆形或倒卵圆形，双胞，表面密生粗疣，分隔处缢缩深，双胞易分离，25～39μm×18～28μm（图2-172）。0、Ⅰ时期生于白头翁上，性孢子器散生于叶片角质层下，暗褐色。锈孢子器杯状或圆柱状，散生于叶背，开裂成四瓣；锈孢子黄色，近球形或椭圆形，有细小疣刺，18～27μm×15～20μm。包被细胞多角形，20～25μm×18～28μm；外侧壁具条纹，厚6～8μm，内侧壁有疣，厚3～4μm。除桃树外，还为害杏树、李树等。

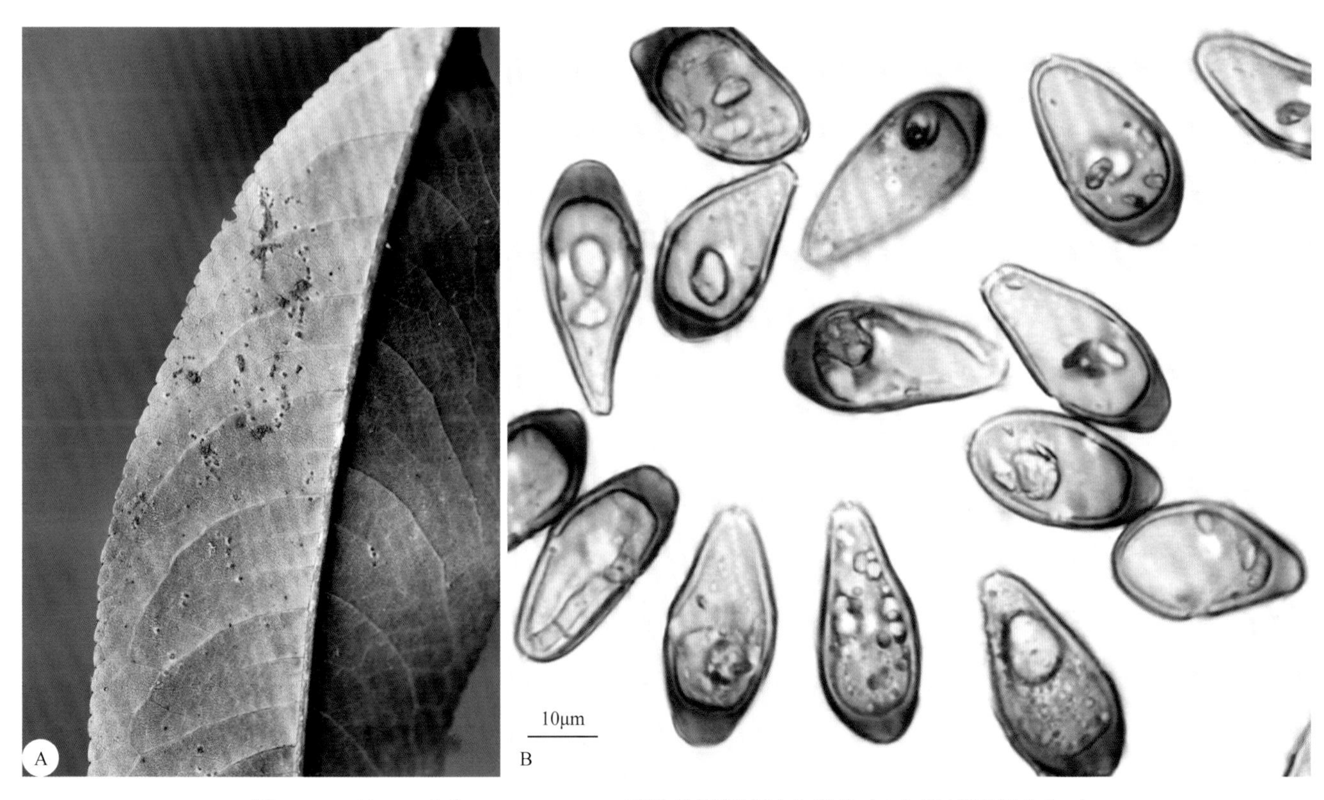

图2-170　*Tranzschelia pruni-spinosae*引致桃褐锈病叶片症状（A）及其夏孢子（B）

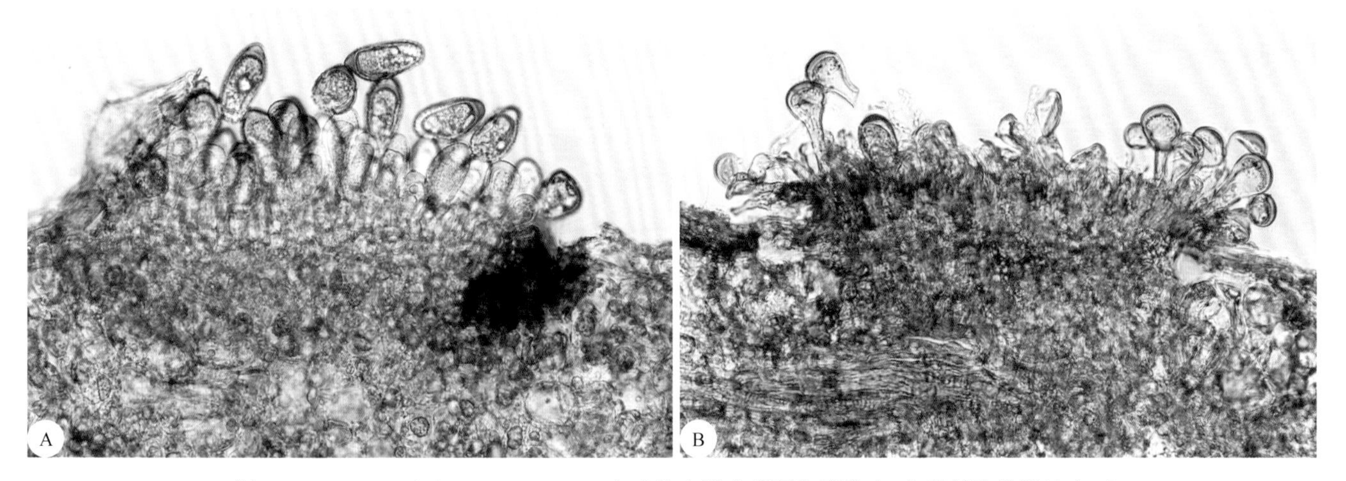

图2-171　*Tranzschelia pruni-spinosae*在叶片上形成的夏孢子堆（A）及其头状侧丝（B）

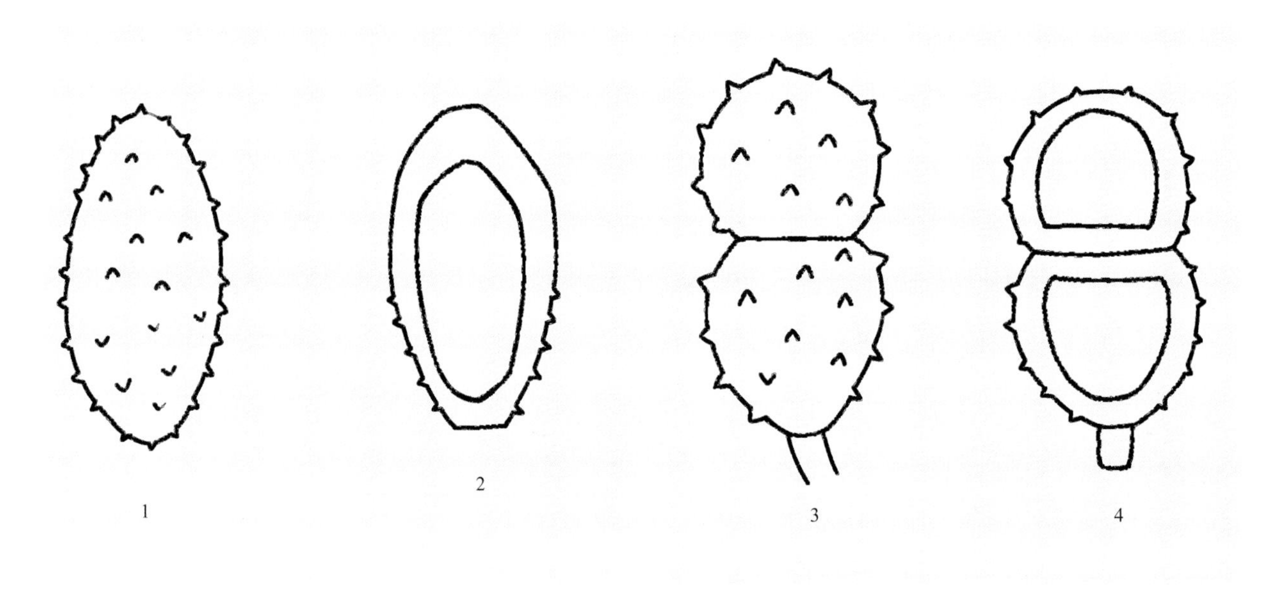

图2-172 *Tranzschelia pruni-spinosae*形态模式图
1：夏孢子外观；2：夏孢子透视；3：冬孢子外观；4：冬孢子透视

6. 鞘锈菌属 *Coleosporium* Lév.

冬孢子堆蜡质，埋生于寄主植物表皮或角质层下，扁平或稍隆起；冬孢子圆柱形或棍棒形，单胞，外被一层厚的胶质壁，顶端肥厚，无柄；冬孢子萌发时产生隔膜变为四胞，产生担子和担孢子；性孢子器圆锥形，生于表皮下，有侧丝；锈孢子器生于叶片内，后突破表皮露出，具舌状包被；锈孢子串生，椭圆形或球形，表面具小刺疣；夏孢子堆散生，黄褐色，无包被；夏孢子球形至椭圆形，表面有小疣，芽孔不明显。该属为转主寄生。

1）花椒鞘锈菌 *Coleosporium zanthoxyli* Diet. et Syd.，主要为害花椒，引致花椒锈病。主要侵染叶片（图2-173）。冬孢子堆与夏孢子堆相似，橘黄色，散生，蜡质；冬孢子棒形，浅黄褐色，向下渐窄，55～90μm×20～29μm，顶端圆，顶壁厚12～20μm（图2-174A）；夏孢子堆散生，或圆环状生于叶背，蜡质，橘黄色；夏孢子椭圆形，近无色，有粗疣，24～42μm×17～23μm（图2-174B）。

2）紫苏鞘锈菌 *C. perillae* Syd.，为害紫苏，引致紫苏锈病。夏孢子堆散生或聚生于叶背，近圆形，橙黄色；夏孢子近球形或广椭圆形，色浅，表面密生小疣，局部光滑，光滑处具条纹，17～25μm×15～19μm；冬孢子堆散生或聚生于叶背，近圆形，黄锈色；冬孢子圆柱形或棒状，浅黄色，45～88μm×13～20μm，顶端圆，顶壁厚10～22μm。

7. 层锈菌属 *Phakopsora* Diet.

冬孢子堆生于叶片表皮下，扁平或半球形，略隆起，不破裂外露；冬孢子单胞，椭圆形或长椭圆形，表面光滑，淡褐色，成层排列；夏孢子堆较小，生于叶片表皮下，圆形，成熟后突破表皮露出；夏孢子单胞，球形或椭圆形，有小刺，无色、黄色或褐色；性孢子和锈孢子阶段尚未发现。

图2-173　*Coleosporium zanthoxyli*引致花椒锈病症状

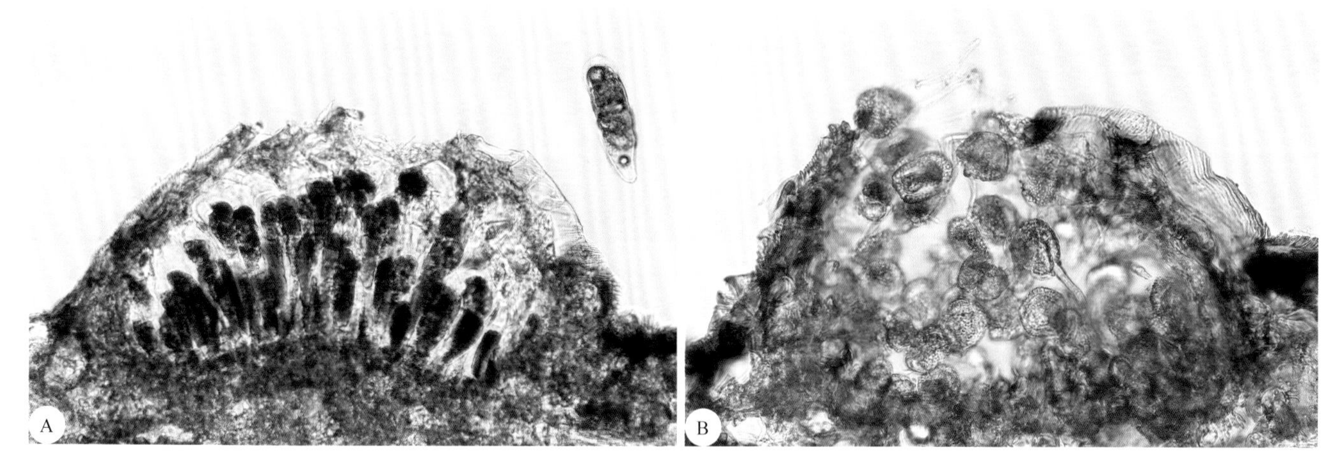

图2-174　*Coleosporium zanthoxyli*冬孢子堆与冬孢子（A），夏孢子堆与夏孢子（B）

1）豆薯层锈菌*Phakopsora pachyrhizi* Syd. et P. Syd.，为害大豆，引致大豆锈病。主要侵染叶片、叶柄和茎。夏孢子堆散生于叶片两面，橙黄色至灰褐色，稍隆起，有侧丝，拟包被细胞角状，壁薄；夏孢子球形、近球形或卵圆形，黄褐色，密生短刺；冬孢子堆散生或聚生，多角形，黑褐色，稍隆起；冬孢子棍棒形、长椭圆形或多角形，黄色至褐色，壁光滑，顶壁稍厚，排列2～6层。

2）葡萄层锈菌*P. ampelopsidis* Diet. et Syd.，为害葡萄，引致葡萄锈病。夏孢子堆散生或聚生于叶背，黄色；夏孢子卵圆形或椭圆形，橙黄色，密生小刺，14～30μm×11～18μm；冬孢子堆于秋季产生，黄褐色至黑褐色，生于叶片表皮下，多角形；冬孢子卵圆形、长椭圆形或长方形，顶壁厚，15～26μm×9～15μm，在孢子堆中排列3～6层。除葡萄外，还为害野葡萄等。

3）枣层锈菌*P. ziziphi-vulgaris* (Henn.) Diet.，为害枣树，引致枣锈病。主要侵染叶片，冬孢子堆散生于叶背，圆形或不规则形，淡褐色（图2-175A）。夏孢子广椭圆形、倒卵圆形或近球形，淡黄色，有刺，15～25μm×12～20μm（图2-175B）；冬孢子近圆形、长椭圆形或多角形，表面光滑，黑褐色或黄褐色，10～20μm×6～12μm，在孢子堆中呈2～4层排列（图2-176）。以冬孢子在落叶上越冬。

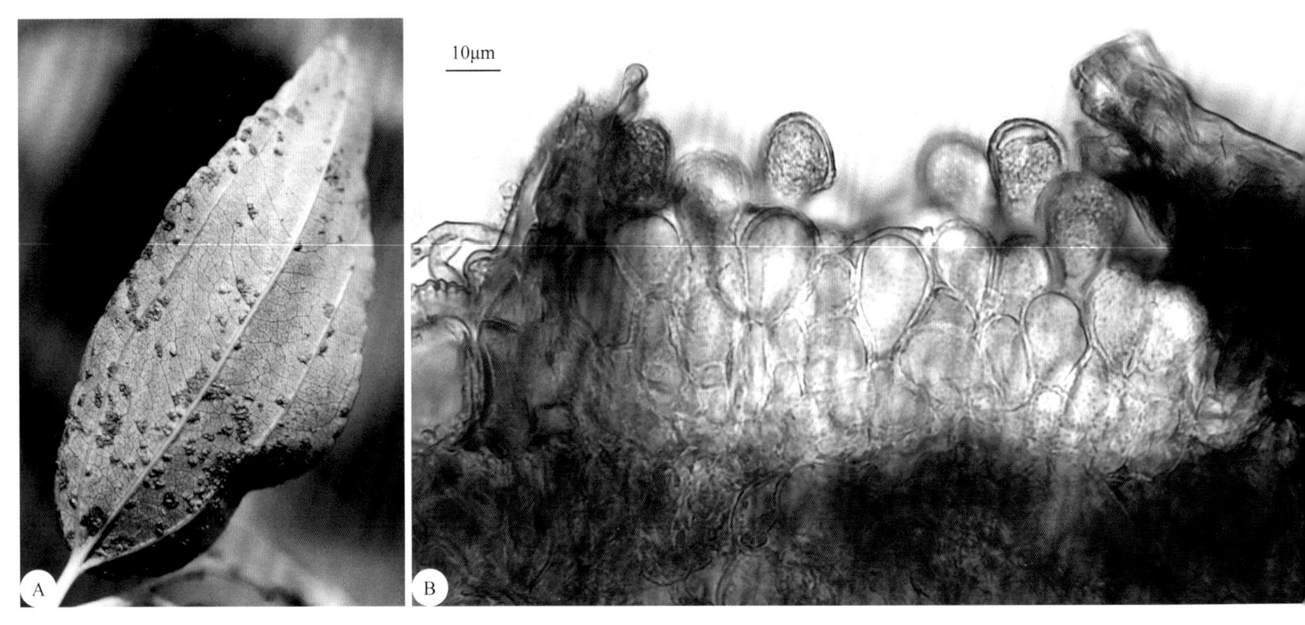

图2-175 *Phakopsora ziziphi-vulgaris*引致枣锈病症状（A），夏孢子堆与夏孢子（B）

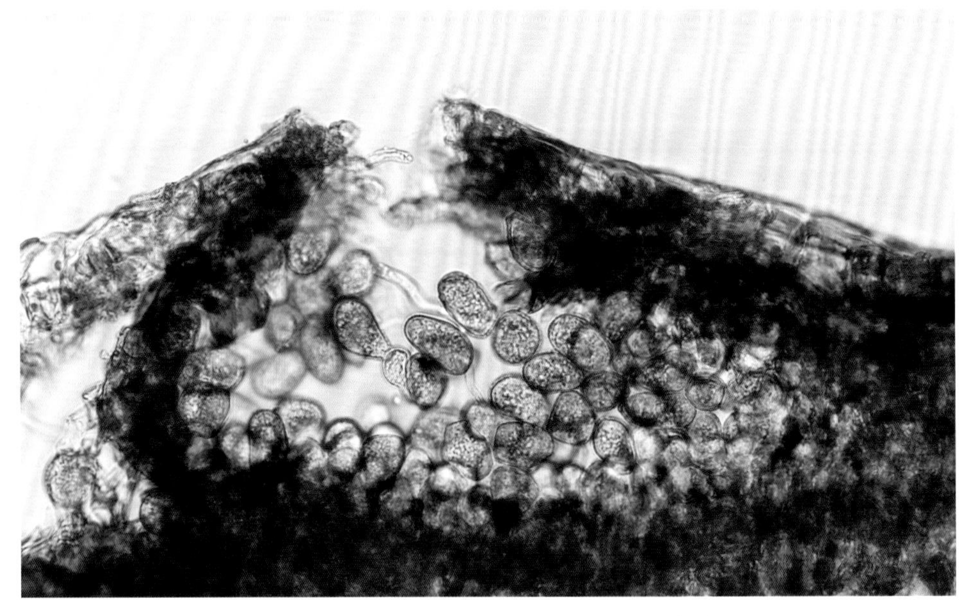

图2-176 *Phakopsora ziziphi-vulgaris*冬孢子堆与冬孢子

8. 栅锈菌属 *Melampsora* Cast.

栅锈菌又称无柄锈菌。冬孢子堆生于叶片表皮下，少数生于角质层下，不外露，扁平，由一层侧面互相结合粘连的冬孢子组成，初呈淡褐色，后为黑褐色；冬孢子单胞，壁有色，光滑，无柄，多数具明显芽孔，萌发产生四胞的担子，担孢子球形，淡色或黄色；夏孢子堆小，生于叶片表皮下，后突破表皮外露，黄色，粉状，有头状侧丝；夏孢子单生，球形至长椭圆形，表面有细刺，无色；性孢子器圆锥形或半球形，生于角质层或上表皮下；锈孢子器生于下表皮下，圆形、椭圆形或不规则形，橙黄色，突破表皮外露；锈孢子串生，球形或多角形，表面有细疣。同主寄生或转主寄生。

1）鞘锈状栅锈菌*Melampsora coleosporioides* Diet.，为害柳树，引致柳锈病。性孢子器生于叶面，埋生于叶片表皮下，扁平或球形，18.6～43.5μm×11.4～21.0μm；性孢子椭圆形或球形，无色，1.7～2.3μm×1.0～2.0μm；锈孢子堆橘黄色，裸生；锈孢子串生，球形，橘黄色，表面有疣，14.2～26.0μm×14.3～24.7μm；夏孢子堆生于叶片两面，以叶背为主，橘黄色，初生夏孢子堆散生，圆形，直径0.1～0.5mm，后期夏孢子堆多数聚生，直径1.5～2.5mm；夏孢子多数长卵圆形，少数卵圆形至椭圆形，橘黄色，表面有刺，20.1～28.0μm×13.2～18.2μm，壁厚、均匀，厚1.7～2.3μm；夏孢子堆中有头状侧丝，长33.8～65μm，头部宽9.1～15.6μm，柄粗3.6～5.7μm，顶壁厚2.0～6.6μm，侧壁厚1.0～2.3μm（图2-177A）；冬孢子堆生于叶片两面，以叶背为主，散生或聚生，红褐色，圆形，直径0.1～0.5mm；冬孢子圆筒形，黄色，29.9～58.5μm×8.3～14.9μm，壁厚0.9～1.3μm，顶壁厚2.3～3.3μm（图2-177B，图2-178）；担孢子球形，淡黄色，有一小突起，直径6.5～10.4μm。转主寄生，全锈型。在柳树上产生夏孢子、冬孢子和担孢子（图2-179），在紫堇上产生性孢子和锈孢子。

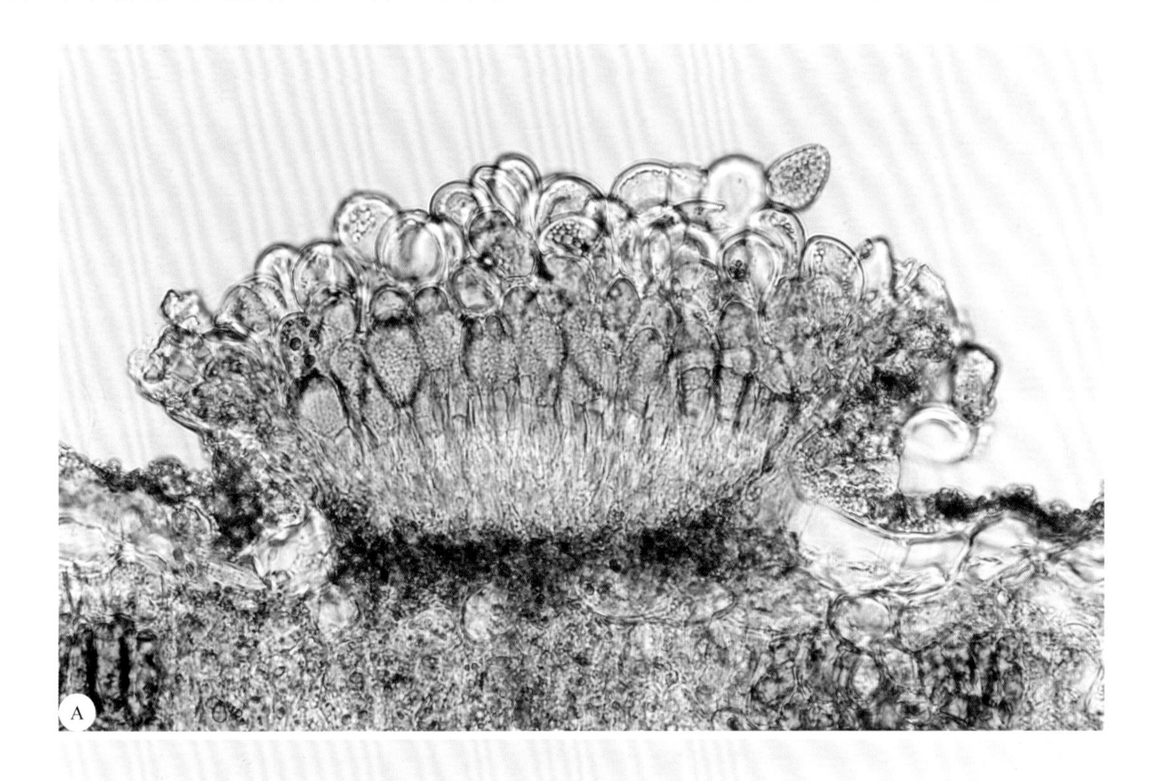

图2-177 *Melampsora coleosporioides*夏孢子堆、夏孢子和头状侧丝（A），冬孢子外壁后期粘连（B）

图2-178 *Melampsora coleosporioides*冬孢子堆与圆柱形冬孢子

图2-179 *Melampsora coleosporioides*引致柳锈病叶面症状（A）和叶背症状（B）

2）松杨栅锈菌*M. larici-populina* Kleb.，为害杨树，引致杨锈病。夏孢子堆橙黄色，粉状，产生多数侧丝，侧丝棒状至头状，40～70μm×14～18μm；夏孢子卵圆形或长圆形，壁无色，有细刺，具芽孔，内含物黄色，30～40μm×13～17μm（图2-180A）；冬孢子堆散生或聚生于叶片表皮下，赤褐色；冬孢子圆筒形，壁鲜黄褐色，芽孔显著（图2-180B）；性孢子器生于松叶表皮下，半球形；锈孢子器生于松叶上，裸露，单生或聚生，橙黄色；锈孢子球形或卵圆形，近无色，密生细疣，22～37μm×18～27μm。转主寄生，夏孢子和冬孢子阶段寄生于小叶杨叶片上（图2-181）；性孢子和锈孢子阶段寄生于落叶松针叶上。

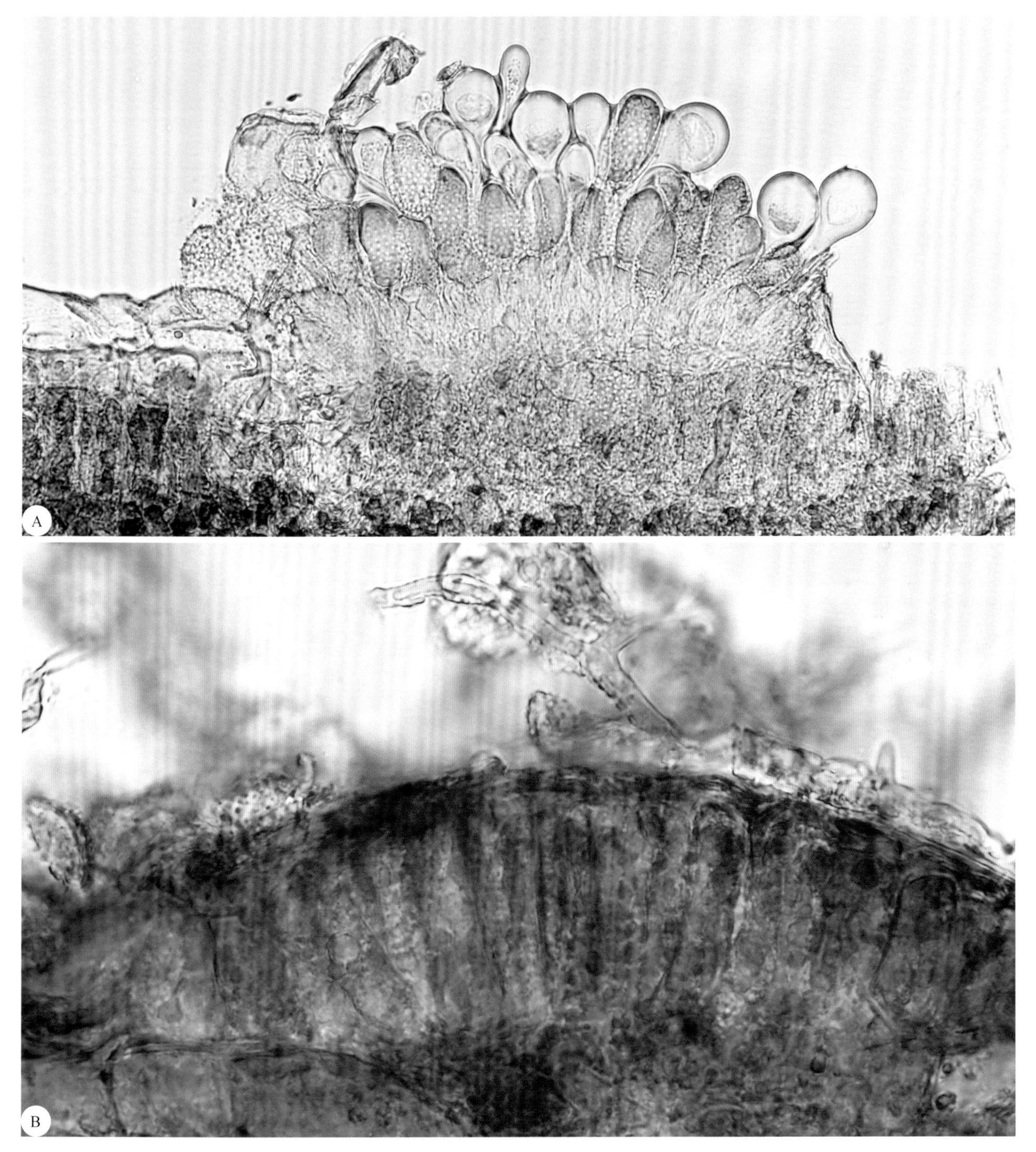

图2-180　*Melampsora larici-populina*夏孢子堆、夏孢子及头状侧丝（A），冬孢子堆与冬孢子（B）

图2-181 *Melampsora larici-populina*引致杨锈病叶片症状

3）亚麻栅锈菌*M. lini* (Ehrenb.) Lév.，为害亚麻，引致亚麻锈病。同主寄生，0、Ⅰ、Ⅱ、Ⅲ均寄生在亚麻上，侵染叶片、茎及蒴果。亚麻发病后，初期在叶片和茎表皮下生淡黄色或橘黄色性孢子器和锈孢子器，性孢子器不明显；锈孢子球形，壁无色，有细疣，内含物橘黄色，19～27μm×21～28μm；在叶片、茎及蒴果上生赤黄色夏孢子堆，粉状；夏孢子广椭圆形或倒卵圆形，壁无色，有细刺，内含物橙黄色，13～20μm×15～25μm，有侧丝；冬孢子堆主要生于茎部，有时也生于叶片和蒴果上，红褐色至黑色，埋生于表皮下，栅栏状排列；冬孢子柱状，黄褐色，壁光滑，10～20μm×42～50μm（图2-182）。以冬孢子在病株残体上越冬，翌年春季萌发产生外生担子和担孢子，担孢子是病害发生的初侵染源，夏孢子引起再侵染。病菌有许多生理小种。防治采用轮作、深耕及选用抗病品种等综合措施。

9. 多胞锈菌属*Phragmidium* Link

同主寄生，为害蔷薇科植物，悬钩子属和蔷薇属发生较多。冬孢子堆生于叶片两面，以叶背为主，黑褐色，无侧丝；冬孢子单生，三胞至多胞，每个细胞具2或3个侧生芽孔，壁厚，光滑或有疣状突起，柄无色，下部膨大（图2-183）；夏孢子堆有侧丝，夏孢子单生于柄上；性孢子器生于角质层下，圆锥形或扁球形，无侧丝；锈孢子器无包被，球形或圆筒形，壁有疣，少数有刺；锈孢子串生。

1）多花蔷薇多胞锈菌*Phragmidium rosae-multiflorae* Diet.，为害蔷薇，引致蔷薇锈病。主要寄生于蔷薇叶片、嫩枝及果实（图2-184）。锈孢子器生于叶片或叶柄上，形成长形隆起病斑，橙黄色，粉状；锈孢子球形、近球形或椭圆形，壁有疣，无色，内含物橙黄色，20～30μm×15～22μm；夏孢子堆多散生于叶背，黄色，粉状，有侧丝，侧丝无色，圆柱形或棒形；夏孢子球形、近球形或倒卵圆形，

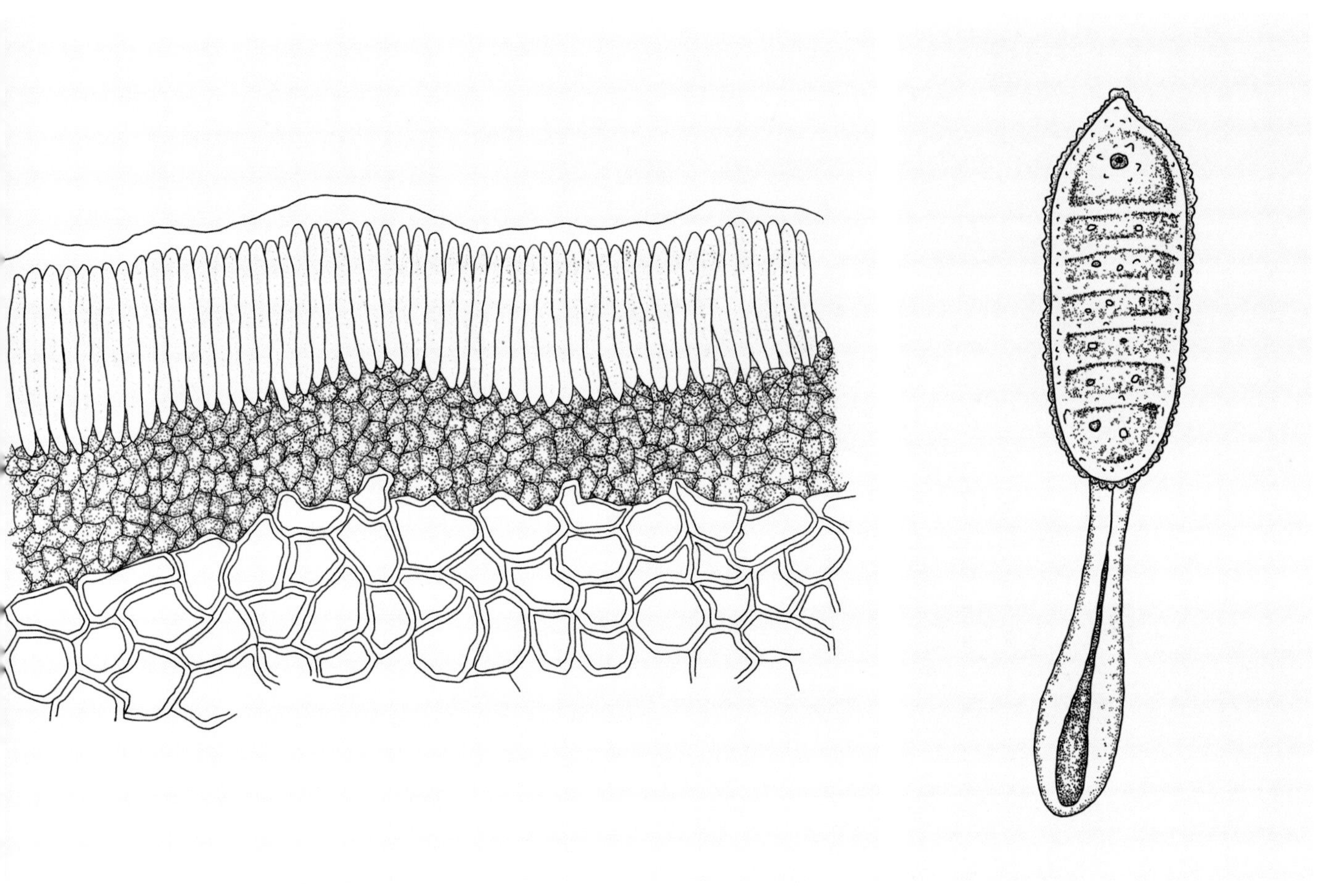

图2-182 *Melampsora lini*冬孢子形态模式图

图2-183 *Phragmidium*冬孢子形态模式图

18～25μm×15～21μm，壁稍厚（2～3μm），有小疣，无色，内含物橙黄色（图2-185）；冬孢子堆散生或群生，严重时扩及整个叶背，圆形或不规则形，黑色，直径0.2～0.4mm；冬孢子圆柱状，暗褐色，密生细疣，4～9个隔膜（通常6或7个），每个细胞有2或3个芽孔，顶端具黄色光滑的乳头状突起，长5～7μm，冬孢子大小为69～117μm×20～30μm，柄长60～129μm，不脱落，基部膨大呈棒形或近球形，上端黄褐色，下端无色（图2-186）。锈孢子、夏孢子和冬孢子阶段均寄生在蔷薇上。

2）委陵菜多胞锈菌*P. potentillae* (Pers.) Karst.，寄生在委陵菜上，引致委陵菜锈病。夏孢子球形、近球形、倒卵圆形或椭圆形，表面有疣状刺，淡黄色；冬孢子圆柱形，2～7个隔膜，壁平滑，墨绿褐色至赤褐色，48～105μm×22～32μm，顶端圆或稍窄细，柄长60～240μm，下部粗糙，无色，吸水后膨大胶化。

10. 串孢锈属*Frommea* Arth.

同主寄生。锈孢子堆状似夏孢子堆，无侧丝，通常生于叶面；锈孢子单生于柄上，粗糙，壁无色，芽孔不明显。夏孢子堆通常生于叶背，周围有或无侧丝；夏孢子单生于柄上，球形或倒卵形，有细刺，壁无色或近无色，芽孔侧生，不明显。冬孢子堆无侧丝；冬孢子有数个隔膜，有色，光滑，每个细胞有1个顶生芽孔；柄无色。

图2-184 *Phragmidium rosae-multiflorae*引致蔷薇锈病叶背产生的冬孢子堆（A）和夏孢子堆（B）

蛇莓串孢锈*Frommea duchesneae* Arth.，为害蛇莓，引致蛇莓锈病。夏孢子球形或倒卵形，鲜黄色，表面有细刺，壁无色或近无色，芽孔侧生，不明显；侧丝生于夏孢子堆周围，圆柱形，无色，稍弯，40.0 ~ 60.0μm × 7.0 ~ 13.0μm，壁厚不及1μm（图2-187A和B）。冬孢子堆垫状，锈褐色；冬孢子近棒形，锈褐色，顶端圆或钝，3 ~ 5个细胞，分隔处不缢缩或稍缢缩，孢身大小50.0 ~ 80.0μm × 19.0 ~ 26.5μm；孢壁光滑，锈褐色，下部色较浅，侧壁厚1.5 ~ 2.0μm ，顶端厚5.0 ~ 10.0μm；柄无色或顶端淡色，长为孢身一半或与孢身等长。蛇莓发病以后，锈孢子堆生于叶片两面，与夏孢子堆区别不大。叶背散生黄色夏孢子堆，粉末状。后期在叶背散生黑褐色冬孢子堆，早期即裸露（图2-187C和D）。

黑粉菌目Ustilaginales的厚垣孢子堆（冬孢子堆）生于寄主植物地上部的器官上，花器、穗、叶片和茎秆受害严重。厚垣孢子成熟后呈粉末状，深褐色或黑色，有时稍显淡黄色或紫褐色；厚垣孢子单

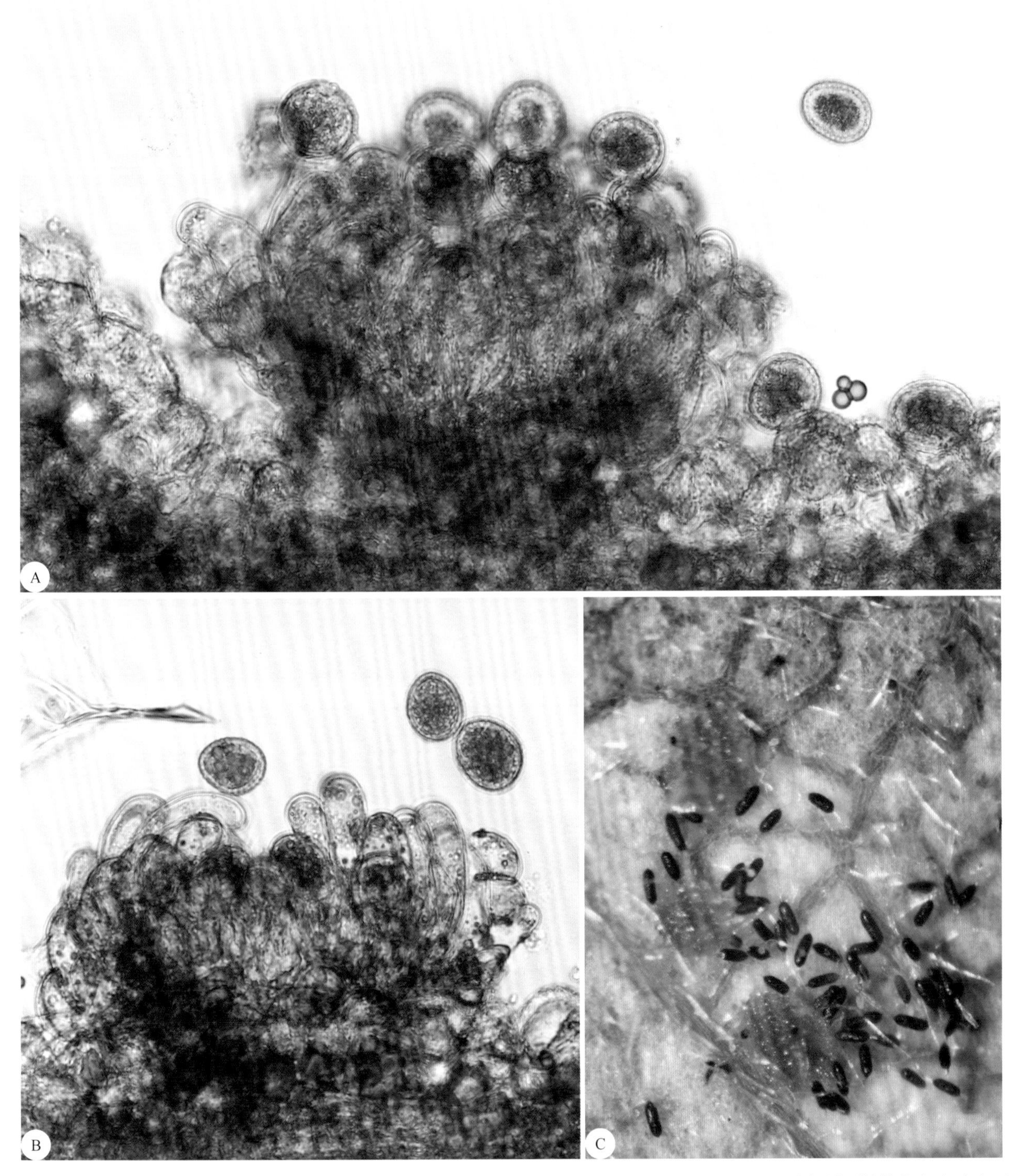

图2-185　*Phragmidium rosae-multiflorae*夏孢子堆（A），棒状侧丝（B），体视显微镜下的夏孢子堆与周围散落的冬孢子（C）

胞，单生，小或中等大小，直径4～8μm，少数超过20μm，表面光滑或有不同的纹饰（疣、刺、网纹等）；厚垣孢子萌发以后，产生具隔膜的担子（先菌丝），担子2～4个细胞，每个细胞侧生或顶生1个担孢子，有些种以先菌丝侵入而不产生担孢子。担孢子在营养充足的条件下可以进行芽殖产生次生担孢子（小孢子）（图2-188）。多数为禾本科植物寄生菌，兼性寄生，引致黑粉病。

图2-186 *Phragmidium rosae-multiflorae*冬孢子堆（A），冬孢子（B），体视显微镜下的冬孢子堆（C）

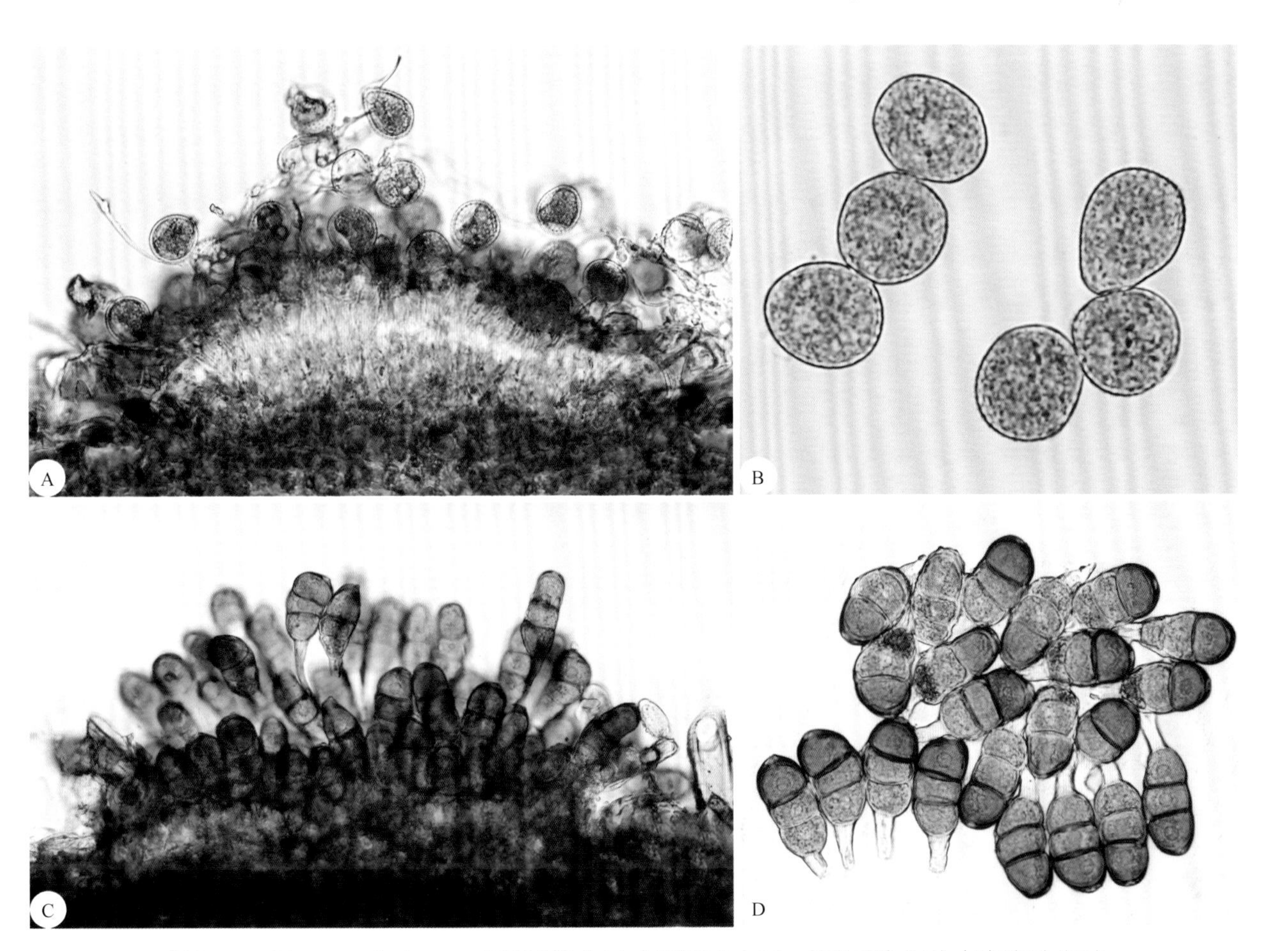

图2-187 *Frommea duchesneae*夏孢子堆（A）与夏孢子（B），冬孢子堆（C）与冬孢子（D）

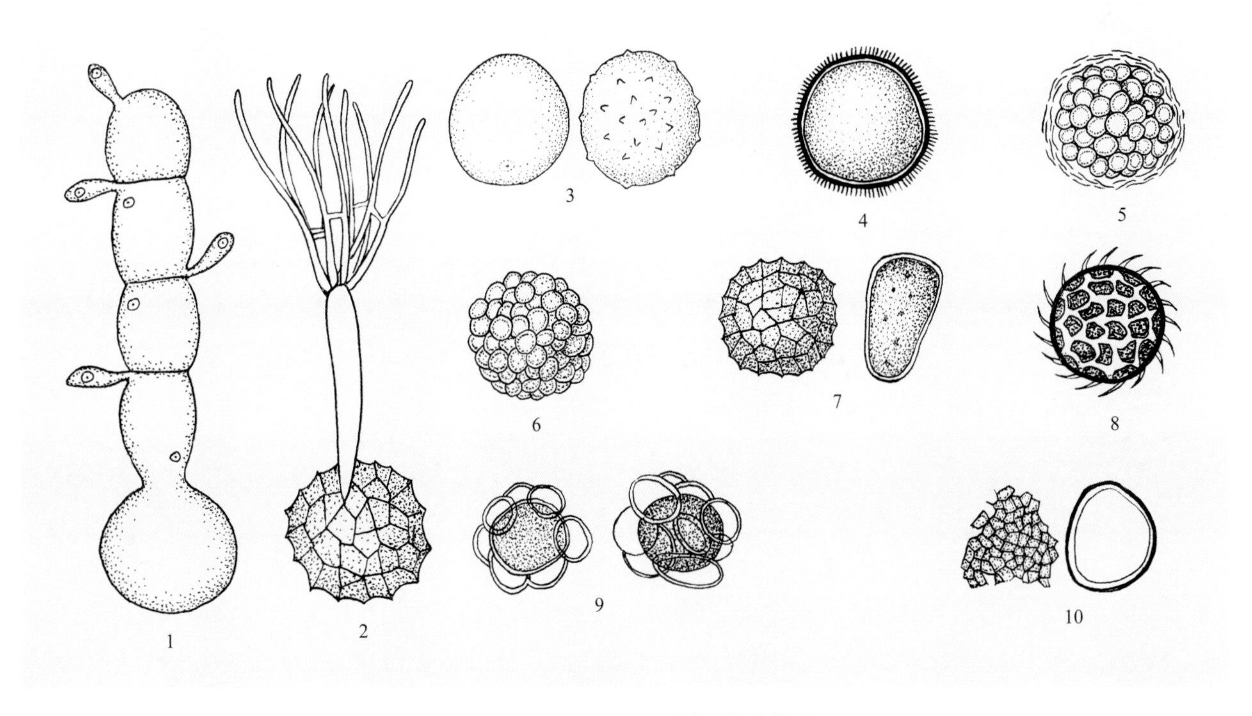

图2-188 Ustilaginales厚垣孢子类型

1：黑粉菌科厚垣孢子萌发；2：腥黑粉菌科厚垣孢子萌发；3：黑粉菌属 *Ustilago*；4：轴黑粉菌属 *Sphacelotheca*；5：团黑粉菌属 *Sorosporium*；6：亚团黑粉菌属 *Tolyposporium*；7：腥黑粉菌属 *Tilletia*；8：尾孢黑粉菌属 *Neovossia*；9：条黑粉菌属 *Urocystis*；10：叶黑粉菌属 *Entyloma*

11. 黑粉菌属 *Ustilago* (Pers.) Rouss.

厚垣孢子堆无膜质包被，厚垣孢子散生，表面光滑或有纹饰，萌发产生具隔膜的担子，担子侧生担孢子，有的厚垣孢子萌发产生芽管。

1）裸黑粉菌 *Ustilago nuda* (Jens.) Kell. et Sw.，为害小麦，引致小麦散黑穗病。厚垣孢子堆生于小穗中，破坏整个花器，孢子堆初期有一层灰色薄膜包被，病穗抽出后薄膜破裂，孢子飞散，仅残留病穗主轴（图2-189，图2-190A），孢子堆长6～11mm，宽为长度的一半；厚垣孢子圆形至卵圆形，有细刺，暗黄绿色，半边颜色稍淡，直径5～7μm（图2-190B）；厚垣孢子落到开花的小麦柱头上，遇适宜条件立即萌发，产生具1～4个细胞的担子，担子细胞之间以接合管的方式进行质配，产生双核菌丝，

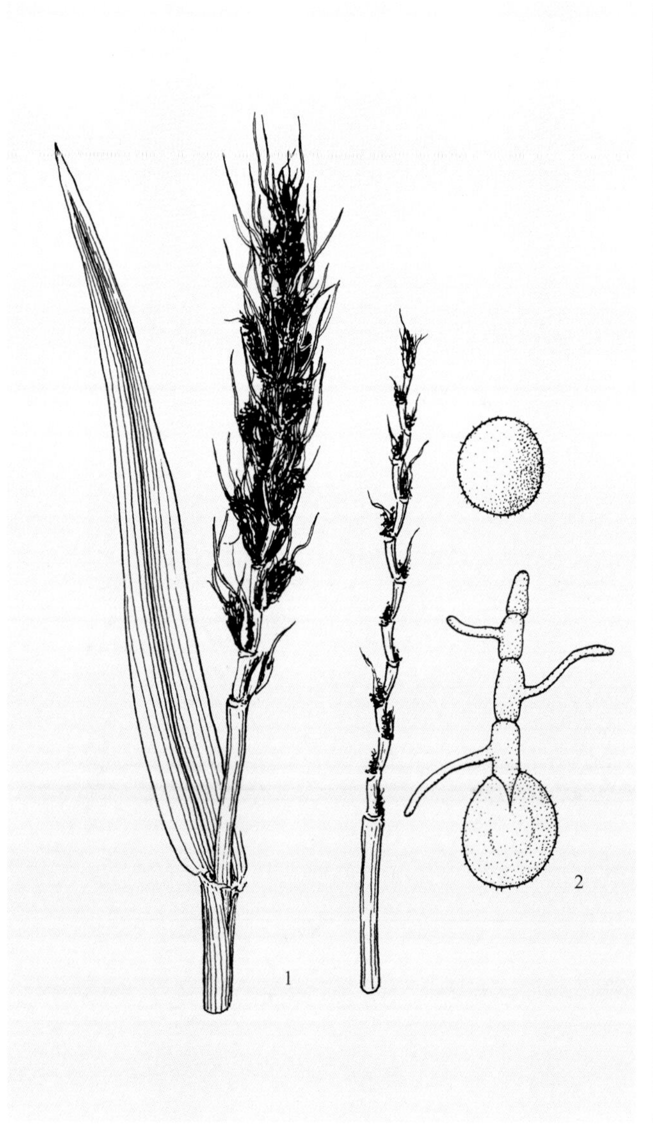

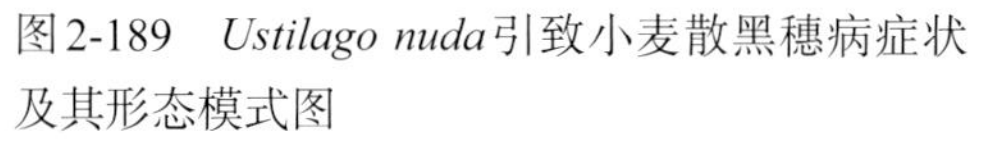
图2-189　*Ustilago nuda*引致小麦散黑穗病症状及其形态模式图

1：病穗；2：厚垣孢子及其萌发产生的担子

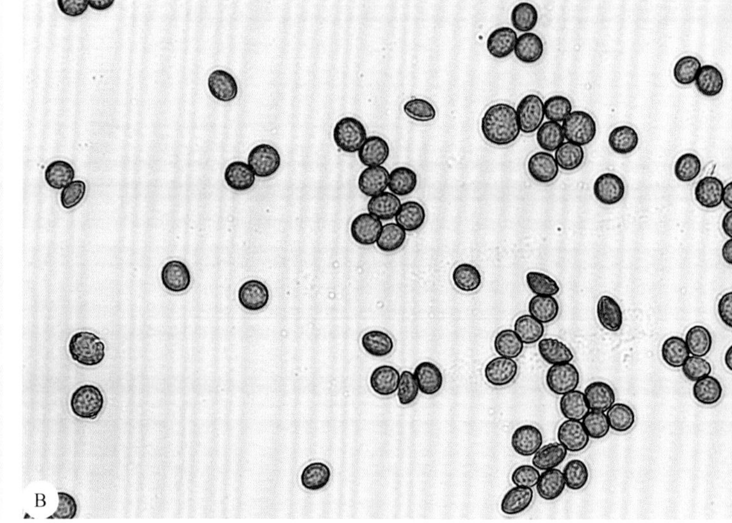

图2-190　*Ustilago nuda*引致小麦散黑穗病症状（A）及其厚垣孢子（B）

自柱头侵入子房，潜伏在胚内休眠以度过寄主中断期。裸黑粉菌有生理分化现象，大麦和小麦上的裸黑粉菌为同种，但较难交互侵染，不同地区小麦裸黑粉菌的生理小种可能不同，对小麦属的致病力差异明显。除小麦外，还为害大麦。

2）大麦坚黑粉菌 *U. hordei* (Pers.) Lagerh.，为害大麦，引致大麦坚黑穗病。孢子堆生于子房中，一般整个穗部受害；厚垣孢子堆在颖壳内形成，外面包被一层柔韧的白色薄膜，孢子成熟后薄膜很少破裂，厚垣孢子粘结成坚硬菌块，黑褐色至黑色，不易破碎（图2-191A）；厚垣孢子球形或近球形，淡绿褐色至褐色，表面光滑，一边颜色稍淡，直径5～9μm（图2-191B）；病菌以厚垣孢子附着在种子表面或以菌丝潜伏在种皮与颖片间来度过寄主中断期，随种子萌发而萌发，形成四胞的担子，其上产生4个卵圆形至长圆形的担孢子，担孢子可以进行芽殖产生小孢子，经过担孢子配合，或担子细胞间配合以后，侵入胚生长点，最后在子房内形成厚垣孢子堆。除大麦外，还为害燕麦。种子处理是有效的防治方法。

图2-191　*Ustilago hordei*引致大麦坚黑穗病症状（A）及其厚垣孢子（B）

3）燕麦散黑粉菌 *U. avenae* (Pers.: Pers.) Rostr.，为害燕麦，引致燕麦散黑穗病。破坏全部小穗，厚垣孢子堆生于子房中，深褐色至黑色，松散，初期有薄膜包被，薄膜破裂后散出黑粉；厚垣孢子球形、近球形或长圆形，黄褐色至青褐色，一边色较淡，表面有细刺，直径6～9μm。病菌经花器入侵，以菌丝在种胚内休眠，或以厚垣孢子和菌丝潜伏于稃与种子之间，随种子萌发而萌发，从幼苗侵入。除燕麦外，还为害野燕麦。种子处理是防病关键。

4）玉蜀黍黑粉菌 *U. maydis* (DC.) Corda，为害玉米，引致玉米瘤黑粉病。主要侵染茎、叶片和雌穗、雄穗，形成形状不一、大小不同的菌瘤，直径可达10cm以上。菌瘤初期包被一层白色薄膜，瘤内混杂玉米组织，最后发育成病菌的厚垣孢子堆，薄膜破裂，露出黑褐色粉状冬孢子，即厚垣孢子（图2-192，图2-193，图2-194A和B）；厚垣孢子球形、椭圆形或不规则形，黄褐色，表面有明显细刺，直径3～12μm（图2-194C）。主要以厚垣孢子在土壤或堆肥中越冬，翌年春季萌发产生有隔担子和担孢子，担孢子及其芽殖的小孢子借气流传播，侵染玉米地上组织。

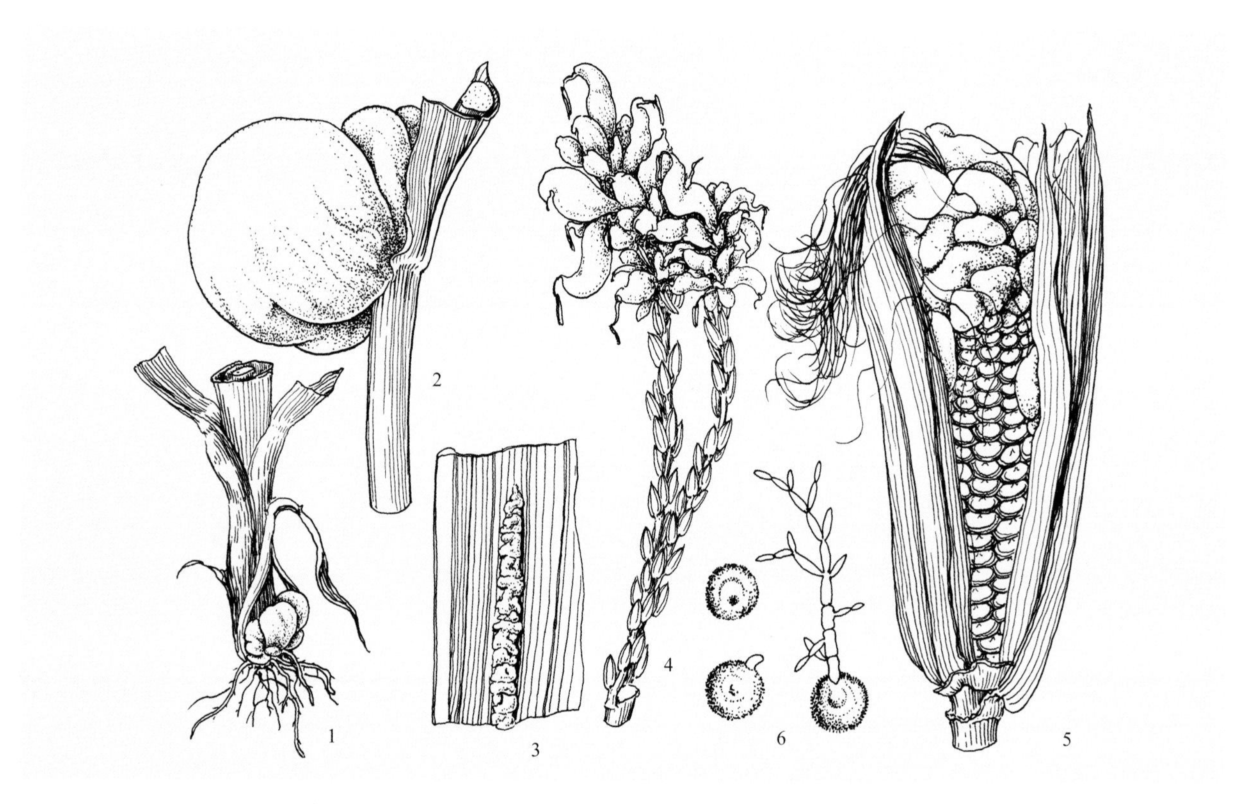

图2-192 *Ustilago maydis*引致玉米瘤黑粉病症状及其形态模式图

1：幼苗茎基部生瘤；2：茎节部生瘤；3：叶部生泡状病瘤；4：雄花上形成袋状突起；5：果穗顶部生瘤；6：厚垣孢子及其萌发

图2-193 *Ustilago maydis*引致玉米瘤黑粉病叶片症状

图2-194　*Ustilago maydis*引致瘤黑粉病在玉米茎秆（A）、雌穗（B）上的症状及其厚垣孢子（C）

5）粟黑粉菌*U. crameri* Körn.，为害谷子，引致谷粒黑粉病。病穗较直立，浅黄灰色，无光泽。厚垣孢子堆生于子房中，有灰白色颖片包围，破裂后散出黑粉状孢子；厚垣孢子淡黄褐色至青褐色，卵圆形、近球形或扁球形，直径7～12μm，膜黄色至褐色，光滑。以厚垣孢子附着在种子表面，或者在土壤或粪肥中越冬。除谷子外，还为害狗尾草等。选用无菌种子和建立无病留种地是重要的防控措施。

6）高粱花黑粉菌*U. kenjiana* Ito，为害高粱，引致高粱花黑穗病。仅侵染部分子房，病粒初有灰褐色薄膜包被，薄膜破裂，露出黑褐色厚垣孢子堆，厚垣孢子不飞散，孢子块中无中轴；厚垣孢子球形或椭圆形，褐色，表面密布细刺，直径4.0～7.6μm。

7）尼泊尔蓼黑粉菌*U. nepalensis* Liro，为害荞麦，引致荞麦黑粉病。侵染茎、花梗、叶柄及叶脉，病茎产生纺锤形或长纺锤形肿胀。孢子成熟后，散出紫褐色粉末状厚垣孢子；厚垣孢子卵圆形或椭圆形，红褐色，10～14μm×9～10μm，外膜有多角形网状细纹，网眼宽1.0～2.5μm。

8）薏苡黑粉菌*U. coicis* Bref.，为害薏苡，引致薏苡黑粉病。主要侵染子房、茎及叶片等，厚垣孢子堆多生于子房中，有子房壁包围，不易破裂，黑粉状；厚垣孢子卵圆形至椭圆形，有时呈稍不规则形，色淡，有不明显的细刺，7.0～12.0μm×6.0～10.5μm；厚垣孢子萌发产生四胞的担子，侧生或顶生担孢子，担孢子可以进行芽殖。主要附着在种子表面越冬，土壤也可带菌。

9）甘蔗鞭黑粉菌*U. scitaminea* Syd.，为害甘蔗，引致甘蔗鞭黑粉病。主要侵染顶芽、心叶和花序，病茎梢头变成一条鞭状弯曲的厚垣孢子堆。孢子堆表面有甘蔗组织形成的白色薄膜，薄膜破裂后露出深褐色孢子堆；厚垣孢子球形、卵圆形或不规则形，淡褐色，直径7～11μm，膜外有微细的刺；孢子堆内存在无色透明或褐色、单个或相连的不育细胞。以菌丝体在种蔗茎内越冬，或以厚垣孢子越冬。

10）大黄黑粉菌*U. rhei* (Zund.) Vánky et Oberw.，为害大黄，引致大黄黑粉病。在种子内形成坚硬块体（厚垣孢子堆），孢子堆有黏性，表面黑色，内部与淀粉粒混合呈白色。厚垣孢子球形至卵圆形，或有棱角，18.0～24.0μm×16.5～19.5μm；成熟孢子的膜橘黄色，具多角形网纹，网眼宽1.2～2.0μm，网纹高1.0～1.4μm；孢子堆内含处于不同发育期的厚垣孢子，个体差异大，颜色与花纹变化多，存在从无色到淡黄色、从光滑到有网纹等各种形态。

12. 孢堆黑粉菌属 *Sporisorium* Ehrenb. ex Link

厚垣孢子堆生在寄主植物的各个部位，花序和子房中最常见，孢子堆外有一层由菌丝组成的假膜，假膜破裂后变为成组或成串的不育细胞，不育细胞圆形、卵圆形或不规则形，无色或淡色；厚垣孢子单生，圆形或近圆形，褐色，从寄主植物维管束残余组织形成的中轴自上而下产生。厚垣孢子的萌发方式与黑粉菌属相似。多寄生蓼科和禾本科植物。

1）丝孢堆黑粉菌*Sporisorium reilianum* (Kühn.) Langd. et Full.，为害玉米，引致玉米丝黑穗病。破坏整个或大部分雌穗和雄穗，形成大的菌瘿，菌瘿被菌丝组成的白色假膜包被，假膜破裂后露出黑褐色粉末状厚垣孢子块和玉米残余输导组织形成的纤丝（图2-195A），由假膜演变的不育细胞混于厚垣孢子堆中，无色或近无色，圆形至长圆形，直径7～16μm；厚垣孢子球形或近球形，黄褐色至暗紫褐色，直径9～14μm，表面有小刺（图2-195B）。主要以厚垣孢子在土壤中越冬。除玉米外，还为害高

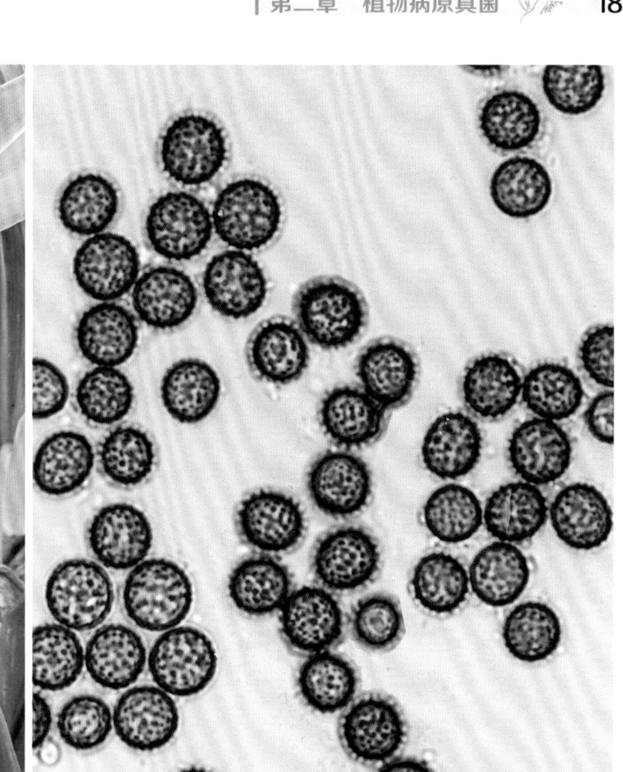

图2-195　*Sporisorium reilianum*引致玉米丝黑穗病症状（A）及其厚垣孢子（B）

粱。玉米和高粱上的丝黑穗病菌为不同的生理小种。

2）高粱散孢堆黑粉菌*S. cruentum* (Kühn.) Vánky，为害高粱，引致高粱散黑粉病。通常侵染整穗全部花器，子房和颖壳全部受害，形成厚垣孢子堆。孢子堆卵圆形，有一层薄的灰色假膜，假膜易破裂，散出黑褐色厚垣孢子，中心有发达稍弯曲的堆轴，突出于护颖之外；不育细胞壁薄，近圆形或椭圆形，直径8～17μm；厚垣孢子球形或卵圆形，红褐色，表面有微刺，直径5.5～10.0μm。主要以厚垣孢子粘附在种子表面上越冬。

3）甘蔗粒孢堆黑粉菌*S. sacchari* (Rabenh.) Vánky，为害甘蔗，引致甘蔗粒黑粉病。每个子房变成一个厚垣孢子堆，长3～5mm，露出颖片之外。孢子堆有一层灰白色假膜，假膜破裂后散出黑色粉末状厚垣孢子，堆轴发达，稍弯曲；不育细胞圆形、椭圆形或方形，9～19μm×7～13μm；厚垣孢子球形、近球形或卵圆形，暗褐色，直径7～12μm，表面有细刺。除甘蔗外，还为害斑茅。

4）高粱坚孢堆黑粉菌*S. sorghi* Ehrenb. ex Link，为害高粱，引致高粱坚粒黑粉病。一般整穗受害，有时仅侵染少数籽粒。厚垣孢子堆生于子房中，圆柱形至圆锥形，长3～7mm，有一层坚硬的灰色假膜，假膜不易破碎；孢子成熟后，假膜从顶端破裂，露出黑褐色的孢子块和较短的堆轴（图2-196A）。不育细胞长圆形至近圆形，无色，直径7～18μm；厚垣孢子球形或近球形，绿褐色至红褐色，光滑或有微细疣刺，直径4.5～9.0μm（图2-196B）。以厚垣孢子附着在籽粒表面越冬。从幼苗期侵入，系统发展，穗部发病。除高粱外，还为害苏丹草等。

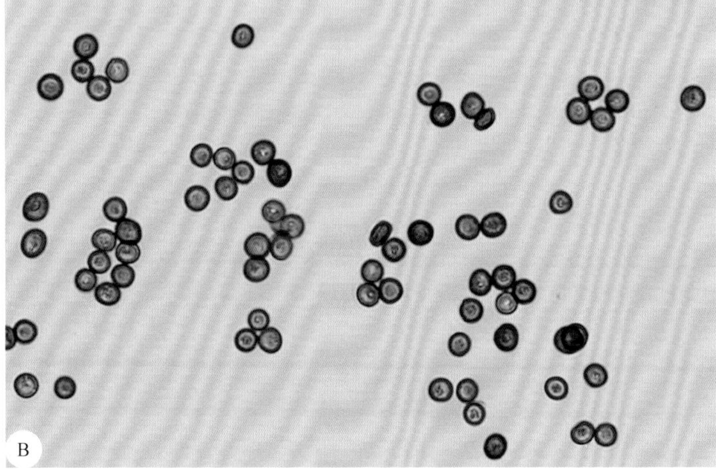

图2-196 *Sporisorium sorghi*引致高粱坚粒黑粉病症状（A）及其厚垣孢子（B）

13. 腥黑粉菌属 *Tilletia* Tul.

厚垣孢子堆多生于子房中，形成粉状或胶性孢子团，常带腥味；厚垣孢子圆形，单胞，直径16～36μm，周围残留胶性无色或带色的膜，具网状或刺疣状纹裂，稀有光滑的，膜周偶有不明显的尾状突起，长度较孢子直径短；孢子堆中常夹杂无色或淡色的不育细胞；厚垣孢子萌发时，初期产生无隔膜担子（先菌丝），产生担孢子时形成隔膜，顶端产生成束的担孢子；担孢子有时成对结合，产生同形或异形的次生担孢子，或直接萌发产生侵染丝。

1）网状腥黑粉菌*Tilletia caries* (DC.) Tul.、光滑腥黑粉菌*T. laevis* Kühn、争议腥黑粉菌*T. controversa* Kühn、印度腥黑粉菌*T. indica* Mitra，为害小麦，分别引致小麦网腥黑穗病、小麦光腥黑穗病、小麦矮腥黑穗病、小麦印度腥黑穗病。均为穗部发病，整穗籽粒变成厚垣孢子堆。小麦矮腥黑穗病在世界范围内广泛发生，中国尚未发现，是中国进境检疫对象。前3种病菌为害症状及其形态特征比较如表2-5所示。

表2-5 3种小麦腥黑穗病菌的为害症状及其形态特征比较

病原菌	网状腥黑粉菌*T. caries*	光滑腥黑粉菌*T. laevis*	争议腥黑粉菌*T. controversa*
为害症状	分蘖稍多，一般较健株增加16%左右；病株略矮，一般较健株矮，最多不超过1/2；病穗较短，直立，初呈灰绿色，后为灰白色，颖壳略张开，露出病粒；病粒长形或球形，较健粒短圆，初呈暗绿色，后为灰白色，外被一层灰褐色膜，内充满黑粉，有腥味（图2-197和图2-198A）	所致症状同小麦网腥黑穗病（图2-198B）	病株分蘖特多，较健株增加1/3～1/2，有时一株可有40个分蘖；病株矮，高度仅为健株的1/3～1/2；病穗缩短，排列紧密；病粒圆形，比较坚硬，不易碎散（图2-199）
形态特征	厚垣孢子球形或近球形，有时卵圆形，淡灰褐色至深红褐色，直径14～24μm，膜表有网状花纹。网眼宽2～4μm，网纹高0.5～1.2μm，只为害小麦（图2-200A和图2-201A）	厚垣孢子球形、卵圆形或稍长，淡灰褐色至暗绿褐色，直径15～25μm，膜表面光滑，无花纹（图2-200B和图2-201B）	厚垣孢子球形至卵圆形，淡黄色至浅棕色，15.5～17.0μm×15.5～16.0μm，膜表具网纹，网眼高0.7～2.0μm，径3.0～4.5μm，有时可达9.5～10.0μm，网基外围具胶质鞘，厚0.05～1.0μm（图2-200C和图2-201C）。寄生范围广，除小麦外，还为害大麦、黑麦及禾本科杂草

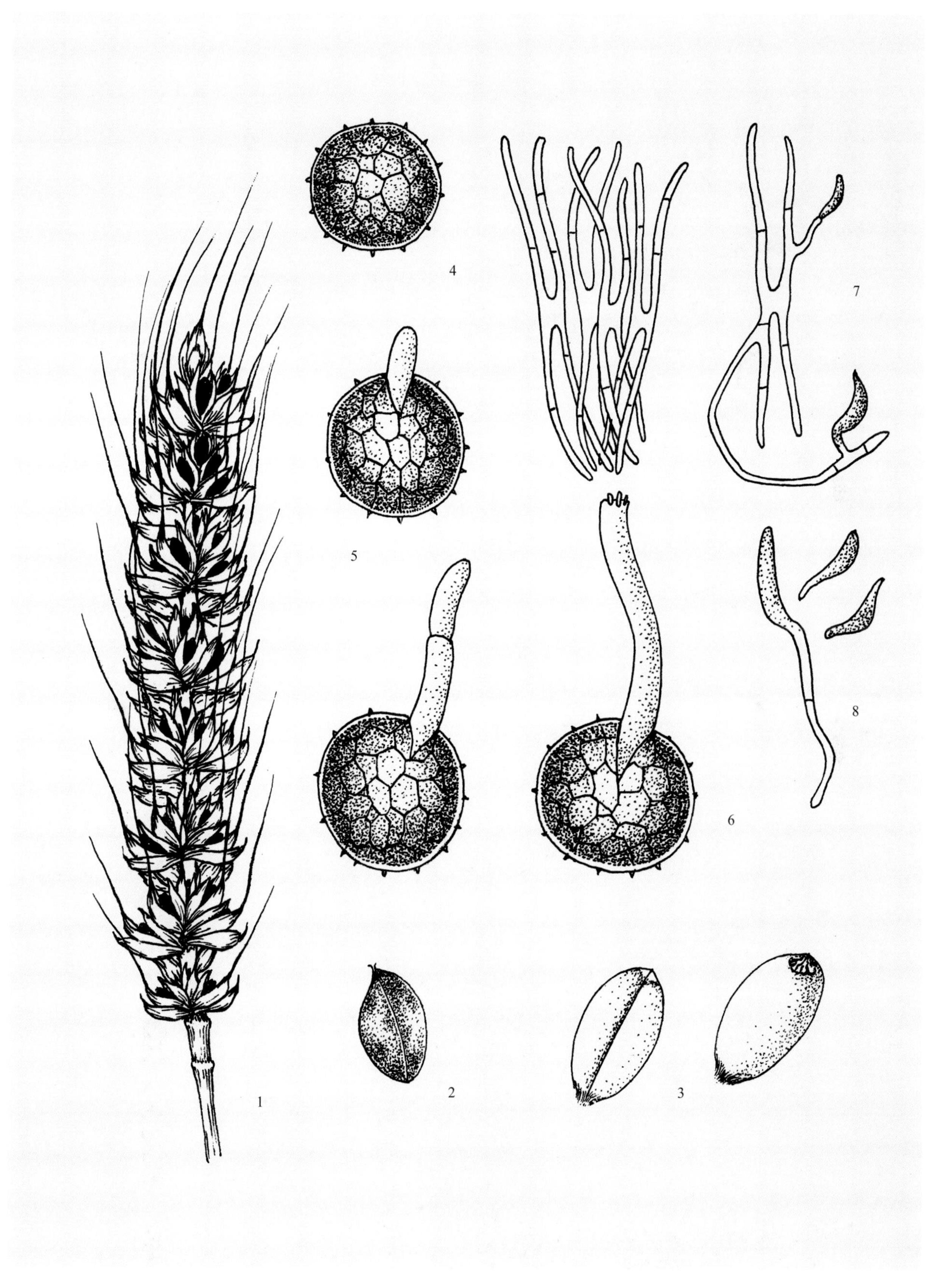

图2-197 *Tilletia caries*引致小麦网腥黑穗病症状及其形态模式图

1：病穗；2：病粒；3：健粒；4：厚垣孢子；5：萌发的厚垣孢子；6：担子上担孢子“H”状结合；7：担孢子再生次生小孢子；8：小孢子萌发

图2-198 *Tilletia caries*引致小麦网腥黑穗病（A）与*T. laevis*引致小麦光腥黑穗病（B）的病粒和健粒对比

2）稻粒黑粉菌*T. horrida* Tak.，为害水稻，引致稻粒黑粉病。寄生于稻粒，只侵害穗中少数子房，厚垣孢子堆生于子房中，胚乳被破坏，隐藏在颖中不外露，病粒污绿色或污黄色，成熟时颖壳合缝处裂开，露出黑色粉末状厚垣孢子（图2-202）。厚垣孢子不同时成熟，成熟的厚垣孢子球形至近球形，深棕褐色，不透明，直径22～32μm，有无色而肥大的刺疣，呈锯齿状，刺疣宽2～3μm，顶部稍弯曲（图2-203）；厚垣孢子外包被透明胶质薄膜，膜的一面偶有一短而无色的尾突；不育细胞圆形、多角形

图2-199　*Tilletia controversa*引致小麦矮腥黑穗病穗部症状（A），病穗与健穗（B），病株与健株（C）

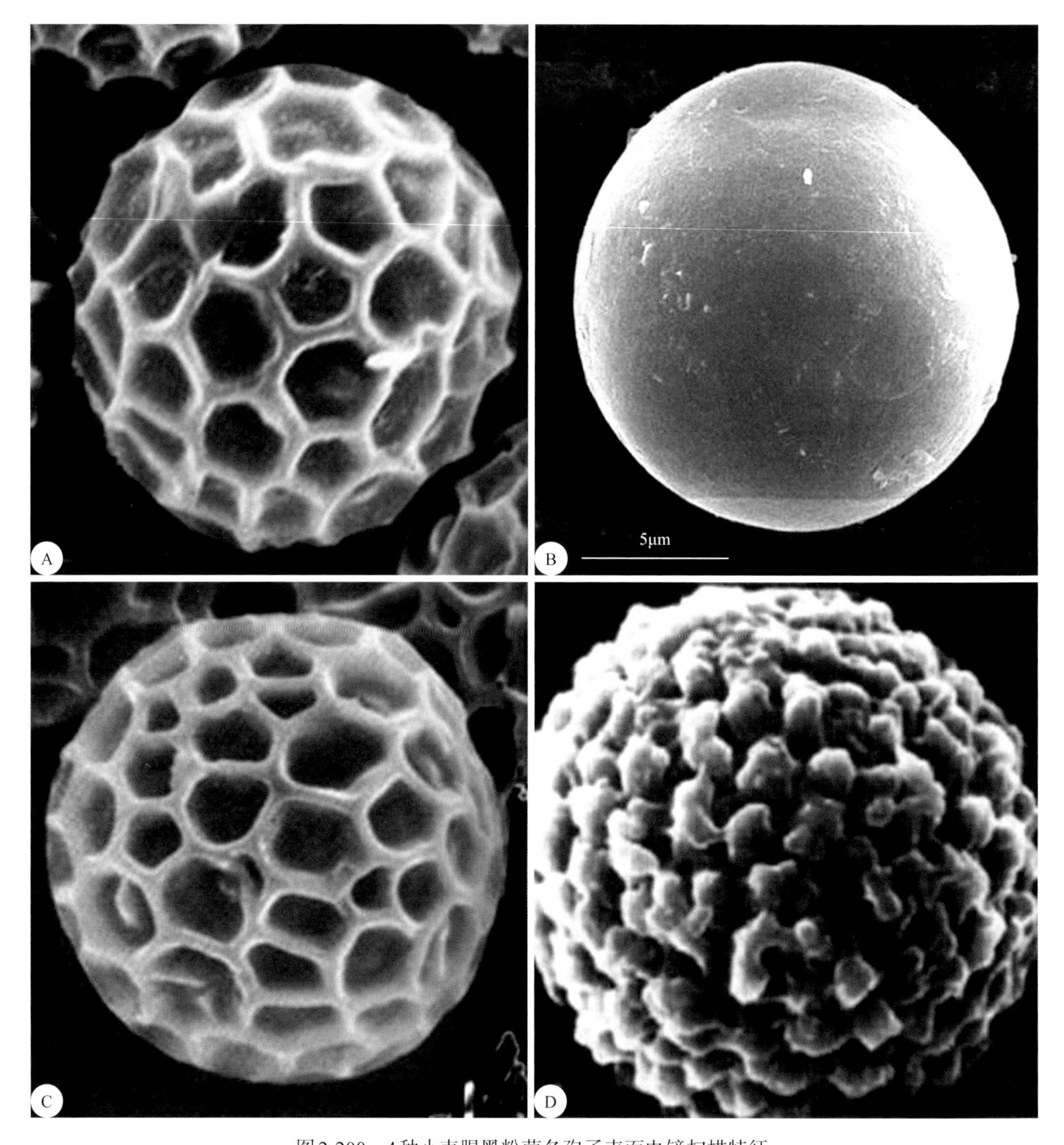

图2-200 4种小麦腥黑粉菌冬孢子表面电镜扫描特征

A：网状腥黑粉菌 *Tilletia caries*；B：光滑腥黑粉菌 *T. laevis*；C：争议腥黑粉菌 *T. controversa*；D：印度腥黑粉菌 *T. indica*

或长圆形，无色或淡黄色，直径15～20μm，壁厚1.5～2.0μm，有一短而无色的尾突。以厚垣孢子在土壤中或附着种子表面越冬。

3）狗尾草腥黑粉菌 *T. setariae* Ling，为害谷子，引致谷子腥黑穗病。只侵害个别谷粒，病粒初呈暗绿色，后为黑色。厚垣孢子堆生于子房中，卵圆形或近卵圆形，4.0～5.0μm×2.5～3.0mm，由谷粒组织形成的绿色光滑外膜包围，内为黑色粉末状厚垣孢子；厚垣孢子不同时成熟，成熟的厚垣孢子暗褐色，球形或近球形，稀呈卵圆形，直径21～33μm，孢子外膜无色，表面具钝的刺疣，长1.5～2.0μm，无色或淡褐色；有少量不育细胞，无色，壁厚，球形、卵圆形至椭圆形，比厚垣孢子小。除谷子外，还为害狗尾草。

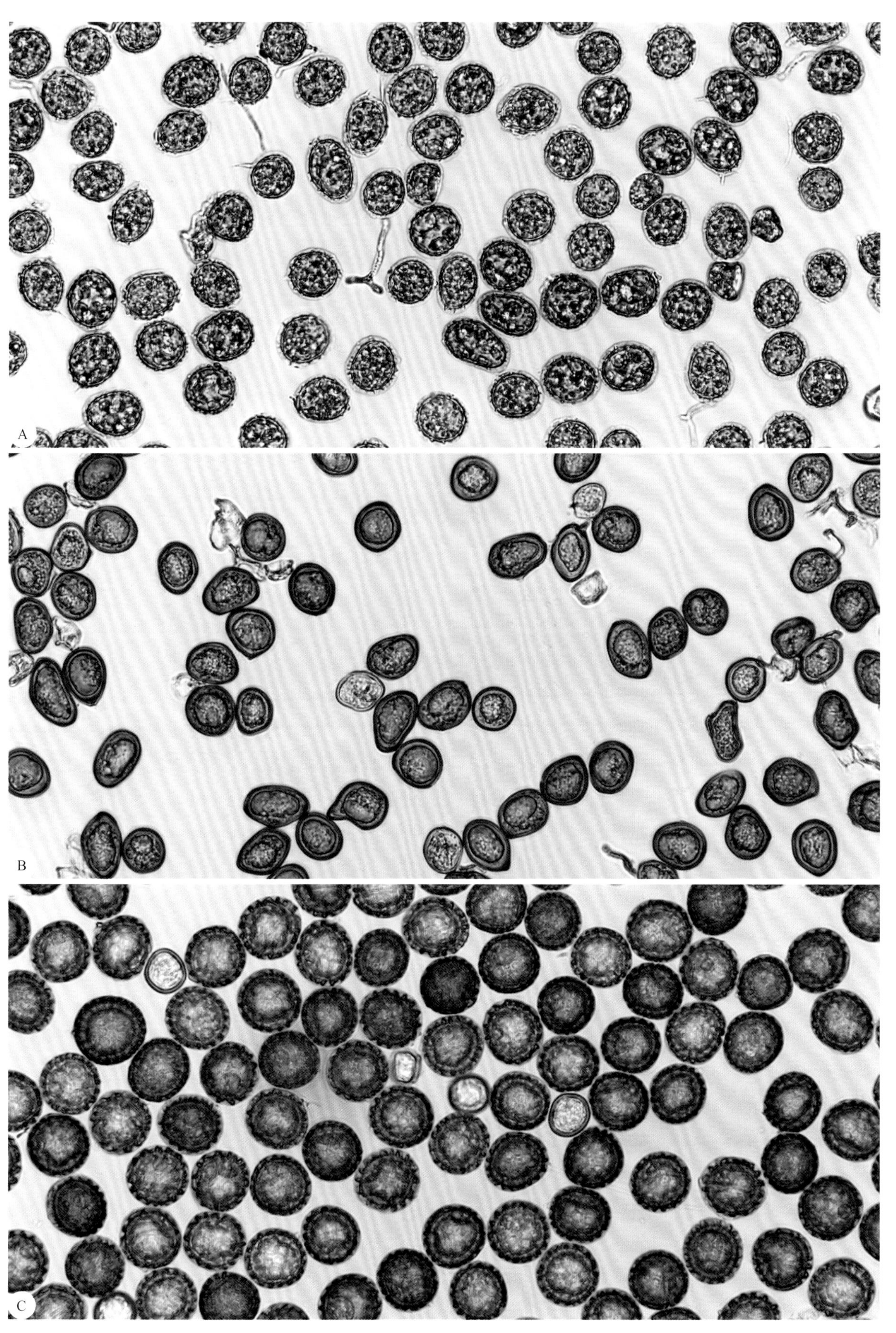

图2-201　*Tilletia controversa*（A）、*T. laevis*（B）、*T. caries*（C）的厚垣孢子

图2-202 *Tilletia horrida*引致稻粒黑粉病症状

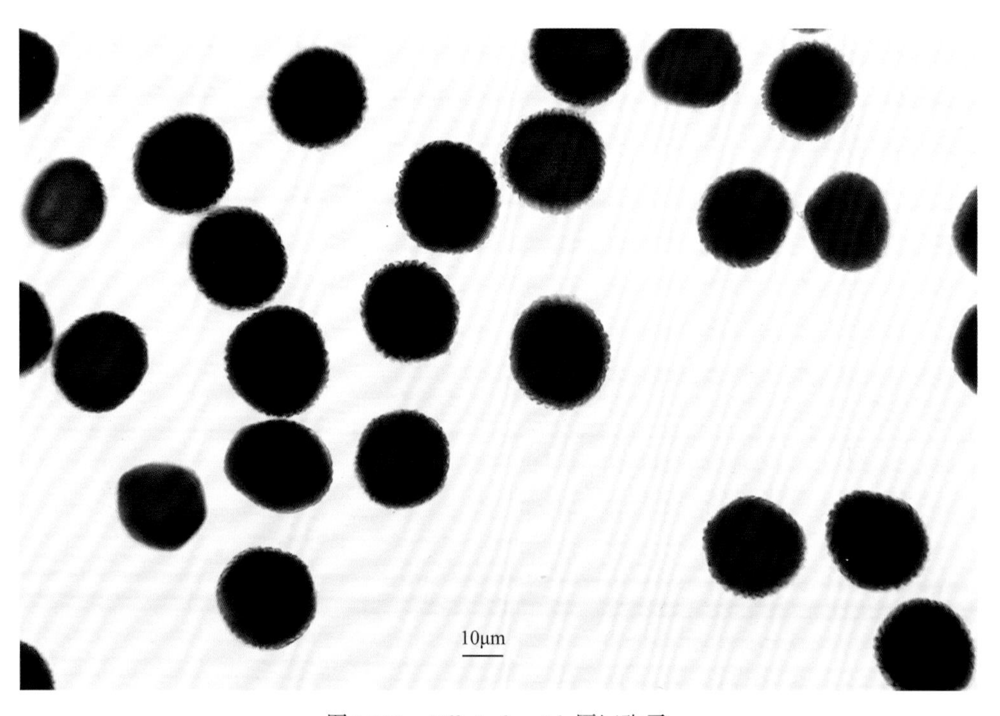

图2-203 *Tilletia horrida*厚垣孢子

14. 条黑粉菌属 *Urocystis* Rabenh. ex Fuck.

孢子堆生于寄主植物各部位，以叶片、茎和叶鞘最常见，黑褐色至黑色，粉末状至颗粒状；1至多个厚垣孢子集结成固定的孢子球，外层有淡色而较小的不孕细胞包围；厚垣孢子萌发产生担子，顶端束生担孢子，或直接萌发形成菌丝。不孕细胞在侵染上没有作用。

1）小麦条黑粉菌*Urocystis tritici* Körn.，为害小麦，引致小麦秆黑粉病。小麦从幼苗期开始发病，拔节以后症状明显，至抽穗期仍持续发生。发病部位主要在小麦的茎秆、叶片和叶鞘上，极少数发生在颖或种子上。茎秆、叶片和叶鞘病斑初呈淡灰色，条纹状，病斑逐渐隆起，病部扭曲畸形，孢子堆条纹状，铅灰色，成熟后表皮破裂，露出黑粉状厚垣孢子（图2-204）。厚垣孢子球由1～4个厚垣孢子组成，圆形至椭圆形，长16～36μm，外围有一层不孕细胞；厚垣孢子卵圆形至球形，膜光滑，12～18μm×11～15μm（图2-205）。以厚垣孢子球随病残体在田间越冬。除小麦外，还为害冰草等禾本科植物。利用种子消毒、土壤处理、使用抗病品种等措施能有效防控小麦秆黑粉病。

2）洋葱条黑粉菌*U. cepulae* Frost.，为害葱，引致葱黑粉病。主要侵染叶片及鳞茎，生银灰色、稍隆起的条斑，严重时呈泡状，内部充满黑褐色、粉末状厚垣孢子球。孢子球内含1个厚垣孢子，球形或近球形，暗红褐色，直径23～38μm，外围有一层黄褐色、球形不孕细胞，直径4～8μm；厚垣孢子圆形或近圆形，红褐色，表面光滑，直径14～29μm。

图2-204　*Urocystis tritici*引致小麦秆黑粉病症状（A）及其形态模式图（B）

1：病株；2：厚垣孢子与不孕细胞

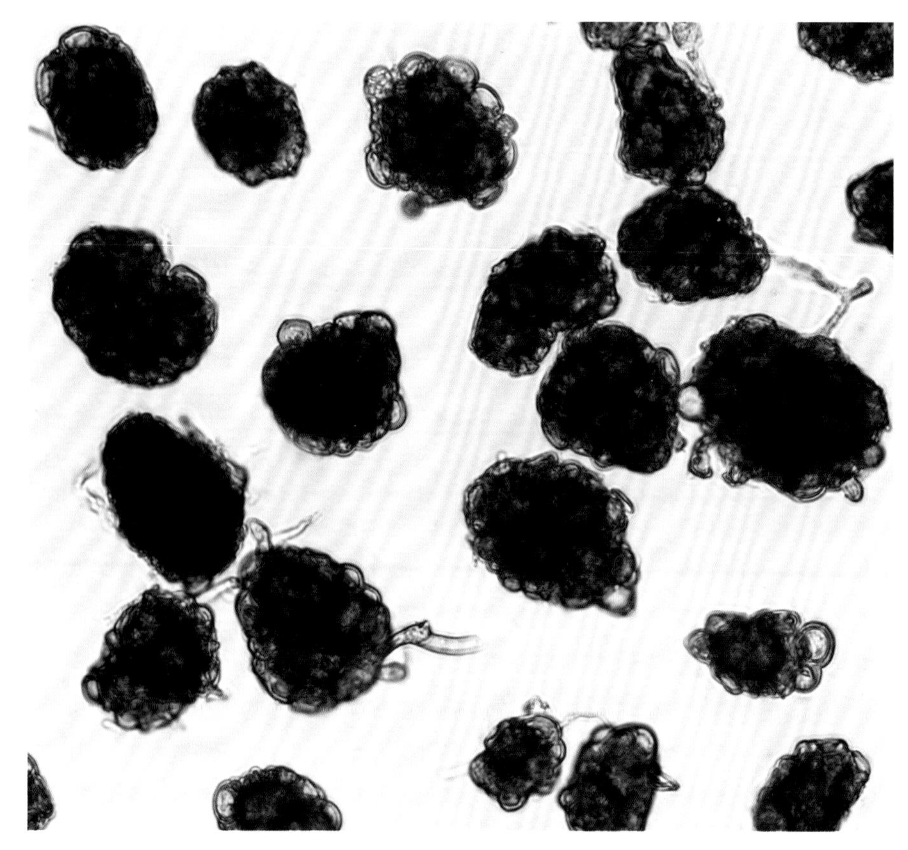

图2-205 *Urocystis tritici*厚垣孢子

3）山药条黑粉菌*U. dioscoreae* Syd.，为害山药，引致山药黑粉病。主要侵染叶片和叶柄。病部皱缩畸形，叶柄和叶脉上形成条纹状病斑，厚垣孢子堆生于山药组织内，表皮破裂后露出黑粉。孢子圆形至长圆形或不规则形，含1～3个厚垣孢子，外围有一层不孕细胞，直径18～36μm；不育细胞黄褐色，直径6～9μm；厚垣孢子圆形或近圆形，深红褐色，膜光滑，直径10～16μm。

15. 叶黑粉菌属*Entyloma* de Bary

厚垣孢子堆生于叶片、叶柄和茎组织中，很少为害花器。病部产生不同形状的变色斑点，明显或不明显，单生或互相汇合成大斑。孢子堆埋生于病组织中；厚垣孢子单生，常2至多个集结成团，有时在孢子团外有一层胶质鞘，厚垣孢子球形或近球形，表面光滑，无色或浅褐色。

稻叶黑粉菌*Entyloma oryzae* Syd.，为害水稻，引致稻叶黑粉病。侵染叶片、叶鞘及穗轴，产生灰黑色、微隆起的条斑（图2-206A）。厚垣孢子堆埋生在病组织中，厚垣孢子球形或卵圆形，有棱角，相互粘结，不易分离，淡褐色至暗褐色，6～15μm×5～9μm（图2-206B和C）。以厚垣孢子堆在病组织中越冬，翌年水稻生长季萌发产生担孢子，依靠气流传播。

16. 楔孢黑粉菌属*Thecaphora* Fingerh.

厚垣孢子球结合紧密，无不孕细胞；厚垣孢子楔形，有棱角，厚垣孢子球开裂分散以后，处于外

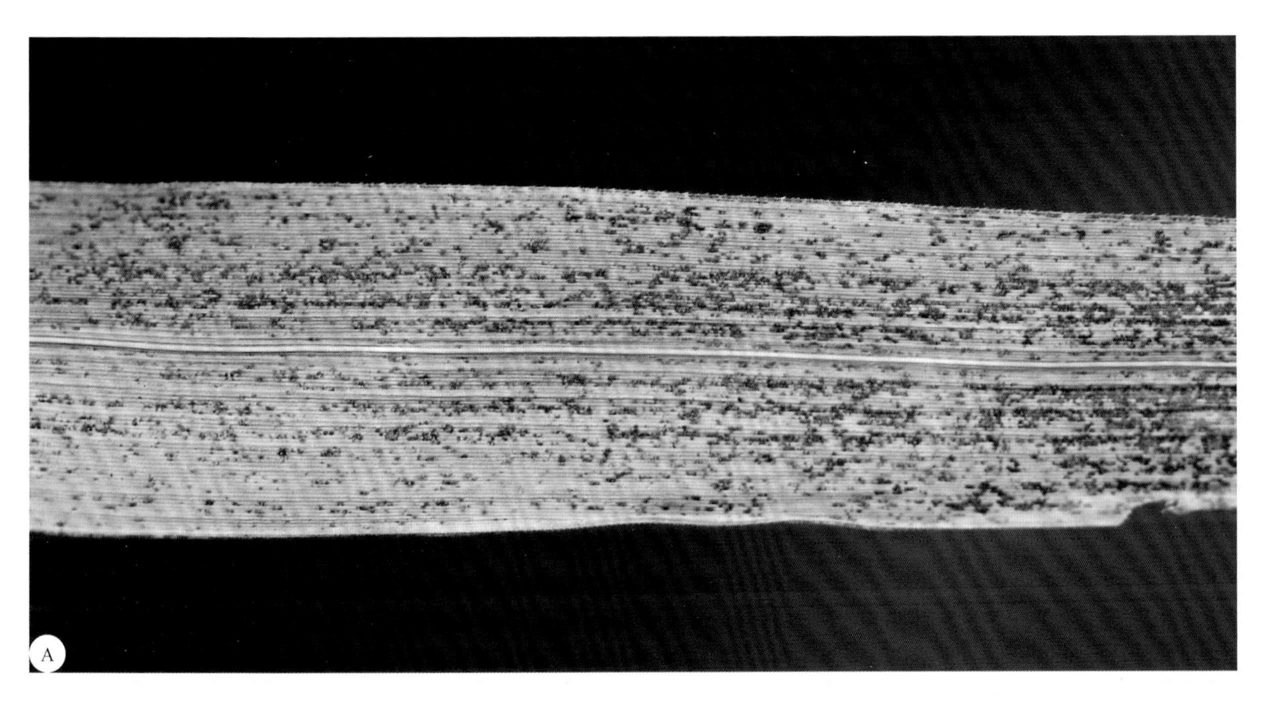

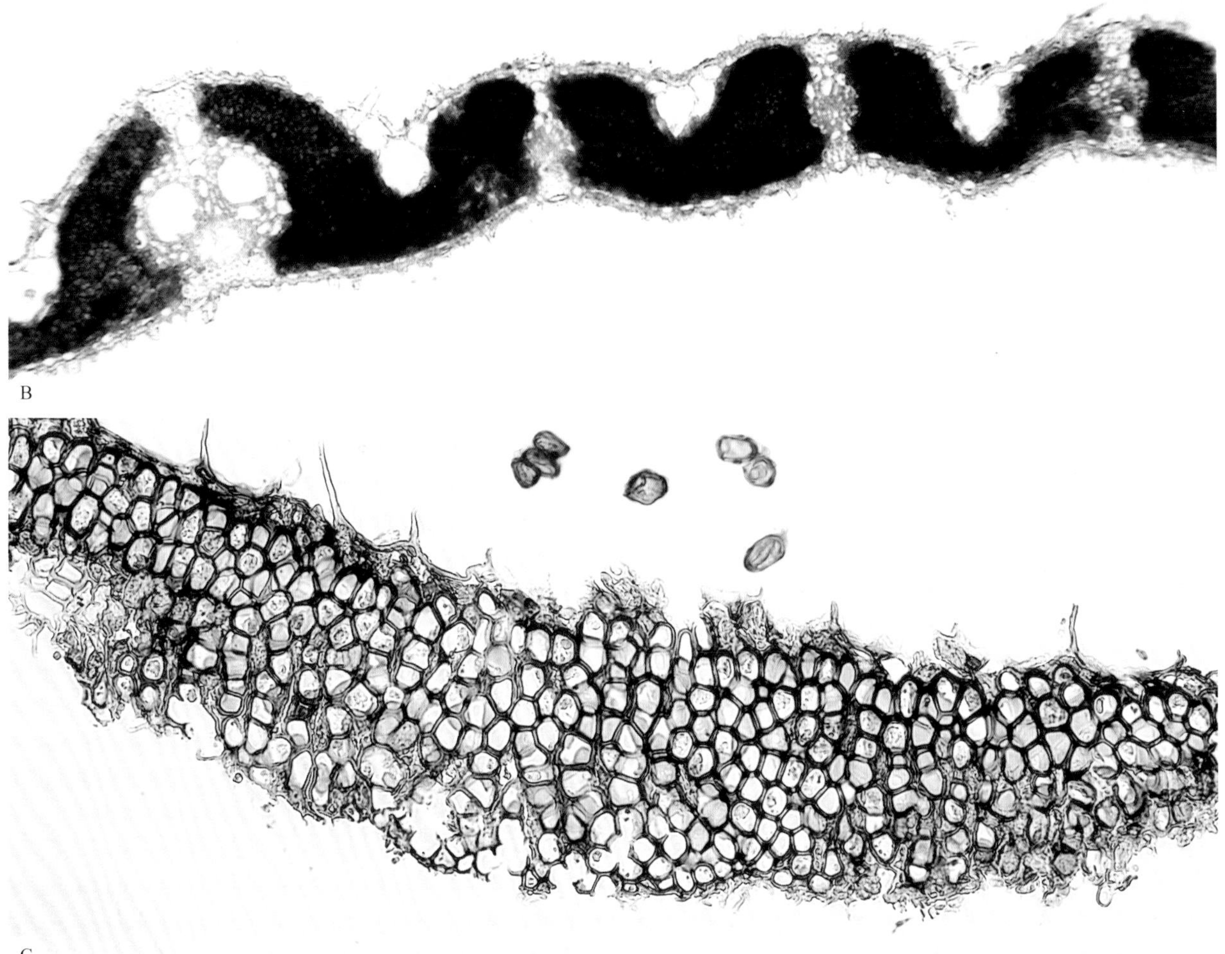

图2-206　*Entyloma oryzae*引致稻叶黑粉病症状（A）及其厚垣孢子堆（B）和厚垣孢子（C）

围的厚垣孢子表面有疣突和网纹，厚垣孢子相互结合处表面光滑。

什瓦茨曼楔孢黑粉菌 *Thecaphora schwarzmaniana* Byzova，为害大黄，引起大黄黑粉病。叶片发病，叶脉局部膨肿，呈不规则结节状，叶背产生黄褐色、近圆形斑块，严重时病叶皱缩畸形呈疱状，红褐色至紫黑色，后期病瘤破裂，散出黑粉（图2-207A）。厚垣孢子堆埋生于叶片表皮下，棕褐色，粉状。厚垣孢子球由数个厚垣孢子结合形成，球形、近球形至不规则形，淡褐色至深褐色，厚垣孢子之间结合紧密，结合面光滑，15.5 ~ 64.5μm × 14.2 ~ 43.9μm（图2-207B）。分散态厚垣孢子黄褐色，半球形、楔形至多角形，暴露状态的厚垣孢子表面具疣突，结合面光滑，14.2 ~ 18.2μm × 10.32 ~ 18.1μm。

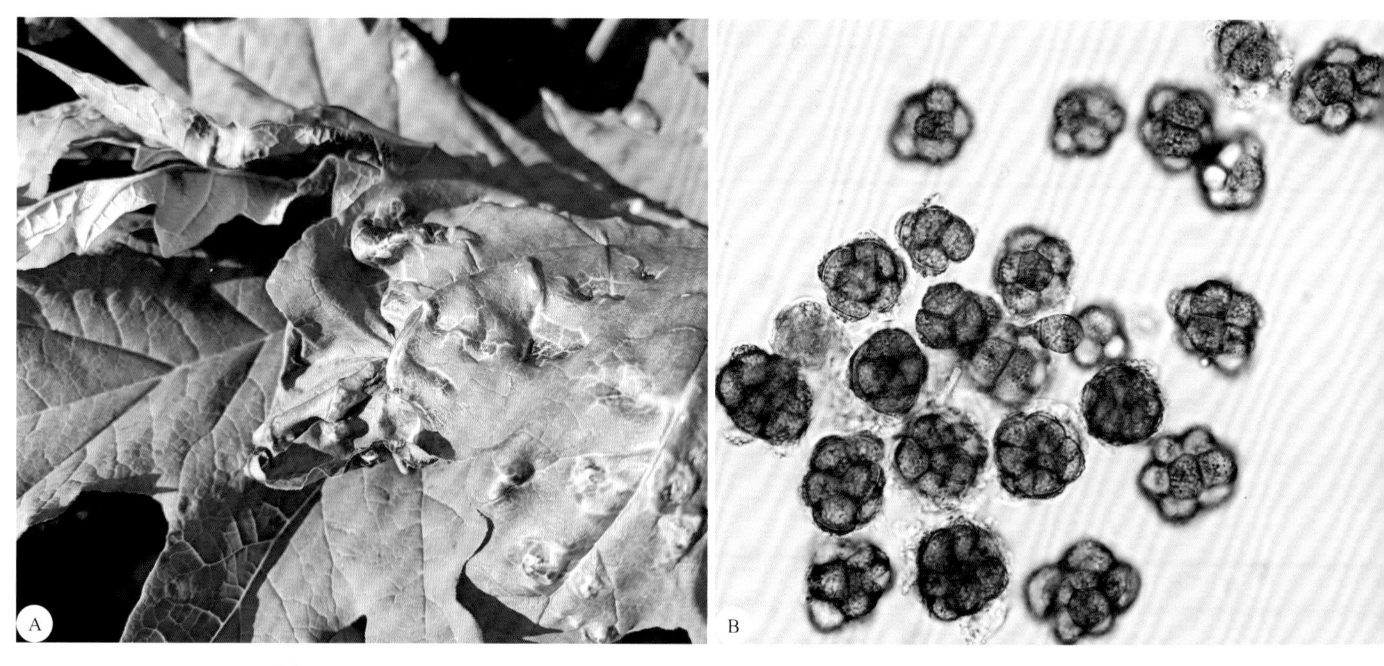

图2-207 *Thecaphora schwarzmaniana*引致大黄黑粉病症状（A）及其厚垣孢子球（B）

17. 卷担菌属 *Helicobasidium* Pat.

子实体简单，是由菌丝体交结形成的垫状菌丝层，担子无规则地生于菌丝层上，产生于螺旋状菌丝顶端，无色，圆筒形，常弯卷，呈弓状，四胞，弓背一侧生圆锥形小梗，顶生担孢子；担孢子单胞，无色，卵圆形或镰刀形，顶端圆，基部略尖，光滑（图2-208）。弱寄生，菌丝体常常交织形成菌索和菌核，侵染生长衰弱的植物的根、茎及储藏器官。

1）紫卷担菌 *Helicobasidium purpureum* Pat.，为害桑树，引致桑紫纹羽病。侵染主根和侧根，受害植株生长衰弱，叶片凋黄枯落，近地面处覆白色至紫色、绒状菌丝层，易剥落。受害根表面缠绕着根状菌索，初呈白色，渐变为粉红色至褐色，不规则分枝，内部致密，外表疏松，后密集面形成子实体，并列着生担子；担子圆筒形，无色，四胞，25 ~ 40μm × 6 ~ 7μm，略向一侧弯曲，弓凸面每个细胞生1根圆锥形小梗，上生担孢子；担孢子单胞，无色，卵圆形或肾形，顶端圆，基部尖，16.0 ~ 19.0μm × 6.0 ~ 6.4μm；根状菌索间常聚生绿豆大小的菌核，扁球形，紫褐色，1.0 ~ 3.0mm × 0.5 ~ 2.0mm，深连基物，不易脱落，还可形成较大型的拟菌核。土壤习居菌，以病残体或遗留在土壤中的菌索、菌丝和拟菌核越冬。除桑树外，还为害甘薯、大豆、花生、棉花、甜菜、马铃薯及苹果、梨树、桃树、梅、葡萄、茶树等多种树木。

2）田中卷担菌*H. tanakae* Miyake，为害梨树，引致梨褐色膏药病。病树枝干形成褐色膏药状子实体。担子直接由菌丝生出，初棒状，后纺锤形，2 ~ 4个隔膜，直或弯曲，49.0 ~ 65.0μm × 3.5 ~ 4.0μm；担孢子无色，单胞，长椭圆形，略弯曲，顶端圆，27 ~ 40μm × 4 ~ 6μm。除梨树外，还为害核果类、桑树、茶树等多种木本植物。

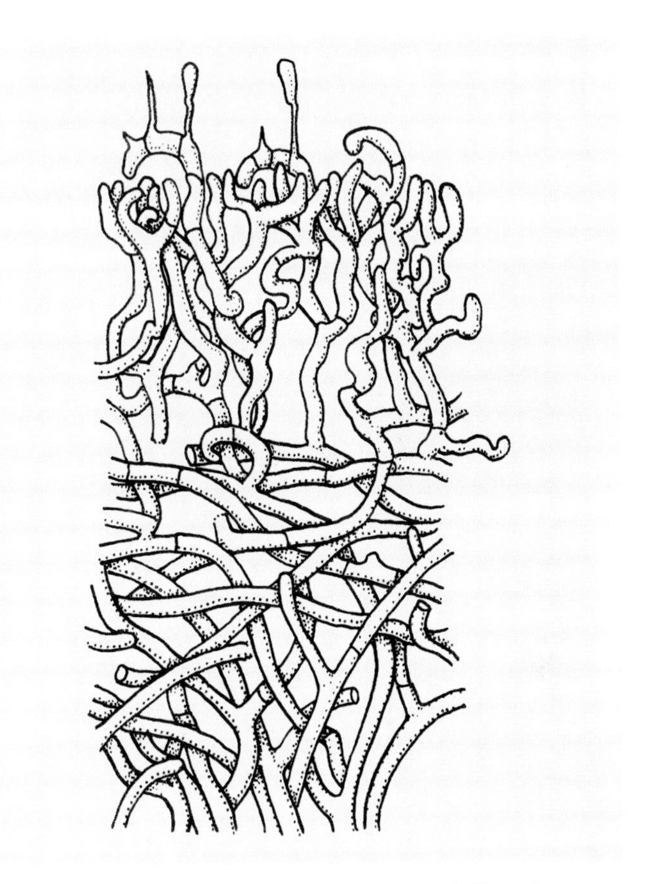

图2-208 *Helicobasidium*担子与担孢子形态模式图

18. 隔担耳属 *Septobasidium* Pat.

子实体为菌丝紧密交织形成的菌丝层，平铺，蜡质或革质，膏药状；子实层灰色或褐色，由原担子、担子和担孢子组成；在子实体菌丝顶端，先形成球状原担子（下担子），厚壁，无色；原担子上产生棒状担子（上担子）；上担子四胞，每个细胞侧生1根刺状小梗，小梗顶端着生担孢子；担孢子无色，光滑，初单胞，有时在成熟时产生1个隔膜，萌发时产生芽孢而不产生菌丝（图2-209）。寄生植物枝干，引致膏药病。

1）柄隔担耳*Septobasidium pedicellatum* (Schw.) Pat.，为害桑树，引致桑灰色膏药病。菌丝在病树枝干上交织形成子实体，在子实体上产生白色粉质子实层，渐变为灰色或暗灰色，圆形或不规则形；原担子近球形，9 ~ 12μm × 7 ~ 12μm，基部有短柄，冬孢子萌发产生担子，担子初呈圆筒形或棍棒形，单胞，20 ~ 40μm × 5 ~ 8μm，后弯曲产生横隔，分成4个细胞，每个细胞上长出1根线状小梗，10 ~ 13μm × 2 ~ 3μm，顶生1个担孢子；担孢子无色，

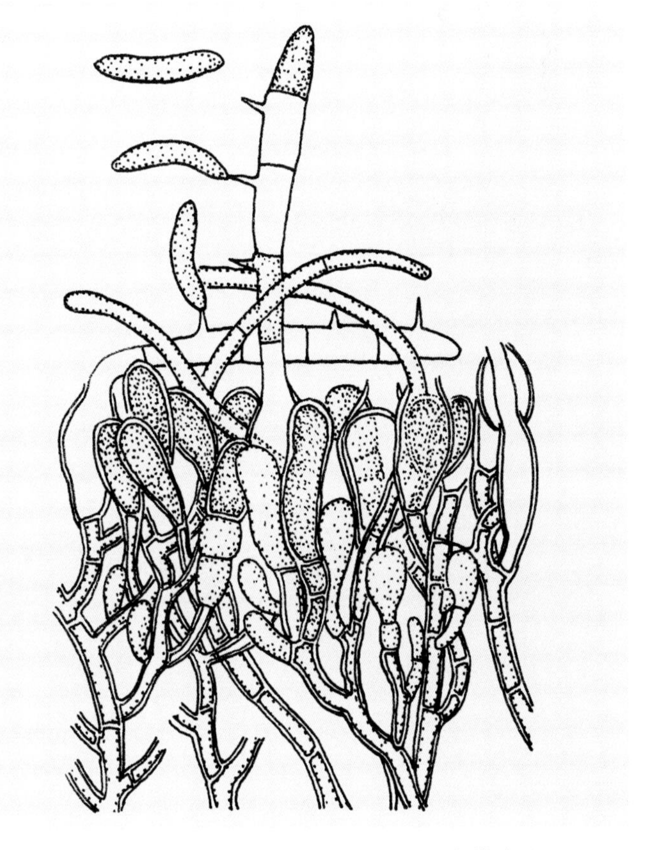

图2-209 *Septobasidium*担子与担孢子形态模式图

单胞，长椭圆形，略弯曲，19 ~ 26μm × 4 ~ 5μm，担孢子萌发时芽殖产生1个小孢子。病菌以介壳虫分泌物为营养，介壳虫发生严重的植株发病重。除桑树外，还为害核果类、梨树、茶树等多种木本植物。

2）金合欢隔担耳 *S. acasiae* Saw.，为害柑橘、樟树等多种植物的枝干，引致烟色膏药病。病菌以介壳虫分泌物为营养，产生烟褐色绒状菌丝膜（子实体），膏药状，紧贴树枝，略作圆形扩展。以菌丝体贴附于枝干上越冬。

19. 外担菌属 *Exobasidium* Woron.

担子无隔膜，圆柱状或棍棒状，产生2 ~ 8个顶生担孢子，多数4个；担孢子无色，光滑，单胞，成熟后产生隔膜，萌发时产生芽孢子，或直接产生芽管；菌丝寄生在寄主植物细胞间，以吸器伸入细胞内吸取营养物质，从营养菌丝上单独或成簇产生担子，担子突破寄主植物角质层后外露，在寄主植物表面形成子实层。寄生植物叶片和嫩茎，引致卷曲、膨肿等病变。该属与外囊菌属 *Taphrina* 在许多方面相似。

坏损外担菌 *Exobasidium vexans* Mass.、网状外担菌 *E. reticulatum* Ito et Saw.，均为害茶树叶片等部位，分别引致茶饼病、茶网饼病，二者的为害症状及其形态特征比较如表2-6所示。

表2-6　坏损外担菌与网状外担菌的为害症状及其形态特征比较

病原菌	坏损外担菌 *E. vexans*	网状外担菌 *E. reticulatum*
为害症状	为害嫩叶、叶柄及新梢。叶面病斑凹陷，圆形，红色。叶背明显增厚，呈弧状隆起，上生白粉末，为病菌的子实层（图2-210A和B）	为害成叶或老叶。病斑不定形，无明显边缘，凹陷不明显，初呈黄绿色，后为褐色或暗褐色，可扩大到全叶。叶背病斑白色，网状，上有白粉末，为病菌的子实层
形态特征	担子丛聚集病部表面形成子实层，担子圆筒形或棒形，顶端略圆，基部稍细，无色，单胞，49.0 ~ 150.0μm × 3.5 ~ 4.0μm，顶生2根小梗（少数3或4根）；担孢子单胞，无色，椭圆形或纺锤形，顶端略圆，基部稍尖，11.0 ~ 16.0μm × 3.5 ~ 6.0μm，萌发时产生1个横隔膜（图2-210C和D）	子实层呈半球形；担子圆柱状，无色，单胞，65 ~ 135μm × 3 ~ 4μm，其上生4根小梗，担孢子无色，单胞，倒卵圆形或棒形，直或稍弯，8 ~ 12μm × 3 ~ 4μm，萌芽时产生1个横隔膜

20. 核瑚菌属 *Typhula* (Pers.) Fr.

菌核球形至扁球形，红褐色至黑褐色，稍扁平，表层组织结构深褐色，结构紧密；内部浅色，结构紧密。菌丝通常无色或浅色。担子果自菌核上产生。担子棍棒形。担孢子单胞，无色，顶端圆，基部稍尖。

肉孢核瑚菌 *Typhula incarnata* Lasch ex Fr.，为害小麦，引致小麦灰雪霉病。春季当雪融化时，病叶上出现灰枯草色至深褐色圆形病斑，雪融化后，特别在病斑边缘，可见白灰色菌丝，后期病叶上散生颗粒状小菌核，初红褐色，后变黑色。菌核球形至扁球形，初红褐色，后变为黑褐色，0.5 ~ 3.0mm × 0.5 ~ 2.5mm（图2-211）。担子果产于菌核上，每个菌核可产生1个子实体（个别产生4个）。担子果柄细长，有毛，基部膨大。担子棍棒状，顶生4根小梗，上生担孢子。担孢子顶端圆，基部尖，稍弯，无色，6 ~ 14μm × 3 ~ 6μm。

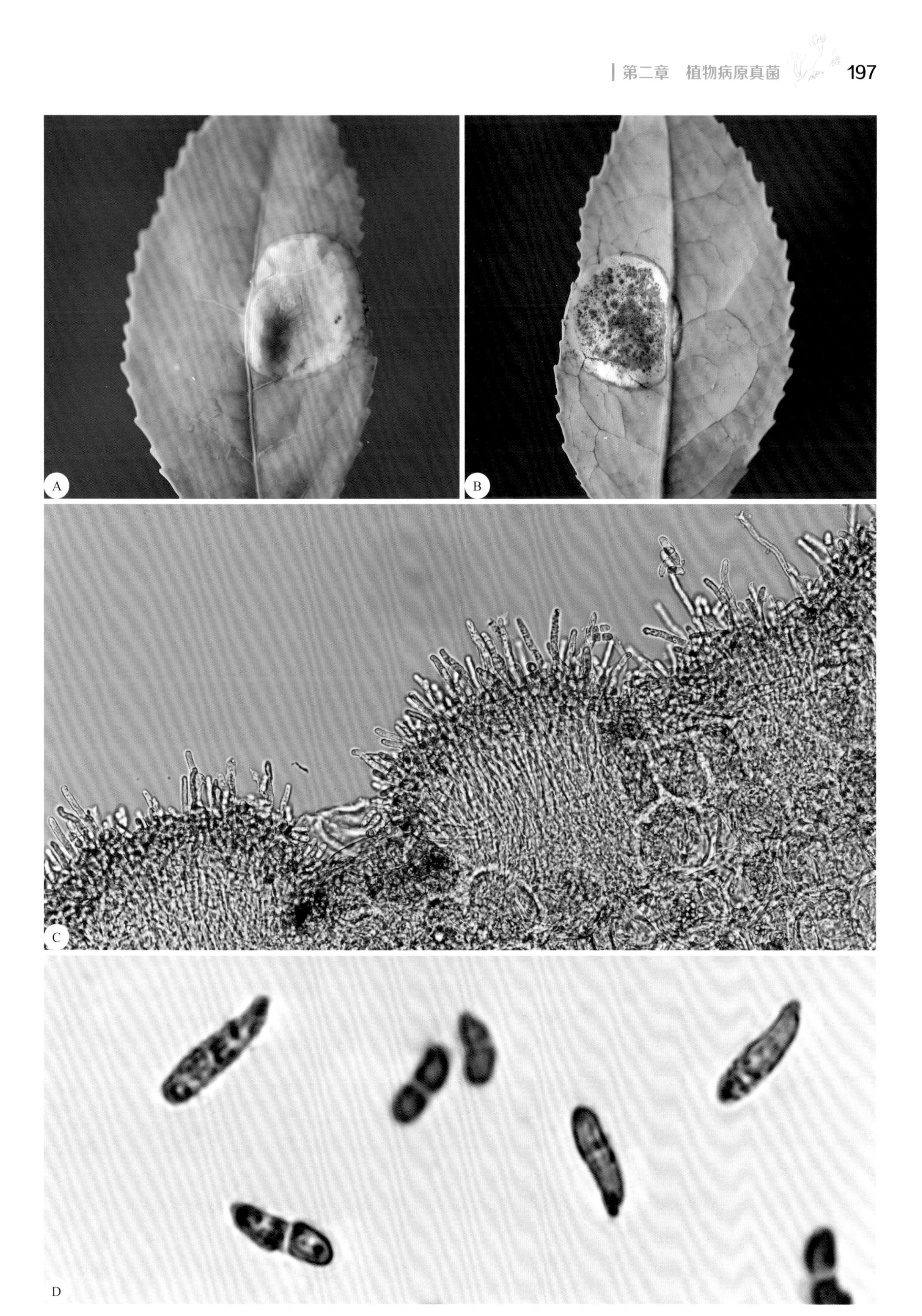

图2-210　*Exobasidium vexans*引致茶饼病叶面症状（A）与叶背症状（B）及其担子丛（C）和担孢子（D）

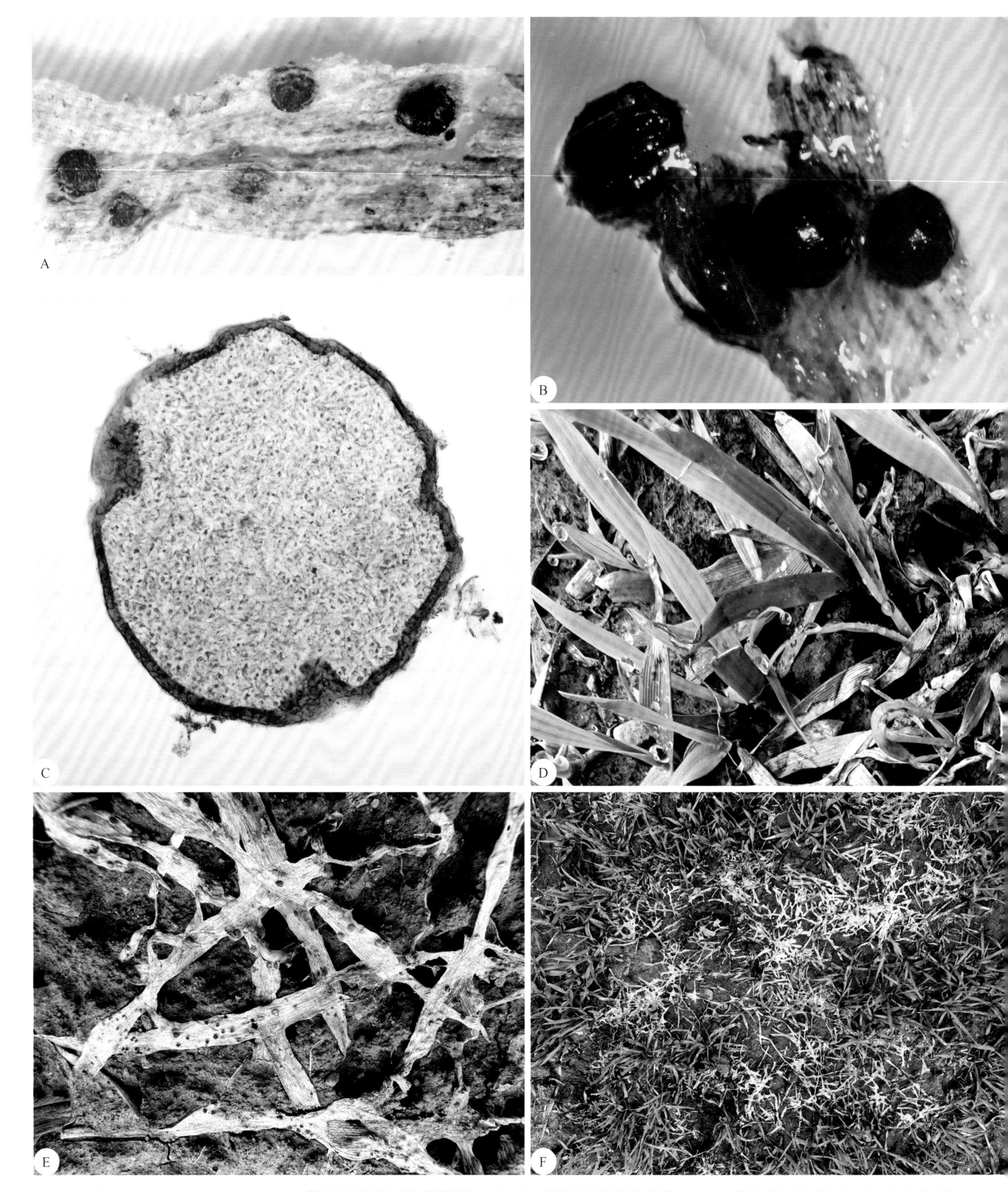

图2-211 *Typhula incarnata*在体视显微镜下的菌核形态（A），保湿处理后的菌核（B），菌核剖面结构（C），小麦灰雪霉病叶片症状（D），田间枯叶及其上的菌核（E），田间为害状（F）

第四节　半知菌亚门病原真菌及其所致病害

半知菌是自然界分布最广的真菌类群，有1300余属、近2万种，属于植物病原真菌的有200～300属，其中对农业生产有重要影响的近100属，是植物病害鉴定中接触最多的一类。

半知菌当初完全根据无性态的形态特征进行分类。其原因：一些真菌的有性态已经退化，有些真菌的有性态未被发现，或者虽已发现，但未与无性态联系起来，无法按有性态进行分类，鉴于此而将其单独列为一类。已知半知菌绝大多数实际上是子囊菌的无性态，少数是担子菌的无性态。另外，由于许多子囊菌的有性态一年只产生一次，或极少产生，产生时期大多数在冬季或者作物收获以后，因此生产活动中针对无性态进行分类，也是为了鉴定过程更方便。

传统的半知菌分类法，主要以无性子实体（分生孢子梗、分生孢子盘、分生孢子器等）和分生孢子的形态、颜色、细胞数目等为根据，分生孢子的产生方式常常也是重要的区分特征。分生孢子的产生方式参见图2-6。根据产生方式不同，可将分生孢子分为以下几种类型。

1）节孢子（arthrospore）：由菌丝或分生孢子梗的分枝细胞断裂而形成的孢子。

2）分生节孢子（meristem arthrospore）：分生孢子梗顶端不断生长，连续形成分生孢子，由顶端向基部渐次成熟，如粉孢属 *Oidium*。

3）顶生厚壁孢子（粉孢子）（aleuriospore）：分生孢子梗顶端或产孢细胞产生的单生、厚壁的分生孢子，通常有色，也有无色的，如黑孢霉属 *Nigrospora*、刀孢属 *Clasterosporium*。

4）环痕孢子（annellospore）：由环痕孢梗产生的孢子称为环痕孢子。当孢子梗顶端产生第一个孢子后，于孢子基部形成离层和孢痕，梗自孢痕处延伸，产生第二个孢子，反复产生离层和孢痕，故在分生孢子梗的端部形成系列环状孢痕，因此称为环痕梗（annellophore），如苹果环黑星霉 *Spilocaea pomi*。

5）芽生孢子（blastospore）：分生孢子梗顶端胞壁缢缩，产生单个分生孢子，或由顶孢子以芽殖方式自下而上连续产生分生孢子，形成分枝或不分枝的孢子链，而分生孢子梗并不延长，如枝孢属 *Cladosporium*、丛梗孢属 *Monilia* 等。

6）孔出孢子（porospore）：分生孢子梗顶端或侧面的小孔向外分泌原生质，发育成分生孢子。这类孢子通常是厚壁的，呈单生、轮生或向顶着生的孢子链。分生孢子梗可由前一个分生孢子着生的基部继续生长，如长蠕孢属 *Helminthosporium*、匍柄霉属 *Stemphylium* 等。

7）合轴孢子（sympodulospore）：分生孢子梗顶端产生分生孢子，再由孢子侧面的另一生长点延长，产生第二个分生孢子，将前一孢子挤向侧面。如此多次产孢，孢梗呈假单轴式伸长，产生多个分生孢子，如黑星孢属 *Fusicladium*、尾孢属 *Cercospora* 等。

8）瓶梗孢子（phialospore）：由瓶状小梗形成的孢子。通常瓶状小梗生于孢子梗的顶端，其上有自顶端向基部成串产生的分生孢子，孢子链分枝或不分枝。瓶状小梗不延长其长度。

1. 地霉属 *Geotrichum* Link

分生孢子梗疏松呈绒毛状，菌丝和分生孢子梗均无色，分散；菌丝丝状，具隔膜；分生孢子梗短或无，分化不明显；分生孢子串生，单胞，与孢子梗同色，无色或鲜色；分生孢子由菌丝断裂产生，椭圆形或卵圆形。

白地霉 *Geotrichum candidum* Link，为害番茄，引致番茄酸腐病。菌丝匍匐状，具分隔，与分生孢子梗区别不明显；分生孢子梗短，不分枝，无色或近无色；分生孢子串生于梗端，椭圆形或卵圆形，无色，无隔膜，两端平切，8.4 ~ 16.8μm × 4.9 ~ 6.3μm（图2-212）。只侵染老熟果实，尤其有伤口的果实易染病，初期病果局部或全果软化，表皮逐渐变褐色，湿腐状，稍微皱缩有裂纹，湿度大时病部表面或裂隙间生稀疏白霉，即病原菌菌丝或分生孢子梗（图2-213）。病部易开裂，散发酸臭味，此区别于软腐病。

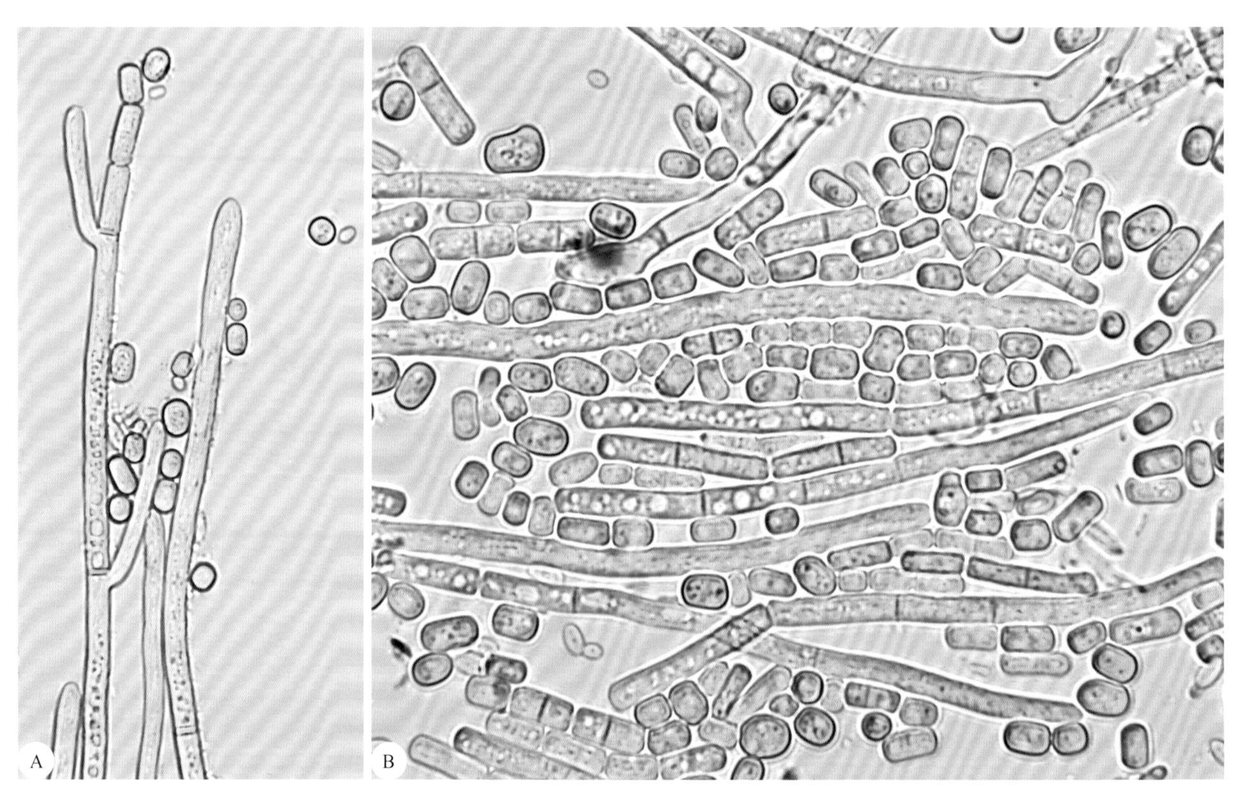

图2-212 *Geotrichum candidum* 分生孢子梗与分生孢子（A），菌丝与分生孢子（B）

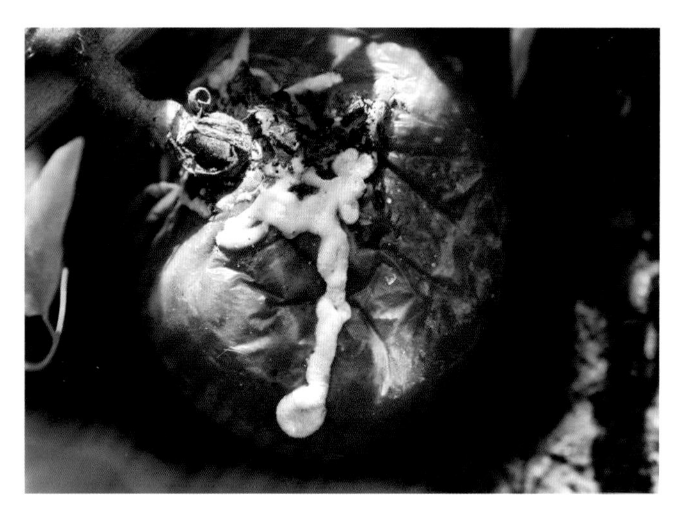

图2-213 *Geotrichum candidum*引致番茄酸腐病果实症状

2. 粉孢属 *Oidium* Link

菌丝体生于寄主植物表面，白色；分生孢子梗直立，不分枝；分生孢子短圆柱状，单胞，无色，成串向基而生，为继生型节孢子（图2-214）。引致高等植物白粉病。有性态为白粉菌科Erysiphaceae。此外，也有不产生或极少产生有性态的种类。

1）小麦白粉病菌 *Oidium* sp.，为害小麦，引致小麦白粉病。菌丝体体表寄生，生

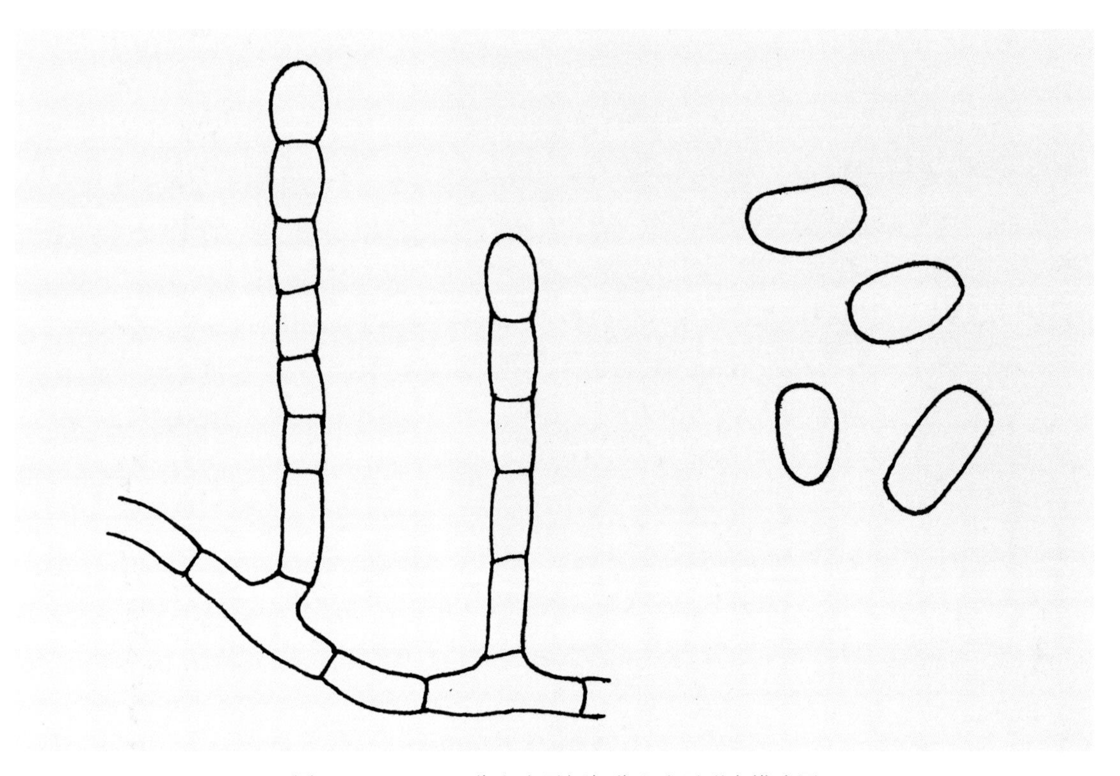

图2-214　*Oidium*分生孢子梗与分生孢子形态模式图

长蔓延，在小麦表皮细胞内形成吸器并吸收小麦营养物质；菌丝多分枝，具隔膜，由菌丝分化产生直立的分生孢子梗，与菌丝垂直，分生孢子梗端串生10～20个分生孢子，梗基膨大呈球状；分生孢子椭圆形，单胞，无色，25～30μm×8～10μm（图2-215）。主要寄生于叶片，也可侵染叶鞘、茎秆和穗（图2-216）。

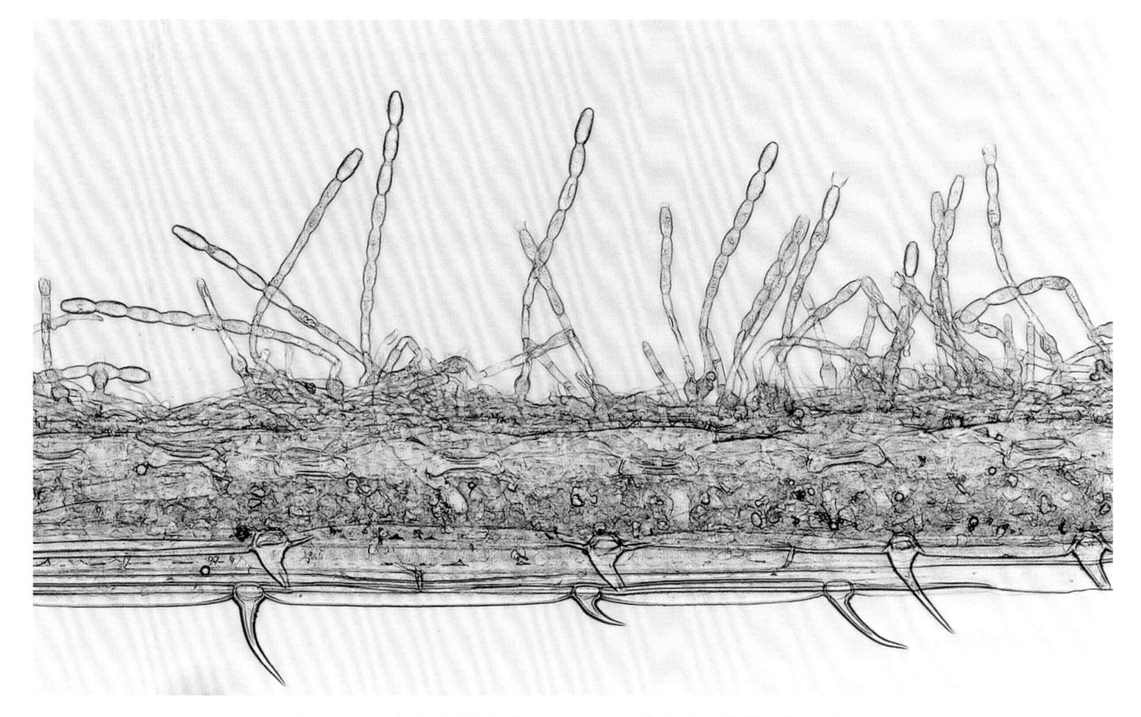

图2-215　小麦白粉病菌*Oidium* sp.分生孢子梗与分生孢子

图2-216 小麦白粉病菌*Oidium* sp.引致小麦白粉病田间症状

图2-217 苹果白粉病菌*Oidium* sp.引致苹果白粉病叶片症状

2）苹果白粉病菌*Oidium* sp.，有性态为白叉丝单囊壳*Podosphaera leucotricha* (Ell. et Ev.) Salm.，为害苹果，引致苹果白粉病。侵染苹果叶片、顶梢和嫩茎，病部产生白色斑块，似覆一层白粉（图2-217）。菌丝无色透明，多分枝，纤细，具隔膜；菌丝上分化产生分生孢子梗，直立，无色，其上产生分生孢子；分生孢子梗短棍棒状，顶端串生分生孢子；分生孢子椭圆形，单胞，无色，16.4 ~ 26.4μm × 14.4 ~ 19.2μm（图2-218）。

3）辣椒拟粉孢*Oidiopsis taurica* (Lév.) Salm.，有性态为鞑靼内丝白粉菌*Leveillula taurica* (Lév.) Arn.，为害辣椒，引致辣椒白粉病。侵染辣椒叶片，叶面形成黄绿色、不规则形褪绿斑块，叶面白粉层不明显，叶背密生白色霉层（图2-219）。菌丝内外兼生；分生孢子梗由气孔伸出，散生，128.0 ~ 240.0μm × 3.2 ~ 6.4μm（图2-220A）；分生孢子单生，倒棍棒形或烛焰形，无色透明，44.8 ~ 72.0μm × 9.6 ~ 17.6μm（图2-220B）。

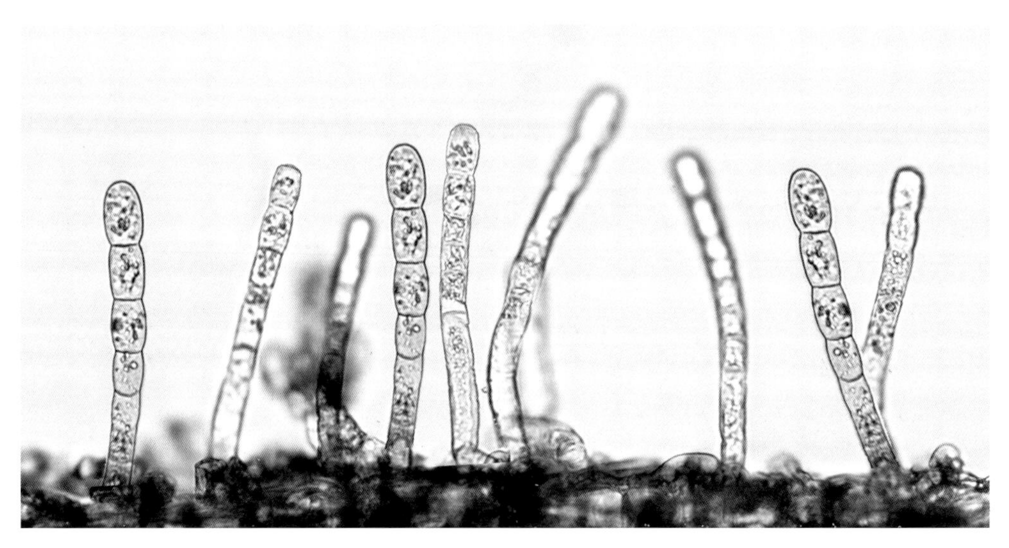

图2-218 苹果白粉病菌*Oidium* sp.分生孢子梗与分生孢子

图2-219　*Oidiopsis taurica*引致辣椒白粉病叶面症状（A）与叶背症状（B）

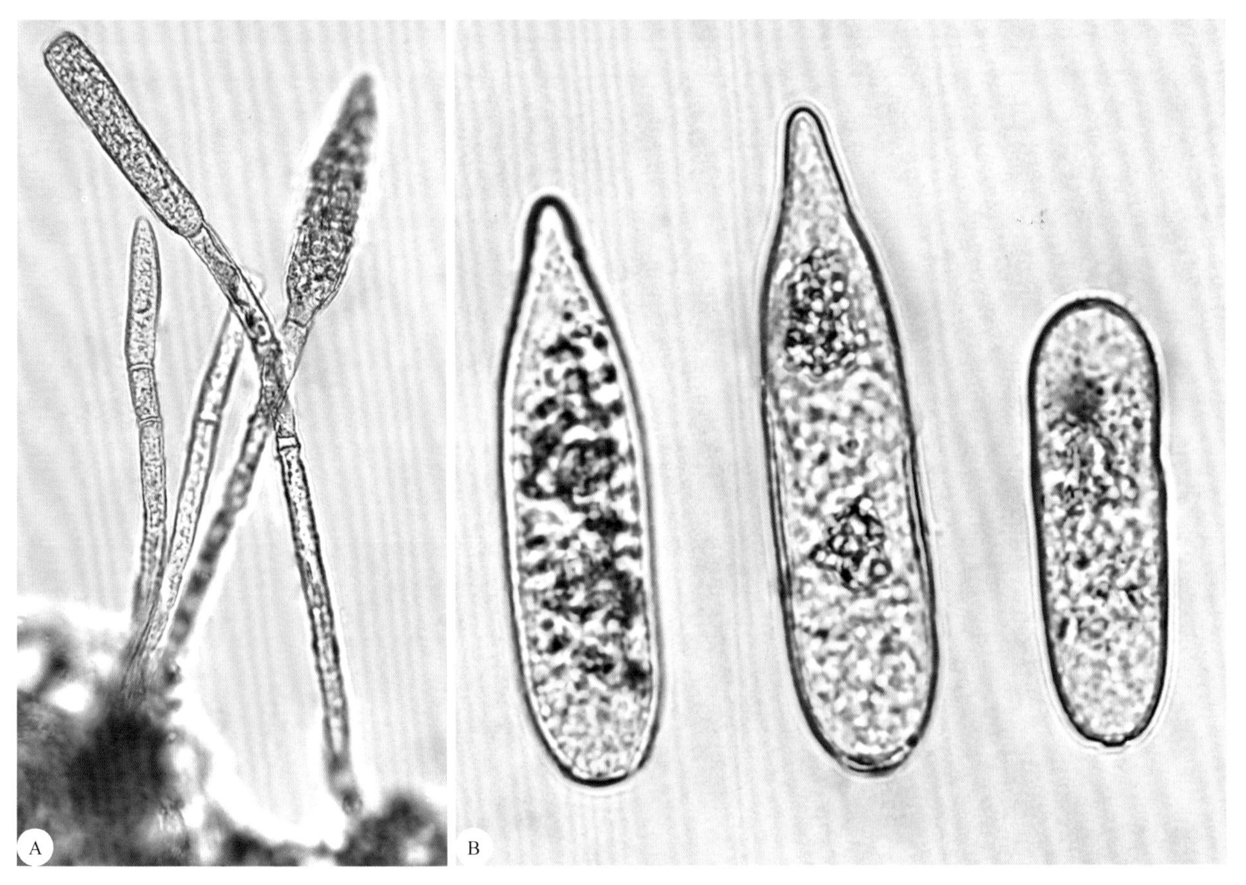

图2-220　*Oidiopsis taurica*分生孢子梗（A）与分生孢子（B）

4）瓜类白粉病菌*Oidium* sp.，有性态为瓜类单囊壳*Sphaerotheca cucurbitae* (Jacz.) Zhao，为害瓜类，引致瓜类白粉病。主要侵染叶片，初期叶面和叶背产生白色、近圆形小粉斑（菌丝、分生孢子梗和分生孢子），逐渐扩大后形成边缘不明显的连片白粉斑，后变为灰白色（图2-221），病斑上散生或聚生有黄褐色至黑色小颗粒（闭囊壳）。分生孢子梗圆柱形，不分枝，无色，具隔膜；分生孢子向基型多个串生，无色，单胞，4～45μm×12～24μm（图2-222）。

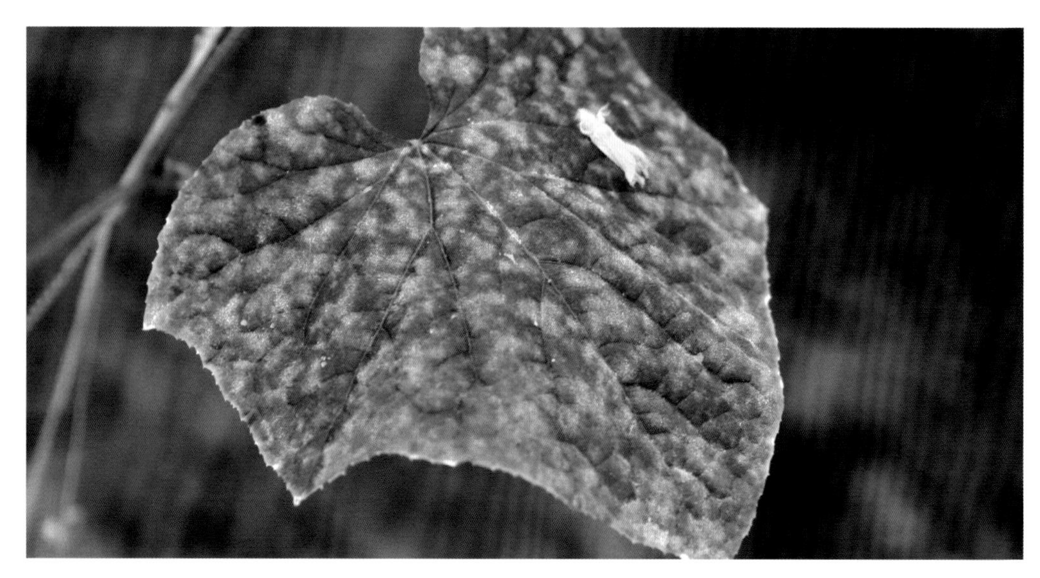

图2-221　瓜类白粉病菌*Oidium* sp.引致黄瓜白粉病叶片症状

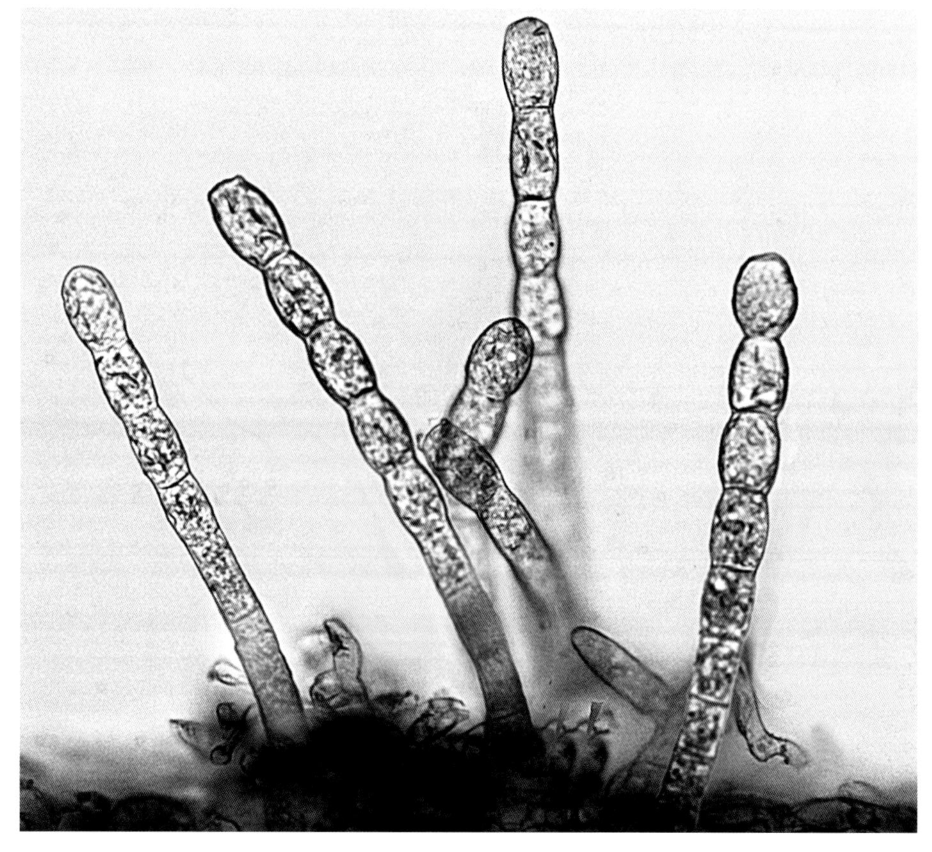

图2-222　瓜类白粉病菌*Oidium* sp.分生孢子梗与分生孢子

5）新番茄粉孢菌*Oidium neolycopersici* Kiss，为害番茄，引致番茄白粉病。主要侵染番茄叶片，叶柄、茎和果实有时也发病。发病初期叶面出现零星放射状白色霉点，后扩大成白色粉斑（图2-223）。分生孢子梗直立，不分枝，无色，多为2个隔膜，59.8 ~ 124.8μm × 6.0 ~ 9.6μm（图2-224A）；脚胞圆柱形，有时略有弯曲，26.4 ~ 52.8μm × 6.0 ~ 9.6μm，脚胞上通常有1或2个细胞；分生孢子椭圆形，无色，单生于分生孢子梗顶端，21.6 ~ 50.7μm × 13.0 ~ 24.7μm（图2-224B）。

图2-223　*Oidium neolycopersici*引致番茄白粉病叶片症状

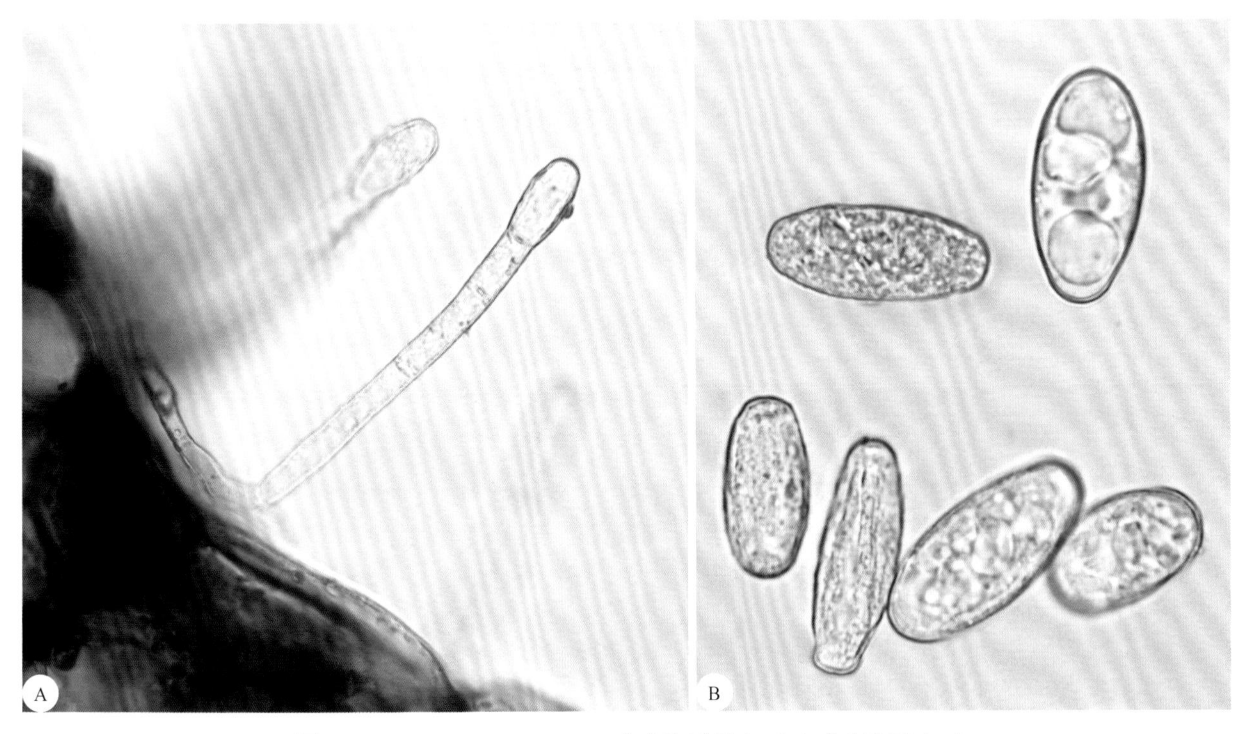

图2-224　*Oidium neolycopersici*分生孢子梗（A）与分生孢子（B）

6）紫薇白粉病菌*Oidium* sp.、有性态为南方小钩丝壳*Uncinuliella australiana* (McAlp.) Zheng et Chen，为害紫薇，引致紫薇白粉病。主要侵害嫩叶和嫩梢，花蕾也可受害，病部生白色斑、上覆白色粉层（图2-225A）。分生孢子梗棍棒状，分生孢子串生，单胞，无色，椭圆形（图2-225B）。

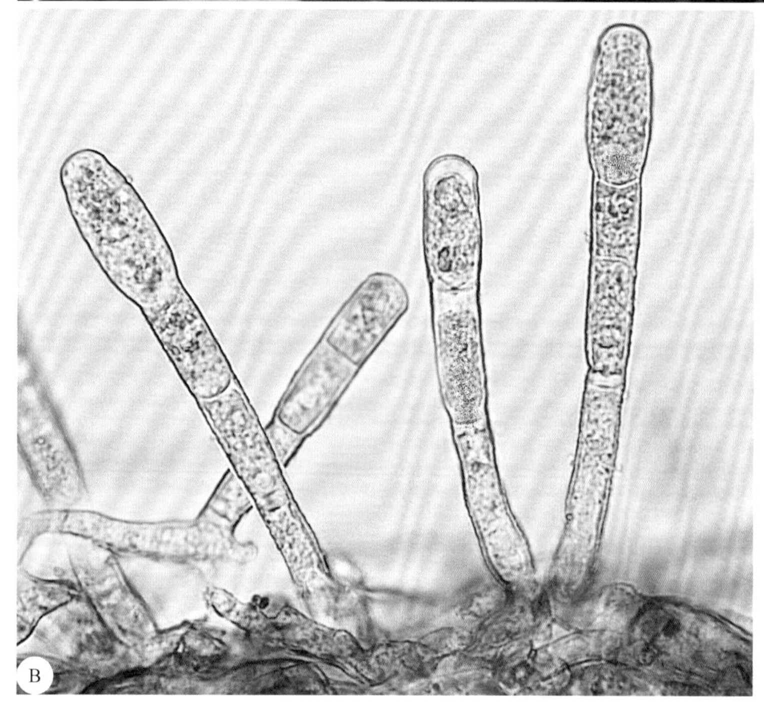

图2-225 紫薇白粉病菌*Oidium* sp.引致紫薇白粉病花蕾症状（A）及其分生孢子梗和分生孢子（B）

7）桃白粉病菌*Oidium* sp.，有性态为三指叉丝单囊壳*Podosphaera tridactyla* (Wallr.) de Bary，为害桃树，引致桃白粉病。侵染叶片和果实，初期叶片两面形成白色圆形霉层，后期霉层中产生黑色小颗粒（闭囊壳）（图2-226A）。分生孢子串生，近球形，单胞，无色，16.8 ~ 32.0μm × 11.0 ~ 18.0μm（图2-226B）。

8）葡萄粉孢*Oidium tuckeri* Berk.，有性态为葡萄钩丝壳*Uncinula necator* (Schwein.) Burr.，为害葡萄，引致葡萄白粉病。侵染叶片、新梢、

果实等，叶面或叶背生白色小斑，病斑逐渐扩大，表面生白色粉霉层，后期霉层中产生黑色小颗粒（图2-227A）。分生孢子梗与菌丝垂直，分生孢子念珠状串生，圆筒形至卵圆形，单胞，透明，内含颗粒状物，16.3 ~ 20.9μm × 30.3 ~ 34.9μm（图2-227B）。

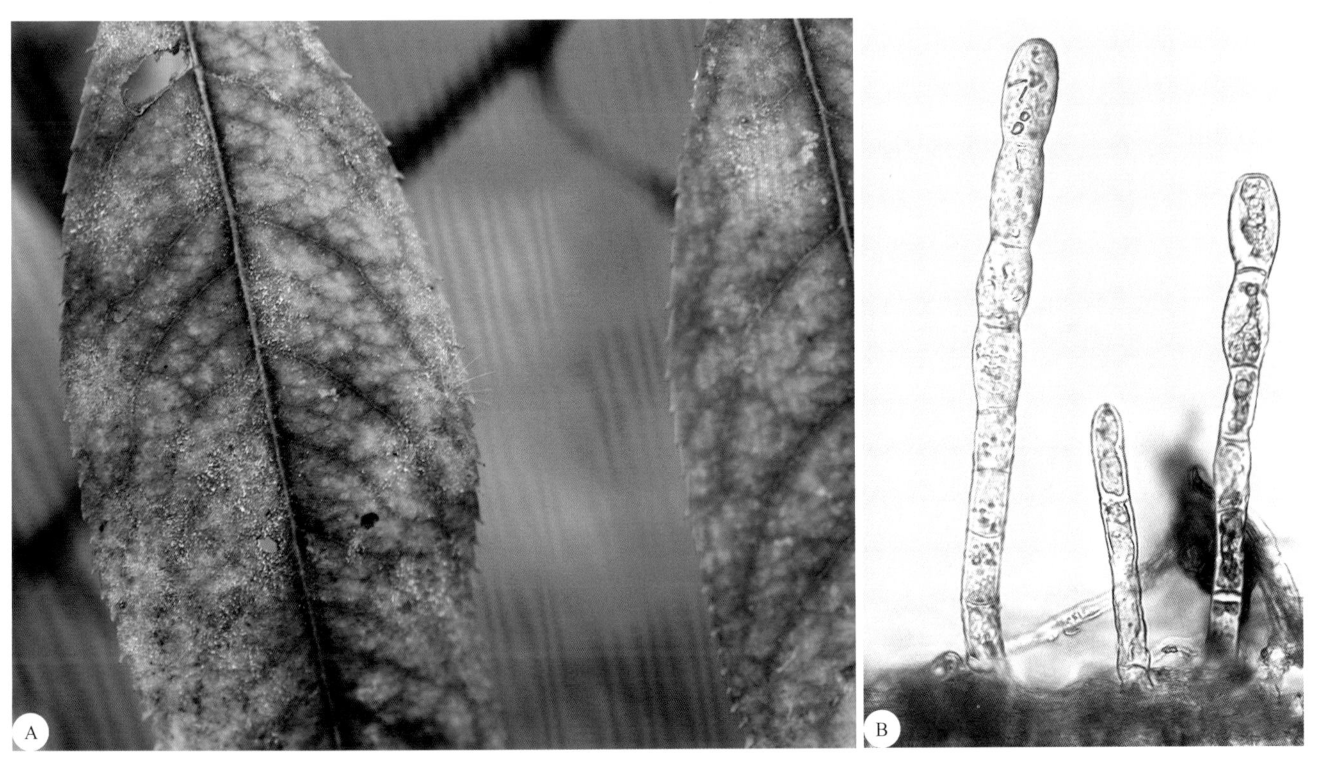

图2-226　桃白粉病菌 *Oidium* sp.引致桃白粉病叶片症状（A）及其分生孢子梗和分生孢子（B）

图2-227　*Oidium tuckeri*引致葡萄白粉病叶片症状（A）及其分生孢子梗和分生孢子（B）

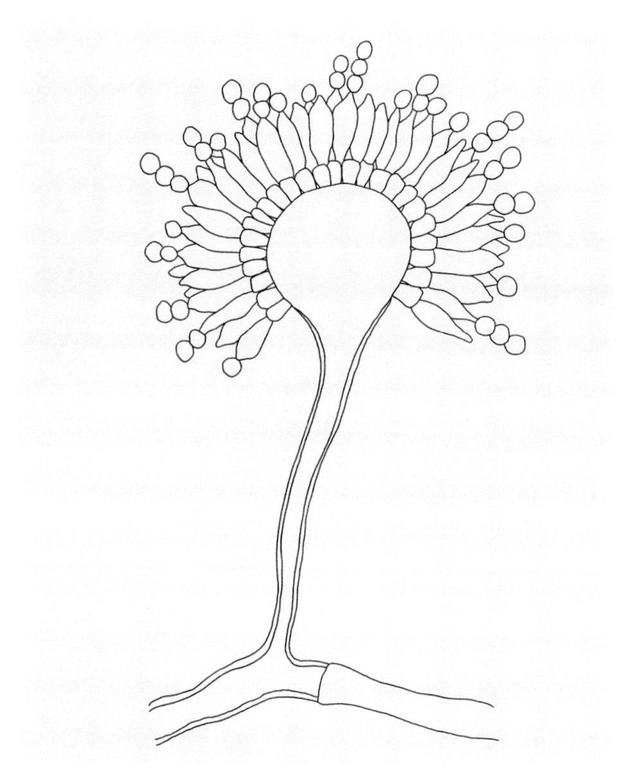

图2-228 *Aspergillus*分生孢子梗与分生孢子形态模式图

3. 曲霉属*Aspergillus* (Mich) Link

分生孢子梗直立，不分枝，顶端形成膨大的顶囊，密生瓶状小梗，放射状分布于整个顶囊表面；分生孢子（瓶梗孢子）单胞，球形，聚集时表现不同的颜色；分生孢子成串产生于瓶状小梗上，向基而生（图2-228）。有性态产生闭囊壳，极少见。腐生，少数寄生，广泛应用于发酵工业，一些种群引致粮食等农产品霉变，或引致植物生长衰弱，器官腐败。

黑曲霉*Aspergillus niger* Tieghy，为害石榴成熟果实，引致石榴果腐病。分生孢子梗自基质中伸出，分生孢子梗直立，不分枝，顶端形成膨大的顶囊，上密生瓶状小梗，放射状分布于整个顶囊表面，壁厚而光滑。顶囊上生一层小梗，小梗串生黑褐色、球状分生孢子，直径2.5～4.0μm（图2-229和图2-230）。在PDA培养基平板上的菌落蔓延迅速，初为白色，后变成鲜黄色直至黑色，厚绒状，背面无色或中央略带黄褐色。广泛分布于世界各地，引致水分较高的粮食霉变。

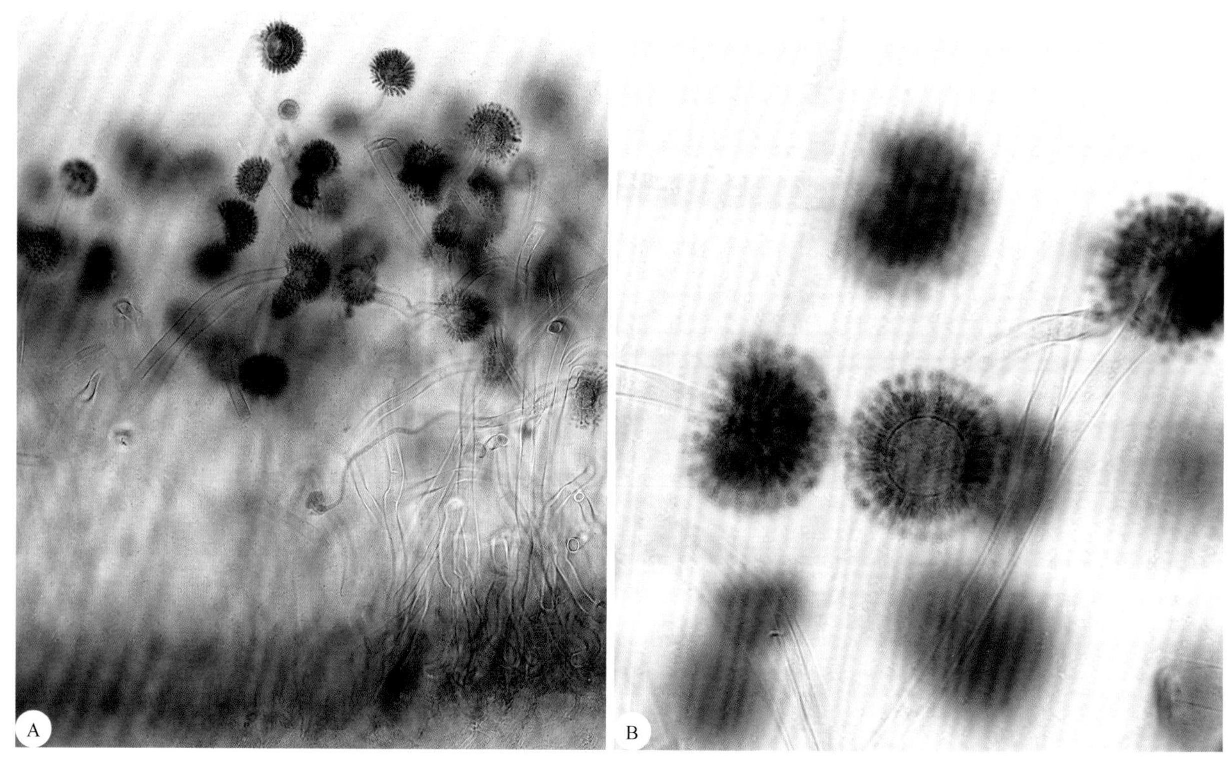

图2-229 *Aspergillus niger*分生孢子梗（A），膨大的顶囊与串生的分生孢子（B）

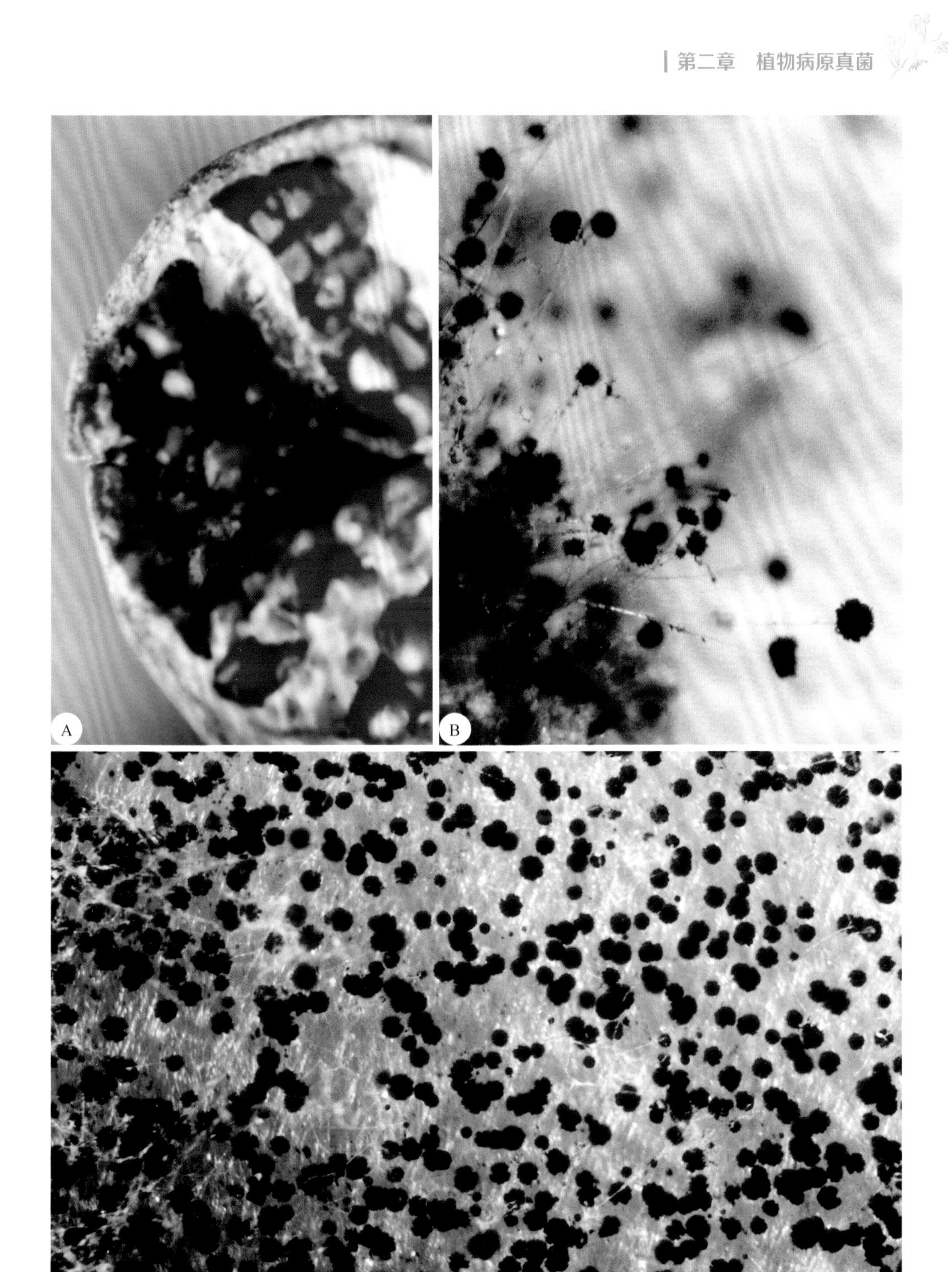

图2-230　*Aspergillus niger*引致石榴果实霉变症状（A），在体视显微镜下的分生孢子梗（B），在PDA培养基上的菌落形态（C）

4. 青霉属 *Penicillium* Link

分生孢子梗无色，单生，少数聚集成孢梗束，端部有1至多次分枝，最顶端生瓶状小梗；分生孢子无色，单胞，球形或卵圆形，串生，向基而生，整体淡色透明状（图2-231和图2-232）。有性态产生闭囊壳，不常见。该属多腐生，少数寄生。

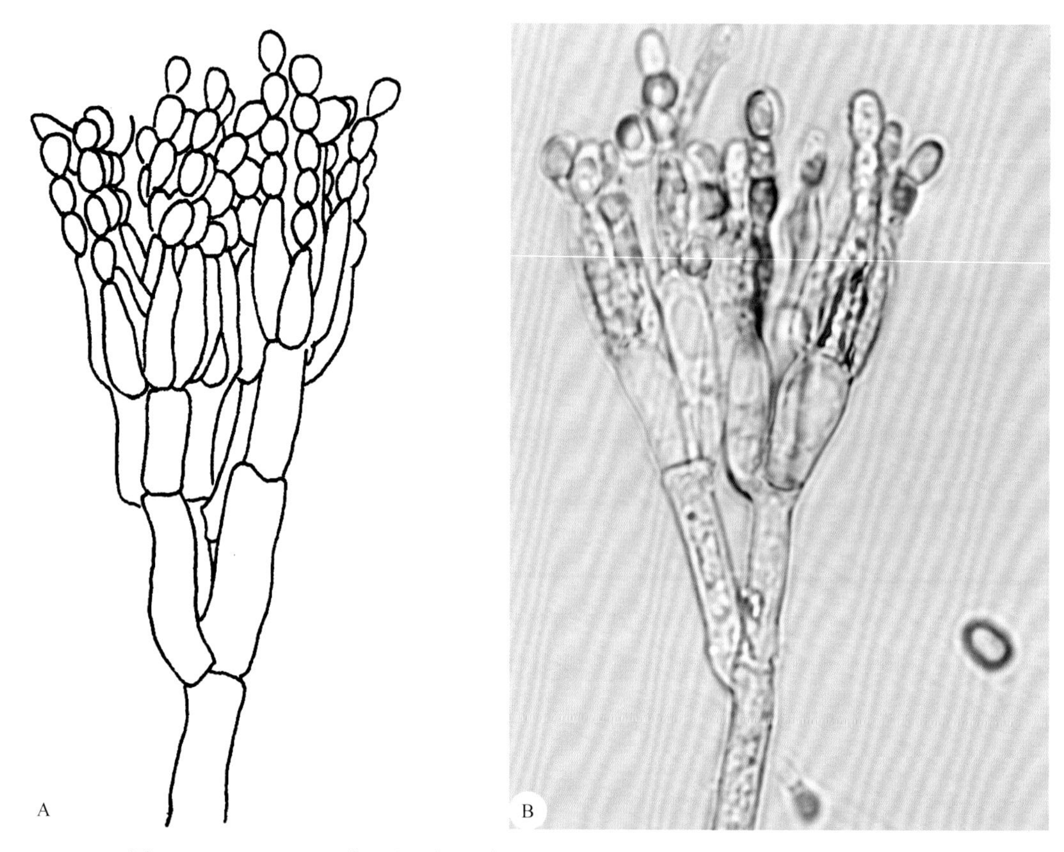

图2-231 *Penicillium*分生孢子梗和分生孢子的形态模式图（A）与显微图（B）

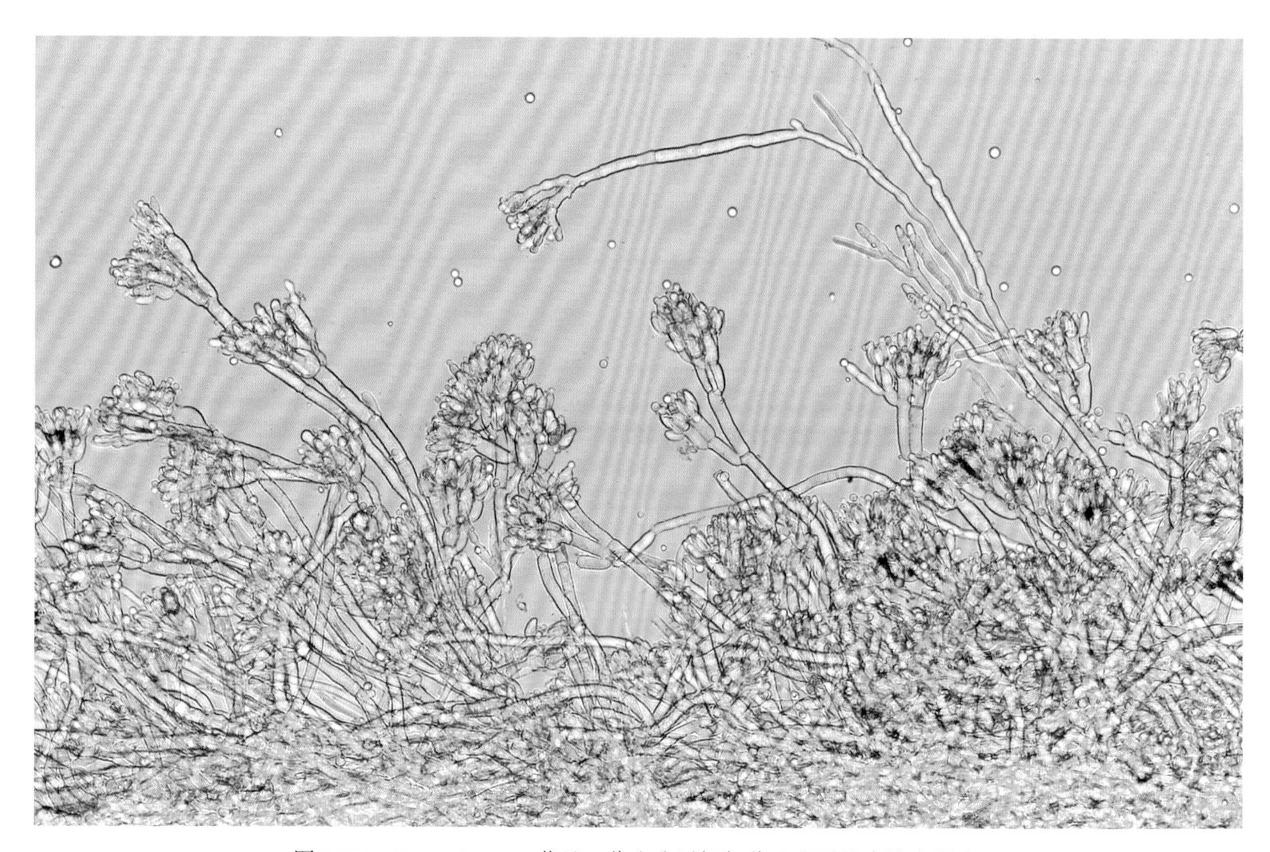

图2-232 *Penicillium* sp.菌丝、分生孢子梗与分生孢子的自然生长态

1）意大利青霉*Penicillium italicum* Wehmer和指状青霉*P. digitatum* Sacc.，二者在孢子梗分枝数、小梗顶端形态及分生孢子形态上存在差异（表2-7，图2-233）。侵染柑橘类成熟果实，引致青霉病和绿霉病，是柑橘储藏、运输过程中的重要病害。病斑湿腐状，初生白色霉层，渐变为青色或绿色，霉层颜色是青霉病与绿霉病的重要区别。此外，青霉病果有霉味，绿霉病果有芳香味；青霉菌白色边缘整齐且窄，而绿霉菌白色边缘宽且不整齐（图2-234）。

表2-7 意大利青霉与指状青霉的形态特征比较

病原菌	意大利青霉*P. italicum*	指状青霉*P. digitatum*
孢子梗分枝	较多（3次）	较少（1或2次）
小梗数	2 ~ 4根	2 ~ 6根
小梗顶端	较尖细	稍钝
分生孢子	分生孢子多为圆形、卵圆形或长椭圆形，成串联生于小梗上，较小，3.1 ~ 6.2μm × 2.9 ~ 6.0μm	分生孢子卵圆形至圆柱形，在小梗上成串腰束形成，成熟后分离，较大，4.6 ~ 10.6μm × 2.8 ~ 6.5μm

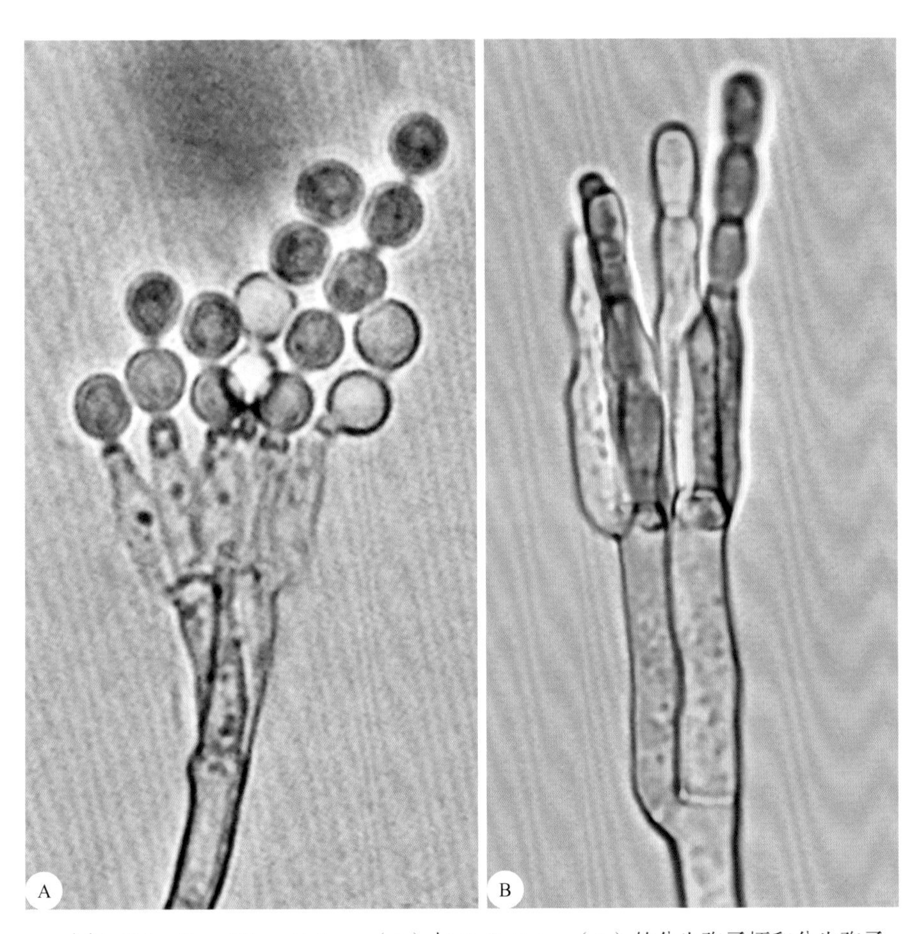

图2-233 *Penicillium italicum*（A）与*P. digitatum*（B）的分生孢子梗和分生孢子

两种病菌的有性态均未发现。二者均须经伤口入侵，因此，防治两种病害的关键是减少果实损伤，在储运过程中控制合适的温度和湿度，可减轻病害的发生。

2）扩展青霉*P. expansum* (Link) Thom，侵染苹果成熟果实，引致苹果青霉病（储藏期的重要病害）（图2-235）。分生孢子梗长500μm以上，壁光滑或稍粗糙，帚状分枝3 ~ 6次，分生孢子链状着生于小梗上，椭圆形至亚球形，光滑（图2-236）。除苹果外，还为害梨树、杏树、番茄等。

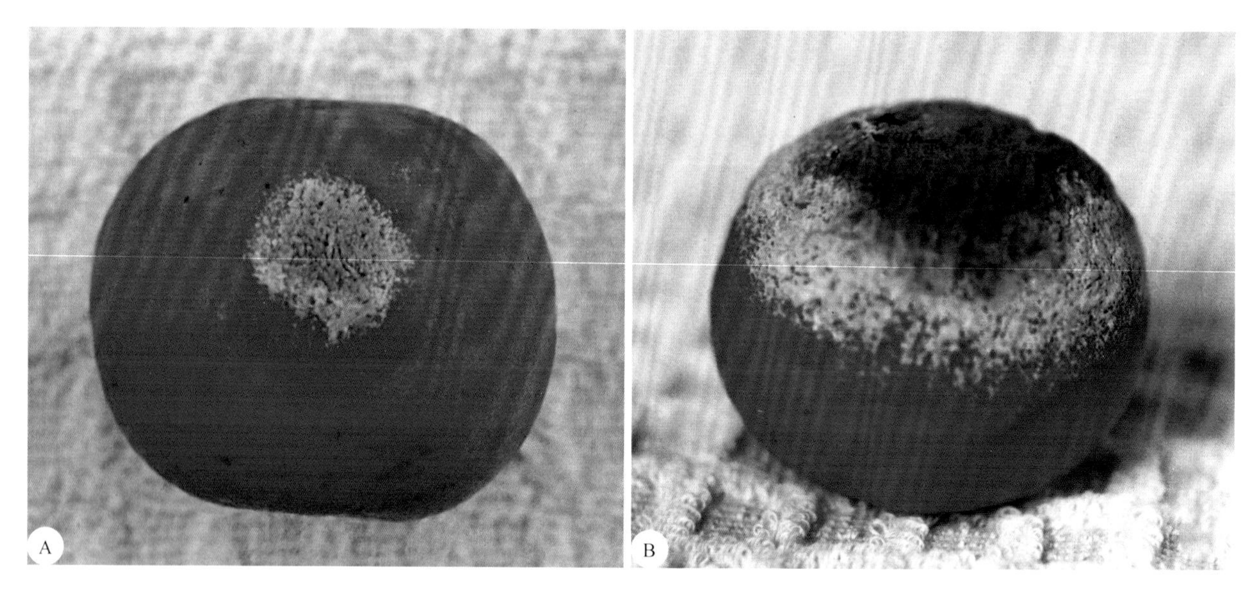

图2-234 *Penicillium italicum*引致柑橘青霉病果实症状（A），*P. digitatum*引致柑橘绿霉病果实症状（B）

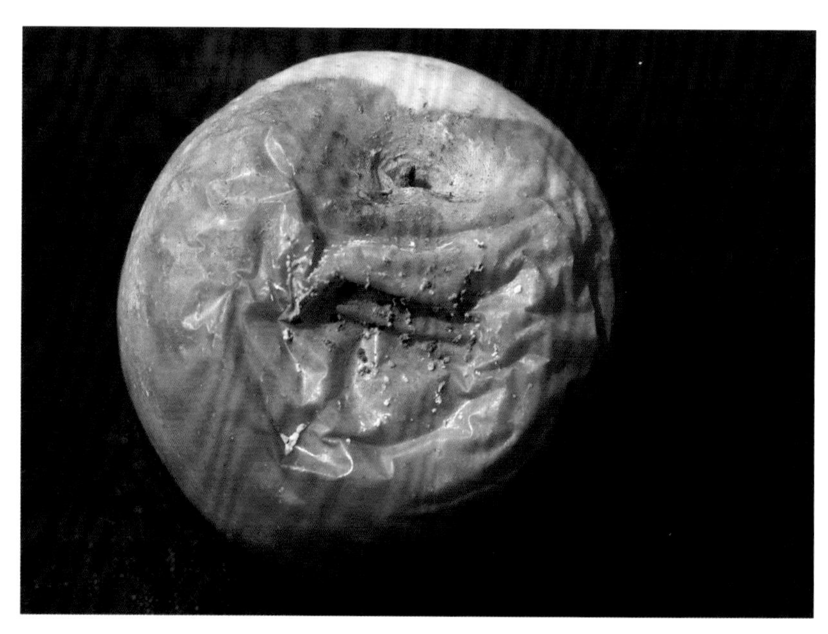

图2-235 *Penicillium expansum*引致苹果青霉病果实症状

5. 轮枝孢属 *Verticillium* Nees

分生孢子梗细长，有分枝，至少有部分分枝呈轮状；分生孢子（瓶梗孢子）卵圆形至椭圆形，无色，单胞，单生或聚生于梗端的小胶滴中（图2-237）。侵染高等植物输导组织，引致萎蔫；也可寄生其他真菌或腐生，大多存活于土壤中。

1）黑白轮枝孢 *Verticillium albo-atrum* Reink. et Berth.，为害马铃薯，引致马铃薯黄萎病。在PDA培养基上不形成微菌核，分生孢子梗正直，96.0～124.0μm×1.5～2.0μm，无色，具轮状分枝2～4层（最多8层），每层有瓶状小梗1～5根，小梗顶端略尖，正直或微弯，16.0～32.0μm×1.5～2.0μm；分生孢子椭圆形，无色透明，单胞，4～10μm×2～3μm，单生于梗端，或聚集成团生于梗端的小胶滴中。

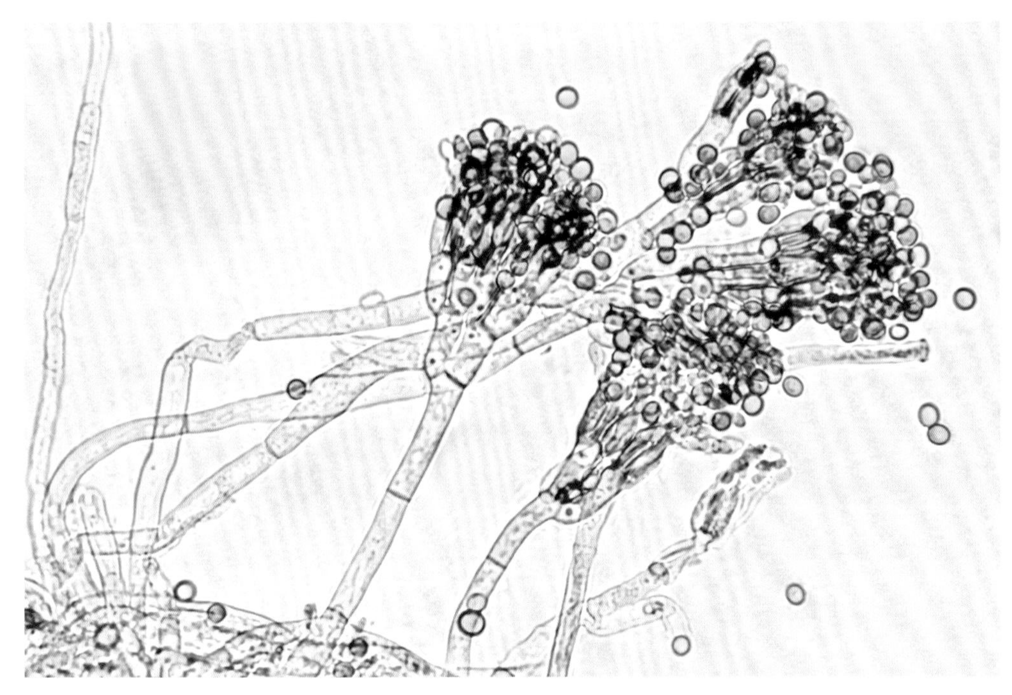

图2-236　*Penicillium expansum*分生孢子梗与分生孢子

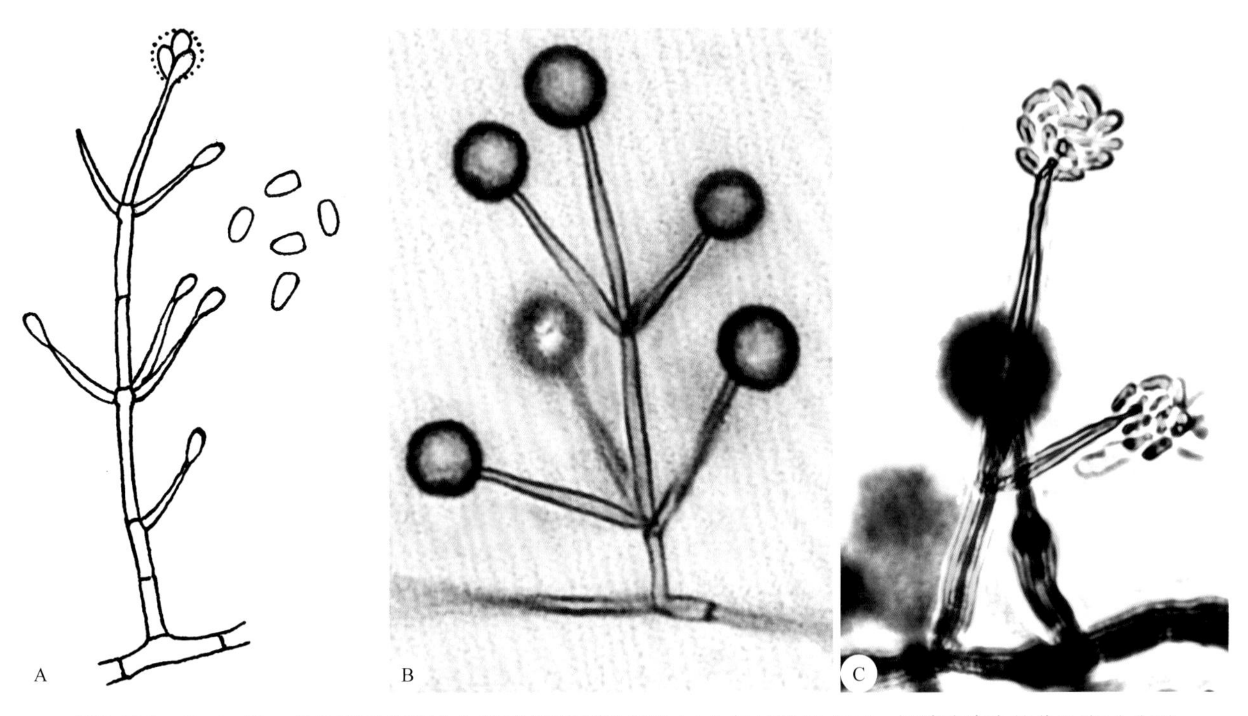

图2-237　*Verticillium*分生孢子梗和分生孢子的形态模式图（A）与显微图（B），梗端胶滴中的分生孢子（C）

除马铃薯外，还为害棉花、苜蓿、番茄、烟草、茄子、辣椒、向日葵、大豆、蚕豆、瓜类、甜菜、亚麻、花卉等30～40个科中的数百种植物，引致黄萎病。该病菌为检疫对象。

2）大丽花轮枝孢*V. dahliae* Kleb.，为害棉花，引致棉花黄萎病。该病菌与*V. albo-atrum*的区别：*V. dahliae*在PDA培养基上生长很快，形成较多的微菌核，微菌核由菌丝陆续芽殖产生的圆形厚膜细胞构成，近球形，黑褐色，直径30～50μm（图2-238）。另外，该病菌能耐较高温度，气温30℃以上仍能

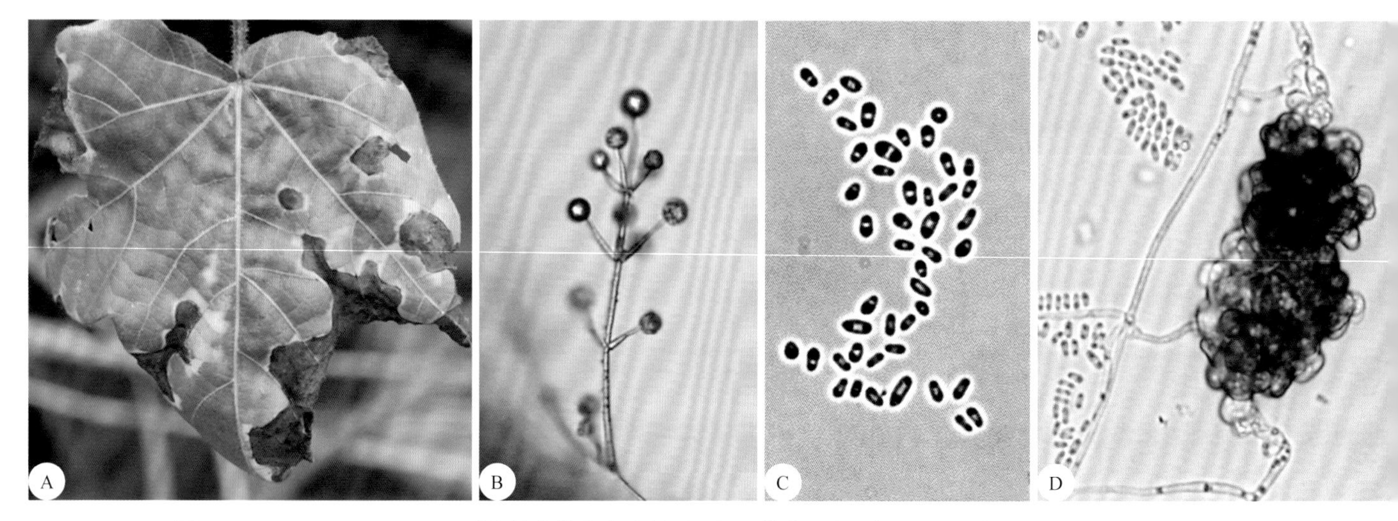

图2-238 *Verticillium dahliae*引致棉花黄萎病症状（A）及其分生孢子梗（B）、分生孢子（C）和微菌核（D）

生长，土温28℃以上仍具有致病能力；而*V. albo-atrum*在30℃时停止生长，土温28℃以下才能致病。除棉花外，还为害茄子等600多种植物。

3）非苜蓿轮枝菌*V. nonalfalfae* Inderb. et al.，为害马铃薯，引致马铃薯黄萎病（图2-239A）。分生孢子梗无色透明，直立或斜生，基部有时褐色；瓶梗状产孢细胞轮状排列于分生孢子梗上，每根分生孢子梗上着生1～5层轮枝，每层轮枝有1～5个瓶梗状产孢细胞（图2-239B）；分生孢子椭圆形，通常聚集于瓶梗顶端形成孢子球，2.8～6.7μm×1.4～3.9μm（图2-239C）；休眠菌丝褐色，细胞壁加厚，具横隔膜（图2-239D）。非苜蓿轮枝菌主要分布于低温和高海拔地区。除马铃薯外，还为害黄瓜、豇豆、茄子、西葫芦、烟草、棉花、向日葵、番茄、辣椒、生菜、白菜等作物。

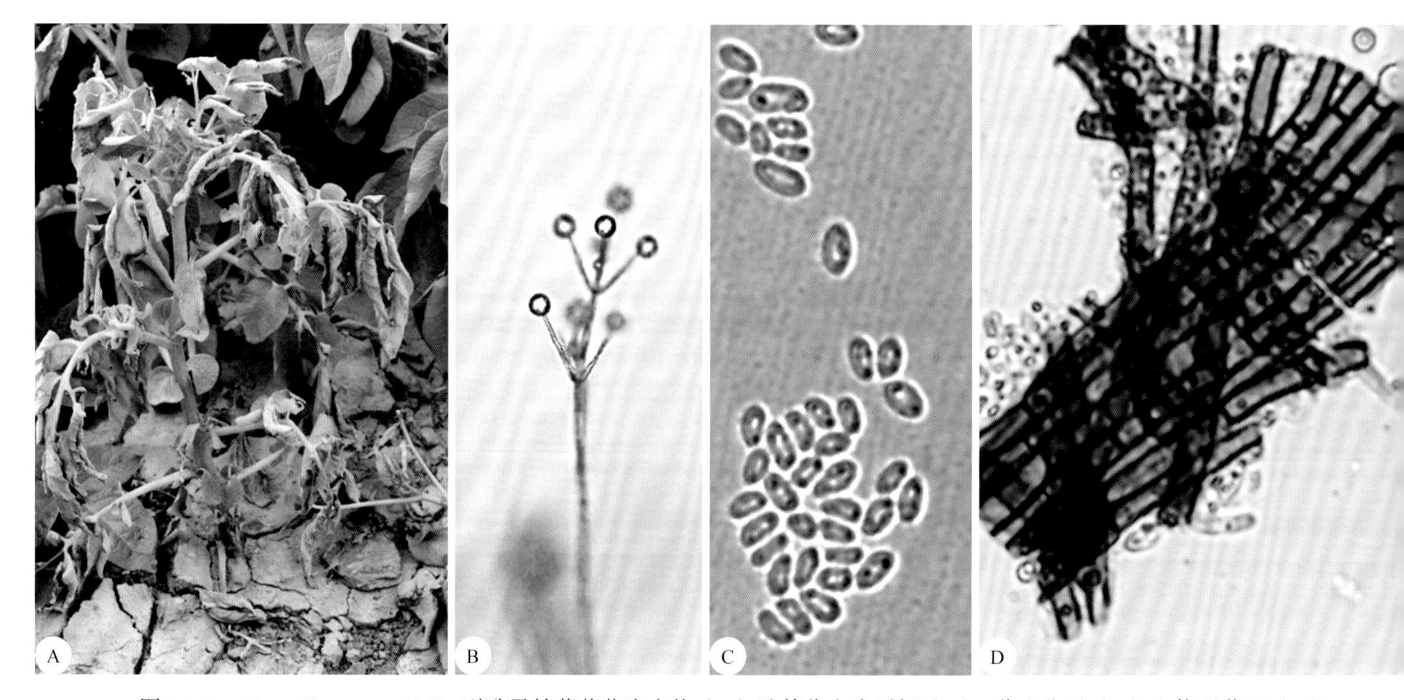

图2-239 *Verticillium nonalfalfae*引致马铃薯黄萎病症状（A）及其分生孢子梗（B）、分生孢子（C）和休眠菌丝（D）

4）变黑轮枝菌*V. nigrescens* Pethyhr.，为害苜蓿，引致苜蓿黄萎病（图2-240A）。在PDA培养基平板上呈灰黑色（图2-240B），有轮枝状产孢小梗，常见分生孢子梗为二次分枝，即在分生孢子梗上有分枝小梗，分枝小梗轮生，双叉状或三叉状着生于分生孢子梗上，分枝小梗上再形成轮枝状的产孢小梗，产孢小梗端部连续芽生式产孢；分生孢子常聚集于梗端形成易散的孢子球，分生孢子椭圆形至短圆柱形，透明，单胞（图2-240C）；菌丝产生球形、卵圆形、梨形或不规则形厚垣孢子，直径5.3～8.1μm，位于菌丝末端或中部，单生或间生（由无色细胞隔离）排列成短链（图2-240D）。

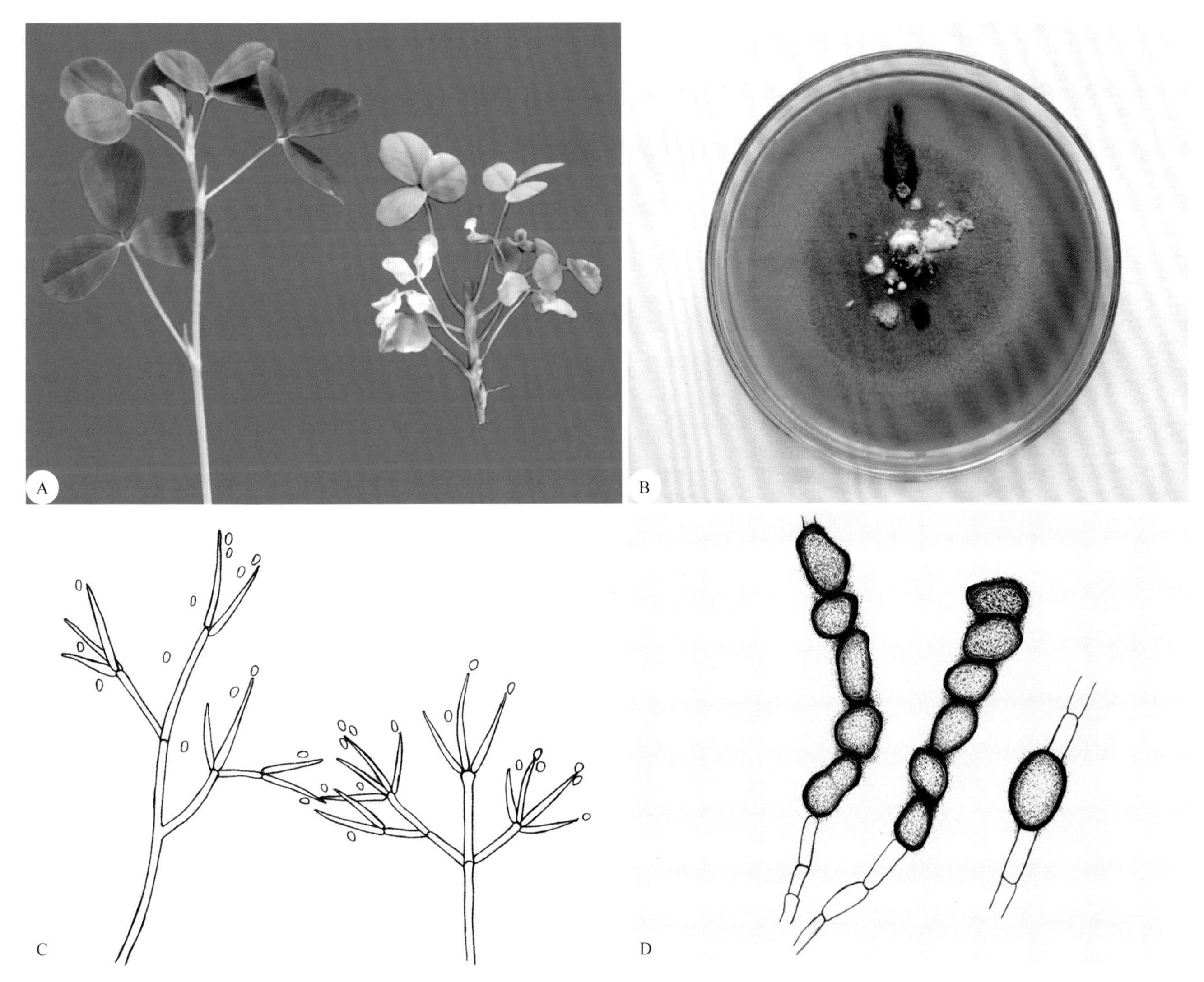

图2-240　*Verticillium nigrescens*引致苜蓿黄萎病症状（A），在PDA培养基平板上的菌落形态（B），分生孢子梗与分生孢子形态模式图（C），厚垣孢子形态模式图（D）

6. 葡萄孢属*Botrytis* Pers. ex Fr.

分生孢子梗细长，无色或有色，有分枝，端部分枝有时双叉状，顶端细胞膨大成球形，上生许多小梗，分生孢子聚生在小梗上，呈葡萄穗状；分生孢子无色或灰色，单胞，卵圆形，群体呈灰色；常产生黑色、不规则形菌核。寄生或腐生，引致灰霉病。有性态为葡萄孢盘菌属*Botryotinia*、核盘菌属*Sclerotinia*。

灰葡萄孢*Botrytis cinerea* Pers. ex Fr.，为害苦瓜，引致苦瓜灰霉病（图2-241A）。分生孢子梗群生，不分枝或分枝，直立，青灰色至灰褐色，顶部色渐淡，群体呈棕灰色，具隔膜，分隔处缢缩，280～550μm×12～24μm；分生孢子簇生于梗端，广椭圆形或倒卵圆形，单胞，无色，12～18μm×9～13μm（图2-241B）。可形成菌核，以分生孢子或菌核在病组织内越冬。腐生性强，寄主范围广，侵染小麦、棉花、甘薯、洋麻、啤酒花、白菜、甘蓝、花椰菜、西葫芦、黄瓜、番茄、茄子、辣椒、菜豆、蚕豆、大葱、大蒜、胡萝卜、葡萄、草莓、芍药、莴苣、向日葵、桃树、杏树、柿树、桑树等多种植物的幼苗、果实及储藏器官，引致幼苗猝倒、落叶、花腐、果腐等（图2-242）。

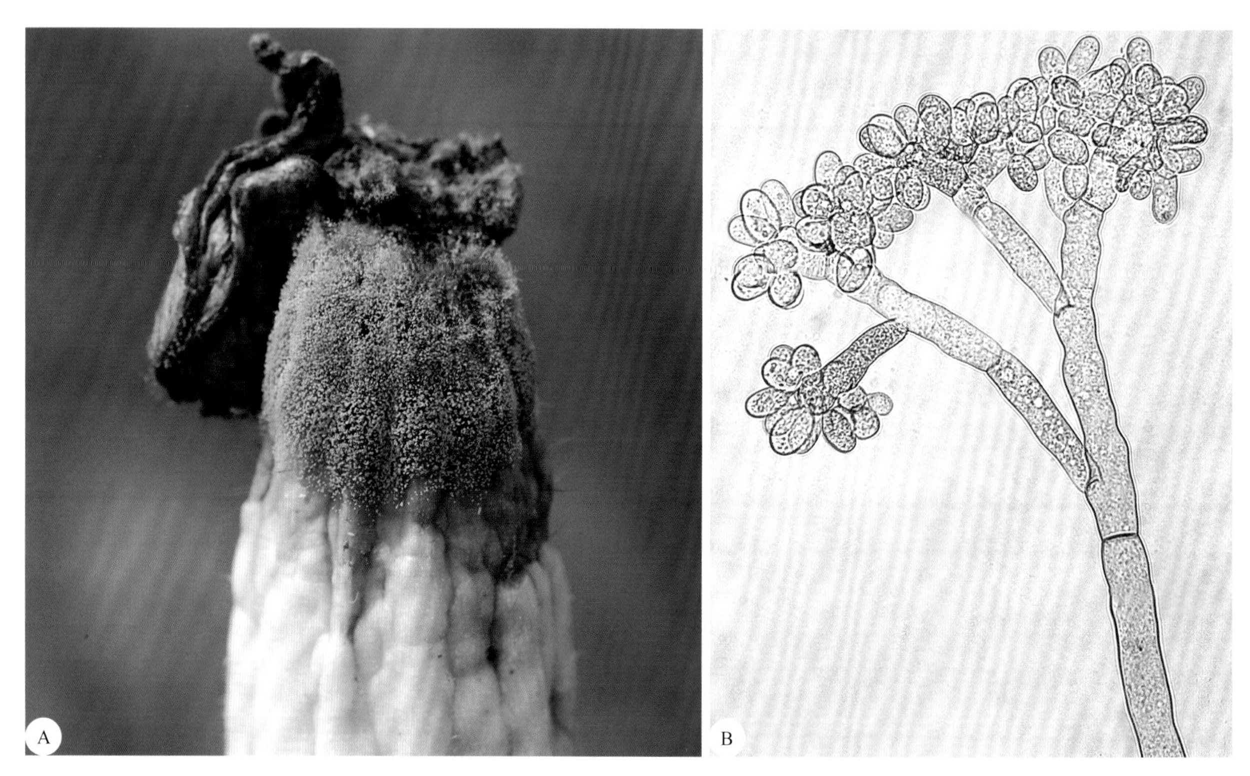

图2-241 *Botrytis cinerea*引致苦瓜灰霉病症状（A）及其分生孢子梗和分生孢子（B）

7. 丛梗孢属*Monilia* Bonord.

菌丝体无色至淡色，产生黑色扁平菌核；分生孢子梗直立，无色，双叉状或不规则分枝，分生孢子梗细胞与成熟的分生孢子相似，全壁芽生，向顶序列链生式产孢；分生孢子单胞，串生，无色或淡色，卵圆形或椭圆形，向顶式生长，有些种类孢子间有连接细胞，分生孢子结团呈粉色或灰色。

1）仁果丛梗孢*Monilia fructigena* Pers.，有性态为果生链核盘菌*Monilinia fructigena* (Aderh. et Ruhl.) Honey，为害苹果，引致苹果褐腐病。分生孢子梗无色，菌丝状，60～125μm×6～8μm；分生孢子近圆形至椭圆形，单胞，无色，12～24μm×9～15μm，相连呈串珠状（图2-243）。除苹果外，还为害多种仁果类果树的果实及枝干，病果长出灰色绒球状霉层，轮纹状排列（图2-244），病枝上形成溃疡。以菌丝或分生孢子在僵果、枝干溃疡部越冬。清除僵果及病枝可减轻病害。

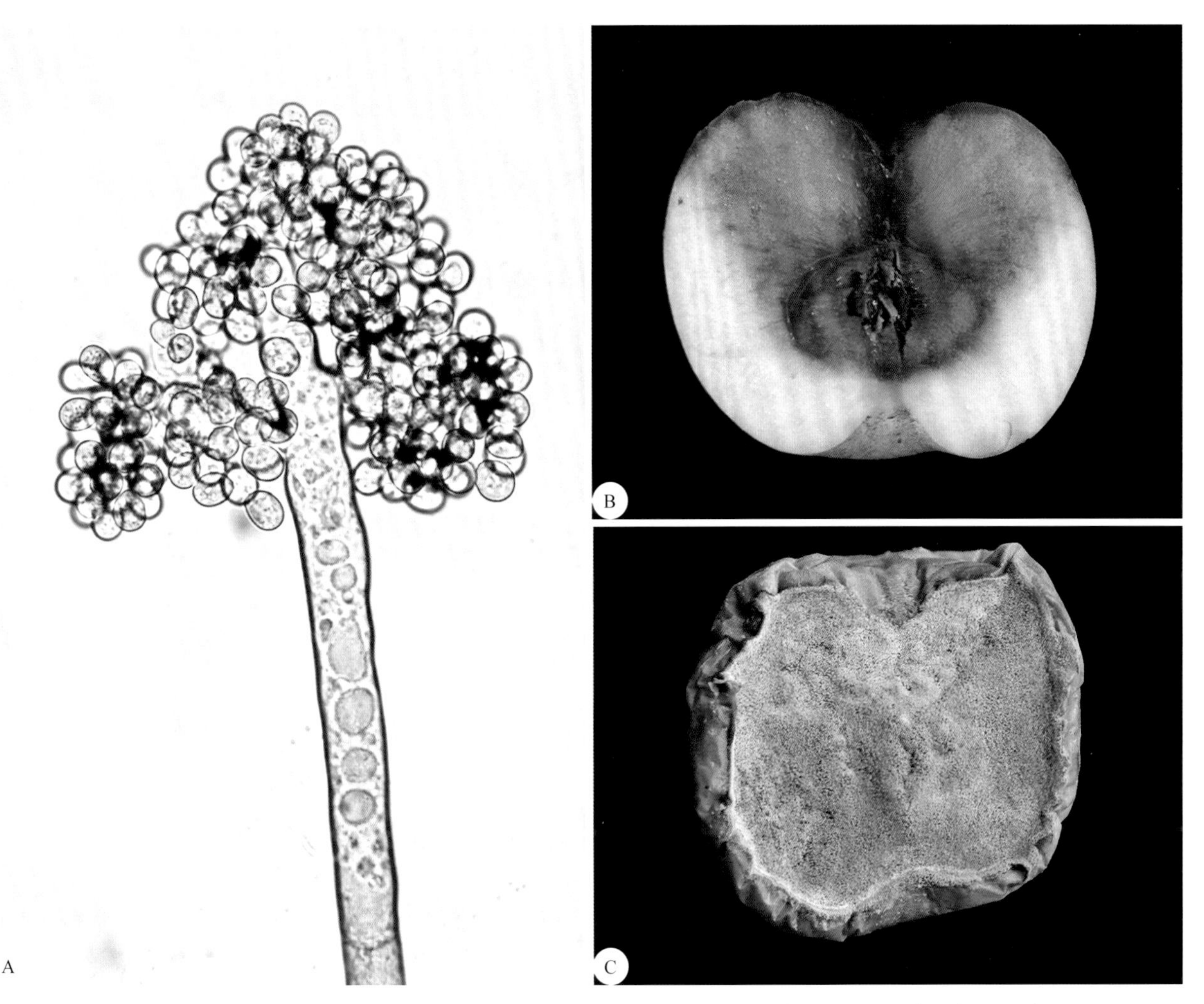

图2-242　*Botrytis cinerea*分生孢子梗与分生孢子（A），苹果病果剖面初期（B）和培养后产生的霉层（C）

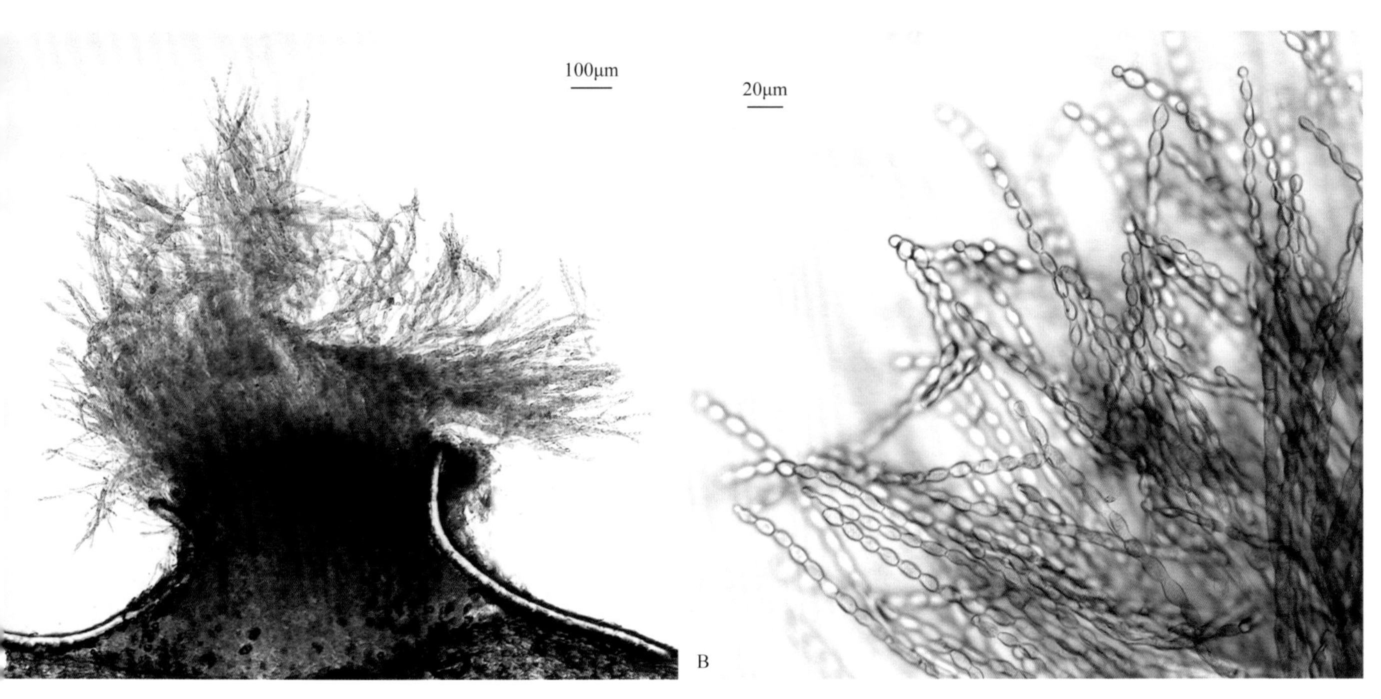

图2-243　*Monilia fructigena*子座（A），分生孢子梗与分生孢子（B）

图2-244 *Monilia fructigena*引致苹果褐腐病症状（A）和梨褐腐病症状（B）

2）灰丛梗孢*M. cinerea* Bon.，有性态为核果链核盘菌*Monilinia laxa* (Aderh. et Ruhl.) Honey=桃褐腐核盘菌*Sclerotinia laxa* (Ehrenb.) Aderh. et Ruhl.，为害桃树，引致桃褐腐病。分生孢子梗短，有时有分枝。分生孢子圆形至椭圆形，长链状，近无色，10～25μm×7～16μm（图2-245）。病部产生灰褐色绒球状霉层，即分生孢子座或分生孢子球（图2-246）。病菌在僵果及枝干溃疡部越冬，僵果中的病菌可存活10年以上。除桃树外，还为害李树等多种核果类果树。防治采用清除僵果、药剂防治等综合措施。

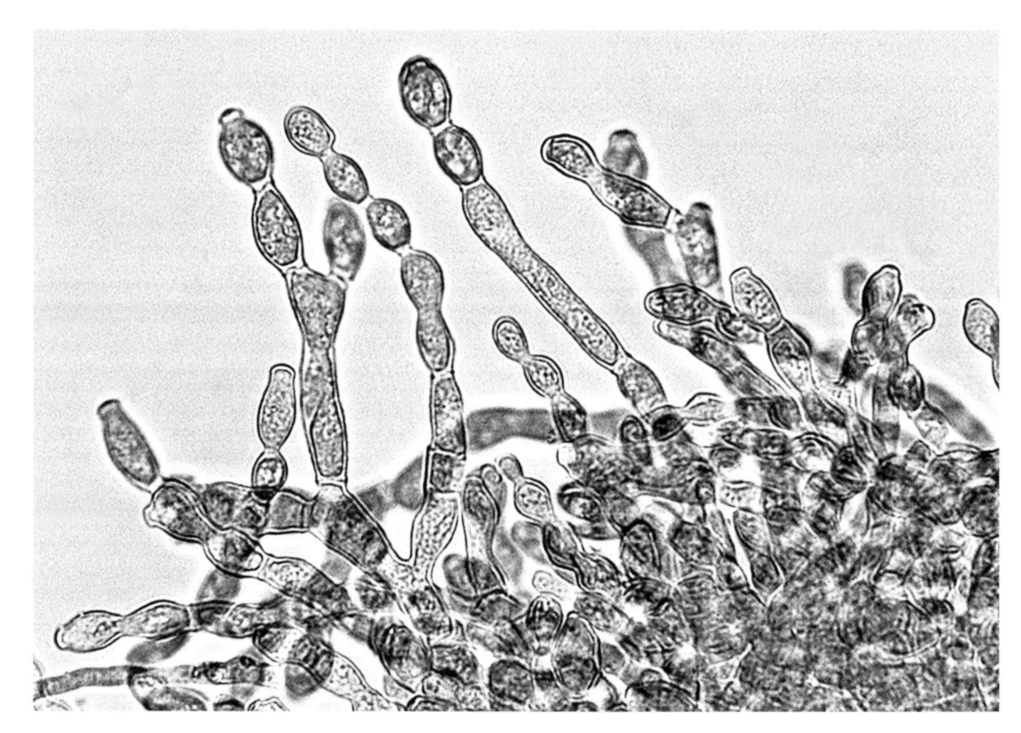

图2-245 *Monilia cinerea*分生孢子梗与分生孢子

图2-246　*Monilia cinerea*引致桃褐腐病症状（A）和李褐腐病症状（B）

8. 柱隔孢属 *Ramularia* Ung.

分生孢子梗成簇自叶片气孔伸出，短，少分枝，弯曲或曲膝状，无色或近无色，孢痕明显；分生孢子（假单轴式侧生孢子）无色，圆柱状，典型的为双胞，也有超过三胞的，常呈短链状。寄生高等植物，引致叶斑病，病部产生白色粉状霉层（分生孢子梗和分生孢子）。有性态多为球腔菌属*Mycosphaerella*。

1）萝卜白斑柱隔孢 *Ramularia armoraciae* Fuck.，为害萝卜叶片，引致萝卜白斑病。分生孢子梗簇生，不分隔，少分枝，40.0～50.0μm×2.5～3.0μm；分生孢子圆筒形，端部钝，15～20μm×3～4μm（图2-247）。

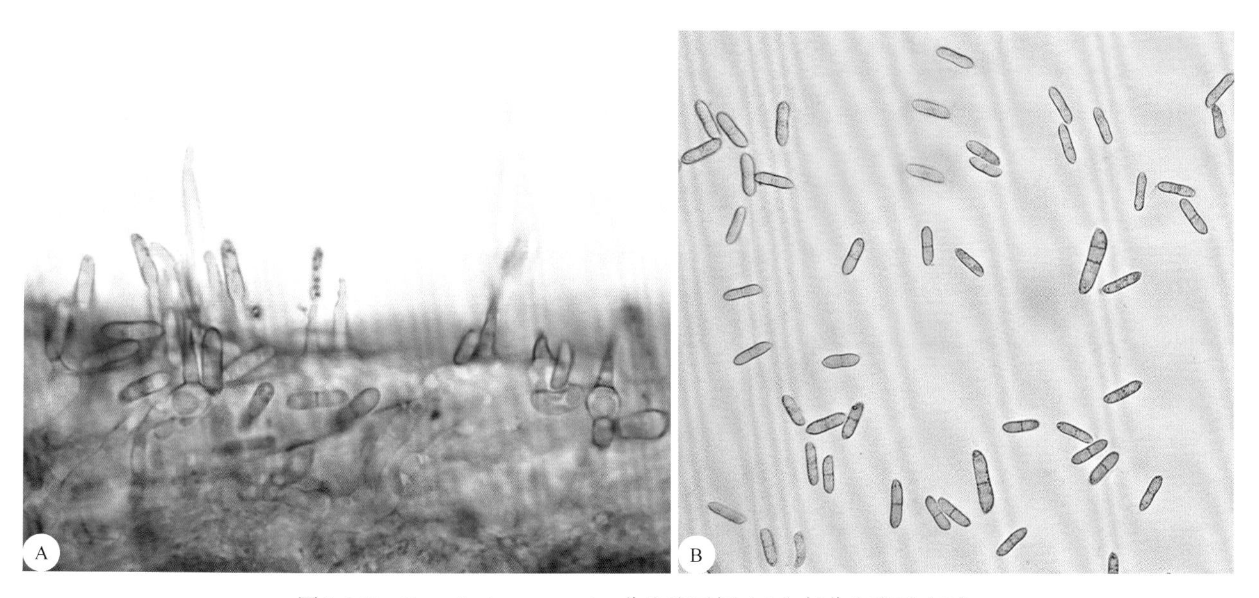

图2-247　*Ramularia armoraciae*分生孢子梗（A）与分生孢子（B）

2）棉柱隔孢*R. areola* Atk.，有性态为网孢球腔菌*Mycosphaerella areola* (Atk.) Ehrl. et Wolf，为害棉花，引致棉花白斑病。主要侵染叶片，病斑多角形，初呈淡绿色，后为黄褐色，叶背生白色霉层。分生孢子梗无色，具隔膜，单生或丛生，基部有时分枝，23 ~ 70μm × 4 ~ 6μm；分生孢子无色，长椭圆形，多数两端突然尖细，有些一端圆，1 ~ 3个横隔，14.0 ~ 35.0μm × 3.5 ~ 5.0μm。在病叶上越冬。

3）苎麻柱隔孢*R. boehmeriae* Fujiwara，侵染苎麻根部，引致苎麻根腐病。病斑褐色，凹陷，不规则形，引致根系腐烂，叶片卷曲畸形。随病根在土壤中越冬。

4）异形柱隔孢*R. anomala* Peck，为害荞麦，引致荞麦白霉病。主要侵染叶片，叶面产生黄色至淡绿色斑驳，无明显边缘，叶背生白色霉层。分生孢子梗着生于简单分生孢子座上（仅数个细胞），密集，无色，无隔膜，无膝状节，顶端偶有分枝，端部圆，15 ~ 16μm × 2 ~ 3μm；分生孢子圆柱形，数个串生，无色透明，单胞，两端略尖，12 ~ 18μm × 3 ~ 4μm。

9. 单端孢属 *Trichothecium* Link

菌丝体无色，分生孢子梗直立，细长，无色，无或具少数隔膜，顶端束生分生孢子；产孢细胞向基部倒退式顺序产孢，位置不断下移，致分生孢子梗逐渐缩短（倒合轴式序列产生分生孢子）；分生孢子长圆形或洋梨形，双胞，大小不均等，顶细胞钝圆，略大，下端细胞向基部渐细成喙状，较小；分生孢子基部交错相连，聚集成孢子链（图2-248）。

粉红单端孢*Trichothecium roseum* (Pers.) Link，为害茄子，引致茄子红粉病（图2-249A）。分生孢子梗直立，细长，无隔膜或者偶见1或2个隔膜，130.0 ~ 300.0μm × 3.0 ~ 3.5μm；分生孢子初无色，后为淡橙红色，不等大双胞，梨形或倒卵圆形，12.0 ~ 22.0μm × 7.5 ~ 12.5μm，聚于分生孢子梗顶端形成长孢子链（图2-249B）。除茄子外，还为害棉铃、苹果、梨树、柑橘、番茄、桃树、瓜类等的果实，以及水稻、玉米等谷类作物种子，引致腐烂，病部生红色绒状霉层。

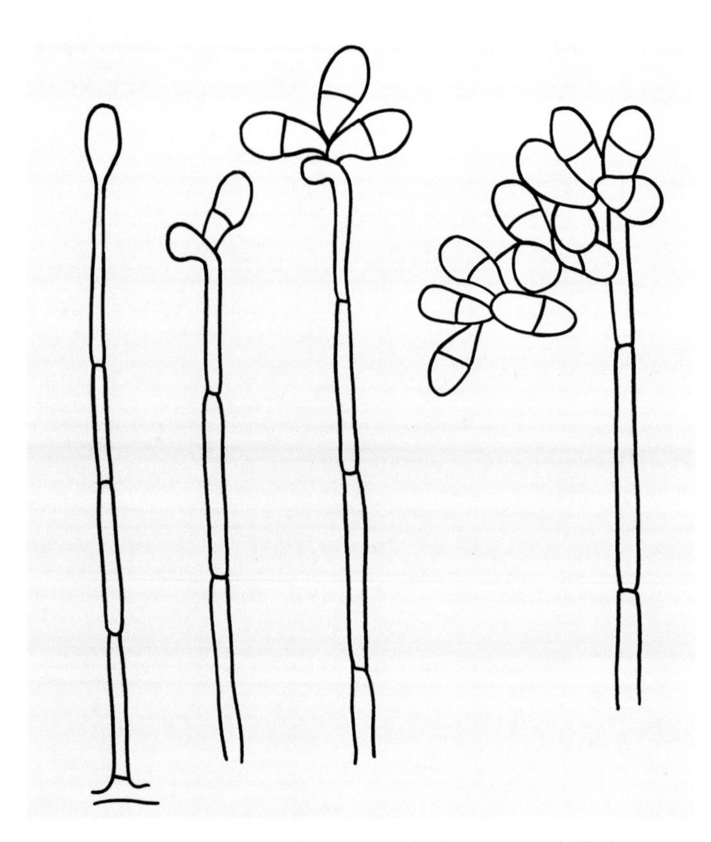

图2-248 *Trichothecium*分生孢子梗与分生孢子形态模式图（胡加怡 绘）

10. 梨孢属 *Pyricularia* Sacc.

分生孢子梗细长，淡褐色，单生或簇生，合轴式延伸，曲膝状弯曲，很少分枝，具隔膜；分生孢子（假单轴式侧生孢子）梨形至椭圆形，下端较宽，无色，多数双胞或三胞（图2-250）。主要寄生禾本科植物。

1）稻梨孢*Pyricularia oryzae* Cav.，为

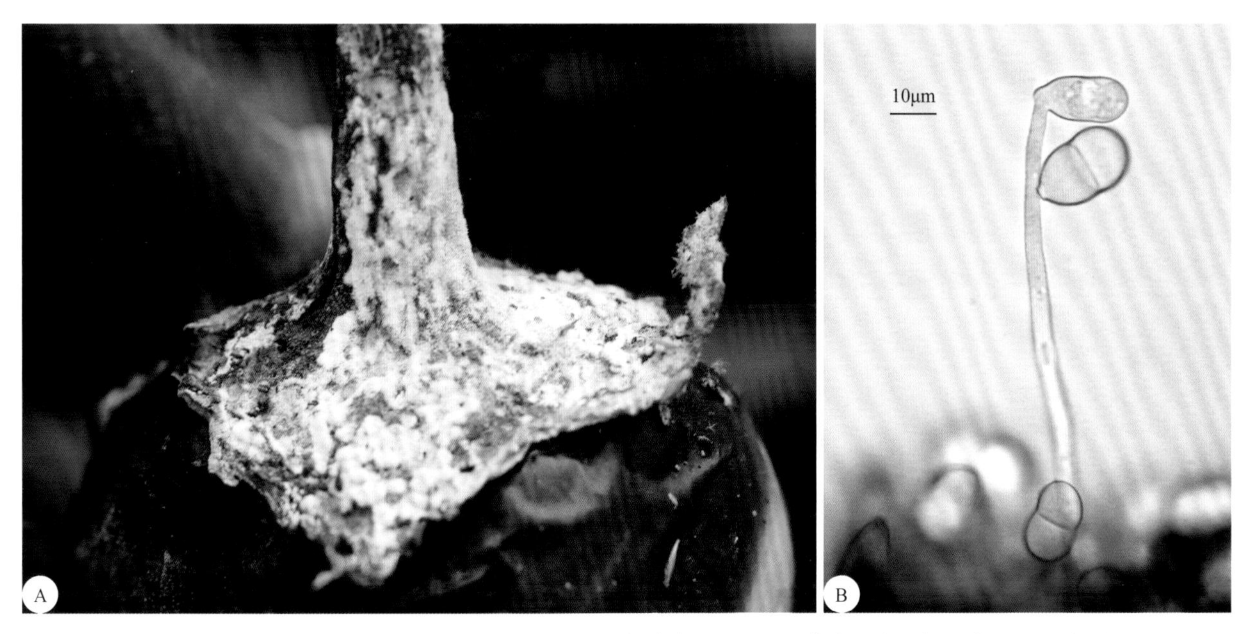

图2-249　*Trichothecium roseum*引致茄子红粉病症状（A）及其分生孢子梗和分生孢子（B）

害水稻，引致稻瘟病。水稻秧苗期和分蘖期发病，造成叶片枯死，严重时全田呈火烧状，有些稻株虽不枯死，但抽出的新叶不易伸长，植株萎缩，不抽穗或抽出短小的穗。孕穗和抽穗期发病，引起节瘟、穗颈瘟严重发生，造成大量白穗或半白穗，损失极大，甚至颗粒无收（图2-251）。分生孢子梗单生，或3～5根自气孔伸出，无色，或基部淡褐色，不分枝或顶端有短分枝，基部略膨大，顶端较尖，有时呈膝状曲折，2～4个隔膜，孢痕明显，112～456μm×3～4μm；分生孢子洋梨形至梭形，无色透明，聚生时淡青色，顶端较尖，基部略圆，有小突起，大多具2个隔膜，17～32μm×7～142μm（图2-252和图2-253）。病菌有生理分化现象，带菌种子和带菌稻草是病菌的主要越冬场所。依靠气流传播，极易发生大流行。除水稻外，还为害谷子（粟）、大麦、小麦等。

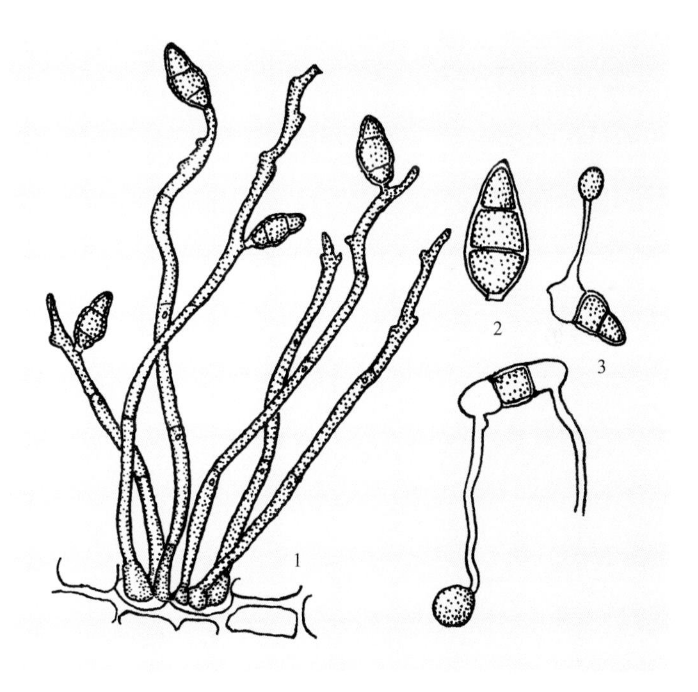

图2-250　*Pyricularia*分生孢子梗与分生孢子形态模式图

1：分生孢子梗；2：分生孢子；3：分生孢子萌发状态

2）粟梨孢*P. setariae* Nishikado，为害谷子（粟），引致谷瘟病。侵染叶片、叶鞘及茎等，叶片病斑椭圆形至梭形，青褐色，边缘深褐色，中央青灰色。分生孢子梗青褐色，40～250μm×4～5μm；分生孢子洋梨形，2～4个隔膜，14～35μm×5～12μm。在种子或病组织上越冬。

3）灰梨孢*P. grisea* (Cooke) Sacc.，为害马唐、狗尾草等禾本科杂草，引致禾草瘟病。主要侵染叶片、叶鞘、穗颈和小穗柄。分生孢子梗有分枝，74～112μm×4～5μm；分生孢子梨形至椭圆形，下端较宽，无色，多数双胞或三胞，16～28μm×7～11μm。除马唐、狗尾草外，还为害谷子（粟）和糜子（稷）。

图2-251 *Pyricularia oryzae*引致水稻叶瘟（A）、穗颈瘟（B）、节瘟（C）和白穗（D）的症状

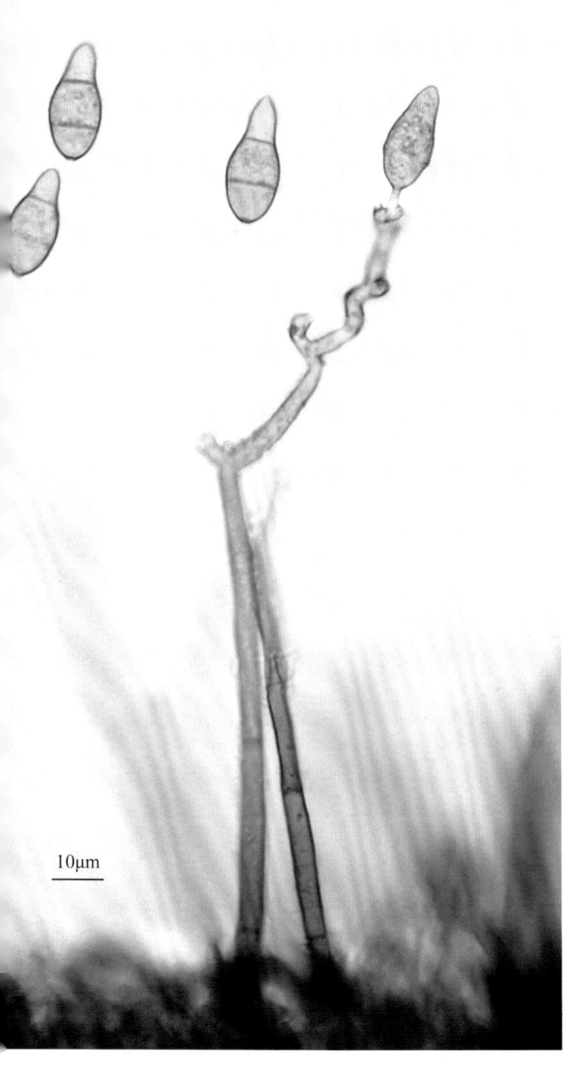

图2-252　*Pyricularia oryzae*分生孢子梗与分生孢子

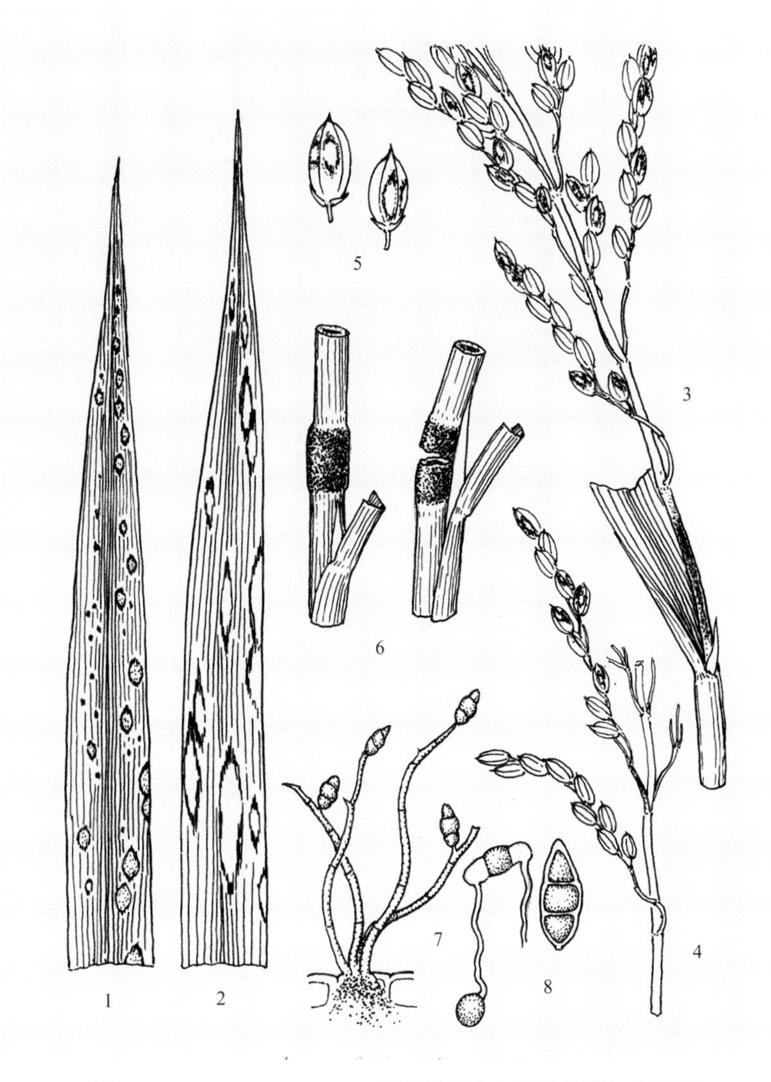

图2-253　*Pyricularia oryzae*引致稻瘟病症状及其形态模式图

1：叶瘟急性型病斑；2：叶瘟慢性型病斑；3：穗颈瘟；4：支梗瘟；5：谷粒瘟；6：节瘟；7：分生孢子梗与分生孢子；8：分生孢子萌发产生芽管和吸器

11. 小尾孢属 *Cercosporella* Sacc.

分生孢子梗簇生，无色，直立，不分枝或罕有分枝，全壁芽生式产孢，合轴式延伸；分生孢子单生，长椭圆形至线形，无色，多胞，直或弯。引致叶斑病，与尾孢属*Cercospora*不同之处为分生孢子梗的颜色有差别，尾孢属分生孢子梗暗色。

1）白斑小尾孢*Cercosporella albo-maculans* (Ell. et Ev.) Sacc.，为害白菜，引致白菜白斑病。病斑圆形或近圆形，白色或灰白色，周围有淡黄色晕圈，有时产生穿孔（图2-254）。分生孢子梗数根至数十根成簇自气孔伸出，无色透明，无隔膜，直或微弯，6.0～18.0μm×2.5～3.2μm（图2-255A）；分生孢子无色，线形或鞭形，直或微弯，1～4个隔膜，顶端略尖，38.0～106.0μm×2.0～3.2μm（图2-255B）。在病组织内越冬。除白菜外，还为害萝卜等多种十字花科作物。

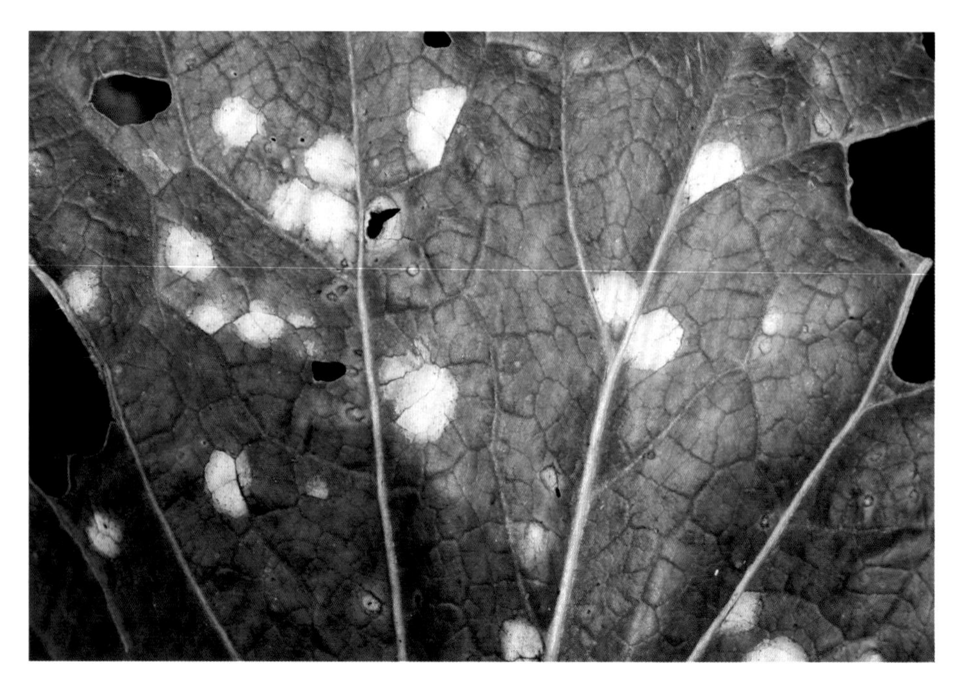

图2-254　*Cercosporella albo-maculans*引致白菜白斑病症状

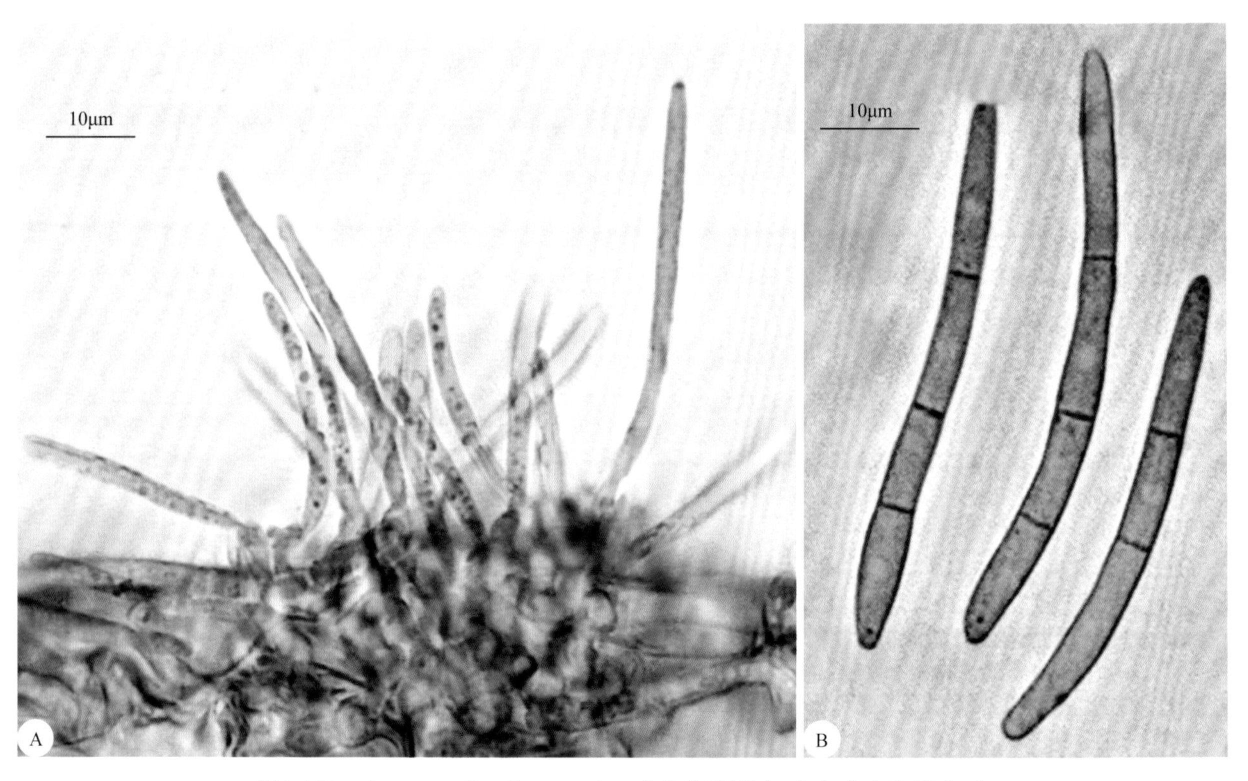

图2-255　*Cercosporella albo-maculans*分生孢子梗（A）与分生孢子（B）

2）桃小尾孢*C. persicae* Sacc.，为害桃树，引致桃白霉病。侵染叶片，叶面无明显病斑或稍显褪色，叶背生白色霉层（图2-256A）。病菌以外生菌丝在叶背匍匐生长；分生孢子梗短，无色，无隔膜，3～14μm×2～4μm（图2-256B）；分生孢子顶生，圆柱形，3～10个隔膜，无色至淡绿色，微弯，两端钝圆或一端略尖，16～60μm×3～6μm（图2-256C）。在枝梢病组织内越冬，翌年产生分生孢子并引起初侵染。除桃树外，还为害樱桃等核果类果树。

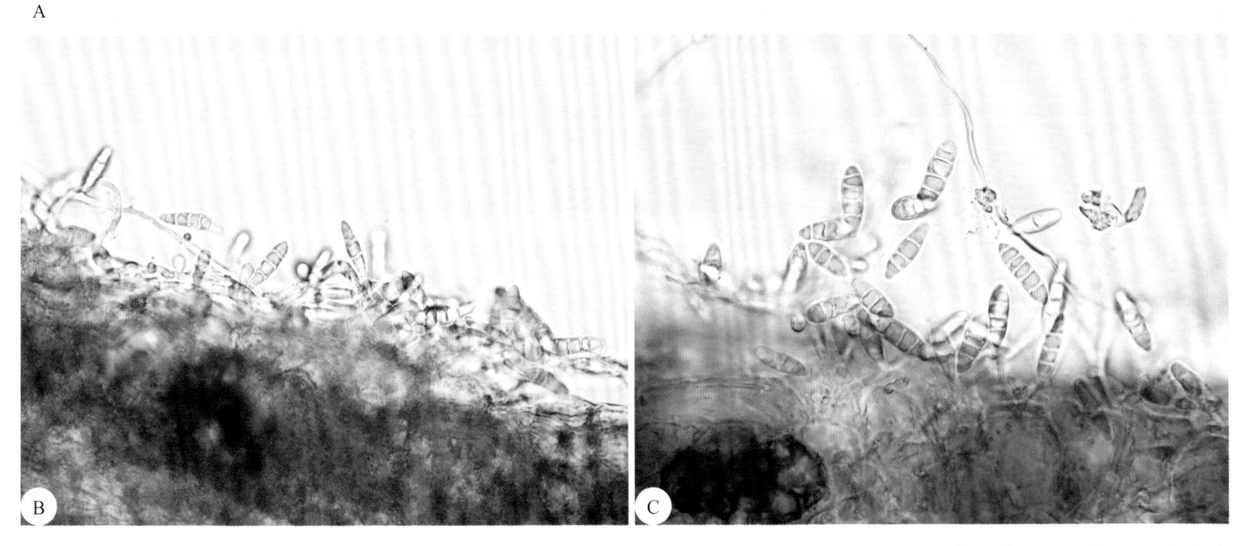

图2-256　*Cercosporella persicae*引致桃白霉病症状（A），生于桃树叶背的外生菌丝（B），生于外生菌丝上的分生孢子（C）

桃小尾孢*C. persicae* Sacc.，为害杏树，引致杏白霉病。侵染叶片，叶面无明显病斑或稍显褪色，叶背初生白色霉斑，后病斑扩大或连片，白色霉层密集增厚，病斑边缘不明显（图2-257）。病菌以外生菌丝在叶背匍匐生长；分生孢子梗短，无色，无隔膜（图2-258A）；分生孢子顶生，圆柱形，多隔膜，无色至淡绿色，微弯，两端钝圆或一端略尖（图2-258B）。在枝梢病组织内越冬，翌年产生分生孢子并引起初侵染。

12. 枝孢属 *Cladosporium* Link

分生孢子梗发达，暗色，直立，在顶端或中部分枝，单生或簇生；分生孢子（芽生孢子）暗褐色，

图2-257 *Cercosporella persicae*引致杏白霉病症状

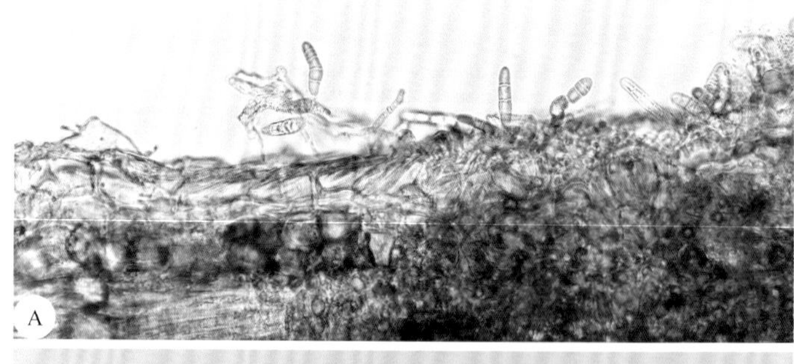
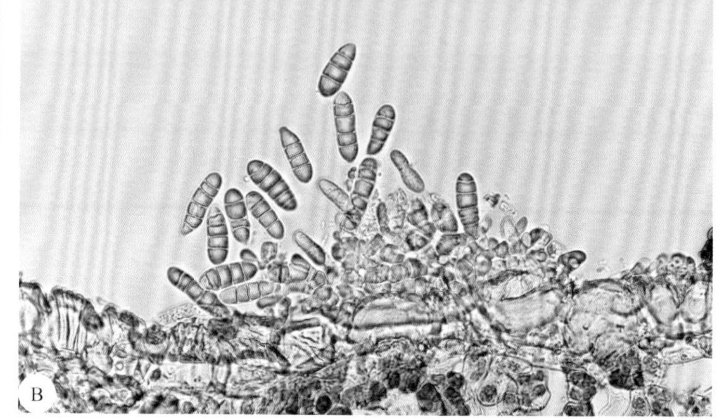

图2-258 *Cercosporella persicae*生于外生菌丝上的分生孢子（A）与生于子座上的分生孢子（B）

单胞或双胞，形状和大小多变，有卵圆形、圆柱形至不规则形，有些为典型的柠檬形，常形成简单或分枝状短串，自下而上依次成熟（图2-259）。寄生或腐生。有性态大多为球腔菌属 *Mycosphaerella*、格孢腔菌属 *Pleospora*。

1）多主枝孢 *Cladosporium herbarum* (Pers.) Link，为害麦类，引致麦类黑变病。分生孢子梗丛生，直立，顶端波状弯曲，茶褐色，少分枝；分生孢子青褐色，2或3个串生，形状和大小变化大，长圆形、卵圆形或长椭圆形，1～3个隔膜，大多数双胞，5～25μm×3～7μm。主要侵害禾本科植物，寄生性弱。多发生于荫蔽的下部茎叶，或生于长势衰弱的植株上，一般对产量影响不大。除麦类外，还为害水稻、稗、高粱、玉米、谷子等多种作物。

2）黄枝孢 *C. fulvum* Cooke，为害番茄，引致番茄叶霉病。主要侵染番茄叶片、茎、花及果实，多在叶背生灰紫色霉层（图2-260）。分生孢子梗自气孔成丛伸出，褐色，具隔膜，分隔处略膨大（图2-261A）；分生孢子单胞至多胞，可以芽殖，形状和大小差异大，卵圆形、圆柱形至不规则形，无色至褐色，14～38μm×5～9μm（图2-261B）。以菌丝体或分生孢子在病残体上越冬。除番茄外，还为害茄子。采取选用无病种子、加强管理、生长季及时喷药等措施可减轻病害。

3）黄瓜枝孢 *C. cucumerinum* Ell. et Arth.，为害黄瓜，引致黄瓜黑星病。寄生叶片、茎蔓和果实。叶上生褐色或淡黑色病斑，边缘黄色，最后穿孔；茎上形成长圆形凹陷病斑，生煤烟状霉层；果实受害畸形，病部产生黑色霉层。分生孢子梗细长，暗绿色至深茶褐色，具隔膜，顶端有短分枝；分生孢子串生，形状不定，椭圆形、卵圆形或圆柱形，青褐色至暗褐色，多数单胞，少数双胞，5～19μm×3～6μm。黄瓜黑星病是温室黄瓜的重要病害，以分生孢子附着在种子表面、病斑组织及棚架上越冬。除黄瓜外，还为害多种葫芦科植物。防治采用种子消毒和喷药保护相结合的方法。

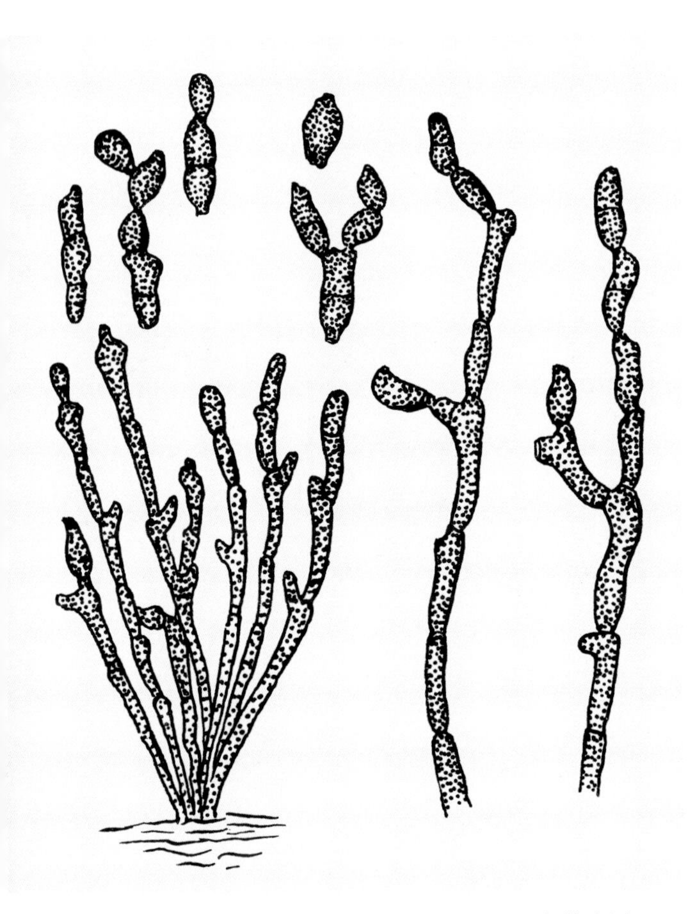

图2-259 *Cladosporium*分生孢子梗与分生孢子形态模式图

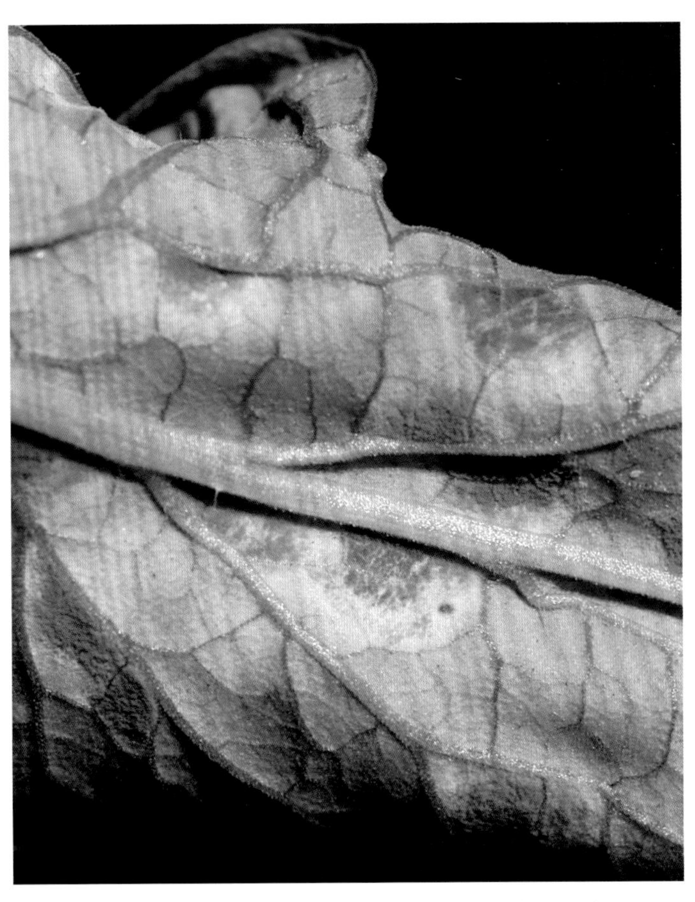

图2-260 *Cladosporium fulvum*引致番茄叶霉病叶片症状

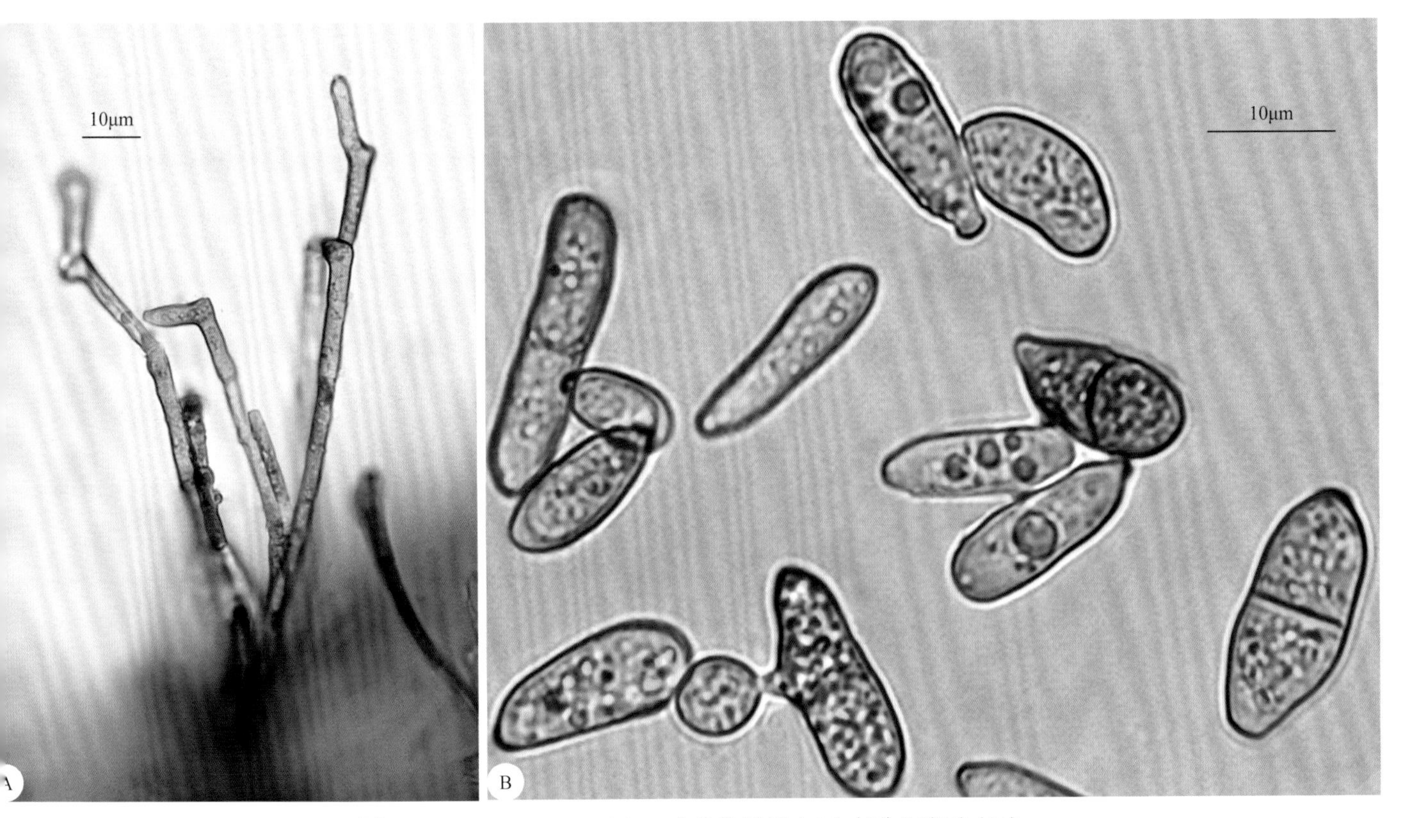

图2-261 *Cladosporium fulvum*分生孢子梗（A）与分生孢子（B）

4）大果枝孢*C. macrocarpum* Preuss，为害菠菜，引致菠菜叶霉病。多发生在老叶或生长衰弱的叶片上，病部生青褐色或黑色霉层。分生孢子梗丛生，不分枝，褐色；分生孢子椭圆形或卵圆形，2至数个隔膜，淡褐色。

5）牡丹枝孢*C. paeoniae* Pass.，为害牡丹，引致牡丹叶霉病。主要侵染叶片，病斑近圆形，紫褐色，微具轮纹，叶背生黑褐色霉层。除牡丹外，还为害芍药。

6）嗜果枝孢*C. carpophilum* Thüm.，为害桃树，引致桃黑星病。主要侵染果实，果实肩部形成暗褐色、圆形斑点，生黑色霉层，初期分布稀疏，黑痣状，严重时病斑融合，果面龟裂（图2-262）。分生孢子梗暗褐色，弯曲，不分枝或分枝1次，1至多个隔膜，48.0～60.0μm×4.5μm；分生孢子浅褐色，单生或短链状，椭圆形或瓜子形，单胞或双胞，12～30μm×4～6μm（图2-263）。

图2-262　*Cladosporium carpophilum*引致桃黑星病果实症状

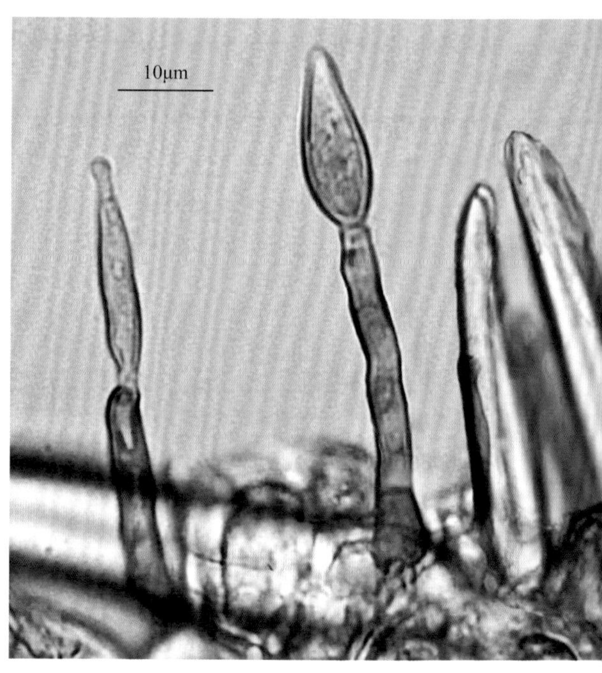

图2-263　*Cladosporium carpophilum*分生孢子梗与分生孢子

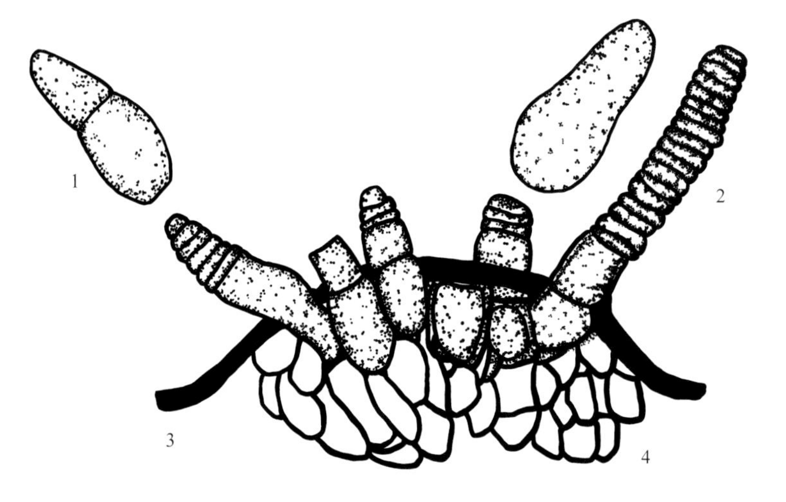

图2-264　*Spilocaea*形态模式图

1：分生孢子；2：分生孢子梗与环状孢痕；3：角质层；4：子座

13. 环黑星霉属 *Spilocaea* Fr. ex Fr.

菌丝体淡褐色至褐色，子座生于寄主角质层下，或生于表皮层中；分生孢子梗生于子座上，短圆柱形，多单枝，直或稍弯，淡褐色至深褐色，丛生，产孢细胞全壁芽生产孢，环痕式延伸；分生孢子洋梨形，单生，单胞或双胞，偶有三胞（图2-264）。

苹果环黑星霉*Spilocaea pomi* Fr.: Fr.，有性态为不平黑星菌*Venturia inaequalis* (Cooke) Wint.，为害苹果，引致苹果黑星病。主要侵

染果实和叶片，果实病斑圆形或椭圆形，表面有黑色霉层，病部生长停滞以后，病部下陷，果面凸凹不平，形成畸形果（图2-265A）；叶片发病以后，病斑多生于叶面，初淡黄色，近圆形，放射状扩展，后渐变为褐色至黑色，表面密生黑褐色霉层（图2-265B），嫩叶发病常引起叶片增厚、变小，呈卷曲或扭曲状。在寄主组织内，菌丝生于寄主角质层下或表皮层中，放射状延伸（图2-265C）。在幼叶内菌丝体向四周辐射状分叉生长，边缘羽毛状。老叶组织内和果实上的菌丝束紧厚实，故病斑周缘整齐、明显。菌丝在寄主角质层下形成子座，子座致密，初无色透明，后变为黑色。分生孢子梗淡褐色、深褐色至橄榄色，圆柱状，短而直立，不分枝，丛生，1～2个隔膜，24～64μm×6～8μm，有环状孢痕，有时基部膨大，产孢细胞全壁芽生产孢，环痕式延伸，即分生孢子脱落时在梗端形成一圈环状孢痕，梗自环状孢痕内壁继续向外延伸生长，形成新的分生孢子，分生孢子梗上留下了连续不断的环状孢痕；分生孢子单胞或双胞，偶有2个或2个以上隔膜，分隔处略缢缩，倒梨形或倒棒状，淡褐色至褐色或橄榄色，孢基平截，表面光滑或具小疣突，12～24μm×7～10μm（图2-265D）。在人工培养基上菌落不规则形或正圆形，平铺状，橄榄色、灰色或黑色，有时被茸毛，菌丝有分枝，具隔膜。

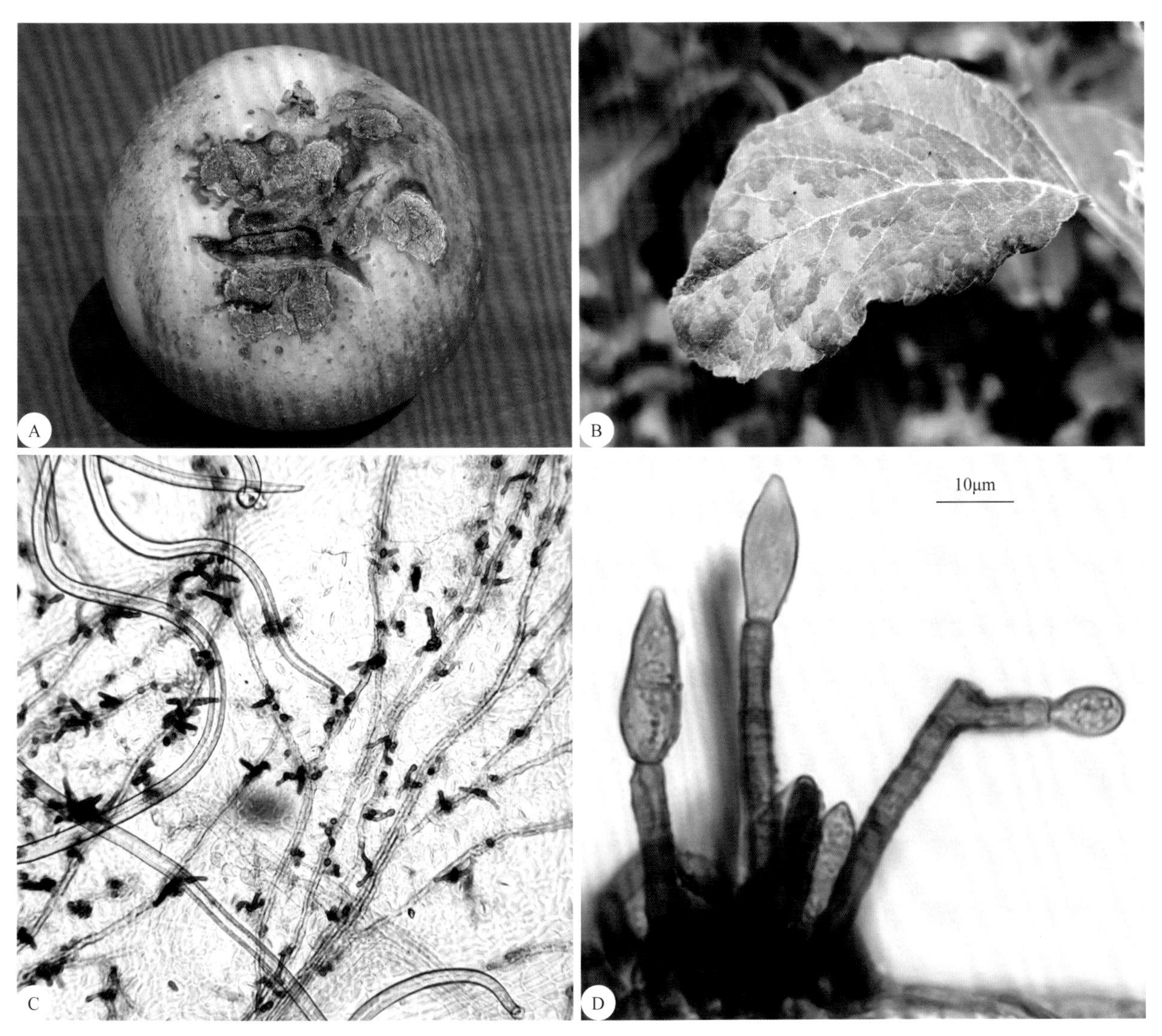

图2-265　*Spilocaea pomi*引致苹果黑星病果实症状（A）和叶片症状（B），病组织中的放射状菌丝（C），分生孢子梗与分生孢子（D）

14. 黑星孢属*Fusicladium* Bonorden

菌丝体生于寄主植物角质层下，形成子座，子座上产生直立的分生孢子梗；分生孢子梗黑褐色，具突起状孢痕，分生孢子生于假单轴式延伸的梗顶端；分生孢子深褐色，椭圆形至长梨形，典型的双胞，有时单胞（图2-266）。寄生于高等植物，为害叶片、嫩梢及果实。有性态为黑星菌属*Venturia*。

1）树状黑星孢*Fusicladium dendriticum* (Wallr.) Fuck.，有性态为不平黑星菌*Venturia inaequalis* (Cooke) Wint.，为害苹果，引致苹果黑星病。可侵染果实、叶片、枝条等，病斑上的黑色霉层即为病菌的无性子实体。分生孢子梗自无色放射状菌丝或黑褐色子座上生出，基部膨大，倒棒状，淡褐色或深褐色，0～2个隔膜，呈曲膝状或结节状，24～64μm×4～6μm；分生孢子单生于梗端，梭形或长椭圆形，淡青褐色至黑褐色，基部平截，顶部钝圆或略尖，多数正直，初单胞，后生1个隔膜，14～24μm×6～8μm。在腋芽、枝梢等病组织内越冬。

2）梨黑星孢*F. virescens* Bon.，有性态为梨黑星菌*Venturia pyrina* Aderh.，为害梨树，引致梨黑星病。主要侵染果实和叶片（图2-267）。病菌在角质层与表皮细胞间形成菌丝层；分生孢子梗单生或丛生，暗褐色，正直或弯曲，常不分枝，无隔膜，孢痕明显，在梗上形成疣状突起，20.0～54.0μm×4.0～6.5μm（图2-268A）；分生孢子顶生或侧生，单胞，椭圆形、梭形或梨形，淡褐色

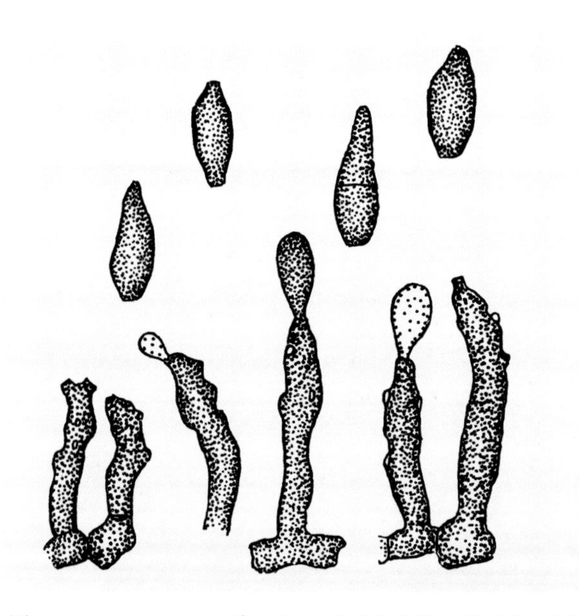

图2-266 *Fusicladium*分生孢子梗与分生孢子形态模式图

图2-267 *Fusicladium virescens*引致梨黑星病叶片症状

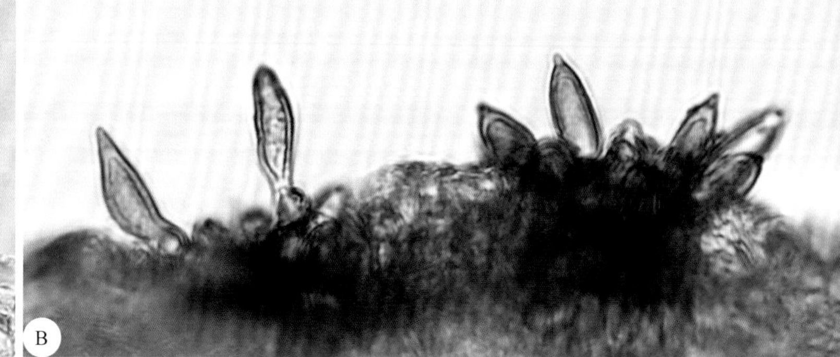

图2-268 *Fusicladium virescens*分生孢子梗（A）与分生孢子初生态（B）

至暗褐色，两端渐尖细，基部平截，12～24μm×6～8μm（图2-268B，图2-269）。在陕西关中地区，病菌主要以菌丝体潜伏在病芽内或以子囊壳在病落叶上越冬。

3）柿黑星孢 *F. kaki* Hori et Yoshino，为害柿树，引致柿黑星病。侵染叶片、果实及嫩梢。叶片病斑近圆形，病健交界处有明显的黑色分界线，病斑中央褐色，边缘黑色，外围有黄色晕圈，病斑脱落后形成穿孔。分生孢子梗丛生，圆柱形，端部尖或钝，不分枝，2或3个隔膜，11～75μm×3.5～8.0μm；分生孢子长圆形或纺锤形，深褐色，单胞，偶有双胞，串生，16～35μm×4～8μm。在病梢内越冬。萌芽前剪除病枝、生长季喷药保护是重要的防治策略。

图2-269　*Fusicladium virescens* 分生孢子

15. 尾孢属 *Cercospora* Fres.

分生孢子座发达，分生孢子梗暗色，不分枝，丛生于子座上；分生孢子梗顶端产生分生孢子，分生孢子脱落后梗继续生长，产生新的分生孢子，致分生孢子梗曲膝状生长；分生孢子线形或鞭形，无色或暗色，直或弯，多胞（图2-270）。有性态多为球腔菌属 *Mycosphaerella*。寄生于植物叶片，引致叶斑病。

1）辣椒尾孢 *Cercospora capsici* Heald et Wolf，为害辣椒，引致辣椒褐斑病。主要侵染叶片，病斑圆形或椭圆形，表面稍隆起，中央灰褐色，边缘褐色，有黄色晕圈（图2-271）。分生孢子梗2～20根丛生，青褐色，尖端色淡，不分枝，1～3个隔膜，20.0～150.0μm×3.5～5.0μm；分生孢子鞭形，无色，30.0～200.0μm×2.5～4.0μm（图2-272）。以菌丝体在病组织内越冬。

2）甜菜生尾孢 *C. beticola* Sacc.，为害甜菜，引致甜菜褐斑病。侵染叶片、叶柄和茎，基部老叶发病重，病斑圆形，中央灰色或灰褐色，边缘紫红色，叶面病斑生灰色霉层，易穿孔。分生孢子梗4～12根丛生，淡褐色，顶端色渐淡，不分枝，0～4个膝状节，1～3个隔膜，22.0～64.0μm×3.5～5.0μm；分生孢子鞭形，无色，多隔膜，18.0～163.0μm×2.5～4.5μm（图2-273）。除甜菜外，还为害菠菜、荆芥等。

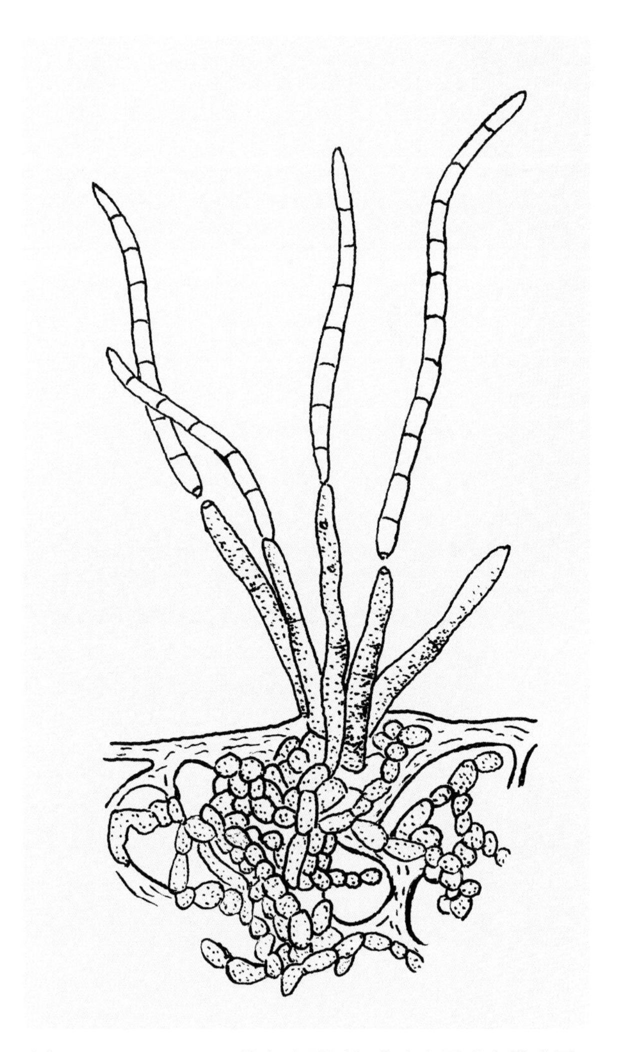

图2-270　*Cercospora* 分生孢子梗与分生孢子形态模式图

图2-271　*Cercospora capsici*引致辣椒褐斑病叶片症状

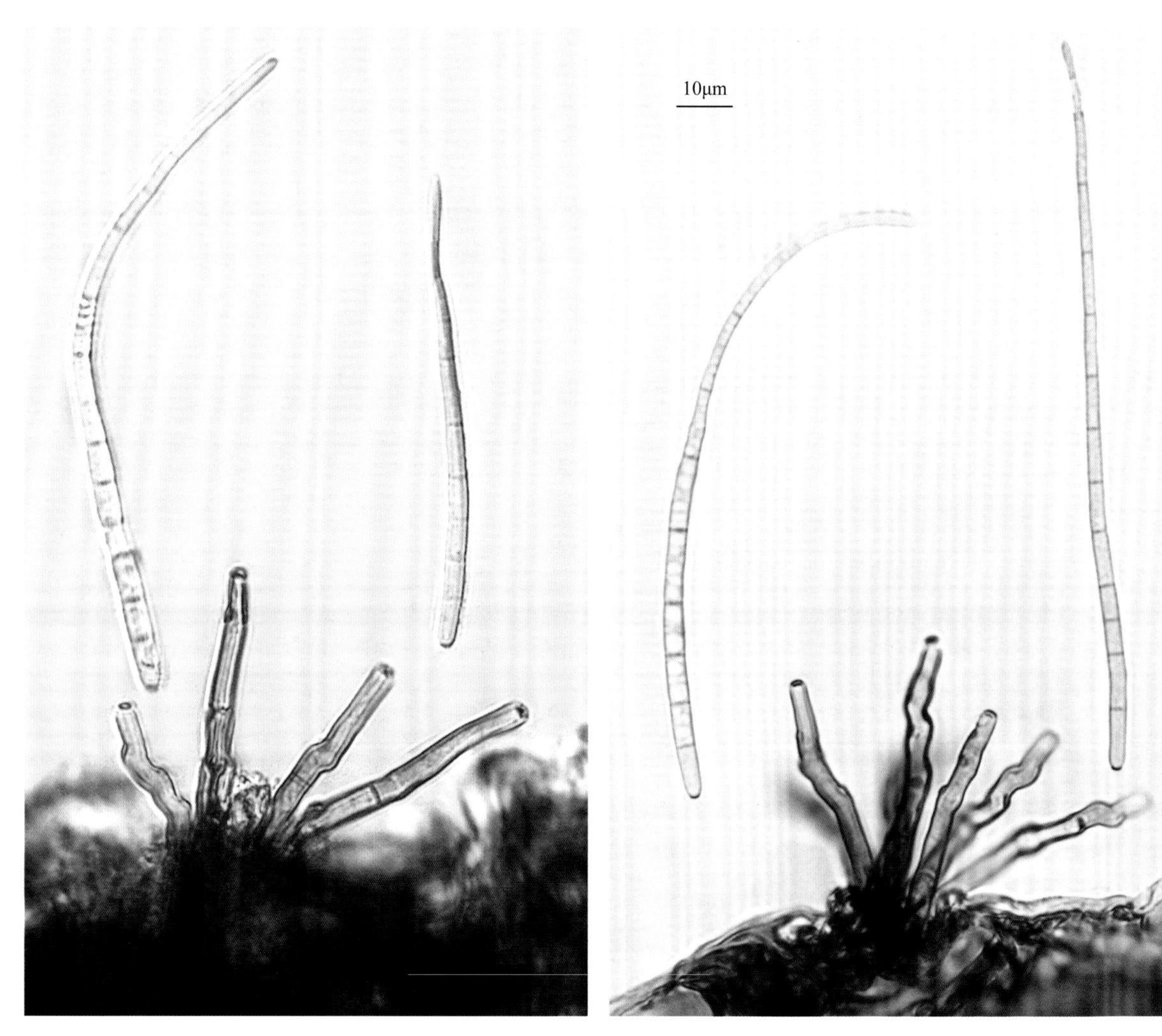

图2-272　*Cercospora capsici*分生孢子梗与分生孢子

图2-273　*Cercospora beticola*分生孢子梗与分生孢子

3）芹菜尾孢*C. apii* Fres.，为害芹菜，引致芹菜褐斑病。侵染叶片、叶柄及茎，叶片病斑圆形或近圆形，中央灰褐色，生灰黑色霉层，边缘黄褐色，病健交界不明显（图2-274）。茎和叶柄病斑椭圆形，灰褐色，稍凹陷，病部生灰黑色霉层。子座小，褐色；分生孢子梗4～20根丛生，褐色，顶端色淡，长短参差不齐，不分枝，有或无膝状节，0～6个隔膜，孢痕明显，13～147μm×3～5μm；分生孢子鞭形，无色，直或弯曲，多隔膜，38.0～134.0μm×3.0～5.5μm（图2-275）。除芹菜外，还为害芫荽（香菜）。

图2-274 *Cercospora apii*引致芹菜褐斑病叶片症状

4）落花生尾孢*C. arachidicola* Hori，有性态为落花生球腔菌*Mycosphaerella arachidicola* (Hori) Jenk.，为害花生，引致花生褐斑病。叶片病斑圆形或近圆形，中央褐色，生灰色霉层，边缘有黄晕圈。分生孢子梗淡褐色，0～3个隔膜，25～80μm×1～5μm；分生孢子倒棒形或鞭形，4～14个隔膜，淡褐色，55～160μm×4～5μm。

图2-275 *Cercospora apii*分生孢子梗与分生孢子

5）球座尾孢*C. personata*（Berk.）Ell. et Ev.，有性态为伯克利球腔菌*Mycosphaerella berkeleyi* Jenk.，为害花生，引致花生黑斑病。叶片病斑圆形，黑色，较*C. arachidicola*病斑小。分生孢子梗丛生于垫状子座上，黑褐色，0～2个隔膜，30.0～80.0μm×6.0～7.5μm；分生孢子多数倒棒形，少数圆筒形，3～5个隔膜，灰褐色，25～95μm×6～8μm。

6）稻尾孢*C. oryzae* Miyake，为害水稻，引致稻窄条叶斑病。侵染叶片、茎、叶鞘及穗，叶上生褐色长条病斑，潮湿时叶背生灰黑色霉层。分生孢子梗单生，或者2或3根丛生，线形，黄褐色至褐色，顶端色淡，不分枝，3至多个隔膜，88.0～140.0μm×4.5μm；分生孢子顶生，圆筒形或倒棒形，无色或淡黄色，3～10个隔膜，20～70μm×4～5μm。

7）粟尾孢*C. setariae* Atk.，为害谷子，引致谷子灰斑病。叶片上生椭圆形至梭形病斑，中央灰白色，边缘褐色，叶背生灰色霉层。分生孢子梗2～5根丛生，淡青褐色，端部细而色淡，不分枝，有曲膝状节，0～6个隔膜，32～54μm×3～5μm；分生孢子鞭形，偶尔圆柱形，无色透明，直或微弯，隔膜多而细，26～74μm×3～5μm。

8）梭斑尾孢*C. fusimaculans* Atk.，为害糜子，引致糜子灰斑病。叶片病斑长椭圆形或不规则形，中央灰褐色，边缘褐色至红褐色，有时整个病斑呈暗绿色或褐色，多在叶面生灰黑色霉层。分生孢子梗4～12根簇生，淡褐色至褐色，不分枝，端部色淡，顶端有0～2个膝状节，无隔膜，孢痕小，11.0～35.0μm×2.5～4.0μm；分生孢子鞭形，无色透明，正直至弯曲，具多个不明显隔膜，19.0～96.0μm×1.5～3.0μm。

9）荞麦尾孢 *C. fagopyri* Nakata et Takimoto，为害荞麦，引致荞麦褐斑病。叶片病斑近圆形，红褐色，叶面生灰色霉层。分生孢子梗暗黄色，少数1个隔膜，73.0～96.0μm×5.5μm；分生孢子无色，微弯，3～7个隔膜，46.0～101.0μm×4.6μm。以菌丝体随病残体越冬。

10）高粱尾孢 *C. sorghi* Ell. et Ev.，为害高粱，引致高粱紫斑病。主要侵染叶片及叶鞘，病斑椭圆形或矩圆形，暗紫色，叶背生灰色霉层。无子座；分生孢子梗5～12根丛生，深青褐色，顶端色淡，不分枝，直，或有1～3个膝状节，0～7个隔膜，孢痕明显，16～96μm×4～6μm；分生孢子倒棒形，少数圆柱形，无色透明，直或微弯，3～9个隔膜，29～112μm×4～6μm。除高粱外，还为害玉米、稗等。

11）菊池尾孢 *C. kikuchii* Matsum. et Tomoy.，为害大豆，引致大豆紫斑病。侵染叶片、茎、荚和种子，叶片病斑多角形或不规则形，沿叶脉两侧发生，褐色至暗褐色，病部生黑色霉层。茎上病斑梭形，红褐色，后期灰黑色，具光泽，上有微细小黑点。荚上病斑圆形至不规则形，黑色，籽粒病斑紫色，病皮有裂纹，有些籽粒病斑褐色至黑褐色。子座小，褐色，直径19～35μm；分生孢子梗丛生，褐色至暗褐色，不分枝或少分枝，0～2个膝状节，多隔膜，孢痕明显，16～192μm×4～6μm；分生孢子鞭形，无色透明，直或弯，基部平截，隔膜多但不明显，54.0～189.0μm×3.0～5.5μm。

12）大豆尾孢 *C. sojina* Hara，为害大豆，引致大豆灰斑病。侵染叶片、茎、荚及种子，叶片病斑圆形至不规则形，中央灰色，边缘红褐色，叶背生灰色霉层，发病严重时，病斑汇合布满全叶，似“疹子”状，又名“斑疹病”。茎上病斑椭圆形，中央褐色或灰色，边缘红褐色至黑褐色，其上密布微细小点。荚上病斑与叶上相似。籽粒病斑圆形至不规则形，边缘红褐色，呈“蛙眼”状，中央无霉状物。无子座或子座小，褐色（多发生在茎部病斑上）；分生孢子梗5～12根丛生，淡褐色，不分枝，正直，或有1～8个膝状节，0～5个隔膜，孢痕明显，51～128μm×5～6μm；分生孢子倒棒形或圆柱形，无色透明，正直，基部平截，顶端略钝或圆，1～9个隔膜，19.0～80.0μm×3.5～8.0μm。

13）山黧豆尾孢 *C. lathyrina* Ell. et Ev.，为害豌豆，引致豌豆灰斑病。叶片病斑圆形，少数多角形，中央灰色，边缘褐色，病叶两面均生淡黑色霉层。茎蔓亦可受害。子座近球形，褐色；分生孢子梗5～16根丛生，淡褐色至暗褐色，端部近无色，不分枝或偶有分枝，0～4个膝状节，1～5个隔膜，孢痕明显，18～80μm×3～5μm；分生孢子鞭形，无色，直或弯，基部平截，顶端尖，3～14个隔膜，32～125μm×3～4μm。

14）菜豆明尾孢 *C. caracallae* (Speg.) Chupp，为害小豆，引致小豆灰斑病。叶片病斑近圆形或多角形，中央灰色，边缘红褐色，病叶两面均生黑色霉层。子座小，近球形，褐色；分生孢子梗6～14根丛生，暗青褐色，不分枝，0～4个膝状节，0～4个隔膜，孢痕明显，16～80μm×4～6μm；分生孢子倒棒形至鞭形，无色，正直，顶端略钝，3～11个隔膜，29.0～112.0μm×4.0～5.5μm。除小豆外，还为害菜豆等。

15）变灰尾孢 *C. canescens* Ell. et Mart.，为害绿豆，引致绿豆灰斑病。叶片病斑近圆形至不规则形，中央灰褐色，边缘红褐色，病部生灰黑色霉层，引致叶片枯死。子座小，褐色；分生孢子梗4～8

根丛生，暗青褐色，不分枝，多正直，0～2个膝状节，3～6个隔膜，孢痕明显，48～83μm×4～6μm；分生孢子鞭形，无色，直或弯，3～16个隔膜，顶端较尖，35～115μm×3～5μm。除绿豆外，还为害小豆、菜豆、豇豆、扁豆等。

16）轮纹尾孢 *C. zonata* Wint.，主要为害蚕豆，引致蚕豆轮纹斑病。叶片病斑圆形，灰黑色，有颜色较深的同心轮纹，潮湿时病斑两面产生灰垢状霉层，病叶早落；茎上病斑梭形。分生孢子梗3～5根丛生，褐色，尖端弯曲，分叉状产生短小枝，1或2个隔膜，40.0～48.0μm×6.0～7.5μm；分生孢子长圆筒形或鞭形，无色或淡褐色，9～12个隔膜，90.0～180.0μm×4.5～6.0μm。

17）茄斑尾孢 *C. solani-melongenae* Chupp，为害马铃薯，引致马铃薯褐斑病。叶片病斑圆形或近圆形，直径2～5mm，中央灰褐色，边缘红褐色，叶面生灰色霉层，病叶早落。子座发达或简单，褐色，球形；分生孢子梗淡青褐色，密集丛生，暗褐色，不分枝，直或微弯，无膝状节，0或1个隔膜，10.0～36.0μm×3.0～4.5μm；分生孢子鞭形、倒棒形或圆柱形，无色或淡褐色，直或微弯，基部平截或近平截，端部较钝，1～10个隔膜，18.0～98.0μm×3.5～5.5μm。

18）棉尾孢 *C. gossypina* Cooke，有性态为棉球腔菌 *Mycosphaerella gossypina* (Cooke) Earle，为害棉花，引致棉花灰斑病。主要侵染晚期叶片。分生孢子梗2至数根丛生，暗黄色，顶部弯曲，2～4个隔膜，150～225μm×7～8μm；分生孢子无色，鞭形，尖端细，稍弯曲，6或7个隔膜，50～65μm×3～4μm。

19）大麻透尾孢 *C. cannabis* Hara et Fukui，为害大麻，引致大麻褐斑病。叶片病斑圆形至不规则形，黄褐色至褐色，叶背生灰褐色霉层。分生孢子梗2～10根丛生，淡褐色，不分枝，直或弯，少数有1或2个膝状节，0～4个隔膜，孢痕明显，16.0～67.0μm×3.5～5.0μm；分生孢子鞭形，无色透明，直或微弯，2～10个隔膜，45～80μm×3～4μm，偶有长140μm以上者。

20）大麻尾孢 *C. cannabina* Wakef.，为害大麻，引致大麻霉斑病。叶片病斑圆形至不规则形，一般较褐斑病的病斑大，褐色，叶背生一层较厚的黑褐色霉层。无子座；分生孢子梗单生或2～8根丛生，淡黄褐色，分枝或不分枝，有或无膝状节，1～6个隔膜，孢痕不明显，32～99μm×3～5μm；分生孢子圆柱形，淡黄褐色，直或微弯，顶端较钝或圆，3～8个隔膜，26～71μm×4～6μm。

21）马来尾孢 *C. malayensis* Stev. et Solh.，为害洋麻，引致洋麻褐斑病。叶片病斑圆形至不规则形，中央灰褐色，边缘紫红色，病叶两面均生灰黑色霉层。无子座；分生孢子梗2～8根丛生，淡青褐色至青褐色，不分枝，屈曲，1～6个膝状节，2～6个隔膜，孢痕明显，8.0～144.0μm×4.0～5.5μm；分生孢子鞭形，无色，直或微弯，29～147μm×2～4μm。

22）秋葵尾孢 *C. abelmoschi* Ell. et Ev.，为害洋麻，引致洋麻霉斑病。叶面病斑不明显，叶背零星产生黑褐色霉层。子座简单；分生孢子梗2～10根丛生，淡青褐色至青褐色，不分枝，0或1个膝状节，0～4个隔膜，孢痕不明显，13.0～52.0μm×3.0～4.5μm；分生孢子倒棒形至圆筒形，淡青褐色至青褐色，直或弯曲，0～6个隔膜，16～90μm×3～5μm。

23）鞭尾孢 *C. avicennae* Chupp，为害苘麻，引致苘麻叶斑病。病斑圆形至多角形，中央灰褐色，边缘褐色，叶面生灰黑色霉层。无子座；分生孢子梗2～8根丛生，青褐色，不分枝，正直，或有1～4个膝状节，2～6个隔膜，孢痕明显，62.0～147.0μm×4.5～6.0μm；分生孢子鞭形，无色，顶部较尖，3～7个隔膜，58～128μm×3～4μm。

24）苎麻尾孢 *C. boehmeriae* Peck，为害苎麻，引致苎麻角斑病。叶片病斑多角形，茶褐色至黑褐色。分生孢子梗1～10根束生，淡青褐色，15.0～60.0μm×2.5～4.0μm；分生孢子倒棒形至圆筒形，微弯，无色至淡青褐色，40.0～125.0μm×2.5～4.0μm。

25）烟草尾孢*C. nicotianae* Ell. et Ev.，为害烟草，引致烟草蛙眼病。叶片病斑圆形至近圆形，中央灰白色，边缘褐色或红褐色，病叶两面生灰黑色霉层。分生孢子梗3～10根丛生，基部褐色，向上渐淡，不分枝，0～5个膝状节，多隔膜，60～360μm×3～5μm；分生孢子鞭形，无色，隔膜多而不明显，45～180μm×3～4μm。

26）蓖麻尾孢*C. ricinella* Sacc. et Berl.，为害蓖麻，引致蓖麻灰斑病。叶片病斑圆形至不规则形，中央灰白色，边缘褐色至红褐色，主要在叶背生灰黑色霉层。无子座或子座小；分生孢子梗4～10根丛生，淡褐色至褐色，不分枝，直，或者有1或2个膝状节，1～4个隔膜，孢痕明显，16.0～67.0μm×4.0～5.5μm；分生孢子鞭形，无色，直或微弯，3～14个隔膜，32.0～144.0μm×2.0～4.5μm。

27）芝麻尾孢*C. sesami* Zimm.，为害芝麻，引致芝麻灰斑病。叶片病斑多角形、圆形或近圆形，中央灰白色，边缘黑褐色，叶背生灰黑色霉层。子座小，褐色；分生孢子梗4～8根丛生，青褐色至黑褐色，不分枝，直，或有1～4个膝状节，3～6个隔膜，孢痕明显，38.0～99.0μm×4.0～5.5μm；分生孢子鞭形，无色，直或弯曲，35.0～151.0μm×2.5～4.0μm。

28）茄尾孢*C. melongenae* Welles.，为害茄子，引致茄褐色圆星病。叶片病斑圆形或椭圆形，中央灰褐色，边缘紫褐色，表面生灰褐色霉层。分生孢子梗丛生，暗褐色；分生孢子长圆筒形，一端圆，一端稍细，略弯曲，深褐色，1～7个隔膜，44.0～80.0μm×4.0～5.5μm。以分生孢子或菌丝体在病残体内越冬。除茄子外，还为害龙葵。

29）胡萝卜尾孢*C. carotae* (Pass.) Solh.，为害胡萝卜，引致胡萝卜斑点病。叶片病斑圆形或近圆形，中央灰褐色，边缘暗褐色，两面生淡黑色霉层。分生孢子梗丛生，暗褐色，微弯，45～120μm×5～6μm；分生孢子线形，稍弯曲，3～7个隔膜，55～100μm×5～6μm。以菌丝体在病残体或种子内越冬。

30）瓜类尾孢*C. citrullina* Cooke，为害西瓜，引致西瓜叶斑病。叶片病斑近圆形至多角形或不规则形，灰褐色，有时中央灰白色，边缘褐色，主要在叶面生淡黑色霉层。分生孢子梗5～20根丛生，淡褐色，直，不分枝，或有0～4个膝状节，1～5个隔膜，孢痕明显，28.0～96.0μm×3.5～5.0μm；分生孢子鞭形，无色，直或弯，隔膜多而不明显，42～111μm×2～4μm。除西瓜外，还为害冬瓜、南瓜、丝瓜、苦瓜等。

31）蒜尾孢*C. duddiae* Welles，为害大蒜，引致大蒜灰斑病。叶片病斑长椭圆形，初呈淡褐色，后为灰白色，病叶两面生稀疏淡黑色霉层。分生孢子梗2～12根丛生，淡褐色至褐色，顶端色淡，不分枝，具隔膜，孢痕大而明显，29～96μm×4～6μm，少数长达160μm；分生孢子鞭形，无色，直或微弯，隔膜多而不明显，48～160μm×3～5μm。

32）苋尾孢*C. brachiata* Ell. et Ev.，为害苋菜，引致苋菜灰斑病。叶片病斑近圆形，褐色，病叶两面生淡黑色霉层。分生孢子梗3～15根丛生，褐色，不分枝，0～3个膝状节，多隔膜，孢痕明显，52～192μm×4～6μm；分生孢子鞭形，无色，50.0～162.0μm×3.0～4.5μm。

33）菊尾孢*C. chrysanthemi* Heald et Wolf，为害茼蒿，引致茼蒿叶斑病。侵染叶片，病斑圆形至不规则形，中央淡灰色，边缘褐色，病叶两面生黑色霉层。分生孢子梗淡青褐色，20.0～80.0μm×3.5～5.0μm；分生孢子鞭形，直或微弯，无色，3～14个隔膜，40～125μm×2～4μm。除茼蒿外，还为害多种菊科植物。

34）帝汶尾孢*C. timorensis* Cooke，为害甘薯，引致甘薯叶斑病。侵染叶片，病斑圆形或不规则形，中央淡褐色，边缘暗褐色，病叶两面生灰褐色霉层。分生孢子梗浅褐色，0～2个隔膜，5.0～50.0μm×2.5～5.0μm；分生孢子无色至淡青褐色，倒棒形至圆柱形，直或微弯，0～5个隔膜，20～100μm×2～4μm。

35）褐柄尾孢*C. pachypus* Ell. et Kell.，为害向日葵，引致向日葵叶斑病。主要侵染叶片。分生孢子梗2～12根丛生，褐色至深褐色，不分枝，10～45μm×5～7μm；分生孢子淡青褐色，圆柱形，直或微弯，基部圆，25～70μm×5～7μm。

36）座束梗尾孢*C. roesleri* (Catt.) Sacc.，为害葡萄，引致葡萄粉斑病。叶片病斑褐色，形状不规则，单一或互相联合，叶背生淡橄榄色霉层。分生孢子梗丛生，较短粗；分生孢子直或微弯，3～5个隔膜，二者均为淡黄绿色。

37）柿尾孢*C. kaki* Ell. et Ev.，为害柿树，引致柿角斑病。主要侵染叶片和果蒂，病斑多角形，深褐色，边缘黑褐色，密生黑色绒状小点（子座和分生孢子梗）（图2-276）。分生孢子梗丛生于子座上，淡褐色，不分枝，顶端较细，无隔膜，7.0～23.0μm×3.3～5.0μm；分生孢子棍棒形，直或弯，无色或淡黄色，0～8个隔膜，15.0～77.5μm×2.5～5.0μm（图2-277）。在病蒂和病叶上越冬，在病蒂残留树上2～3年仍具有侵染能力，是柿角斑病的主要侵染源和传播中心。除柿树外，还为害君迁子。摘除病蒂和喷药保护可收到较好的防治效果。

38）枇杷尾孢*C. eriobotryae* (Enj.) Saw.，为害枇杷，引致枇杷角斑病。叶片病斑多角形，红褐

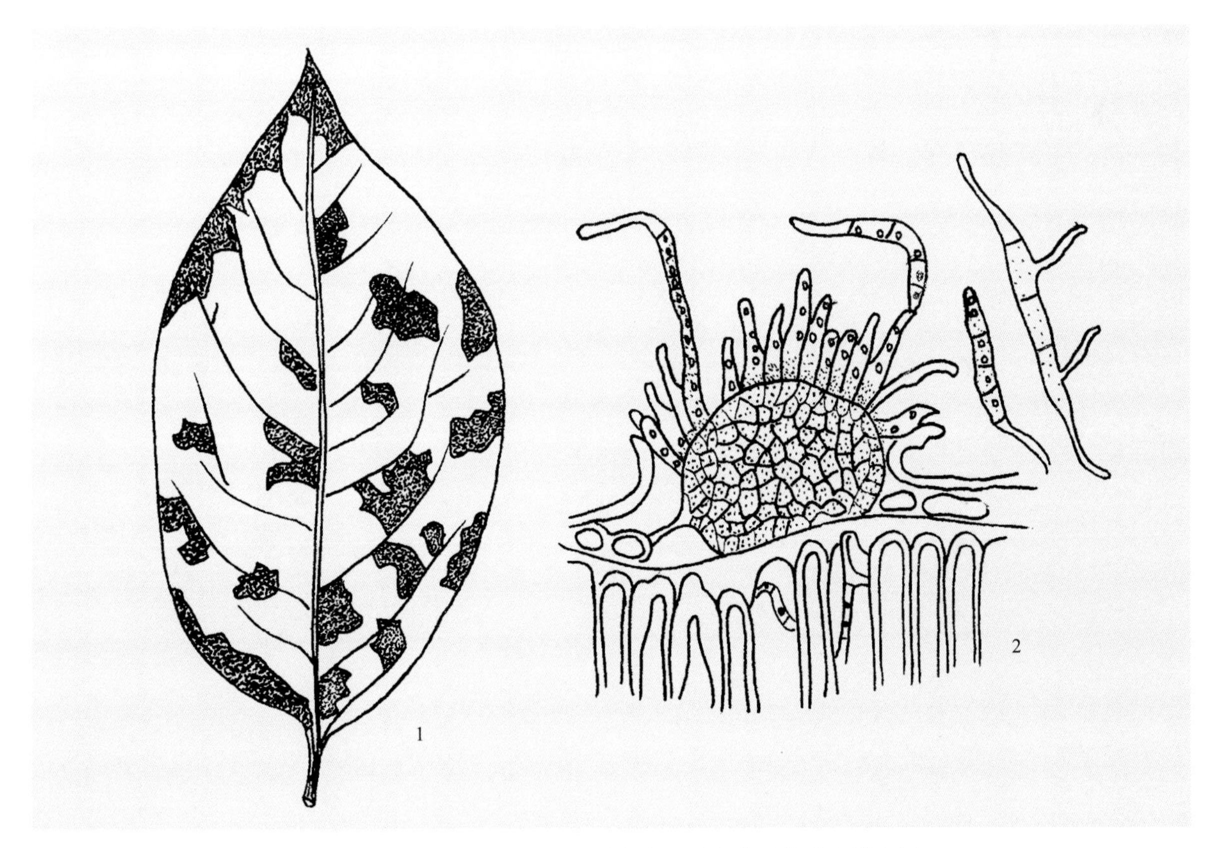

图2-276　*Cercospora kaki*引致柿角斑病症状及其形态模式图

1：病叶；2：子座、分生孢子梗与分生孢子

图2-277 *Cercospora kaki*子座、分生孢子梗和分生孢子

色，周围有黄色晕圈，病部生黑色绒球状小粒点。分生孢子梗深褐色，10～15μm×3～4μm；分生孢子鞭形，无色，直或微弯，3～8个隔膜，30.0～70.0μm×2.2～3.5μm。在病叶上越冬。

39）核果尾孢*C. circumscissa* Sacc.，为害樱桃，引致樱桃褐斑穿孔病。叶片病斑圆形，边缘紫褐色，略带轮纹，中央灰白色至褐色，后期病斑脱落形成穿孔（图2-278A）。分生孢子梗10～16根丛生，青褐色，12.0～32.0μm×3.0～4.5μm；分生孢子鞭形或倒棒形，青褐色，直或微弯，3～12个隔膜，24.0～120.0μm×3.0～4.5μm（图2-278B）。在枝梢病组织内越冬。除樱桃外，还为害桃、李、梅、杏等核果类果树。

40）向日葵生尾孢*C. helianthicola* Chupp et Vieg.，为害洋姜，引致洋姜红斑病。叶片病斑不规则形，红

图2-278 *Cercospora circumscissa*引致樱桃褐斑穿孔病叶片症状（A）及其分生孢子梗和分生孢子（B）

褐色，大小不等，生淡黑色霉层。无子座或有极简单的子座；分生孢子梗2～10根丛生，褐色，顶端色淡，较细，极少分枝，直，或有1～3个膝状节，1～7个隔膜，孢痕明显，长短相差悬殊，25～176μm×3～5μm；分生孢子鞭形，无色，直或弯，隔膜多而不明显，35.0～154.0μm×2.5～4.0μm。

41）苜蓿尾孢 *C. medicaginis* Ell. et Ev.，为害紫花苜蓿，引致苜蓿霉斑病。叶片病斑圆形或近圆形，褐色，有时边缘黄绿色，病叶两面生淡黑色霉层。子座简单或无；分生孢子梗2～12根丛生，淡青褐色，顶端色淡较狭，不分枝，0～4个膝状节，1～6个隔膜，孢痕明显，24～103μm×3～5μm；分生孢子鞭形，无色透明，直或微弯，隔膜多而不明显，48.0～112.0μm×2.5～ 4.0μm。

42）戴维斯尾孢 *C. davisii* Ell. et Ev.，有性态为苜蓿球腔菌 *Mycosphaerella davisii* Jones，为害紫花苜蓿，引致苜蓿蛙眼病。叶片病斑圆形或近圆形，中央淡褐色，边缘褐色，上生淡黑色霉层。子座褐色，直径18～32μm；分生孢子梗5～30根丛生，青褐色至暗青褐色，不分枝，短而屈曲，0或1个膝状节，0～2个隔膜，孢痕不明显，9～32μm×3～5μm；分生孢子鞭形，无色，直或弯，3～10个隔膜，24～84μm×2～4μm。

43）当归尾孢 *C. apii* var. *angelicae* Sacc. et Scalia，为害白芷、独活（走马芹），分别引致白芷灰斑病或独活灰斑病。但在两种植物上症状与病原形态变异大。白芷叶片病斑初呈多角形，后扩大成近圆形，中央灰白色，边缘褐色，多在叶面生淡黑色霉层。无子座或子座小，褐色；分生孢子梗6～18根丛生，青褐色至暗青褐色，顶端色淡，不分枝，直，或者1或2个膝状节，1～5个隔膜，孢痕明显，16～64μm×3～6μm；分生孢子鞭形，无色，直或微弯，隔膜多而不明显，29～152μm×3～4μm。独活叶片病斑近圆形，灰色，有时褐色，病斑边缘不清晰，病叶两面生淡黑色霉层。无子座；分生孢子梗5～16根丛生，青褐色，端部近无色，稍细，偶有分枝，2～8个膝状节，多隔膜，孢痕明显，48～165μm×4～6μm；分生孢子鞭形，无色，极长，微弯，隔膜多而不明显，42～195μm×3～4μm。

44）坎地尾孢 *C. cantuariensis* Salm. et Worm.，为害啤酒花，引致啤酒花灰斑病。叶片病斑圆形或近圆形，灰色，有时具褐色边缘和黄色晕圈，病征往往不明显。子实体生于病叶两面。无子座；分生孢子梗淡色至淡青褐色，不分枝或少数顶端分枝，直或微弯，1～7个隔膜，42～132μm×10～18μm；分生孢子长圆柱形，极少数倒棒形，无色至淡青褐色，直或微弯，3～16个隔膜，91～236μm×9～19μm。

45）红花尾孢 *C. carthami* (Syd.) Sund. et Ramakr.，为害红花，引致红花灰斑病。叶片病斑圆形或近圆形，中央灰褐色至灰色，有时微具轮纹，病叶两面生淡黑色霉层。子座简单，直径20～25μm；分生孢子梗2～16根丛生，青褐色，不分枝，直，或者有1或2个膝状节，多隔膜，孢痕明显，48.0～200.0μm×3.0～5.5μm；分生孢子鞭形，无色，直或微弯，隔膜多而不明显，44.0～192.0μm×3.0～4.5μm。

46）毛地黄尾孢 *C. digitalis* Chi et Pai，为害地黄，引致地黄灰斑病。叶片病斑近圆形至多角形，中央灰色，边缘紫褐色，病斑扩展常受叶脉限制，病部生黑色霉层。子座褐色；分生孢子梗3～9根丛生，褐色，顶端近无色，不分枝，1～6个膝状节，3～9个隔膜，孢痕明显，96～220μm×3～5μm；分生孢子鞭形，长者线形，无色，微弯至弯曲，隔膜极多，39～288μm×2～3μm。

47）唇型科尾孢 *C. labiatarum* Chupp et Mull.，为害藿香，引致藿香褐斑病。叶片病斑圆形或近圆形，中央淡褐色，边缘暗褐色，生淡黑色霉层。无子座；分生孢子梗2～8根丛生，青褐色，顶端稍狭，近无色，不分枝，常屈曲，1～5个膝状节，3～9个隔膜，70～184μm×4～6μm；分生孢子鞭形，无色，直或微弯，3～14个隔膜，60.0～123.0μm×2.5～4.0μm。

48）枸杞尾孢*C. lycii* Ell. et Halst.，为害枸杞，引致枸杞灰斑病。叶片病斑圆形或近圆形，中央灰白色，边缘褐色，叶背生淡黑色霉层。分生孢子梗3～20根丛生，褐色，顶端色淡、较细，不分枝，直，或有1～4个膝状节，多隔膜，孢痕明显，38～160μm×4～6μm；分生孢子鞭形，无色，直或弯曲，隔膜多而不明显，45～144μm×2～4μm。

16. 刀孢属*Clasterosporium* Schwein.

菌丝体表生，产生吸器并伸入寄主植物细胞吸取营养物质；分生孢子梗黑褐色，很短，单胞；分生孢子（顶生厚垣孢子）黑色至褐色，三胞至多胞，卵圆形至长圆柱形，顶部略狭。寄生在高等植物上，在寄主植物表面产生黑色煤烟状霉层。

1）桑刀孢*Clasterosporium mori* Syd.，为害桑树，引致桑污叶病。叶背生煤烟状黑色霉层（图2-279）。分生孢子梗直立，不分枝，褐色，圆筒形，15～80μm×3～4μm（图2-280）；分生孢子棍棒形、圆筒形或纺锤形，深褐色，3～10个横隔膜，18.0～50.0μm×5.0～6.5μm（图2-281）。以菌丝体或分生孢子在病叶上越冬。清除并烧毁病叶可以防治桑污叶病。

图2-279　*Clasterosporium mori*引致桑污叶病叶片症状

2）嗜果刀孢*C. carpophilum* (Lév.) Aderh.，为害桃树，引致桃霉斑穿孔病。主要侵染叶片、枝梢及果实。叶上病斑圆形，淡绿色或淡黄色，边缘紫色，潮湿时产生黑霉。分生孢子梗丛生；分生孢子梭形、棍棒形或纺锤形，略弯曲，3～6个隔膜，30～56μm×6～7μm。以菌丝或分生孢子在枝梢芽内越冬。除桃树外，还为害梅、杏树、樱桃等。

3）枇杷刀孢*C. eriobotryae* Hara，为害枇杷，引致枇杷污叶病。主要侵染叶片，叶背发生较多，产生不规则形或圆形病斑，暗污色，后长出煤烟状霉层，可扩及全叶。分生孢子梗深褐色，与菌丝不易区别，5.0～12.0μm×2.0～3.5μm；分生孢子鞭状或丝状，基部稍膨大，深褐色，6～15个隔膜，50～130μm×3～6μm。以菌丝体或分生孢子在病叶上越冬。

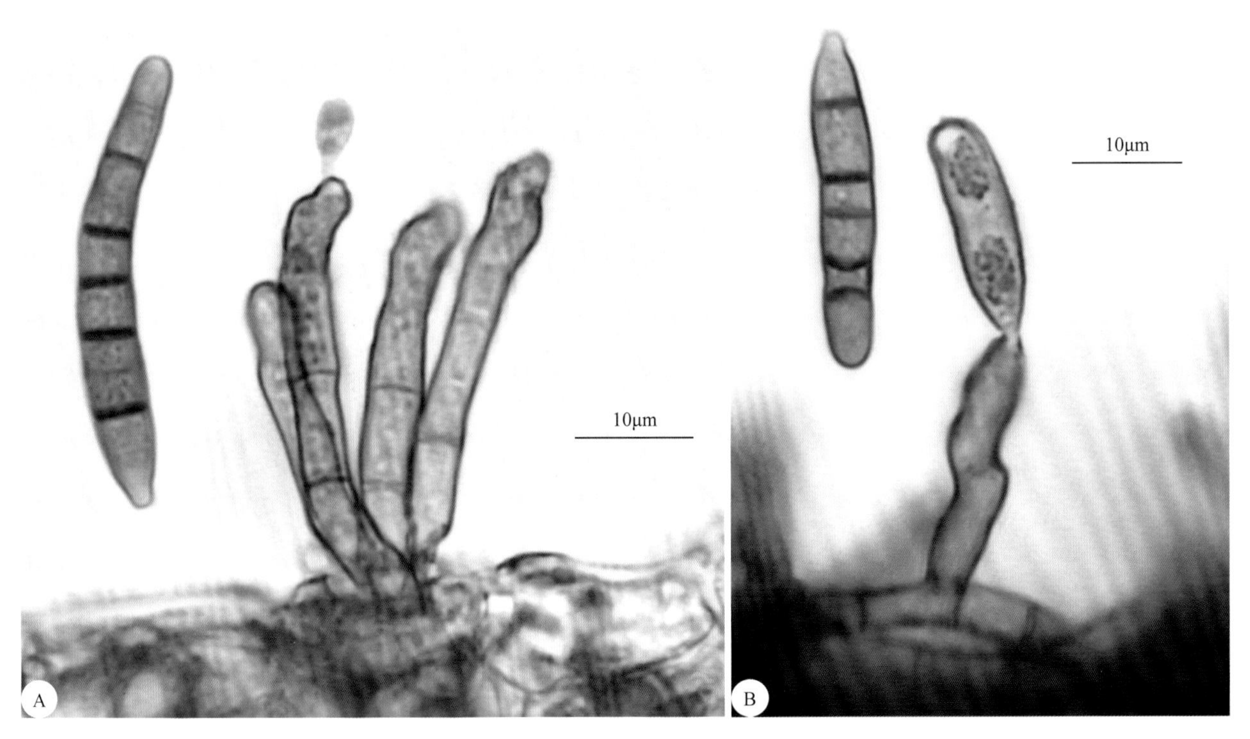

图2-280 *Clasterosporium mori*分生孢子梗与分生孢子（A），生于表生菌丝上的分生孢子梗和分生孢子（B）

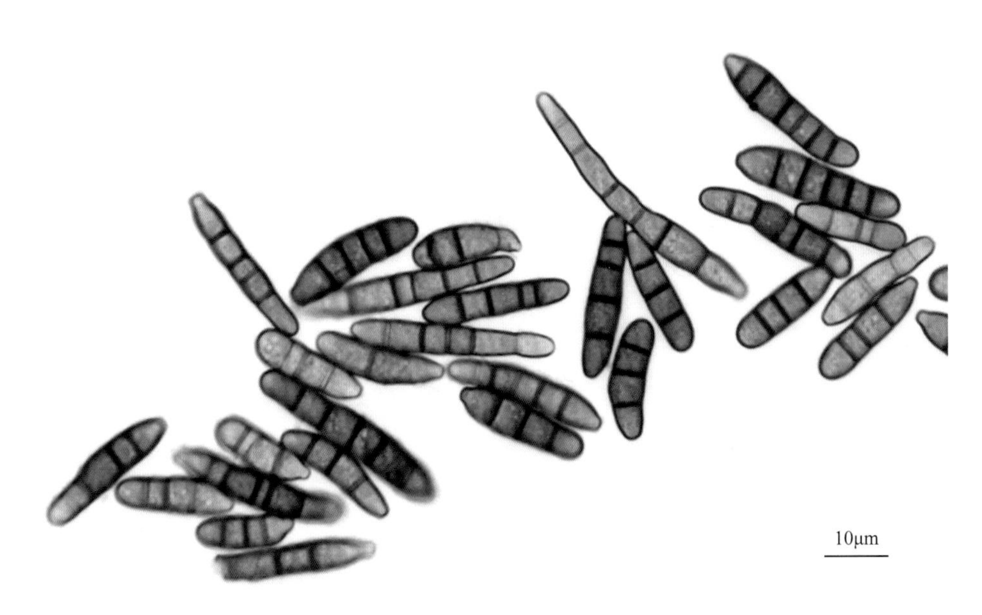

图2-281 *Clasterosporium mori*分生孢子

17. 凸脐蠕孢属 *Exserohilum* Leonard et Suggs

菌丝体在PDA培养基上通常为暗色，可形成菌核；分生孢子梗褐色，单生或丛生，高大，直立，不分枝，孢痕明显；分生孢子自梗隔膜下的侧孔生出，随分生孢子梗的生长，分生孢子呈轮状不断形成；分生孢子浅色至褐色，倒棒形，多隔膜，基部孢痕明显，脐点显著突出（图2-282）。寄生或腐生，寄生种类主要为害禾本科植物，引致条斑、斑点、网斑等症状。病菌附着在种子上或随病残体越冬。

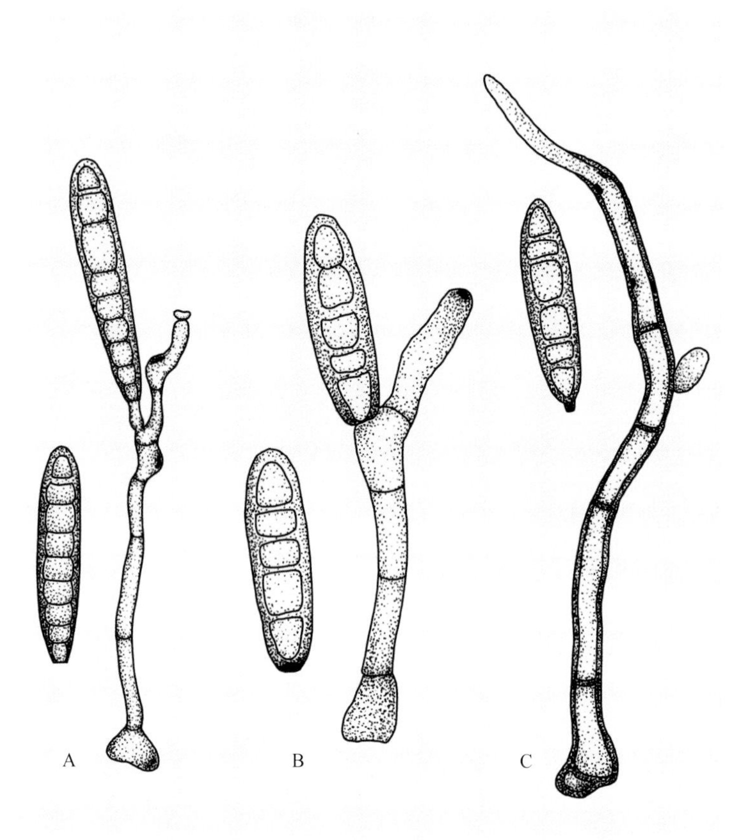

图2-282 平脐蠕孢属*Bipolaris*（A）、内脐蠕孢属*Drechslera*（B）、凸脐蠕孢属*Exserohilum*（C）的分生孢子梗和分生孢子

大斑凸脐蠕孢*Exserohilum turcicum* (Pass.) Leonard et Suggs，为害玉米，引致玉米大斑病。玉米发病，叶片病斑长梭形，淡褐色（图2-283A）。高粱受害多发生于生长后期，病斑长梭形，中央淡褐色至褐色，边缘紫红色。受害作物叶片两面均生黑色霉层。分生孢子梗单生或2～6根丛生，青褐色，不分枝，直，或端部曲膝状，2～8个隔膜，孢痕明显，35～160μm×6～11μm；分生孢子长梭形或圆筒状，青褐色，2～9个隔膜，51～128μm×16～24μm，脐点明显突出（图2-283B）。以菌丝体或分生孢子随病残体越冬，分生孢子引起再侵染。除为害玉米、高粱外，还为害苏丹草的叶片、叶鞘及苞叶。

18. 平脐蠕孢属*Bipolaris* Shoem.

分生孢子梗的形态和产孢方式与突脐蠕孢属相似。分生孢子长梭形，深褐色，脐点略突出，基部平截。

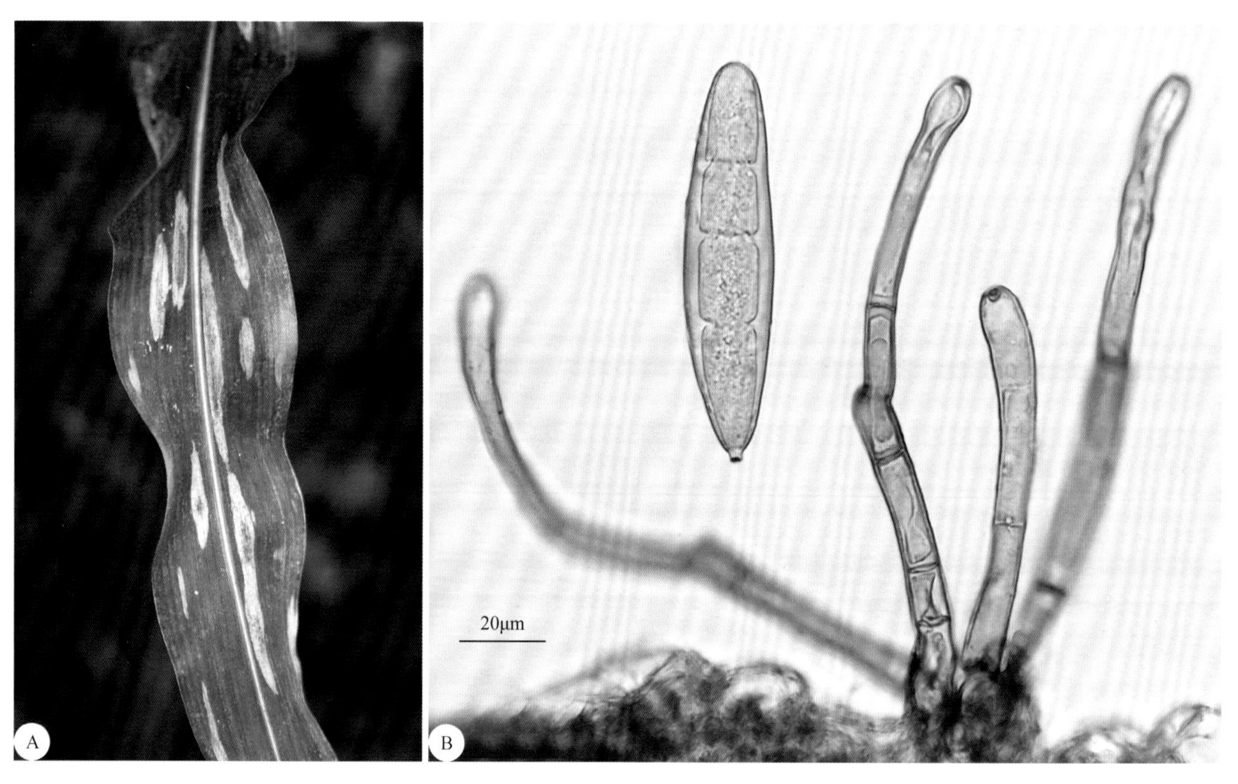

图2-283 *Exserohilum turcicum*引致玉米大斑病叶片症状（A）及其分生孢子梗和分生孢子（B）

1）稻平脐蠕孢*Bipolaris oryzae* (Breda de Haan) Shoem.，有性态为宫部旋孢腔菌*Cochliobolus miyabeanus* (Ito et Kurib.) Drechsler，为害水稻，引致稻胡麻斑病。主要侵染叶片和叶鞘，谷粒也能受害。叶片病斑椭圆形，褐色，有深浅不一的同心轮纹，病斑周围有黄色晕圈，通常病斑大小如芝麻粒，一张叶片可生数十个病斑。分生孢子梗2或3根丛生，青褐色，尖端色淡，99 ~ 345μm × 4 ~ 11μm；分生孢子倒棒形，直或微弯，绿褐色，3 ~ 11个隔膜（通常5 ~ 8个），24 ~ 122μm × 7 ~ 23μm。在种子或稻草上越冬，缺肥、干旱或土壤偏酸发病重。防治稻胡麻斑病，可采用种子消毒、增施肥料等措施。

2）玉蜀黍平脐蠕孢*B. maydis* Shoem.，有性态为异旋孢腔菌*Cochliobolus heterostrophus* Drechsler，为害玉米，引致玉米小斑病。主要侵染叶片、叶鞘及苞叶；叶片病斑较小，椭圆形或两端平截，中央黄褐色，边缘褐色，有2或3圈深褐色轮纹（图2-284）。分生孢子梗单生或2 ~ 6根丛生，深青褐色，不分枝，4 ~ 14个隔膜，正直或有膝状曲折，孢痕明显，64 ~ 160μm × 6 ~ 10μm；分生孢子长圆筒形，淡青褐色，两端渐淡，微弯，中央及下部最宽，孢壁较薄，3 ~ 10个隔膜，35 ~ 96μm × 9 ~ 17μm，脐点明显（图2-285，图2-286）。除玉米外，还为害高粱等。以菌丝体或分生孢子在病残体上越冬。

图2-284　*Bipolaris maydis*引致玉米小斑病叶片症状

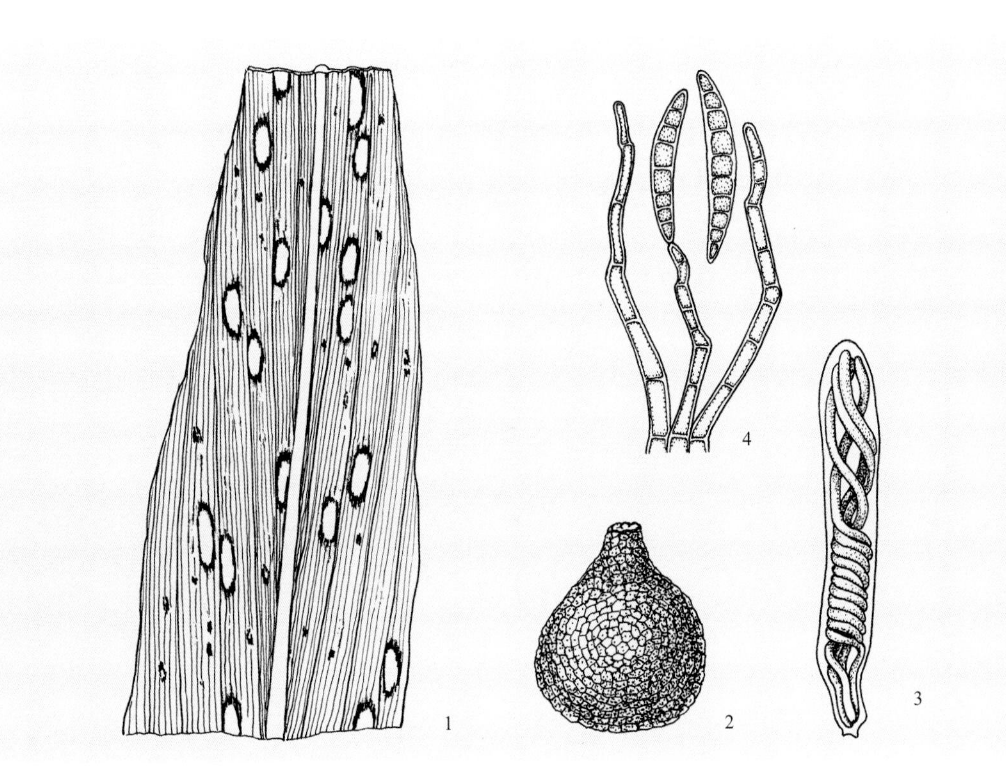

图2-285　*Bipolaris maydis*引致玉米小斑病症状及其形态模式图
1：病叶；2：子囊壳；3：子囊与子囊孢子；4：分生孢子梗与分生孢子

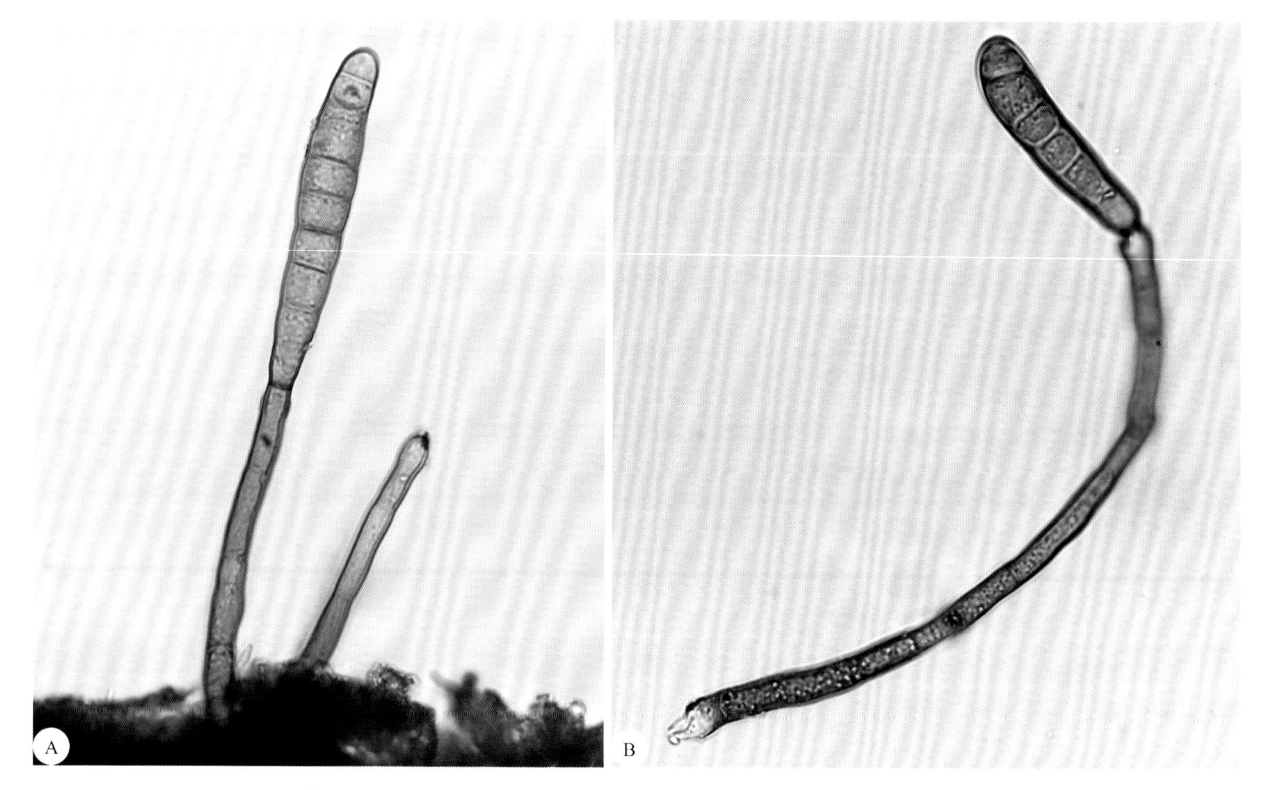

图2-286 *Bipolaris maydis*生于高粱叶片上的分生孢子梗与分生孢子

3）狗尾草平脐蠕孢*B. setariae* (Saw.) Shoem.，有性态为狗尾草旋孢腔菌*Cochliobolus setariae* (Ito et Kurib.) Drechsler，为害谷子，引致谷子胡麻斑病。侵染叶片，病斑椭圆形，1 ~ 5mm × 0.5 ~ 1.5mm，褐色，潮湿条件下生黑色霉层。分生孢子梗2 ~ 6根丛生，黄绿色或青褐色，24.0 ~ 219.0μm × 5.1 ~ 8.9μm；分生孢子圆筒形或纺锤形，青褐色，5 ~ 10个隔膜，20 ~ 135μm × 10 ~ 20μm。除谷子外，还为害狗尾草等。

4）甘蔗平脐蠕孢*B. sacchari* (Butl. et Hafiz) Shoem.，异名*Helminthosporium sacchari* (Breda) Butl.，为害甘蔗，引致甘蔗眼斑病。主要侵染叶片，病斑长形，中央枯黄色，边缘红褐色，病斑多时叶尖枯死。分生孢子梗30.0 ~ 16.0μm × 3.7 ~ 9.3μm；分生孢子圆柱形或椭圆形，褐色，稍弯，3 ~ 11个隔膜，24 ~ 93μm × 11 ~ 17μm。

5）麦根腐平脐蠕孢*B. sorokiniana* (Sacc.) Shoem.，有性态为禾旋孢腔菌*Cochliobolus sativus* (Ito et Kurib.) Drechsler，为害小麦、大麦等禾本科植物，引致麦类根腐病。主要侵染根、茎基、叶片和种子，引致根（茎基）腐、叶斑和种子黑点等，为麦类常见病害之一。分生孢子梗单生或2 ~ 5根丛生，褐色，不分枝，正直或膝状曲折，基部细胞膨大，顶端色淡，3 ~ 7个隔膜，48 ~ 128μm × 6 ~ 10μm；分生孢子圆筒形，青褐色或褐色，微弯，两端钝圆，2 ~ 11个隔膜，32 ~ 112μm × 14 ~ 23μm（图2-287，图2-288），通常仅两端细胞可以发芽。弱寄生菌，寄主范围广，有生理分化现象。以菌丝体或分生孢子潜伏在种子内或随病残体越冬。

19. 内脐蠕孢属*Drechslera* Ito

分生孢子梗形态和产孢方式与突脐蠕孢属相似。分生孢子圆筒形，多胞，深褐色，脐点内陷于基细胞内，呈腔孔状。

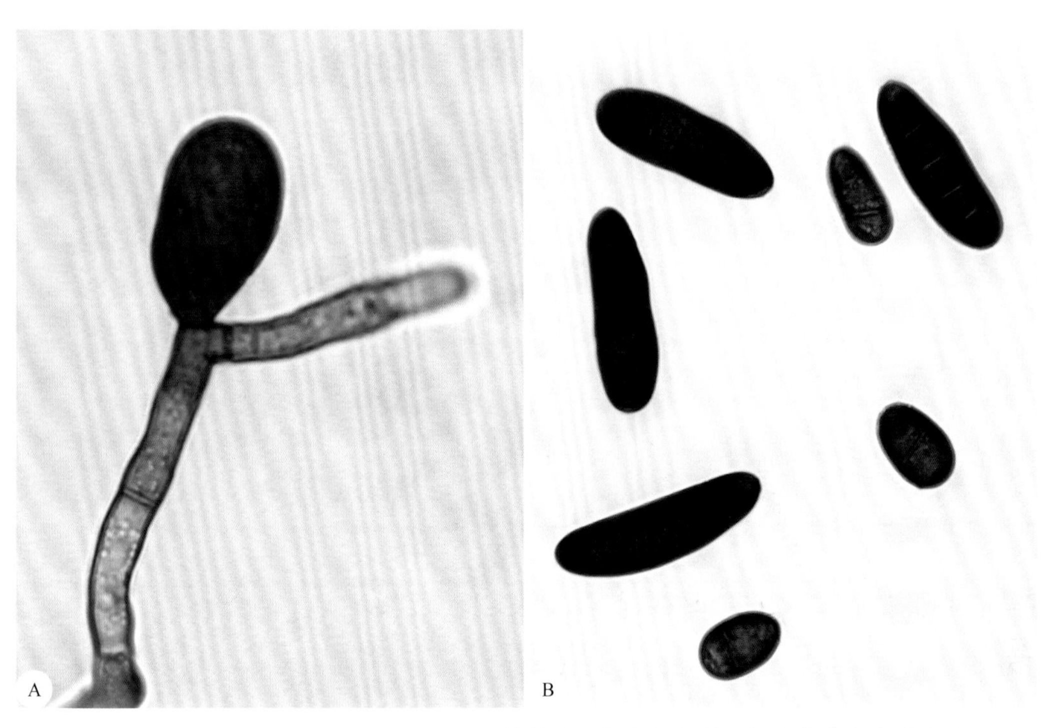

图2-287　*Bipolaris sorokiniana*生于PDA培养基上的分生孢子梗（A）与分生孢子（B）

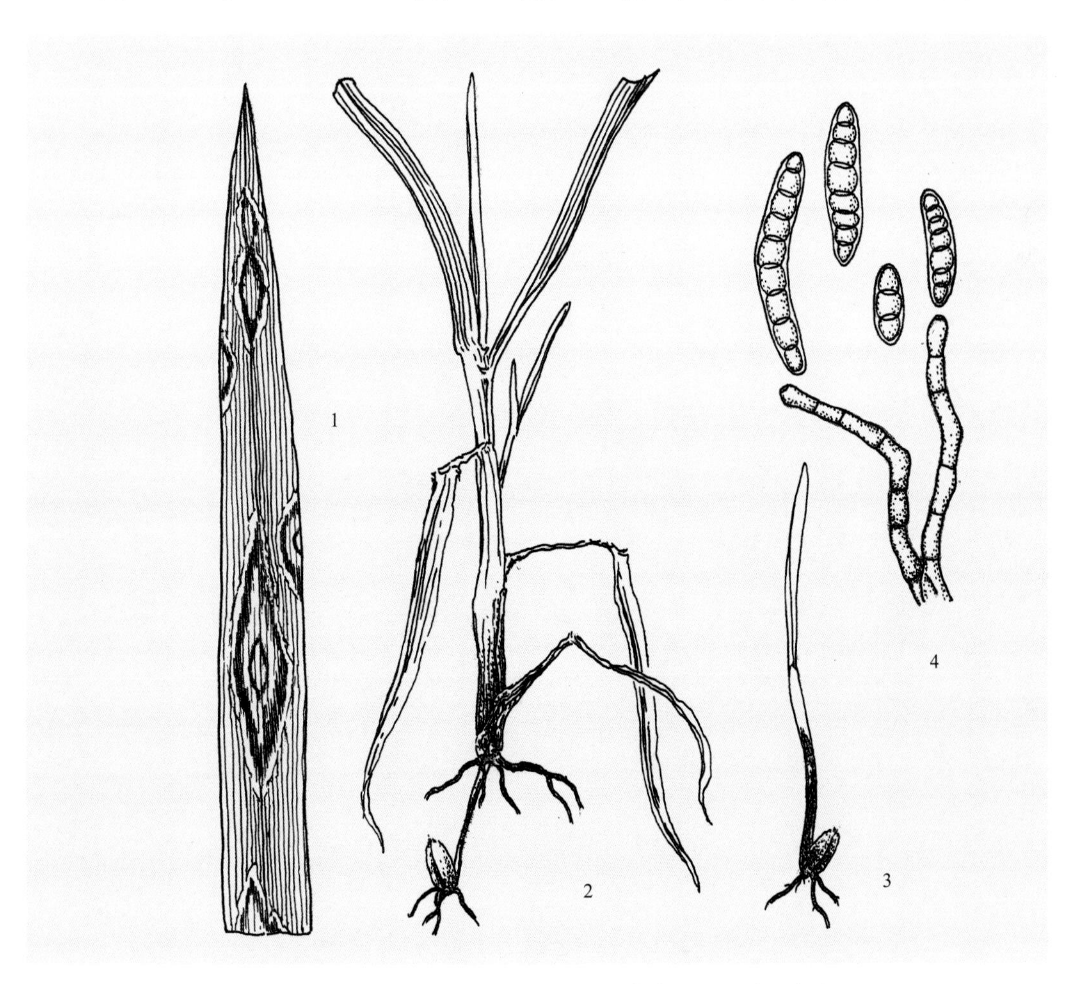

图2-288　*Bipolaris sorokiniana*引致小麦根腐病症状及其形态模式图

1：病叶；2和3：病苗；4：分生孢子梗与分生孢子

1）禾内脐蠕孢*Drechslera graminea* (Rabenh. ex Schl.) Shoem.，有性态为麦类核腔菌*Pyrenophora graminea* (Rabenh.) Ito et Kurib.，为害大麦，引致大麦条纹病。侵染大麦叶片、叶鞘及茎秆，初期产生淡黄色或白色条纹，后变为褐色，生黑色霉层，重病株不能抽穗（图2-289）。分生孢子梗单生或2～6根丛生，褐色，不分枝，直或有膝状曲折，2～9个隔膜，孢痕明显，90.0～280.0μm×7.5～12.0μm；分生孢子蠕虫形或圆筒形，直或微弯，黄褐色，多胞，1～7个隔膜，孢壁及隔膜厚，脐点明显，50～125μm×14.0～22.5μm（图2-290）。以休眠菌丝在种子内越冬，种子萌动后侵入芽鞘，引起系统性侵染。种子处理是防治的关键。

图2-289　*Drechslera graminea*引致大麦条纹病症状

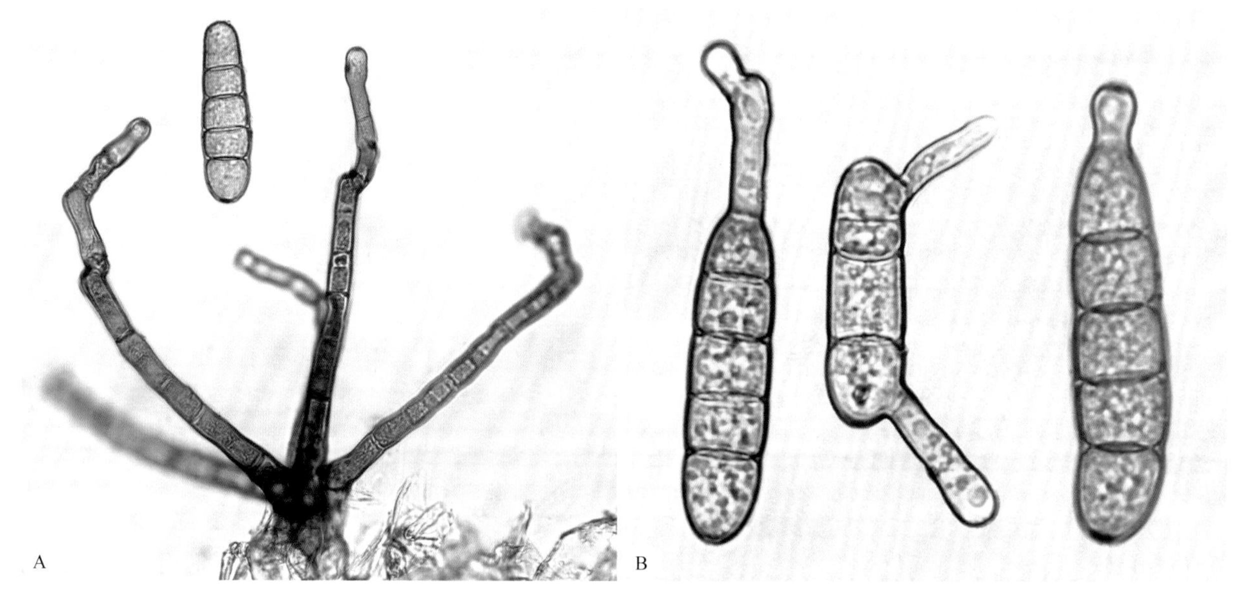

图2-290　*Drechslera graminea*分生孢子梗（A）与分生孢子（B）

2）大麦网斑内脐蠕孢*D. teres* (Sacc.) Shoem.，异名*Helminthosporium teres* Sacc.，有性态为圆核腔菌*Pyrenophora teres* (Died.) Drechsler，为害大麦，引致大麦网斑病。主要侵染叶片，引致褐色网斑，病叶产生少许黑色霉状物；颖壳被侵染，产生褐色病斑，但无网纹。分生孢子梗褐色，单生，或者2或3根丛生，120～200μm×7～9μm；分生孢子圆筒形，淡色至褐色，2～9个隔膜，30～175μm×15～22μm。以菌丝体、分生孢子或子囊壳在种子上或者随病残体越冬。

3）燕麦内脐蠕孢 *D. avenacea* (Curtis ex Cooke) Shoem.，异名 *Helminthosporium avenae* (Eidam)，有性态为燕麦核腔菌 *Pyrenophora avenae* (Eid.) Ito et Kurib.，为害燕麦，引致燕麦条纹病。主要侵染叶片、叶鞘及颖壳。叶片病斑梭形或椭圆形，红褐色，生黑色霉层，严重时病叶局部或全部枯死。分生孢子梗青褐色，不分枝，单生或2～4根丛生，2～8个隔膜，孢痕明显，64～128μm×10～12μm；分生孢子圆柱形，淡黄色至黄褐色，1～7个隔膜，脐点明显，24～96μm×11～16μm。

4）小麦内脐蠕孢 *D. tritici-repentis* (Died.) Shoem.，异名 *Helminthosporium tritici-vulgaris* Nisikado，有性态为偃麦草核腔菌 *Pyrenophora tritici-repentis* (Died.) Drechsler，为害小麦，引致小麦黄斑病。叶片病斑椭圆形，中央暗褐色或褐色，边缘暗色，病部生暗褐色霉层。分生孢子圆柱形，淡青褐色，1～9个细而明显的隔膜，下端细胞急剧变窄，呈圆锥形，45～175μm×12～20μm。除小麦外，还为害黑麦、冰草等。

20. 棒孢属 *Corynespora* Guss.

分生孢子梗顶端有时膨大；分生孢子顶生，单生，偶尔2～6个孢子连接成短链，倒棍棒形，有时圆筒形，稍微弯曲，有隔膜。

1）多主棒孢 *Corynespora mazei* Gussow，为害番茄，引致番茄叶斑病。主要侵染叶片，茎和果实发病较轻。初期形成深褐色斑点，边缘有浅黄色晕圈，后扩展成轮纹状大斑，叶缘病斑半圆形，黑褐色，稍凹陷，病健界限明显（图2-291A）。分生孢子梗丛生或单生，具隔膜，暗褐色，细长，不分枝，顶端有时膨大（图2-291B）；分生孢子顶生，倒棍棒形或圆筒形，淡褐色，稍弯曲，脐部平截，4～16个隔膜，孢壁厚。

2）瓜多主棒孢 *C. cassiicola* (Berk. et Curt.) Wei，为害豇豆，引致豇豆叶斑病。主要侵染叶片、茎秆和豆荚，苗期、成株期均可发病。叶片病斑浅褐色至红褐色，圆形或近圆形，扩大后具轮纹，中央有暗褐色圆点，周缘浅褐色，外缘有黄色晕圈（图2-292）。分生孢子梗丛生或单生，不分枝，直或弯曲，暗褐色，1～7个隔膜；分生孢子顶生，倒棍棒形或圆柱形，正直或弯曲，褐色至淡橄榄色，多隔膜，顶部稍钝，基部有明显的脐（图2-293）。

3）瓜棒孢 *C. melonis* (Cooke) Lindau，为害黄瓜，引致黄瓜叶斑病。主要侵染叶片，叶柄、茎蔓和瓜条发病较少。初期受害叶片上产生灰褐色小斑点，逐渐扩展成圆形或近圆形，淡褐色或褐色病斑，后期病斑中央颜色变浅，灰白色，边缘灰褐色，湿度大时产生稀疏灰褐色霉状物（图2-294）。分生孢子梗多数单生，少数3～5根丛生，细长，直立，浅褐色至褐色，不分枝；分生孢子顶生，倒棍棒形或圆柱形，直立或稍弯曲，基部膨大，平截，顶部钝圆，浅褐色至棕褐色，具隔膜，分隔处不缢缩（图2-295）。

21. 假尾孢属 *Pseudocercospora* Speg.

菌丝埋生，或半埋生及表生兼具，有子座；分生孢子梗粗壮，圆桶形，淡褐色至褐色，束生或单枝丛生，不分枝，弯曲；产孢细胞多芽生，合轴式延伸，无孢痕；分生孢子单生，多数倒棍棒形，淡褐色至褐色，多隔膜，顶部常具喙，基部锥形或平截，孢痕不增厚。该属形态与尾孢属相近，其分生孢子梗上孢痕的厚度与产孢细胞的厚度相同，而尾孢属则有明显孢痕。

图2-291 *Corynespora mazei*引致番茄叶斑病叶片症状（A）及其分生孢子梗和分生孢子（B）

图2-292 *Corynespora cassiicola*引致豇豆叶斑病叶片症状

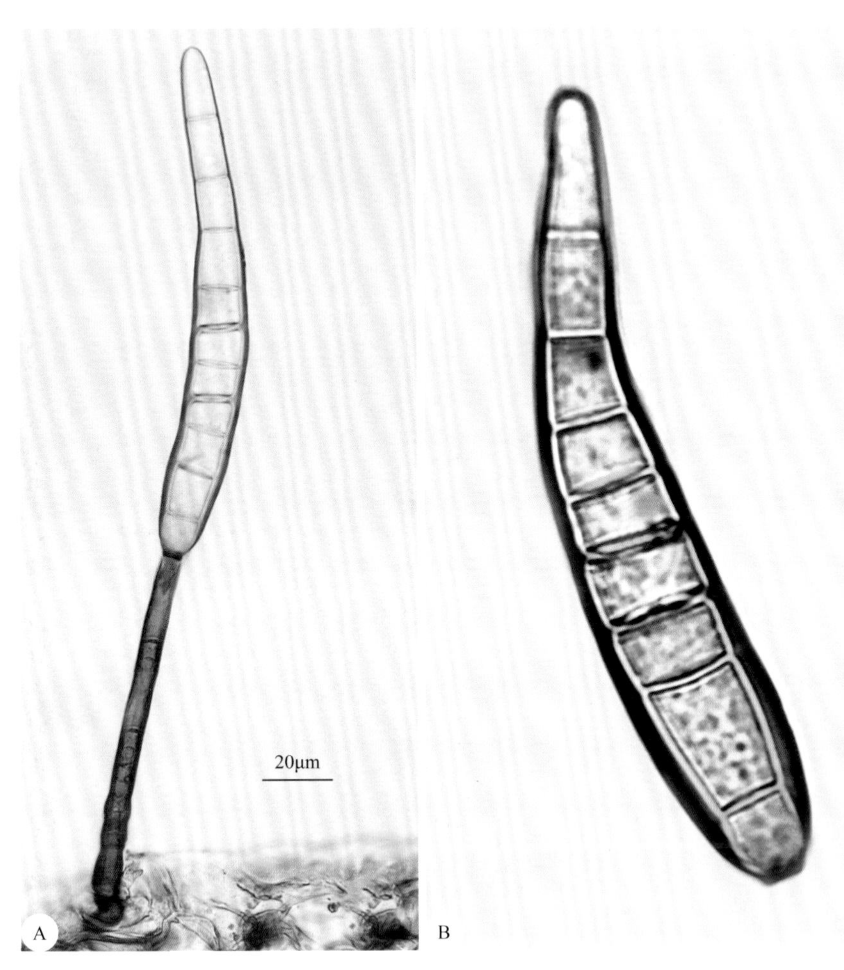

图2-293 *Corynespora cassiicola*分生孢子梗（A）与分生孢子（B）

图2-294 *Corynespora melonis*引致黄瓜叶斑病叶片症状（A）与茎蔓症状（B）

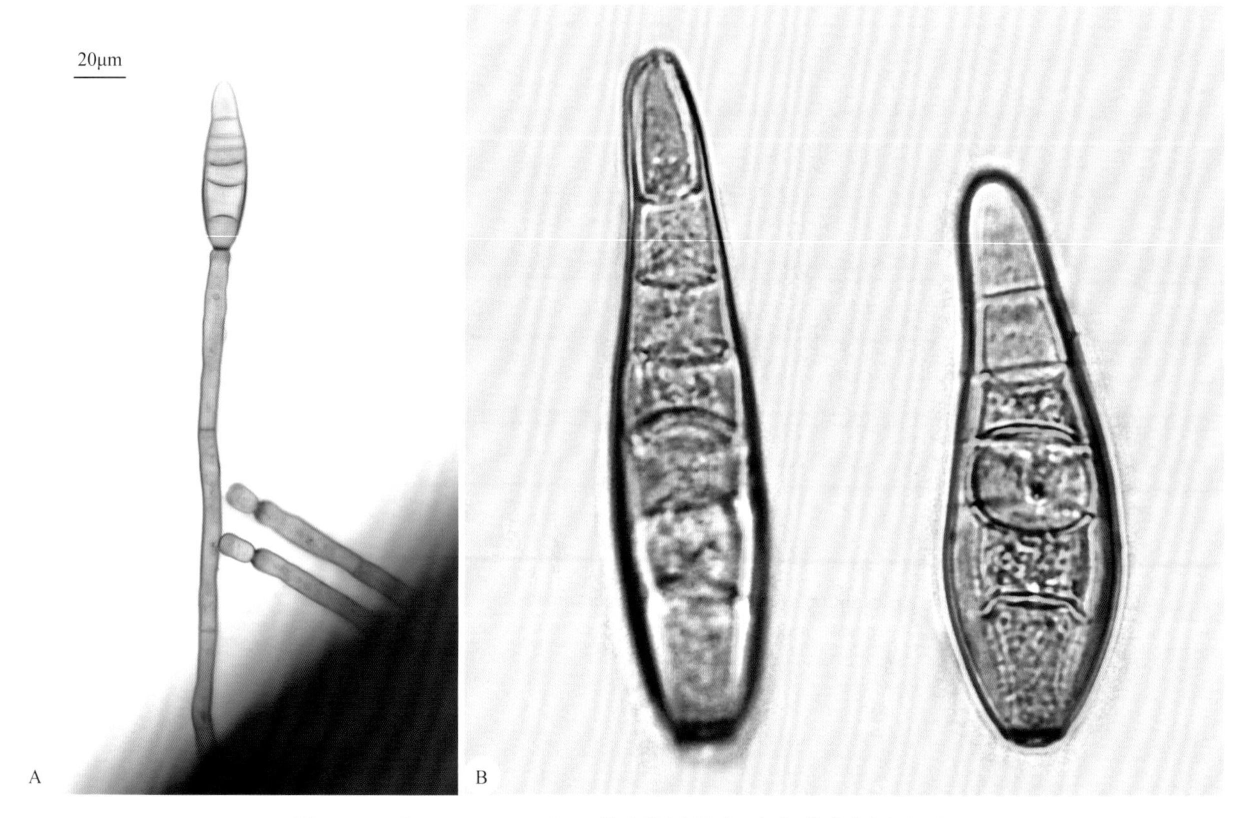

图2-295 *Corynespora melonis*分生孢子梗（A）与分生孢子（B）

1）猕猴桃假尾孢*Pseudocercospora actinidiae* Deighton，为害猕猴桃，引致猕猴桃黑霉病。猕猴桃叶面病斑上产生黑色绒球状分生孢子座，叶背病斑上一般不产生分生孢子座，由表生菌丝、分生孢子梗和分生孢子共同组成茂密的黑色霉层（图2-296）。分生孢子座发达，生于叶面；分生孢子梗簇生于分生孢子座上，圆桶形，粗壮，淡褐色至褐色，不分枝，1～4个隔膜，无孢痕；叶背产生表生菌丝，菌丝可分化产生分生孢子梗；分生孢子圆柱形，浅青黄色，直或弯，多隔膜，基部平截，20～102μm×5～8μm（图2-297）。

2）菜豆假尾孢*P. cruenta* (Sacc.) Deighton，为害菜豆，引致菜豆褐斑病。主要侵染叶片，藤蔓、叶柄及豆荚也能受害。病叶两面生紫褐色斑点，扩大后呈深褐色、近圆形，病健交界不明显，潮湿时密生煤烟状霉层。分生孢子梗褐色，自气孔伸出，直立，不分枝，数枝至数十枝丛生，1～4个隔膜，15.0～52.0μm×2.5～6.2μm；分生孢子淡褐色，鞭状，上端略细，下端稍粗大，3～17个隔膜，27.0～127.0μm×2.5～6.2μm。

22. 链格孢属*Alternaria* Ness

分生孢子梗暗色，或短或长；分生孢子（孔生孢子）暗色，倒棍棒形、椭圆形或卵圆形，具纵、横隔膜，顶端具一分枝或不分枝的喙；分生孢子单生或链生，分枝或不分枝，自上而下依次成熟（图2-298）。寄生或腐生，一般腐生性较强，为害多种植物，引致叶斑和果实等多汁器官腐烂。该属与匍柄霉属*Stemphylium*不易区分，主要区别是匍柄霉属孢子梗匍匐状、孢子单生、两端钝圆、无喙。

图2-296　*Pseudocercospora actinidiae*引致猕猴桃黑霉病叶面症状（A）与叶背症状（B）

图2-297　*Pseudocercospora actinidiae*在猕猴桃叶面上产生的子座、分生孢子梗及分生孢子（A），在叶背上的表生菌丝和分生孢子（B）

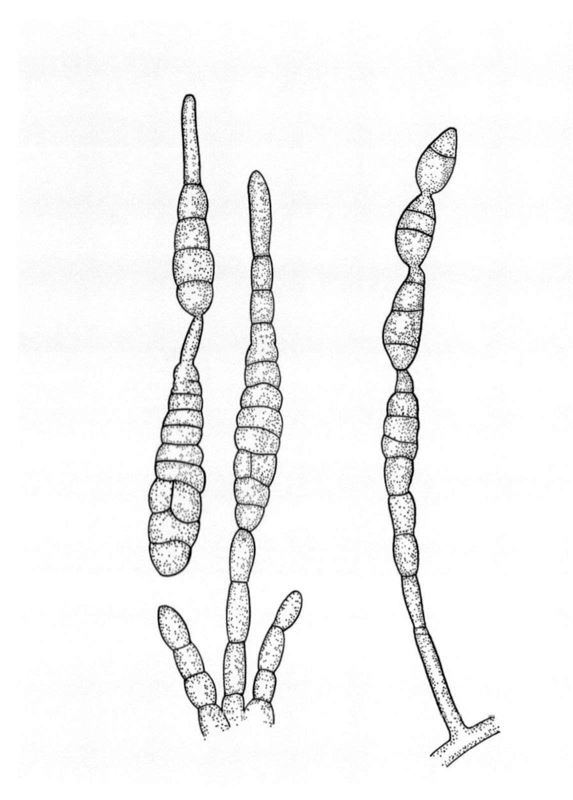

图2-298 *Alternaria*分生孢子梗与分生孢子形态模式图

1）大孢链格孢*Alternaria macrospora* Zimm.，为害棉花，引致棉花黑斑病。侵染叶片，病斑近圆形或不规则形，具同心轮纹，上生黑色霉层（图2-299A）。分生孢子梗单生或4～9根丛生，淡褐色至深褐色，基部细胞略膨大，50.0～130.0μm×5.5～6.0μm。分生孢子单生，120～200μm，褐色至深褐色；孢身有6～10个横隔膜、3～10个纵隔膜；具喙，60～120μm×2～3μm（图2-299B）。

2）茄链格孢*A. solani* (Ell. et Martin) Sorauer，为害马铃薯，引致马铃薯早疫病。侵染马铃薯叶片、果实及块茎，引致叶斑和腐烂。马铃薯受害，叶片病斑圆形，褐色，具同心轮纹，生稀疏黑色霉层（图2-300A）。分生孢子梗单生或丛生，淡褐色，30～93μm×6～8μm。分生孢子单生，稀有2个串生，倒棒形，淡褐色，45～96μm×12～16μm；孢身有2～6个横隔膜；喙部长，色淡，33～165μm×2～3μm（图2-300B）。以菌丝体或分生孢子随病残体越冬，种薯也可带菌。除马铃薯外，还为害番茄、辣椒、茄子、酸浆、莨菪、天仙子、枸杞等茄科植物。

图2-299 *Alternaria macrospora*引致棉花黑斑病叶片症状（A）及其分生孢子梗和分生孢子（B）

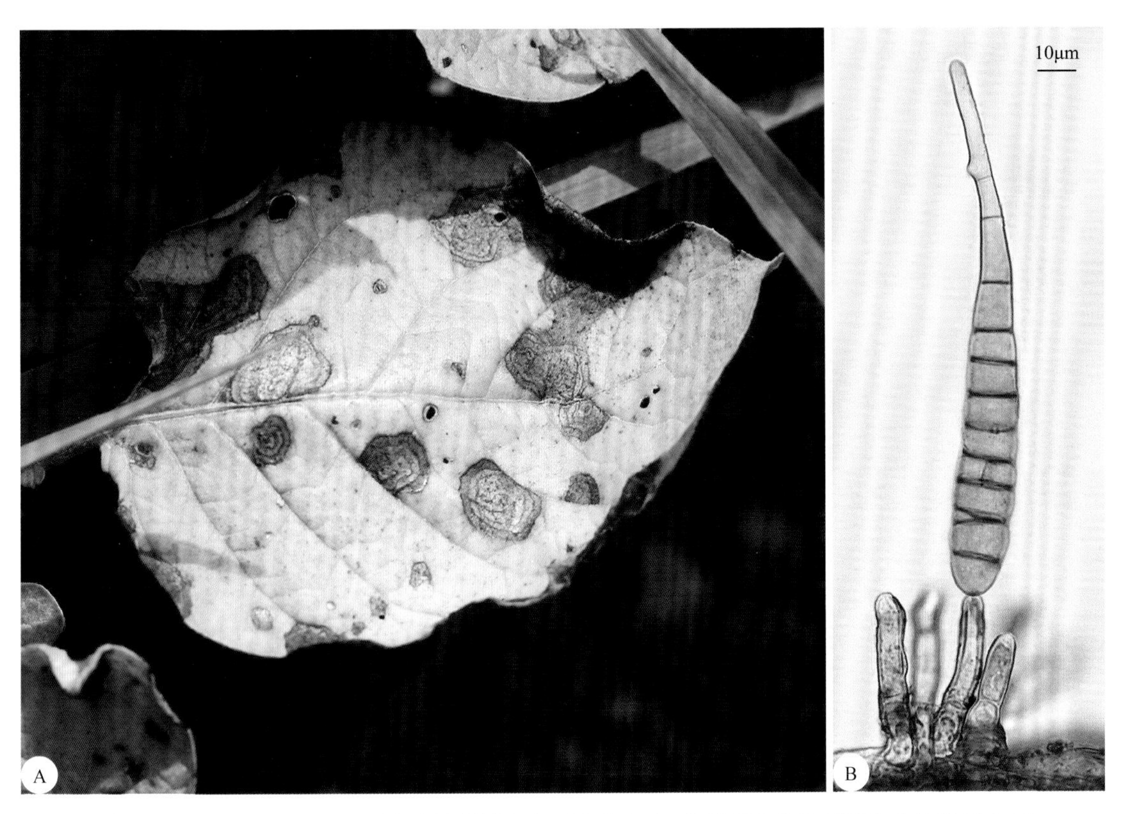

图2-300　*Alternaria solani*引致马铃薯早疫病叶片症状（A）及其分生孢子梗和分生孢子（B）

3）葱链格孢 *A. porri* (Ell.) Ciferri，为害大葱，引致葱黑斑病。侵染叶片和花梗，病斑梭形或椭圆形，黑色，具同心轮纹（图2-301A）。分生孢子梗单生或2～8根丛生，褐色，24～99μm×6～8μm；分生孢子单生，长棍棒形或圆筒形，褐色，51～122μm×14～18μm；孢身有5～15个横隔膜、1～6个

图2-301　*Alternaria porri*引致葱黑斑病症状（A）及其分生孢子梗和分生孢子（B）

纵隔膜；喙部长，可分枝，24～96μm×2～4μm（图2-301B）。除大葱外，还为害洋葱、大蒜、韭菜等。

4）簇生链格孢*A. fasciculata* (Cooke et Ell.) Jones et Grout，为害大豆，引致大豆黑斑病。叶片病斑不规则形，褐色，生黑色霉层。分生孢子梗3～6根丛生，少数单生，暗褐色，不分枝，基部细胞稍大，32.0～128.0μm×1.0～5.5μm；分生孢子2～5个串生，少数单生，椭圆形至倒棒形，暗褐色；孢身有3～9个横隔膜、0～6个纵隔膜，13～48μm×6～8μm；喙无或较短至稍长，不分枝。除大豆外，还为害菜豆等。

5）芸薹链格孢*A. brassicae* (Berk.) Sacc.，为害白菜，引致白菜黑斑病。主要侵染叶片（图2-302）、叶柄、茎及荚。分生孢子梗淡褐色，单生或2～6根成束，不常分枝，具隔膜，上部屈曲，14～48μm×6～13μm。分生孢子单生，倒棍棒形，淡橄榄褐色；孢身有横隔膜5～12个、纵隔膜若干，33～147μm×9～33μm，顶部有一较长的喙，喙具1～6个横隔膜，孢身至喙渐细（图2-303）。在病叶或种子上越冬。除白菜外，还为害甘蓝、花椰菜等多种十字花科植物。采取种子处理、药剂防治及田间清洁等措施，可以有效防治白菜黑斑病。

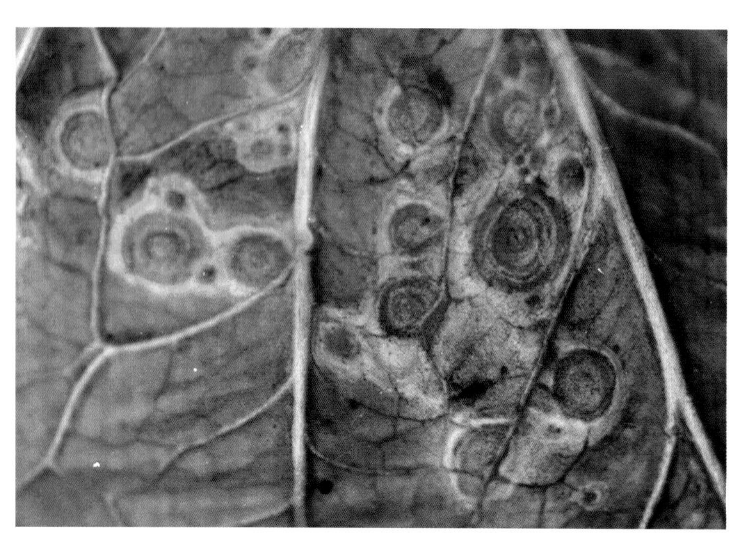

图2-302 *Alternaria brassicae*引致白菜黑斑病叶片症状

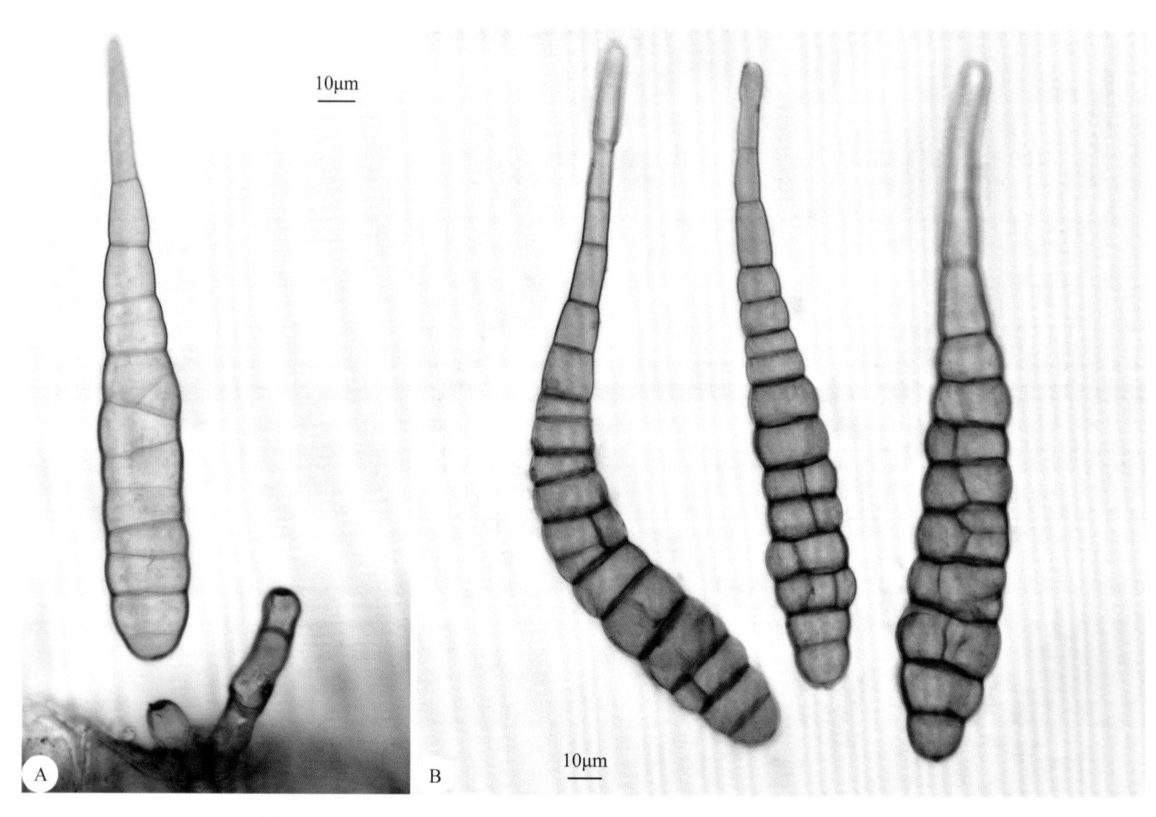

图2-303 *Alternaria brassicae*分生孢子梗（A）与分生孢子（B）

6）细链格孢*A. tenuis* Nees，为害棉花幼苗，引致棉花黑斑病。分生孢子梗绿褐色，单枝或有分枝，孢痕明显；分生孢子串生，7.0～72.0μm×6.0～22.5μm（包括喙状突起）；孢身有1～9个横隔膜、0～6个纵隔膜，绿褐色；喙部长（图2-304）。一般腐生在植物残体上。除棉花外，还为害水稻、大豆、番茄、桃树、李树、杏树、梅、向日葵等多种植物的叶片、果实、种子及储藏器官，引致斑点和腐烂。

7）苘麻链格孢*A. abutilonis* (Speg.) Schwarze，为害苘麻，引致苘麻黑斑病。主要侵染叶片，病斑不规则形，黑褐色，具明显轮纹，生黑色霉层。分生孢子梗2～7根丛生，黄褐色，不分枝，26～93μm×4～5μm。分生孢子单生，少数2个串生，倒棒形，黄褐色，26～48μm×10～15μm；孢身有4～8个横隔膜、1～4个纵隔膜；喙部长，淡色至近无色，不分枝。

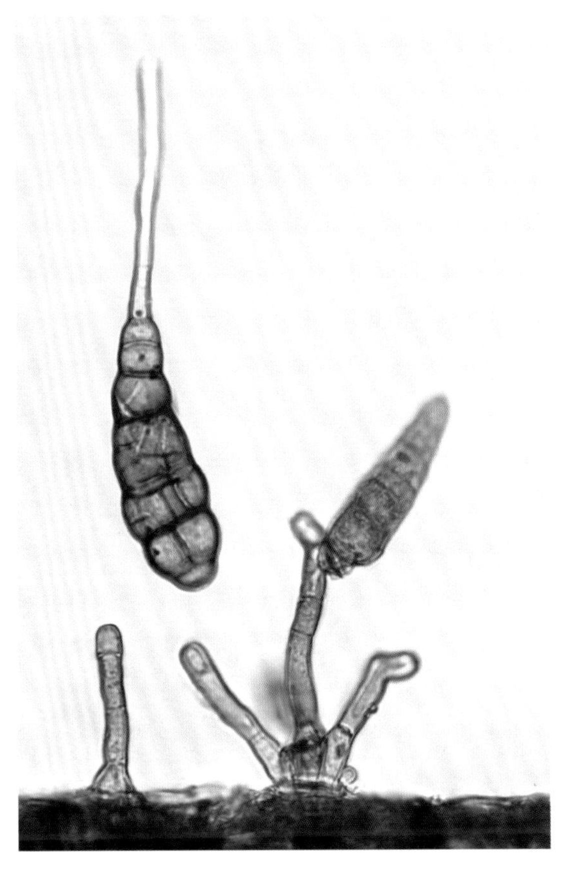

图2-304　*Alternaria tenuis*分生孢子梗与分生孢子

8）萝卜链格孢*A. raphani* Groves et Skolko，为害萝卜，引致萝卜黑斑病。叶片病斑圆形，暗褐色，中央稍淡，具同心轮纹，潮湿条件下生淡黑色霉层。茎、花梗、种荚亦可受害。分生孢子梗单生或2～5根丛生，淡青褐色至绿褐色，32～64μm×6～9μm；分生孢子单生，少数2个串生，倒棒形，淡青褐色至绿褐色，29～88μm×11～19μm；孢身有3～10个横隔膜、0～3个纵隔膜；喙部长，不分枝。

9）胡萝卜链格孢*A. dauci* (Kühn) Groves et Skolko，为害胡萝卜，引致胡萝卜黑斑病。主要侵染叶片、叶柄及茎，叶片病斑不规则形，褐色，病斑周围组织略褪色，病部有微细的黑色霉状物。分生孢子梗4～10根丛生，少数单生，绿褐色，24～70μm×3～5μm；分生孢子单生，倒棒形，暗绿褐色；孢身有4～13个横隔膜、0～4个纵隔膜，32～115μm×14～21μm；喙部长至极长，色淡而细，有时分枝，35～198μm×2～4μm。以菌丝体或分生孢子在病部越冬。

10）根生链格孢*A. radicina* Meier et al.，侵染胡萝卜根部，引致胡萝卜黑变腐败病。分生孢子梗单生，少数有分枝，深褐色，26～160μm×6～9μm。分生孢子串生或单生，椭圆形、广卵圆形或倒棒形，暗褐色，14～67μm×11～35μm；孢身有1～7个横隔膜、0～8个纵隔膜；无喙。

11）瓜链格孢*A. cucumerina* (Ell. et Ev.) Elliott，为害黄瓜，引致黄瓜黑星病。叶片病斑圆形或近圆形，褐色，具轮纹，生黑色霉层。分生孢子梗单生或3～5根丛生，青褐色，25～67μm×4～6μm；分生孢子单生或者2或3个串生，倒棒形，青褐色；孢身有3～9个横隔膜、0～3个纵隔膜，24～60μm×9～13μm；喙部长，色淡，14～38μm×2～4μm。除黄瓜外，还为害西胡芦、南瓜等。

12）长柄链格孢*A. longipes* (Ell. et Ev.) Mason.，为害烟草，引致烟草赤星病。叶片病斑圆形至不规则形，褐色，具同心轮纹，病叶两面生黑霉，易破碎。分生孢子梗单生或丛生，暗褐色，18～73μm×4～5μm；分生孢子2～4个串生，偶尔单生，倒棒形，暗褐色；孢身有5～10个横隔膜、0～6个纵隔膜，29～53μm×9～13μm；喙稍长，色淡，10～90μm×2～5μm。在病残体上越冬。除烟草外，还为害商陆等。

13）菊池链格孢*A. kikuchiana* Tanaka，为害梨树，引致梨黑斑病。主要侵染叶片、果实等，叶片病斑圆形或近圆形，褐色，边缘色暗，具同心轮纹，叶背生淡黑色霉层；果实病斑圆形，黑褐色，稍凹陷，引致腐烂和龟裂。分生孢子梗2～16根丛生，青褐色，40～76μm×3～5μm；分生孢子2～4个串生，倒棒形、椭圆形或卵圆形，黄褐色；孢身有2～9个横隔膜、1～3个纵隔膜，14～48μm×8.5～15μm；喙部色淡，0～2个横隔膜，5～26μm×3～5μm。

14）苹果链格孢*A. mali* Roberts，为害苹果，引致苹果黑斑病。主要侵染叶片，病斑圆形，深褐色，有明显轮纹，病叶两面生淡黑色霉层。分生孢子梗丛生，淡褐色，6～30μm×3～5μm。分生孢子2或3个串生，深褐色，16～28μm×9～13μm；孢身有1～6个横隔膜、1或2个纵隔膜；具喙。在病组织上越冬。除苹果外，还为害梨树等。

15）樱桃链格孢*A. cerasi* Poteb.，为害樱桃，引致樱桃黑斑病。叶片病斑圆形或不规则形，褐色，轮纹状，上生黑色霉层。分生孢子梗单生或2～4根丛生，褐色，32～128μm×4～6μm；分生孢子单生或者2或3个串生，倒棒形，褐色；孢身有4～9个横隔膜、1～8个纵隔膜，18～51μm×11～16μm；具喙，10～40μm×3～5μm。除樱桃外，还为害桃树、梅、李树等核果类果树。

16）柑橘链格孢*A. citri* Ell. et Pierce，为害柑橘，引致柑橘黑腐病。主要侵染果实。分生孢子梗丛生，深褐色，25.2～84.0μm×2.5～4.9μm；分生孢子2～4个串生，卵圆形、纺锤形、长椭圆形或倒棒形，深青褐色，14.0～58.8μm×8.4～15.4μm；孢身有1～8个横隔膜、0～5个纵隔膜。在地面的病果中或潜伏在枝、叶病组织中越冬。

23. 匍柄霉属 *Stemphylium* Wallr.

分生孢子梗暗色，匍匐状，多不分枝，或短或长，膨大的节部颜色较深，顶端产生单一的分生孢子，分生孢子梗自旧孢痕处延伸，在新的生长点上继续产生孢子。分生孢子（孔生孢子）暗色，球形至广椭圆形或卵圆形，具纵、横隔膜，无喙，表面光滑或有小刺和疣突（图2-305）。寄生或腐生在植物残余组织上，引致叶斑。

1）匍柄霉*Stemphylium botryosum* Wallr.，有性态为枯叶格孢腔菌*Pleospora herbarum* (Pers.) Rabenh.，为害大葱，引致葱紫斑病（图2-306）。分生孢子梗4～14根丛生或单生，青褐色，基部细胞稍大，顶端稍宽或膨大，隔膜多，16～93μm×4～6μm；分生孢子单生，近椭圆形，青褐色，表面有小刺，18～54μm×9～19μm（图2-307）。有性态易见。除大葱外，还侵染大蒜、洋葱的叶片，引致紫黑斑；侵染苜蓿、三叶草的叶片和叶柄，引致斑点。在陕西关中地区常与黑斑病同时发生。

2）微疣匍柄霉*S. chisha* (Nishik.) Yamam.，为害生菜，引致生菜黑斑病。主要侵染叶片，病斑圆形或近圆形，褐色，具同心轮纹，生黑色霉层。分生孢子梗单生或2～5根丛生，褐色，15～51μm×6～8μm；分生孢子椭圆形或卵圆形，单生，淡褐色至褐色，老熟后表面生微疣，24～47μm×10～20μm。

3）束状匍柄霉*S. sarciniiforme* (Cav.) Wiltsh.，为害三叶草，引致三叶草黑斑病。主要侵染叶片，病斑近圆形，褐色，具轮纹（图2-308）。分生孢子梗单生或者2或3根丛生，暗褐色，短粗，顶细胞膨大呈半球形，12～32μm×4～6μm；分生孢子单生，暗青褐色，表面光滑，18～32μm×14～21μm（图2-309）。

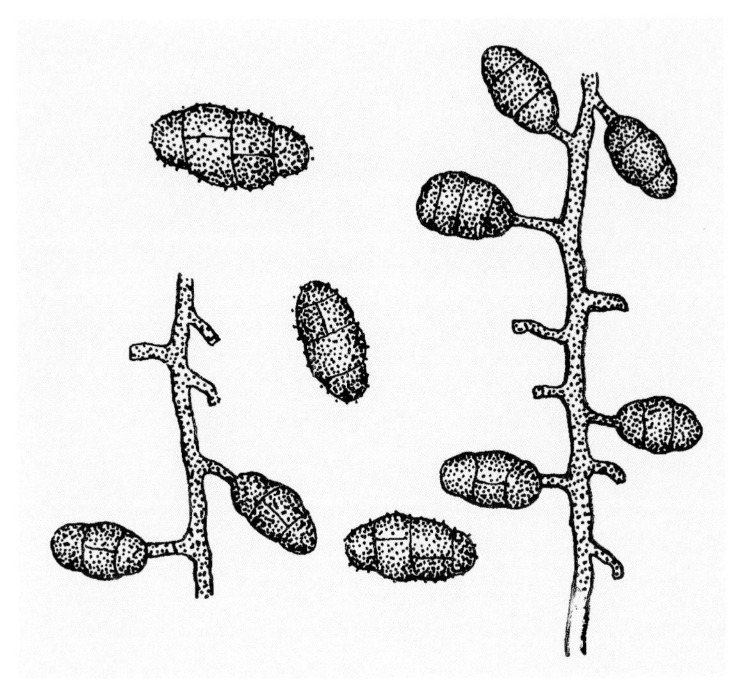

图2-305 *Stemphylium*分生孢子梗与分生孢子形态模式图

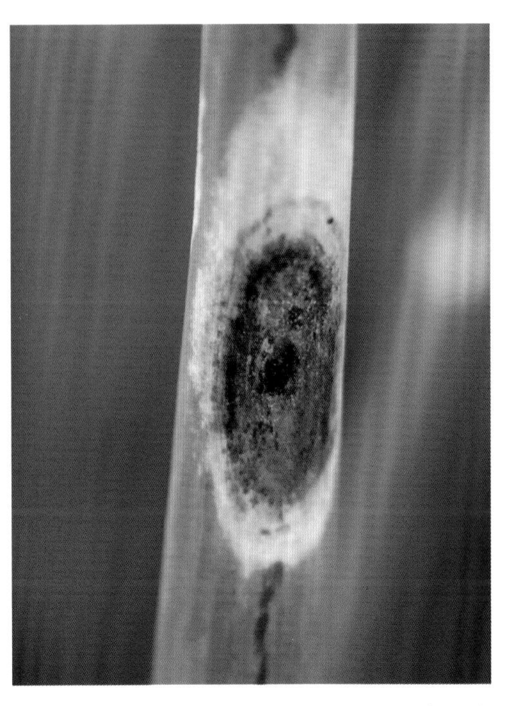

图2-306 *Stemphylium botryosum*引致葱紫斑病典型症状

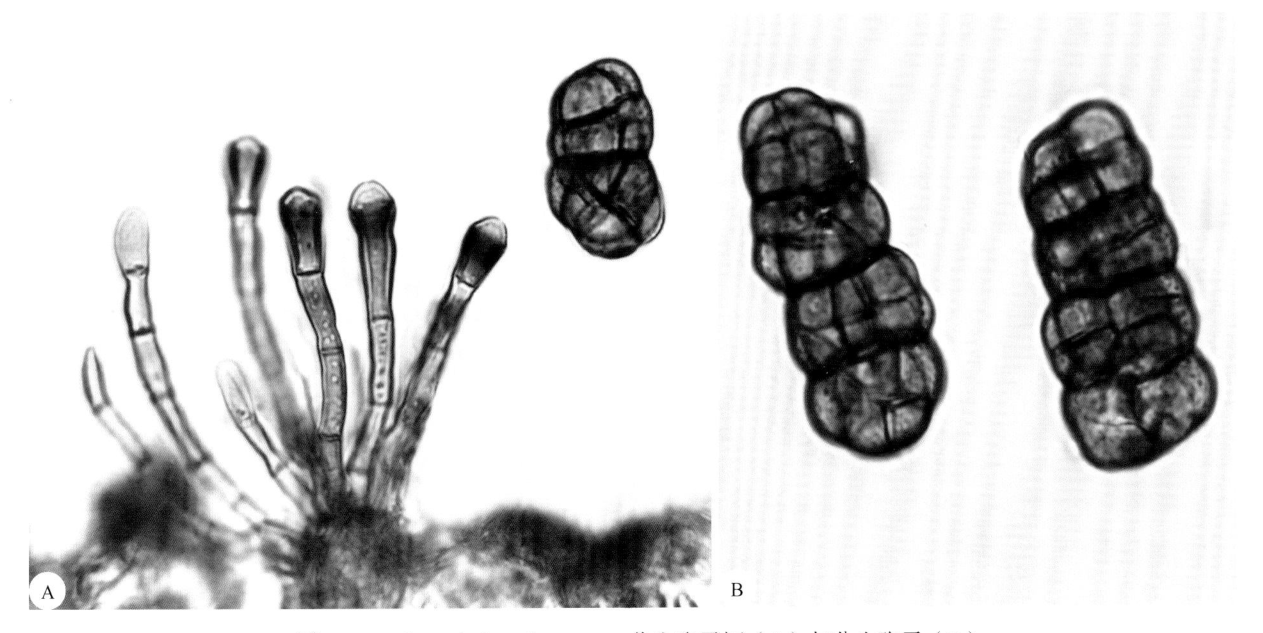

图2-307 *Stemphylium botryosum*分生孢子梗（A）与分生孢子（B）

24. 根串珠霉属 *Thielaviopsis* Went

菌丝体淡褐色至黑褐色。分生孢子梗从菌丝的短侧枝生出，单枝或不规则分枝，圆柱形，基部略宽，向上渐细，无色或淡褐色，产孢细胞内壁芽生，瓶体式产孢，连续生出内生孢子，另有一些由分生孢子梗直接形成厚垣孢子；内生分生孢子单胞，圆柱形，两端平截，无色或淡黄色；厚垣孢子桶形或椭圆形，褐色或深褐色，大多平滑，串生，后各自断开成单胞孢子（图2-310）。

图2-308 *Stemphylium sarciniiforme*引致三叶草黑斑病叶片症状

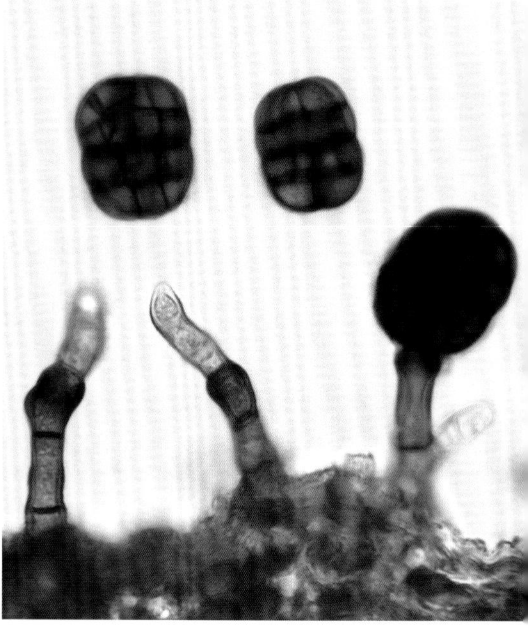

图2-309 *Stemphylium sarciniiforme*分生孢子梗与分生孢子

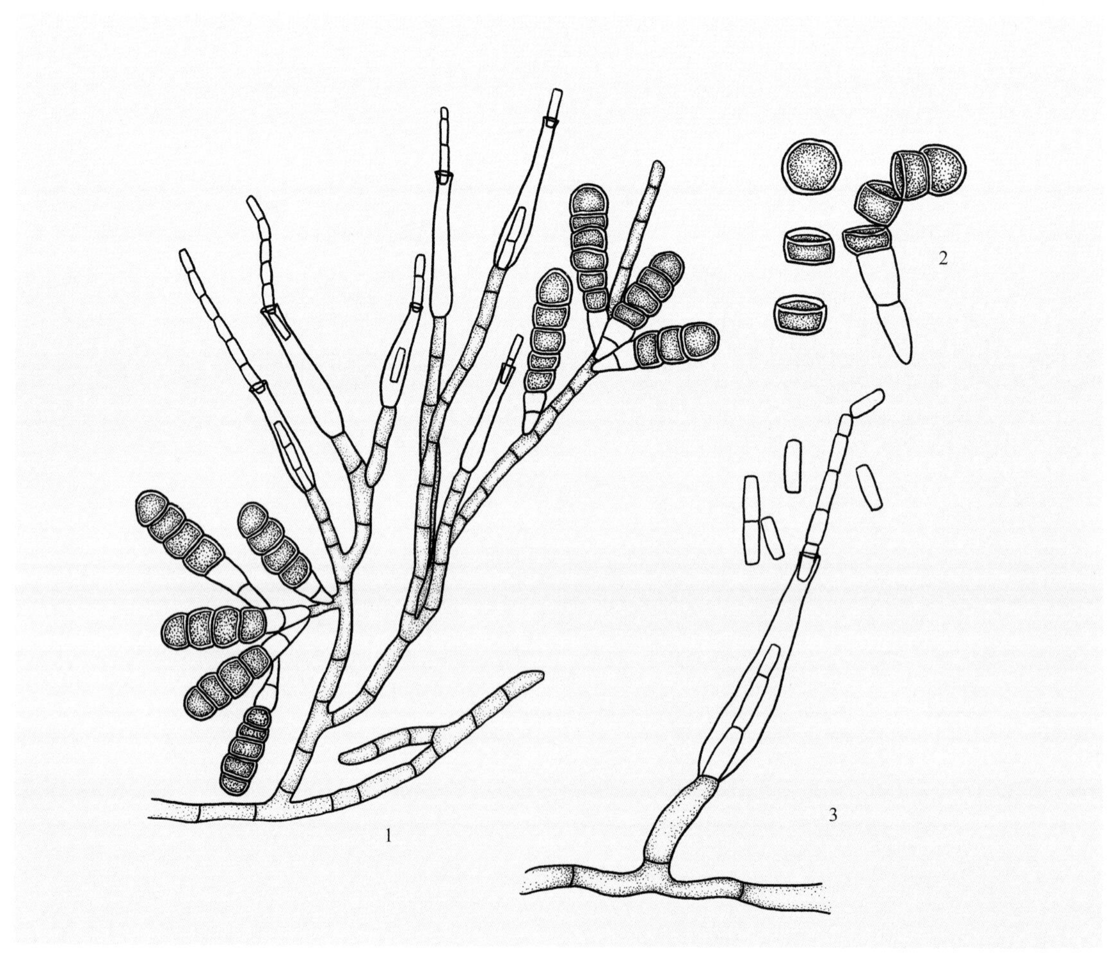

图2-310 *Thielaviopsis*形态模式图

1：菌丝分枝上成串的厚垣孢子及内生薄壁的分生孢子；2：厚垣孢子；3：内生薄壁分生孢子

根串珠霉 *Thielaviopsis basicola* (Berk. et Br.) Ferr，有性态为梭孢壳属 *Thielavia*，为害甘薯，引致甘薯块根黑腐病。一般仅侵害薯块表层，不深入薯肉。病斑淡褐色或黑色，不规则，略凹陷，生黑色霉层。分生孢子梗自菌丝侧生，无分枝，具隔膜，淡橄榄色，瓶梗产孢，49.8 ~ 139.4μm × 3.7 ~ 4.9μm。无性态产生两种孢子：一种是外生厚垣分生孢子，链生于分生孢子梗顶端或侧面，形似多隔膜的分生孢子，成熟后孢子链断裂，厚垣孢子圆柱状，两端平截，最顶端的孢子上部钝圆，底平截，孢子链基部2个孢子无色，其余褐色，壁厚，光滑，9.9 ~ 14.9μm × 7.4 ~ 9.9μm；另一种为内生分生孢子，圆柱形，两端平截，无色，自产孢瓶梗内生，成熟后依次释放，7.5 ~ 37.5μm × 2.5 ~ 7.5μm。典型的土壤习居菌。除甘薯外，还为害烟草、棉花、花生、番茄、豆类、花卉、杂草等多种植物。

25. 黑团孢属 *Periconia* Tode

菌丝匍匐，极少；分生孢子梗长，不分枝，暗色；分生孢子球形至卵圆形，暗色，单胞，表面粗糙，单个或短链状着生于分生孢子梗顶端的小柄上。

密孢黑团孢 *Periconia pycnospora* Fres.，分生孢子梗群生，成片，不分枝，直立，硬，暗褐色，有横隔，顶端钝，200 ~ 600μm × 8 ~ 18μm；分生孢子球形，褐色，表面有小麻点，直径11.0 ~ 17.5μm，短链状，易散落，孢子链在分生孢子梗顶端形成一个紧密的头状物（图2-311）。

图2-311　*Periconia pycnospora* 分生孢子梗（A，B）与分生孢子（C）

26. 镰孢属 *Fusarium* Link

菌丝在PDA培养基上呈疏松棉絮状，菌落常为红、紫、黄等颜色。分生孢子梗无色，细长，不分枝，或粗而短，进行不规则分枝，瓶状小梗轮状排列，单生，或聚生于垫状分生孢子座上。分生孢子无色，聚生于黏质团中，主要有两种形态：大型分生孢子（瓶梗孢子）多胞，微弯或两端弯曲，典型者为镰刀形；小型分生孢子单胞，卵圆形或椭圆形，单生或链生；有些分生孢子介于上述两种形态之间，双胞或三胞，长椭圆形或微弯曲。有些种类在菌丝或大型分生孢子的末端或中间形成厚垣孢子；厚垣孢子圆形至卵圆形，光滑或有齿状突起，大多无色，少数赭石色或肉桂色（图2-312，图2-313）。有性态为赤霉属 *Gibberella*、丛赤壳属 *Nectria*、菌寄生属 *Hypomyces* 等。

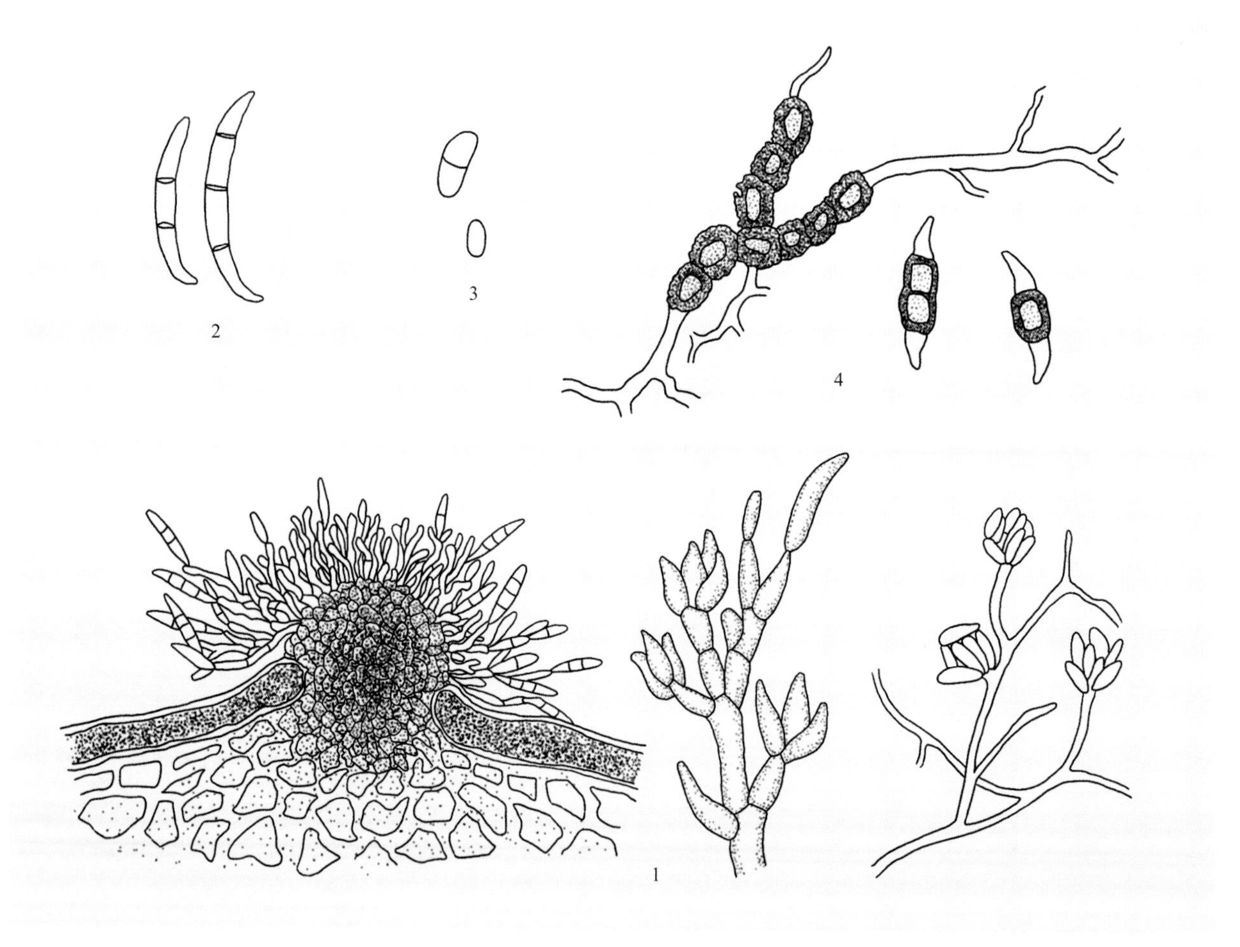

图2-312　*Fusarium*分生孢子梗与分生孢子形态模式图

1：分生孢子梗与分生孢子；2：大型分生孢子；3：小型分生孢子；4：厚垣孢子

镰孢属种类很多，分布极广，腐生、弱寄生或强寄生，为害多种植物，如禾谷类、棉、麻、薯类、瓜类、豆类及各种蔬菜等，引致根、茎和果实腐烂，或破坏植物输导组织，引致萎蔫等。镰孢菌多为土壤习居菌，菌丝体及厚垣孢子在土壤中可以存活多年，特别是厚垣孢子的存活能力更强，给病害防治造成一定困难。防治此类病害应采用抗病品种、栽培、药剂保护相结合的综合措施。

镰孢属下种的分类主要根据其在一种培养基、一定培养条件（温度、光照等）下，培养一定的时

图2-313　*Fusarium* sp.分生孢子座、分生孢子梗及大型分生孢子

间所表现的形态特征和生理特性而定。主要依据：①小型分生孢子的有无、形状及排列方式；②厚垣孢子的有无；③产生色素的颜色；④大型分生孢子在分生孢子座上的形成情况，以及黏质分生孢子团的状态；⑤大型分生孢子的形态、大小、弯曲度、隔膜数、色泽等。

1）串珠镰孢*Fusarium moniliforme* Sheld.，有性态为藤仓赤霉*Gibberella fujikuroi* (Saw.) Wollenw.，为害水稻，引致稻恶苗病。菌丝白色，有时淡黄色或淡红色。大型分生孢子较少，分散或聚生于分生孢子座上，形成淡红色至橙红色的黏质分生孢子团；大型分生孢子细长，新月形，直或微弯，两端尖，1～7个隔膜（一般3～5个），有3个隔膜的孢子大小为20.0～42.0μm×3.0～4.5μm，有5个隔膜的孢子大小为32.0～54.0μm×3.0～4.5μm，有7个隔膜的孢子长达61～82μm；小型分生孢子串生，卵圆形或椭圆形，单胞，无色，5.0～14.0μm×3.0～5.5μm（图2-314）。不产生厚垣孢子。

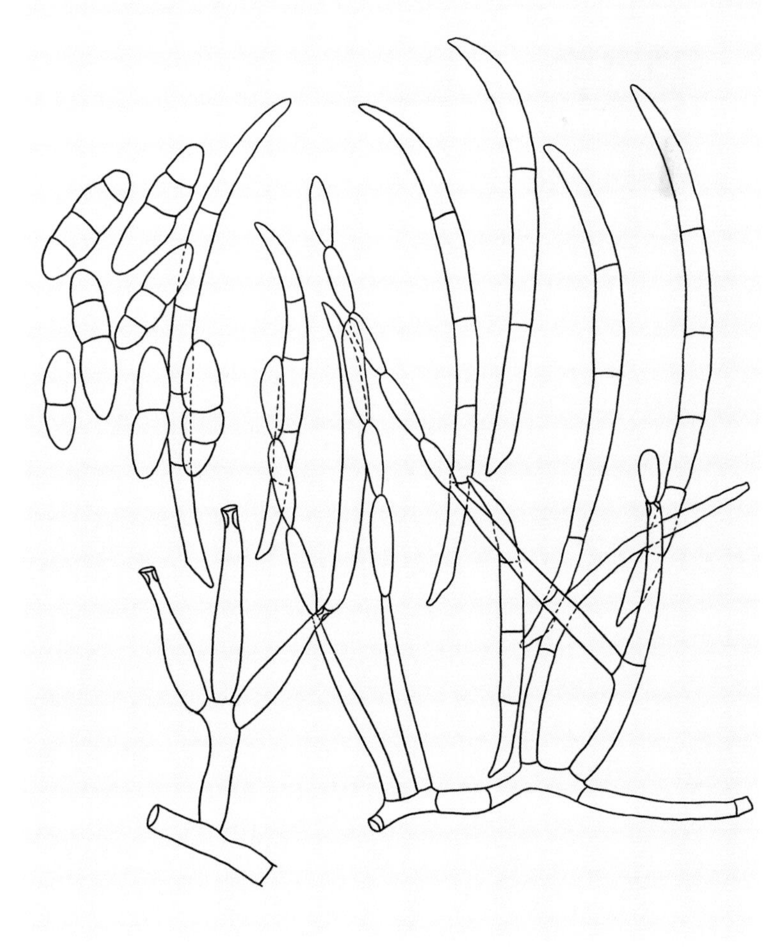

图2-314　*Fusarium moniliforme*形态模式图

寄主范围广，除水稻外，还为害棉花，引致红腐病；为害玉米、高粱及多种蔬菜，引致穗腐病或果腐病。

2）禾谷镰孢*F. graminearum* Schw.，有性态为玉蜀黍赤霉*Gibberella zeae* (Schw.) Petch，为害小麦，引致小麦赤霉病（图2-315A）。菌丝白色，棉絮状，有时呈淡黄色或淡红色。大型分生孢子梭形或镰刀形，无色透明，顶端较钝，微弯至弯曲，顶细胞圆锥形，足细胞显著，一般3～5个隔膜，49.0～30.0μm×4.3～5.5μm；小型分生孢子缺或极少，单生或聚集成头状分生孢子团，椭圆形或卵圆形，单胞，5～12μm×2～3μm（图2-315B，图2-316）。除小麦外，还为害大麦、玉米、水稻等多种禾本科植物。

图2-315 *Fusarium graminearum*引致小麦赤霉病症状（A）及其分生孢子座和分生孢子（B）

3）尖镰孢萎蔫专化型*F. oxysporum* f. sp. *vasinfectum* (Atk.) Snyder et Hansen，为害棉花，引致棉花枯萎病。为尖镰孢菌种的一个变种，专化性较强。大型分生孢子镰刀形，稍弯，两端尖，无色，0～5个隔膜（通常2或3个），20～50μm×3～5μm；小型分生孢子椭圆形或卵圆形，无色，单胞，间或双胞，单生或聚集成黏质分生孢子团，5.0～6.0μm×2.0～3.5μm；菌丝和大型分生孢子上的细胞可以形成厚垣孢子（图2-317），苗期到成株期都可以侵染（图2-318）。菌丝和厚坦孢子可在土壤中存活8～9年，是重要的初侵染源。该病菌也能潜伏在种子内外，是远距离传播的主要途径。

4）亚麻镰孢*F. lini* Bolley，为害亚麻，引致亚麻枯萎病。分生孢子梗自分生孢子座长出，短小，有分枝，分生孢子座浅褐色或浅红色；大型分生孢子镰刀形，两端尖，略弯，3～5个隔膜（一般3个），无色，聚集成团时呈淡红色，25～40μm×0～4μm；小型分生孢子卵圆形至椭圆形，单胞，少数双胞，8.0～17.0μm×2.5～3.5μm；厚垣孢子球形或梨形，平滑，顶生或间生，数目极多，多数单胞，少数双胞。在马铃薯蔗糖琼脂（PSA）培养基上生蓝绿色菌核，依靠土壤或种子传病。

5）深蓝镰孢*F. coeruleum* (Lib.) Sacc.，为害马铃薯，引致马铃薯干腐病，仅发生于储藏期。病薯空心，薯块局部变为深褐色或灰褐色，干腐，僵缩，霉层呈皱缩的同心轮纹状，产生灰白色绒状颗粒

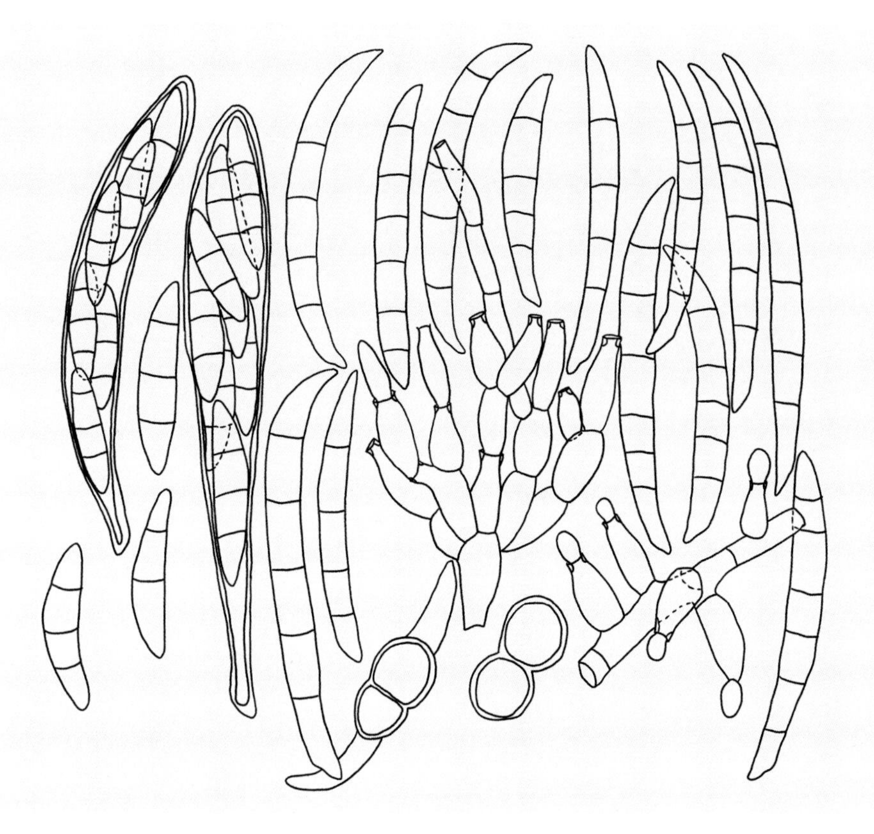

图2-316　*Fusarium graminearum*形态模式图

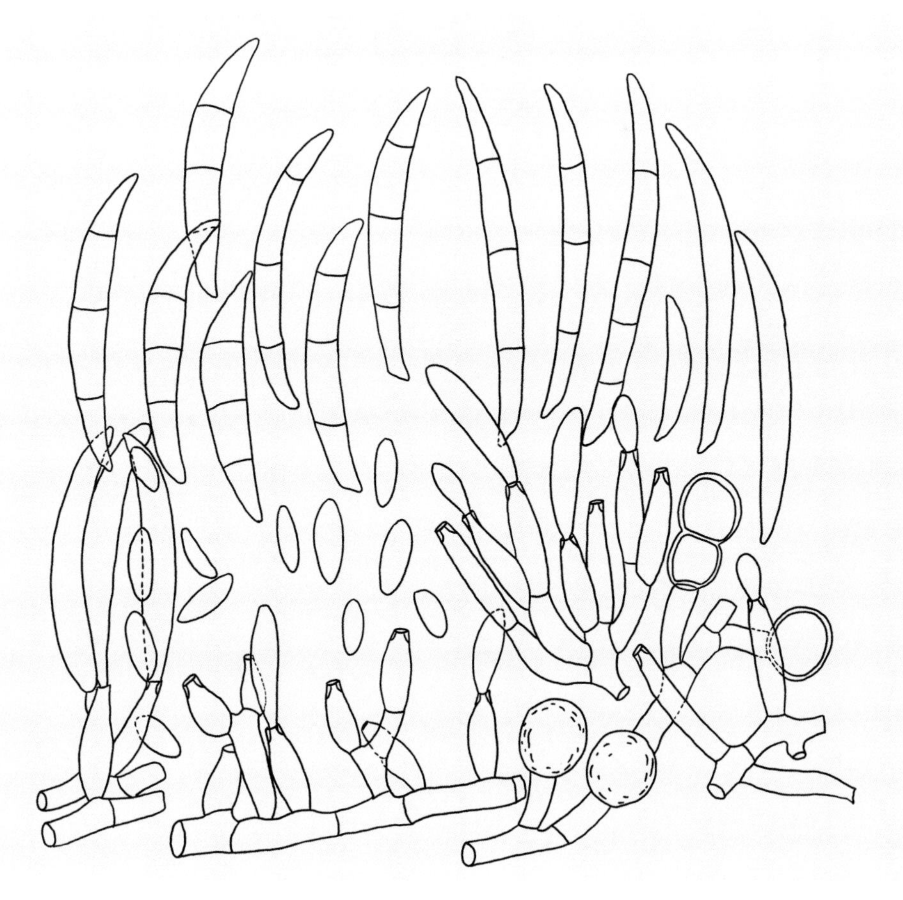

图2-317　*Fusarium oxysporum* f. sp. *vasinfectum*形态模式图

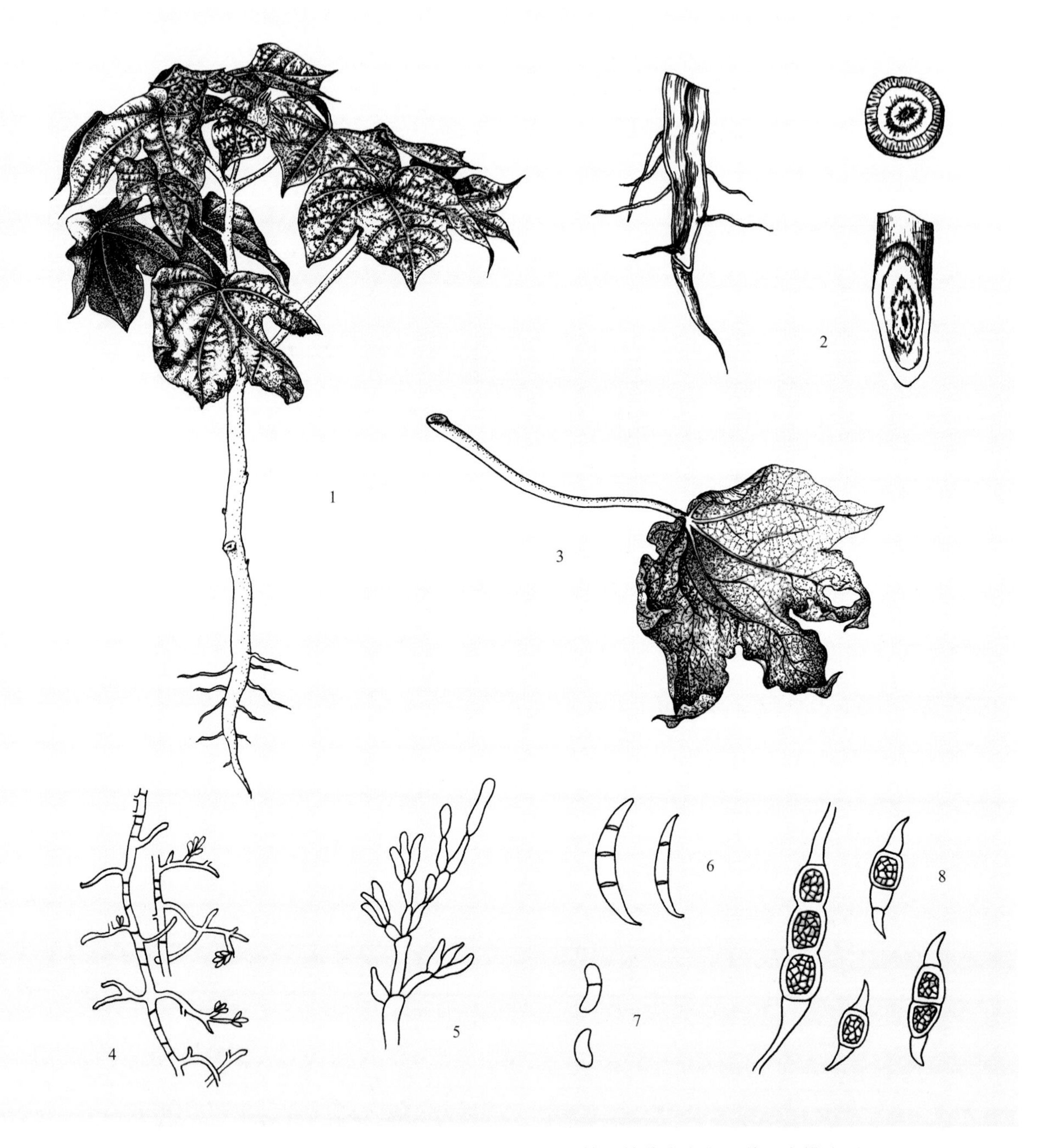

图2-318 *Fusarium oxysporum* f. sp. *vasinfectum*引致棉花枯萎病症状及其形态模式图

1：病株；2：受害茎横截面；3：病叶；4：小型分生孢子着生状态；5：大型分生孢子着生状态；6：大型分生孢子；7：小型分生孢子；8：厚垣孢子

（子座）。大型分生孢子纺锤形至镰刀形，稍弯，大多3个隔膜，聚集时呈黄色、肉桂色或蓝紫色。除马铃薯外，还为害甘薯等。

此外，茄镰孢*F. solani* (Mart.) App. et Wollenw.也为害储藏期的马铃薯，引致马铃薯干腐病，但症状与*F. coeruleum*引致的干腐不同，受害薯块外皮虽然也变褐发皱，但皱缩没有明显的同心轮纹，子座在病部形成灰白色颗粒状菌球。大型分生孢子有3～5个隔膜，有3个隔膜的孢子大小为25.0～35.0μm×5.4～5.8μm；小型分生孢子生于气生菌丝上，上半部略宽。

6）尖镰孢甘薯专化型*F. oxysporium* f. sp. *batatas* (Welle.) Syd. et al.，为害甘薯，引致甘薯枯萎病。主要侵染茎基、叶柄及块根，引致植株萎蔫。可产生大型分生孢子、小型分生孢子及厚垣孢子。大型分生孢子较细，近圆柱形，稍弯，3～5个隔膜，有3个隔膜的孢子大小为25.0～50.5μm×2.75～3.75μm，有4或5个隔膜的孢子大小为30～50μm×3～4μm。土壤及种薯传病。

7）蚀脉镰孢芝麻变种*F. vasinfectum* var. *sesami* Zapr.，为害芝麻，引致芝麻枯萎病。大型分生孢子镰刀形，无色，微弯，顶细胞圆锥形，足细胞显著，3～5个隔膜，有3个隔膜的孢子大小为19.0～45.0μm×3.5～5.0μm，有5个隔膜的孢子大小为32.0～32.0μm×3.5～5.0μm；小型分生孢子生于气生菌丝上，卵圆形或椭圆形，偶尔圆柱形，无色，单胞，少数双胞，6～21μm×3～6μm。除土壤传病外，病菌可以潜伏在种子内外进行越冬传播。与禾本科作物轮作防病效果好。

8）茄镰孢菜豆变种*F. solani* var. *phaseoli* (Burk.) Snyder et Hansen，为害菜豆，引致菜豆根腐病。大型分生孢子镰刀形，无色，3或4个隔膜，30～40μm×4～5μm；小型分生孢子无色，单胞或双胞，长椭圆形或圆柱形，8.0～12.0μm×3.8～4.0μm；病根皮内常生厚垣孢子（图2-319）。该病菌在土壤中可存活10年以上。土壤中的病残体是传病的主要来源。

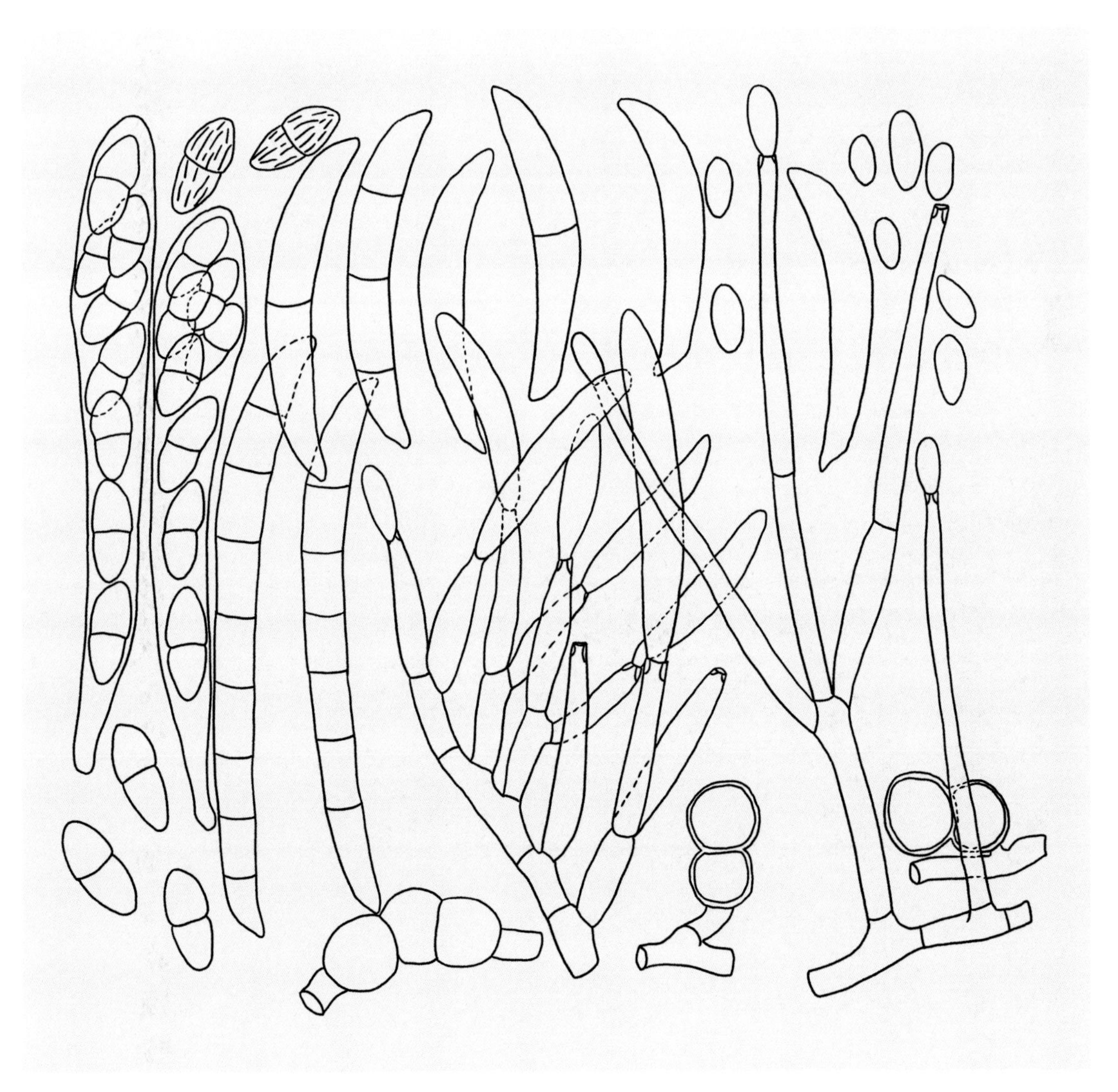

图2-319 *Fusarium solani* var. *phaseoli*形态模式图

9）尖镰孢番茄变种*F. oxysporum* var. *lycopersici* (Sacc.) Snyder et Hansen，为害番茄，引致番茄枯萎病。大型分生孢子长镰刀形，无色，两端尖削，微弯或近乎正直，顶细胞圆锥形，一般3个隔膜，19～46μm×3～5μm；小型分生孢子生于气生菌丝上，数量极多，卵圆形或椭圆形，无色，单胞或双胞，6.0～24.0μm×2.0～4.5μm。在PSA培养基上子座白色至紫色；厚垣孢子多，顶生或间生，球形，单胞，表面光滑或具褶皱；生蓝绿色或暗蓝色菌核。在土壤中可长期存活。带菌种子是主要传播源。

10）尖镰孢*F. oxysporum* Schlechtendabl，为害辣椒，引致辣椒枯萎病。病株根部及茎基部表皮变褐软腐，木质部深褐色。大型分生孢子镰刀形，弯曲，3～5个隔膜，25～50μm×3～5μm。土壤及种子传病。

11）尖镰孢西瓜专化型*F. oxysporum* f. sp. *niveum* (Smith) Snyder et Hansen，为害西瓜，破坏主蔓茎基维管束，引致西瓜枯萎病。分生孢子梗丛生于分生孢子座上，在西瓜茎上表现淡红色小点；大型分生孢子新月形，无色，1～5个隔膜（一般3个），25.0～55.0μm×3.0～4.9μm；小型分生孢子无色，单胞，少数双胞，圆锥形或纺锤形，6.0～10.0μm×3.2～4.0μm；厚垣孢子生于菌丝顶端或中间，球形，褐色；在病组织上有时形成菌核。以菌丝或厚垣孢子在土壤中越冬，可在土壤中存活10～15年。轮作防治应间隔6～7年。

12）砖红镰孢桑变种*F. lateritium* var. *mori* Desm.，有性态为桑生浆果赤霉*Gibberella baccata* var. *moricola* (de Not.) Wollenw.，侵染桑树幼芽和枝梢，引致桑树芽枯病。大型分生孢子无色，新月形，3～5个隔膜，30～40μm×4～5μm。

13）为害蚕豆的几种镰孢菌：燕麦镰孢蚕豆变种*F. avenaceum* var. *fabae* Yu、茄镰孢蚕豆变种*F. solani* var. *fabae* Yu et Fang、尖镰孢蚕豆专化型*F. oxysporum* f. sp. *fabae* Yu et Fang、燕麦镰孢*F. avenaceum* (Fr.) Sacc.，分别引致蚕豆枯萎病、蚕豆根腐病、蚕豆立枯病、蚕豆茎基腐病（表2-8），有性态为燕麦赤霉*Gibberella avenacea* Cook。

表2-8　4种镰孢菌为害蚕豆症状及其形态特征比较

病原菌	燕麦镰孢蚕豆变种 *F. avenaceum* var. *fabae*	茄镰孢蚕豆变种 *F. solani* var. *fabae*	尖镰孢蚕豆专化型 *F. oxysporum* f. sp. *fabae*	燕麦镰孢 *F. avenaceum*
为害症状	蚕豆开花结荚时，叶片自下而上渐次枯萎，基叶卷曲，干枯脱落；茎基变黑；细根腐烂，主根干腐状；维管束变褐色，病株易拔起	根和茎基部变黑腐烂，侧根和主根干缩，病株下部叶片边缘产生黑色枯斑	叶片变黄，硬化；病株无明显变色，仅根部维管束变为红褐色，病株枯萎	根部腐烂变黑，茎基迅速腐烂枯死，病珠不萎蔫
形态特征	菌丝白色，分生孢子座球形或不规则形，潮红色		菌丝初呈污白色，后为黄褐色；分生孢子座菌核状，很少产生	形态与燕麦镰孢蚕豆变种相似
	大型分生孢子梭形、蠕虫形或丝状，弯曲，两端尖，0～12个隔膜（通常5个），43.0～46.6μm×3.5～4.2μm	大型分生孢子纺锤形，稍弯曲，0～6个隔膜（通常3个），平均大小为34.8μm×5.2μm	大型分生孢子上下粗细一致，顶端稍弯曲，通常3个隔膜，很少产生	
	小型分生孢子卵圆形、长圆形或肾形，单胞或双胞，8.7～15.7μm×3.3～3.4μm，很少产生	小型分生孢子卵圆形、长圆形或短杆状，单胞或双胞，6.6～12.8μm×2.1～2.6μm	小型分生孢子较多，卵圆形、长圆形或不规则形，多数单胞，5.2～10.4μm×2.1～3.5μm	
	菌核蓝黑色，粗糙，卵圆形、圆形或不规则形，直径0.2～2.5mm	菌核细小		
	不产生厚垣孢子	厚垣孢子顶生或间生，单胞，球形或椭圆形，表面光滑或有皱纹	厚垣孢子单生，或连接成短链，顶生或间生，球形，褐色，表面光滑	

27. 拟棒束孢属 *Isariopsis* Fresen.

分生孢子梗束生，暗色，中下部结合紧密，顶端稍分离，在顶端或近顶端产生分生孢子；分生孢子暗色或淡色，双胞或多胞，圆筒形至倒棒形，常微弯。寄生。

1）褐斑拟棒束孢 *Isariopsis clavispora* Sacc.，为害葡萄，引致葡萄褐斑病。主要侵染叶片，病斑多角形或不规则圆形，中央深褐色，外围红褐色，叶背生深褐色霉层（图2-320A）。分生孢子梗青褐色，10～30根结合成束，不紧密，仅基部结合，而上半部散开，50～200μm×4～5μm；分生孢子生于梗的顶端，淡褐色，倒棒形，微弯，基部较粗，向上渐细，3～12个隔膜，23～84μm×7～10μm（图2-320B）。以菌丝体或分生孢子在落叶上越冬。

图2-320　*Isariopsis clavispora* 引致葡萄褐斑病叶片症状（A）及其分生孢子梗和分生孢子（B）

2）灰拟棒束孢 *I. griseola* Sacc.，为害菜豆，引致菜豆角斑病。主要侵染叶片、荚果等。叶片病斑多角形，初呈黄褐色，后为黑褐色，病部生黑色霉层（图2-321）。分生孢子梗暗色，40～50根结合成束，200.0～300.0μm×7.0～7.5μm；分生孢子圆筒形，微弯，淡灰色或淡污绿色，1～5个隔膜，30～70μm×4～8μm（图2-322）。

28. 炭疽菌属 *Colletotrichum* Corda

分生孢子盘盘状或垫状，蜡质，初埋生于寄主植物角质层或表皮下，后突破表皮外露，盘上生褐色至暗褐色刚毛或不生刚毛；分生孢子梗无色，细长者少数有隔膜，短小者无隔膜，无分枝，栅栏状着生在分生孢子盘上，排列比较疏松；分生孢子单胞，无色，圆筒形、椭圆形、镰刀形或新月形，直或略弯曲，分生孢子萌发后在芽管上形成附着胞（appressoria）（图2-323）。

图2-321 *Isariopsis griseola*引致菜豆角斑病叶片症状

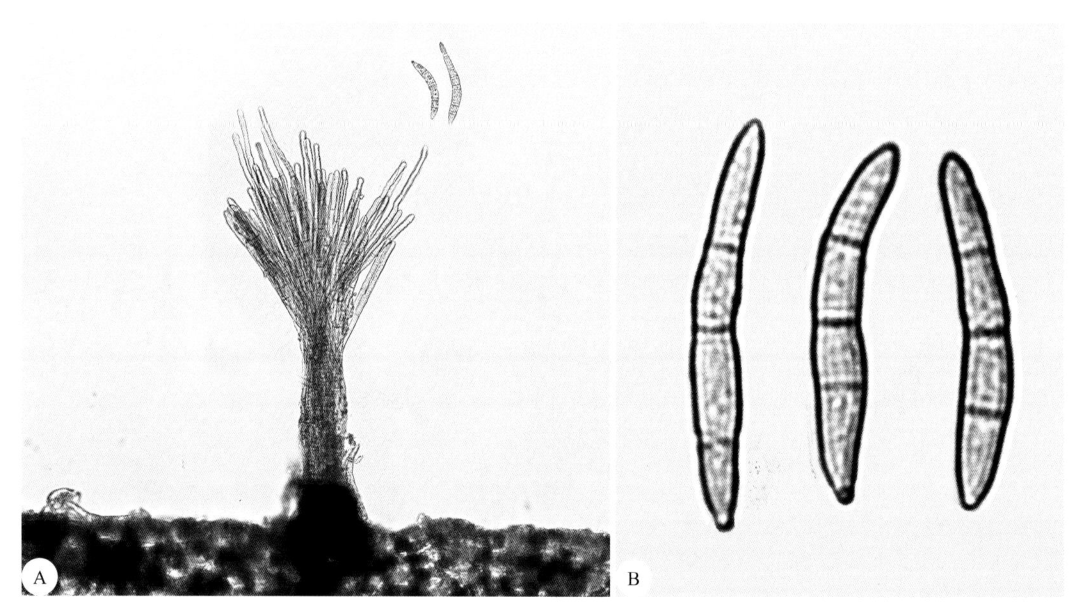

图2-322 *Isariopsis griseola*分生孢子梗（A）与分生孢子（B）

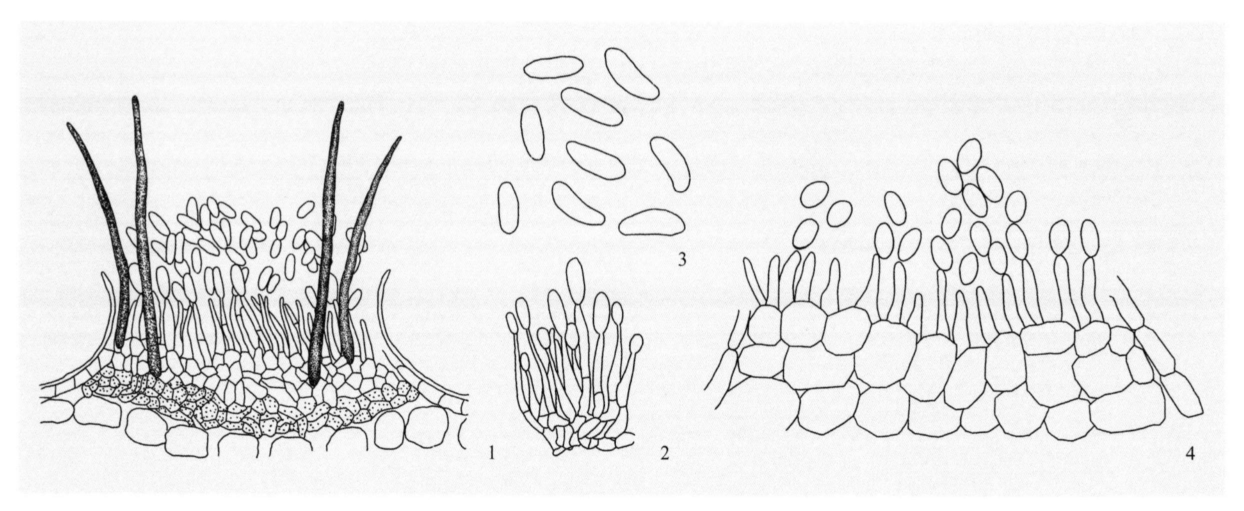

图2-323 *Colletotrichum*形态模式图

1：具刚毛的分生孢子盘；2：分生孢子梗；3：分生孢子；4：无刚毛的分生孢子盘

1）瓜炭疽菌*Colletotrichum orbiculare* (Berk. et Mont.) Arx，为害黄瓜，引致黄瓜炭疽病。苗期到成株期均可发病，叶片受害产生淡褐色、椭圆形病斑，上生黑色小粒点，在潮湿条件下产生橙黄色黏质物（图2-324，图2-325A）。分生孢子盘聚生，初期埋生，红褐色，后突破表皮外露，黑褐色；刚毛散生于分生孢子盘中，暗褐色，顶端色淡、略尖，基部膨大，2或3个横隔，长90～120μm；分生孢子梗无色，圆筒状，20.0～25.0μm×2.5～3.0μm；分生孢子单胞，长圆形，无色，14.0～20.0μm×5.0～6.0μm（图2-325B）。

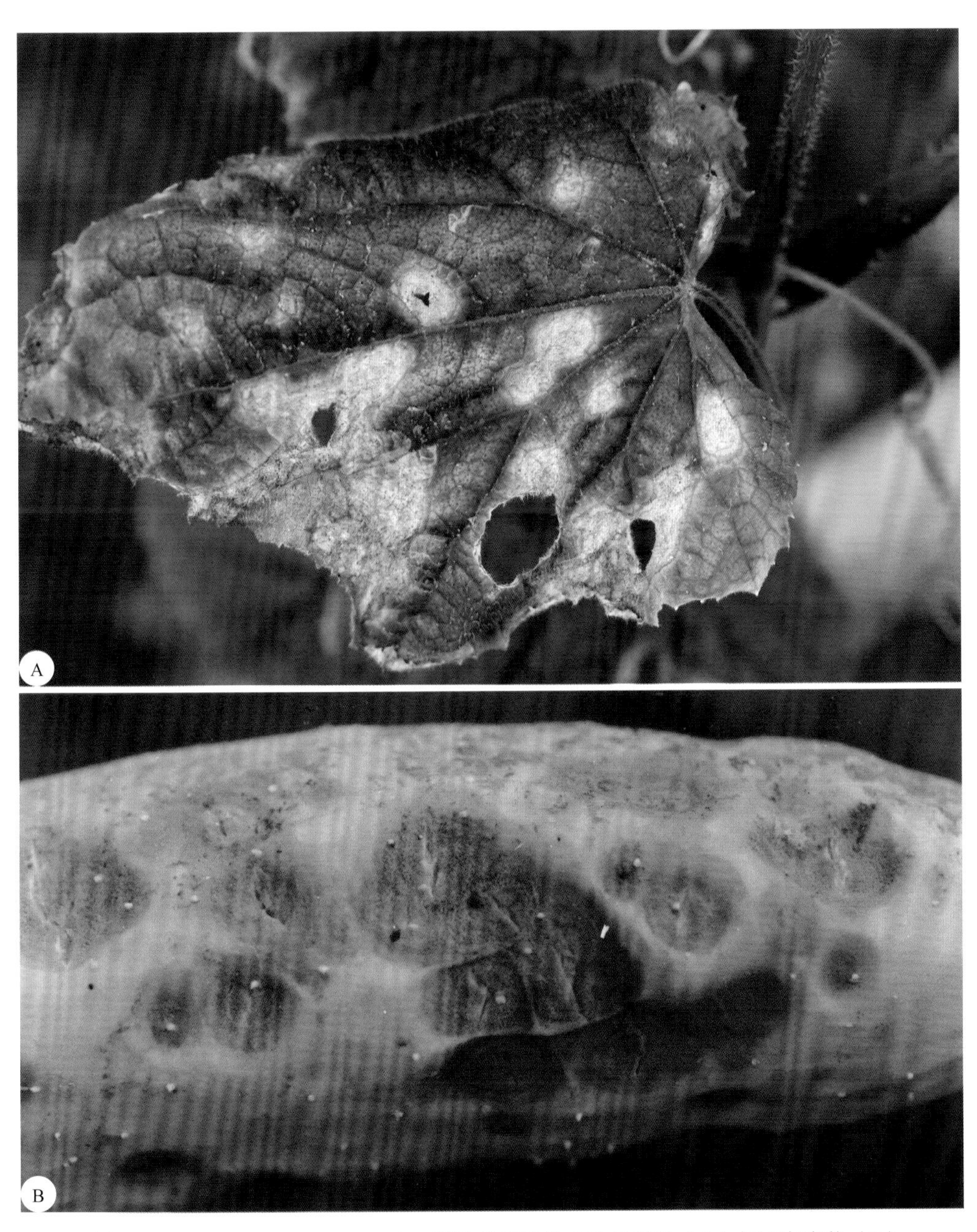

图2-324　*Colletotrichum orbiculare*引致黄瓜炭疽病叶片症状（A）与果实症状（B）

2）辣椒炭疽病菌主要有3种类型。

A. 辣椒炭疽菌*C. capsici* (Syd.) Butl. et Bisby，为害辣椒，引致辣椒黑色炭疽病。主要侵染成熟果实，病斑上黑点较大，颜色更黑，潮湿时溢出红色黏质物（图2-326，图2-327）。分生孢子盘周缘及内

图2-325 *Colletotrichum orbiculare*引致黄瓜炭疽病田间症状（A）及其分生孢子梗、刚毛和分生孢子（B）

部密生长而粗壮的刚毛，内部刚毛更多，暗褐色或深棕色，具隔膜，95 ~ 216μm × 5.0 ~ 7.5μm；分生孢子新月形，无色，单胞，23.7 ~ 26.0μm × 2.5 ~ 5.0μm（图2-328，图2-329）。

B. 黑刺盘孢 *C. nigrum* Ell. et Halst.，为害辣椒，引致辣椒黑点炭疽病。侵染叶片和接近成熟的果实。叶片病斑近圆形，边缘深褐色，中央浅褐色或灰白色，病部产生黑色小点。果实病斑近圆形，凹陷明显，病部密生同心轮纹状排列的小黑点，潮湿条件下溢出红色黏质物（图2-330A）。分生孢子盘周缘生暗褐色刚毛，2 ~ 4个隔膜，74 ~ 128μm × 3 ~ 5μm；分生孢子梗短，圆柱形，无色，单胞，11 ~ 16μm × 3 ~ 4μm；分生孢子长椭圆形，无色，单胞，14 ~ 25μm × 3 ~ 5μm（图2-330B）。除辣椒外，还为害苹果、梨树、山楂、桃树、葡萄、柿树、番茄等多种植物。

图2-326　*Colletotrichum capsici*引致辣椒黑色炭疽病叶片症状

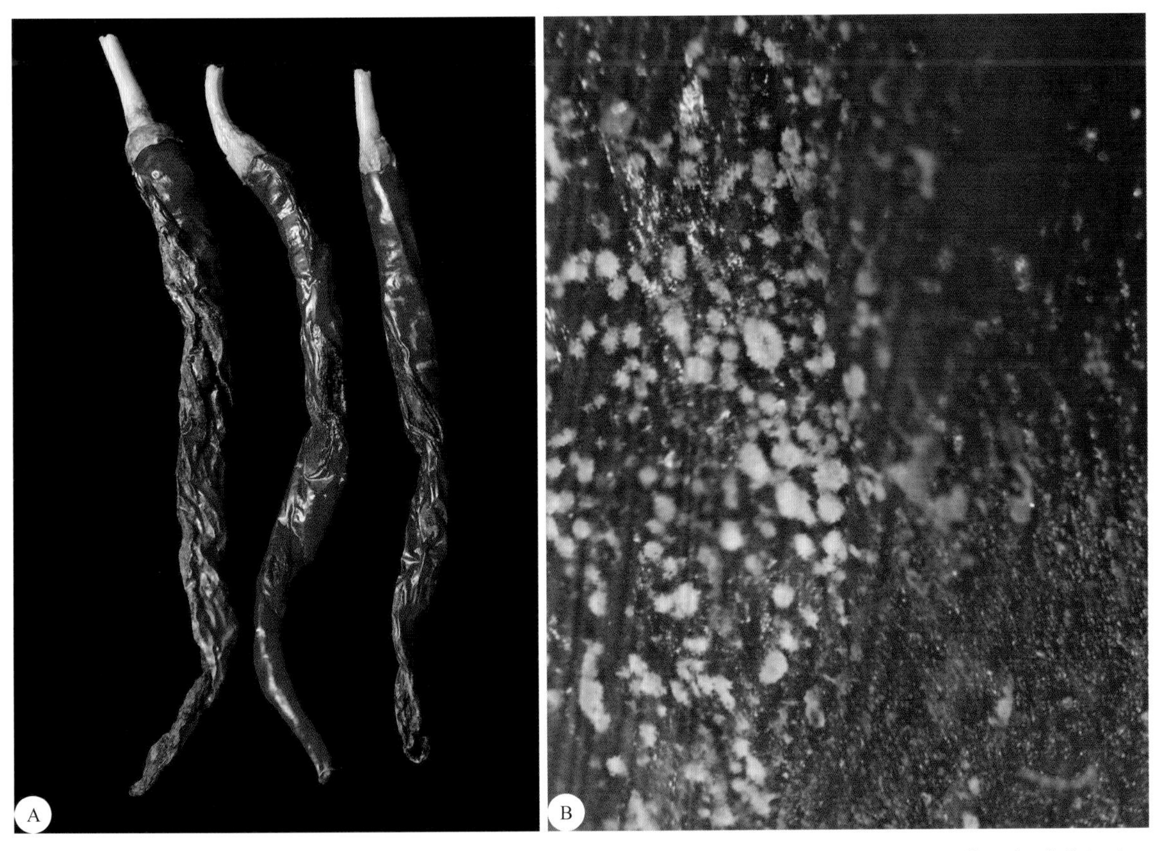

图2-327　*Colletotrichum capsici*引致辣椒黑色炭疽病果实症状（A）及其分生孢子盘溢出的分生孢子团（B）

C. 胶孢炭疽菌*C. gloeosporioides* (Penz.) Sacc.，为害辣椒，引致辣椒肉色炭疽病。主要侵染幼果及成熟果实，产生黄褐色凹陷病斑，水渍状，密生橙红色小点，潮湿条件下产生淡红色黏质物

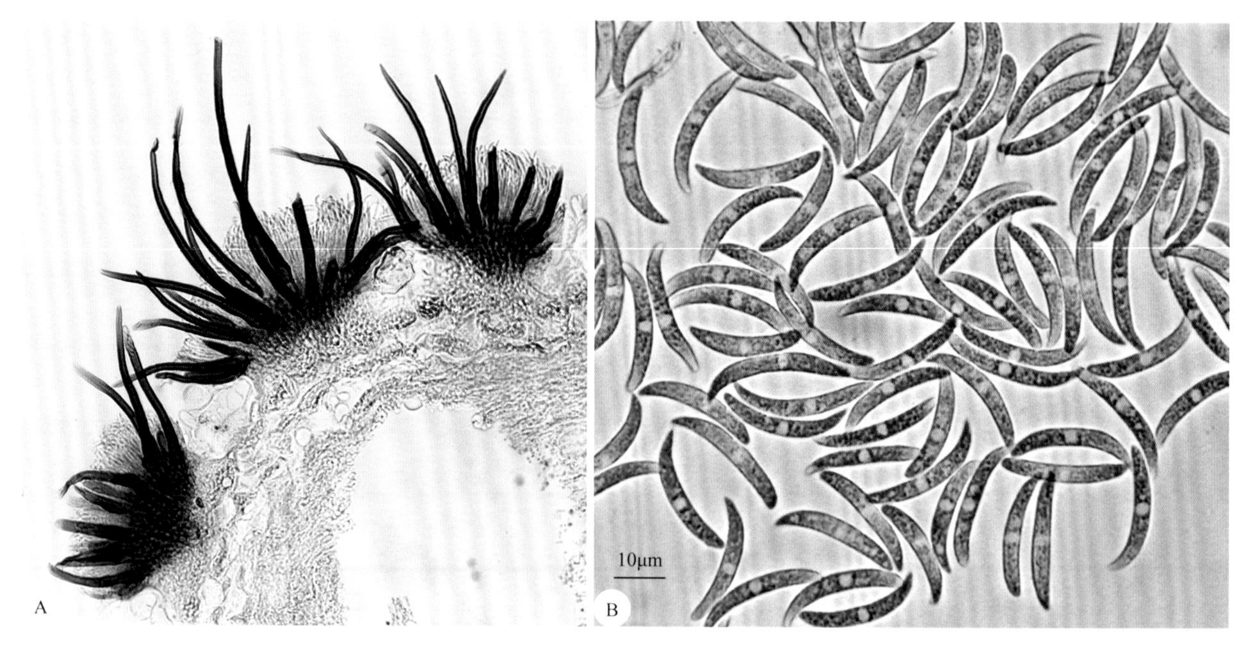

图2-328 *Colletotrichum capsici*分生孢子盘与刚毛（A），分生孢子（B）

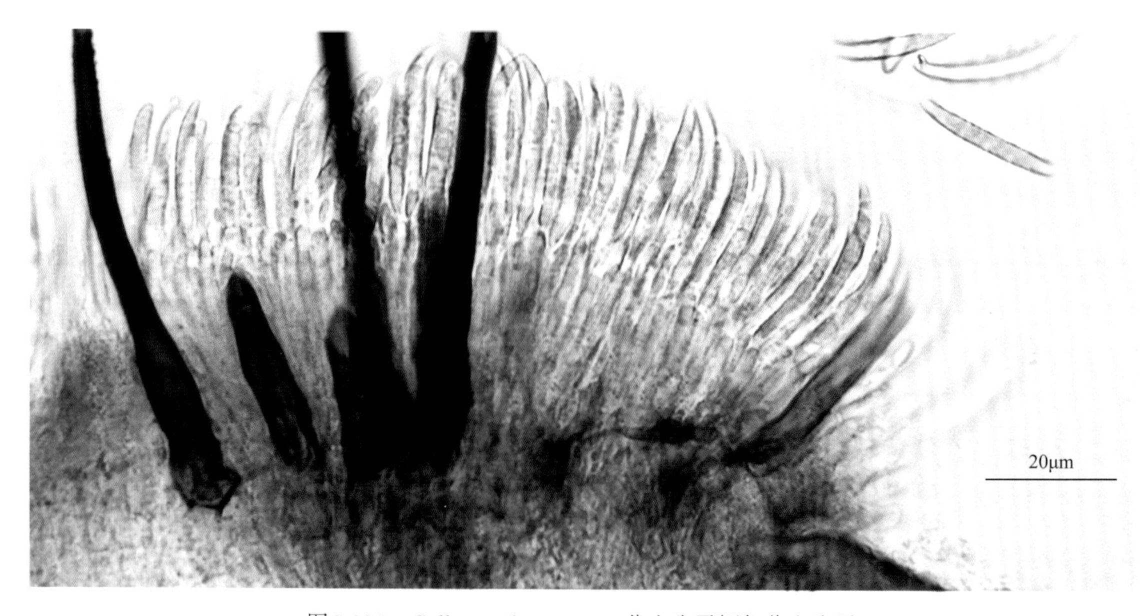

图2-329 *Colletotrichum capsici*分生孢子梗与分生孢子

（图2-331）。分生孢子盘无刚毛；分生孢子椭圆形，无色，单胞，12.5～15.7μm×2.5～5.0μm（图2-332）。

3）葡萄炭疽病菌目前有以下两种。

A. 葡萄刺盘孢 *C. ampelinum* Cav.，为害葡萄，引致葡萄炭疽病。分生孢子盘较小，有深褐色刚毛，分生孢子梗聚生于盘中。

B. 胶孢炭疽菌 *C. gloeosporioides* (Penz.) Sacc.，为害葡萄，引致葡萄炭疽病。主要侵染果实和穗轴，也侵染叶片、新梢、卷须、果梗等部位。病斑圆形，病部凹陷，果肉变软腐烂，生轮纹状排列的小黑点（分生孢子盘），在潮湿环境长出粉红色黏质物（图2-333）。分生孢子盘无刚毛，埋生，圆形，黑色，分散或聚合；分生孢子梗聚生于盘中，无色，单胞，圆筒形或棍棒形，12.6～24.0μm×3.2～4.2μm；分生孢子圆柱形或圆筒状，单胞，无色，两头钝圆，中间凹陷，两端不对称，一端稍小，内含数个油球（图2-334）。

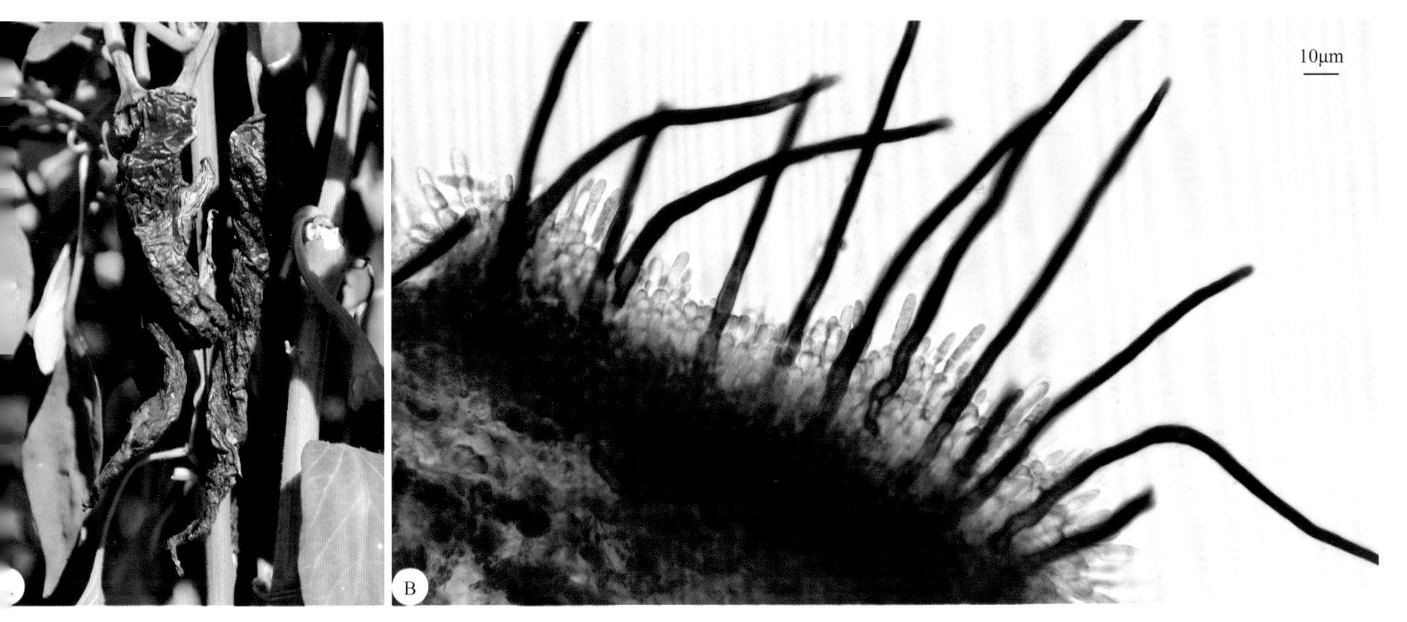

图2-330 *Colletotrichum nigrum*引致辣椒黑点炭疽病症状（A）及其分生孢子盘、刚毛和分生孢子（B）

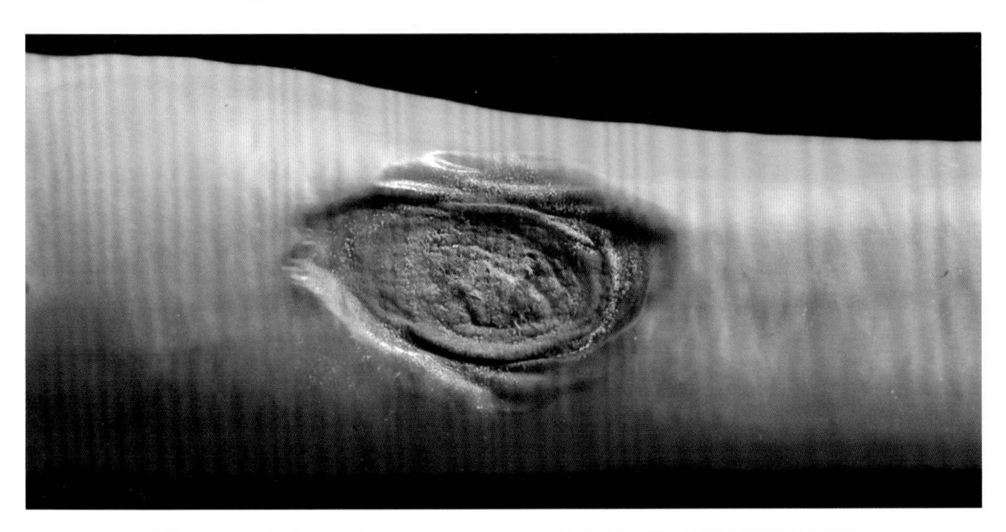

图2-331 *Colletotrichum gloeosporioides*引致辣椒肉色炭疽病果实症状

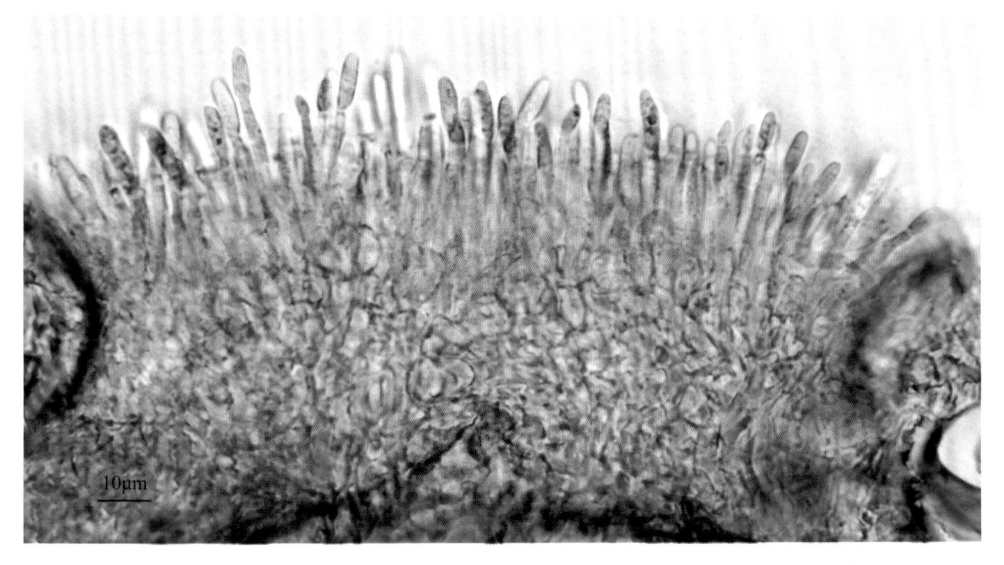

图2-332 *Colletotrichum gloeosporioides*分生孢子盘与分生孢子（寄主为辣椒）

图2-333 *Colletotrichum gloeosporioides*引致葡萄炭疽病果实症状

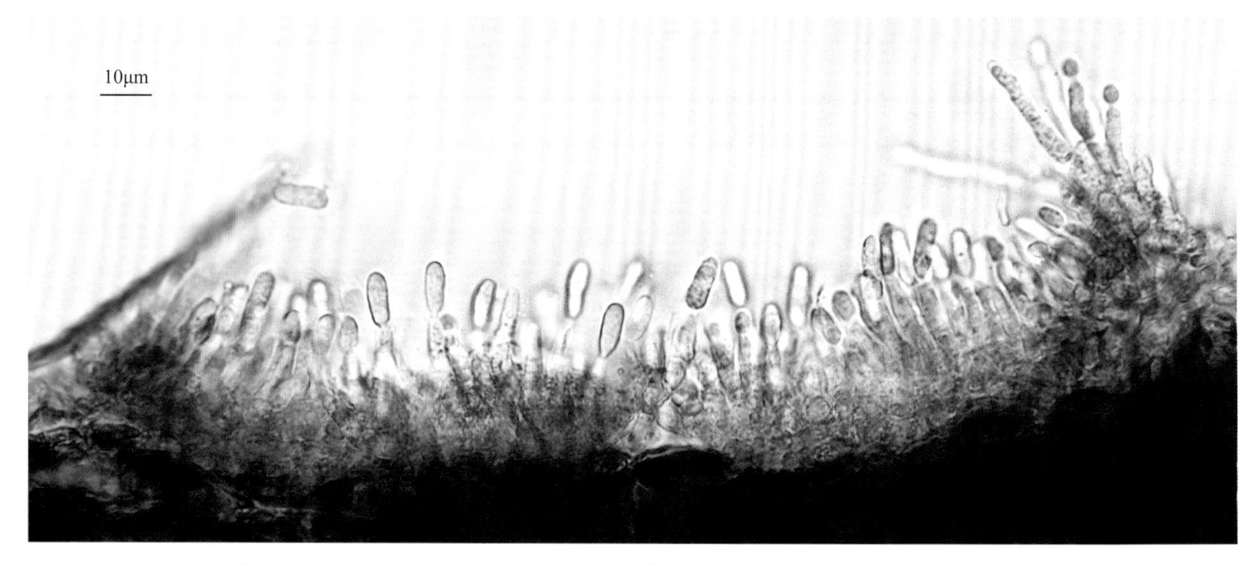

图2-334 *Colletotrichum gloeosporioides*分生孢子盘与分生孢子（寄主为葡萄）

4）柿炭疽菌*C. horii* Weir et Johnst.=*Gloeosporium kaki* Horii，为害柿树，引致柿炭疽病。主要侵染果实和嫩枝，有时也侵染叶片。果实病斑圆形或椭圆形，略凹陷，直径0.5 ~ 1.0cm，上生轮状排列的灰色或黑色小粒点，空气湿度大则形成粉红色黏质物（图2-335）。新梢病斑长椭圆形，褐色，生黑色小粒点。分生孢子盘无刚毛，黑色，圆形，初埋生，后突破表皮外露；分生孢子梗聚生于分生孢子盘内，无色、直立，1至数个隔膜；分生孢子单胞，无色，圆筒形或长椭圆形，中央有1个油球，15.0 ~ 28.3μm × 3.5 ~ 6.0μm（图2-336）。

图2-335　*Colletotrichum horii*引致柿炭疽病果实症状

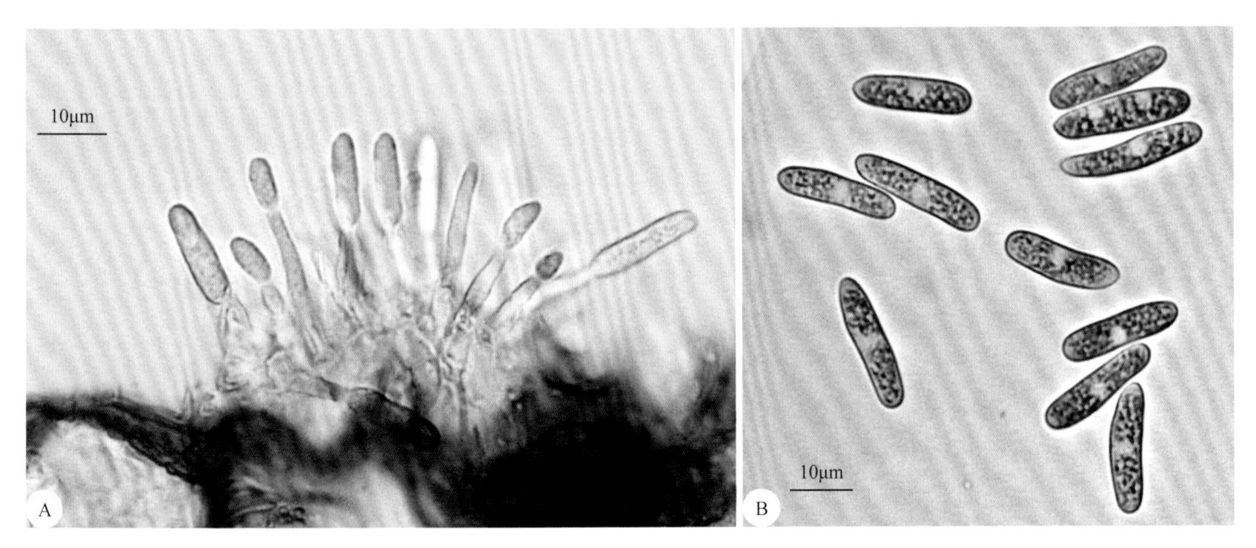

图2-336　*Colletotrichum horii*分生孢子盘与分生孢子梗（A），分生孢子（B）

5）菜豆炭疽菌*C. lindemuthianum* (Sacc. et Magn.) Br. et Cav.，为害菜豆，引致菜豆炭疽病。菜豆苗期、成株期均可受害。叶片病斑多发生在叶背叶脉上，锈红色，条状，沿叶脉多角形扩展。豆荚病斑近圆形，边缘隆起，中间下陷，潮湿时产生红色黏质物（图2-337）。分生孢子盘黑色，初埋生于表皮下，后突破表皮外露，圆形或近圆形，散生黑色刺状刚毛；分生孢子梗生于分生孢子盘上，短小，单胞，无色；分生孢子圆形或卵圆形，单胞，无色，两端较圆，或一端稍狭，内含1或2个近透明的油滴（图2-338）。

6）尖孢炭疽菌*C. acutatum* Simmonds，为害枇杷，引致枇杷炭疽病。侵染枇杷幼苗、叶片及果实。叶片受害形成圆形至近圆形叶斑，中央灰白色，边缘暗褐色，扩展后互相融合成大斑，后期病部长出小黑点。果实病斑圆形，淡褐色，水渍状，后期病斑凹陷，形成黑褐色分生孢子盘，潮湿时产生粉红色

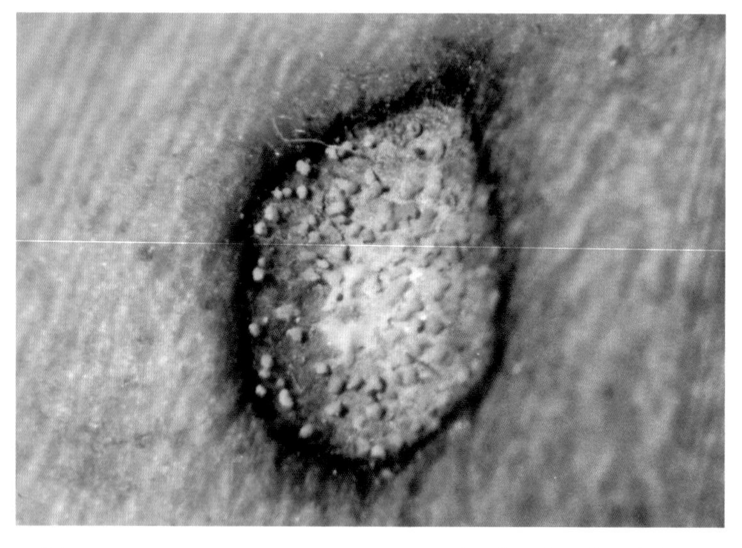

图2-337 *Colletotrichum lindemuthianum*引致菜豆炭疽病豆荚症状

黏质粒（图2-339）。分生孢子盘表生，黑色，盘径106～166μm；产孢细胞瓶梗型，无色，5.0～12.0μm×2.4～3.1μm；分生孢子梭形，无色，单胞，内含2或3个油球，10.0～16.0μm×2.6～4.0μm（图2-340）。

29. 黑盘孢属 *Melanconium* Link ex Fr.

分生孢子盘生于寄主植物表皮下或角质层下，圆锥形或盘形，黑色；分生孢子梗不分枝；分生孢子暗色，单胞，卵圆形、椭圆形或长圆形（图2-341）。寄生或腐生。

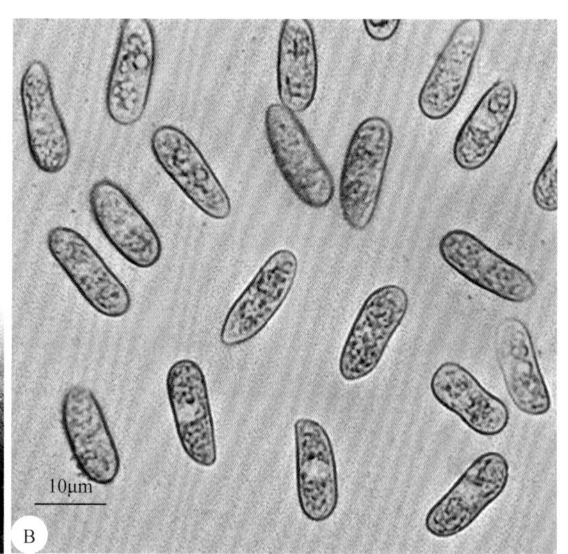

图2-338 *Colletotrichum lindemuthianum*分生孢子盘与刚毛（A），分生孢子（B）

图2-339 *Colletotrichum acutatum*分生孢子团（粉红色黏质粒）

图2-340　*Colletotrichum acutatum*分生孢子盘与分生孢子

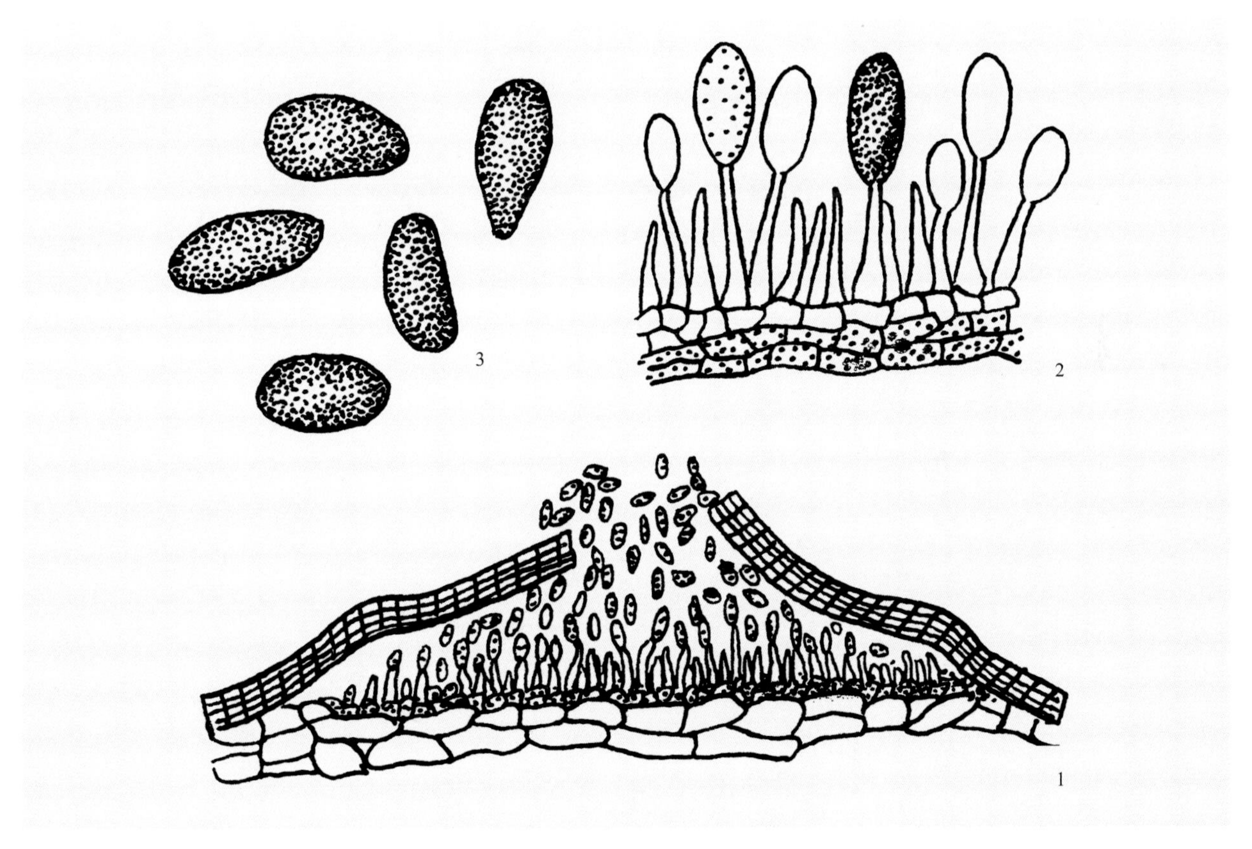

图2-341　*Melanconium*形态模式图

1：分生孢子盘；2：分生孢子梗；3：分生孢子

矩圆黑盘孢*Melanconium oblongum* Berk.，为害核桃，引致核桃枝枯病。分生孢子盘布满枯枝表面；分生孢子梗长，大多不分枝，25 ~ 50μm × 3 ~ 4μm（图2-342）；分生孢子从树皮内挤出，堆集于分生孢子盘上，似黑色突起小疱，初无色，后变为褐色，长圆形或椭圆形，稀为卵圆形，16 ~ 27μm × 8 ~ 13μm（图2-343）。

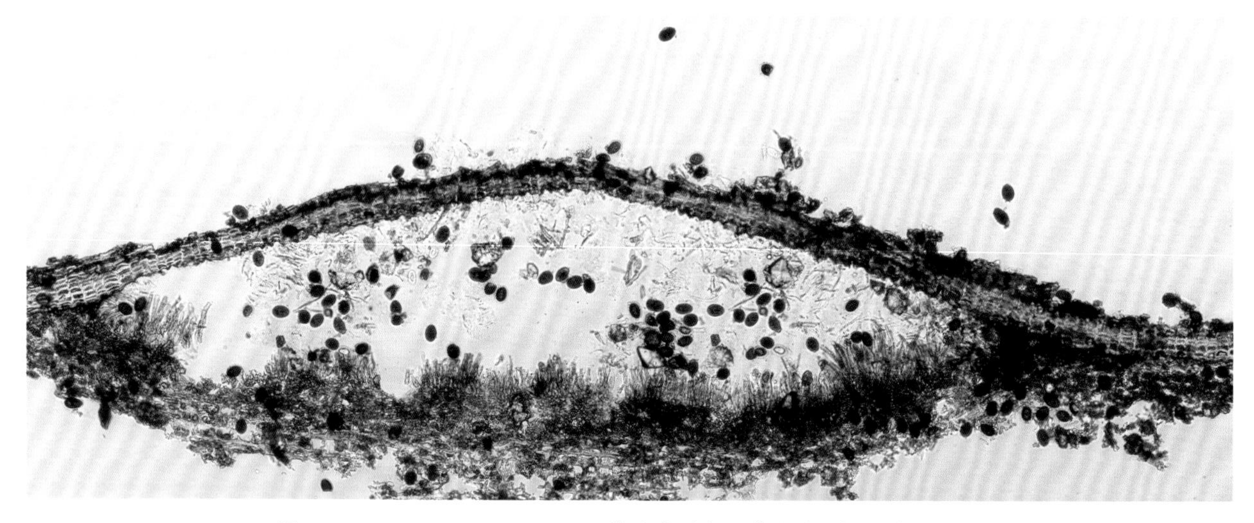

图2-342 *Melanconium oblongum*分生孢子盘、分生孢子梗及分生孢子

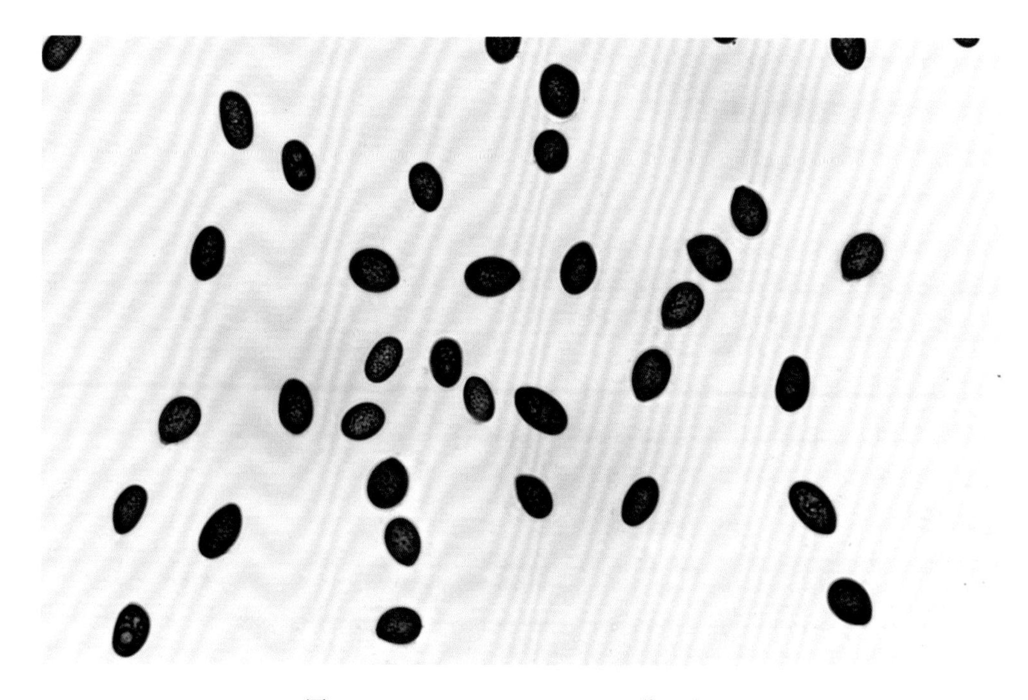

图2-343 *Melanconium oblongum*分生孢子

30. 放线孢属*Actinonema* Fr.

分生孢子盘生于寄主植物表皮下，成熟后突破表皮外露，盘的四周有放射状菌丝，似垫状组织；分生孢子梗短小；分生孢子为大小不等的双胞，通常上部细胞较大，无色，25 ~ 50μm × 3 ~ 4μm，长椭圆形，分隔处缢缩，使整个孢子呈葫芦形，有偏向一侧的喙状突起，25 ~ 50μm × 3 ~ 4μm（图2-344）。多数寄生在植物叶片上，引致黑斑病。该属与盘二孢属*Marssonina*相似，但后者无放射状菌丝。

月季放线孢*Actinonema rosae* (Lib.) Fr.，有性态为蔷薇双壳*Diplocarpon rosae* (Lib.) Wolf，为害蔷薇，引致蔷薇褐斑病。主要侵染叶片，形成紫色或黑色、不规则形病斑，生黑色小点（分生孢子盘）（图2-345）。菌丝生于角质层下，放射状扩展，分生孢子盘密集，有时分散，圆形或长圆形，或呈不规

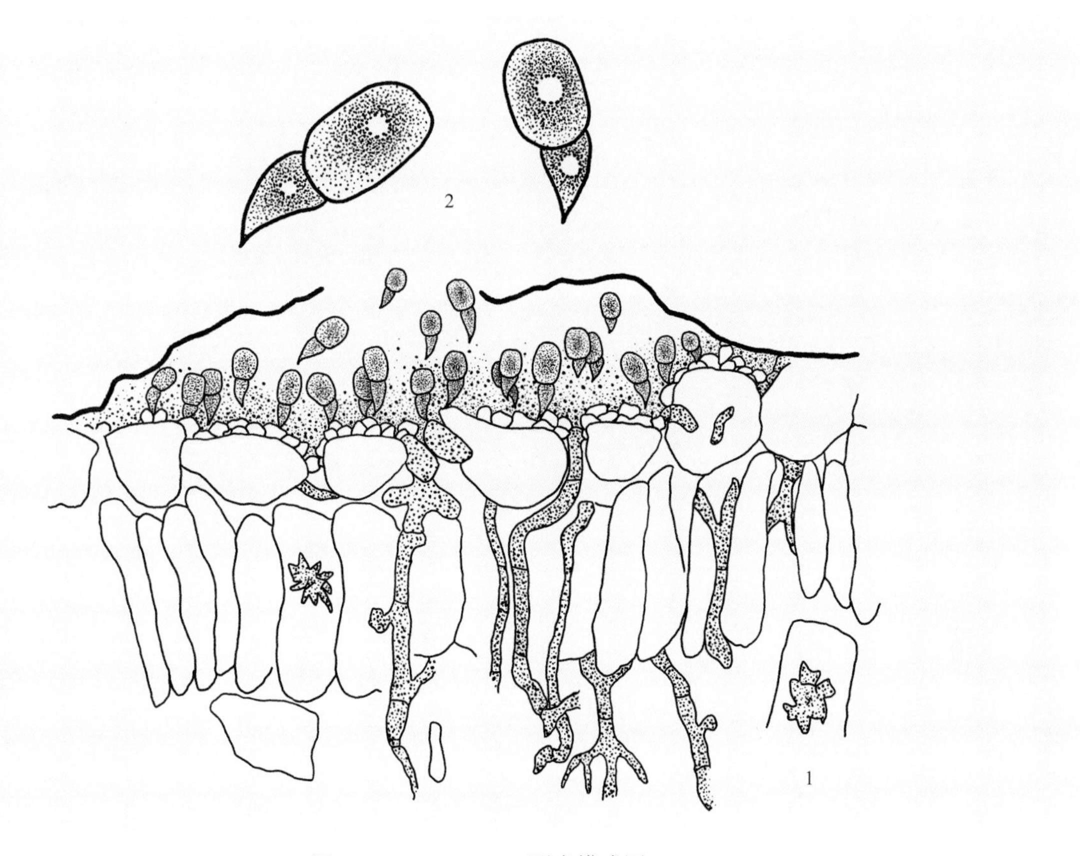

图2-344　*Actinonema*形态模式图

1：分生孢子盘剖面；2：分生孢子

图2-345　*Actinonema rosae*引致蔷薇褐斑病叶片症状

则的瘤座形，黑色；分生孢子梗极短；分生孢子椭圆形或长卵圆形，无色，直或微弯，双胞，分隔处稍缢缩，上下两个细胞大小不等，多数一端较窄，14～21μm×4～5μm（图2-346）。除蔷薇外，还为害月季等。

图2-346 *Actinonema rosae* 分生孢子盘与分生孢子

31. 盘二孢属 *Marssonina* Magn.

分生孢子盘生于寄主植物角皮层下，盘状；分生孢子梗短小，不分枝；分生孢子无色，双胞，卵圆形或椭圆形，分隔处常缢缩，两个细胞大小不等（图2-347）。多寄生于叶片，引致叶斑病。

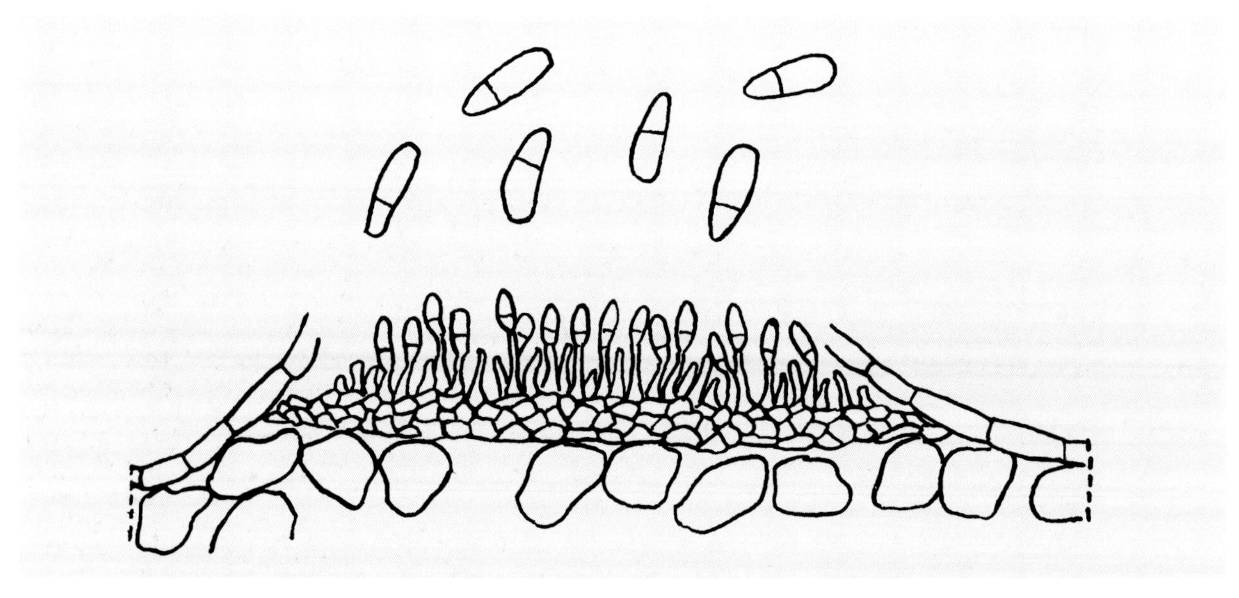

图2-347 *Marssonina* 分生孢子盘、分生孢子梗和分生孢子形态模式图

1）苹果盘二孢 *Marssonina mali* (Henn.) Ito，为害苹果，引致苹果褐斑病。主要侵染叶片和果实，叶片病斑有3种症状类型，即褐斑型、针芒型、混合型，引致苹果叶片早落（图2-348）。分生孢子盘埋生于叶片角质层下，散生或聚生，盘状，盘径80～176μm；分生孢子梗极短，无色，单

胞；分生孢子无色，倒葫芦形或近梭形，不等大双胞，上部细胞大，下部细胞较小，基部略尖，16～24μm×4～6μm（图2-349，图2-350）。除苹果外，还为害海棠、山荆子等。

图2-348 *Marssonina mali*引致苹果褐斑病褐斑型症状（A）、针芒型症状（B）、混合型症状（C），引致苹果叶片早落（D）

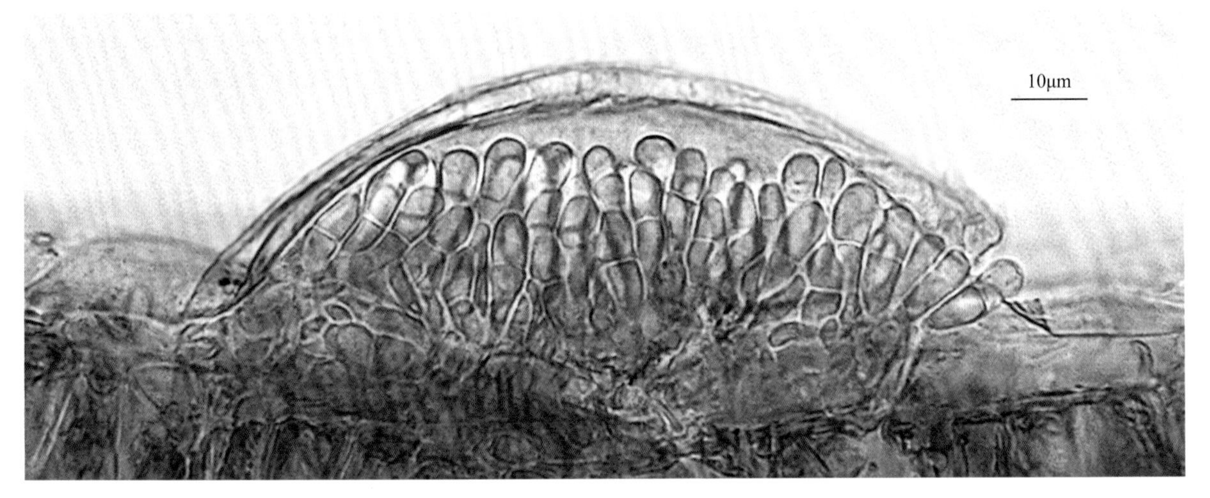

图2-349 *Marssonina mali*分生孢子盘与分生孢子（苹果叶片表皮未破裂）

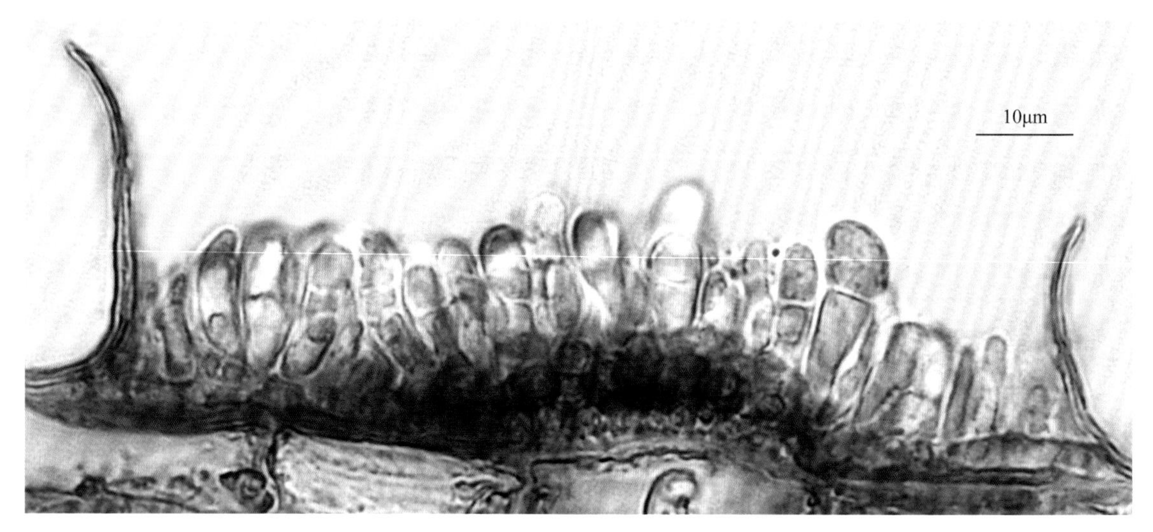

图2-350　*Marssonina mali*分生孢子盘与分生孢子（苹果叶片表皮破裂）

2）杨生盘二孢*M. populicola* Miura，为害杨树，引致杨褐斑病。主要侵染叶片、叶柄、嫩梢等。病斑圆形或不规则形，黑褐色，潮湿时病斑中央产生1至多个乳白色小点（分生孢子盘和分生孢子）。分生孢子盘近圆形，褐色，生于表皮下；分生孢子初为单胞，无色，上部粗圆，下部尖细，成熟后在下部1/3处产生1个隔膜，将其分成双胞，分隔处不缢缩（图2-351，图2-352）。

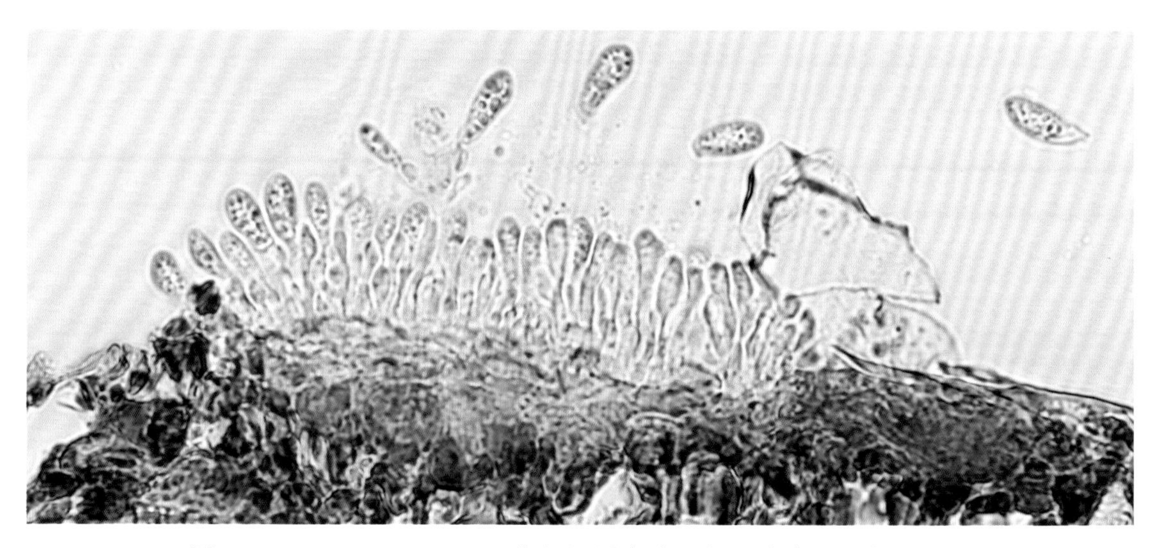

图2-351　*Marssonina populicola*分生孢子盘与分生孢子（杨树叶片表皮破裂）

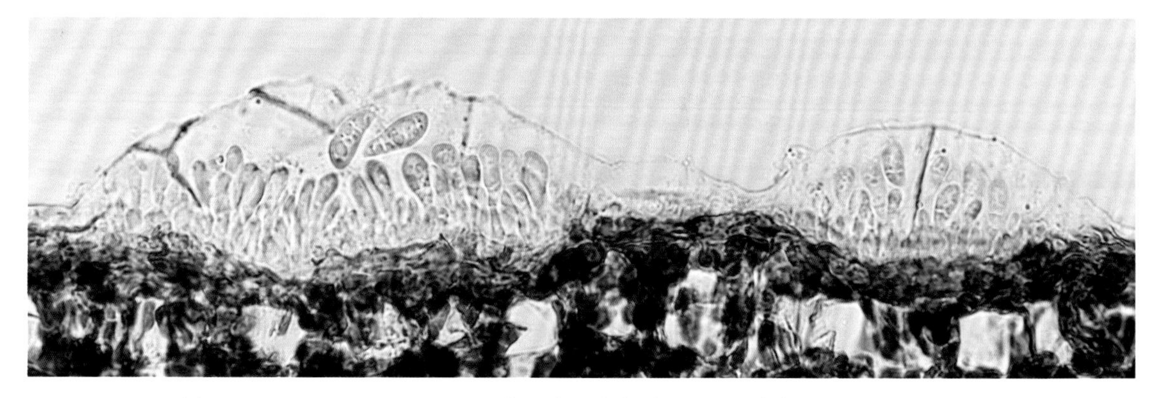

图2-352　*Marssonina populicola*分生孢子盘与分生孢子（杨树叶片表皮未破裂）

32. 盘单毛孢属 *Monochaetia* (Sacc.) Allesch.

分生孢子盘暗色，盘状或垫状，生于寄主植物角质层下；分生孢子梗细长，不分枝；分生孢子暗色，多胞，长圆形或纺锤形，两端细胞无色，上部细胞有一根顶生刺毛（图2-353～图2-355）。

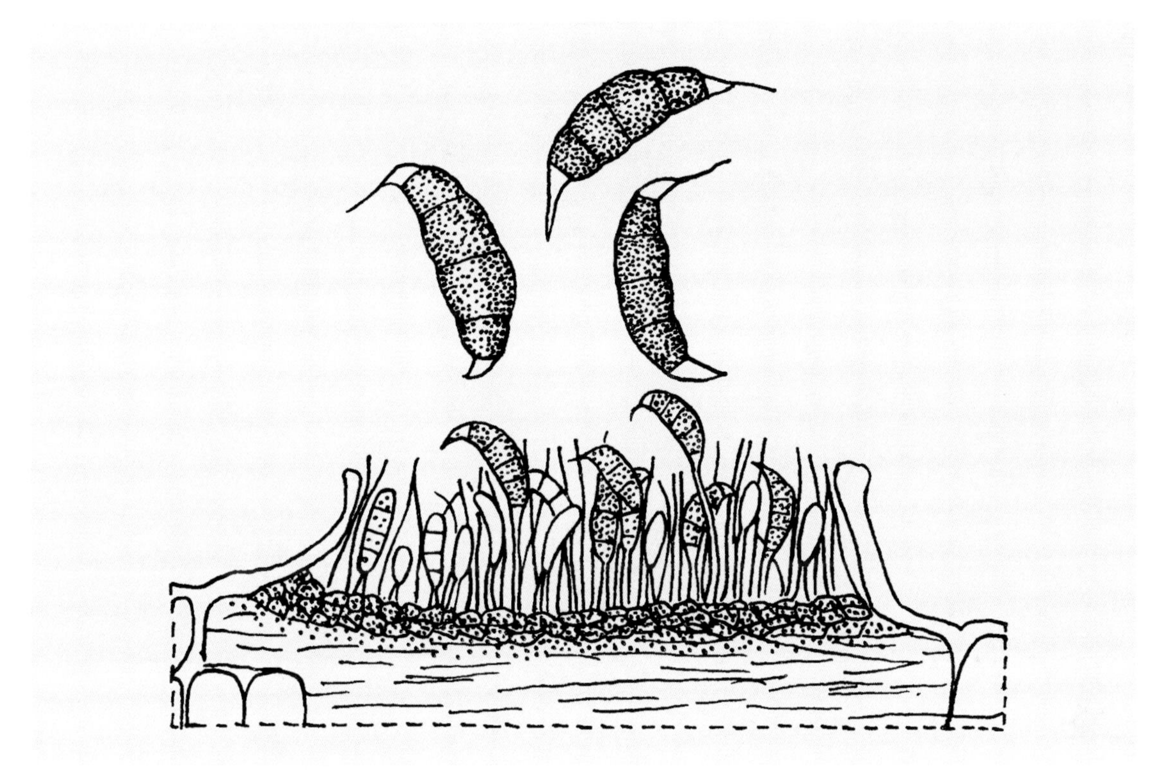

图2-353 *Monochaetia*分生孢子盘、分生孢子梗和分生孢子形态模式图

1）苹果盘单毛孢 *Monochaetia mali* (Ell. et Ev.) Sacc.，为害苹果，引致苹果皮腐病。主要侵染主干和枝干，引致枝干溃疡和皮层腐烂，病部生黑色小粒，后突破表皮外露。叶片病斑圆形，中央灰白色，边缘红褐色。分生孢子盘垫状，黑色，直径240～564μm；分生孢子梗细线形，单胞，无色，不分枝；分生孢子圆柱形或长椭圆形，4或5个隔膜，中间2或3个细胞褐色，两端细胞淡色或无色，顶端有1根无色刺毛，16～26μm×6～8μm。除苹果外，还为害梨树、花楸等。

2）葡萄单毛孢 *M. uniseta* (Tracy et Earle) Sacc.，为害葡萄，引致葡萄叶枯病。主要侵染叶片和茎蔓。分生孢子盘散生，直径150～300μm；分生孢子广梭形，5个隔膜，中间细胞暗褐色，两端细胞无色，短圆锥形，24.0～26.0μm×8.5～9.0μm，上部细胞有1根长7～9μm的刺毛，基部细胞有长2～4μm的小柄（图2-356，图2-357）。

3）厚盘单毛孢 *M. pachyspora* Bub.，为害石榴，引致石榴叶斑病。主要侵染叶片，病斑近圆形或不规则形，中央淡黄色，边缘暗褐色。分生孢子盘生于叶面，圆形，初埋生，后外露，松香褐色，直径100～220μm；分生孢子宽纺锤形，4个隔膜，分隔处不缢缩或略缢缩，中部3个细胞绿褐色，两端细胞无色，20～26μm×7～9μm，上部细胞有1根钩状刺毛，长15～25μm，基部小柄大小为20.0～40.0μm×1.5μm。

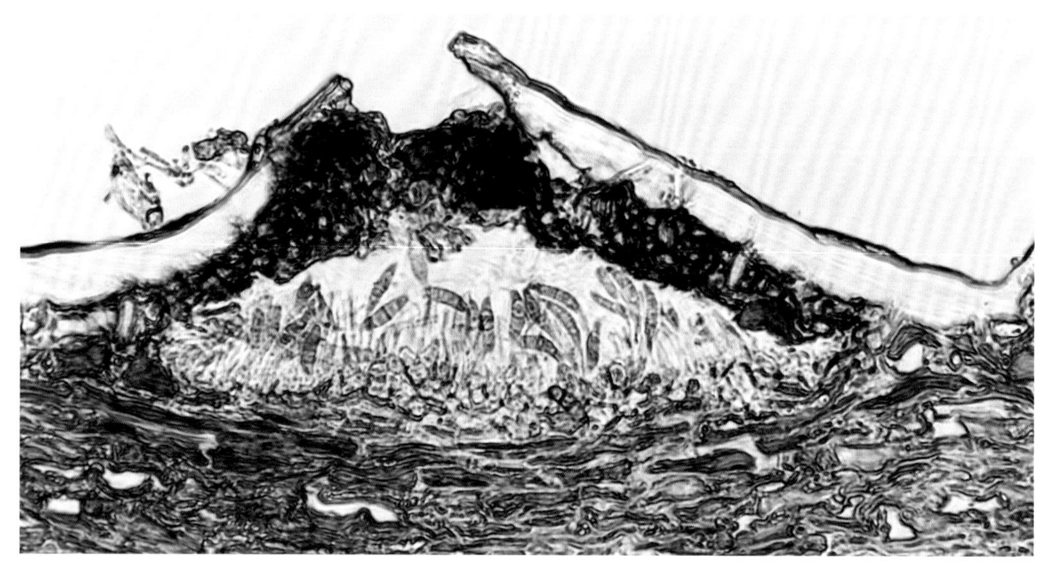

图2-354 *Monochaetia* sp.分生孢子盘（寄主为月季）

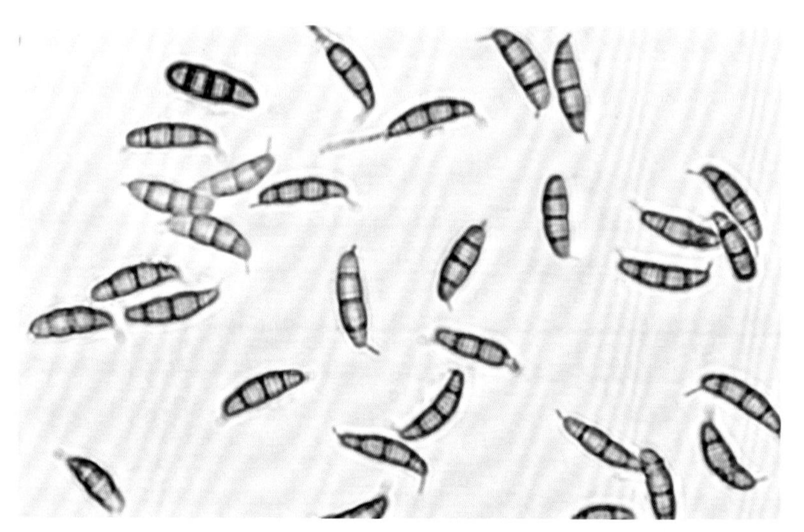

图2-355 *Monochaetia* sp.分生孢子

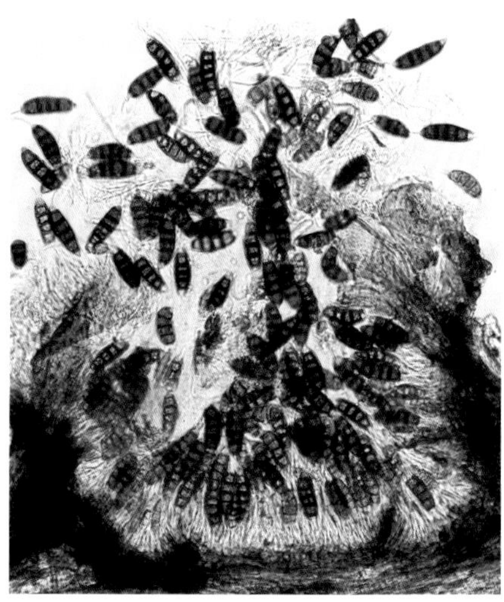

图2-356 *Monochaetia uniseta*分生孢子盘与分生孢子

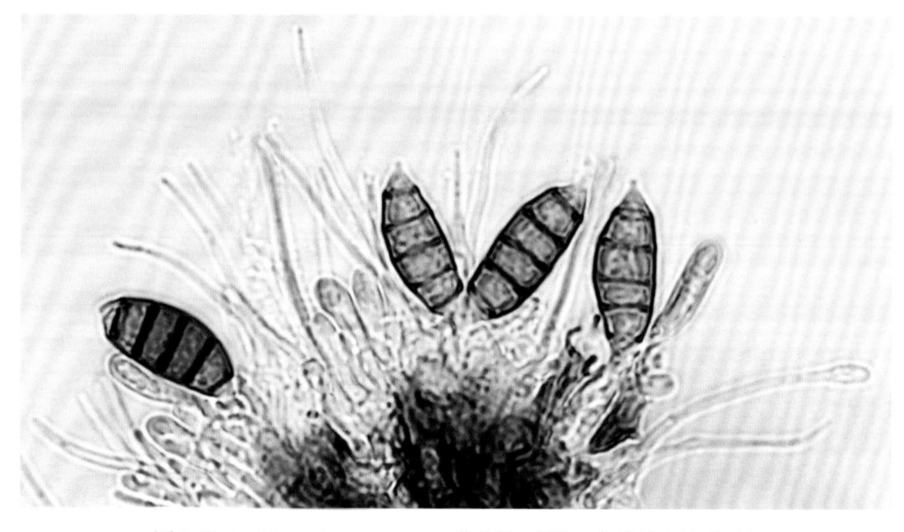

图2-357 *Monochaetia uniseta*分生孢子梗、分生孢子和侧丝

33. 盘多毛孢属 *Pestalotia* de Not.

分生孢子盘暗色，盘状或垫状，生于寄主植物角质层下，后突破角质层外露；分生孢子梗短，不分枝；分生孢子暗色，多胞，椭圆形到纺锤形，两端细胞无色，中部细胞褐色，顶端生2或3根无色刺毛，基部有短柄（图2-358～图2-360）。弱寄生。

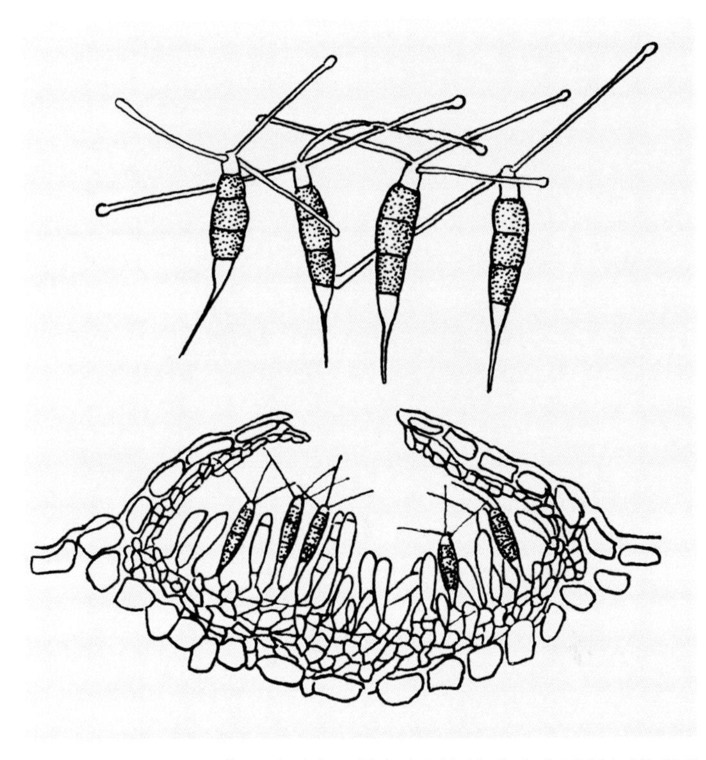

图2-358 *Pestalotia*分生孢子盘、分生孢子梗和分生孢子形态模式图

1）茶盘多毛孢 *Pestalotia theae* Sawada，为害茶树，引致茶轮斑病。叶片病斑圆形或不规则形，中央灰白色，边缘褐色，具同心轮纹，上生黑色小粒点（图2-361）；分生孢子盘直径120～180μm；分生孢子梗无色，丝状；分生孢子纺锤形，中间细胞茶褐色，两端细胞无色，上部细胞顶生3或4根刺毛，刺毛细长，无色，顶端略膨大，23.0～31.0μm×5.5～8.0μm（图2-362）。以菌丝潜伏在病组织内越冬。

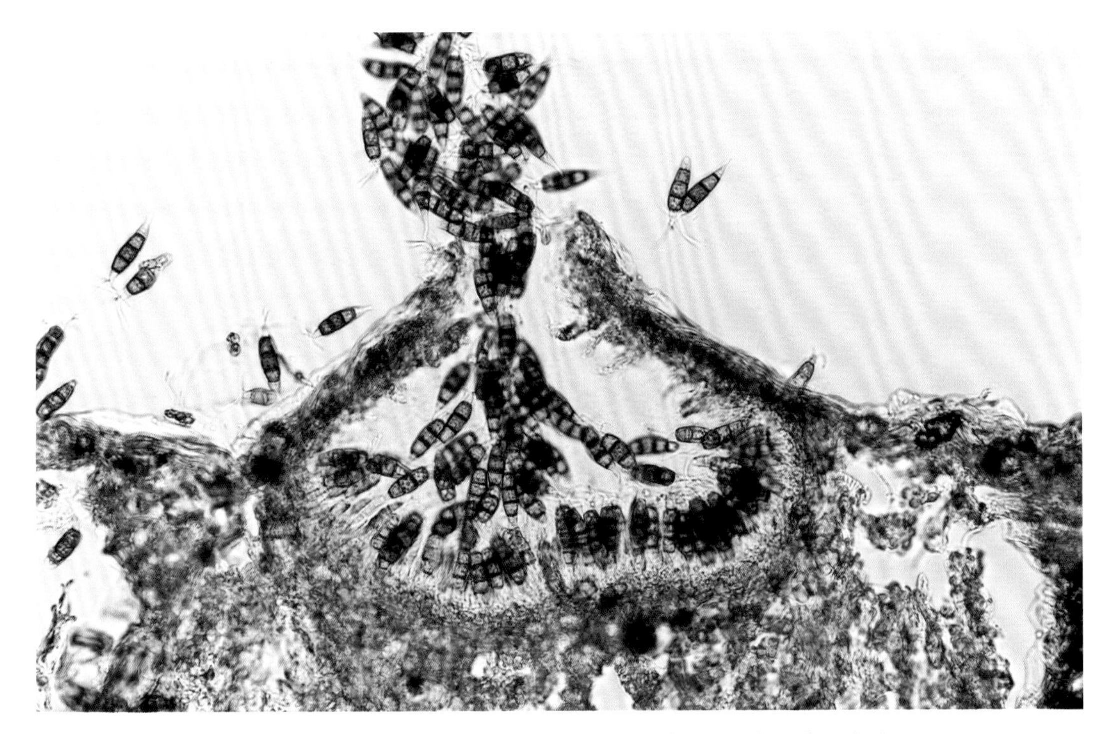

图2-359 *Pestalotia* sp.生于花生叶片上的分生孢子盘和分生孢子

2）枯斑盘多毛孢 *P. funerea* Desm.，为害枇杷，引致枇杷灰斑病。分生孢子盘初埋生于表皮下，后突破表皮外露，直径100～300μm；分生孢子椭圆形、梭形或近棒形，23～32μm×7～9μm，4个横隔

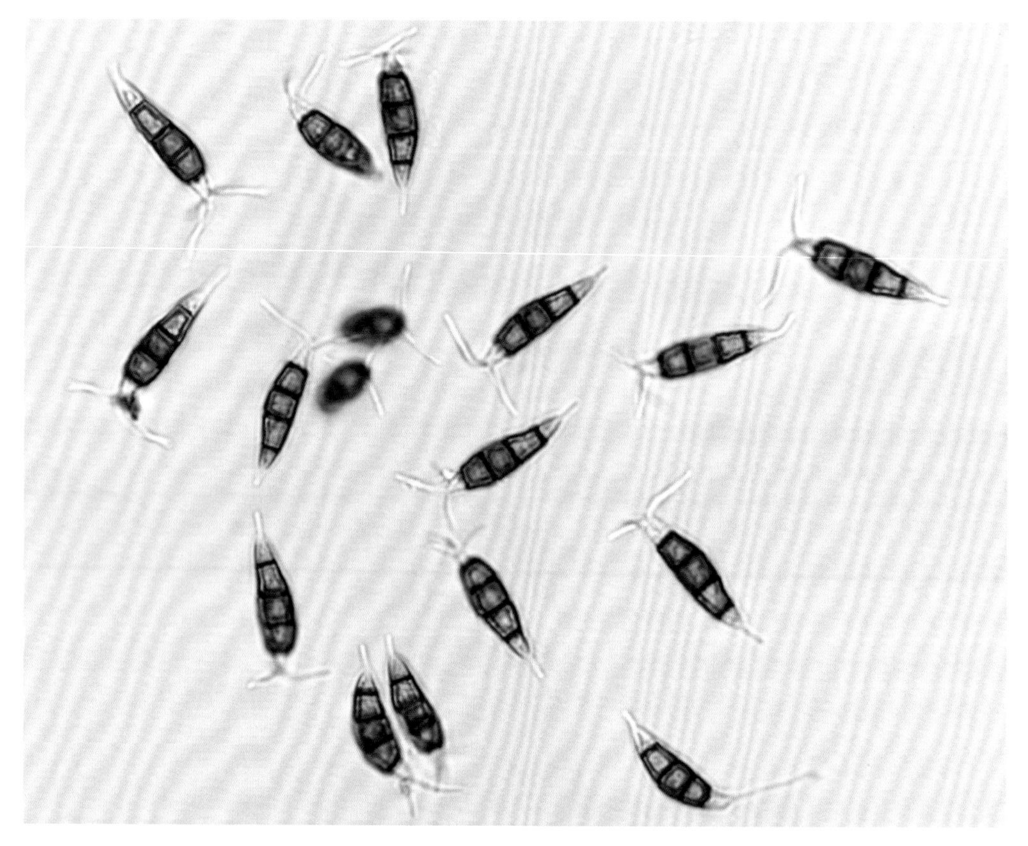

图2-360 *Pestalotia* sp.分生孢子（寄主为花生）

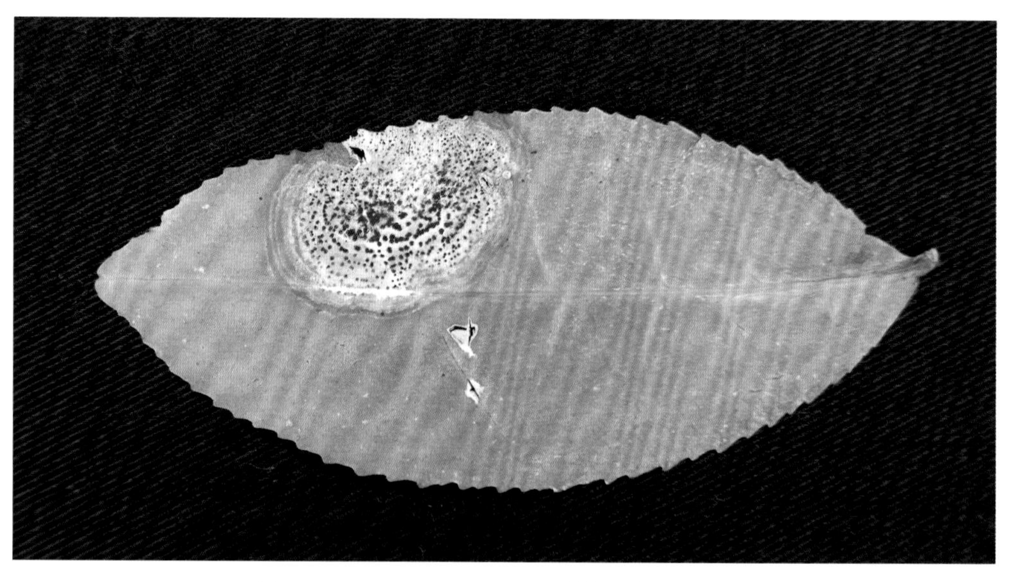

图2-361 *Pestalotia theae*引致茶轮斑病叶片症状

膜，中部细胞暗褐色，两端细胞无色，上部细胞顶端有2～5根刺毛，长19～35μm，下部细胞有1个长4～10μm的小柄（图2-363）。枇杷叶片病斑灰白色，不规则形，果实亦可受害（图2-364）。以分生孢子在病叶组织内越冬。除枇杷外，还为害葡萄、柑橘、松树、柏树等多种植物。

3）葡萄生盘多毛孢*P. uvicola* Speg.，为害葡萄，引致葡萄枝枯病。主要侵染枝蔓和果实，也侵染叶片。枝蔓病斑纺锤形至长椭圆形，暗褐色至黑褐色，水渍状，病部有时纵裂，木质部暗褐色。分生孢子盘生于表皮下，后突破表皮外露；分生孢子梗无色，20～50μm×2～3μm；分生孢子五胞，中间3

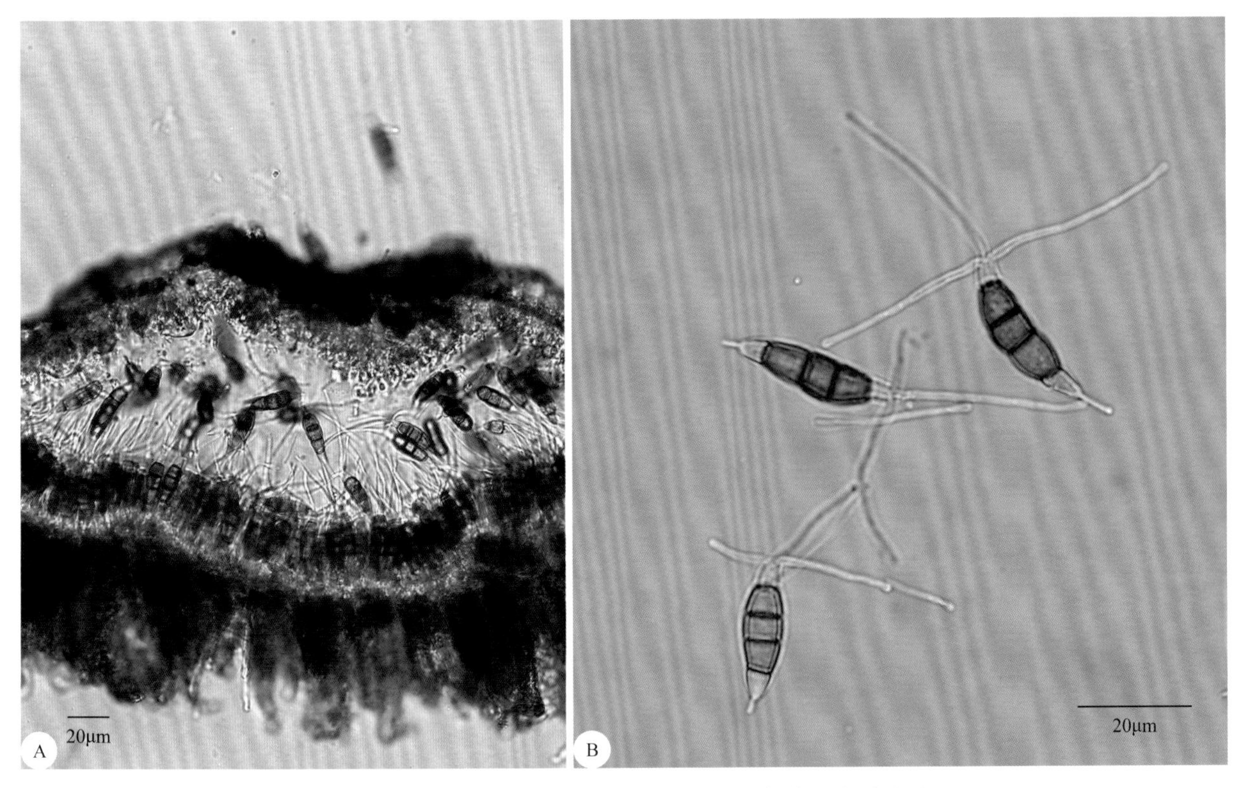

图2-362 *Pestalotia theae*分生孢子盘（A）与分生孢子（B）

图2-363 *Pestalotia funerea*分生孢子盘与分生孢子

个细胞暗色，其中上边2个细胞黑褐色、下边1个细胞橄榄褐色、两端细胞无色，上部细胞顶生3根刺毛，长20μm，下部细胞具1个孢柄，柄长约10μm，29～37μm×6～9μm（图2-365）。

4）柿盘多毛孢*P. diospyri* Syd.，为害柿树，引致柿叶枯病。主要侵染叶片，枝梢及果实亦可受害，叶片病斑圆形或不规则形，灰褐色或灰白色，微具轮纹，边缘浓褐色，后期病部生小黑点（分生孢子盘）。分生孢子梗无色，细而短；分生孢子纺锤形，五胞，中间细胞暗褐色、两端细胞无色，

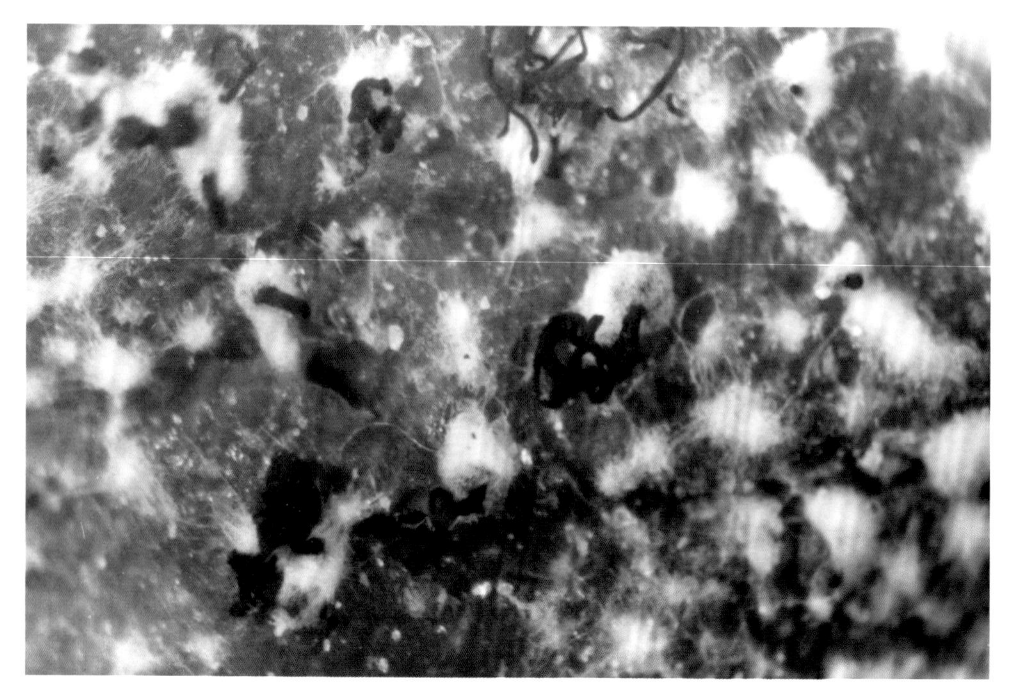

图2-364 *Pestalotia funerea*分生孢子盘中涌出的分生孢子角

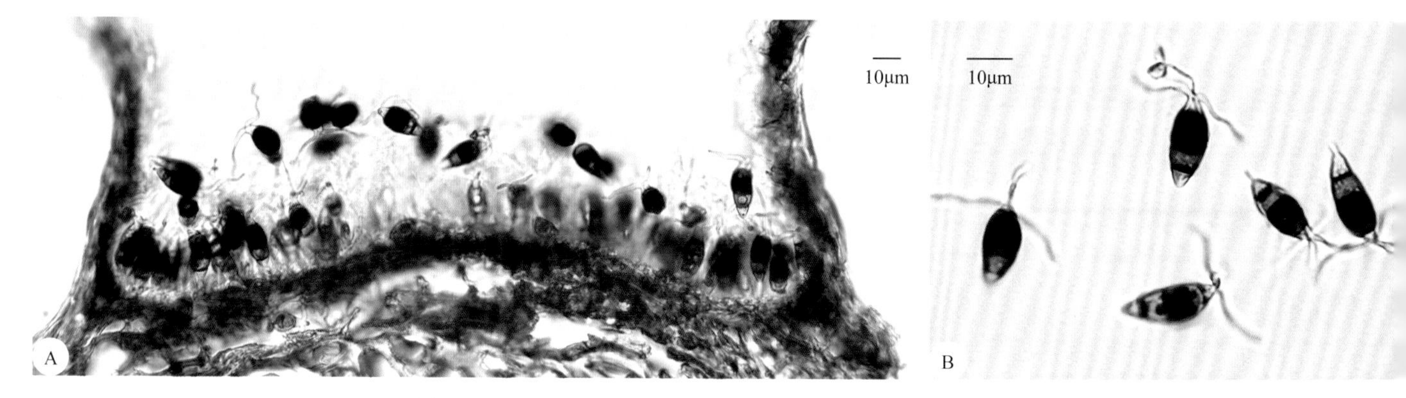

图2-365 *Pestalotia uvicola*分生孢子盘（A）与分生孢子（B）

16.0 ~ 21.0μm × 6.6 ~ 8.3μm，上部细胞顶生2或3根无色刺毛，长10.0 ~ 16.0μm。以分生孢子在病组织内越冬。

5）棉盘多毛孢*P. gossypii* Hori，为害棉花，引致棉花轮纹病。叶片受害，病斑多生于叶缘，不规则形，中央黄褐色，边缘污褐色。分生孢子盘集生，圆盘形，黑色，直径200 ~ 250μm；分生孢子梗无色，2.0 ~ 4.0μm × 0.6 ~ 0.9μm；分生孢子梭形至棒形，直或微弯，五胞，中部3个细胞暗褐色、两端细胞无色，22 ~ 27μm × 7 ~ 9μm，顶端生2或3根无色刺毛，长16 ~ 22μm，基部有小柄，长2 ~ 4μm。

34. 黏隔孢属 *Septogloeum* Sacc.

分生孢子盘呈盘形或垫状，灰白色至褐色，较小，散生或聚生在寄主植物表皮下。分生孢子梗短小，粗壮，平滑，无色，不分枝，偶有1或2个隔膜，产孢细胞内壁芽生，瓶体式产孢；分生孢子圆柱形至倒棒形，2 ~ 4个细胞，直或稍弯，壁薄，平滑，无色，顶胞钝圆，基胞平截。

桑黏隔孢*Septogloeum mori* Briosi et Cavara，为害桑树，引致桑褐斑病。为害叶片，病斑近圆形，茶褐色或暗褐色，后呈多角形，中央灰色，边缘褐色，生白色粉质块，环状排列，后期病斑变为黑褐色（图2-366）。分生孢子盘初埋生，后突破表皮外露；分生孢子梗圆筒形，单胞，无色，5～15μm×3μm；分生孢子线形、倒棒形或圆筒形，无色，两端圆，3～5个隔膜，30～50μm×3～4μm（图2-367）；潮湿条件下，由分生孢子形成的白色粉质块吸水变为黏质状。在病落叶上越冬。

图2-366　*Septogloeum mori*引致桑褐斑病叶片症状

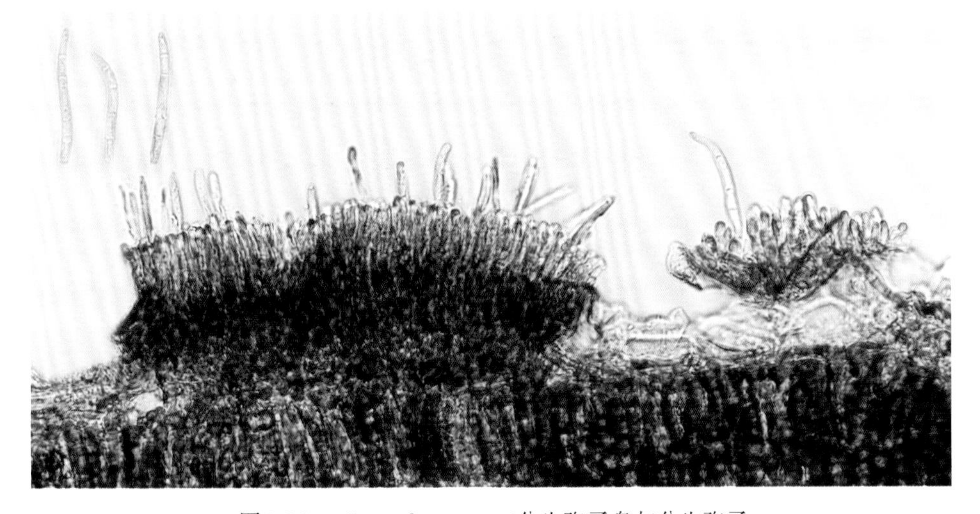

图2-367　*Septogloeum mori*分生孢子盘与分生孢子

35. 柱盘孢属 *Cylindrosporium* Grev.

分生孢子盘生于寄主植物角皮层下，后外露，白色或灰白色，盘状或平铺状；分生孢子梗短，不分枝；分生孢子无色，线形，直或略弯曲，单胞至多胞（图2-368）。多寄生植物叶片。

1）稠李柱盘孢 *Cylindrosporium padi* Karst.，为害樱桃，引致樱桃穿孔病。侵染叶片引致叶斑及穿孔，病斑多角形，灰色至灰褐色。分生孢子盘多生于叶背；分生孢子梗小，排列密集；分生孢子长圆筒形，略弯。除樱桃外，还为害桃等。

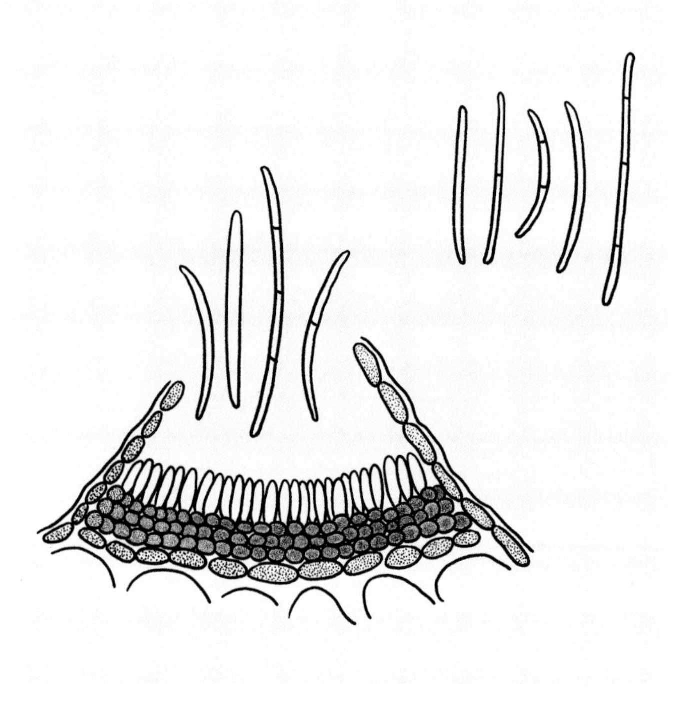
图2-368 *Cylindrosporium*形态模式图

2）山樱桃柱盘孢 *C. prunitomentosi* Miura，为害樱桃，引致樱桃白涩病。叶片病斑圆形、多角形或不规则形，褐色至暗褐色，无明显边缘，上生多数白色小点（分生孢子盘），有大量分生孢子聚生。分生孢子盘叶面埋生，圆形或不规则形，中部隆起，初呈淡褐色，后为白色并外露；分生孢子梗短小，无隔膜；分生孢子线形，弯曲，顶端渐尖，基部圆，多数3个隔膜，80～100μm×4μm。

3）薯蓣柱盘孢 *C. dioscoreae* Miyabe et Ito，为害山药，引致山药白涩病。侵染叶片、叶柄及枝蔓，叶片病斑多角形至不规则形，淡黄色至褐色，生多数白色小点（分生孢子盘）。分生孢子盘生于病叶两面，聚生或散生，初埋生，黑褐色，后突破表皮外露，白色至黄白色。分生孢子梗长圆柱形，无色，单胞，不分枝，直或微弯，17.0～29.0μm×3.0～3.5μm；分生孢子针状，无色，两端较圆或一端略尖，直或微弯，1～3个隔膜，26.0～67.5μm×3.0～3.5μm。

36. 棒盘孢属 *Coryneum* Nees ex Schw.

分生孢子盘垫状或盘状，生于寄主植物表皮下的子座上，后突破表皮外露，褐色或淡褐色，73.2～134.2μm×158.6～292.8μm；分生孢子梗圆柱状，较短，偶有末端曲膝状，端部略膨大，表面光滑，有分隔，无色至淡褐色；分生孢子纺锤形或棒状、宽棒状，直或略弯，褐色，多数2或3个隔膜，少数4～6个隔膜，13～14μm×53.3～78.0μm，分生孢子萌发时多从顶端或末端（基部）生出芽管。

1）杨棒盘孢 *Coryneum populinum* Bres.，有性态为东北球腔菌 *Mycosphaerella mandshurica* Miura，为害杨树，引致杨灰斑病。侵染叶片、嫩梢、茎干等，叶片病斑圆形，中央灰白色，边缘褐色，病健分界明显，后期生黑色小点（分生孢子盘）（图2-369）。分生孢子盘埋生，成熟后突破表皮外露，58～234μm×44～102μm；分生孢子淡褐色，棒状，2或3个隔膜，上端细胞尖，下端细胞钝，从上至下第3个细胞色重，略大，向上弯曲，23～45μm×6～10μm（图2-370）。

2）栗棒盘孢 *C. kunzei* var. *castaneae* Sacc. et Roum.，为害板栗，引致板栗枝枯病。分生孢子盘生于树枝上，散生或群生，垫状，直径1～2mm，深青褐色；分生孢子梗色淡，具隔膜，圆柱形，基部常分枝，20～40μm×3～4μm；分生孢子棒形，直或弯曲，褐色，6～8个隔膜，50～75μm×10～14μm（图2-371）。

图2-369 *Coryneum populinum*引致杨灰斑病叶片症状

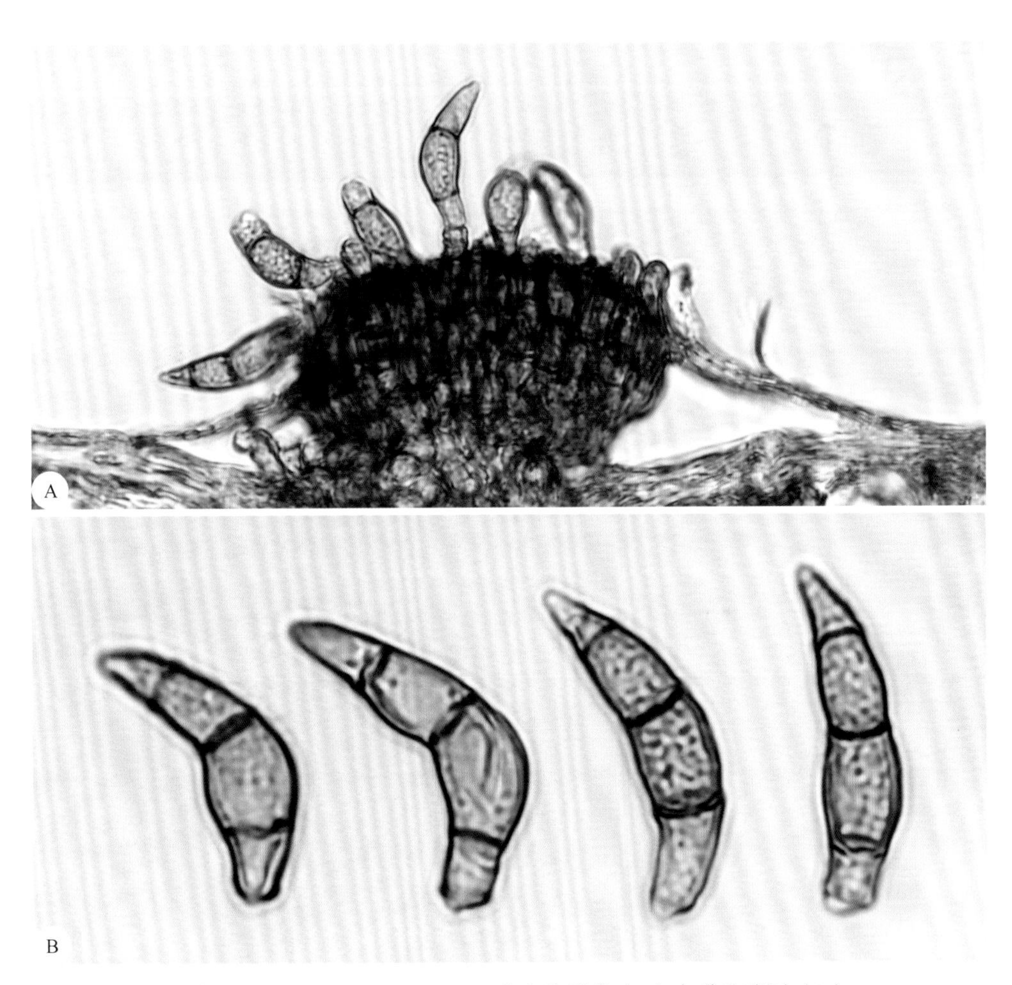

图2-370 *Coryneum populinum*分生孢子盘（A）与分生孢子（B）

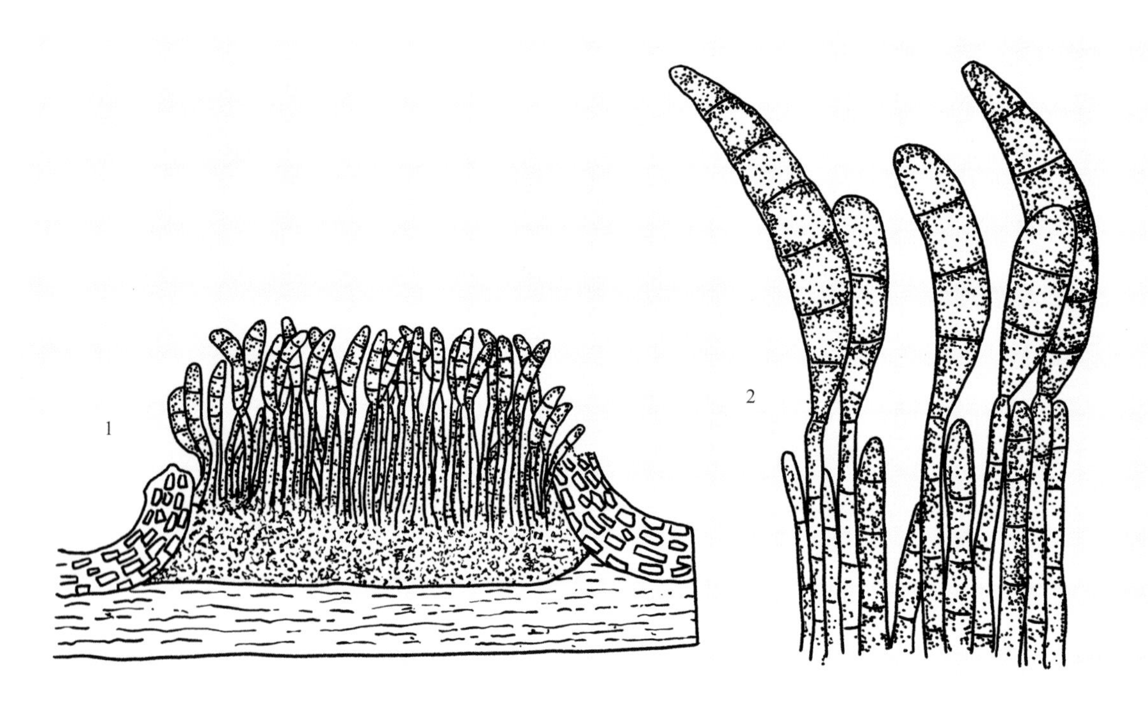

图2-371 *Coryneum kunzei* var. *castaneae*形态模式图
1：分生孢子盘；2：分生孢子梗与分生孢子

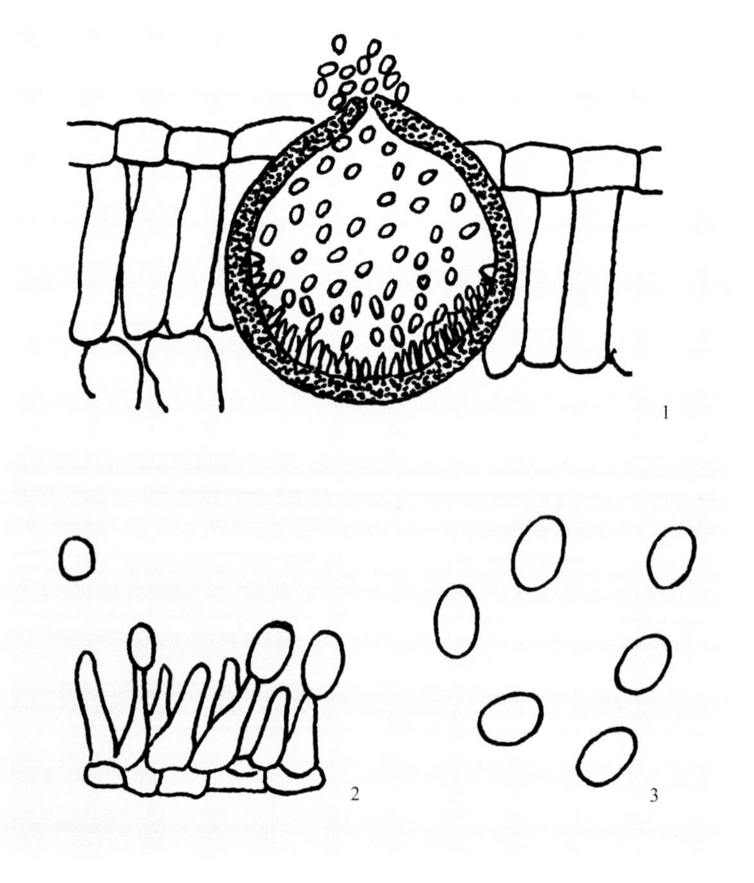

图2-372 *Phyllosticta*形态模式图
1：分生孢子器；2：分生孢子梗；3：分生孢子

37. 叶点霉属 *Phyllosticta* Pers.

分生孢子器埋生于寄主植物组织内，暗色，扁球形至球形，具孔口，部分突出，或以孔口部突破表皮外露；分生孢子梗短；分生孢子小于15μm，单胞，无色，卵圆形至长椭圆形（图2-372）。寄生于植物叶片，引致具明显边缘的叶斑，病斑一般不易扩大。

1）桃叶点霉 *Phyllosticta persicae* Sacc.，为害桃树，引致桃斑点病。叶片病斑圆形或近圆形，淡褐色，边缘红褐色或紫红色，生黑色小点（分生孢子器），病部易脱落，形成穿孔（图2-373）。分生孢子器球形或扁球形，黄褐色至褐色，直径80～104μm；分生孢子圆柱形或椭圆形，无色，单胞，4～6μm×2～3μm（图2-374）。

图2-373 *Phyllosticta persicae*引致桃斑点病叶片症状

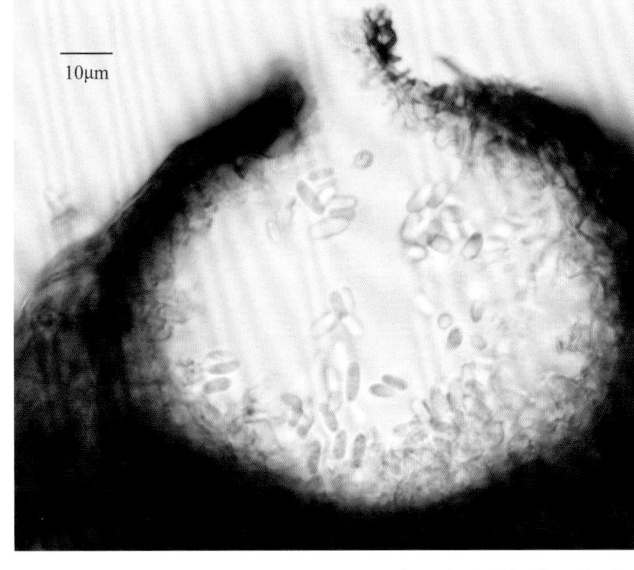

图2-374 *Phyllosticta persicae*分生孢子器与分生孢子

2）番茄叶点霉*P. lycopersici* Peck，为害番茄，引致番茄轮斑病。侵染叶片，病斑圆形或椭圆形，受叶脉限制呈不规则形，有明显轮纹，后期穿孔（图2-375）。分生孢子器埋生于番茄叶片表皮下，轮纹状排列，后期露出，深棕色，球形或扁球形，壁较厚，93～161μm×18～43μm（图2-376A）；分生孢子无色，单胞，椭圆形或卵圆形，5～8μm×2～3μm（图2-376B）。以分生孢子器在病组织上越冬。

图2-375 *Phyllosticta lycopersici*引致番茄轮斑病叶片症状

3）苘麻叶点霉*P. abutilonis* Henn.，为害苘麻，引致苘麻褐纹病。叶片病斑圆形至不规则形，中央灰白色或淡褐色，边缘褐色，生许多黑色小点（分生孢子器）。

4）大麻叶点霉*P. cannabis* (Kirchn.) Speg.，为害大麻，引致大麻白斑病。叶片病斑圆形或近圆形，灰白色或淡褐色，具同心轮纹，散生黑色小点（分生孢子器）。分生孢子器球形至扁球形，深褐色，直径96～100μm；分生孢子椭圆形或卵圆形，单胞，无色，5.0～9.0μm×2.5～4.0μm。

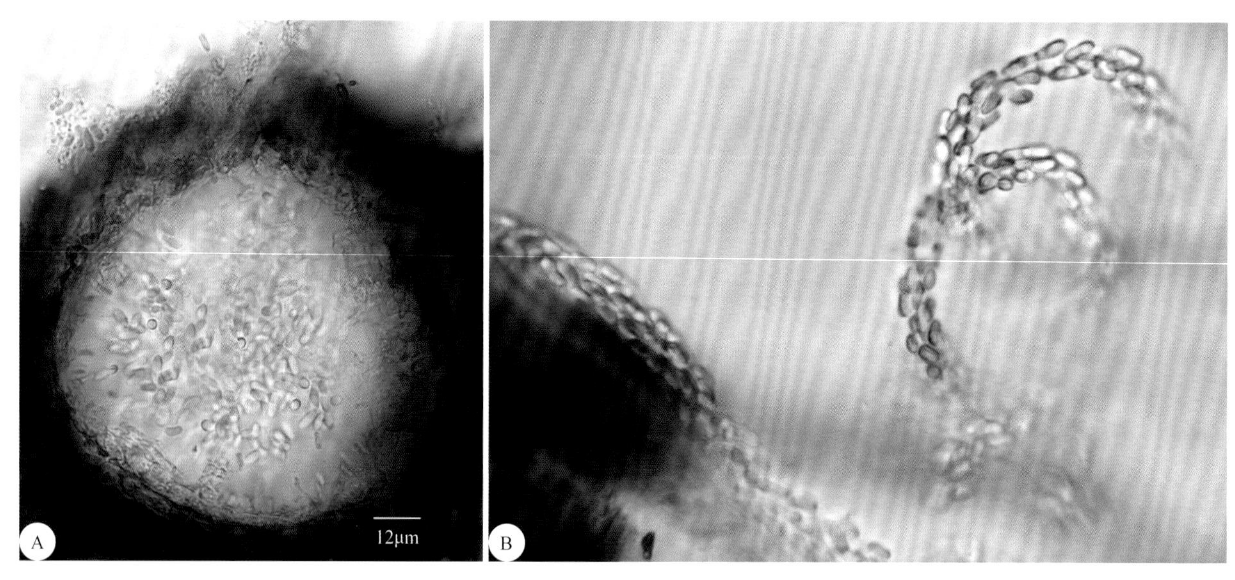

图2-376 *Phyllosticta lycopersici*分生孢子器（A）与分生孢子（B）

5）棉小叶点霉*P. gossypina* Ell. et Martin和马尔科夫叶点霉*P. malkoffii* Bub.，为害棉花，均引致棉花褐斑病。主要发生在棉花苗期，叶片病斑圆形，直径2～4mm，灰白色至黄褐色，边缘紫红色，生黑色小点（分生孢子器）。二者的分生孢子器均为球形，暗褐色，*P. gossypina*分生孢子器平均大小93.5μm×87.5μm，分生孢子4.8～7.9μm×2.4～3.8μm；*P. malkoffii*分生孢子器较大，直径73.8～123.0μm，分生孢子7.0～9.8μm×3.0～4.5μm。

6）烟草叶点霉*P. nicotianae* Ell. et Ev.、烟白星叶点霉*P. tabaci* Pass.，二者均侵染烟草叶片，分别引致烟草斑点病、烟草白斑病，二者为害症状及其形态特征比较如表2-9所示。

表2-9 烟草叶点霉与烟白星叶点霉为害症状及其形态特征比较

病原菌	烟草叶点霉*P. nicotianae*	烟白星叶点霉*P. tabaci*
为害症状	病斑较大，直径2～10mm，不规则形，白色至淡褐色，无明显边缘，常互相汇合，沿病斑周围生黑色小点（分生孢子器），病斑最终穿孔脱落	病斑较小，直径2～4mm，近圆形，边缘细，褐色，中央淡褐色，后变为白色，生黑色小点（分生孢子器）
形态特征	分生孢子器淡褐色，直径75～150μm；分生孢子无色，单胞，少数双胞，7.0～10.0μm×3.0～3.5μm	分生孢子器直径75～200μm；分生孢子卵圆形，单胞，无色，4.5～7.5μm×2.5～3.7μm

7）稻生叶点霉*P. oryzicola* Hara，有性态为*Trematosphaerella oryzae* (Miyake) Padwick；三浦叶点霉*P. miurai* Miyake。二者均侵染水稻叶梢，分别引致稻切叶病、稻叶梢枯病，为害症状及其形态特征比较如表2-10所示。

表2-10 稻生叶点霉与三浦叶点霉为害症状及其形态特征比较

病原菌	稻生叶点霉*P. oryzicola*	三浦叶点霉*P. miurai*
为害症状	叶尖及边缘受害，病部白色，边缘褐色，病斑形状不定，可扩大到全叶并延及叶鞘；谷粒亦可受害，生褐色斑	侵染水稻叶片，病叶梢形成长3～4cm的灰白色病斑，上生黑色小点
形态特征	分生孢子器散生或聚生于叶片表皮下，后外露，球形或扁球形，暗黑色，直径70～150μm；分生孢子卵圆形、椭圆形或圆筒形，无色，5～7μm×3～4μm，两端各含1个小油球	分生孢子器散生，埋生于病组织内，扁球形，黑褐色，以短喙突出表皮外，直径44～125μm；分生孢子椭圆形或圆筒形，两端圆，无色，3.0～5.0μm×1.0～1.7μm

8）大豆生叶点霉*P. sojaecola* Massal.，有性态为大豆生格孢球壳*Pleosphaerulina sojaecola* (Massal.)

Miura，为害大豆，引致大豆灰星病。叶片病斑不规则形，淡褐色，有细微褐色边缘，后期病斑中央灰白色，有时穿孔，生黑色小点。分生孢子器生于叶面表皮下，散生或聚生，球形或近球形，褐色，直径64 ~ 128μm；分生孢子椭圆形或长卵圆形，无色，单胞，直或微弯，5 ~ 10μm × 2 ~ 3μm。

9）豆类叶点霉 *P. phaseolina* Sacc.，为害菜豆，引致菜豆斑点病。叶片发病，初生茶褐色小斑，逐渐扩大成圆形，中央淡褐色，略显同心轮纹，散生或轮生黑色小点。分生孢子器球形，黄褐色或褐色，直径100 ~ 150μm；分生孢子椭圆形，无色，单胞，5.0 ~ 6.0μm × 2.5 ~ 3.0μm。以分生孢子器在病叶或病种子内越冬。除菜豆外，还为害豇豆、扁豆、大豆、绿豆、小豆、豌豆等。

10）高粱叶点霉 *P. sorghina* Sacc.，为害高粱，引致高粱斑点病。叶片病斑椭圆形或梭形，中央淡褐色，边缘紫红色，散生黑色小点。分生孢子器球形至扁球形，器壁褐色，直径64 ~ 104μm；分生孢子椭圆形，单胞，3.5 ~ 6.0μm × 2.3μm。除高粱外，还为害谷子、糜子（稷）和苏丹草等。

11）狗尾草叶点霉 *P. setariae* Ferr.，为害谷子，引致谷子条点病。叶片病斑长条形，中央淡褐色，边缘红褐色，后期生黑色小点。分生孢子器球形至扁球形，淡褐色，直径74 ~ 112μm；分生孢子椭圆形，无色，两端各含1个油球，6.0 ~ 11.0μm × 3.0 ~ 4.5μm。除谷子外，还为害狗尾草等。

12）荞麦叶点霉 *P. polygonorum* Sacc.，为害荞麦，引致荞麦斑点病。叶片病斑不规则形，中央淡褐色，边缘红褐色，生黑色小点（分生孢子器）。分生孢子器聚生或散生；分生孢子椭圆形或卵圆形，4.0μm × 2.0 ~ 2.5μm。

13）甘薯叶点霉 *P. batatas* (Thüm.) Cooke，为害甘薯，引致甘薯斑点病。侵染叶片和茎，病斑圆形或不规则形，初呈红褐色，后为灰色，稍隆起，边缘紫红色，后期散生黑色小点。分生孢子器椭圆形，直径100 ~ 125μm；分生孢子卵圆形、长圆形或肾形，单胞，无色，内含1或2个油球，2.6 ~ 10.0μm × 1.7 ~ 5.8μm。以分生孢子器在病组织内越冬。

14）藜叶点霉 *P. chenopodii* Sacc.，为害菠菜，引致菠菜斑纹病。叶片病斑不规则形，暗褐色，边缘淡灰色，中央散生多数黑色小点。分生孢子器扁球形，直径约50μm；分生孢子椭圆形。除菠菜外，还为害藜等。

15）酸浆叶点霉 *P. physaleos* Sacc.，为害辣椒，引致辣椒白斑病。叶片病斑圆形或椭圆形，灰白色，边缘深色，散生黑色小点（分生孢子器）。以分生孢子器在病叶组织内越冬。

16）芸薹叶点霉 *P. brassicae* (Carr.) Westend.，有性态为芸薹生球腔菌 *Mycosphaerella brassicicola* (Fr. ex Duby) Lindau，为害甘蓝，引致甘蓝环斑病。叶片病斑圆形，灰白色，周围有黄绿色晕圈，轮生或散生黑色小点（分生孢子器）。分生孢子器近球形，褐色，直径116 ~ 200μm；分生孢子圆柱形，无色，单胞，多数正直，少数微弯，4.0 ~ 5.0μm × 1.5 ~ 2.0μm。有性态很少产生。除甘蓝外，还为害白菜等。

17）孤生叶点霉 *P. solitaria* Ell. et Ev.、梨叶点霉 *P. pirina* Sacc.、苹果叶点霉 *P. mali* Puill. et Delacr.，均为害苹果叶片，分别引致苹果圆斑病、苹果灰斑病、苹果斑点病。3种病菌为害症状及其形态特征比较如表2-11所示。

表2-11　孤生叶点霉、梨叶点霉和苹果叶点霉为害症状及其形态特征比较

病原菌	孤生叶点霉 *P. solitaria*	梨叶点霉 *P. pirina*	苹果叶点霉 *P. mali*
为害症状	病斑圆形，大小均匀，直径4 ~ 5mm，褐色，边缘深褐色，中央只生1个黑色小点	病斑圆形或不规则形，直径2 ~ 4mm，褐色，边缘深褐色，中央灰色，散生黑色小点	病斑较大，圆形至不规则形，直径10 ~ 15mm，中央灰褐色，边缘暗褐色，散生黑色小点

续表

病原菌	孤生叶点霉 *P. solitaria*	梨叶点霉 *P. pirina*	苹果叶点霉 *P. mali*
形态特征	分生孢子器近球形，直径90～192μm；分生孢子卵圆形至椭圆形，4～5μm×2～3μm	分生孢子器近球形或球形，直径84～128μm；分生孢子椭圆形或卵圆形，3.0～5.0μm×2.0～2.5μm	分生孢子器扁球形，直径102～144μm；分生孢子椭圆形，无色，4～6μm×2～3μm
越冬方式	以休眠菌丝或雏形分生孢子器在病枝上越冬	以分生孢子器在病落叶组织内越冬	

18）核果生叶点霉*P. prunicola* Sacc.，为害杏树，引致杏叶斑病。叶片病斑近圆形至不规则形，直径3～8mm，初褐色，后灰褐色，边缘暗褐色，散生黑色小点。分生孢子器球形至近球形，褐色，直径11～160μm；分生孢子椭圆形或卵圆形，无色，后期淡青褐色，4.0～6.0μm×2.5～3.0μm。除杏树外，还为害梨树等。

此外，引致杏叶斑病的病菌还有以下2种。

绿孢叶点霉*P. chlorospora* McAlp.，为害杏树，引致杏叶斑病。叶片病斑近圆形、横条形或不规则形，直径3～5mm，灰褐色至灰白色，有淡褐色细微边缘，散生黑色小点。分生孢子器球形或扁球形，褐色，直径80～136μm；分生孢子椭圆形，单胞，聚集呈青褐色，分散呈无色至淡褐色，4.0～6.0μm×2.5μm。

穿孔叶点霉*P. circumscissa* Cooke，为害杏树，引致杏叶斑病。叶片病斑圆形，直径1～4mm，初呈茶褐色，后为灰褐色，散生黑色小点。分生孢子器球形至扁球形，淡褐色，直径80～144μm；分生孢子椭圆形或圆柱形，无色，单胞，6～9μm×3～4μm。

19）胡桃叶点霉*P. juglandis* (DC.) Sacc.，为害核桃，引致核桃斑点病。叶片病斑圆形，暗褐色，干枯后灰褐色，边缘黑褐色，直径3～8mm，散生黑色小点。分生孢子器扁球形，褐色，直径80～96μm；分生孢子卵圆形或短圆柱形，无色，单胞，有时含2个油球，5.0～7.0μm×2.5～3.0μm。

20）梨游散叶点霉*P. erratica* Ell. et Ev.，为害柑橘，引致柑橘白星病。叶片病斑圆形，直径0.3～1.5cm，初呈淡青色，后为淡褐色或赤褐色，病叶两面散生黑色小点。分生孢子器黑褐色，球形或扁球形，直径110～154μm；分生孢子球形或卵圆形，单胞，无色，7.0～12.0μm×6.6～7.0μm。以分生孢子器在病组织内越冬。

21）枇杷叶点霉*P. eriobotryae* Thüm.，为害枇杷，引致枇杷斑点病。叶片病斑圆形，汇合后呈不规则形，中心灰黄色，周围赤褐色，生黑色小点，轮纹状排列。分生孢子器球形或扁球形，黑色；分生孢子椭圆形或短圆柱状，无色或淡灰褐色，4～6μm×3μm。以分生孢子器或菌丝体在病叶组织内越冬。

22）茶叶叶点霉*P. theaefolia* Hara、茶生叶点霉*P. theicola* Petch，二者均侵染茶树叶片，分别引致茶白斑病、茶赤叶斑病。*P. theaefolia*侵染叶柄和新梢，叶片病斑圆形，灰白色，直径0.5～2.0mm，病斑汇合成不规则形大斑，叶柄及新梢受害产生灰白色斑点。*P. theicola*引致不规则形叶斑，红褐色。这两种病菌的形态特征比较如表2-12所示。

表2-12　茶叶叶点霉与茶生叶点霉形态特征比较

病原菌	茶叶叶点霉 *P. theaefolia*	茶生叶点霉 *P. theicola*
形态特征	分生孢子器球形或半圆形，直径60～80μm；分生孢子椭圆形或卵圆形，3～5μm×2～3μm	分生孢子器球形或近扁球形，75～107μm×67～92μm；分生孢子广椭圆形，8～11μm×6～7μm

38. 茎点霉属*Phoma* Sacc.

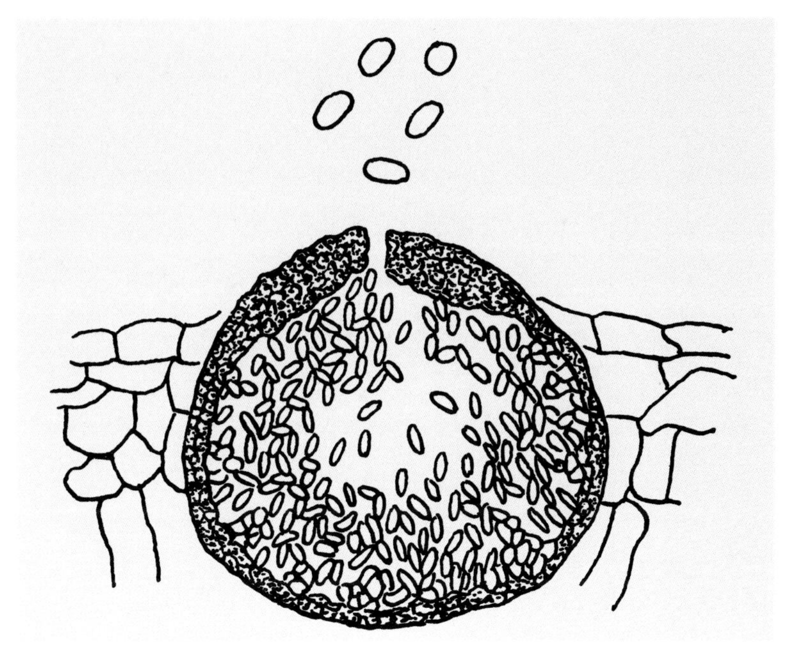

图2-377 *Phoma*分生孢子器与分生孢子形态模式图

茎点霉属与叶点霉属*Phyllosticta*的形态相似，主要区别在于茎点霉属的寄生性不如叶点霉属强，多为害植物果实、茎和老叶，大多从伤口侵入，病斑容易扩大，边缘不明显，病部生黑色小点（分生孢子器），分生孢子无色、椭圆形或卵圆形（图2-377，图2-378）。

1）颖苞茎点霉*Phoma glumarum* Ell. et Tracy，为害水稻穗部，引致稻颖枯病。谷粒局部变褐，颖壳初生椭圆形小斑，褐色，后病斑扩大，中央灰白色，散生许多黑色小点。分生孢子器初埋生，后全部或大部分暴露于水稻组织外，散生或聚生，球形或扁球形，器壁黑褐色，直径64～144μm；分生孢子无色，椭圆形或卵圆形，3～6μm×2～3μm。

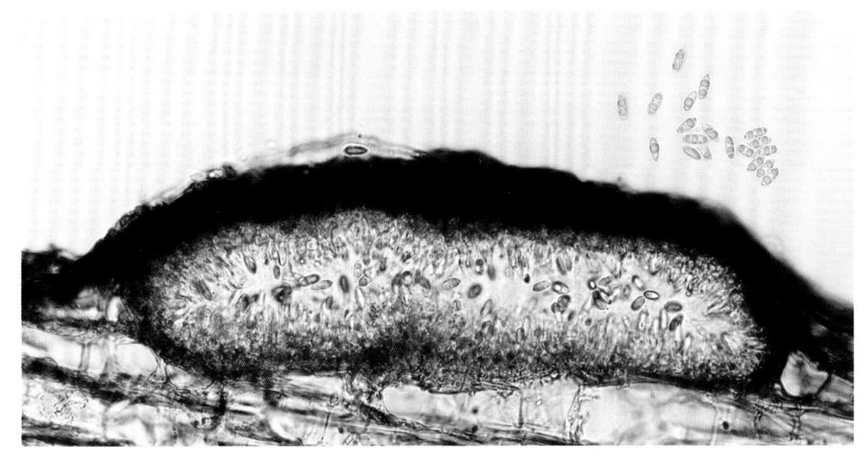

图2-378 *Phoma* sp.分生孢子器与分生孢子

2）甜菜茎点霉*P. betae* Frank，为害甜菜，引致甜菜蛇眼病。主要侵染幼苗、叶片及块根，引致幼苗“立枯”、叶斑及根腐。叶片病斑圆形，淡褐色，边缘紫红色，轮生黑色小点（分生孢子器）；块根生黑褐色凹陷病斑，轮生黑色小点。分生孢子器近球形至扁球形，壁厚，暗褐色，直径96～144μm；分生孢子椭圆形，无色，单胞，内含2个油球，4～7μm×3～4μm。

3）黑胫茎点霉*P. lingam* (Fr.) Desm.，为害油菜，引致油菜黑胫病。侵染根茎、叶片、花梗，分别引致根茎腐烂、叶斑、花梗斑点。病斑不规则形，无明显边缘，散生多数黑色小点。分生孢子器埋生于油菜表皮下，黑褐色，扁球形，直径100～400μm；分生孢子长圆形，无色，单胞，内含2个油球，3.0～4.0μm×1.5～2.0μm。主要以菌丝体随病残体在土壤中越冬，菌丝体在病残体中可存活2～3年，在种子内可存活3年以上。除油菜外，还为害白菜、甘蓝、花椰菜、萝卜、芜菁等。种子消毒对防治油菜黑胫病有效果。

4）实腐茎点霉 *P. destructiva* Plowr.，为害番茄，引致番茄褐腐病。主要侵染即将成熟的果实，较少侵染叶片。果实病斑圆形，初呈褐色，后中央为灰色，靠近外层的病害组织微具轮纹，密生黑色小点，病斑边缘暗紫褐色；叶片病斑圆形，褐色，具同心轮纹。分生孢子器多暴露在组织外，褐色，椭圆形，直径30～350μm；分生孢子无色，单胞，纺锤形或圆筒形，3.2～6.8μm×1.7～3.4μm。病果后期形成的分生孢子器中含有部分双胞的分生孢子，这些分生孢子近圆柱形、无色、4.0～10.0μm×2.5～3.5μm，与上述初期形成的分生孢子不同。据此，有人认为该病菌与 *Ascochyta lycopersici* Brun. 是同种异名。除番茄外，还为害辣椒。

5）苹果茎点霉 *P. pomi* Pass.，为害苹果，引致苹果枝枯病。小枝病斑茶褐色，稍凹陷，散生黑色小点，发病严重时小枝枯死。分生孢子器散生或聚生，扁球形，褐色至暗褐色，直径120～356μm；分生孢子长椭圆形或卵圆形，两端钝圆或一端略尖，单胞，无色，内含1～3个油球，5.0～10.0μm×2.0～3.5μm。除苹果外，还为害山楂等。

6）楸子茎点霉 *P. pomarum* Thüm，为害苹果，引致苹果猫眼病。果实病斑圆形，暗褐色，具明显同心轮纹，后期病斑散生多数黑色小点（分生孢子器）。

7）葡萄黑腐茎点霉 *P. uvicola* Berk.，有性态为葡萄球座菌 *Guignardia bidwellii* (Ell.) Viala et Ravaz.，为害葡萄，引致葡萄黑腐病。果实和叶片病斑生黑色小点（分生孢子器）。分生孢子器球形，黑色，壁厚，直径80～180μm；分生孢子梗丝状；分生孢子椭圆形至卵圆形，无色，单胞，8～10μm×7～8μm。

8）柑橘茎点霉 *P. citricarpa* McAlp.，为害柑橘，引致柑橘黑腐病。主要侵染果实，也侵染叶片。病斑圆形，直径2～3mm，深褐色，稍隆起，中央稍凹陷，散生黑色小点。分生孢子器球形，深褐色，120～350μm×85～190μm；分生孢子梗基部膨大，顶端窄细，无色。分生孢子有两种类型：一种椭圆形，单胞，无色，7.0～12.0μm×5.3～7.0μm；另一种短杆状，单胞，无色，6.0～8.5μm×1.8～2.5μm。

39. 大茎点菌属 *Macrophoma* (Sacc.) Berl et Voglino

分生孢子器球形，暗色，具孔口，生于寄主表皮下，后部分外露；分生孢子梗不分枝，或短或长；分生孢子无色，单胞，卵圆形至广椭圆形，长度超过15μm，萌发时形成1个隔膜，颜色变淡褐色，故有人认为此属可能是球色单隔孢属 *Botryodiplodia*（分生孢子椭圆形、双胞、有色）的一个阶段（图2-379，图2-380）。寄生于植物叶片、茎、果实，引致叶斑、茎秆溃疡、果腐等症状。

1）轮纹大茎点菌 *Macrophoma kawatsukai* Hara，有性态为贝氏葡萄座腔菌梨专化型 *Botryosphaeria berengeriana* f. sp. *piricola* Koganezawa et Sakuma，为害苹果，引致苹果轮纹病。主要侵染枝干及果实，叶片也可受害。枝干病斑以皮孔为中心，初生水渍状褐斑，扩大后病斑近圆形，暗褐色，病健交界处产生裂缝，病部微隆起，中央生1个黑色小点（分生孢子器）。后期病斑下陷，病组织呈马鞍形翘起，严重时枝干布满病斑，病皮粗糙（图2-381A和B）。果实多在近成熟期发病，病斑圆形，红褐色，常因病组织颜色发生深浅不匀变化，形成同心轮纹，后期产生黑色小点（图2-381C和D）。分生孢子器扁球形或扁瓶形，黑褐色，直径176～425μm；分生孢子梗棒形，18～25μm×2～4μm；分生孢子纺锤形或梭形，19～32μm×4～6μm（图2-382）。除苹果外，还为害梨树、沙果、桃树、杏树、枣树、甜橙等多种果树。

图2-379　*Macrophoma*形态模式图

1：分生孢子器；2：分生孢子梗；3：分生孢子

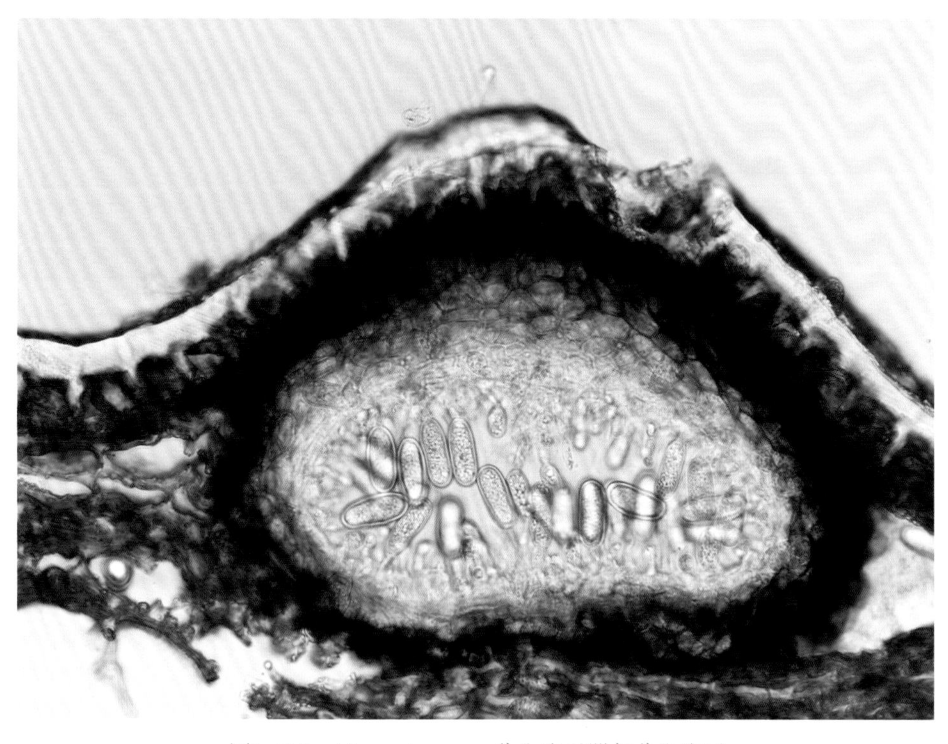

图2-380　*Macrophoma* sp.分生孢子器与分生孢子

2）葡萄房枯大茎点菌*M. faocida* (Viala et Ravaz.) Cav.，有性态为浆果球座菌*Guignardia baccae* (Cav.) Jacz.，为害葡萄，引致葡萄房枯病。主要侵染果实，果实病斑上产生黑色小点（分生孢子器）（图2-383）。分生孢子器球形、扁球形或长瓶形，暗褐色至黑色，80～240μm×104～320μm；分生孢子梗长10～20μm；分生孢子无色，单胞，卵圆形、纺锤形或长椭圆形，16.2～24.6μm×5.7～7.0μm（图2-384）。

3）黑麦大茎点菌*M. secalina* Tehon，为害小麦，引致小麦叶点病。叶片病斑不明显，沿叶脉产生黑色小点（分生孢子器）。分生孢子器多生于叶背，散乱排列，球形或近球形，器壁黑褐色，直径128～176μm；分生孢子无色，单胞，长椭圆形，18～38μm×8～13μm。

图2-381　*Macrophoma kawatsukai*引致苹果轮纹病症状

A：枝干症状；B：主干症状；C：病果初期产生颜色深浅相间的轮纹；D：病果后期形成黑色小点

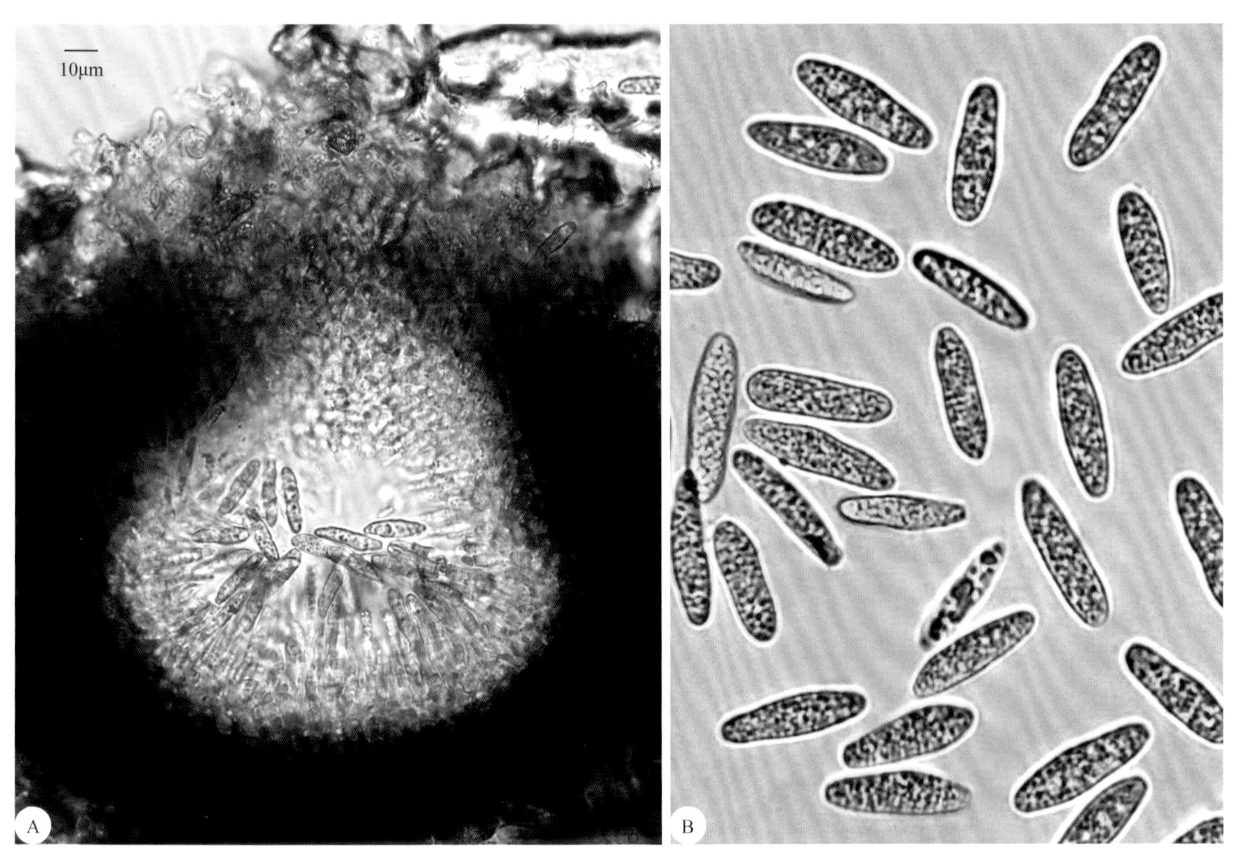

图2-382　*Macrophoma kawatsukai*分生孢子器（A）与分生孢子（B）

图2-383　*Macrophoma faocida*引致葡萄房枯病症状

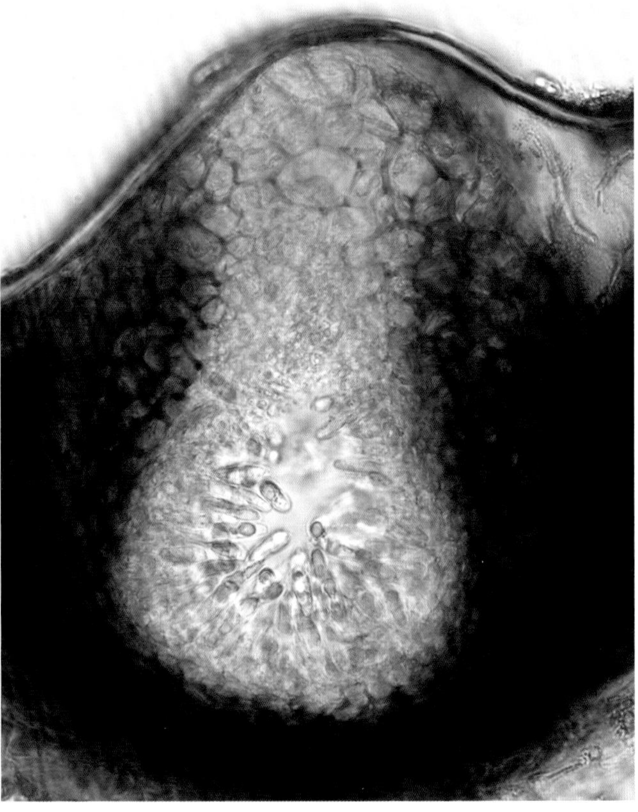
图2-384　*Macrophoma faocida*分生孢子器与分生孢子

4）豆荚大茎点菌*M. mame* Hara，为害芸豆，引致芸豆荚枯病。主要侵染豆荚、茎和种子，茎、荚病斑初呈暗褐色，后为灰褐色，密生黑色小点（图2-385）。分生孢子器分散或聚集，埋生，球形至扁球形，黑褐色，孔口微露，直径104～168μm；分生孢子长椭圆形、长卵圆形或近梭形，无色，单胞，17～23μm×6～8μm（图2-386）。以菌丝体或分生孢子器在病残体中越冬。除芸豆外，还为害大豆、豇豆等。

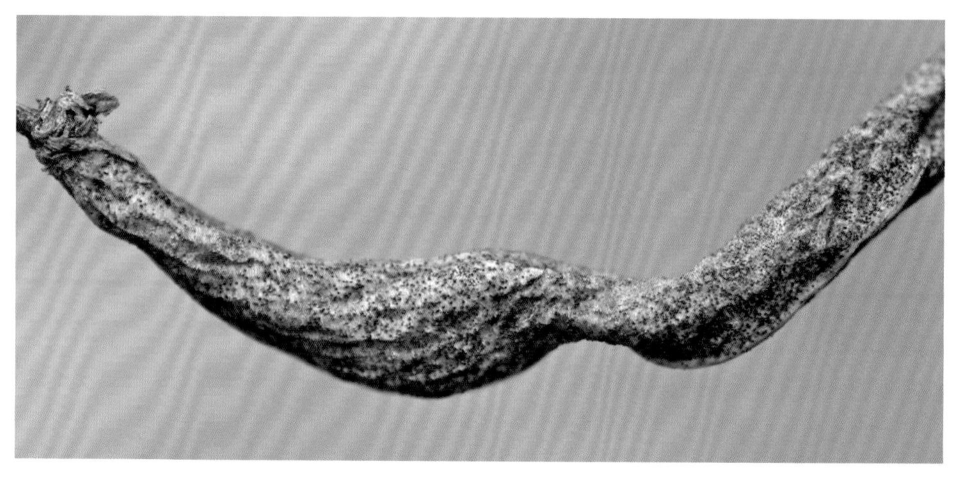

图2-385 *Macrophoma mame*引致芸豆荚枯病豆荚症状

图2-386 *Macrophoma mame*分生孢子器、分生孢子梗及分生孢子

40. 拟茎点霉属*Phomopsis* (Sacc.) Bub.

分生孢子器暗色，具孔口，近球形或圆锥形，生于寄主表皮下，部分露出；分生孢子梗短，不分枝；分生孢子无色，单胞，有甲、乙两种类型：甲型分生孢子卵圆形至纺锤形，乙型分生孢子线形、一端弯曲呈钩状（图2-387）。寄生于植物叶片、茎、果实等多个部位，引致斑点。寄生在叶片、果实上不产生子座，在茎秆上或人工培养基（如PSA培养基、植物组织水琼脂培养基、PDA培养基等）上产生子座。有性态多为间座壳属*Diaporthe*。

1）茄褐纹拟茎点霉*Phomopsis vexans* (Sacc. et Syd.) Harter，有性态为坏损间座壳*Diaporthe vexans* Gratz，为害茄子，引致茄褐纹病。分生孢子器聚生或散生，扁球形或近球形，黑褐色，直径80～272μm；甲型分生孢子椭圆形或近梭形，单胞，无色，内含2个油球，5.0～7.0μm×2.0～2.5μm（图2-388A）；乙型分生孢子线形，单胞，无色，一端弯曲呈钩状，16.0～30.0μm×1.0～1.5μm（图2-388B）。叶片病斑上的分生孢子器多产生甲型分生孢子，茎和果实病斑上的分生孢子器常产生乙型分生孢子（图2-389）。

2）大豆拟茎点霉*P. sojae* Lehman，有性态为大豆间座壳*Diaporthe sojae* Lehman，为害大豆，引致大豆黑点病。侵染茎、果荚和种子，分生孢子器扁球形，黑褐色，直径198～300μm；甲型分生孢子长卵圆形或椭圆形，单胞，无色，4～9μm×2～3μm；乙型分生孢子钩形，单胞，无色，一端较尖，微弯，9～30μm×1～2μm。

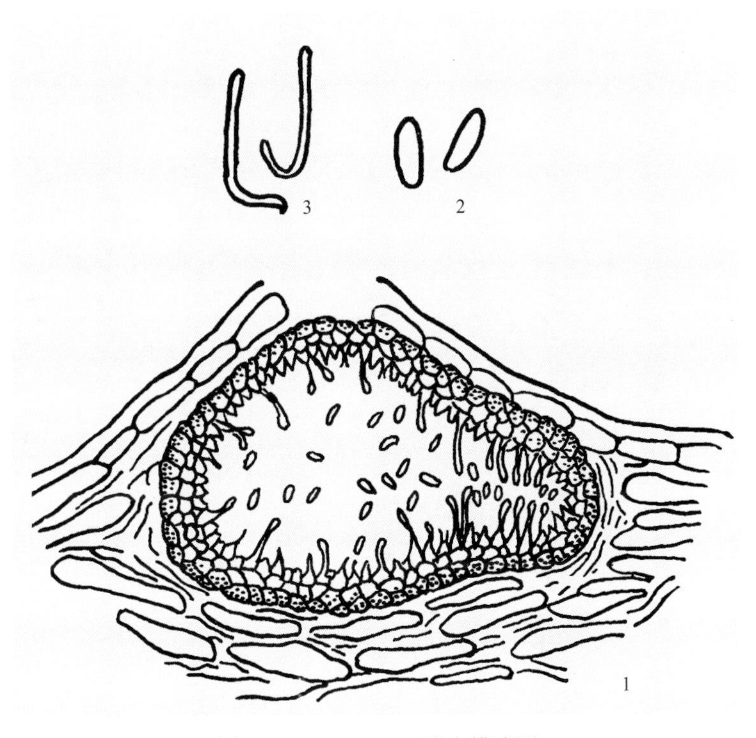

图2-387　*Phomopsis*形态模式图

1：分生孢子器；2：甲型分生孢子；3：乙型分生孢子

3）福士拟茎点霉*P. fukushii* Tanaka et Endo，为害梨树苗木，引致梨树干枯病。枝干病斑圆形或不规则形，褐色，病部凹陷，密生黑色小点，周围开裂。分生孢子器埋生于栓皮下，扁球形或烧瓶形，黑褐色；甲型分生孢子纺锤形，两端各含1个油球，8.7～10.0μm×2.0～ 3.0μm；乙型分生孢子线状，略弯，17.0～33.0μm×1.5～2.5μm。以菌丝体或分生孢子器在病部越冬。

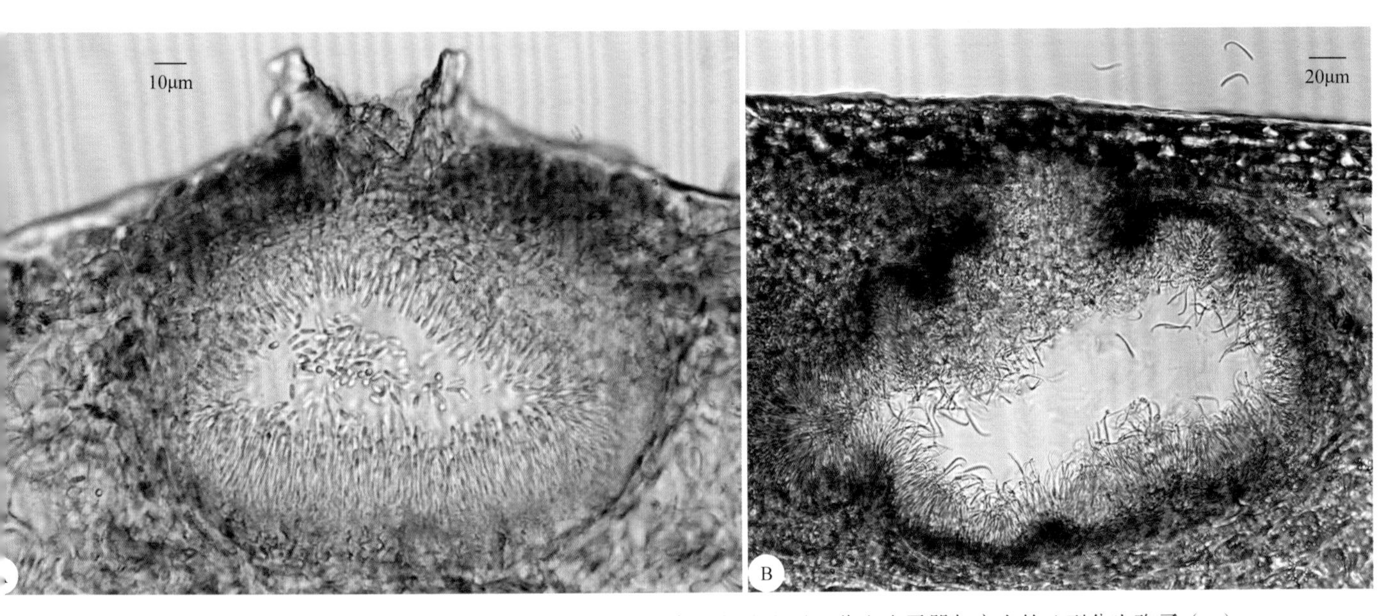

图2-388　*Phomopsis vexans*分生孢子器与产生的甲型分生孢子（A），分生孢子器与产生的乙型分生孢子（B）

4）柑橘拟茎点霉*P. citri* Fawcett，有性态为柑橘间座壳*Diaporthe citri* (Fawcett) Wolf，为害柑橘，引致柑橘树脂病。主要侵染枝干、叶片和果实。分生孢子器生于表皮下，球形、椭圆形或不规则形，直径210～714μm，有疣状孔口；甲型分生孢子卵圆形，单胞，无色，6.5～13.0μm×3.25～3.9μm；乙型分生孢子钩状，单胞，无色，18.9～39.0μm×1.0～2.3μm。

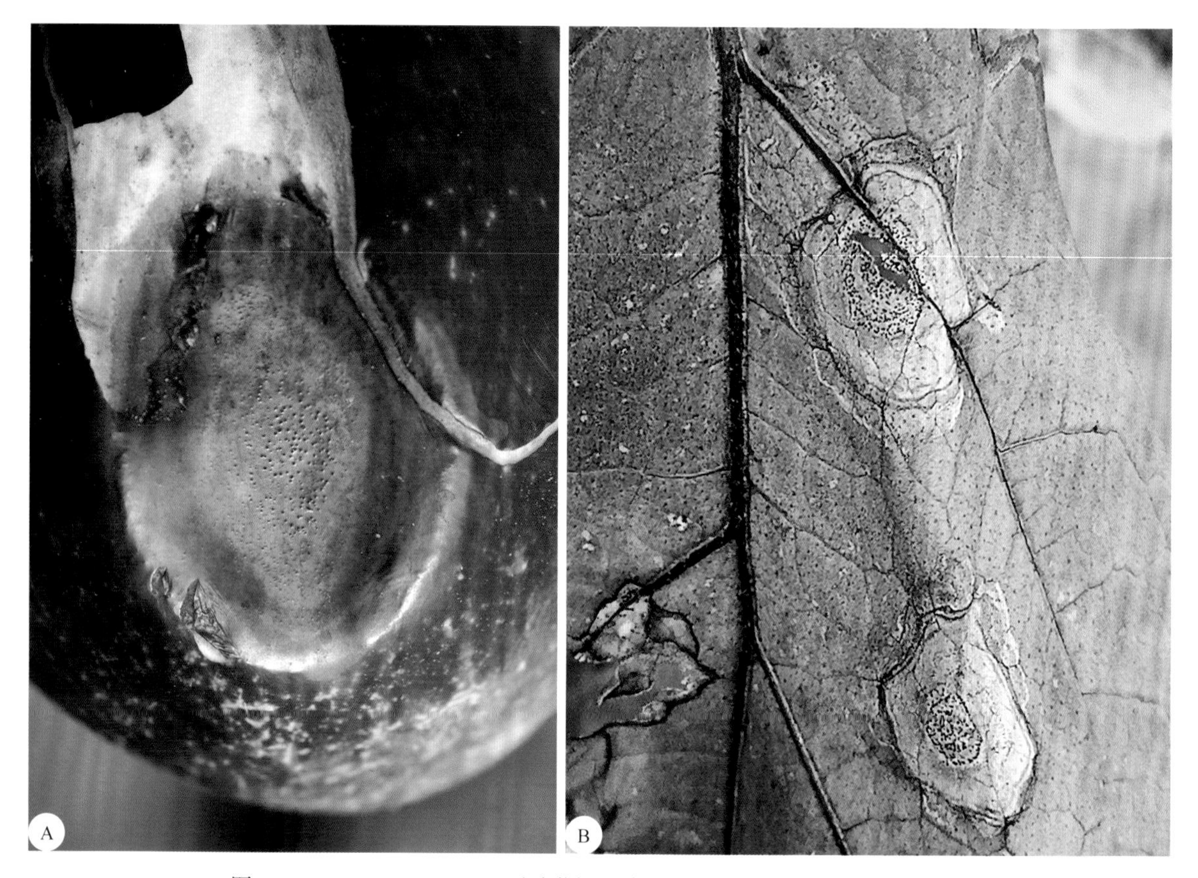

图2-389 *Phomopsis vexans*引致茄褐纹病果实症状（A）与叶片症状（B）

41. 壳梭孢属 *Fusicoccum* Corda

子座暗色，球形或平展，生于寄主表皮下，后外露。分生孢子器生于子座内，每一子座生有1至多个分生孢子器，彼此分离，或具同一孔口；分生孢子梗短，不分枝或分枝；分生孢子无色，单胞，梭形（图2-390）。寄生或腐生于树木上。

葡萄生壳梭孢 *Fusicoccum viticolum* Redd.，有性态为葡萄生小隐孢壳 *Cryptosporella viticola* (Red.) Shear，侵染葡萄茎蔓基部，引致葡萄蔓割病。子座生于茎蔓表皮下，后突破表皮外露，黑色，中央微下陷或稍隆起。分生孢子器具数个腔室，器壁黑褐色，形状不规则；分生孢子梗有分枝；分生孢子单胞，无色，有两种形状：一种近梭形、5～10μm×2.0～2.5μm，另一种线形、弯曲、20～40μm×1.0～1.5μm（图2-391）。两种分生孢子可以产生于同一腔室内，也可产生在不同腔室中。以分生孢子器在病蔓上越冬。

42. 壳囊孢属 *Cytospora* Ehrenb.

分生孢子器生于子座内，子座表生或埋生，瘤状至球形；分生孢子器不规则形，有多个腔室；分生孢子梗细长，不分枝；分生孢子无色，单胞，香蕉形，微弯（图2-392）。寄生或腐生在树木枝干上。有性态大多数为黑腐皮壳属 *Valsa*。

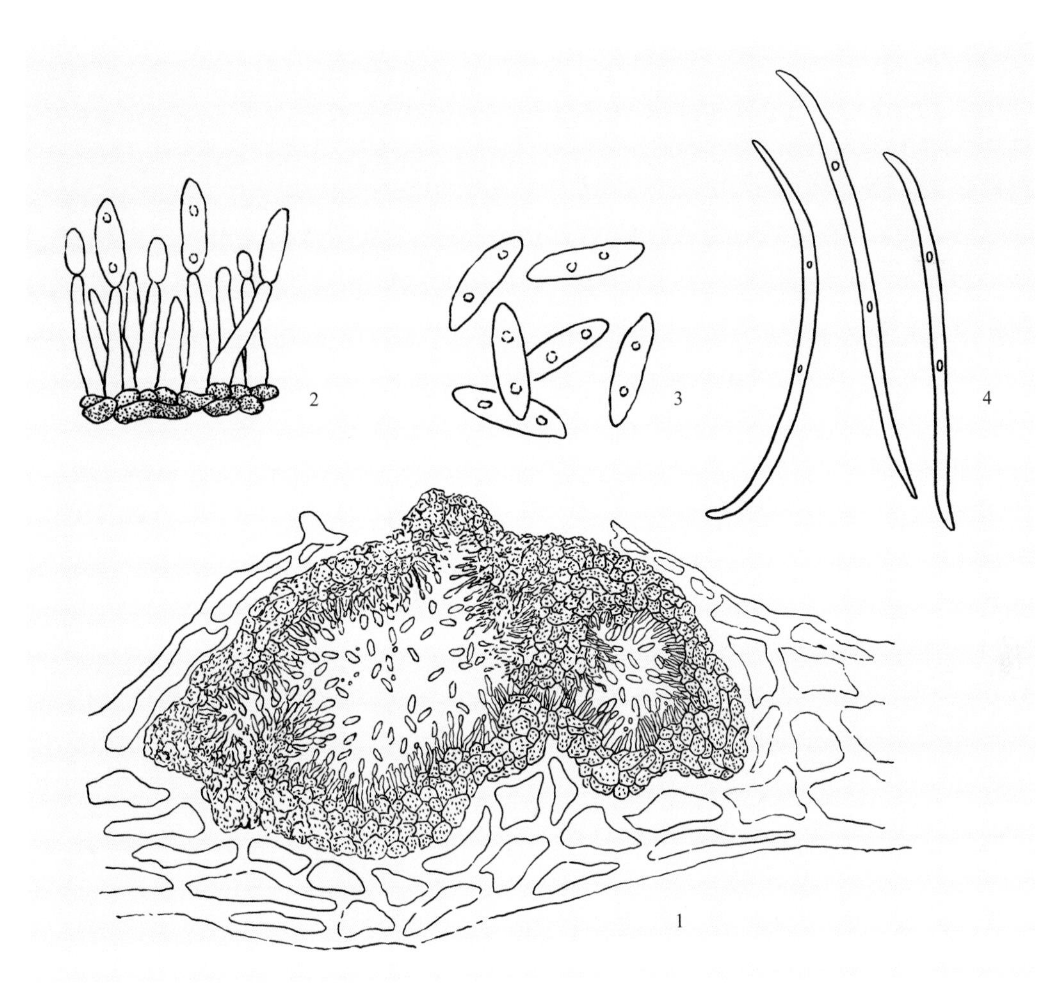

图2-390 *Fusicoccum*形态模式图

1：分生孢子器；2：分生孢子梗；3：梭形分生孢子；4：线形分生孢子

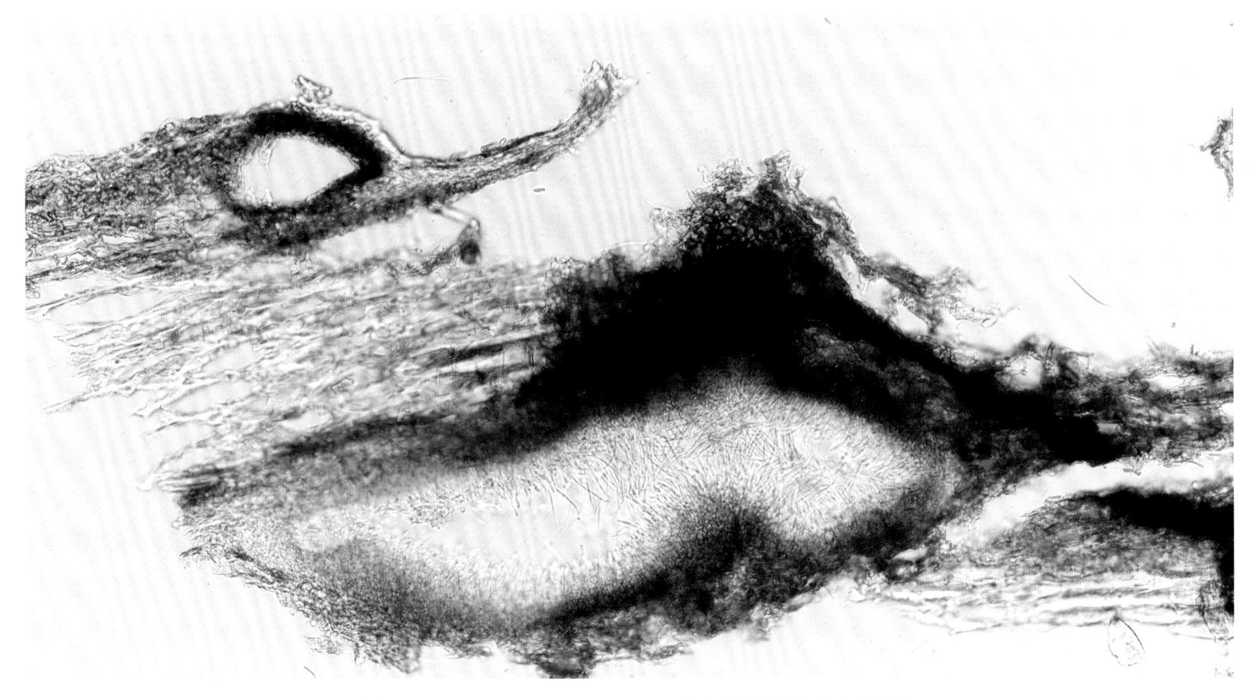

图2-391 *Fusicoccum viticolum*分生孢子器与分生孢子

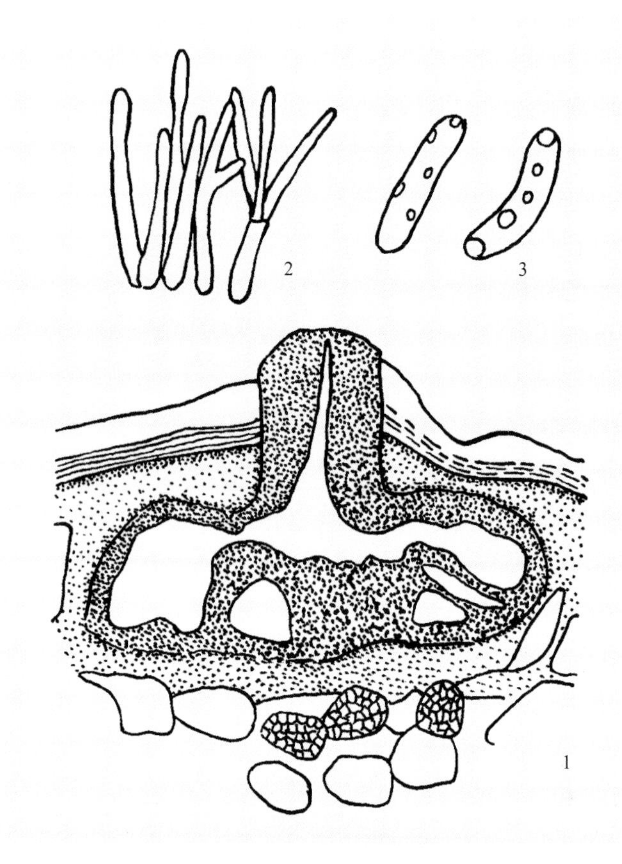

图2-392 Cytospora形态模式图

1：分生孢子器；2：分生孢子梗；3：分生孢子

1）苹果壳囊孢*Cytospora mali* Grove，有性态为*Valsa ceratosperma* (Tode et Fr.) Maire，为害苹果树，引致苹果树腐烂病。子座发达，不规则形，有多个腔室，具1共同孔口，分生孢子器生于子座内（图2-393）；分生孢子无色，单胞，香蕉形，4.0～10.0μm×0.8～1.7μm（ 图2-394）。在潮湿条件下分生孢子器自孔口挤出黄色至红色牙膏状分生孢子团（图2-395）。

2）迂回壳囊孢*C. ambiens* Sacc.和草籽壳囊孢*C. carphosperma* Sacc.，为害梨树，引致梨树腐烂病。*C. ambiens*多发生于溃疡型病斑上，子座散生，但分布较密，分生孢子器生于子座内，一个子座只有1个分生孢子器；分生孢子器由数个互相贯通且不规则形的腔室组成，具1共同孔口；分生孢子无色，单胞，香蕉形，4.7～4.9μm×1.0～1.3μm。*C. carphosperma*主要发生在枯死枝干上，分生孢子单胞，无色，香蕉状，2.6～6.6μm×0.7μm。

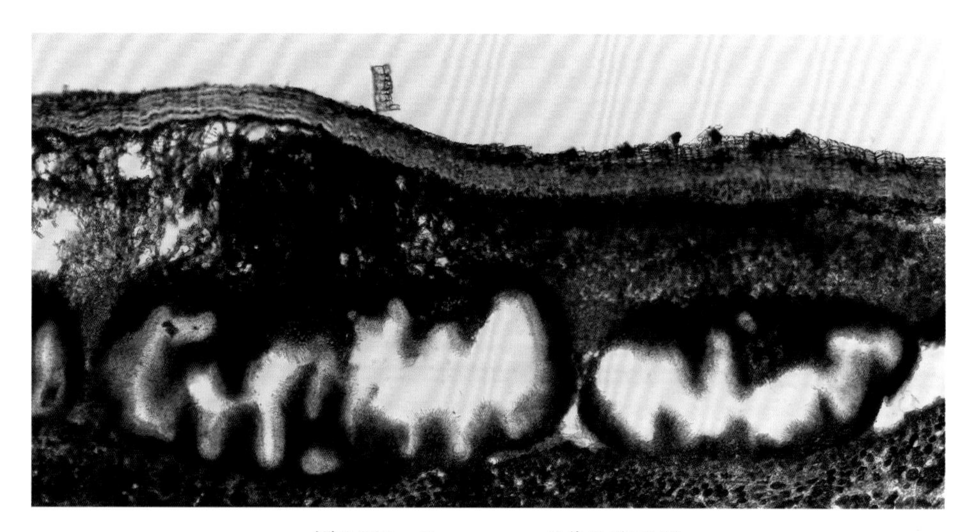

图2-393 *Cytospora mali*分生孢子器

3）核果壳囊孢*C. leucostoma* (Pers.) Sacc.，有性态为核果黑腐皮壳*Valsa leucostoma* (Pers.) Fr.，为害桃树，引致桃树干枯病。分生孢子器生于子座内，近球形或不规则形，直径约1mm（图2-396）；分生孢子圆筒形，单胞，无色，略弯，5.0～9.6μm×0.8～1.8μm（图2-397）。侵染桃树枝干，病部密生黑色瘤状颗粒，在潮湿条件下涌出橘黄色或红色分生孢子角（图2-398）。以菌丝体、分生孢子器或子囊壳在病枝干上越冬。

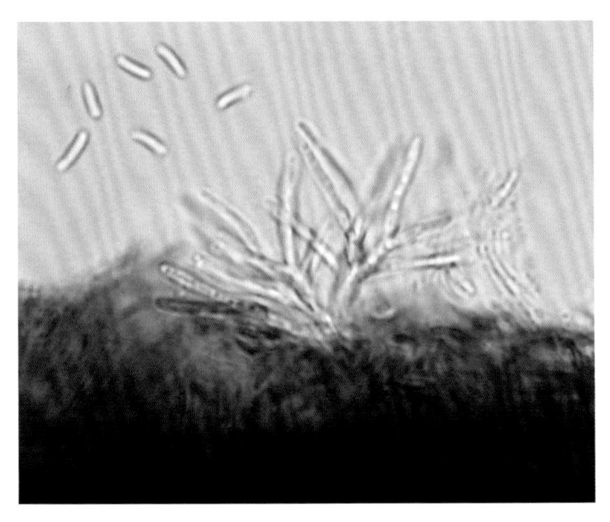

图2-394 *Cytospora mali*分生孢子梗与分生孢子

图2-395 *Cytospora mali*引致苹果树腐烂病症状

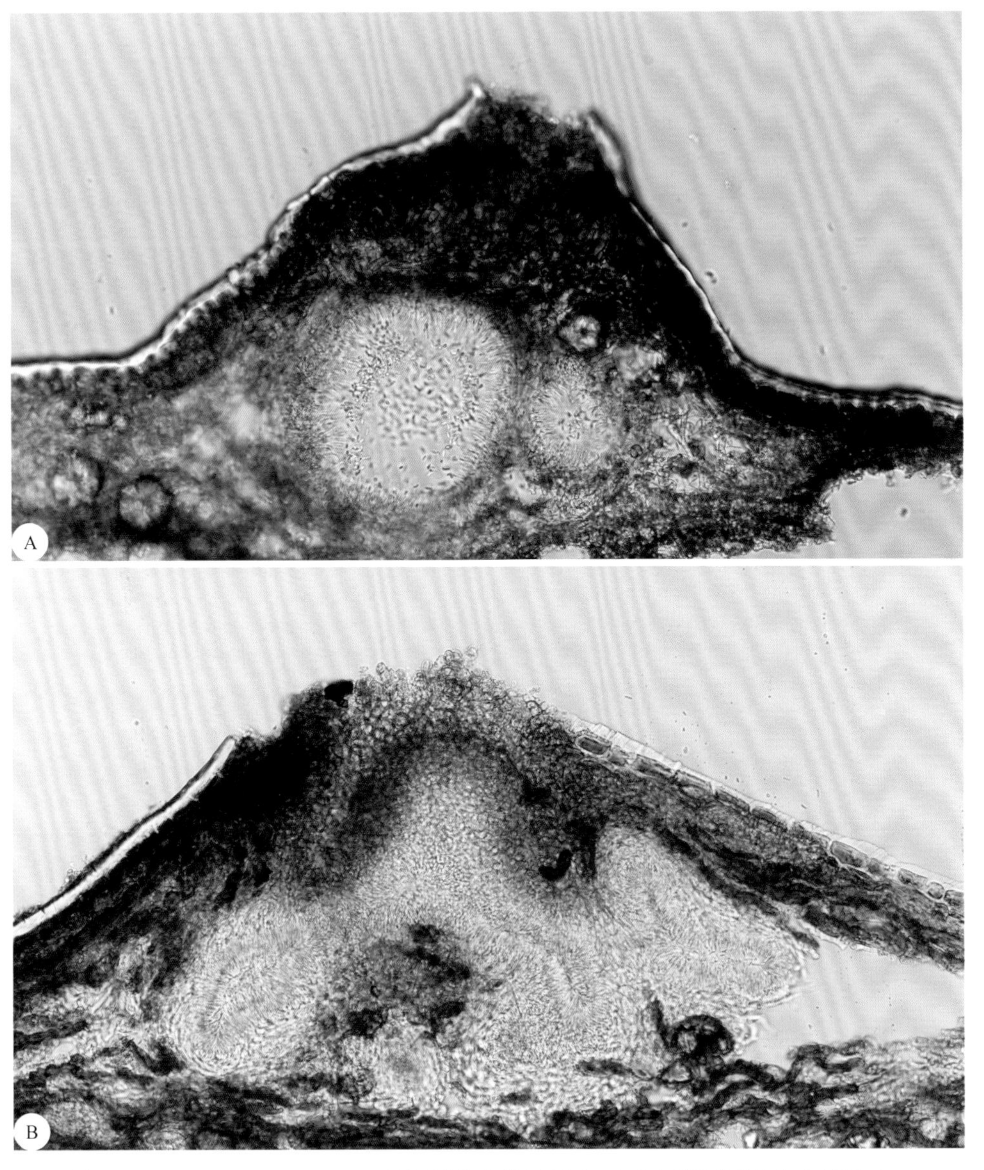

图2-396 *Cytospora leucostoma*近圆形分生孢子器（A）与不规则形分生孢子器（B）

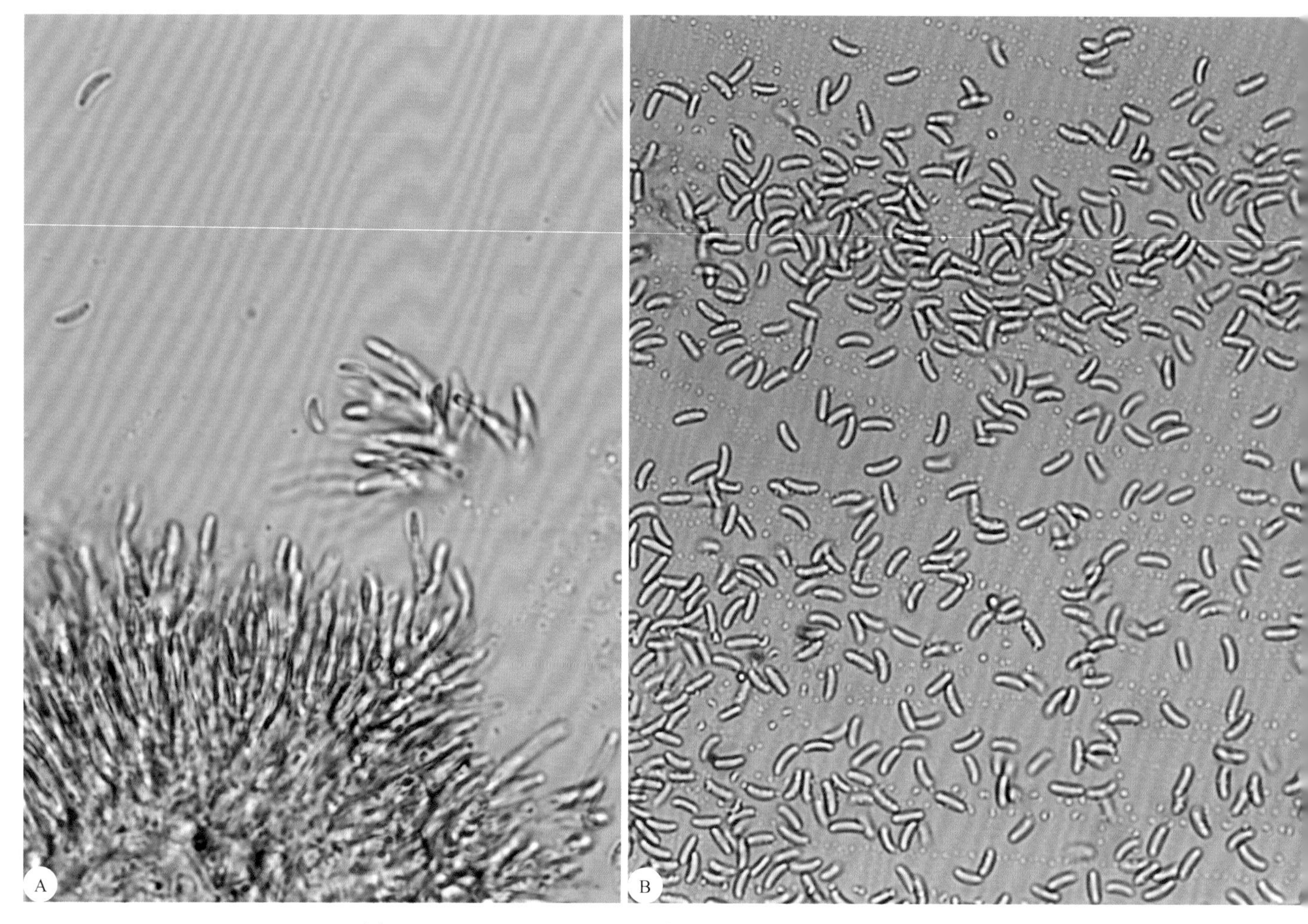

图2-397　*Cytospora leucostoma*分生孢子梗（A）与分生孢子（B）

图2-398　*Cytospora leucostoma*分生孢子器中挤出橘黄色、卷曲分生孢子团

4）甘蔗壳囊孢*C. sacchari* Butl.，为害甘蔗，引致甘蔗鞘腐病。主要侵染叶鞘，茎及叶片中肋基部也可受害，初期近地面叶鞘变红，逐渐向上蔓延，病部散生黑色刺毛状物（分生孢子器孔口部）。分生孢子器生于子座内，以长颈伸出子座外；分生孢子梗无色，纤细，有分枝，长12～20μm；分生孢子单胞，无色，椭圆形或近卵圆形，两端钝圆，3.0～4.0μm×1.0～1.5μm。主要以分生孢子器在受害叶鞘上越冬。

5）金黄壳囊孢*C. chrysosperma* (Pers.) Fr.，有性态为污黑腐皮壳*Valsa sordida* Nits.，为害杨树，引致杨溃疡病。子座散生，扁圆锥形，直径约1.5mm，高约1mm，埋生于隆起的杨树表皮下，顶部外露，灰色至黑色；分生孢子器生于子座内，形状不规则，数个器腔共享同一个孔口；分生孢子梗线状；分生孢子香蕉形，4.0～7.5μm×1.0～1.5μm。除杨树外，还为害柳树等。

43. 壳球孢属*Macrophomina* Petrak

分生孢子器球形，暗褐色；分生孢子单胞，无色，圆柱形至纺锤形；菌核黑色，坚硬，表面光滑。该属引致的病害一般称为炭腐病。

菜豆壳球孢*Macrophomina phaseoli* (Maubl.) Ashby.是一种重要的根腐病菌，受害根和茎基上因产生大量菌核而呈黑色，病斑上有轮纹状排列的黑色小点（分生孢子器）（图2-399）。

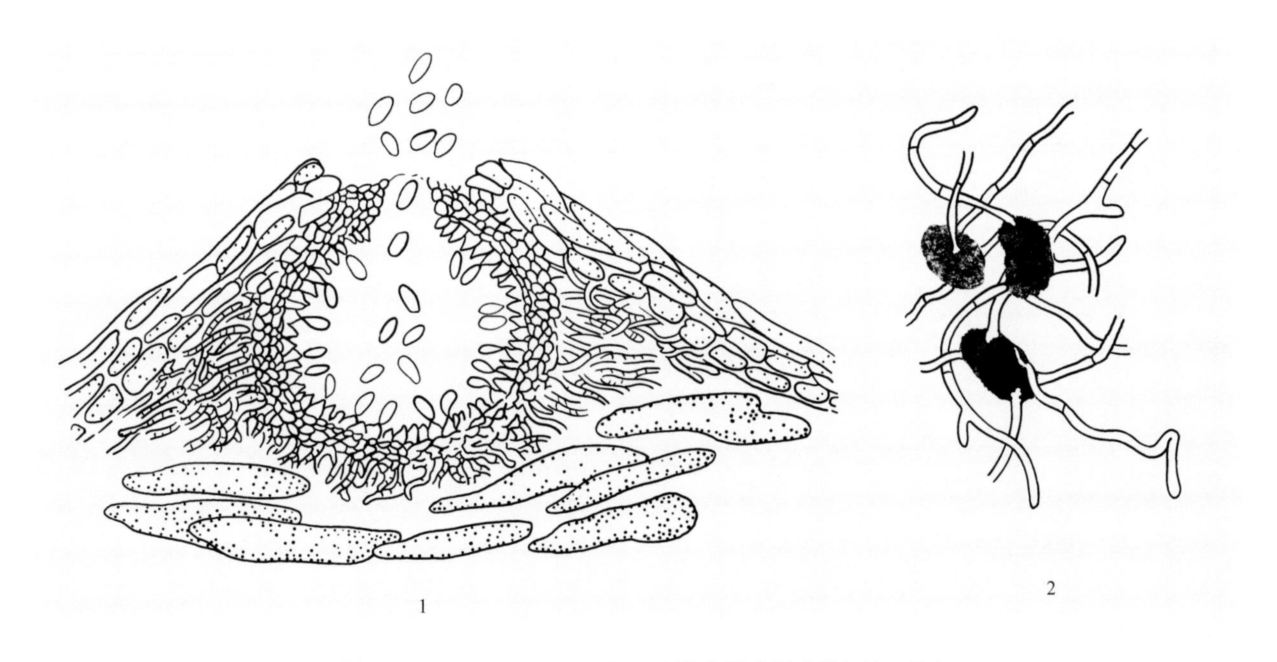

图2-399　*Macrophomina phaseoli*形态模式图（胡加怡　绘）

1：分生孢子器及分生孢子；2：菌核

44. 球壳孢属*Sphaeropsis* Sacc.

分生孢子器暗色，单生或群生，球形，具孔口，生于寄主植物组织内，后孔口外露；分生孢子梗短；分生孢子较大（大于15μm），暗色，单胞，卵圆形、椭圆形或不规则形，有时在萌发时形成1个隔膜（图2-400～图2-402）。寄生于植物茎、叶片及果实。有性态多为囊孢壳属*Physalospora*。

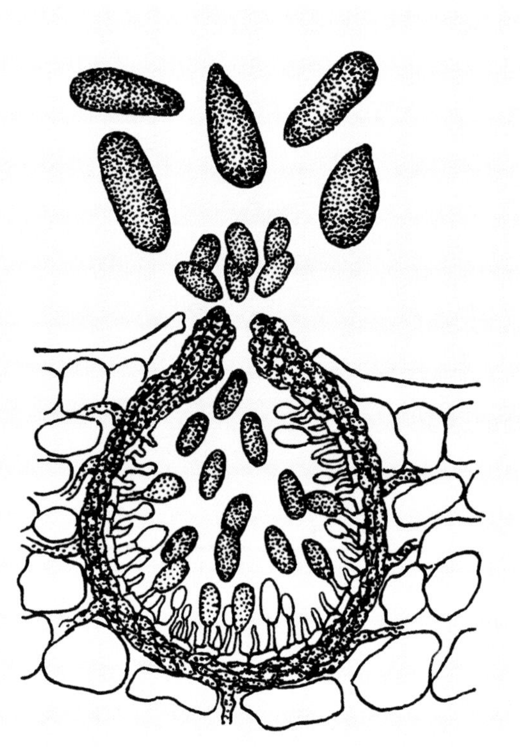

图2-400　*Sphaeropsis*分生孢子器与分生孢子形态模式图

图2-401　*Sphaeropsis* sp.分生孢子器

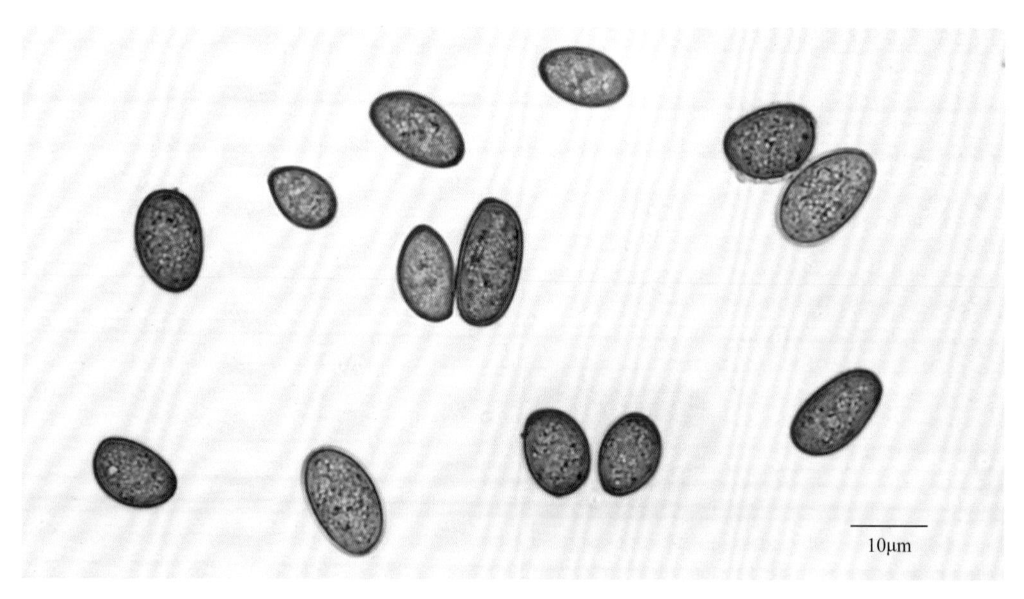

图2-402　*Sphaeropsis* sp.分生孢子

仁果球壳孢*Sphaeropsis malorum* Peck，有性态为仁果囊孢壳*Physalospora obtusa* (Schw.) Cooke，为害苹果，引致苹果黑腐病。侵染枝梢、叶片及果实。枝条病斑椭圆形或不规则形，褐色至黑色，略凹陷；叶片病斑圆形，中央灰白色，边缘褐色；果实病斑圆形，褐色，逐渐扩大至全果变为黑色，失水后成僵果，病部生黑色小点。分生孢子器球形，黑色，孔口呈乳头状突起，直径144～360μm（图2-403）；分生孢子长椭圆形或近圆柱形，少数卵圆形，暗褐色，单胞，14～28μm×10～13μm（图2-404）。以分生孢子器在病组织上越冬。

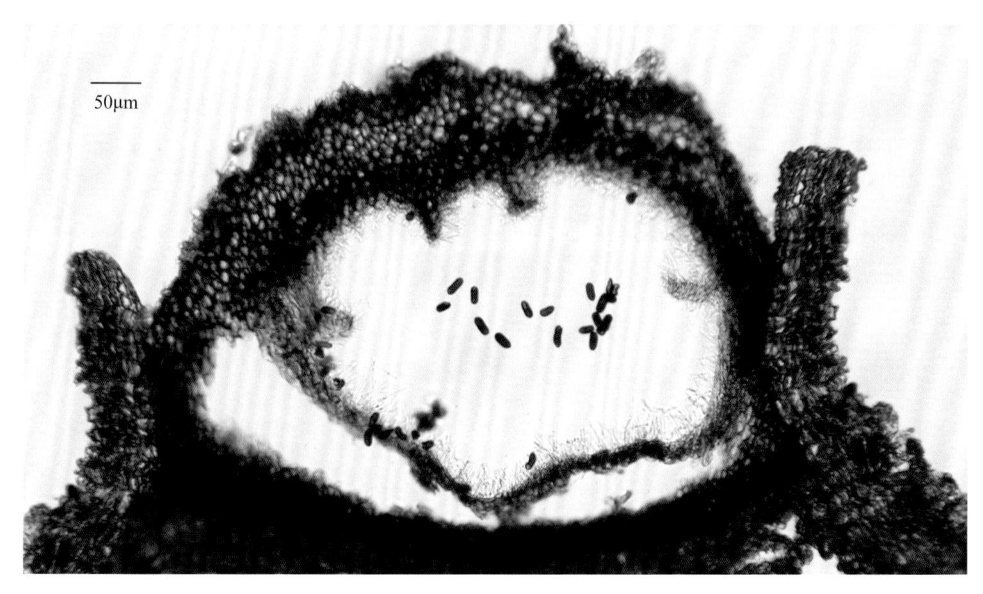

图2-403 *Sphaeropsis malorum*分生孢子器

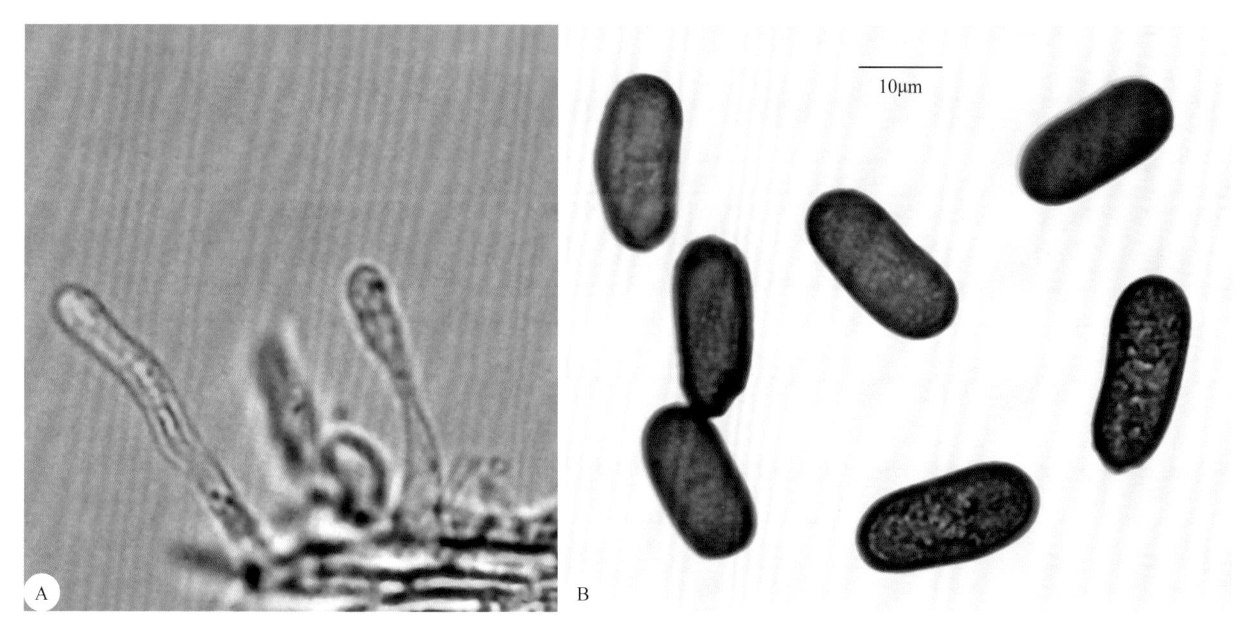

图2-404 *Sphaeropsis malorum*分生孢子梗（A）与分生孢子（B）

45. 小穴壳菌属*Dothiorella* Sacc.

子座发达，生于寄主植物表皮下；分生孢子器暗色，球形，数个聚生于子座中，孔口外露；分生孢子梗不分枝，短小；分生孢子无色，单胞，卵圆形至广椭圆形（图2-405）。寄生或腐生于树木上，分布普遍。

聚生小穴壳菌*Dothiorella gregaria* Sacc.，为害杨树，引致杨枝枯病。主要侵染主干，引致溃疡型病斑。分生孢子器生于杨树表皮下的子座内，后外露，群生，直径180～260μm（图2-406）；分生孢子梗尖细，10～15μm×3～4μm；分生孢子长圆形至梭形，无色，单胞，具云纹，18～29μm×5～7μm（图2-407）。除杨树外，还为害柳树、胡桃等。

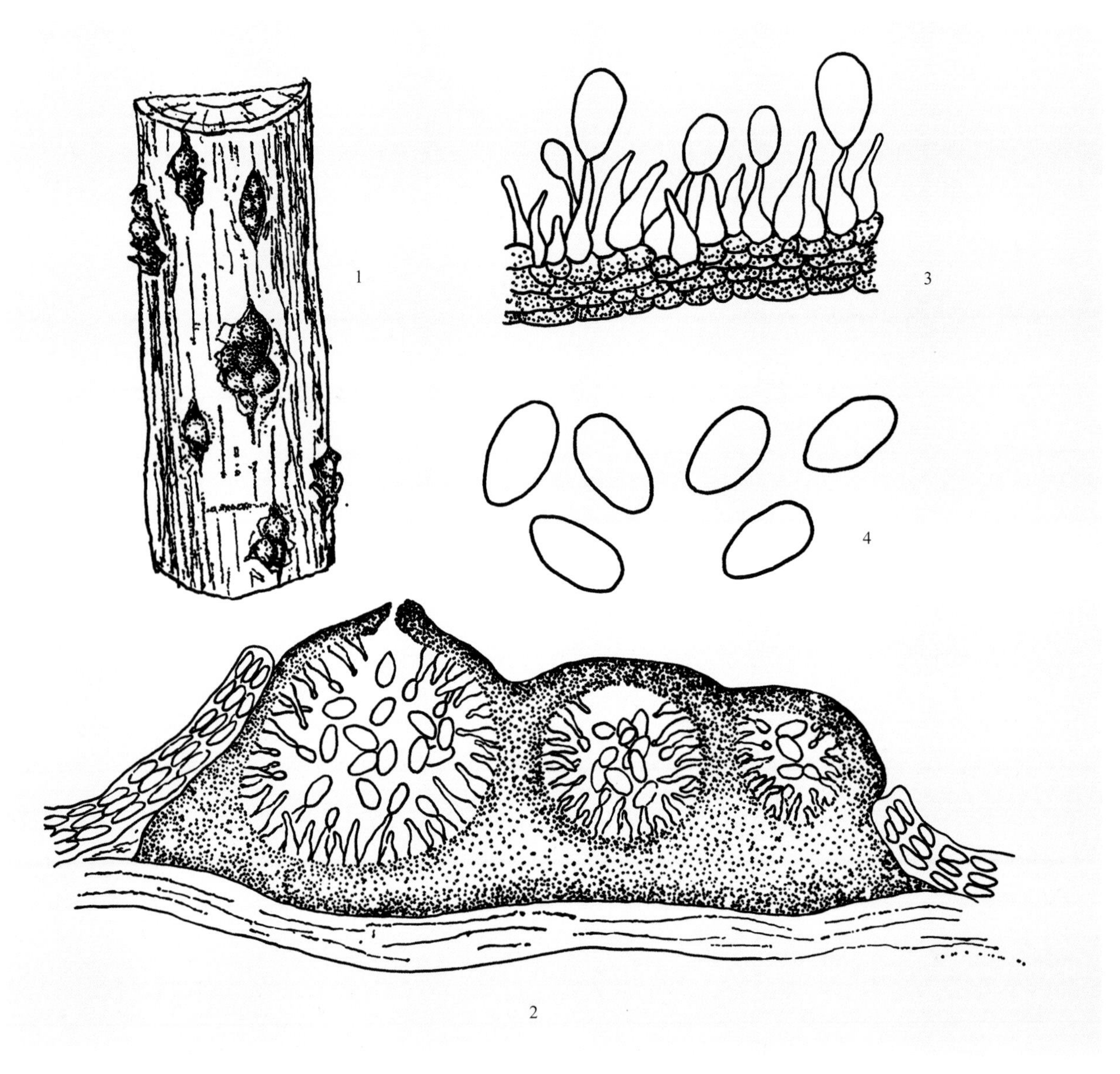

图2-405 *Dothiorella*形态模式图

1：分生孢子器与子座外观；2：分生孢子器；3：分生孢子梗和分生孢子；4：分生孢子

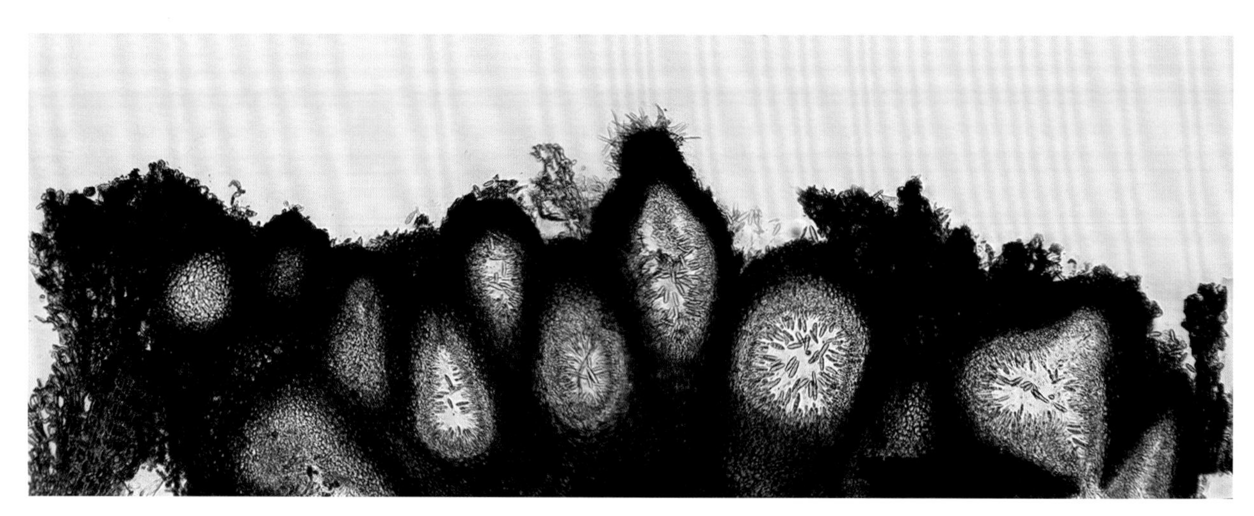

图2-406 *Dothiorella gregaria*子座

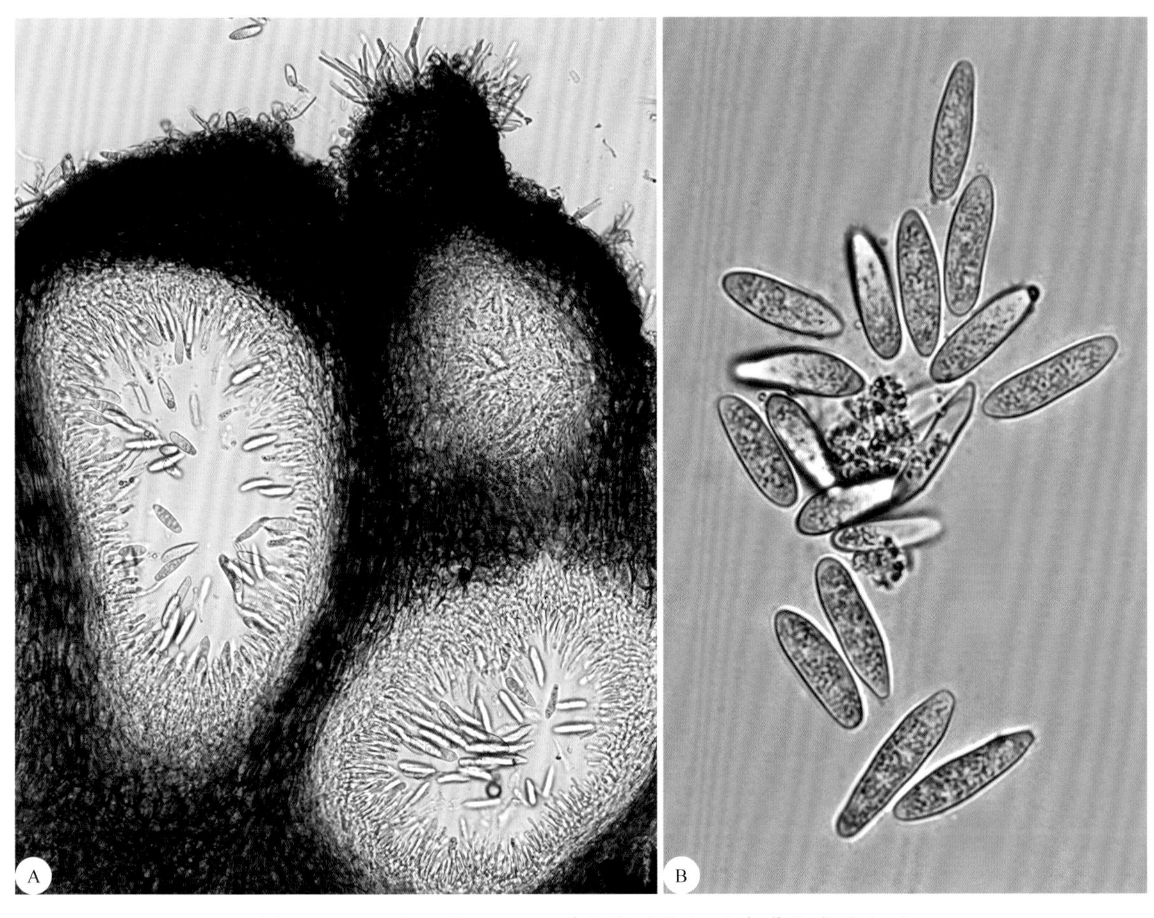

图2-407　*Dothiorella gregaria*分生孢子器（A）与分生孢子（B）

46. 壳二孢属*Ascochyta* Lib.

分生孢子器埋生于寄主植物表皮下，暗色，球形，具明显孔口；分生孢子卵圆形至椭圆形，双胞，无色（图2-408）。寄生多种植物，引致叶斑病。

1）黄瓜壳二孢*Ascochyta cucumis* Fautr. et Roum.，有性态为瓜类球腔菌*Mycosphaerella citrullina* (Smith) Grossenb.，为害黄瓜，引致黄瓜蔓枯病。侵染叶片和果实，病部散生黑色小点（图2-409）。分生孢子器球形或扁球形，直径88 ~ 160μm；分生孢子单胞或双胞，8.8 ~ 11.0μm × 2.0 ~ 2.5μm（图2-410）。

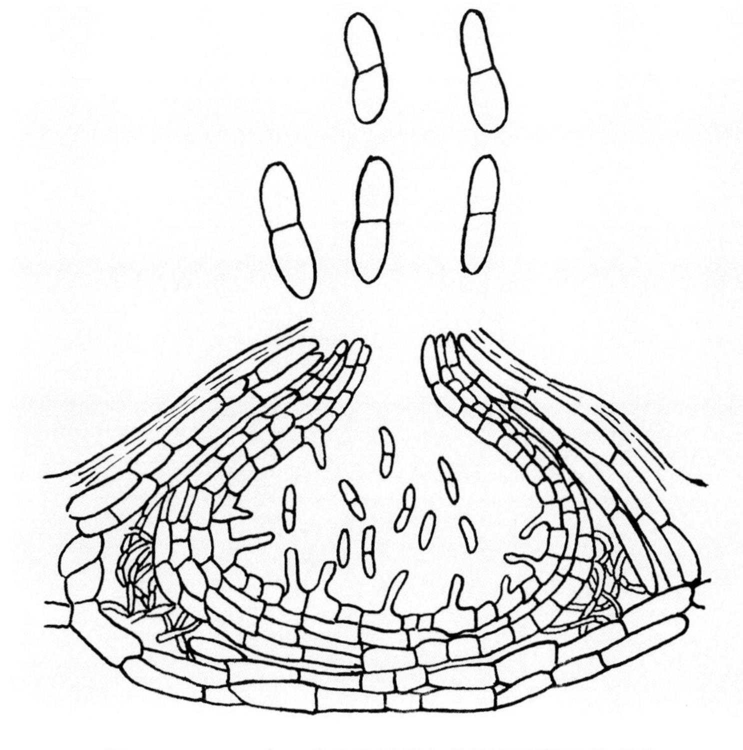

图2-408　*Ascochyta*分生孢子器与分生孢子形态模式图

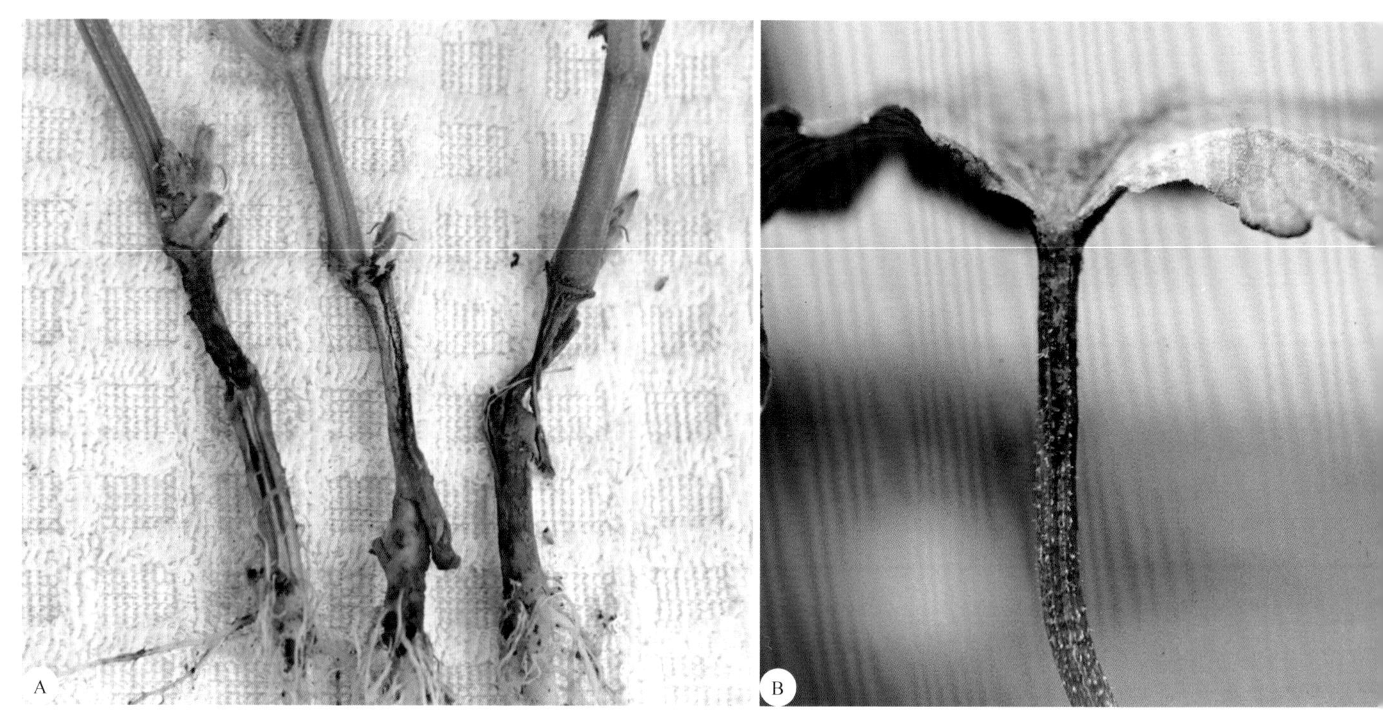

图2-409 *Ascochyta cucumis*引致黄瓜蔓枯病茎蔓症状（A）与叶片症状（B）

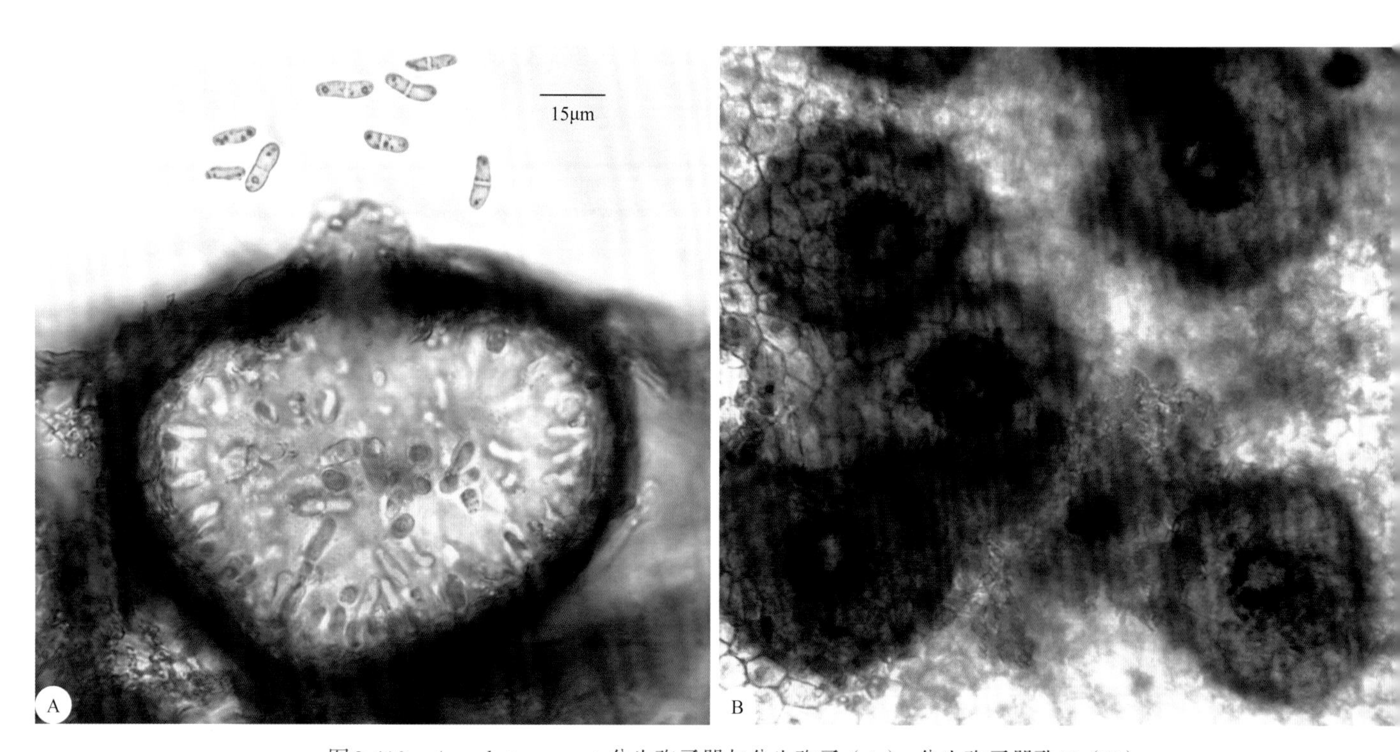

图2-410 *Ascochyta cucumis*分生孢子器与分生孢子（A），分生孢子器孔口（B）

2）菜豆壳二孢*A. phaseolorum* Sacc.，为害绿豆，引致绿豆轮纹病。主要侵染叶片，病斑近圆形，褐色，边缘色深，具同心轮纹，散生褐色小点（分生孢子器），易破裂（图2-411A）。分生孢子器散生或聚生，球形至扁球形，黄褐色，直径96～160μm；分生孢子圆柱形，无色，初单胞，成熟后双胞，分隔处略缢缩，6～11μm×3μm（图2-411B）。除绿豆外，还为害菜豆、豇豆、蚕豆等。

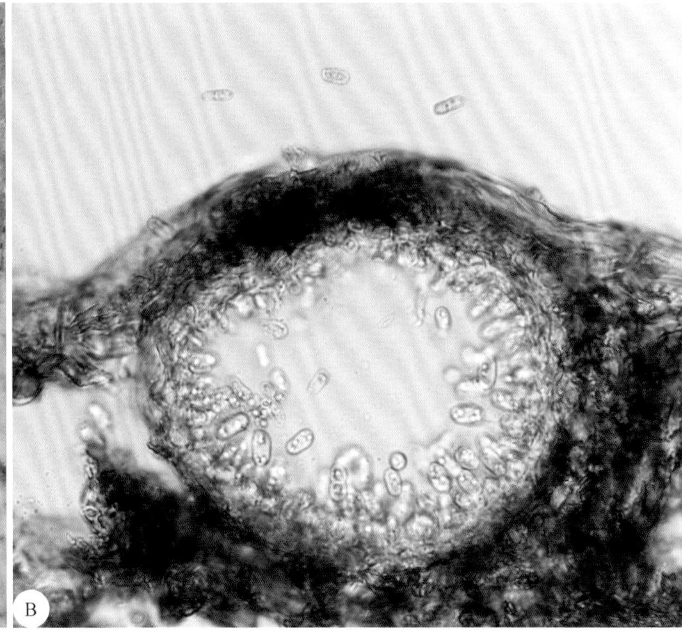

图2-411 *Ascochyta phaseolorum*引致绿豆轮纹病叶片症状（A）及其分生孢子器和分生孢子（B）

3）禾生壳二孢*A. graminicola* Sacc.，为害小麦，引致小麦褐斑病。叶片病斑椭圆形或不规则形，中央灰褐色，边缘深褐色，散生黑色小点（分生孢子器）（图2-412A）。分生孢子器散生或聚生，扁球形，黄褐色，孔口周围色深，直径80～128μm（图2-412B）；分生孢子长椭圆形，无色，双胞，9.0～1.9μm×3.0～4.0μm（图2-412C）。除小麦外，还为害谷子、高粱、雀麦等。

4）高粱壳二孢*A. sorghi* Sacc.，为害高粱，引致高粱粗斑病。叶片病斑椭圆形或长条形，灰褐色，边缘紫红色，病斑粗糙，散生多数黑色粒点。分生孢子器直径200μm以上；分生孢子长圆形，无色，双胞，约20μm×8μm。

5）荞麦壳二孢*A. fagopyri* Bres.，为害荞麦，引致荞麦轮纹病。叶片病斑圆形或近圆形，红褐色，具同心轮纹；茎上病斑梭形或椭圆形，红褐色，茎秆枯死后变为黑色；病部均生多数黑褐色小点（分生孢子器）。分生孢子器散生，球形或近球形，褐色，直径95～128μm；分生孢子圆柱状，无色，双胞，偶尔三胞，16～24μm×5～8μm。

6）蚕豆壳二孢*A. fabae* Speg.，为害蚕豆，引致蚕豆褐斑病。可侵染叶片、茎、荚及种子。叶片病斑圆形至不规则形，暗褐色，具不明显同心轮纹，后变为灰白色，散生黑色粒点。分生孢子器球形或扁球形，深褐色，直径100～150μm；分生孢子椭圆形或长圆形，无色，双胞，偶尔三胞，分隔处稍缢缩，13～31μm×4～6μm。在病残体或种子上越冬。

7）大豆壳二孢*A. sojae* Miura，为害大豆，引致大豆轮纹病。叶片病斑近圆形，灰褐色，边缘深褐色，微具同心轮纹，散生多数黑色小点。茎、荚亦可受害。分生孢子器球形或扁球形，褐色，直径102～144μm；分生孢子圆柱形，无色，双胞，6～13μm×2～4μm。

8）棉壳二孢*A. gossypii* Syd.，为害棉花，引致棉花轮纹病。可侵染嫩茎、叶片、叶柄及棉铃。叶片病斑圆形或不规则形，灰白色，边缘红褐色，散生黑色小点。分生孢子器球形，直径160～320μm；分生孢子卵圆形，双胞，无色，6～10μm×3～5μm。在种子或病残体上越冬。

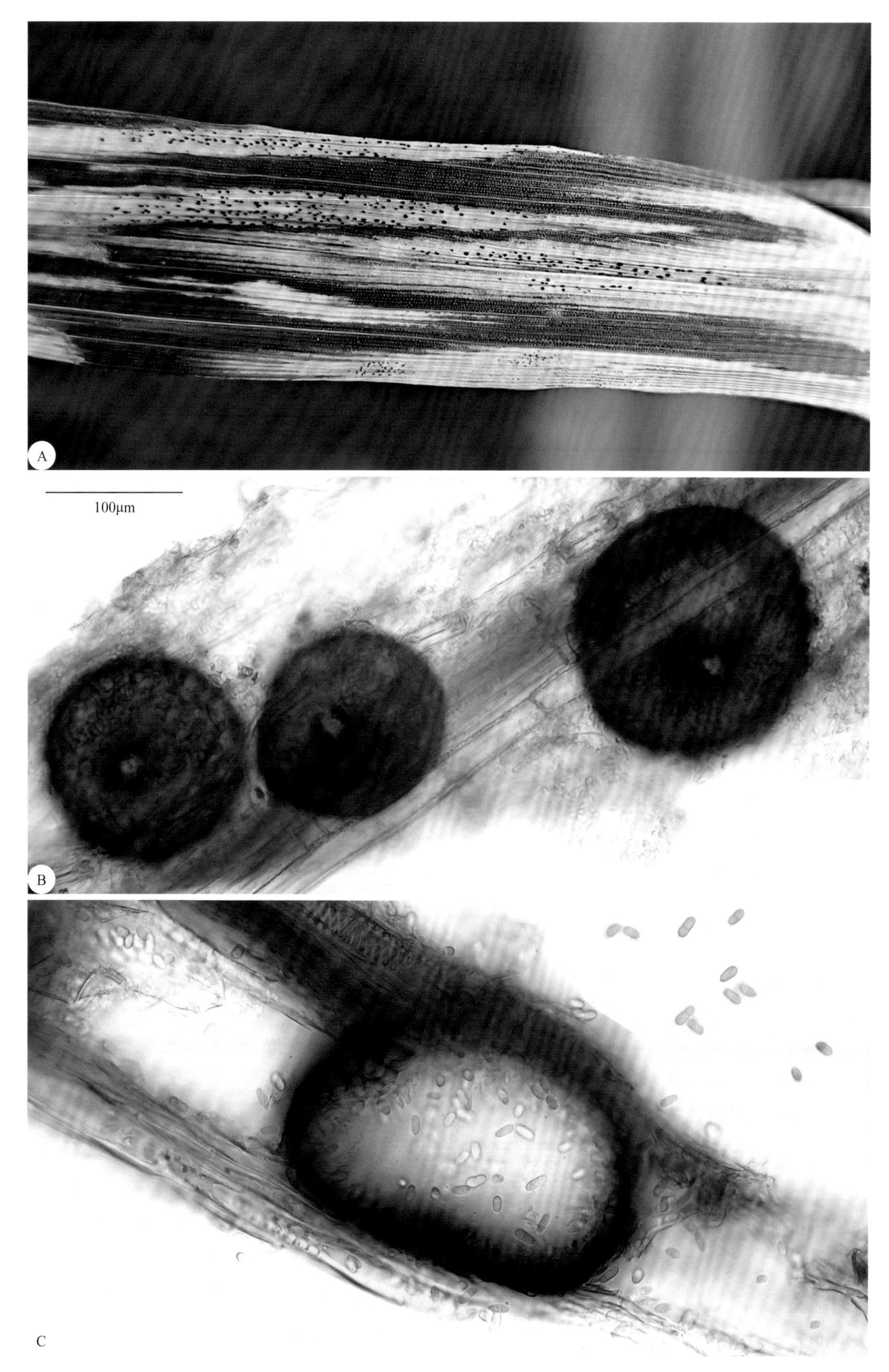

图2-412　*Ascochyta graminicola*引致小麦褐斑病症状（A），分生孢子器（B），分生孢子器剖面与分生孢子（C）

9）豆类壳二孢*A. pinodes* (Berk. et Blox.) Jones，有性态为豌豆球腔菌*Mycosphaerella pinodes* (Berk. et Blox.) Stone；豌豆壳二孢*A. pisi* Lib.。二者均为害豌豆叶片、茎和荚，分别引致豌豆深色褐斑病、豌豆褐斑病。二者为害症状及其形态特征比较如表2-13所示。

表2-13　豆类壳二孢与豌豆壳二孢为害症状及其形态特征比较

病原菌	豆类壳二孢*A. pinodes*	豌豆壳二孢*A. pisi*
为害症状	叶片病斑圆形或近圆形，紫褐色；荚上病斑圆形至不规则形，病部生黑色小点（肉眼不易觉察）	叶片病斑圆形或近圆形，中央淡褐色，边缘暗褐色，中央生黑色或褐色小点；茎上病斑椭圆形或近梭形，稍凹陷；荚上病斑圆形至不规则形，中央淡褐色，边缘暗褐色，散生多数明显黑色小点
形态特征	分生孢子器散生，球形至扁球形，壁褐色，直径80～144μm；分生孢子圆柱形或长椭圆形，无色，双胞（少数单胞），10.0～16.0μm×3.0～4.5μm	分生孢子器聚生于病斑中央，或呈轮状排列，球形至扁球形，壁淡褐色，100～180μm×100～120μm；分生孢子圆柱形或长椭圆形，无色，双胞，少数三胞或四胞，10.0～18.0μm×3.5～5.0μm

10）苘麻壳二孢*A. abutilonis* Chochr.，为害苘麻，引致苘麻轮纹病。叶片病斑圆形至不规则形，淡褐色，边缘褐色，具同心轮纹，上生黑色小点。分生孢子器聚生，近球形至扁球形，褐色，直径86～144μm；分生孢子圆柱形，无色，双胞，6～10μm×2～3μm。

11）黄葵壳二孢*A. abelmoschi* Harter，为害洋麻，引致洋麻轮纹病。叶片病斑圆形或近圆形，淡褐色，干枯后灰白色，边缘紫红色，具轮纹，上生黑色小点，后期易穿孔。分生孢子器近球形，淡褐色至褐色，直径104～156μm；分生孢子圆柱形，无色，双胞，分隔处缢缩，6.0～12.0μm×2.5～4.0μm。

12）菊科壳二孢*A. compositarum* Davis，为害向日葵，引致向日葵轮纹病。叶片病斑圆形至椭圆形，暗褐色，微具同心轮纹，生微细小黑点。分生孢子器球形至扁球形，褐色，直径112～192μm；分生孢子圆柱形，少数椭圆形，无色，双胞，偶尔三胞，分隔处稍缢缩，14～27μm×4～7μm。

13）烟草壳二孢*A. nicotianae* Pass.，为害烟草，引致烟草褐斑病。叶片病斑褐色，不规则形，边缘隆起，中央生黑色小点。分生孢子器球形，黑褐色；分生孢子卵圆形，无色，双胞，分隔处缢缩。

14）芝麻壳二孢*A. sesami* Miura，为害芝麻，引致芝麻褐斑病。叶片病斑多角形，初呈褐色，后为灰色，散生黑色小点，引致叶片干枯早落。分生孢子初单胞，后双胞，分隔处稍缢缩，约10μm×3μm。

15）芝麻生壳二孢*A. sesamicola* Chi，为害芝麻，引致芝麻轮纹病。叶片病斑不规则形，褐色，边缘暗褐色，具轮纹，后生多数黑褐色小点。茎部也可受害。分生孢子器球形或近球形，壁淡褐色，直径84～104μm；分生孢子圆柱形或椭圆形，无色，多数双胞，分隔处稍缢缩，少数单胞，6～11μm×2～4μm。

16）蓖麻生壳二孢*A. ricinicola* Chi，为害蓖麻，引致蓖麻轮纹病。叶片病斑近圆形或椭圆形，中央灰褐色，边缘褐色，微具轮纹，中央密生黑色小点。分生孢子器近球形至扁球形，壁黄褐色，直径86～134μm；分生孢子圆柱形或椭圆形，无色，双胞，6～11μm×2～3μm。

17）不全壳二孢*A. imperfecta* Peck，为害紫花苜蓿，引致苜蓿轮纹病。常发生于叶缘，病斑圆形至不规则形，淡褐色至灰褐色，边缘不明显，微具轮纹，生多数黑色小点。分生孢子器球形至扁球形，褐色，直径93～160μm；分生孢子圆柱形，无色，双胞，8.0～12.0μm×2.5～3.0μm。除紫花苜蓿外，还为害草木樨等。

18）灰斑壳二孢*A. punctata* Naum.，为害茄子，引致茄子褐斑病。主要侵染茎和叶片，病斑淡褐色，周围色深，边缘不明显。分生孢子器聚生，扁球形，同心轮纹状排列，约130μm×180μm；分生孢子圆柱状，无色，双胞，约18.0μm×4.5μm。

19）菠菜壳二孢*A. spinaciae* Bond-Mont、藜壳二孢*A. chenopodii* Rostr，侵染菠菜叶片、茎，分别引致菠菜褐斑病、菠菜淡色褐斑病，二者为害症状及其形态特征比较如表2-14所示。

表2-14 菠菜壳二孢与藜壳二孢为害症状及其形态特征比较

病原菌	菠菜壳二孢*A. spinaciae*	藜壳二孢*A. chenopodii*
为害症状	叶片病斑近圆形，暗褐色，直径3～5mm，散生少许黑色小点，黑色小点大都埋生于组织内（肉眼不易观察）	叶片病斑圆形，淡褐色，中央色淡，直径2～4mm，散生许多黑色小点；茎上病斑近梭形，灰褐色至褐色，生许多黑色小点
形态特征	分生孢子器球形至近球形，散生，壁褐色，孔口小，直径137～190μm；分生孢子圆柱形，无色，双胞，少数三胞，9～14μm×3～5μm	分生孢子器球形至扁球形，密集，壁淡褐色或深褐色，直径120～150μm；分生孢子近圆柱形，少数不规则形，双胞，分隔处缢缩，分散，无色，群体淡黄色，12.0～20.0μm×3.0～4.5μm

20）辣椒壳二孢*A. capsici* Bond.-Mont.，为害辣椒，引致辣椒褐斑病。叶片病斑圆形或近圆形，中央淡褐色，边缘紫褐色，散生褐色小点。分生孢子器球形，聚生，壁淡褐色，直径80～144μm；分生孢子圆柱形，无色，双胞，5～11μm×3～4μm。

21）山莴苣壳二孢*A. lactucae* Rostr.，为害莴苣，引致莴苣轮纹病。叶片病斑近圆形，褐色，具同心轮纹，生褐色小点。分生孢子器球形或近球形，壁淡褐色，直径102～192μm；分生孢子圆柱形，无色，双胞，分隔处缢缩，10～19μm×3～5μm。除莴苣外，还为害生菜等。

22）乌头壳二孢*A. aconitana* Melnik，为害乌头，引致乌头轮纹病。叶片病斑圆形，发生于叶缘时半圆形，黑褐色，具同心轮纹，上生黑色小点。分生孢子器球形，壁暗褐色，直径96～144μm；分生孢子圆柱形，无色，双胞，每个细胞含1或2个油球，8.0～14.0μm×2.5～3.5μm。

23）地黄壳二孢*A. molleriana* Wint，为害地黄，引致地黄轮纹病。叶片病斑圆形或近圆形，褐色，具同心轮纹，上生黑褐色小点。分生孢子器球形至扁球形，淡褐色，直径80～135μm；分生孢子圆柱形，无色，双胞，6～10μm×2～3μm。

24）淡竹壳二孢*A. lophanthi* var. *osmophila* Davis，为害藿香，引致藿香轮纹病。叶片病斑近圆形，暗褐色，微具轮纹，边缘不明显，微显褐色小点。分生孢子器球形，淡褐色，直径80～140μm；分生孢子圆柱形，无色，双胞，10～14μm×3～5μm。

25）紫苏壳二孢*A. perillae* Chi，为害紫苏，引致紫苏轮纹病。叶片病斑近圆形，中央灰黑色，边缘褐色至黑褐色，微具轮纹，后生多数黑色小点。分生孢子器球形至扁球形，暗褐色，直径80～128μm；分生孢子圆柱形，少数近卵圆形，无色，双胞，每个细胞含1个油球，6～10μm×3～4μm。

47. 壳明单隔孢属 *Diplodina* Westend

分生孢子器埋生或暴露，散生，球形或扁球形，黑色，具孔口；分生孢子梗细长，不分枝；分生孢子卵圆形或椭圆形，无色，双胞，寄生或腐生（图2-413）。壳明单隔孢属与壳二孢属*Ascochyta*的特征相似，区别表现在引致病害的病征有差异，壳明单隔孢属的分生孢子器在病斑边缘内外都有分布，壳二孢属的分生孢子器仅生于病斑内。

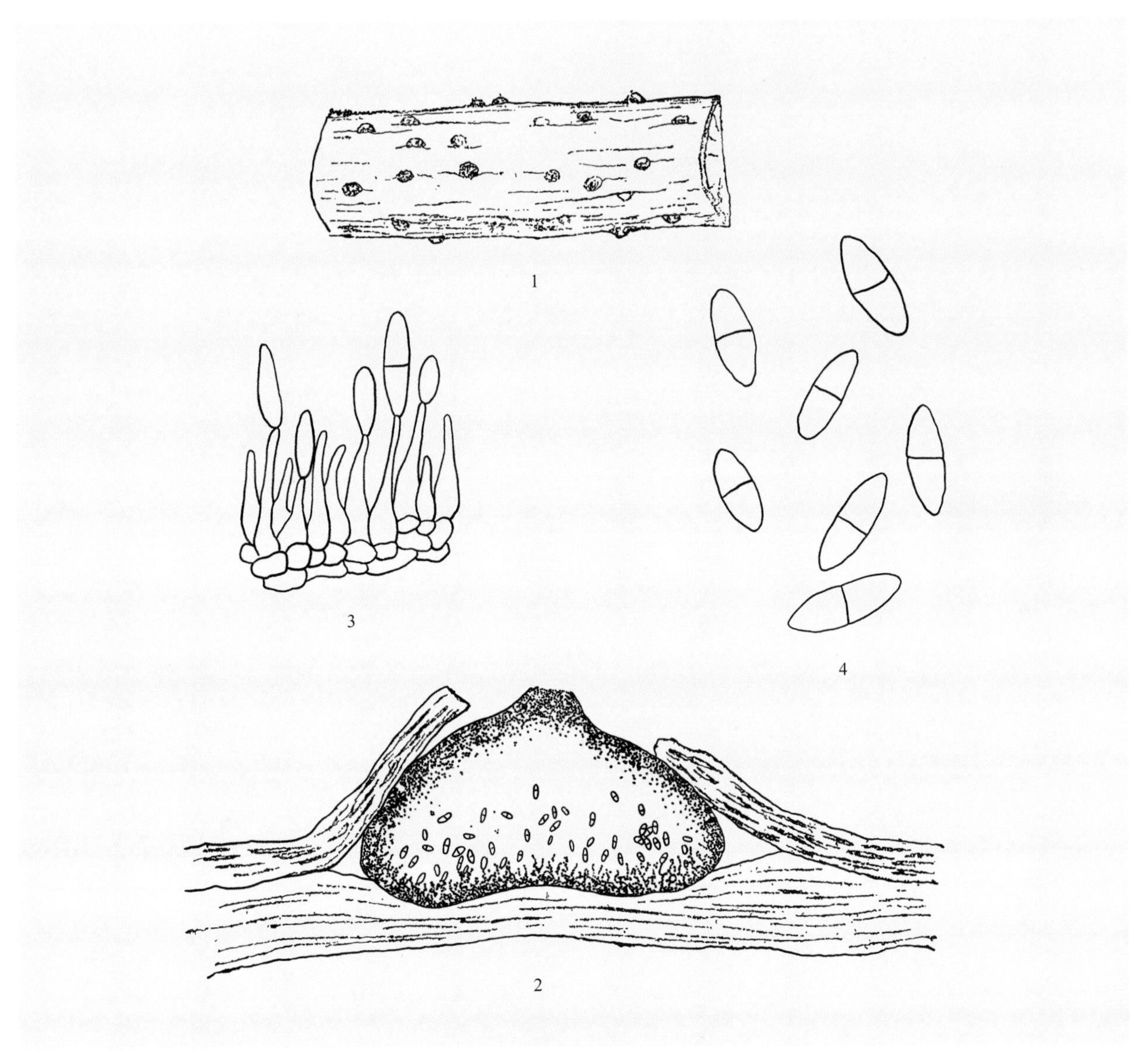

图2-413　*Diplodina*形态模式图

1：分生孢子器外观；2：分生孢子器剖面；3：分生孢子梗和分生孢子；4：分生孢子

损害壳明单隔孢*Diplodina destructiva* (Plour) Petr.，为害番茄，引致番茄黑腐病。侵染果实和茎，病斑黑色、腐烂，边缘有一条浅色分界线，通常从果柄附近开始腐烂，病部密生黑色小点（分生孢子器）（图2-414A和B）。分生孢子梗细长，不分枝；分生孢子无色，双胞，圆柱形，5～10μm×2～3μm（图2-414C）。

48. 球色单隔孢属*Botryodiplodia* (Sacc.) Sacc.

分生孢子器黑色，具孔口，群生于子座中，后暴露；分生孢子梗短，不分枝；分生孢子暗色，卵圆形至长椭圆形，初单胞，成熟后双胞（图2-415～图2-417）。寄生或腐生于木本植物枝干上。该属分生孢子未成熟前单胞，无色，与大茎点菌属*Macrophoma*相似；分生孢子器群生于子座中，又与小穴壳菌属*Dothiorella*相似，孢子成熟后则容易区分。

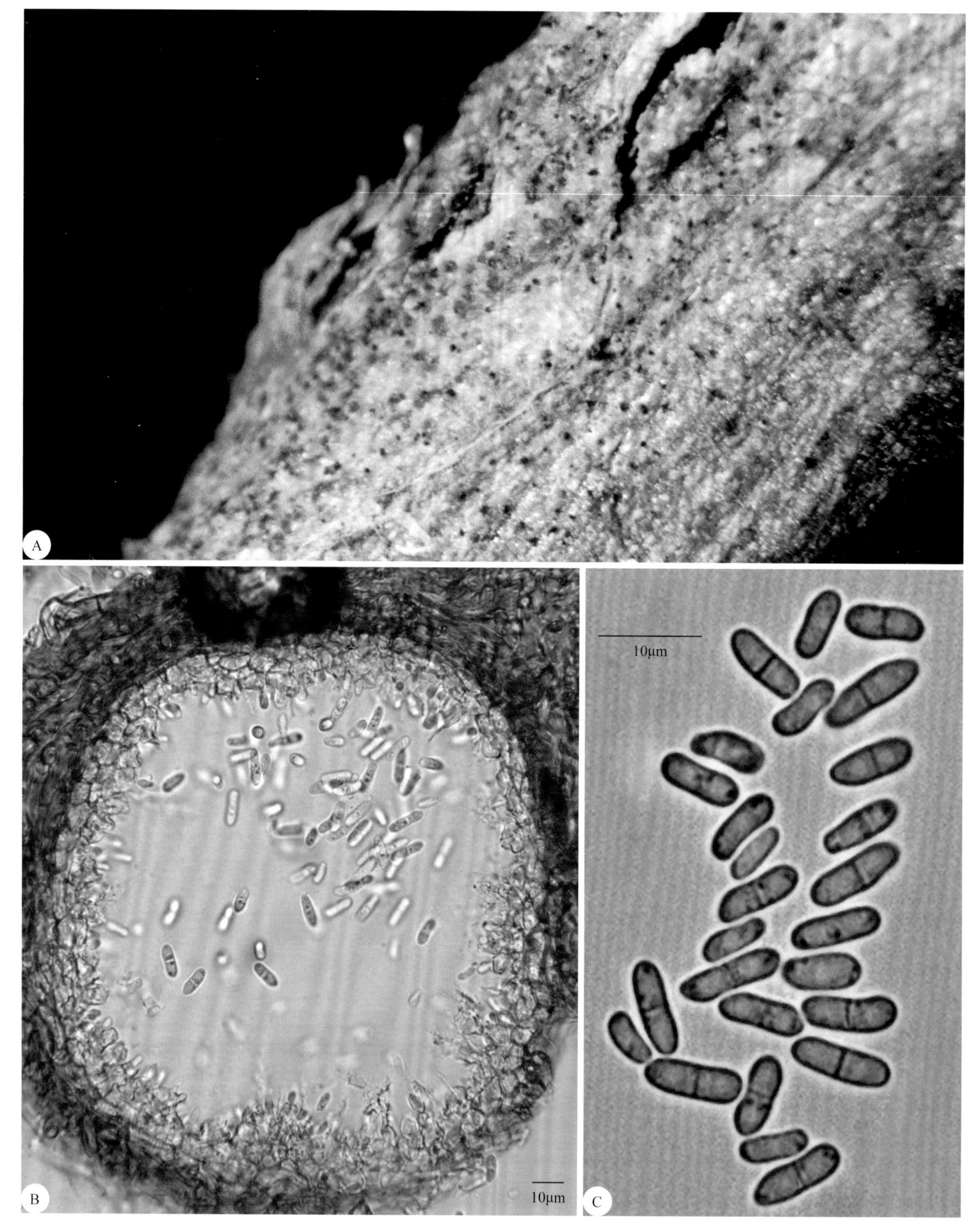

图2-414 *Diplodina destructiva*引致番茄黑腐病茎蔓症状（A）及其分生孢子器（B）和分生孢子（C）

苹果球色单隔孢*Botryodiplodia mali* Brun.，为害苹果，引致苹果枝枯病。主要侵染枝条，形成枯枝症状。分生孢子器聚生于球状子座内，从寄主组织中露出，椭圆形或扁形，黑色；分生孢子长圆形，烟灰色至褐色，双胞，约25μm × 10μm。

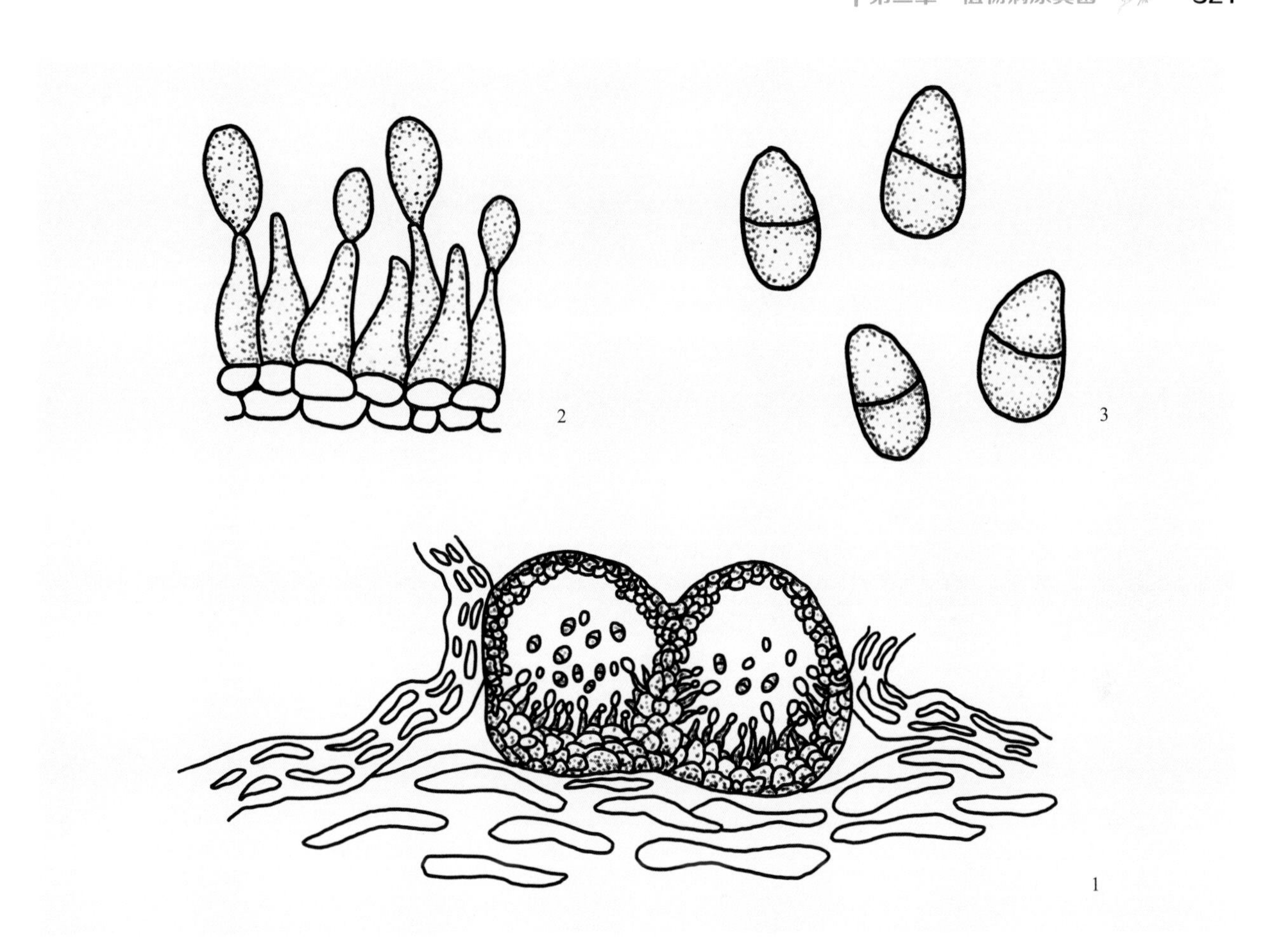

图2-415　*Botryodiplodia*形态模式图

1：分生孢子器剖面；2：分生孢子梗和分生孢子；3：分生孢子

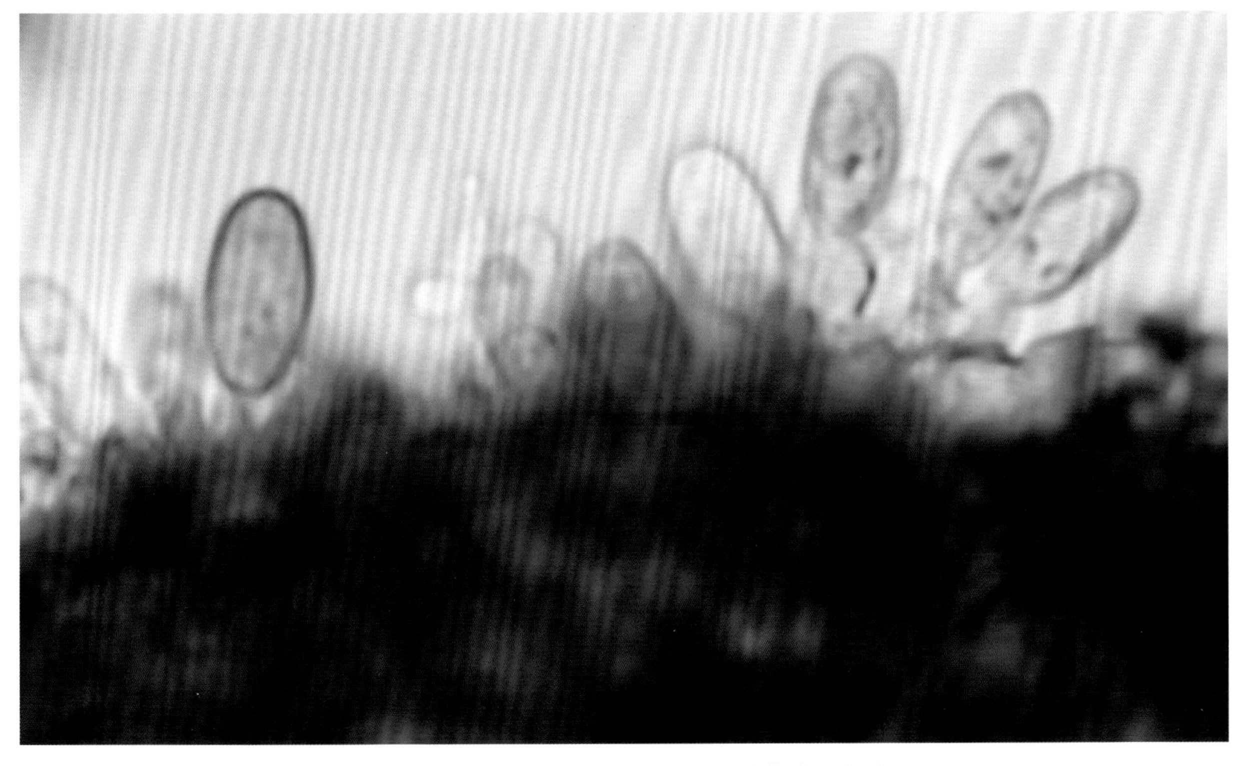

图2-416　*Botryodiplodia* sp. 分生孢子梗与分生孢子

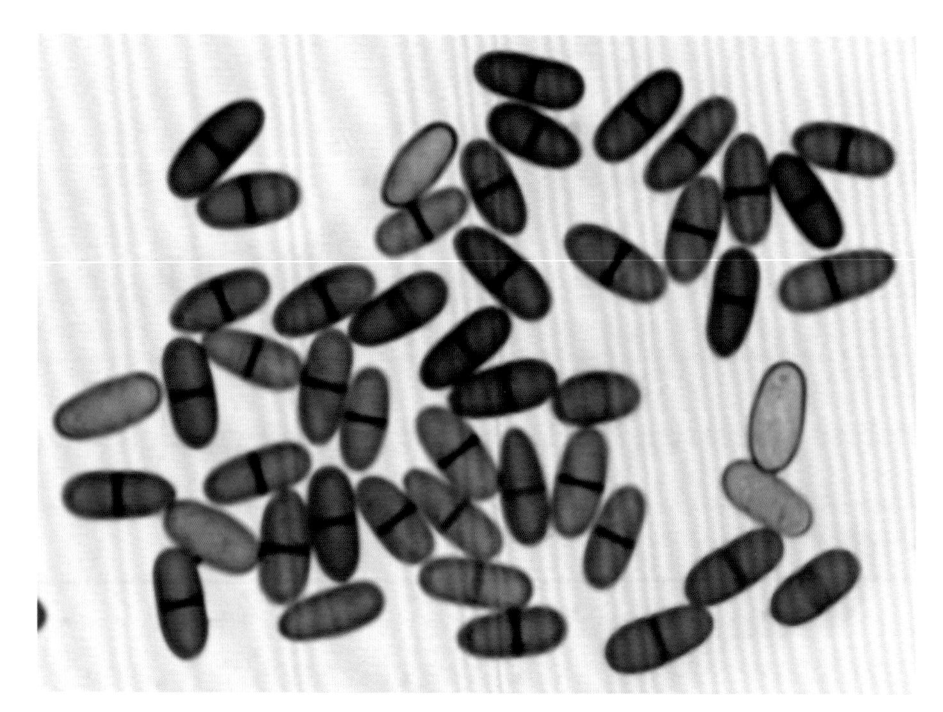

图2-417 *Botryodiplodia* sp.分生孢子未成熟单胞与成熟后双胞

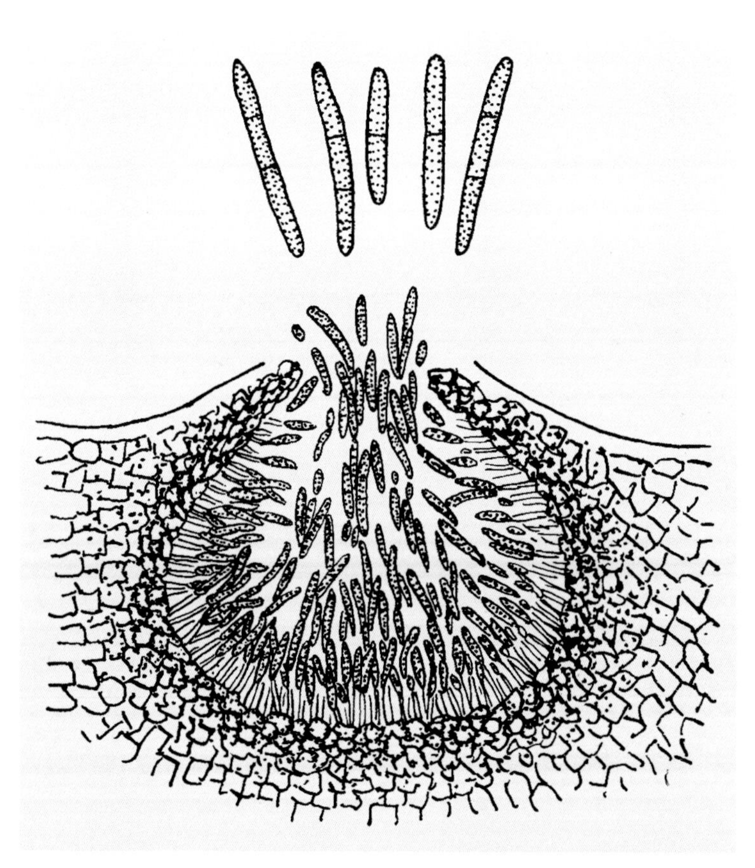

图2-418 *Hendersonia*分生孢子器与分生孢子形态模式图

49. 壳蠕孢属*Hendersonia* Sacc.

分生孢子器暗色，埋生于寄主植物组织内，后外露，散生，球形，具孔口；分生孢子暗色，多胞，长圆形至纺锤形（图2-418～图2-420）。腐生或寄生。

1）稻壳蠕孢*Hendersonia oryzae* Miyake，侵染水稻叶片和颖壳，引致稻褐斑病。分生孢子器椭圆形，直径100～125μm，具乳头状孔口，壁褐色；分生孢子圆筒形，褐色，两端钝圆，通常3个隔膜，成熟时分隔处缢缩，每个细胞含2或3个油球，10～18μm×3～4μm。

2）苹果壳蠕孢*Hendersonia mali* Thüm，为害苹果，引致苹果黄斑病。叶片病斑近圆形，灰褐色，边缘紫褐色，不整齐，生黑色小点。分生孢子器散生，凸镜形，壁暗褐色，直径96～160μm；分生孢子椭圆形、棒形或倒长卵圆形，淡青褐色，微弯，顶端较圆，基部略尖，2或3个隔膜，12～17μm×4～5μm。

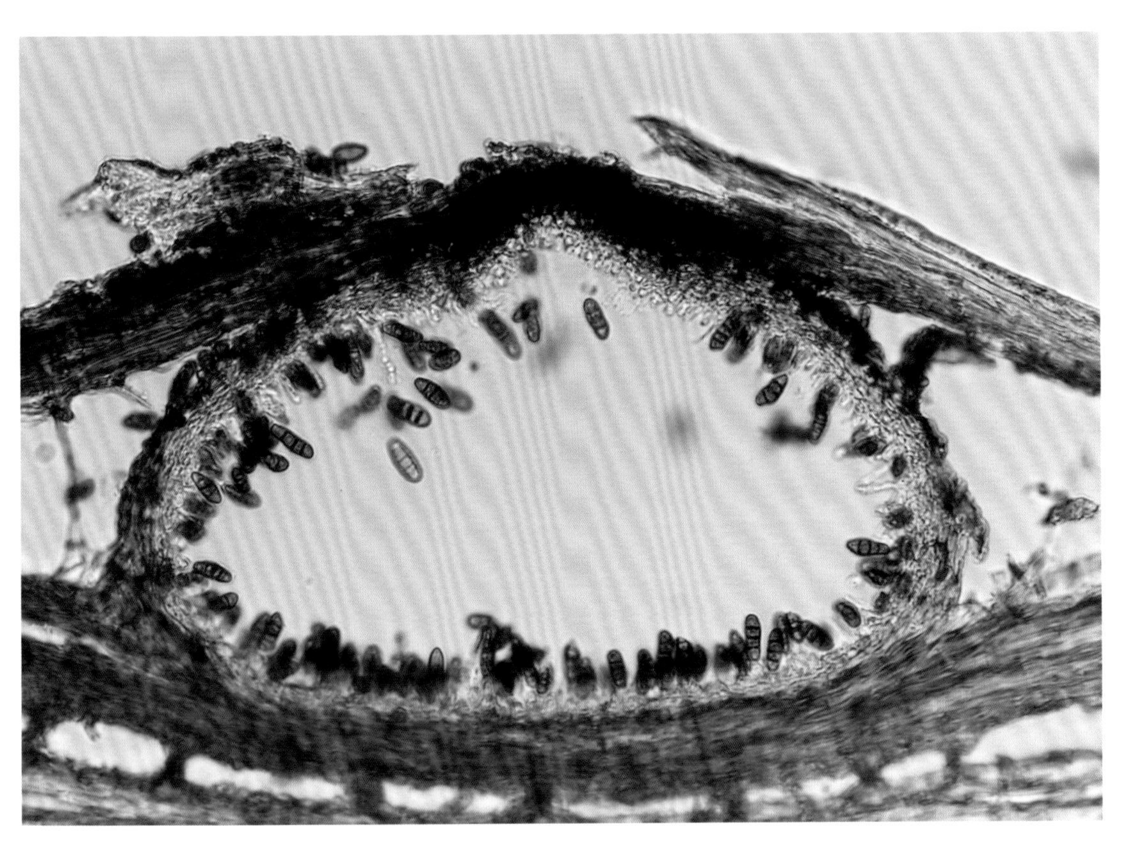

图2-419 *Hendersonia* sp.分生孢子器

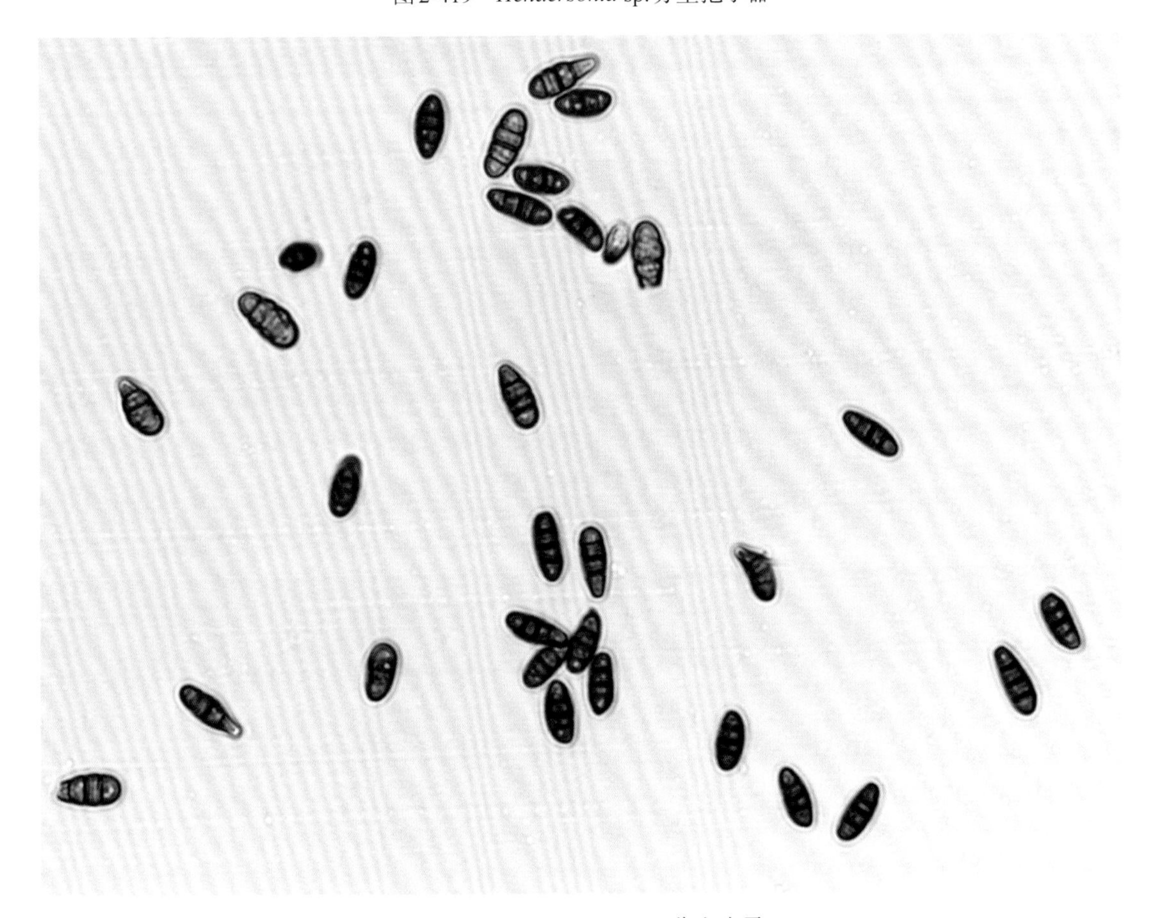

图2-420 *Hendersonia* sp.分生孢子

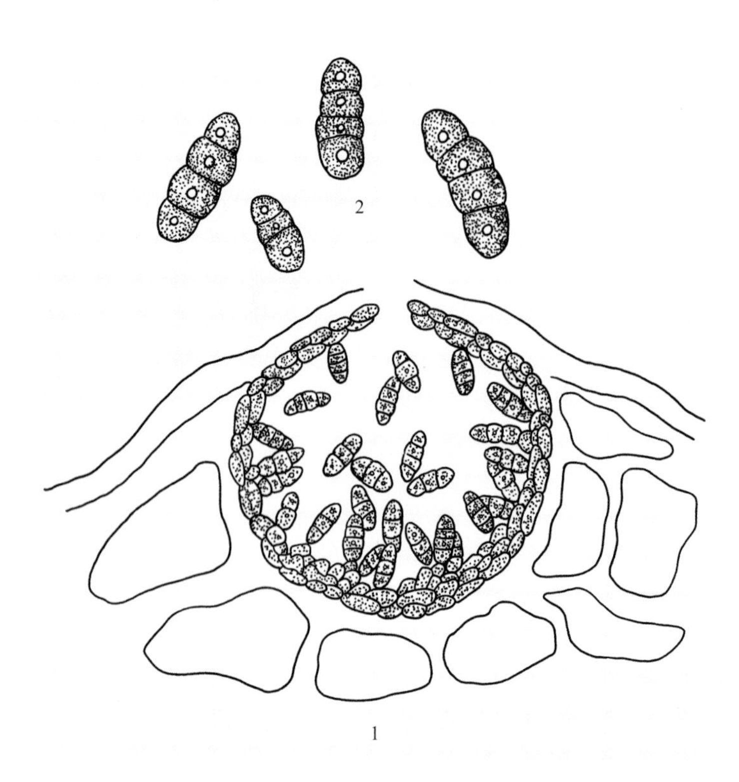

图2-421　甜菜黄斑病菌*Hendersonia* sp.形态模式图
1：分生孢子器；2：分生孢子

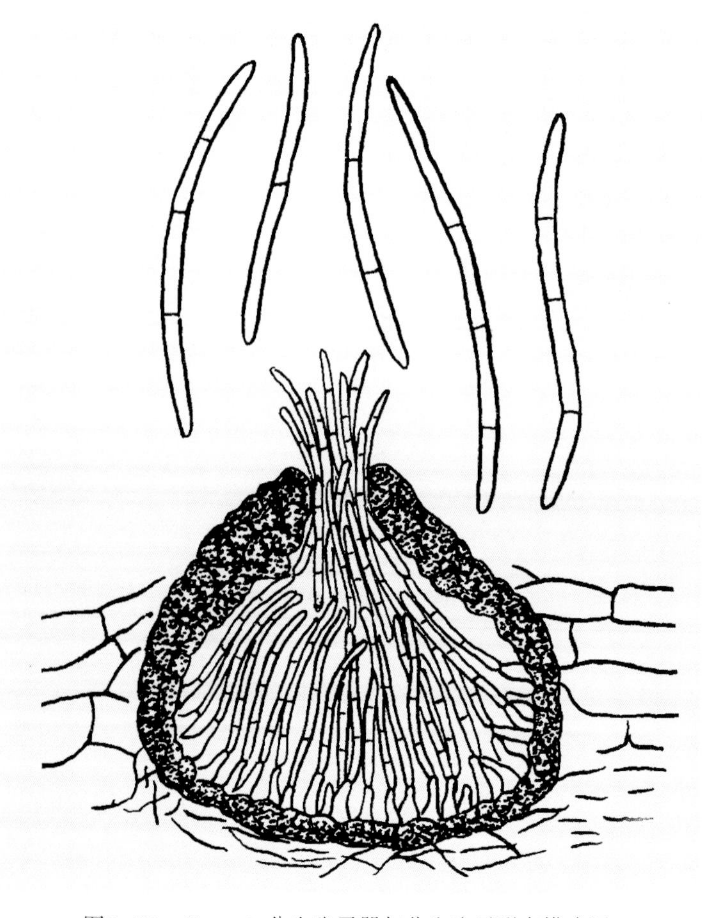

图2-422　*Septoria*分生孢子器与分生孢子形态模式图

3）甜菜黄斑病菌*Hendersonia* sp.，为害甜菜，引致甜菜黄斑病。叶片病斑圆形，黄褐色，无明显边缘，后期生少许黑色小点。分生孢子器散生，球形至扁球形，壁暗褐色，直径105～150μm；分生孢子椭圆形或圆柱形，黄褐色至青褐色，直或微弯，两端较钝，1～3个隔膜，分隔处缢缩较深，每个细胞含1个油球，15～24μm×7～9μm（图2-421）。

50. 壳针孢属 *Septoria* Sacc.

分生孢子器暗色，散生，球形或近球形，埋生于病斑组织内，孔口露出；分生孢子梗短；分生孢子无色，细长，圆柱形至线形，多隔膜（图2-422）。寄生于叶片引致叶斑，有的也为害茎秆。已发现的有性态多为球腔菌属*Mycosphaerella*、小球腔菌属*Leptosphaeria*。

1）番茄壳针孢*Septoria lycopersici* Speg.，为害番茄，引致番茄斑枯病。可侵染叶片、茎及果实。叶片病斑圆形，中央灰白色，边缘暗褐色，散生多数黑色小点（图2-423）。茎秆和果实病斑圆形，褐色。分生孢子器扁球形，淡褐色，180～200μm×100～200μm（图2-424A）；分生孢子圆筒形或棍棒形，略弯，多隔膜，70.0～110.0μm×3.3μm（图2-424B）。以分生孢子器随病组织在土壤中越冬。除番茄外，还为害辣椒、茄子等。

2）芹菜壳针孢*S. apii* (Br. et Cav.) Chester，为害芹菜，引致芹菜斑枯病。可侵染叶片、茎秆及种子。叶片病斑圆形，初呈淡黄色，后为褐色，边缘明显，散生黑色小点（图2-425）。分生孢子器散生，球形至扁球形，深褐色，直径96～250μm；分生孢子针状，无色，多隔膜，24.0～53.0μm×1.5～2.0μm（图2-426）。

3）菜豆壳针孢*S. phaseoli* Maubl.，为害菜豆，引致菜豆斑纹病。叶片病斑多角形至不规则形，中央灰褐色，边缘红褐色，散生

图2-423　*Septoria lycopersici*引致番茄斑枯病叶片症状

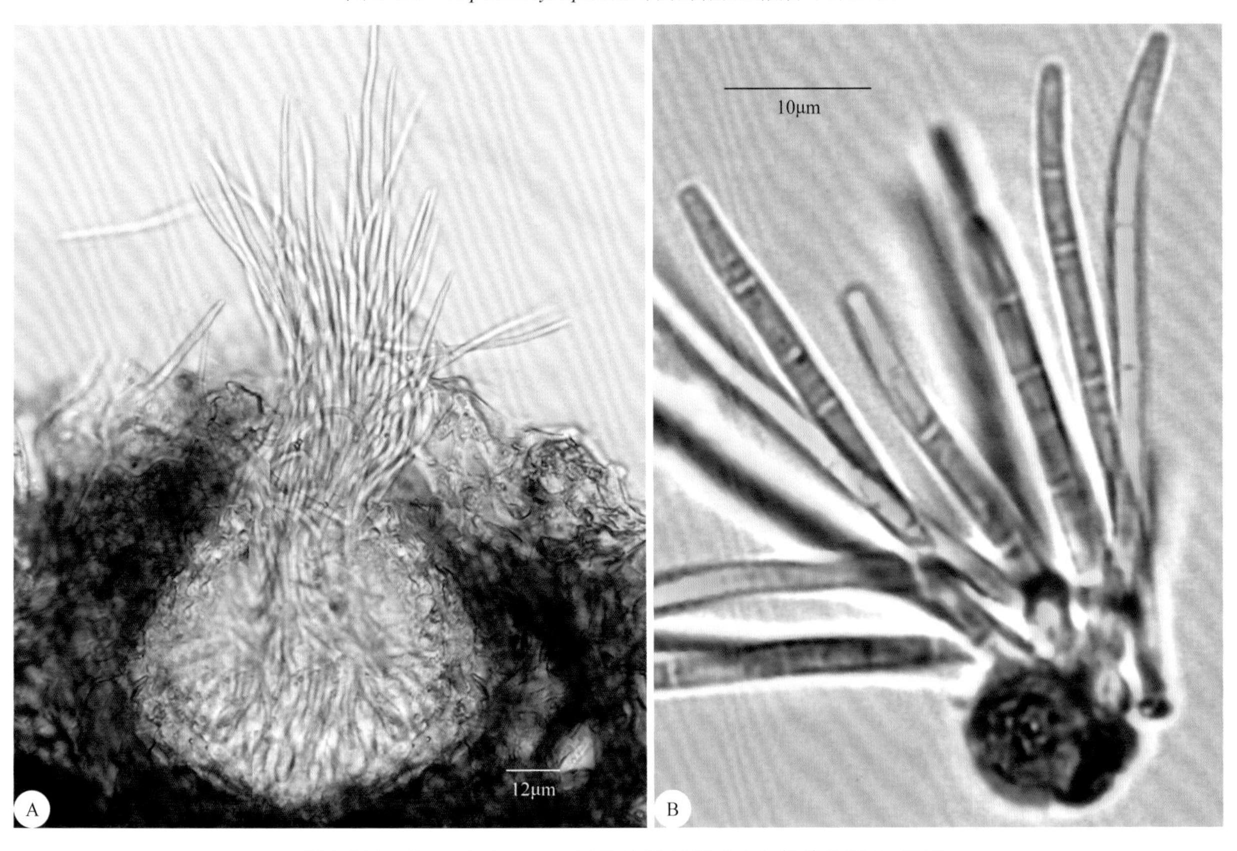

图2-424　*Septoria lycopersici*分生孢子器（A）与分生孢子（B）

图2-425 *Septoria apii*引致芹菜斑枯病叶片症状

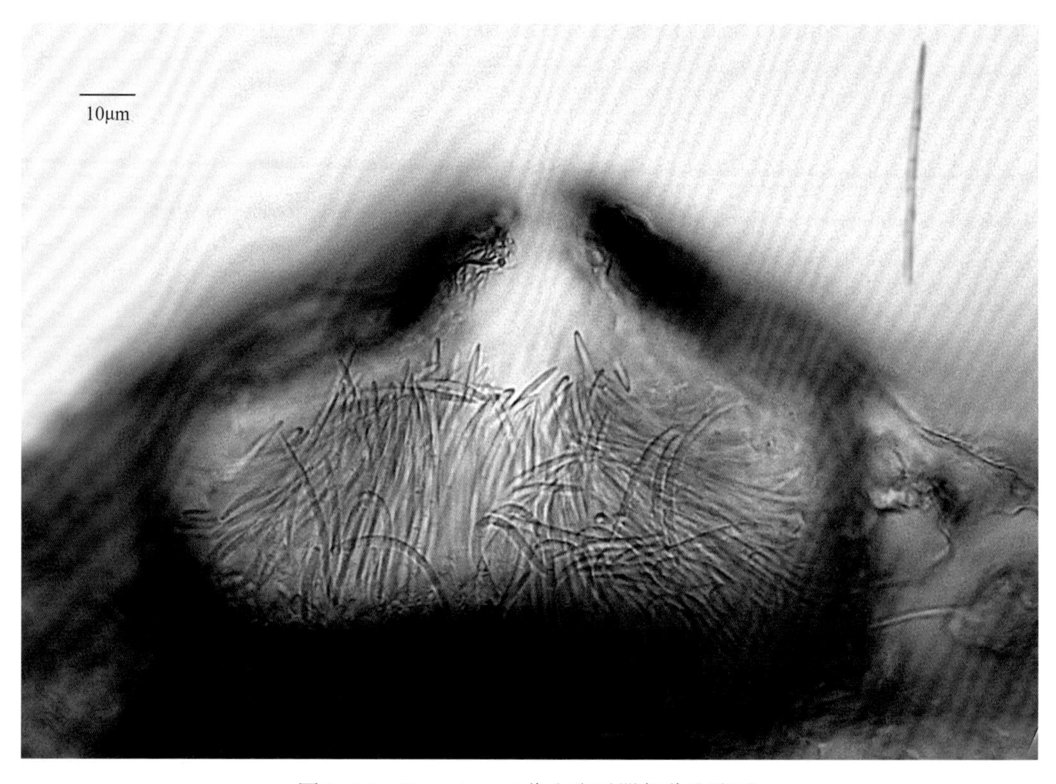

图2-426 *Septoria apii*分生孢子器与分生孢子

多数黑色小点（图2-427）。分生孢子器散生或聚生，球形或近球形，壁暗褐色，直径64～96μm；分生孢子线形，无色，两端钝圆，直或微弯，1～3个隔膜，14.0～32.0μm×1.5～2.0μm（图2-428）。

4）小麦壳针孢*S. tritici* Rob. et Desm、颖枯壳针孢*S. nodorum* Berk.，有性态均为颖枯小球腔菌*Leptosphaeria nodorum* Muller，为害小麦，分别引致小麦叶枯病、小麦颖枯病，二者为害症状及其形

图2-427　*Septoria phaseoli*引致菜豆斑纹病叶片症状

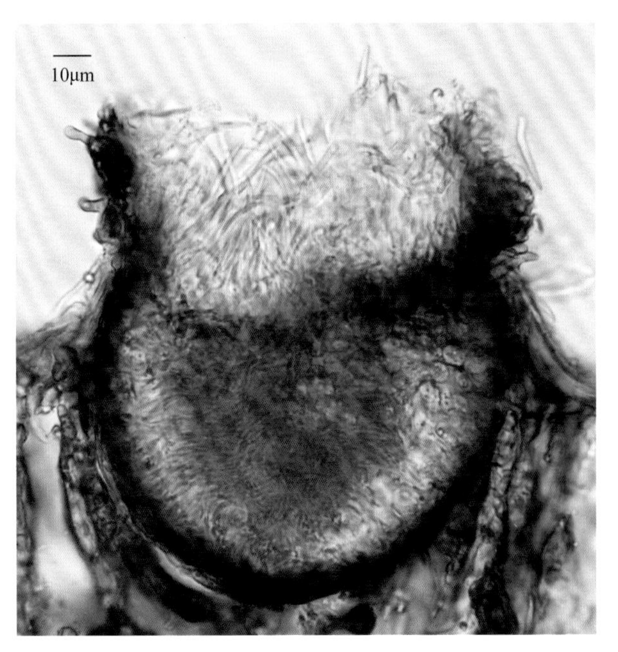

图2-428　*Septoria phaseoli*分生孢子器与分生孢子

态特征比较如表2-15所示。

表2-15　小麦壳针孢与颖枯壳针孢为害症状及其形态特征比较

病原菌	小麦壳针孢*S. tritici*	颖枯壳针孢*S. nodorum*
为害症状	为害小麦叶片及叶鞘，有时也为害穗和茎。叶片病斑梭形、长椭圆形或汇合呈现不规则形，黄褐色，散生黑色小点	为害颖壳，也可为害叶片、叶鞘及茎秆。叶片病斑椭圆形至不规则形，中央灰白色，边缘褐色，密生细小黑点；颖壳产生褐色斑，后变为枯白色，扩及全颖壳，散生黑色小点
形态特征	分生孢子器散生，球形至扁球形，壁光滑，褐色至黑色，孔口小，微突出，直径80～150μm。产生两种分生孢子：大型分生孢子较多，细长，无色，两端圆，3～7个隔膜，30.0～50.0μm×1.4～2.8μm；小型分生孢子无色，微弯，无隔膜，5.0～9.0μm×1.0～1.3μm，较少产生	分生孢子器散生，有时呈纵行排列，球形至扁球形，暗褐色，54～143μm×54～111μm；分生孢子长椭圆形至圆筒形，直或微弯，两端钝圆或略尖，初单胞，成熟后有3个隔膜，8～32μm×2～4μm

5）大豆壳针孢*S. glycines* Hemmi，为害大豆，引致大豆褐纹病。叶片病斑近圆形（子叶）或多角形（叶片），黄褐色至红褐色，略隆起，微具轮纹，散生黑色小点。分生孢子器散生或聚生，球形或近球形，壁暗褐色，直径64～112μm；分生孢子针状，无色，直或微弯，基部钝圆，顶端略尖，多数3个隔膜，26～48μm×1～2μm。

6）玉米壳针孢*S. zeina* Stout和玉米生壳针孢*S. zeicola* Stout，为害玉米叶片，均引致玉米斑枯病，二者为害症状及其形态特征比较如表2-16所示。

表2-16　玉米壳针孢与玉米生壳针孢为害症状及其形态特征比较

病原菌	玉米壳针孢*S. zeina*	玉米生壳针孢*S. zeicola*
为害症状	叶片病斑初呈椭圆形，后延长呈不规则形，灰褐色，后期病斑微露黑色小点	与*S. zeina*引致症状相似，有时两种病菌生于同一病斑中
形态特征	分生孢子器散生或聚生，扁球形，壁褐色，孔口微露，直径90～210μm；分生孢子线形至鞭形，无色，基部钝圆，顶端较尖，微弯至弯曲，通常5个隔膜，42.0～80.0μm×2.0～2.5μm	分生孢子器散生或聚生，扁球形，壁褐色，孔口微露，直径69～135μm；分生孢子圆柱形、近圆柱形至针形，无色至浅绿色，直或微弯，基部平截，顶端略尖，1～4个隔膜，13.0～33.0μm×2.5～3.5μm

7）大麻壳针孢*S. cannabis* (Lasch.) Sacc.，为害大麻，引致大麻斑枯病。叶片病斑椭圆形或多角形，黄褐色至灰褐色，有时边缘有黄色晕圈，散生多数黑色小点，严重时病斑汇合成大斑，叶片早落。分生孢子器散生或聚生，球形至扁球形，壁褐色，直径64 ~ 112μm；分生孢子针状，无色，直或微弯，基部近平截，顶端较尖，2 ~ 5个隔膜（通常3个），20 ~ 50μm × 2 ~ 3μm。以菌丝体随病残体在地表越冬。

8）亚麻生壳针孢*S. linicola* (Speg.) Garass，有性态为亚麻球腔菌*Mycosphaerella linorum* (Wollenw.) Garcia-Rada，为害亚麻，引致亚麻斑点病。可侵染子叶、真叶、叶柄、花蕾、子房、蒴果和种子，叶片病斑圆形，黄绿色至淡褐色；茎部病斑长圆形，黑色，后中央灰色，病部生黑色小点。分生孢子器扁球形，黑褐色，埋生，50 ~ 73μm × 77 ~ 104μm；分生孢子圆筒形，无色，直或微弯，0 ~ 8个隔膜（通常3个），19.0 ~ 28.0μm × 1.5 ~ 3.8μm。以菌丝体或分生孢子在病残体内越冬。在中国仅局部地区发生。

9）荏壳针孢*S. kishitai* Fukui、紫苏壳针孢*S. perillae* Miyake，为害紫苏叶片，分别引致紫苏黑斑枯病、紫苏斑枯病，二者为害症状及其形态特征比较如表2-17所示。

表2-17 荏壳针孢与紫苏壳针孢为害症状及其形态特征比较

病原菌	荏壳针孢*S. kishitai*	紫苏壳针孢*S. perillae*
为害症状	叶片病斑近圆形至不规则形，黑色，直径2 ~ 6mm，边缘不整齐，叶背生黑色小点（分生孢子器），严重时病斑汇合，叶片变黑枯死	叶片病斑近圆形至多角形，中央灰褐色至淡褐色，边缘褐色至黑褐色，直径2 ~ 4mm，后期病斑两面隐约可见黑色小点（分生孢子器）
形态特征	分生孢子器散生，近球形，壁褐色，直径78 ~ 104μm；分生孢子针状，无色，直或弯曲，基部钝圆，顶端略尖，3或4个隔膜，29 ~ 43μm × 1 ~ 2μm	分生孢子器散生或聚生，球形至近球形，壁褐色，直径48 ~ 80μm；分生孢子针状，无色，直或弯曲，基部钝圆，顶端较尖，2 ~ 4个隔膜，26 ~ 32μm × 1 ~ 2μm

10）向日葵壳针孢*S. helianthi* Ell. et Kell.，为害向日葵，引致向日葵褐斑病。可侵染向日葵子叶、真叶、叶柄和茎等。叶片病斑近圆形、多角形或不规则形，黑褐色，有时周围有黄色晕圈，中央灰色，散生多数黑色小点；叶柄及茎形成褐色狭条斑，但很少产生分生孢子器。分生孢子器散生，球形至近球形，壁暗褐色，直径96 ~ 128μm；分生孢子鞭形，无色，微弯，基部钝圆至截锥形，顶端略尖，2 ~ 5个隔膜，35.0 ~ 72.0μm × 2.5 ~ 3.2μm。

11）旋花壳针孢*S. convolvuli* Desm.，为害豌豆，引致豌豆褐斑病。叶片病斑近圆形，初呈淡褐色，后中央灰白色、边缘红褐色，病部生黑色小点。分生孢子器散生或聚生，球形或近球形，壁褐色，直径96 ~ 128μm；分生孢子针形，褐色，直或弯曲，基部钝圆，顶端较尖，4 ~ 10个隔膜，48.0 ~ 118.0μm × 1.5 ~ 3.0μm。

12）葱壳针孢*S. allii* Moesz，为害韭菜，引致韭菜斑枯病。叶片病斑梭形或近椭圆形，边缘不明显，病部生黑色小点。分生孢子器近球形，暗褐色，直径77 ~ 112μm；分生孢子针状，无色，直或微弯，基部钝圆，顶端较尖，0 ~ 3个隔膜，14.0 ~ 41.0μm × 1.5 ~ 2.4μm。

13）瓜角斑壳针孢*S. cucurbitacearum* Sacc.，为害南瓜，引致南瓜角斑病。叶片病斑多角形，初呈淡褐色，后为黄褐色至灰白色，散生黑色小点。分生孢子器散生或聚生，球形至扁球形，壁暗褐色，直径57 ~ 96μm；分生孢子针状，无色，直或弯曲，基部钝圆，顶端较尖，3或4个隔膜，35.0 ~ 51.0μm × 1.0 ~ 1.5μm。除南瓜外，还为害黄瓜、西葫芦、葫芦等。

14）莴苣壳针孢*S. lactucae* Pass.，为害莴苣，引致莴苣斑枯病。叶片病斑多角形，黄褐色或深褐色，表面散生黑色小点。分生孢子器球形至扁球形，壁褐色，直径60 ~ 120μm；分生孢子线形，无色，直或微弯，基部钝圆，顶端略尖，1 ~ 3个隔膜，15.0 ~ 32.0μm × 2.0 ~ 2.5μm。以分生孢子器在病叶上越冬。

15）萱草壳针孢*S. hemerocallidis* Teng，为害黄花菜，引致黄花菜斑枯病。叶片病斑圆形、椭圆形至长梭形，中央灰褐色，生多数黑色小点，边缘褐色，严重时病斑汇合，引致叶片枯死。分生孢子器群生于病斑两面，球形，褐色，壁薄，直径150～200μm；分生孢子细长，直或稍弯，1～6个隔膜，20.0～55.0μm×2.0～2.5μm。除黄花菜外，还为害萱草等。

16）梨生壳针孢*S. piricola* Desm.，有性态为梨球腔菌*Mycosphaerella sentina* (Fr.) Schröt.，为害梨树，引致梨斑枯病。叶片病斑圆形，多数情况下中央有灰白色多角形小斑，边缘褐色，在灰白色部分生黑色小点。分生孢子器聚生或散生，球形至扁球形，壁褐色，直径80～150μm；分生孢子针状，淡黄褐色，微弯或弯曲，基部平截，顶端略尖，3～5个隔膜，50～83μm×4～5μm。以分生孢子或子囊座在病落叶组织内越冬。

17）薄荷壳针孢*S. menthae* (Thtim.) Oudem，为害薄荷，引致薄荷斑枯病。叶片病斑圆形，初呈暗绿色，扩大后为深褐色，中央灰色，散生黑色小点，边缘深褐色。分生孢子器散生或聚生，球形或扁球形，黑色，直径70～138μm；分生孢子针状，无色，直或微弯，基部钝圆，顶端较尖，1～5个隔膜（通常2或3个），25.0～64.0μm×1.5～2.5μm。

18）苜蓿壳针孢*S. medicaginis* Rob. et Desm.，为害苜蓿，引致苜蓿斑枯病。叶片病斑近圆形，灰白色，有褐色不整齐轮纹，散生黑色小点。分生孢子器扁球形或近球形，壁褐色，直径80～128μm；分生孢子鞭形或近圆柱形，无色，直或微弯，基部近平截，顶端略钝，3～7个隔膜，32.0～67.0μm×2.5～3.2μm。

19）党参壳针孢*S. codonopsidis* Ziling，为害党参，引致党参斑枯病。叶片病斑圆形、近圆形或多角形，褐色，生黑色小点，边缘紫色。分生孢子器聚生或散生，近球形，壁褐色，直径75～90μm；分生孢子针形，无色，直或微弯，基部钝圆，顶端较尖，少数两端均尖，3～5个隔膜，12～48μm×1～2μm。

20）毛地黄壳针孢*S. digitalis* Pass.，为害地黄，引致地黄斑枯病。叶片病斑圆形，褐色，无轮纹，有时中央灰褐色，周围稍呈淡绿色，上生多数黑色小点。分生孢子器散生或聚生，球形至扁球形，壁暗褐色，直径80～128μm；分生孢子针形，无色，直或微弯，基部钝圆，顶端较尖，3或4个隔膜，24.0～35.0μm×1.5～2.0μm。

21）华香草壳针孢*S. lophanthi* Wint.，为害藿香，引致藿香斑枯病。叶片病斑多角形，暗褐色，两面生黑色小点，严重时病斑汇合，叶片枯死。分生孢子器聚生或散生，近球形，壁褐色，直径96～144μm；分生孢子针形，无色，微弯至弯曲，基部钝圆，顶端较尖，1～3个隔膜，32.0～54.0μm×2.0～2.5μm。

22）柴胡壳针孢*S. bupleuri-falcati* Died.，为害柴胡，引致柴胡斑枯病。叶片病斑近圆形至圆形，灰白色，边缘色深，散生黑色小点。分生孢子器多聚生，球形至扁球形，壁褐色至暗褐色，直径80～118μm；分生孢子线形，无色，直或微弯，两端钝圆，2或3个隔膜，17.0～32.0μm×1.5～2.0μm。

51. 鲜壳孢属 *Zythia* Fr.

无子座；分生孢子器球形，初埋生于寄主植物组织内，后孔口突破表皮外露，孔口小，器壁黄色；分生孢子卵圆形、长圆形或纺锤形，无色，单胞；分生孢子梗细长，不分枝或分枝。

图2-429 *Zythia versoniana*引致石榴干腐病果实症状

1）石榴鲜壳孢*Zythia versoniana* Sacc.，为害石榴，引致石榴干腐病。侵染果实，病斑大，褐色，不规则形，病果易脱落，最后干腐（图2-429）。后期病组织内生多数锈褐色、球形至扁球形分生孢子器。分生孢子器埋生于花萼或果实表皮下，散生或密集，梨形、球形或扁球形，橄榄褐色，表面光滑，55～75μm×125～145μm，顶端具孔口；分生孢子纺锤形，单胞，无色或淡青褐色，有时微弯，两端略尖，12～20μm×2～4μm（图2-430，图2-431）。

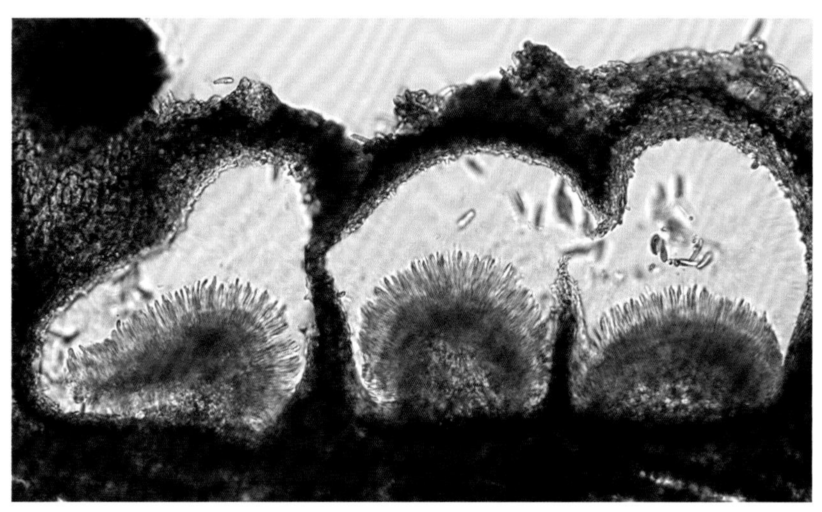

图2-430 *Zythia versoniana*分生孢子器群聚生长态

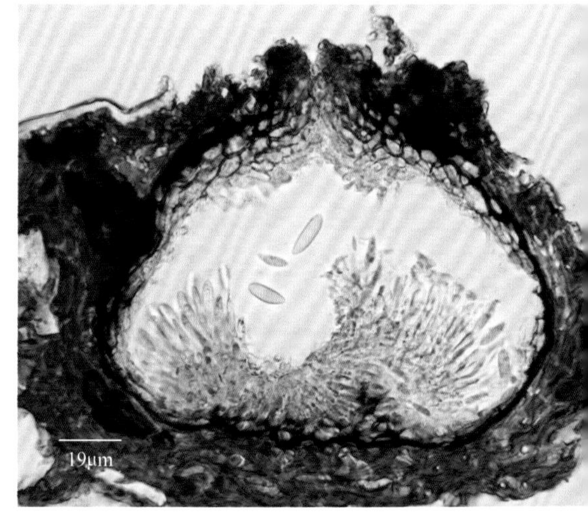

图2-431 *Zythia versoniana*分生孢子器与分生孢子

2）草莓鲜壳孢*Z. fragariae* Laib.，有性态为草莓日规壳*Gnomonia fragariae* Kleb.，为害草莓，引致草莓假轮斑病。叶片病斑圆形或椭圆形，褐色，边缘紫褐色，有时具黄色晕圈，病部生褐色小点。分生孢子器散生或聚生，球形或近球形，壁淡黄色至黄褐色，顶部具乳头状突起，直径112～144μm；分生孢子梗不分枝或分枝；分生孢子椭圆形或圆柱形，无色，单胞，两端钝圆，内含2个油球，5.0～7.0μm×1.5～2.0μm。

52. 多点霉属*Polystigmina* Sacc.

子座肉质，橘红色；分生孢子器生于子座内，球形、椭圆形或不规则形，器壁无色；分生孢子线形，单胞，弯曲或一端钩状，杏黄色，分生孢子自分生孢子器孔口牙膏状挤出。分生孢子具有性结合作用，本质上是性孢子，故分生孢子器又称为性孢子器或小型分生孢子器。

1）杏疔多点霉 *Polystigmina deformans* Syd.，有性态为畸形疔座霉 *Polystigma deformans* Syd.，为害杏树，引致杏疔病（又称杏黄病）。侵染新梢和叶片，也可侵染花和果实（图2-432）。分生孢子器埋生于橘红色子座内，瓶形或近球形，具孔口，243.2～418.0μm×243.2～380.0μm；分生孢子细长，钩状或弯曲，单胞，无色，33.6～37.1μm×2.2μm（图2-433，图2-434）。

图2-432　*Polystigmina deformans* 引致杏疔病症状

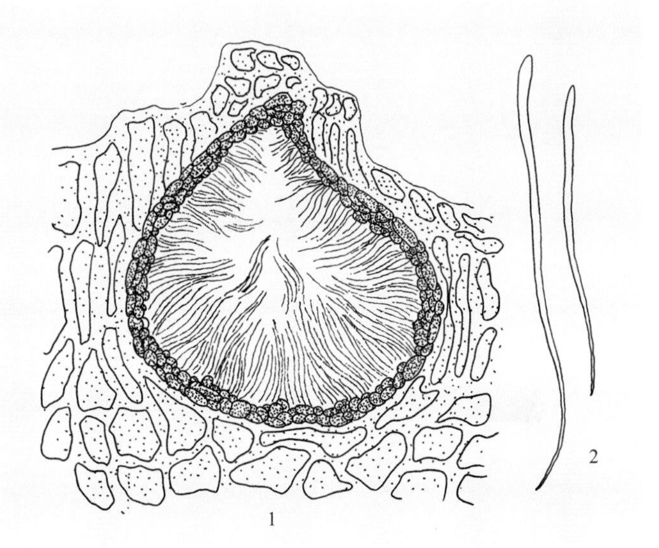

图2-433　*Polystigmina deformans* 分生孢子器（1）与分生孢子（2）形态模式图

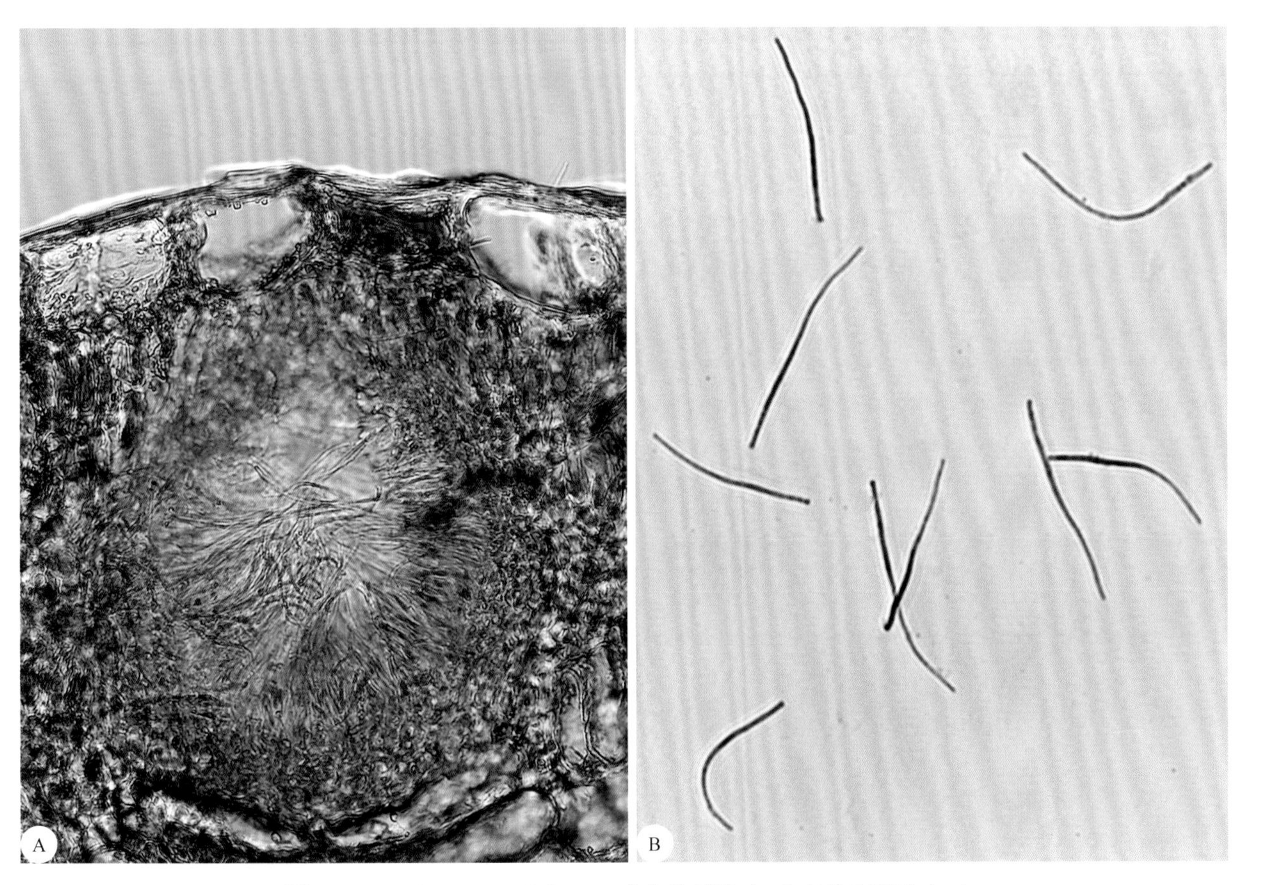

图2-434　*Polystigmina deformans* 分生孢子器（A）与分生孢子（B）

2）多点霉 *P. rubra* Sacc.，有性态为红色疔座霉 *Polystigma rubrum* (Pers.) DC.，为害李树，引致李红点病。分生孢子器球形，具孔口，埋生于橘红色子座中，壁红色，直径201～418μm；分生孢子线形，弯曲，单胞，无色，长35.2～59.2μm。

53. 细盾霉属 *Leptothyrium* Kunze

分生孢子器盾片形，暗色，表生，自基物突出，仅上半部发育，有或无孔口；分生孢子梗不分枝；分生孢子无色，单胞，卵圆形、长椭圆形或略弯曲。寄生于植物果实上。有性态为日规壳属 *Gnomonia*、小日规壳属 *Gnomoniella*。

仁果细盾霉 *Leptothyrium pomi* (Mont. et Fr.) Sacc.，为害李树，引致李蝇粪病。分生孢子器盾片状，圆形或椭圆形，黑色，有光泽，微具暗褐色放射状花纹；分生孢子无色，圆形，直径约7μm（图2-435，图2-436）。除李树外，还为害苹果、梨树、杏树等的果实，果面散生黑色小点（分生孢子器）（图2-437）。

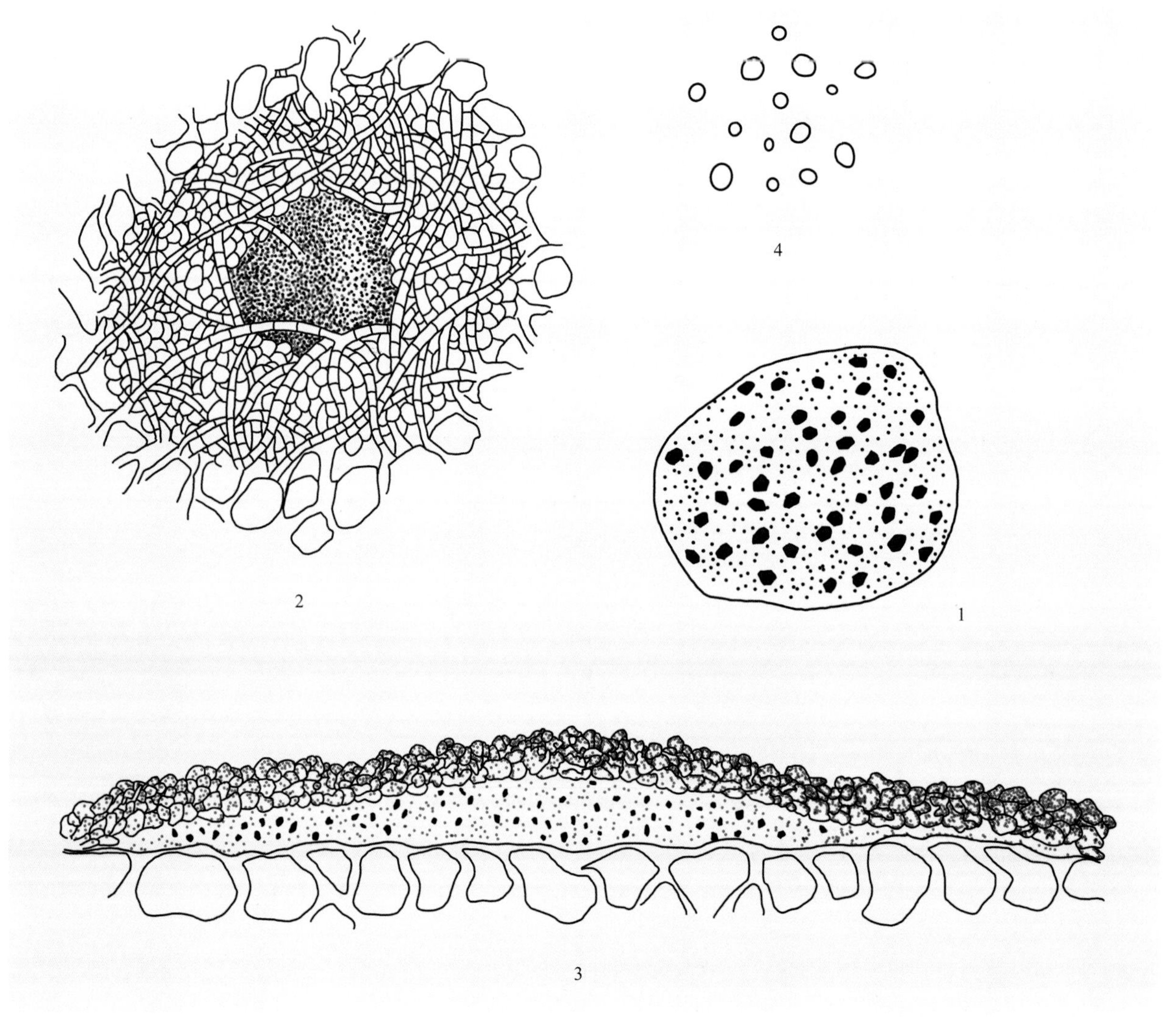

图2-435 *Leptothyrium pomi* 形态模式图

1：果皮上的分生孢子器外观；2：分生孢子器顶面（放大）；3：分生孢子器剖面；4：分生孢子

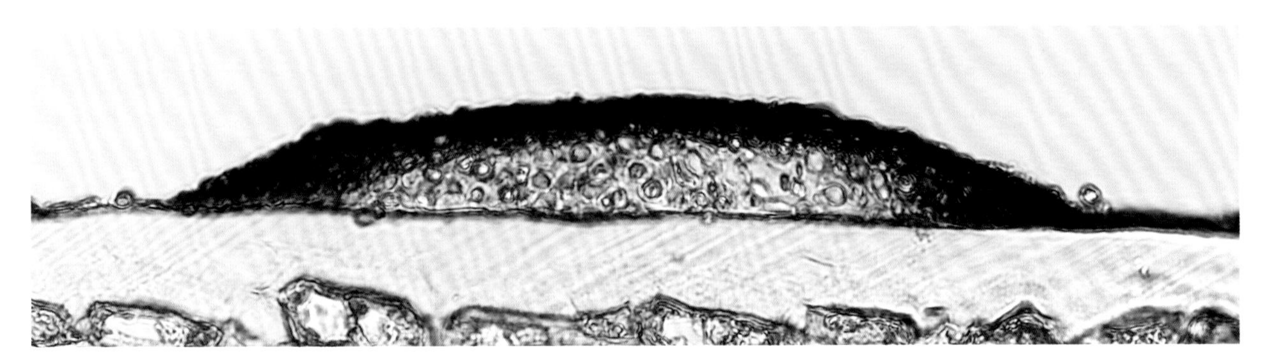

图2-436 *Leptothyrium pomi*分生孢子器与分生孢子

图2-437 *Leptothyrium pomi*引致李蝇粪病果实症状

54. 丝核菌属 *Rhizoctonia* de Candolle

不产生无性子实体和孢子。菌核生于菌丝中，褐色至黑色，形状多样，通常较小且结构疏松，彼此以菌丝构成的丝状体相连；菌丝褐色，细胞长形，分枝处显著缢缩，多呈直角，接近分枝处产生隔膜，与母菌丝隔开（图2-438）。寄生类群主要为害植物根茎和地下部分，也能侵害地上部分，引致立枯病和基腐病，有性态为薄膜革菌属*Pellicularia*，自然条件下不易见到。

1）茄丝核菌 *Rhizoctonia solani* Kühn，为害马铃薯，引致马铃薯黑痣病。主要侵染幼芽、茎基部及块茎，幼苗出土前腐烂造成缺苗，出土后植株下部叶片发黄，茎基部表面初期产生灰白色菌丝，后期形成褐色凹陷斑；严重时，茎基部及块茎表面产生黑褐色菌核（图2-439）。土壤习居菌，初期营养菌丝无色，直径5～14μm，细胞多核，生长较快；菌丝作直角、近直角或锐角分枝，近分枝处有隔膜且缢缩（图2-440A）；不进行锁状联合，不产生分生孢子，没有菌索结构；生长后期形成菌核，褐色至黑色，质硬，球形、近球形或不规则形状，直径0.25～5.0mm。菌核的形成分为初始阶段、膨大阶段和成熟阶段3个时期：初始阶段菌丝聚合，菌落表面形成不紧密的白色菌丝团；随着菌丝生长，菌丝团膨大并逐渐变为黄褐色；最后菌丝团脱水、硬化、变黑，形成成熟的菌

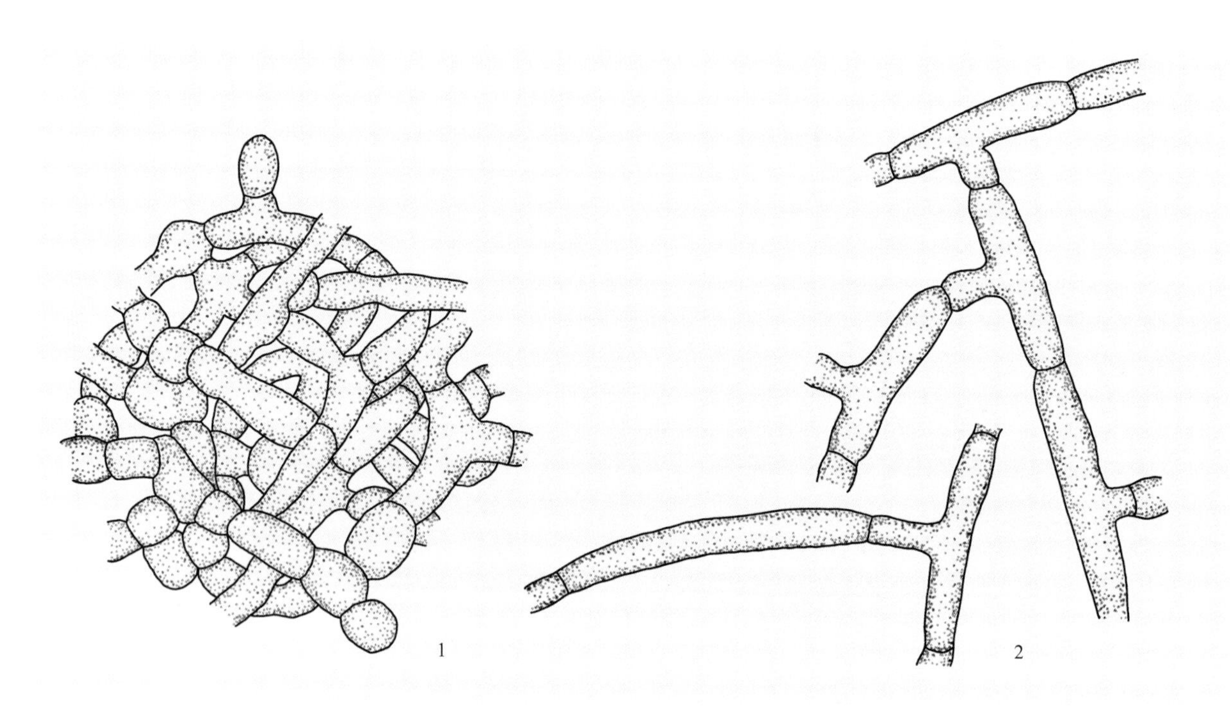

图2-438　*Rhizoctonia*菌核（1）与菌丝（2）形态模式图

图2-439　*Rhizoctonia solani*引致马铃薯黑痣病茎基部症状（A）与块茎症状（B）

核（图2-440B）。菌核是立枯丝核菌的休眠结构，抗逆性强，在土壤中可存活6年之久，是马铃薯黑痣病的主要初侵染源之一。此外，带菌种薯也是重要的初侵染源。在适宜条件下，菌核萌发产生菌丝，侵染马铃薯的幼芽、茎基部、地下茎、匍匐茎和根系等组织，后期在薯块上形成黑痣状大小不均一的菌核。

2）稻枯斑丝核菌*R. oryzae* Ryk. et Gooch，为害水稻，引致稻假纹枯病。叶鞘病斑椭圆形，中央黄褐色，边缘红褐色，汇合后呈不规则形，与纹枯病很难区别，病斑通常较纹枯病小、病斑多，后期在叶鞘组织内或叶鞘和茎秆之间形成菌核，自然形成的菌核扁圆形、椭圆形或圆柱形，橙红褐色，表面粗糙，菌核内外颜色、质地相同，无内外部分化，0.5 ~ 1.0mm × 0.3 ~ 0.5mm（图2-441，图2-442）。在PDA培养基上产生的菌核较大，菌丝粗大，无色，宽6 ~ 10μm。

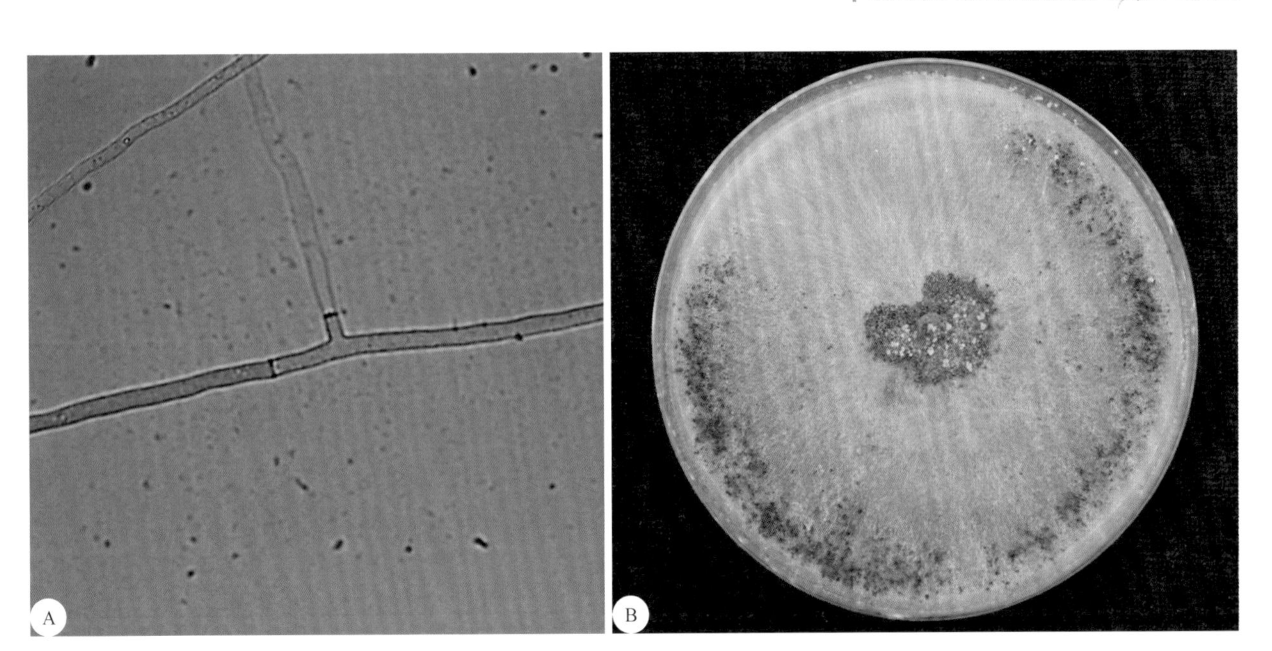

图2-440　*Rhizoctonia solani*菌丝（A）与在PDA培养基平板上产生的菌核（B）

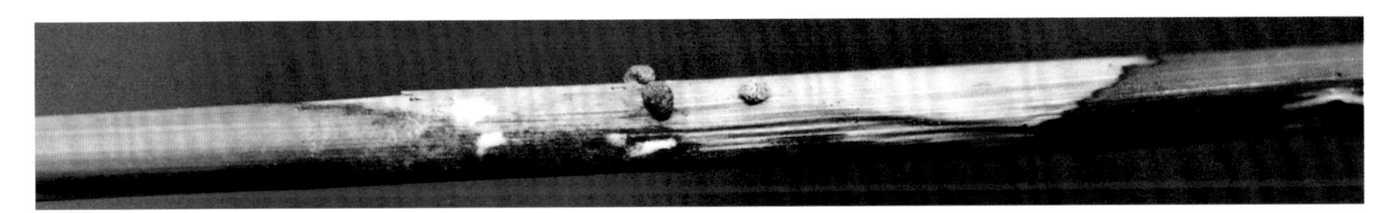

图2-441　*Rhizoctonia oryzae*引致稻假纹枯病叶鞘症状

55. 小核菌属 *Sclerotium* Tode

不产生无性子实体及孢子，菌核球形或不规则形，褐色至黑色，粗糙或光滑，内部浅色，结构紧密；菌丝通常无色或浅色。为害植物地下部分。有性态为薄膜革菌属*Pellicularia*。

1）齐整小核菌*Sclerotium rolfsii* Sacc.，为害花生，引致花生茎基腐病。菌核油菜籽状，近球形，表面光滑，初呈白色，后为红褐色，内部灰白色，直径0.5～2.0mm，有时互相合并，菌核之间无菌丝连接（图2-443）。茎部受害变褐，产生大量白色绢丝状菌丝，菌丝层上产生大量菌核，病株凋萎、枯死。以菌核越冬，菌核在土壤中能存活4～5年。除花生外，还为害马铃薯、辣椒、茄子、烟草、黄麻、大豆、甜菜、西瓜等，引致茎基腐、根腐和果腐。田间积水可促使菌核死亡，有条件的地区花生与水稻轮作3年，可减轻病害。

2）白腐小核菌*S. cepivorum* Berk.，为害大蒜，引致大蒜白腐病。地下部变黑腐烂，引致地上部凋萎死亡，叶鞘表面产生大量的黑色小菌核，近圆形，较小，直径0.5～1mm。潮湿时病部长出白色绒状菌丝体（图2-444）。除大蒜外，还为害韭菜、葱等。

3）稻小核菌*S. oryzae-sativae* Saw.，为害水稻，引致稻黑色小菌核病。主要侵染叶鞘和茎秆，叶鞘病斑多数椭圆形，中央灰褐色，边缘褐色，症状很像纹枯病，但病斑较小。茎秆受害变褐，稻穗枯死，重病株倒伏，叶鞘内形成褐色菌核。自然情况下产生的菌核短圆柱形、球形或卵圆形，褐色至淡褐色，表面粗糙，无内外部分化，1.0～2.0mm×0.5～1.0mm。

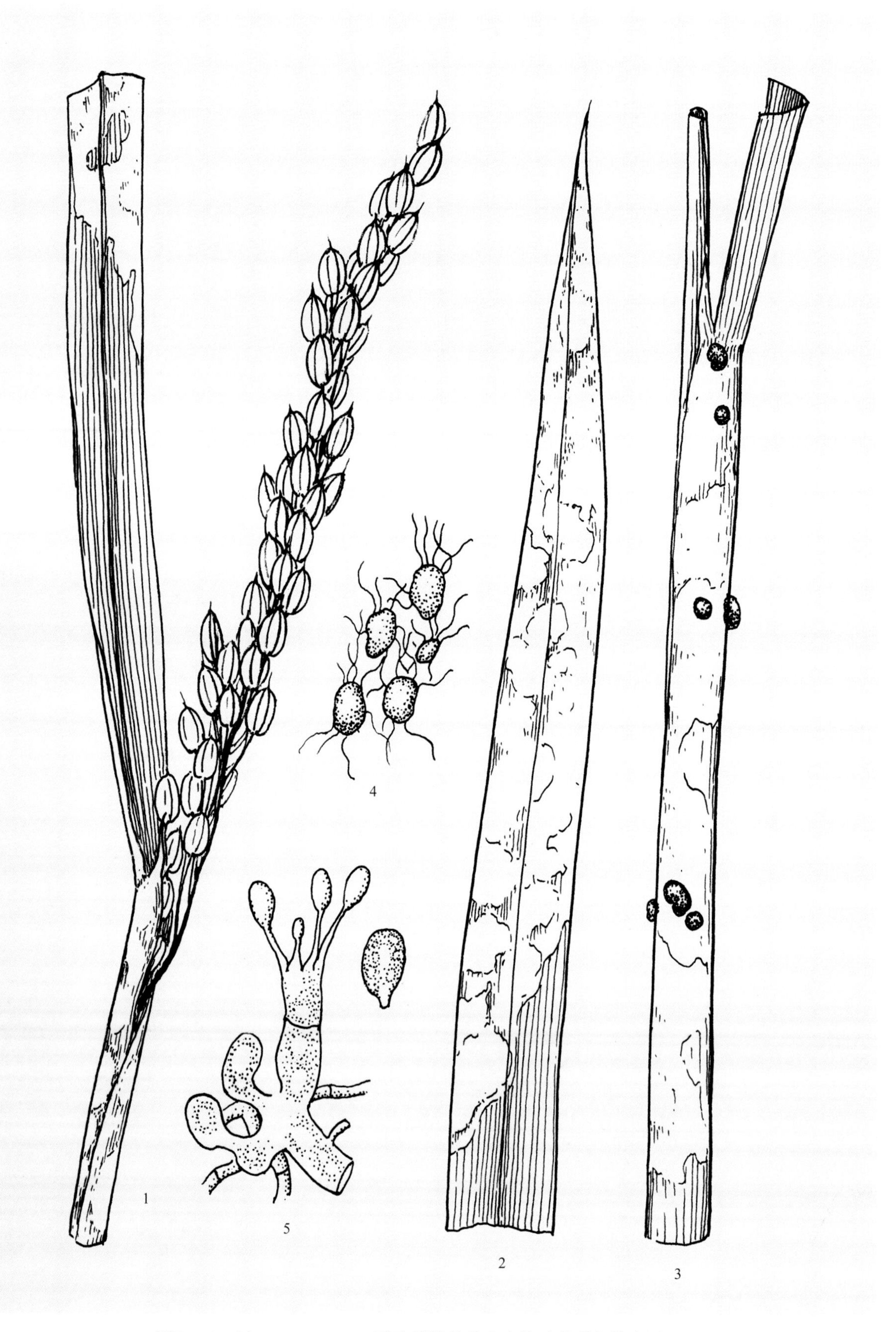

图2-442 *Rhizoctonia oryzae*引致稻假纹枯病症状及其形态模式图

1：病株；2：病叶；3：病茎上着生的菌核；4：菌核；5：担子与担孢子

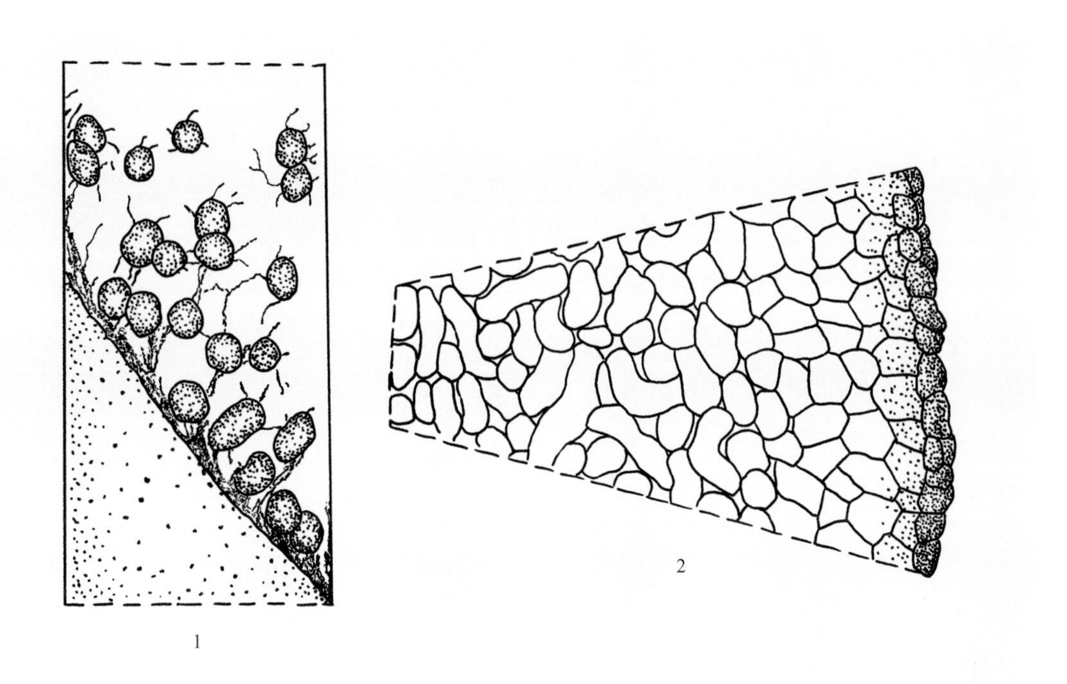

图2-443　*Sclerotium rolfsii*形态模式图

1：菌核；2：菌核内部结构

图2-444　*Sclerotium cepivorum*引致大蒜白腐病症状

A：病茎上产生的小菌核；B：病茎上形成的白色霉层

第三章 植物病原细菌

一、个体形态及发育

植物病原细菌是一类原核生物，结构简单，单胞，无细胞核、细胞骨架及膜状细胞器（如线粒体、叶绿体等）。细菌个体非常小，较大的烟草野火杆菌菌体为0.8～6.5μm×1.4～2.8μm，较小的桃穿孔病病原细菌菌体只有0.2～0.4μm×0.8～1.0μm，目前已知最小的细菌菌体长0.2μm。实际上自然界生命存在形式的多样性，往往会超出人们的想象，2022年6月24日美国劳伦斯伯克利国家实验室研究发现了菌体长度2cm的巨大细菌，这样的长度已经颠覆了人们以往对细菌的认知范围。细菌广泛分布于土壤和水中，或者与其他生物共生，美国人类微生物群系项目（Human Microbiome Project）汇集80多所研究院校的200多位科学家，历时5年研究，发现在人体中细菌的数量占人体所有活细胞的90%，每个人的身体中有500～1000种不同种类的细菌，它们在成人体内可繁殖出大约100万亿个体细胞，大约是人体全部体细胞的10倍。

细菌的细胞壁具有一定的强度和韧性，以保持细菌的外形状态。细菌的细胞壁主要由肽聚糖构成，在其细胞壁外常有一层黏液状的物质包围，这一层包围菌体的黏液称为荚膜，是细菌生命活动的产物，荚膜的存在使细菌菌落在固体培养基上表现出不一样的颜色、光泽、湿润度，而这些具有显著特征的理化指标，也是细菌分类的重要依据。引致植物病害的细菌，大多数不产生明显的荚膜。

细菌细胞内充满原生质团，原生质团被蛋白质和脂类构成的原生质膜包围，细菌细胞无集中且分化明显的细胞核。

植物病原细菌绝大多数不产生芽孢，只有少数可以产生芽孢。芽孢是由细菌细胞内含物浓缩形成的，每一个细菌只产生一个芽孢，产生芽孢与生殖有本质区别，它不是新产生的生命个体，仅是细菌菌体为抗御不良环境的适应性反应。芽孢对不良环境有极强的耐受力，甚至在高温蒸汽煮沸条件下也不能将其杀死，科学实验中，经常采用密闭加压的方式提高蒸汽温度来进行灭菌消毒处理，或采取重复间歇灭菌的方法，通过反复升温加压进行灭菌消毒，以确保完全杀死细菌芽孢。

根据生理生化反应特征的不同，细菌可分为革兰氏阳性细菌和革兰氏阴性细菌两大类。将细菌涂片用结晶紫染色以后，采用碘液固定，所染颜色不能被95%乙醇洗脱，菌体颜色呈蓝黑色者为革兰氏阳性细菌；反之，菌体颜色能被95%乙醇洗脱者为革兰氏阴性细菌。革兰氏阳性细菌和革兰氏阴性细菌在生理上存在较大差异。革兰氏阳性细菌细胞壁坚韧且厚，能够忍耐高浓度的盐类；革兰氏阳性细菌不能抵抗青霉素，因为青霉素的结构与细菌细胞壁中肽聚糖结构中的D-丙氨酰-D-丙氨酸近似，能与其竞争转肽酶，从而阻碍细菌细胞壁中肽聚糖的形成，造成细胞壁缺损，使细菌细胞壁失去渗透屏障，起到杀灭细菌的作用。革兰氏阴性细菌细胞壁疏松且薄，不能忍耐高浓度盐分，细胞壁中肽聚糖含量较少，因而能够抵抗青霉素。革兰氏染色反应是细菌鉴别和分类的重要依据。

植物病原细菌除少数种类外，大多数是可运动的细菌。从寄主植物病组织中逸出的细菌，多半不能在清水中观察到其游动情况，但是可以在蛋白胨培养液中游动，这些能运动的细菌菌体外生丝状鞭毛，鞭毛与原生质相连，穿过细胞壁并伸出细菌体外。鞭毛极细，直径0.02～0.031μm，这个宽度范围超出了光学显微镜的最大辨别能力，必须经过特殊方法染色以后才能在显微镜下观察发现。细菌鞭毛的有无、鞭毛数目和着生方式也是重要的分类依据。常用的细菌鞭毛染色方法是Gray法和Bailey法。采用硫酸银或硝酸银染色法可以得到清晰结果，但操作烦琐，一般使用较少。

细菌以裂殖方式进行繁殖，细菌分裂前，菌体细胞拉长，细胞内物质被重新划分成为两部分，细胞壁自菌体中部向内延伸（嵌）凹入，直至相遇结合，菌体便从1个分裂成2个相等的独立子细胞，这种分裂有时并不完全断开，常表现为两个细胞相连，或多个细胞呈串状生长。在适宜条件下，细菌每小时分裂一次，一个细菌母体及其子代24h内的总繁殖能力可以达到1700万次。

二、培养及生理生化特性

植物病原细菌对营养的需求比较简单，在普通培养基上就能正常生长，绝大多数细菌可以利用无机铵盐和糖类，只有少数需要利用有机氮源。植物病原细菌都不能分解纤维素，这一点和真菌存在显著差异，细菌在胶体培养基上形成的细菌菌落，可以帮助我们更方便地观察细菌生长时的群体形态特性。由于细菌个体简单，单纯从形态、培养特点上尚不足以鉴别其种间差异，需要通过各种不同营养源物质组成的固体或液体培养基进行生长培养，才能详细观测细菌的生理生化特性。细菌生长过程中表现的特征差异，作为鉴别种的依据。

细菌的培养特征及生化特性：①细菌在固体培养基上形成的菌落形状、颜色、边缘、表面和高度的物理特征。②在液体培养基中，根据菌液的混浊程度，判定细菌利用不同培养基中不同营养物质的能力和大小，以及在溶液表面生长与所形成沉淀物的化学特征。③在石蕊牛乳培养基中的生理生化反应；酸性反应（变红）或碱性反应（变蓝），牛乳结块（凝乳）或消解乳酪素成为清液（胨化），使石蕊还原（颜色消失）或不使其还原（有色）。④能否使明胶液化。⑤水解淀粉的能力。⑥能否使硝酸盐（NO_3^-）还原为亚硝酸盐（NO_2^-）。⑦能否使蛋白胨分解为氨及硫化氢。⑧能否分解色氨酸产生吲哚。⑨分解脂肪如棉籽油的溶脂作用。⑩能否利用各种糖、醇和糖苷，使其分解产酸，或产酸兼产气。

植物病原细菌在中性或略显碱性的培养基上都能正常生长，一般适宜植物病原细菌生长的温度为26～30℃，但番茄青枯病菌在37℃下都能正常生长，马铃薯环腐细菌则在22～24℃下生长较好。植物病原细菌不耐高温，一般致死温度为50℃或略高，但都能耐受低温。绝大多数植物病原细菌为好氧菌，或者是兼性好氧菌。

三、形态与结构特征

细菌按形态可分为球菌、杆菌和螺旋状菌等。其中，球菌是外形呈圆球形或椭圆形的细菌，直径0.5～1.0μm，有以下几种类型：①单球菌，单独存在，如尿素小球菌；②双球菌，如肺炎双球菌；③链球菌，如乳酸链球菌；④四联球菌，4个细胞排列在一起，呈“田”字形，如四联球菌；⑤八叠球菌，如尿素八叠球菌；⑥葡萄球菌，如金黄色葡萄球菌。杆菌外形为杆状，常有长宽接近的短杆或球杆状菌，如甲烷短杆菌属，长宽相差较大的棒杆状或长杆状菌，如枯草芽孢杆菌；分枝状或叉状菌，如双歧杆菌属；竹节状（两端平截），如炭疽芽孢杆菌等。螺旋状菌一般长5～50μm、宽0.5～5.0μm，根据菌体的弯曲程度可分为：①弧菌，螺旋不足1环者呈香蕉状或逗点状，如霍乱弧菌；②螺菌，满2～6环的小型、坚硬的螺旋状细菌，如小螺菌；③螺旋体，旋转周数多（通常超过6环）、体长而柔软的螺旋状细菌，如梅毒螺旋体。细菌的结构分为基本结构和特殊结构。基本结构是各种细菌都具有的结构，包括细菌的细胞壁、细胞膜、细胞质、核质。某些细菌特有的结构称为特殊结构，包括细菌的荚膜、鞭毛、菌毛、芽孢（图3-1）。

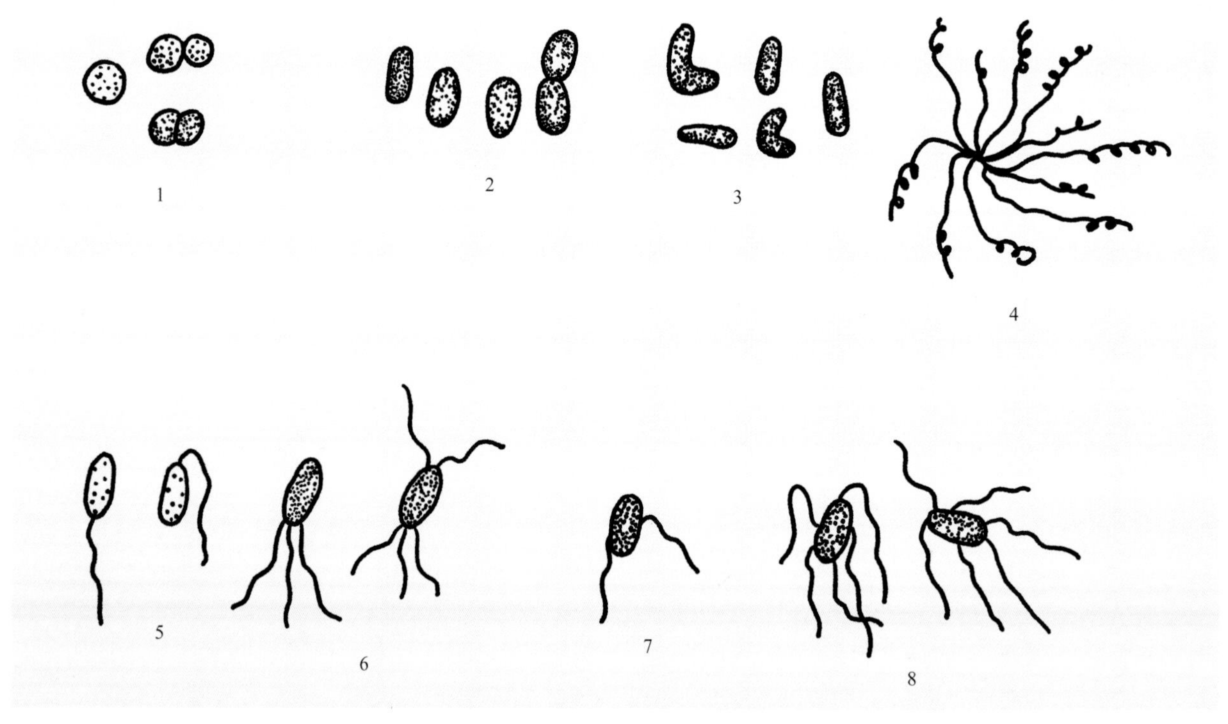

图3-1　植物病原细菌形态及其鞭毛着生方式

1：球菌；2：杆菌；3：棒杆菌；4：链丝菌；5：单鞭毛极生；6：多鞭毛极生；7和8：周生鞭毛

细菌没有固定的细胞核，但是它的核物质集中在细胞质的中央，形成一个椭圆形或者近圆形的核质区，作用相当于细胞核，但没有核膜。有些细菌还有独立于核质之外的环形或者线形遗传因子，称为质粒（plasmid），质粒通常编码控制细菌的抗药性、致病性等性状，细菌细胞质中还有中心体、核糖体、内含体等物质（图3-2）。

植物病原细菌主要类群有土壤杆菌属*Agrobacterium*、欧文氏菌属*Erwinia*、假单胞菌属*Pseudomonas*、

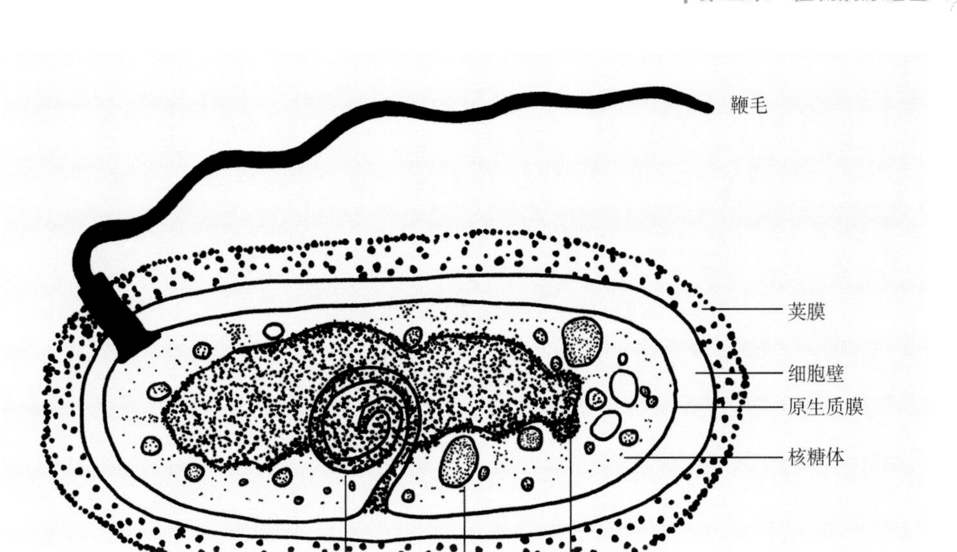

图3-2　植物病原细菌结构模式图

黄单胞菌属*Xanthomonas*和链霉菌属*Streptomyces*。革兰氏阴性细菌有嗜酸菌属*Acidovorax*、根杆菌属*Rhizobacter*、根单胞菌属*Rhizomonas*、嗜木质菌属*Xylophilus*、泛菌属*Pantoea*和木质部小菌属*Xylella*等，革兰氏阳性细菌则有棒形杆菌属*Clavibacter*、节杆菌属*Arthrobacter*、短小杆菌属*Curtobacterium*、红球菌属*Rhodococcus*、芽孢杆菌属*Bacillus*、伯克氏菌属*Burkholderia*和韧皮部杆菌属*Liberobacter*（图3-3）。有时，如拉塞氏杆菌属（*Rathayibacter*）中的一些种，可以伴随其他病原物进行复合侵染。

图3-3　常见植物病原细菌形态模式图

1：密执安棒形杆菌诡谲亚种*Clavibacter michiganensis* subsp. *insidiosus*；2：地毯草黄单胞菌锦葵致病变种*Xanthomonas axonopodis* pv. *malvacearum*；3：根癌土壤杆菌*Agrobacterium tumefaciens*；4：茄科雷尔氏菌*Ralstonia solanacearum*；5：树生黄单胞菌李致病变种*Xanthomonas arboricola* pv. *pruni*；6：胡萝卜欧文氏菌胡萝卜亚种*Erwinia carotovora* subsp. *carotovora*；7：丁香假单胞菌桑致病变种*Pseudomonas syringae* pv. *mori*

1. 土壤杆菌属 *Agrobacterium* Conn

土壤杆菌属归属于根瘤菌科Rhizobiaceae，菌体杆状，0.6～1.0μm×1.5～3.0μm，单生或成对，革兰氏染色反应阴性，有1～6根周生鞭毛，好氧，以氧分子为最终电子受体。最适生长温度为25～28℃。菌落通常为圆形，表面光滑，无色素。在含碳水化合物的培养基上生长时产生大量黏质的胞外多糖。土壤杆菌属中除了放射性土壤杆菌不致病，其余3种，即根癌土壤杆菌、发根土壤杆菌、悬钩子土壤杆菌的菌株均能引致植物病害，分别引致冠瘿、发根、茎瘿。不同菌株的寄主范围不一样，有的能侵染多种植物，有的只能侵染少数几种植物。

根癌土壤杆菌 *Agrobacterium tumefaciens* (Smith Townsend) Conn，为害多种植物，引致树木根癌病和冠瘿病，是重要的植物病原菌。菌体杆状，0.4～0.8μm×1.0～3.0μm，无芽孢，具荚膜，鞭毛1～4根侧生，革兰氏染色反应阴性，具有好氧性。在牛肉膏蛋白胨琼脂培养基上菌落小，圆形，白色，表面光滑，有光泽，边缘整齐。在牛肉膏蛋白胨琼脂培养液中培养生长快，混浊，有薄菌膜。发育适温为22℃，最高温度为34℃，最低温度为10℃，致死温度为51℃（10min）；适宜pH为5.7～9.2，最适pH为7.3。为害树木根茎部，也在根的其他部位发生，初期病部形成大小不一的灰白色瘤状物，其内部组织松软，外表粗糙不平，随着树体生长和病情发展，瘤状物不断增大，表面逐渐变成褐色或暗褐色，内部木质化，表层细胞死亡，有的瘤状物表面或四周生长细根。瘤体大小不一，在2年苗木上，小的如核桃，大的直径可达5～6cm，病树根系发育受抑制，地上部停滞不长或矮小瘦弱，严重的植株干枯死亡（图3-4）。该病菌在自然条件下可长期在土壤中存活，因此带菌土壤是重要的侵染源。

图3-4 *Agrobacterium tumefaciens* 引致杨树根癌病症状（A）与冠瘿病症状（B）

2. 欧文氏菌属 *Erwinia* Winslow et al.

欧文氏菌属归属于肠杆菌科Enterobacteriaceae，菌体直杆状，0.5 ~ 1.0μm × 1.0 ~ 3.0μm，单生或对生，有时短链状。革兰氏染色反应阴性，以周生鞭毛运动（1种例外）。兼性厌氧，有些种厌氧生长弱。生长最适温度为27 ~ 30℃，最高温度为32 ~ 40℃。欧文氏菌属中的大多数种是植物病原菌，引致坏死、溃疡、萎蔫、叶斑、流胶及软腐症状。中国主要植物病原菌有菊欧文氏菌*Erwinia chrysanthemi*，引致多种亚热带植物和观赏植物软腐病、水稻细菌性基腐病；胡萝卜欧文氏菌*E. carotovora*引致各种植物软腐病，如大白菜等十字花科植物软腐病、马铃薯软腐病。解淀粉欧文氏菌*E. amylovora*是中国进境检疫对象。

1）胡萝卜欧文氏菌胡萝卜亚种*Erwinia carotovora* subsp. *carotovora* (Jones) Bergey et al.，为害白菜，引致白菜软腐病。菌体短杆状，周生鞭毛，无荚膜，不产生芽孢，革兰氏染色反应阴性。在Luria-Bertani（LB）培养基上菌落灰白色，圆形至变形虫形，稍带荧光性，边缘明晰。生长温度为9 ~ 40℃，最适温度为25 ~ 30℃，对氧气要求不严格，在缺氧情况下亦能生长发育，在pH 5.3 ~ 9.3条件下均能生长（最适pH为7.2），喜好高湿度，不耐干旱和日晒。寄主范围很广，除十字花科蔬菜外，还为害马铃薯、胡萝卜、番茄、辣椒、大葱、芹菜、洋葱、莴苣等。中国栽种大白菜的地区都会发生软腐病，是包心后的重要病害，窖藏大白菜软腐病严重时可使全窖腐烂。大白菜和甘蓝多自包心后开始发病，早期植株外围叶片在烈日下发生萎垂，早晚恢复常态，数日后外叶不再恢复，露出叶球，严重时叶柄基部和根茎部新髓组织完全腐烂，充满灰黄色黏质物，并发出恶臭。病害一般从根髓或叶柄基部向上蔓延，或从外叶边缘和心叶顶端向内发展，有的从叶片虫伤处向四周扩展，最后造成整个菜头腐烂。腐烂的病叶在晴天干燥环境下，失水干枯，变成薄纸状（图3-5）。萝卜受害初呈水渍状，病健部界限明显，后期病部向四周发展成软腐状，常有汁液渗出。留种株有时老根外观完好，内部心髓完全腐烂。其他十字花科蔬菜软腐病的症状与大白菜大致相同。

2）解淀粉欧文氏菌*Erwinia amylovora* (Burrill) Winslow et al.，为害梨树，引致梨火疫病，是梨树、苹果等蔷薇科植物的毁灭性病害，也是中国重要的进境检疫对象。在LB培养基上形成灰白色菌落，菌体杆状，周生4 ~ 6根鞭毛，0.9 ~ 1.8μm × 0.5 ~ 0.9μm，无荚膜，不产生芽孢，革兰氏染色反应阴性。为害梨树、苹果、山楂、李树等40多个属220多种植物，引致火疫病。梨火疫病的典型症状是花、果实和叶片受害后快速变黑褐色，进而枯萎，枯死叶片长期挂在树上不落，如火烧一般，故得此名。叶片染病从叶缘开始变黑色，后沿叶脉扩展致全叶变黑凋萎，呈牧羊鞭状。花器染病呈萎蔫状，深褐色，向下蔓延至花梗，导致花梗也呈水渍状（图3-6A）。果实染病初生水渍状斑点，后变为暗褐色，渗出黄色黏液，最终致病果变黑枯干（图3-6B）。枝干染病初为水渍状斑点，病部下凹呈溃疡状，最后由褐变黑，严重时导致绝收毁园（图3-6C）。该病菌的远距离传播主要靠繁殖材料的转移交流。

3. 黄单胞菌属 *Xanthomonas* Dowson

黄单胞菌属归属于黄单胞菌科Xanthomonadaceae，菌体直杆状，0.4 ~ 0.7μm × 0.7 ~ 1.8μm，革兰氏染色反应阴性，以单极生鞭毛运动。绝对好氧，不能还原硝酸，也无脱氮作用。最适生长温度为25 ~ 30℃。

图3-5 *Erwinia carotovora* subsp. *carotovora*引致白菜软腐病症状

A：田间为害状；B：病株

菌落一般为黄色，光滑或黏液状。典型种是油菜黄单胞菌。黄单胞菌属的绝大多数成员为植物病原菌，由其引致的植物病害遍及全世界，几乎所有高等植物的主要科属都会因其发生一种或多种病害。主要症状是在叶、茎和果实上形成坏死（斑点、条斑、溃疡）、萎蔫、腐烂等症状。其中，十字花科蔬菜黑腐病是世界性病害，水稻白叶枯病、水稻细菌性条斑病、小麦黑颖病、柑橘溃疡病等为中国重要病害。

稻黄单胞菌白叶枯变种*Xanthomonas oryzae* pv. *oryzae* (Ishiyama) Swings et al.，为害水稻，引致水稻白叶枯病。主要侵染叶片，水稻全生育期均可受害，以孕穗期发病最重。多在叶片两侧出现不规则水渍状坏死斑，逐步向下扩展，病斑初呈黄白色，后为灰白色或枯白色，边缘波纹状，病斑上有时产生蜜黄色菌脓（图3-7，图3-8）。切一块病组织在显微镜下观察，可见菌浓从水稻叶片维管束中呈云雾状喷出（图3-9）。菌体短杆状，单生，1.0 ~ 2.7μm × 0.5 ~ 1.0μm，极生或亚极生单鞭毛，长约8.7μm，直径30nm；革兰氏染色反应阴性，无芽孢和荚膜，菌体外有黏质的胞外多糖包围层，在LB培养基上菌落蜜黄色，产生非水溶性的黄色素。好气性，呼吸型代谢。

4. 棒形杆菌属 *Clavibacter* Davis, Gillaspie et al.

棒形杆菌属归属于微杆菌科Microbacteriaceae，菌体短杆状，0.4 ~ 0.8μm × 0.8 ~ 2.5μm，形态多样，直或微弯，楔形或球形，革兰氏染色反应阳性，单生为主，也有呈“V”形、“Y”形或栅栏状排列的菌链。不抗酸，不形成内生孢子，不运动。在大多数培养基上生长缓慢，菌落圆形、全缘、光滑、突起，不透明。绝对好氧。生长适宜温度为21 ~ 26℃。该属包括5个种和7个亚种，均为植物病原细菌，引致系统性病害，表现萎蔫、蜜穗、花叶等症状。该属的典型种是密执安棒形杆菌。

图3-6 *Erwinia amylovora*引致梨火疫病花症状（A）、果实症状（B）及果园受害状（C）

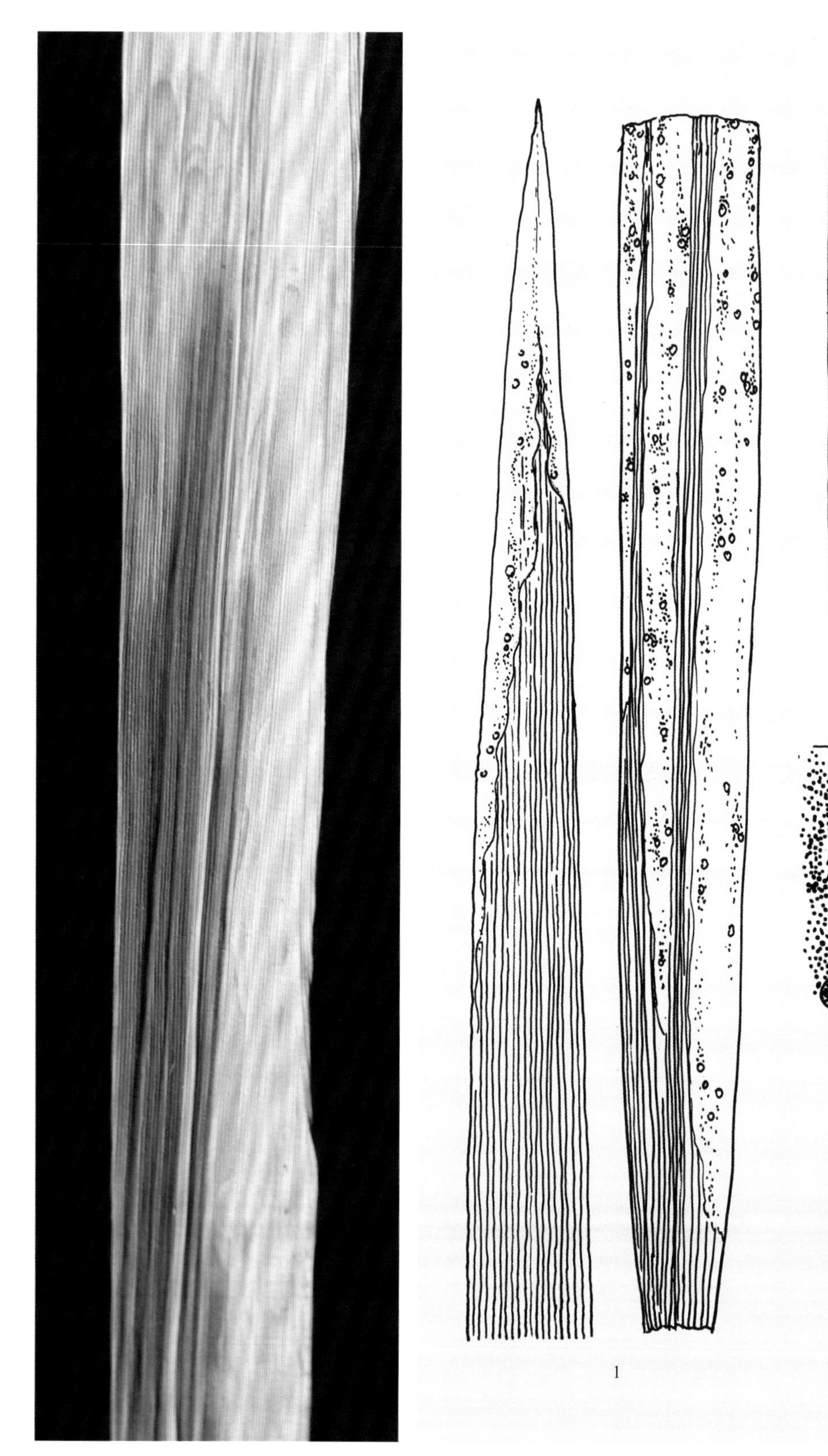

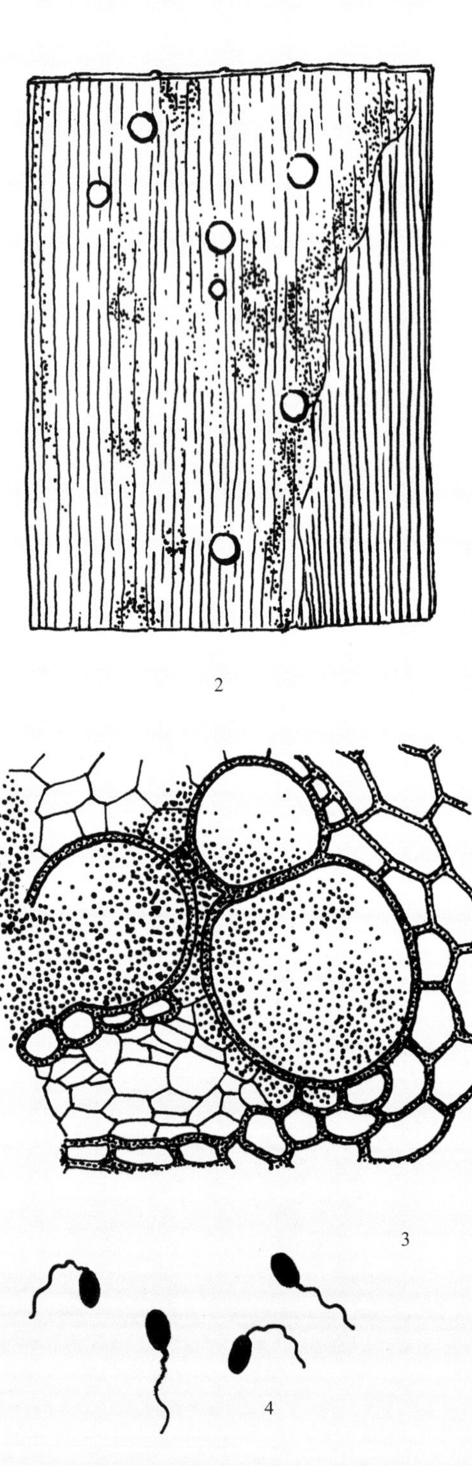

图3-7 *Xanthomonas oryzae* pv. *oryzae*引致水稻白叶枯病症状

图3-8 *Xanthomonas oryzae* pv. *oryzae*引致水稻白叶枯病症状及其形态模式图

1：病叶与叶片表面菌脓；2：菌脓放大；3：组织病变；4：细菌形态

图3-9 *Xanthomonas oryzae* pv. *oryzae*引致水稻白叶枯病在光学显微镜下的喷菌现象

1）密执安棒形杆菌环腐亚种*Clavibacter michiganensis* subsp. *sepedonicus* (Spieckermann et Kotthoff) Divis et al.，为害马铃薯，引致马铃薯环腐病。菌体杆状，有的近圆形或棒状，平均长0.8～1.2μm，直径0.4～0.6μm（图3-10），繁殖较快。若以新鲜培养物制片，在显微镜下可观察到相连的呈“V”形、“L”形或“Y”形菌体。不产生芽孢，无荚膜，无鞭毛，革兰氏染色反应阳性。马铃薯环腐病是一种维管束病害，多在开花期后发病，初期症状为叶脉间组织褪绿，病叶呈斑驳状花叶，之后叶片边缘或全叶黄枯，向上弯曲。受害后先从植株下部叶片开始发病，而后逐渐向上发展至全株。症状因环境条件和品种抗性的不同而异，常见的是植株矮缩、叶小发黄、分枝少，萎蔫症状不明显；另一种是植株急性萎蔫，叶片青绿时就枯死，病株茎部和茎基部淡黄色或黄褐色。病薯横切面维管束黄色或褐色，环状腐烂，严重时形成空腔，用手挤压有污白色菌脓溢出。在自然条件下只侵染马铃薯，人工接种可侵染30余种茄科植物。最适宜的生长温度为20～23℃。田间土壤温度在18～22℃时病情发展快，而在高温（31℃以上）和干燥气候条件下发展停滞，症状推迟出现。

2）密执安棒形杆菌密执安亚种*Clavibacter michiganensis* subsp. *michiganensis* (Smith) Davis et al.，为害番茄，引致番茄溃疡病。侵染茎与果实，茎上产生暗褐色条斑，长度达1至数个节间，条斑下陷爆裂，髓部暗褐色，形成大小不一的空腔（图3-11）。果实病斑圆形，稍凹陷，直径约3mm，中心稍突起，淡褐色，表面粗糙，周围有白色晕圈。坐果期病株茎秆变粗，叶片、果实数量明显减少。菌体短杆状或棍棒状，无鞭毛，0.7～1.2μm×0.4～0.7μm。在PDA培养基上培养96h后，长出平均直径1mm的小菌落，1周后菌落圆形，略突起，全缘不透明，黏稠状。革兰氏染色反应阳性；适宜pH为7；发育温度为1～33℃，适温为25～27℃，致死温度为53℃（10min）。在光学显微镜下可以观察到该细菌的喷菌现象（图3-12）。在种子内外或病残体上越冬，在土壤内可存活2～5年。主要靠带菌种子远距离传播，田间由风雨、灌溉水、昆虫和农事操作传播。寄主范围限于茄科的一些属，如番茄属、辣椒属、烟草属等的47种。

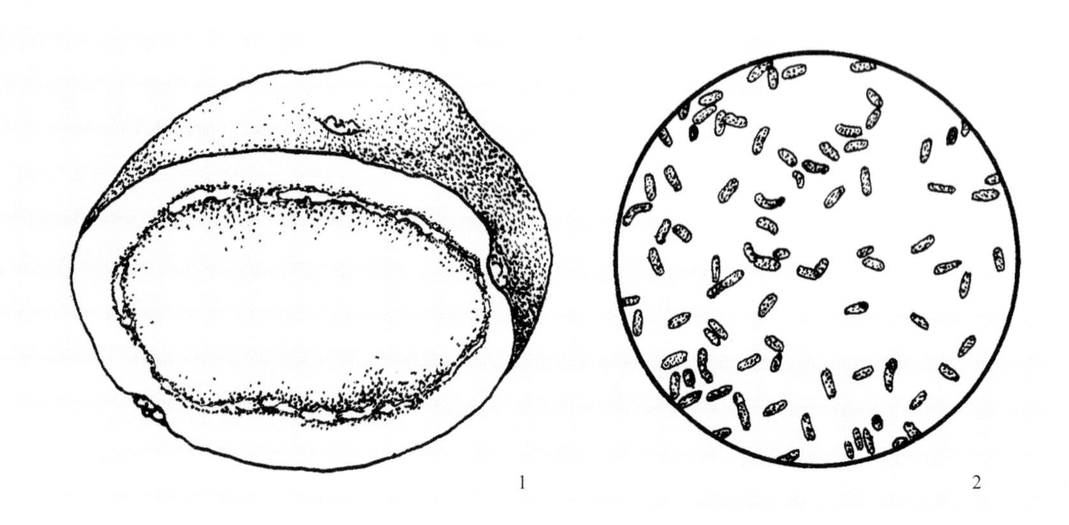

图3-10 *Clavibacter michiganensis* subsp. *sepedonicus*引致马铃薯环腐病症状及其形态模式图

1：病薯横切面维管束变色腐烂；2：病原细菌

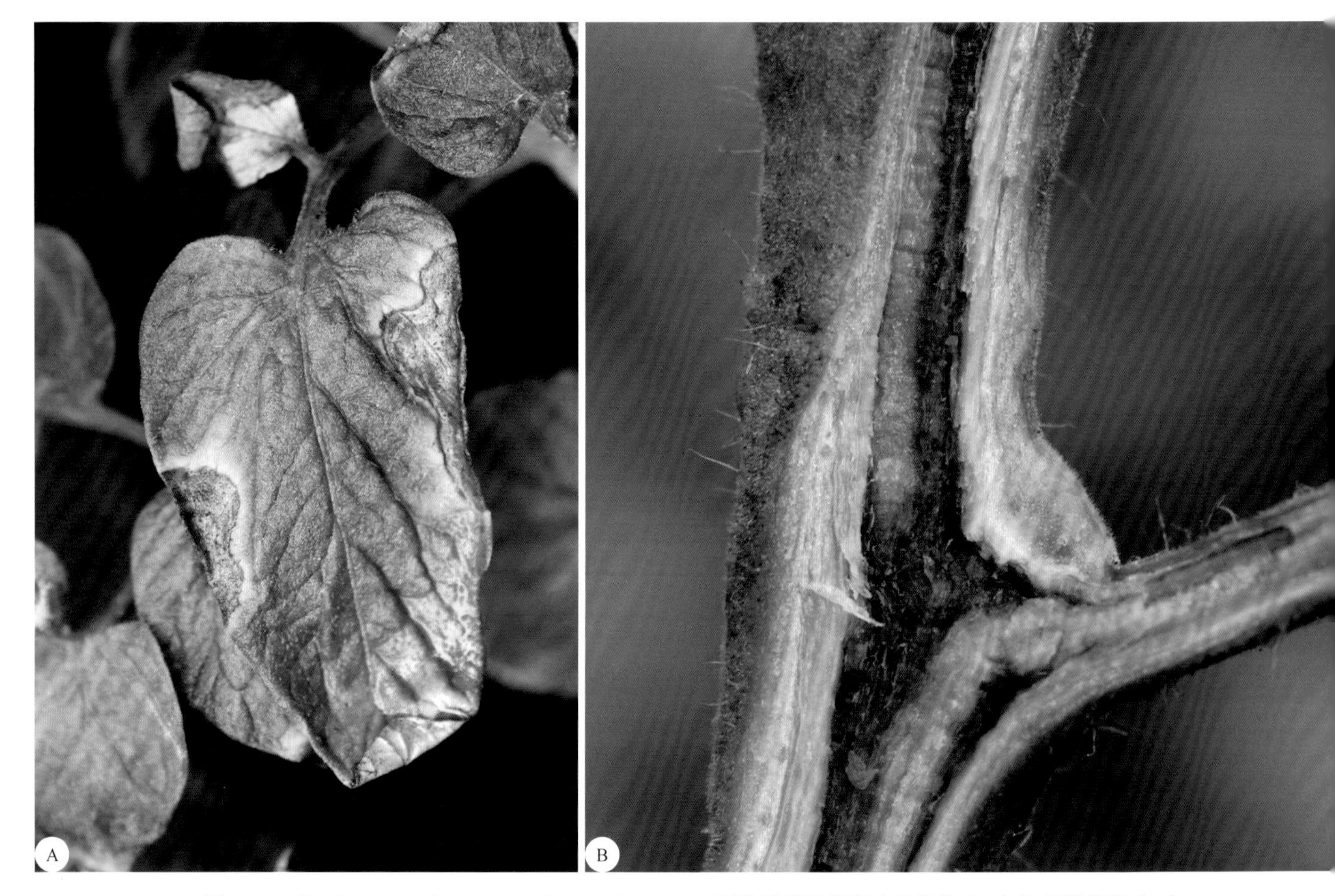

图3-11 *Clavibacter michiganensis* subsp. *michiganensis*引致番茄溃疡病叶片症状（A）与茎秆症状（B）

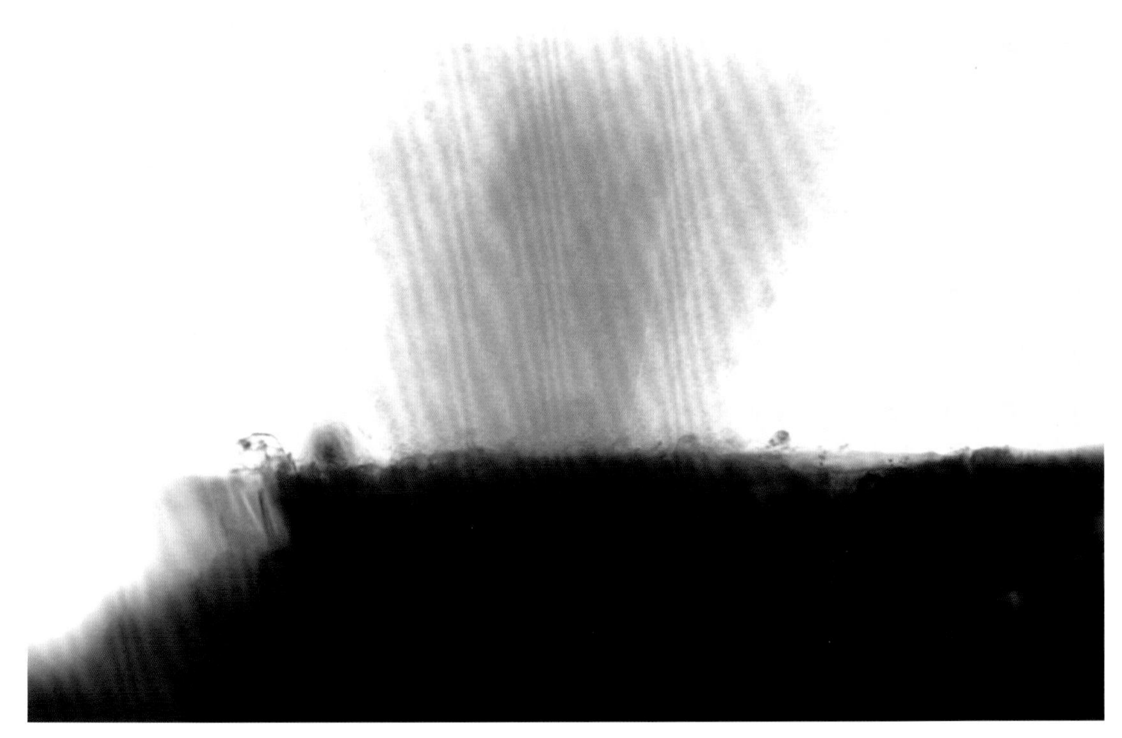

图3-12 *Clavibacter michiganensis* subsp. *michiganensis*引致番茄溃疡病在光学显微镜下的喷菌现象

5. 拉塞氏杆菌属 *Rathayibacter* Zgurskaya, Evtushenko, Akimov et al.

拉塞氏杆菌属归属于微球菌科Microbaceriaceae，菌体短杆状，二联体分裂，繁殖过程中无芽孢，异养。菌落边缘整齐，斜面生长良好，突起，不透明，偏黄。

小麦拉塞氏杆菌 *Rathayibacter tritici* (Carlson and Vidaver ex Hutchinson) Zgurskaya et al.，为害小麦，引致小麦蜜穗病。该病菌是具有钝圆末端的楔形短杆菌，0.5 ~ 1.3μm × 0.5 ~ 0.7μm，一般单个或首尾相连成对排列，革兰氏染色反应阳性，好氧性，不产芽孢，菌体棍棒状，没有球形或杆状变化的多态性，也无突然折断分裂现象。为害小麦，是小麦粒线虫病引起的并发病害。病株心叶卷缩，高温条件下产生黏质溢脓，病秆弯曲，多数不能抽穗，即使抽穗，穗子瘦小，小穗花器充满细菌菌体形成的黏稠菌脓，呈蜂蜜状或鸡蛋黄状，或胶滴状自小穗颖片缝隙溢出，小麦成熟后，菌浓硬化成亮黄色胶块，严重时整个麦穗凝结成胶质细棒（图3-13）。

6. 假单胞菌属 *Pseudomonas* Migula

假单胞菌属归属于假单胞菌科Pseudomonaceae，菌体杆状，单胞，直或微弯，0.5 ~ 1.0μm × 1.5 ~ 5.0μm。以1至多根极生鞭毛运动，不产生鞘或柄，未发现休眠期，革兰氏染色反应阴性。假单胞菌属的成员广泛存在于土壤、淡水和海洋中，它们的活动对有机物质的矿化起重要作用，一些种引致植物病害，有程度不一的寄生专化型，所致病害的症状复杂多样，引致萎蔫、茎部溃疡、软腐、花枝枯萎、叶斑、肿瘤等症状，有的还为害蘑菇。在已经发现的植物病原细菌中，近半数属于假单胞菌属。

图3-13 *Rathayibacter tritici*引致小麦蜜穗病症状

1）丁香假单胞菌猕猴桃致病变种*Pseudomonas syringae* pv. *actinidiae* Takikawa, Serizawa et Ichikawa et al.，为害猕猴桃，引致猕猴桃溃疡病。可侵染主干、枝条和叶片，引致枝枯或整株死亡。在茎枝芽眼、皮孔、分枝或修剪伤口处形成暗褐色水渍状溃疡斑，病斑凹陷或爆裂，渗出初乳白色、后赤褐色的菌脓和树液混合物；叶片上形成褐色坏死斑，病斑周围有黄色晕圈，偶尔在花萼和花梗上生坏死斑（图3-14）。菌体杆状，极生1～3根鞭毛，革兰氏染色反应阴性，无荚膜，不产生芽孢，不积累聚β-羟基丁酸盐。在牛肉膏蛋白胨琼脂培养基上菌落污白色、低凸、圆形、表面光滑、边缘全缘（图3-15）。在PSA培养基上，菌落呈黏液状。主要在病株或病残体上越冬，经自然孔口或伤口侵入，借风雨、昆虫、农事操作传播，再侵染频繁。除猕猴桃外，还为害梅和桃树。

2）丁香假单胞菌黄瓜致病变种*Pseudomonas syringae* pv. *lachrymans* (Smith) Young, Dye et Wilkie，为害黄瓜，引致黄瓜细菌性角斑病。菌体短杆状，多个连接成链，端生1～5根鞭毛，0.7～0.9μm× 1.4～2.0μm，有荚膜，无芽孢，革兰氏染色反应阴性。黄瓜幼苗期至成株期均可发生，主要为害叶片，严重时叶柄、卷须、果实和茎蔓也可受害。叶片发病，初生针头大小水渍状斑点，病斑黄褐色，受叶脉限制呈多角形（图3-16A），湿度大时，叶背产生乳白色菌脓，干燥后形成一层粉质白膜（图3-16B），后期病斑黄褐色，质脆易穿孔。叶脉受害变为黑色，生长停滞，叶片皱缩畸形。在种子上或随病残体留在土壤中越冬，靠种子调运远距离传播。随风雨、灌溉水、昆虫和农事操作传播，从伤口、气孔、水孔侵入。在种子内可存活1年，随病残体在土壤中可存活3～4个月。

图3-14　*Pseudomonas syringae* pv. *actinidiae*引致猕猴桃溃疡病叶片病斑（A）与茎干溃疡（B）

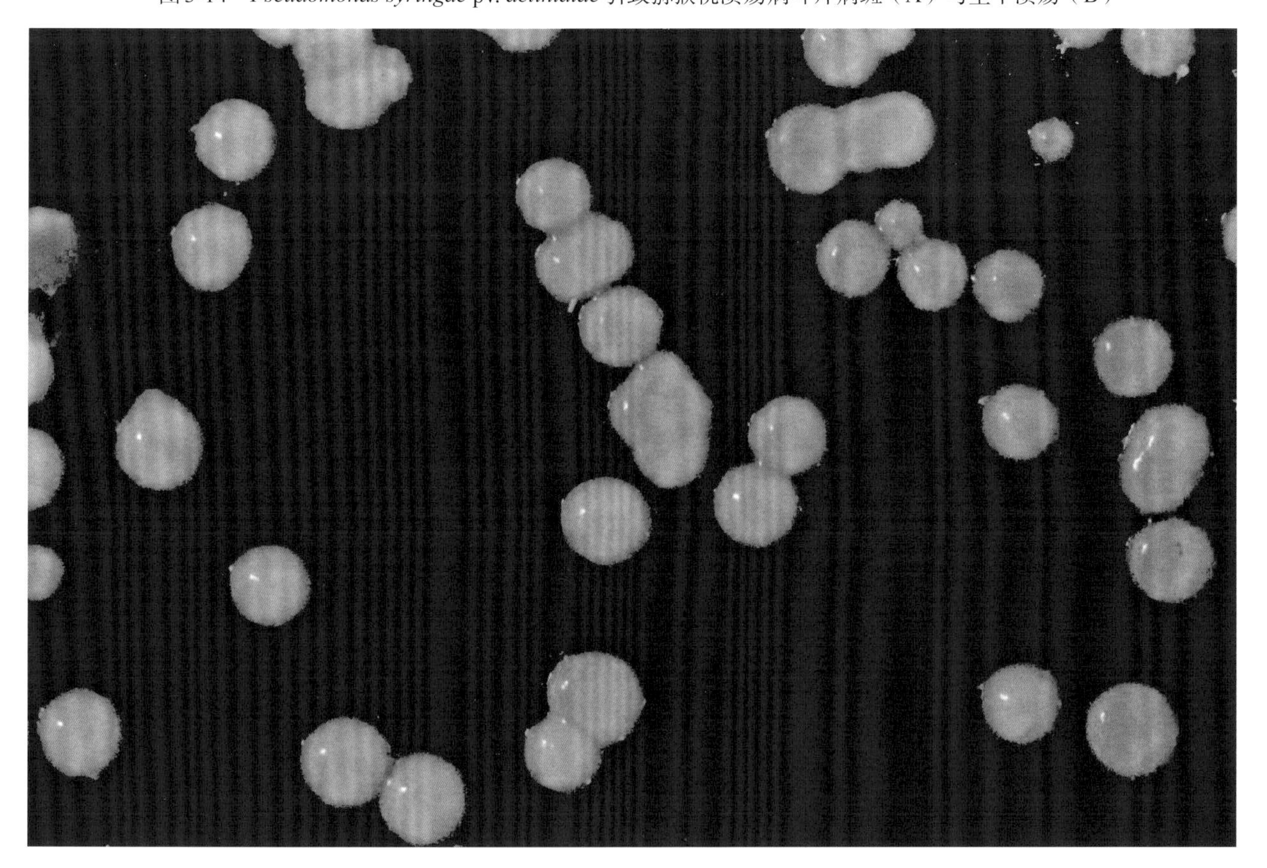

图3-15　*Pseudomonas syringae* pv. *actinidiae*在牛肉膏蛋白胨琼脂培养基上的菌落特征

图3-16 *Pseudomonas syringae* pv. *lachrymans*引致黄瓜细菌性角斑病叶面症状（A）与叶背症状（B）

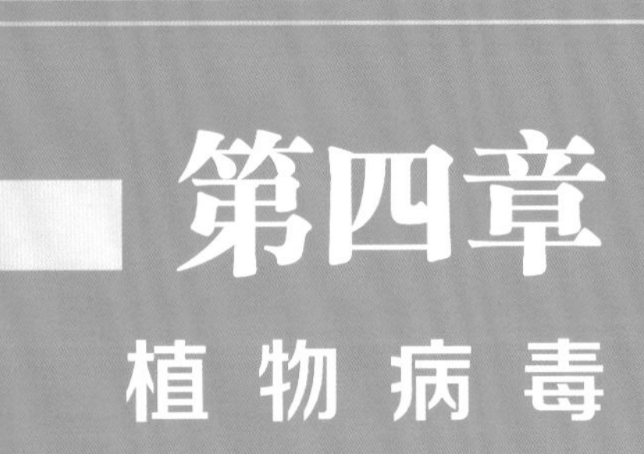

第四章 植物病毒

植物病毒多数由核酸和蛋白质外壳组成，极少数含脂肪和非核酸的碳水化合物。病毒的核酸类型有ssRNA（单链RNA）、dsRNA（双链RNA）、ssDNA（单链DNA）和dsDNA（双链DNA），绝大多数病毒含ssRNA，无包膜，其外壳蛋白亚基呈二十面体对称，螺旋式对称排列，形成球状或棒状颗粒。植物病毒一般在寄主活体内才具有活性，仅少数植物病毒能在病株残体中保持活性几天或几个月，甚至几年，也有少数植物病毒可以在昆虫体内存活和增殖，其中半翅目中的同翅亚目传播植物病毒的昆虫种类最多，人们熟知的蚜虫、粉虱、飞虱、木虱和叶蝉有像注射器针头一样的喙，在通过喙中口针束刺入植物体内吸取汁液时从病株中获得病毒，转移取食时便将病毒注入取食寄主植物进行传播。研究发现，一些植物病毒能够刺激寄主植物发出特殊气味，以吸引更多介体昆虫取食传播；另外一些植物病毒能影响介体昆虫的行为，如大麦黄矮病毒和马铃薯卷叶病毒能诱导蚜虫持续取食，增加介体昆虫刺吸植物的次数和移动速度，增加植物病毒的传播机会。

植物病毒病害几乎都属于系统侵染，寄主植物感染病毒之后，会表现出全株系统性病变，这是植物病毒病害的一个重要特点。病毒一般不会杀死植物的组织或器官，仅使寄主植物的生长发育受到不同程度的干扰和抑制，降低了作物的产量和品质。

植物感染病毒后，先是生理功能发生一系列病变，由于病毒本身不具备酶系统，其对寄主植物的生理影响一般比真菌和细菌简单，可概括为：①光合作用降低；②呼吸作用增强；③某些酶，尤其是多酚氧化酶的活性增加并导致氧化的酚类化合物累积；④可溶性氮类化合物，特别是胺类（如谷氨酰胺、天冬酰胺）的累积；⑤植物生长激素活性的减退。

寄主植物感染病毒后除了发生一系列生理变化，其组织结构也产生多种病变。例如，植物感染花叶病毒后，叶片栅状细胞变短、变小，叶绿体和叶绿素减少；被黄化型病毒感染的植株，韧皮部发生环死，具体表现为细胞壁加厚、木质化变色及细胞间和细胞中胶状物的沉淀，叶脉也因周围细胞的过度生长和分裂而发生膨肿与畸形。此外，坏死也可能从叶片的薄膜组织开始。植物内部的特殊病变还包括坏死部位周围的木栓化海绵组织被栅状组织代替等。

植物病毒的基本形态为病毒粒子（virion或virus particle）。大部分病毒粒子为球状（等轴粒体）、杆状和线状（图4-1）。植物病毒的分类依据是病毒最基本、最重要的性质，其分类依据包括：①构成病毒基因组的核酸类型（DNA或RNA）；②核酸是单链（single strand，ss）还是双链（double strand，ds）；③病毒粒子是否存在脂蛋白包膜；④病毒形态；⑤核酸分段状况（即多分体现象）等。

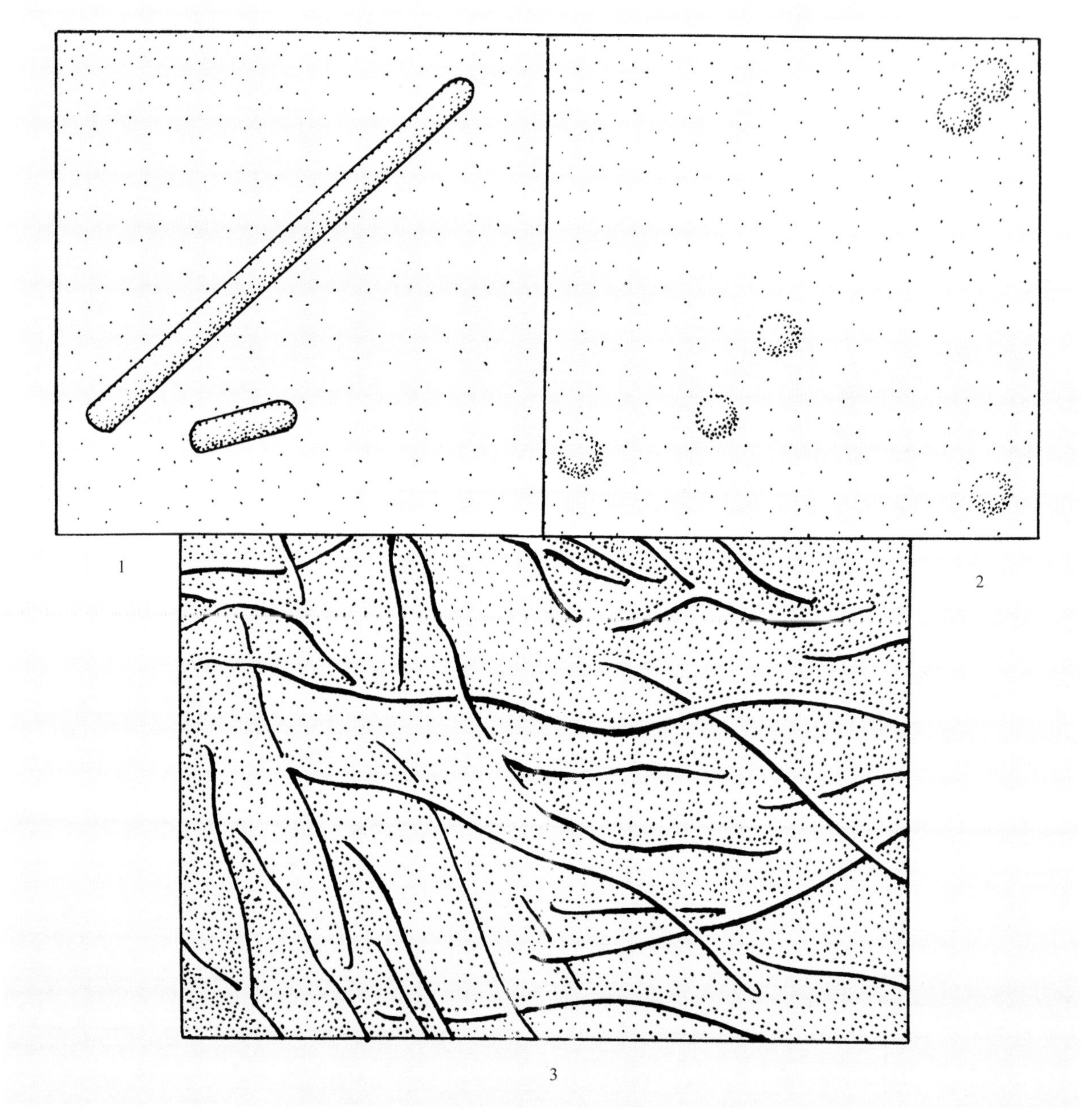

图4-1 植物病毒粒子的形状

1：杆状（烟草花叶病毒）；2：球状（番茄丛矮病毒）；3：线状（马铃薯X病毒）

1. 烟草花叶病毒

烟草花叶病毒*Tobacco mosaic virus*（TMV），归属于烟草花叶病毒属*Tobamovirus*，为害烟草，引致烟草花叶病毒病。主要侵染烟草及其他茄科植物，使幼嫩叶片出现明脉症状，叶肉组织畸形，出现叶片厚度不均匀、黄绿相间等症状（图4-2），是烟草上发生最为普遍的一种病毒病害。TMV是一种单链RNA病毒（图4-3），病毒粒子为长300nm、直径15nm的棒状体（图4-4），有一条分子量为2×10^6Da的单链(+)RNA，核酸被2130个分子量为17 530Da的蛋白质亚基包裹。病毒粒子在干燥烟叶中能存活52年，稀释1×10^6倍后仍具有侵染活性；钝化温度为90～93℃（10min），稀释限点为10^{-7}～10^{-6}，体外保毒期为72～96h；无菌条件下致病力达数年，在干燥病组织内可以存活30年以上，在22～28℃条件下，病株7～14天后开始显症。在田间通过病苗与健苗摩擦或农事操作进行传播。另外，烟田中的蝗虫、烟青虫等昆虫也可传毒。TMV生长的适宜温度为25～27℃，高于27℃或低于10℃病害症状消失，温度高于38℃时侵染受到抑制。寄主植物多达350余种。

图4-2 烟草花叶病毒引致烟草花叶病毒病症状

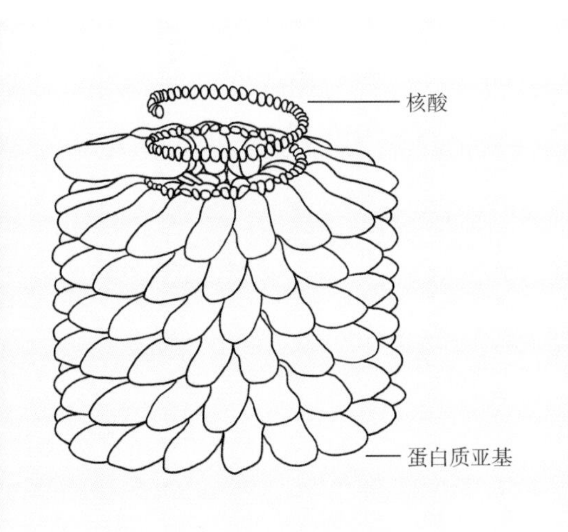

图4-3 烟草花叶病毒结构模式图

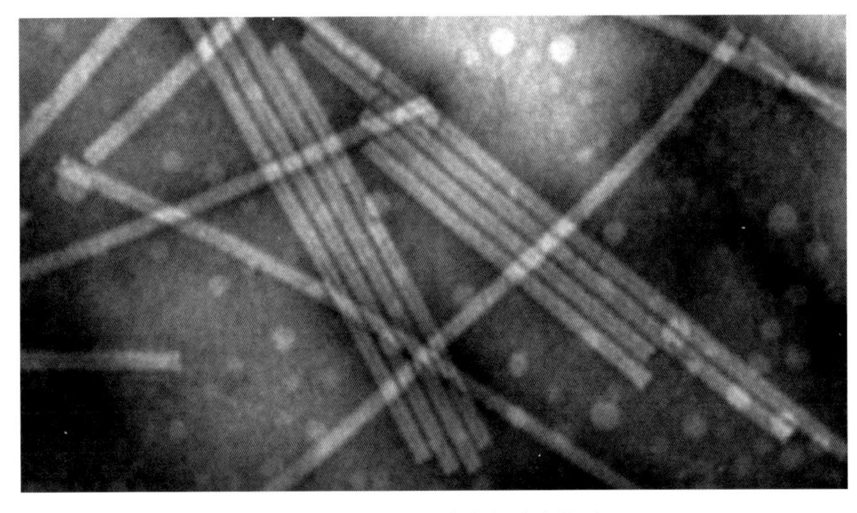

图4-4 烟草花叶病毒的病毒粒子

2. 马铃薯Y病毒

马铃薯Y病毒*Potato virus Y*（PVY），归属于马铃薯Y病毒属*Potyvirus*，为害马铃薯，引致马铃薯

Y病毒病。病毒粒子线状（图4-5），11nm×680～900nm，钝化温度为52～62℃（10min），稀释限点为100～1000倍，体外存活期为2～3天。在马铃薯上引致花叶、坏死斑点和条纹症状。蚜虫刺吸、汁液摩擦、嫁接等是PVY的主要传播途径。可侵染多种茄科植物。

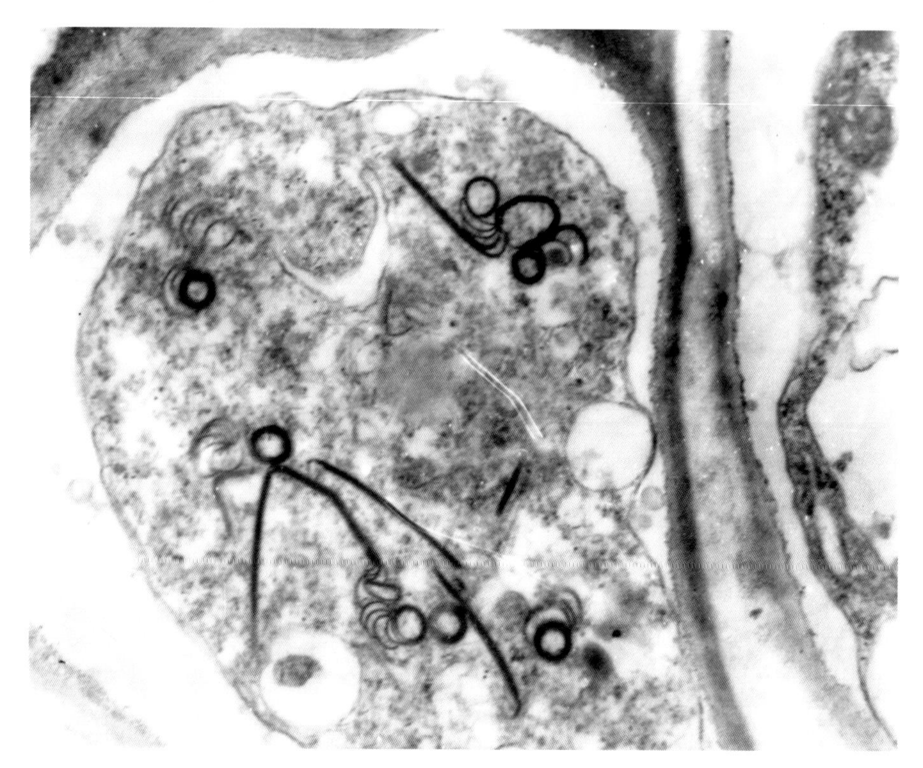

图4-5　马铃薯Y病毒的病毒粒子（郝兴安　提供）

3. 黄瓜花叶病毒

黄瓜花叶病毒*Cucumber mosaic virus*（CMV），归属于黄瓜花叶病毒属*Cucumovirus*，为害黄瓜，引致黄瓜花叶病毒病。叶片发病形成黄绿相间的花叶症状，叶片小，皱缩，边缘卷曲（图4-6）。病毒粒子球状，直径约30nm（图4-7）。CMV可通过蚜虫刺吸和摩擦传播，有60多种蚜虫可传播。烟田的传毒昆虫以烟蚜、棉蚜为主，并以非持久性传毒方式传播病毒，蚜虫在病株上吸食2min即可获毒，在健株上吸食15～120s就可以完成传毒过程。黄瓜花叶病毒病发病适温为20℃，当气温高于25℃时表现隐症。CMV主要在多年生宿根植物上越冬。

4. 小麦蓝矮病

小麦蓝矮植原体*Candidatus* Phytoplasma tritici，归属于植原体暂定属*Candidatus* Phytoplasma，为害小麦，引致小麦蓝矮病。小麦蓝矮植原体在形态上与寄生在动物中的支原体（mycoplasma）极为相似，曾被命名为类菌原体（mycoplasma-like organism，MLO），目前此类病原物被认为是植原体（phytoplasma），粒子球形、椭圆形、哑铃状至蝌蚪状，大小为50～1000nm，单位膜厚8～10nm。小麦冬前一般不表现症状，春季麦田返青后到拔节期症状明显。病株矮缩、畸形，节间越往上越矮缩，呈套叠状，造成叶片呈

图4-6 黄瓜花叶病毒引致黄瓜花叶病毒病叶片症状

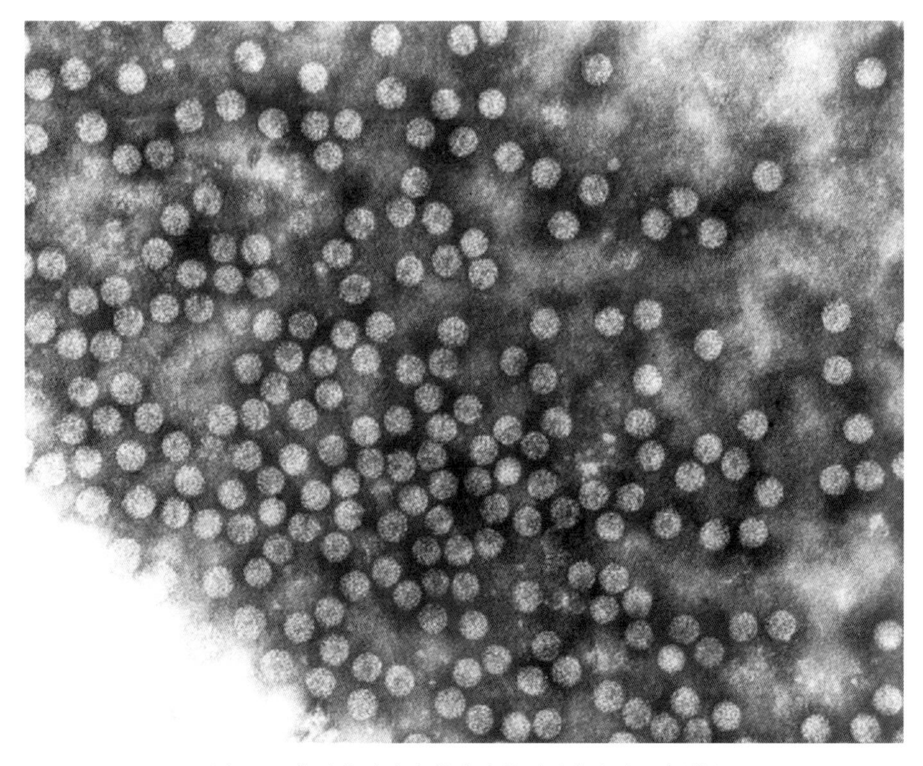

图4-7 黄瓜花叶病毒的病毒粒子（郝兴安 提供）

轮生状，基部叶片增生、变厚，呈暗绿色至蓝绿色，叶片挺直、光滑，心叶卷曲变黄直至坏死（图4-8）；成株期，上部叶片形成黄色不规则的宽条带状，多数不能正常拔节或抽穗（图4-9），即使能抽穗，病穗也呈塔状退化，短小，向上尖削；重病植株生长停滞，根毛明显减少，显症后1个月枯死。除小麦外，还为害大麦、燕麦、黑麦、黍、高粱、玉米等禾本科植物。小麦蓝矮植原体通过条沙叶蝉*Psammotettix striatus*进行持久性传毒（图4-10）。种子、汁液摩擦均不能传毒。

图4-8 *Candidatus* Phytoplasma tritici引致小麦蓝矮病田间症状（A）与苗期症状（B）

图4-9 *Candidatus* Phytoplasma tritici引致小麦蓝矮病病株抽穗期症状

图4-10 *Candidatus* Phytoplasma tritici传毒昆虫条沙叶蝉*Psammotettix striatus*的若虫（A）与成虫（B）

第五章 植物寄生线虫

线虫又名蠕虫，属于线虫动物门Aschelminthes线虫纲Nematoda，在自然界分布很广，可以独立生活在淡水、海洋、池沼和土壤中，也有很多寄生在动植物上。线虫的寄主植物种类广泛，包括裸子植物和被子植物，达2.8万多种，几乎每种栽培作物上都会发生线虫病害，不少在农业生产中造成重大损失。小麦粒线虫病曾是中国分布最广的线虫病害，每年造成约700亿元（人民币）以上的经济损失，其在全世界造成的经济损失则超过1570亿美元；松材线虫自1982年在南京中山陵被发现以来，至今毁灭松林40多万公顷。线虫也是很多植物病害的传播介体，中国曾因为线虫的为害，致使棉花丧失了对枯萎病和黄萎病的抗病性，并且加重了根腐病的发生和危害；不少线虫还是植物病毒的传毒媒介。随着植物线虫病害的发生和为害日益严重，其在病害防治中的重要性也不断提升。

一、植物寄生线虫的一般性状

寄生植物的线虫除少数是圆形或柠檬形，一般都是细长的小蠕虫，虫体细长，中部较粗，两端略细。寄生植物的线虫体长很少超过1mm，体宽0.5 ~ 0.1mm，身体前端为头部，头的正中是口器，口的周缘突起，称为唇，有的种类生有刚毛。虫体后端为尾部，尾尖细或圆钝，具有不同形状差异。

线虫体表有一层不透水的角质膜，透明光滑，具纵纹或环状横纹。角质膜下为角质下层和肌肉层。体腔内是消化系统、生殖系统、神经系统和排泄系统，无循环系统和呼吸系统，其中消化系统和生殖系统最明显，占据了绝大部分体腔。

线虫消化系统由口、口腔、食道、消化道和肠组成，口腔后端连接食道，食道前段是中空的管状物，中部膨大成为1或2个食道球，植物寄生线虫一般只有1个中食道球；食道球至肠间部分称为峡部；峡部变化很大，有的种类仅是1条厚壁管状物，有的种类有比较发达的腺体。食道以下是消化道，连接着由单层细胞组成的管状直肠，并与肛门相通（图5-1）。

植物寄生线虫的口腔内有一个中空的刺状口器，称为口针，用于穿刺植物并虹吸汁液。食道球是食道前体和峡部之间的膨大部分，是线虫的消化器官。食道球上有开口，与膨大成囊状的食道腺连接，食道腺产生的分泌物能消解植物细胞壁，使细胞内的固态营养物质消解，便于线虫顺畅地吸食，这些分泌物通过食道腺与口针基部的连接导管运输到口针，通过口针注入寄主植物细胞内。有些线虫的食道腺能产生各种毒素，引起植物发生各种刺激反应，形成畸形症状。

雌虫的生殖系统由卵巢、输卵管、受精囊、子宫和阴门组成，成对或不成对。卵巢中形成的卵细胞通过输卵管输送到受精囊中形成卵壳后进入子宫。子宫起储藏卵的作用，子宫内储存的卵可以多达数百粒。雌虫的阴门位于虫体腹面中央或接近尾端，与肛门靠近。雄虫的生殖器官由睾丸、输精管和交尾器官组成，不成对（图5-2）。睾丸中产生精子，输精管位于睾丸之后，与泄殖腔相连，生殖孔和肛门开口于泄殖腔中，与附近的交接刺和引带组成交尾器官。有些雄虫尾部的角质层还能形成翅状抱片（交合伞），交配时起辅助作用。

神经系统由神经环围绕在消化管上。神经环分出6组神经，主要分布于头和尾部。排泄系统有颈腺，颈腺排泄孔开口于身体前部的腹面。

线虫的生活史较为简单，雌虫将卵产在土壤或植物组织内，二龄幼虫在卵内进行发育，孵化出的二龄幼虫遇到适合的寄主植物便侵入为害，幼虫蜕化若干次即变为成虫进行交配，雄虫交配后死亡，雌虫交配后产卵，有些雌虫不经过交配也可以

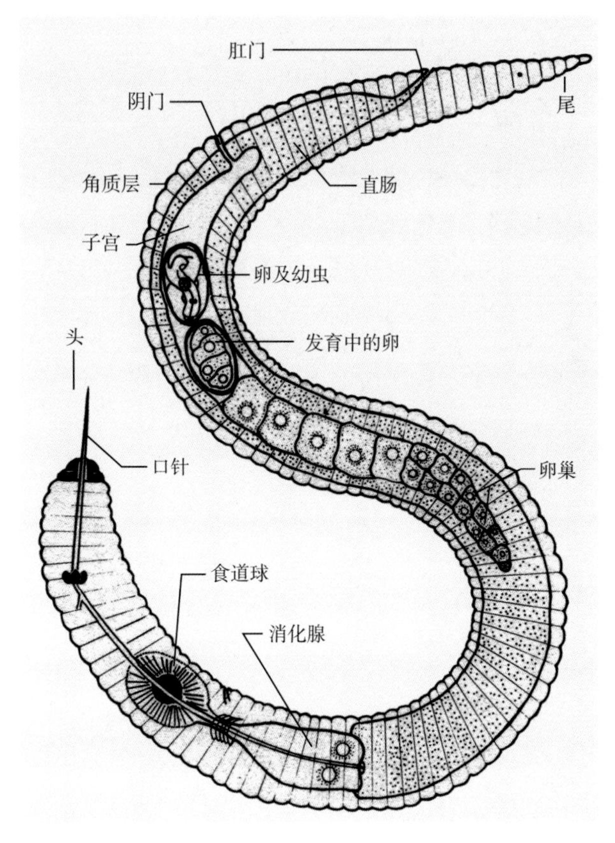

图5-1　植物寄生线虫结构模式图

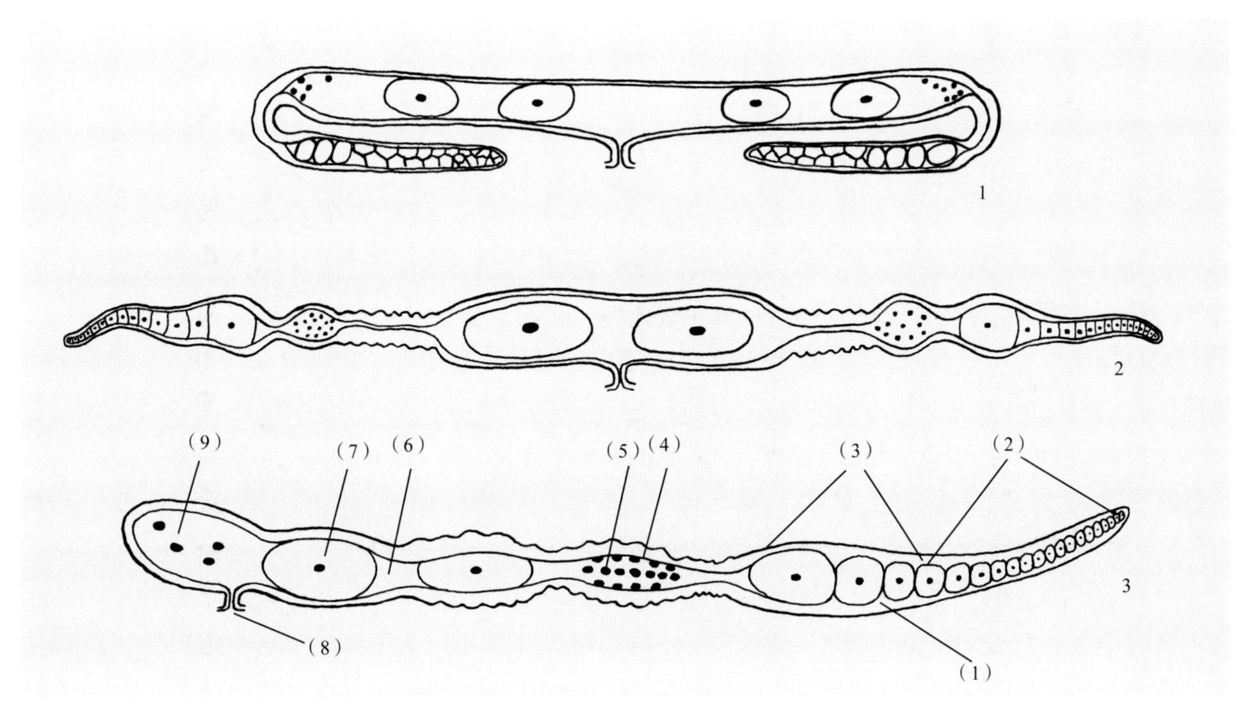

图5-2　植物寄生线虫雌虫生殖系统模式图

1：双生殖管，卵巢转折；2：双生殖管，卵巢伸展；3：单生殖管，卵巢伸展。（1）卵巢；（2）卵巢生殖区；（3）卵巢生长区；（4）受精囊；（5）精子；（6）子宫；（7）卵；（8）阴道口；（9）后阴子宫囊

产卵，进行孤雌生殖。线虫由卵开始，到成熟产卵的生活史，有的需要较长时间，如小麦粒线虫*Anguina tritici*需一年，有的则较短，只需数日至数周，如根结线虫属*Meloidogyne*一年能繁殖数代。

植物寄生线虫大多数只能在活的寄主植物上取食和繁殖，幼虫未侵入前只能依靠自身储存的养分生活。受各种环境条件的影响和抑制，一般植物寄生线虫在寄主植物体外独立存活时间较短，这些情况不包括处于休眠状态的虫体和虫态，如小麦粒线虫在虫瘿中的二龄幼虫，在干燥条件下可以存活28年；马铃薯金线虫的雌虫死后变为孢囊，储藏在孢囊中的卵可以存活10年以上。

植物寄生线虫和其他寄生物一样，其地理分布、活动能力以及对寄主植物的侵害能力与环境条件有密切关系。土壤是大多数线虫的生存场所，植物线虫的侵染也始于土壤，所以气候因素通过土壤对线虫的生存和发生有重要影响。合适的温湿度是线虫生存活动的必要条件，线虫发育和孵化的最适温度为20～30℃，当温度达到40～55℃时孢囊和幼虫均失去活力。植物寄生线虫及土壤中的腐生线虫都喜欢湿润环境，线虫只能在水膜中才能移动，如果水膜蒸发，线虫的活动则受到影响，活动停止。发生在茎叶上的线虫也会受到干旱条件的抑制，感染花生根结线虫的花生果实通过日晒和风干，可以杀死携带的线虫虫瘿。在温度较高且潮湿的情况下，线虫活动性强，活动范围大，但过于潮湿或浸水的土壤由于缺氧，则不利于线虫的生存，长时间的淹水能杀死大多数线虫，花生根结线虫病在多雨年份轻于常年，即与此相关。

多数植物寄生线虫在轻砂壤土中的侵染和繁殖能力比黏重壤土中高，中国南方地区黄麻根结线虫多在砂质土壤中发生，花生根结线虫同样在砂质重、土层薄的砂壤土中发生严重，甘薯根结线虫也在排水良好的砂质壤土上发生较重。这与砂质壤土的结构、温湿度和其他物理性质有关，说明砂质壤土更有利于线虫的生长活动和侵染发育。

土壤中同时存在大量线虫天敌，如细菌、真菌、原生动物、昆虫、肉食线虫等，它们能抑制线虫的生长和发育，其中真菌发挥的作用最大，特别是一些专门捕捉线虫的真菌，对线虫的发生有极大的控制效果，而上述环境条件很大程度上能通过耕作和栽培措施发生改变，间接起到了对线虫活动和生存的调节与控制作用。

线虫没有发达的运动器官及相应的神经系统，其躯体构造更适应于波动扭曲的蠕动，其蠕行的路线为波浪形，无固定运动方向，且运动速度缓慢，如果无水流等外部因素加持，线虫的活动范围很难超出30cm，以小麦粒线虫瘿粒为中心点播种，半径15cm以外的小麦很少被线虫感染，在调查的4799穗小麦中，只有1穗发病；在试验箱中，马铃薯金线虫侵染寄主植物的距离不超过25cm；花生根结线虫在土壤中蠕行的距离也在20cm以内。线虫在土壤中蠕行，受到土壤结构、土壤湿度及其他因素的影响。土粒过小，线虫不易通过；土粒过大，线虫的移动有困难，一般土壤颗粒直径为线虫体长的1/3～1/2时最适于线虫移动。对甜菜根结线虫幼虫移动的观察发现，以在砂土孔隙部分充水或在土粒水膜厚2～5μm时最适宜线虫移动。

线虫移动虽然并非直线，方向也不明确，但具有明显的趋向性，许多观察证明，线虫对水分和散射光有正趋性，植物根系所释放出的化学物质，对寄生性线虫也有明显的诱引能力，根结线虫的二龄幼虫受根尖诱引，2～3h可以在根尖周围聚集成团；根腐线虫和盘旋线虫则被根尖后部的根毛区吸引。只有活的植物根系才对线虫产生诱引性，表明诱引物质来自植物的代谢产物。同时，不同植物的诱引力是不同的，诱引力的程度差别显然成为鉴别寄主抗病性的重要因素。在线虫防治实践中，已经有通过栽种诱引力强的诱导植物来降低田间线虫密度的实例。

由于线虫本身移动能力很弱，线虫的远距离传播主要依靠种苗的远距离调运、肥料和农具的转移运动及水流冲携转移。

二、植物线虫的寄生性和致病性

植物线虫的寄生性有一些是比较专化的，一种线虫只为害少数植物。例如，小麦粒线虫主要为害小麦，黑麦也能感染，但在大麦上很少发生；异皮线虫属*Heterodera*和甘薯茎线虫*Ditylenchus dipsaci*的寄生性有分化，寄主范围很窄。除此之外，大多数线虫的寄生范围比较广泛，其中很多在土壤中是移栖的，能为害多种植物，如最短尾短体线虫*Pratylenchus brachyurus*为害马铃薯、甘蔗和烟草等；咖啡短体线虫*P. coffeae*则可以寄生咖啡、香蕉、柑橘、苹果、葡萄、马铃薯、甘薯、棉花、三叶草、草莓、玉米等多种植物；根结线虫的几个种（北方根结线虫*Meloidogyne hapla*、花生根结线虫*M. arenaria*、南方根结线虫*M. incognita*、爪哇根结线虫*M. javanica*）可以为害多种不同作物。不同作物对线虫的反应不同，同种作物的不同品种对线虫的反应也有很大差别。在感病品种上线虫可以取食和繁殖，在比较抗病的品种上线虫只能取食，不能繁殖；而在抗病品种上线虫甚至不能取食。中国已发现的植物寄生线虫主要是严格寄生性的，有的植物寄生线虫可以在土壤中生活。同时，也有一些土壤中的线虫既能在植物残体上腐生，在一定条件下又可以对植物产生伤害。

植物线虫的寄生方式有内寄生、外寄生和半内寄生3种类型。根结线虫属*Meloidogyne*和部分异皮线虫*Heterodera* sp.是内寄生；小麦粒线虫*Anguina tritici*最初在小麦生长点和附近的茎叶外寄生，花芽分化时侵入花部转为内寄生；半穿刺线虫属*Tylenchulus*和另一部分异皮线虫的大部分虫体暴露于植物组织之外，仅头部伸入寄主植物组织内，以头颈伸入植物组织内吸取养分，属于半内寄生；植物茎叶部寄生的线虫多数是外寄生，如滑刃线虫属的贝西滑刃线虫*Aphelenchoides besseyi*为害谷子时，自始至终在谷子外寄生，也有一些外寄生线虫，因寄主植物不同而转为内寄生，如草莓上的外寄生线虫草莓滑刃线虫*Aphelenchoides fragariae*，在寄生百合时变成内寄生。另外，植物根部存在许多外寄生线虫，集结于根尖的多汁部位，以口针穿刺寄主植物根系组织，或在根毛上取食，这类外寄生性线虫有刺线虫属*Belonolaimus*、锥线虫属*Dolichodorus*、盘旋线虫属*Rotylenchus*、螺旋线虫属*Helicotylenchus*、针线虫属*Paratylenchus*、毛刺线虫属*Trichodorus*、剑线虫属*Xiphinema*等。

植物寄生线虫对寄主植物的致病作用包括机械损伤和分泌刺激性化学物质干扰细胞分裂两个方面。线虫取食时，以口针对寄生细胞进行迅速而频繁的物理穿刺，或取食过程中进入植物细胞穿行，都能造成植物组织机械伤害，但是，此类机械损伤造成的物理伤害，与线虫产生的刺激性分泌物造成的化学致病作用相比，破坏作用并不突出。植物线虫背食道腺开口于口针基部，取食时分泌液体，即唾液，可以经口针中的细小腔道注入植物体，线虫唾液中含有酰胺酶、蛋白酶、原果胶酶、纤维素酶和几丁质酶等多种消解酶，以及吲哚乙酸等激素，对寄主植物产生更严重的破坏，细胞壁和中胶层的分解不仅为线虫侵入开辟门户，而且造成寄主植物组织崩溃、细胞异常分裂、组织畸形等显著病变。

植物受到线虫为害后，地上部分通常表现出营养不良、生长衰弱、植株矮小、发育迟缓、色泽失常、叶片萎垂等病状，类似缺乏肥水现象，特别是地下部位受到线虫侵染时，这些病状最为明显。

三、主要植物寄生线虫和线虫病害

植物寄生线虫大部分属于垫刃目，矛线目和小杆目中也有一些为害植物的属和种。

1. 粒线虫属 *Anguina* Scopoli

雌虫、雄虫均为蠕虫状。雌虫肥大，较少活动。口针小，有发达的基部球。中食道球内有瓣，后食道肥大。卵原细胞和精原细胞呈轴状排列。雄虫抱片延伸至尾端部。寄生于植物地上组织，刺激茎、叶、花、果实形成虫瘿。

小麦粒线虫 *Anguina tritici* (Steinbuch) Chitwood，为害小麦，引致小麦粒线虫病。虫体角质环纹细，有4条或更多条细侧线。唇区低平，稍有缢缩，唇片上有6个凸出的辐射状脊。食道前体膨大，与中食道球交接处缢缩。食道腺略呈梨形，有时为不规则的叶状，不覆盖肠。食道至肠瓣门小。尾锥形，渐渐变细，形成一个钝圆的末端。雌虫：虫体粗大，食道峡部有时在后部膨胀，与腺区交接处缢缩。前生殖管发达，卵巢有回折，卵母细胞排列成轴状。受精囊梨形。后生殖管为一个简单的后阴子宫囊。阴门唇突出。雄虫：精巢有1或2个回折，精母细胞呈轴状排列。交合刺1对，圈套，弓形，引带简单，槽状，交合伞起于交合刺的前方，终于尾尖的稍前方（图5-3）。

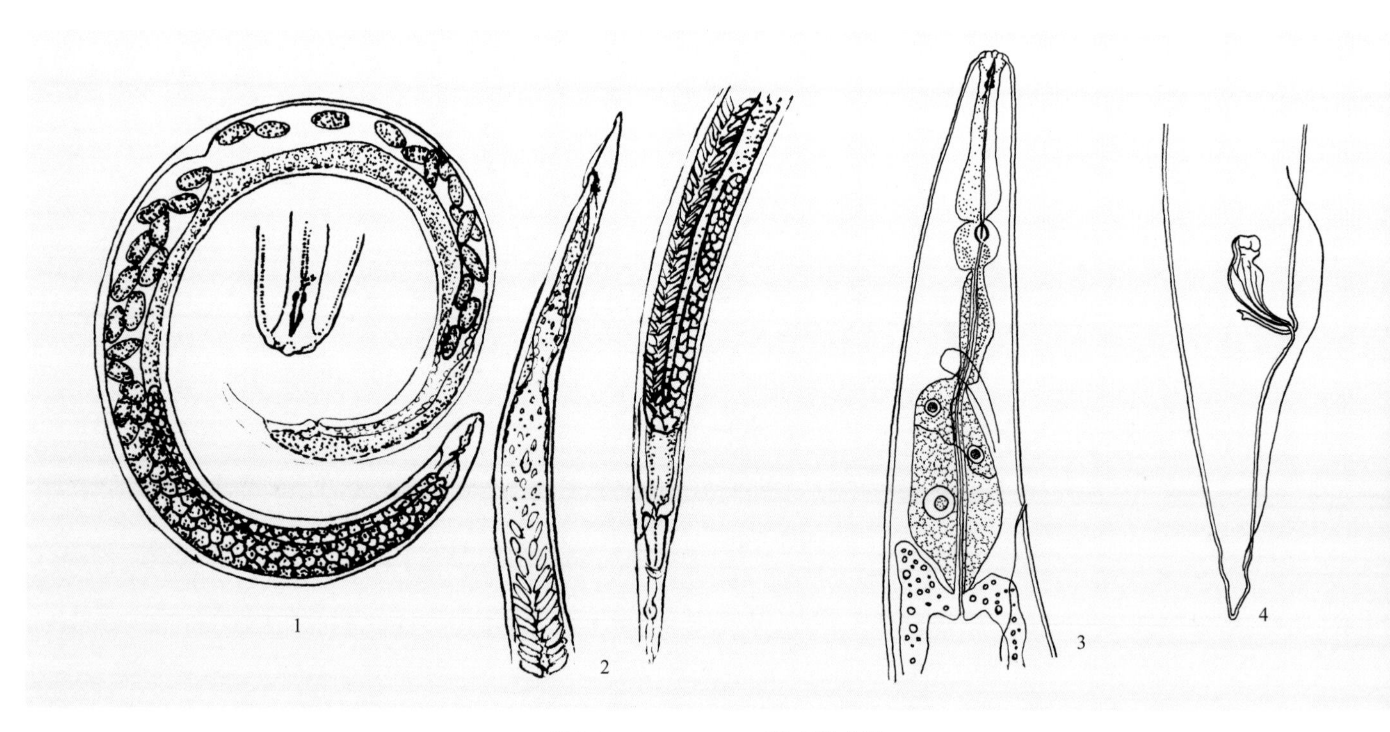

图5-3 *Anguina tritici*形态模式图

1：雌虫；2：雄虫；3：雄虫头部及食道结构；4：雄虫尾部

小麦粒线虫以二龄幼虫在虫瘿中休眠，小麦收获时，虫瘿混入种子或落入土壤中越冬，虫瘿在小麦播种后吸水膨胀，幼虫复苏破瘿而出，初在土壤中活动，后由麦苗芽鞘间侵入，以口针刺破组织并转移至生长点外，营外寄生生活，侵害叶原始体引致苗期症状，造成叶片侧向横生、皱褶和卷缩（图5-4）。小麦穗分化以后，三龄幼虫侵入子房，进行内寄生，每粒病粒内可以进入幼虫7或8条，多者40条，幼虫取食时刺激子房形成虫瘿，雌、雄个体开始分化，性成熟后交配产卵，每条雌虫可产卵2000～2500粒。卵在虫瘿中孵化，发育出一龄幼虫，很快蜕皮一次进入二龄，二龄幼虫在虫瘿中可存活很久，也能存活于土壤中，但存活时间受土壤条件限制。

图5-4　*Anguina tritici*引致小麦粒线虫病症状及其形态模式图

1：病株；2：病苗；3：健粒；4：病粒剖面；5：虫卵及幼虫；6：二龄幼虫；7：雄虫；8：雌虫

2. 茎线虫属 *Ditylenchus* Filipjev

食道后部膨大，背食道腺开口于口针基部，与粒线虫相似，该特征是垫刃目线虫共有的食道特征。雌虫、雄虫和幼虫均为纤细的蠕虫状。雌虫卵原细胞一行或两行排列，不排列成轴；雄虫尾部圆锥形或棒形，抱片长，延伸至尾部1/4～3/4处。该属主要是内寄生线虫，寄生于植物各个部位，包括地上部分及地下的块茎、鳞茎和球茎等。

甘薯茎线虫*Ditylenchus dipsaci* (Kühn) Filipjev，为害甘薯，引致甘薯茎线虫病。主要侵染块根，秧苗期、生长期及储藏期均可发生。受害块根髓部有条、点状空洞，后变为褐色，呈干腐状，或者块根表皮龟裂、变褐，并向深层发展（图5-5）。雌、雄虫体均细长，两端稍尖。食道细长且直，中央有1个膨大的食道球，体内有发达的消化器官，其特征为尾端削尖。雌虫较雄虫肥大，直伸，较活跃，阴门在体长4/5处，雄虫引带短而厚，交合刺膨大部有突起，交合伞发达但不达尾端，雌虫比雄虫略为粗大。雄虫0.9～1.6mm×0.03～0.04mm，口针长11～13μm，交合刺长25μm，引带10～12μm。雌虫0.9～1.86mm×0.04～0.06mm，口针长11～13μm（图5-6～图5-9）。卵椭圆形，无色，60～66μm×19～29μm，刚孵化的幼虫与成虫相似，但只有成虫的1/10。甘薯茎线虫在块根中可以连续繁殖，直至甘薯死亡才潜入土壤，寻找并侵害新寄主植物，所以块根为其主要初侵染源。线虫卵、幼虫、成虫可同时在块根内越冬，或混存于土壤中越冬。线虫借助种薯、种苗调运进行远距离传播。该线虫是中国国内检疫对象。

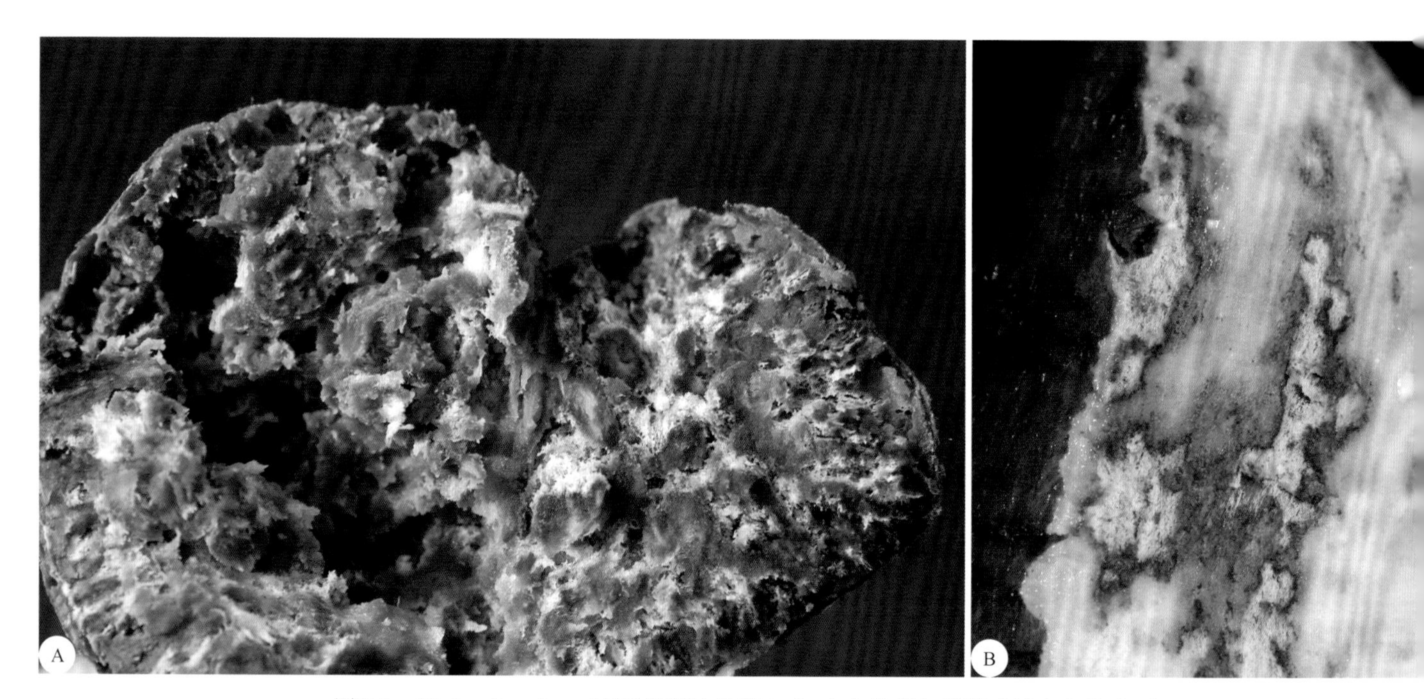

图5-5 *Ditylenchus dipsaci*引致甘薯块根糠心（A）与发病初期形成糠皮症状（B）

3. 根结线虫属 *Meloidogyne* Goeldi

根结线虫雌雄异形，雌虫成熟后膨胀成梨形或球状，前端尖细部分为颈部，包括口器及食道

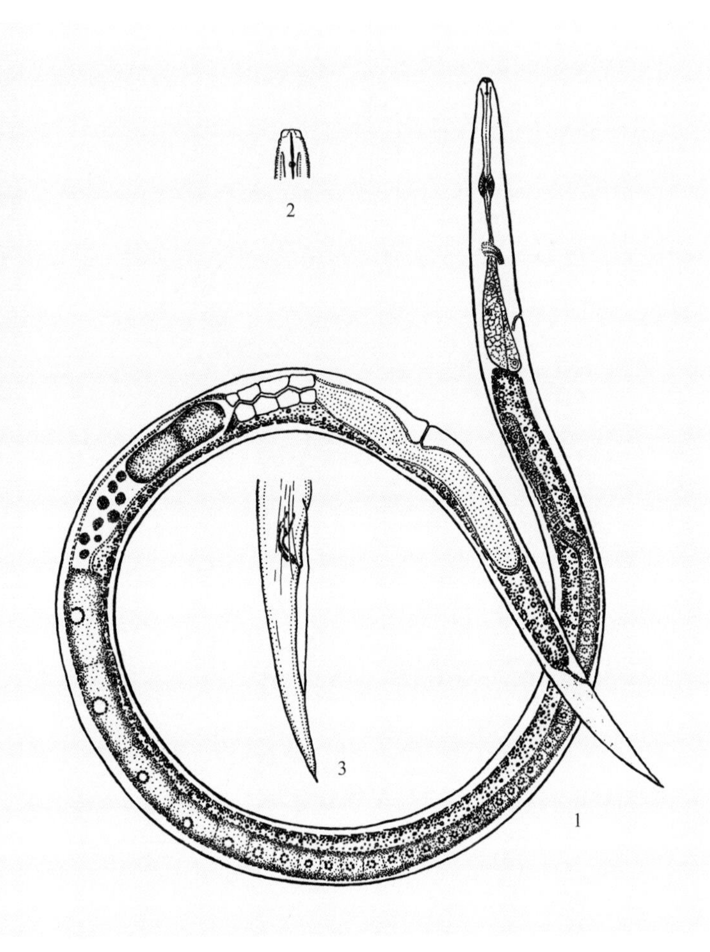

图 5-6 *Ditylenchus dipsaci* 雄虫形态模式图

1：雄虫；2：雄虫头端部；3：雄虫尾部

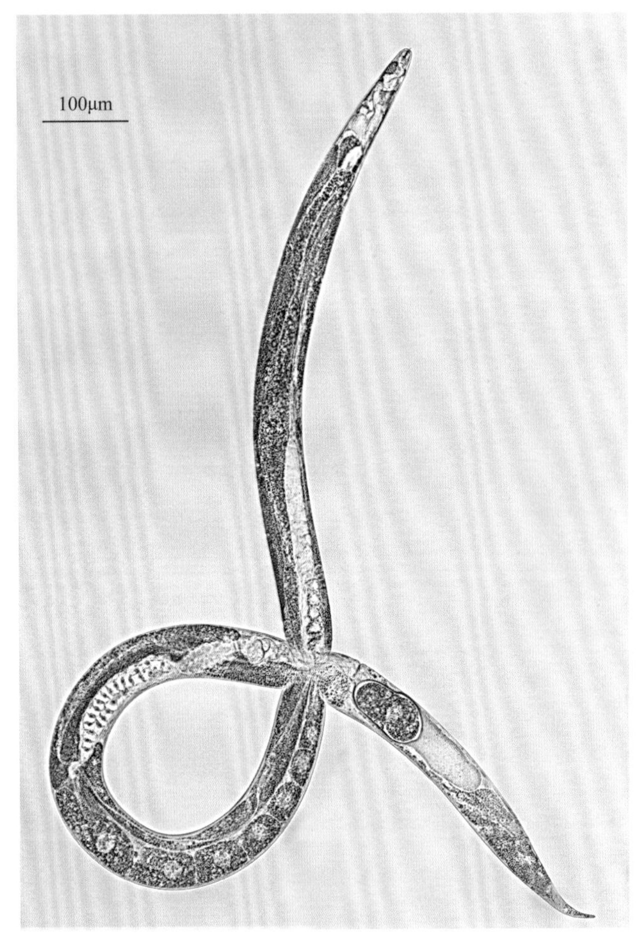

图 5-7 *Ditylenchus dipsaci* 雌虫

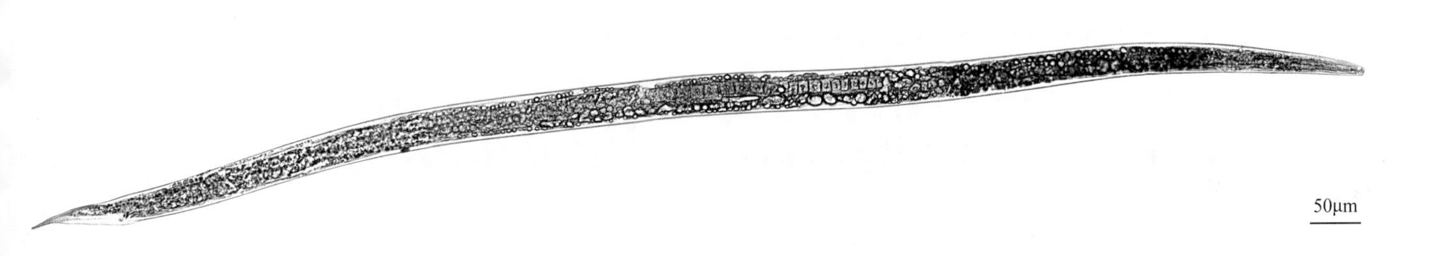

图 5-8 *Ditylenchus dipsaci* 雄虫

（图5-10），阴门周围角质膜上有会阴花纹，是诊断种的特征依据之一。雌虫排卵于黏质卵囊中。雄虫蠕虫状，无抱片，尾端钝圆。线虫的卵在卵囊中可抵御不良环境，卵孵化出的幼虫为二龄幼虫，再经3次蜕化变成成虫。线虫在植物组织中交配产卵，有的雌虫不经交配亦可产卵，每条雌虫可产卵500粒以上。根结线虫的发生与温度有关，且喜较高的土壤湿度（40%以上），一般温度较高的南方地区年发

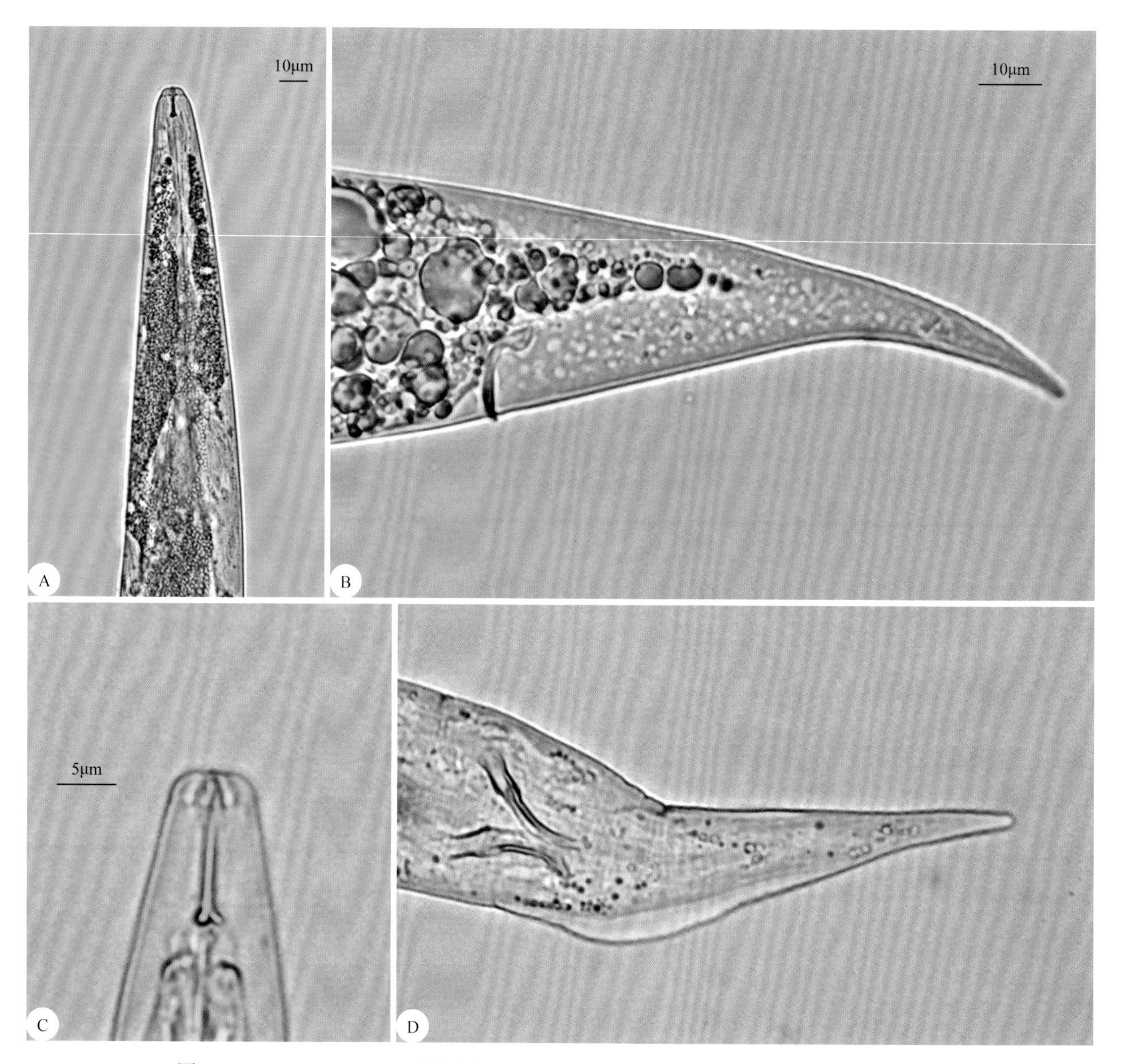

图5-9 *Ditylenchus dipsaci*雌虫头部（A）与尾部（B），雄虫头部（C）与交合伞（D）

生代数多于北方。根结线虫主要为害各种蔬菜根部，症状表现为侧根和须根异常增多，在幼根的须根上形成白色、球形或圆锥形根瘤，大小不等，有的呈念珠状。植株地上部生长缓慢，植株矮小，叶片失绿，结果少，产量低，严重时提早死亡。为害蔬菜的主要有花生根结线虫*Meloidogyne arenaria*、北方根结线虫*M. hapla*、南方根结线虫*M. incognita*和爪哇根结线虫*M. javanica*等，可以在同一寄主植物上混合发生。寄主范围广，可为害瓜类、茄果类、豆类、萝卜、胡萝卜、莴苣、白菜等30多种蔬菜，还能传播一些真菌性病害和细菌性病害。

黄瓜根结线虫：为害黄瓜的根结线虫主要有花生根结线虫*Meloidogyne arenaria* (Neal) Chitwood、北方根结线虫*M. hapla* Chitwood、南方根结线虫*M. incognita* (Kofoid et White) Chitwood和爪哇根结线虫*M. javanica* (Treub) Chitwood。雌虫：成熟后膨大呈梨形，平均长440 ~ 1300μm，平均宽325 ~ 700μm，虫体白色，前体部突出如颈，称为颈部，后体部圆球形（图5-11）；食道垫刃型，中食道球发达，食道腺发育良好，背食道腺膨大呈囊状体；生殖系统发达，双生殖管盘曲，占据大部分腔体；阴

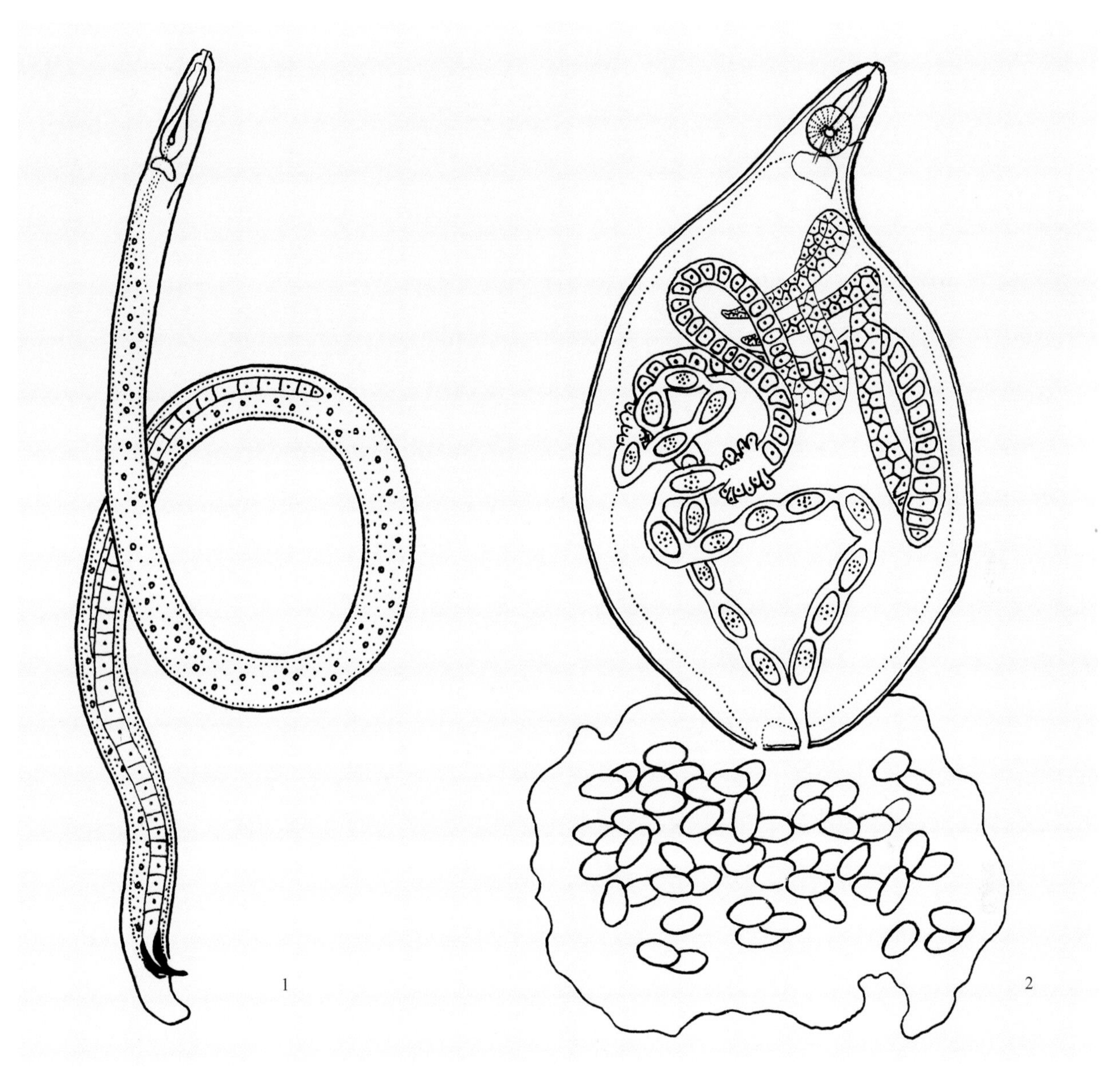

图5-10　*Meloidogyne*形态模式图

1：雄虫；2：雌虫与卵囊

门和肛门在圆球形体后部，会阴区角质膜有线纹环绕形成的会阴花纹（图5-12），是鉴定种的重要依据。雌虫卵产出体外后粘集成块，结于卵囊中，不似球皮线虫整个虫体变成“孢囊”。

雄虫：蠕虫形，细长，长700～1900μm，宽30～36μm。头部略尖，圆锥形，尾短，钝圆，后体部常向腹面弯曲（约90°）。唇区形态有分类意义。食道垫刃型，口针发育良好，背食道腺开口到口针基部球的距离长短是比较稳定的分类依据。食道腺肝叶状，覆盖肠的腹面。单精巢，交合刺粗大，无交合伞。

二龄幼虫：蠕虫形，长400～500μm，宽13～15μm。尾部长圆锥形，食道腺发育良好。

卵：肾形至长椭圆形，淡褐色，大小约为83μm×38μm。雌虫产卵时，直肠腺分泌物形成卵囊，卵产于卵囊内，卵粒粘在一起形成卵块，卵囊黄褐色，每个卵块有300～500个卵粒。

为害植株根部，引致根结线虫病，多发生于侧根和须根上，形成大小不等的根瘤（图5-13）。瘤状

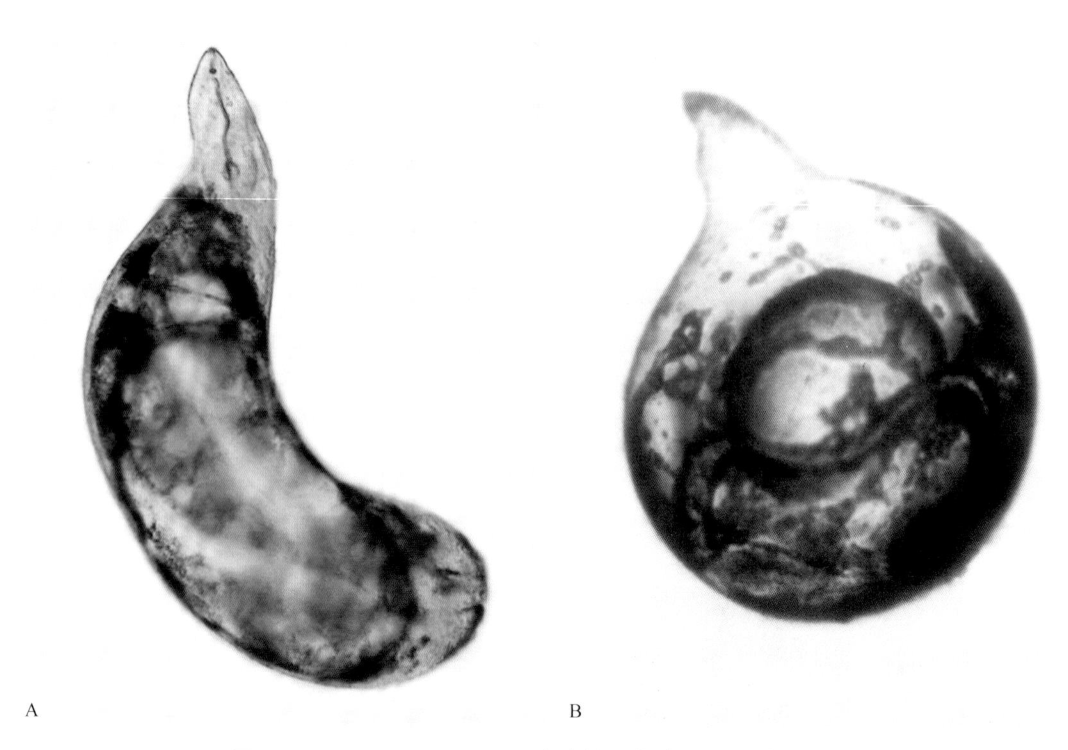

图5-11　*Meloidogyne incognita*膨大的二龄幼虫（A）与雌虫（B）

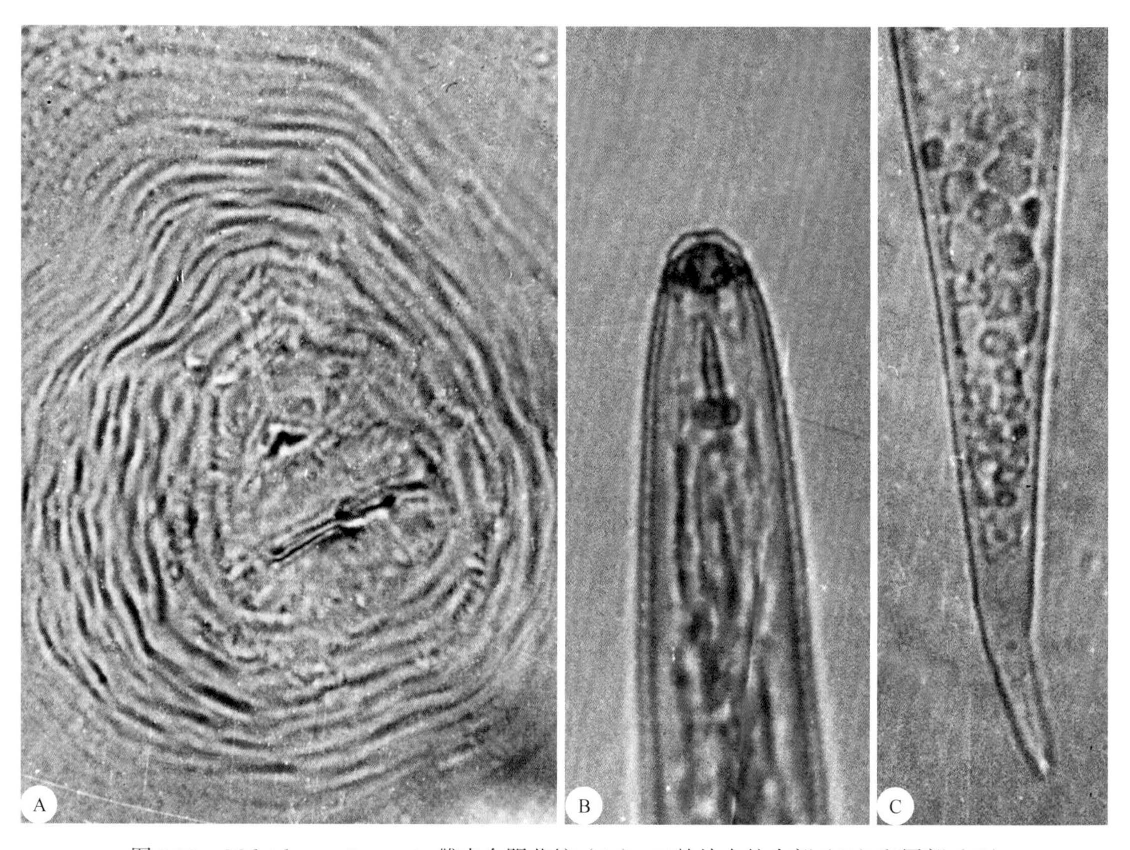

图5-12　*Meloidogyne incognita*雌虫会阴花纹（A），二龄幼虫的头部（B）和尾部（C）

图5-13　*Meloidogyne incognita*引致苦瓜根结线虫病根系症状（A）与地上部症状（B）

根结初呈白色，光滑，后转为黄褐色至黑褐色，表面粗糙乃至龟裂，严重时腐烂。根瘤外观无病征，剖检根结组织，可见针头大小的白色梨状体（雌虫虫体），这也是确诊根结线虫病的佐证。以卵在土壤中越冬，卵孵出的幼虫称为二龄幼虫。二龄幼虫借助雨水、灌溉水转移，从寄主植物幼嫩根尖侵入，直到发育为成虫，一直寄生于寄主植物组织内，属于定居型内寄生线虫。根结线虫在用口针穿刺取食的同时注入分泌液，刺激寄主植物细胞增殖和增大，形成根瘤。

4. 异皮线虫属 *Heterodera* Schmidt

雄虫为典型的圆柱状，尾部短而钝圆，无抱片，雌虫膨大为球形，有颈部。雌虫成熟后，体壁变厚形成孢囊，虫卵储于孢囊内。孢囊中的卵存活期很长，有的达10年以上。

1）甜菜异皮线虫 *Heterodera schachtii* Schmidt，经5次蜕化发育为成虫，一龄和二龄幼虫在孵化前已经完成。二龄幼虫侵染甜菜，引致甜菜孢囊线虫病。除甜菜外，还为害藜科植物和十字花科植物。

2）燕麦异皮线虫 *Heterodera avenae* Wollenw.，为害小麦，引致小麦孢囊线虫病。

雌虫：柠檬形，颈部和阴门锥明显，唇区有环纹。6个唇瓣会合，有1个唇盘；口针直或略呈弓形，长26～36μm，口针基球圆。中食道球圆形且有明显瓣门。阴门裂长12～13μm，阴门处有胶质状挤压物，但挤压时很少有卵溢出。角质表面有锯齿形的皱缩纹饰。孢囊的阴门锥大部分被无色透明的阴道结构占据。双半膜孔。孢囊平均大小0.71mm×0.50mm，多数含200～250个卵粒。成熟孢囊由白色变为褐色时不经历黄色阶段。参见图5-14～图5-16。

雄虫：蠕虫形，平均长1.38mm，虫体环纹明显；唇区圆，缢缩，有4～6条环纹（图5-17A）。框架深度骨化，有明显的外缘。口针前部的锥体部分迅速变尖，通常短于口针长度的一半，口针基球圆形，背食道腺开口在口针基球后3～6μm处；中食道球椭圆形，具明显瓣门（图5-17B）；排泄孔在食道与肠连接处附近；交合刺弓形，腹面有一中等大小的凸缘和一具缺刻的末端，二者形成一长的窄管；引带简单，稍弯曲。尾末端通常卷曲（图5-17C）。

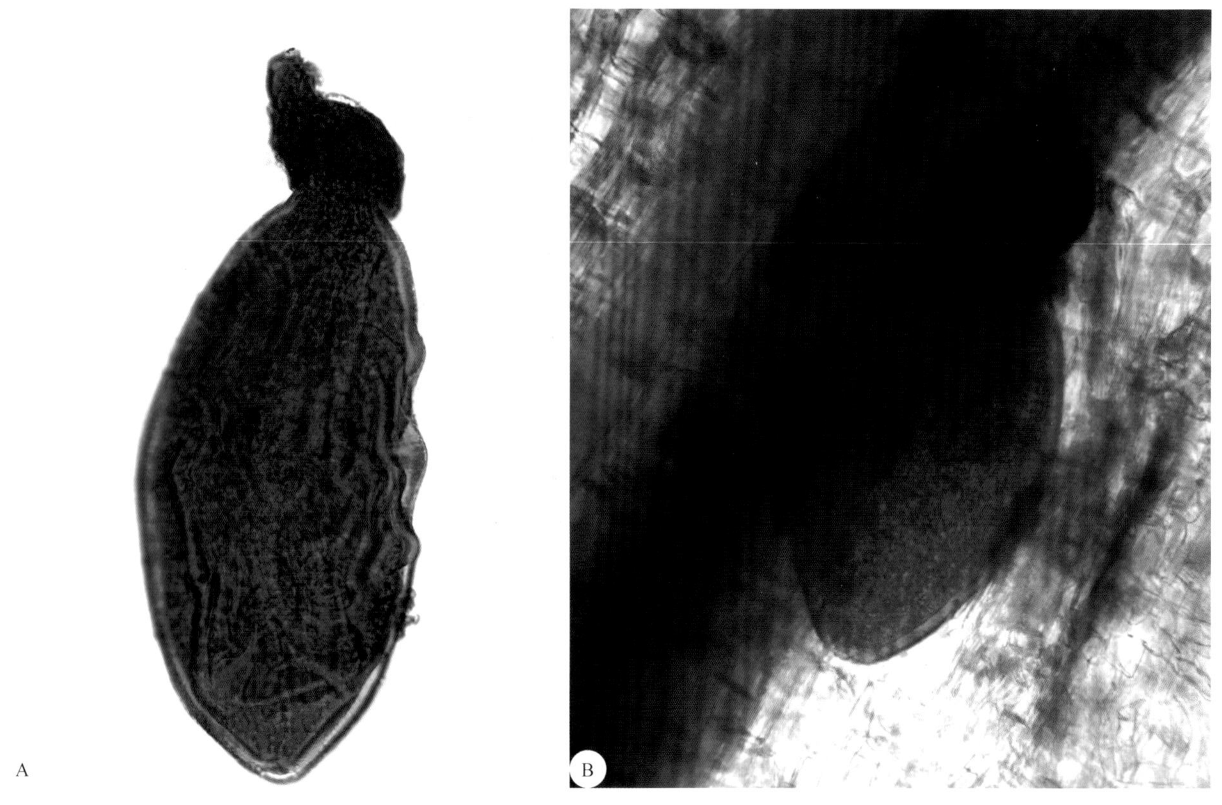

图5-14 *Heterodera avenae*雌性三龄幼虫（A）及其在小麦组织内为害状（B）

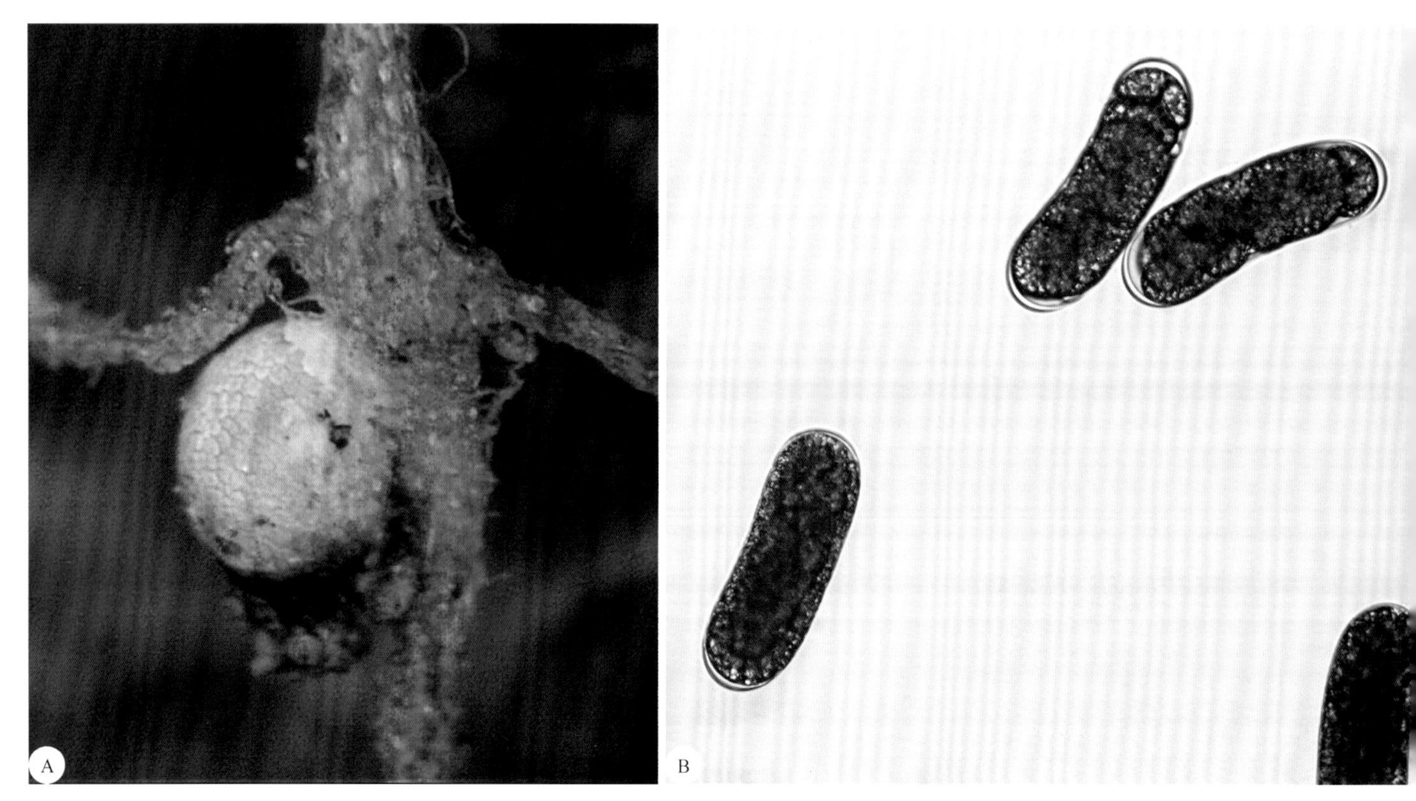

图5-15 *Heterodera avenae*雌虫（A）与卵（B）

图5-16　小麦根系上的*Heterodera avenae*雌虫

二龄幼虫：蠕虫形，尾端骤尖（图5-18）。唇区圆，缢缩，有2～4条环纹。体环明显，近中部平均宽1.5μm。口针发达，口针基球大，其前部偏平或凹陷。中食道球圆形，肌肉质程度高，有一大的瓣门。尾长为肛门处体宽的3～4.5倍；虫体内含物延伸至尾腔的距离为肛门处体宽的1～1.5倍，无色透明区长35～45μm，或约为1.5个口针长。一龄幼虫与二龄幼虫在卵内可折成4折，二龄幼虫豆荚状（图5-19）。

3）大豆孢囊线虫*Heterodera glycines* Ichinohe，成虫雌雄异形，雌虫成熟后虫体膨大成柠檬形或梨形，虫体较大，不能活动（图5-20）；雄虫为细长的蠕虫形，能活动。为害大豆，引致大豆孢囊线虫病。

孢囊：成熟雌虫死亡后，表皮变厚、变硬，颜色为淡褐色至深褐色，整个虫体变成孢囊（cyst）。孢囊内含大量卵粒，可以保护卵粒度过不良环境条件，长550～870μm，宽350～670μm，肛门至阴门的距离为52.5～105μm，阴门裂长43～60μm，阴门窗长35.0～67.5μm、宽28.7～50.5μm。孢囊表皮花纹和阴门锥结构是种的重要鉴别特征。大豆孢囊线虫的孢囊中部表皮花纹呈锯齿形，阴门锥为双半膜孔，有阴门桥和阴门下桥。

雌虫：幼龄雌虫豆荚形，成熟雌虫柠檬形，有长颈，体长470～790μm，体宽210～580μm，口针长27.5μm，中食道球较大。

雄虫：蠕虫形，体长1035～1625μm，体宽26.8～31.0μm，口针长25.0～28.4μm，背食道腺开口距口针基部球的距离为2.0～5.1μm（平均为3.2～4.0μm），尾短，无交合伞，交合刺长30～37μm，引带长9.9～12.5μm。

二龄幼虫：蠕虫形，体长375～540μm，体宽18～18.5μm，口针长22～25.7μm，背食道腺开口距口针基部球的距离为3.0～5.4μm，尾长40～61μm，尾部透明区长20～33μm。

卵：长81～118μm，宽30～47μm。

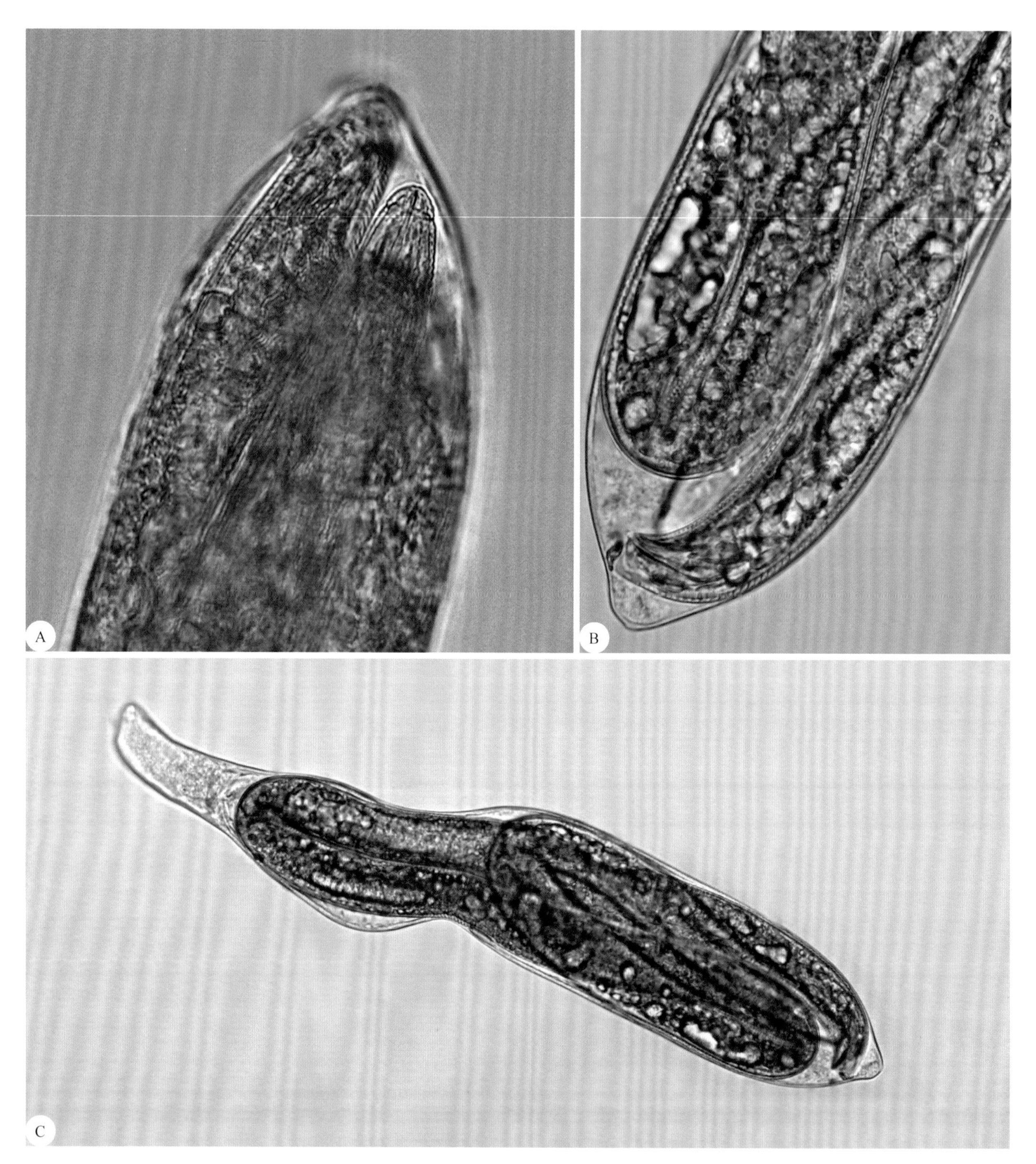

图5-17 *Heterodera avenae*雄性四龄幼虫（A）及其头部（B）和尾部（C）

5. 球皮线虫属*Globodera* (Skarbilovich) Behrens

雌虫和孢囊均为球形或近球形，有短颈，无阴门锥。孢囊褐色，角质膜厚，表面有锯齿状粗纹。阴门端生，裂短，小于15μm，阴门窗为周窗，窗的背、腹外缘有阴门乳突。阴道残余、下桥和泡状突罕见。肛门紧靠阴门，无肛门窗。卵存留于孢囊内，不溢出。

罗斯托赫球皮线虫（马铃薯金线虫）*Globodera rostochiensis* (Wolleuweber) Behrens，为害马铃薯，

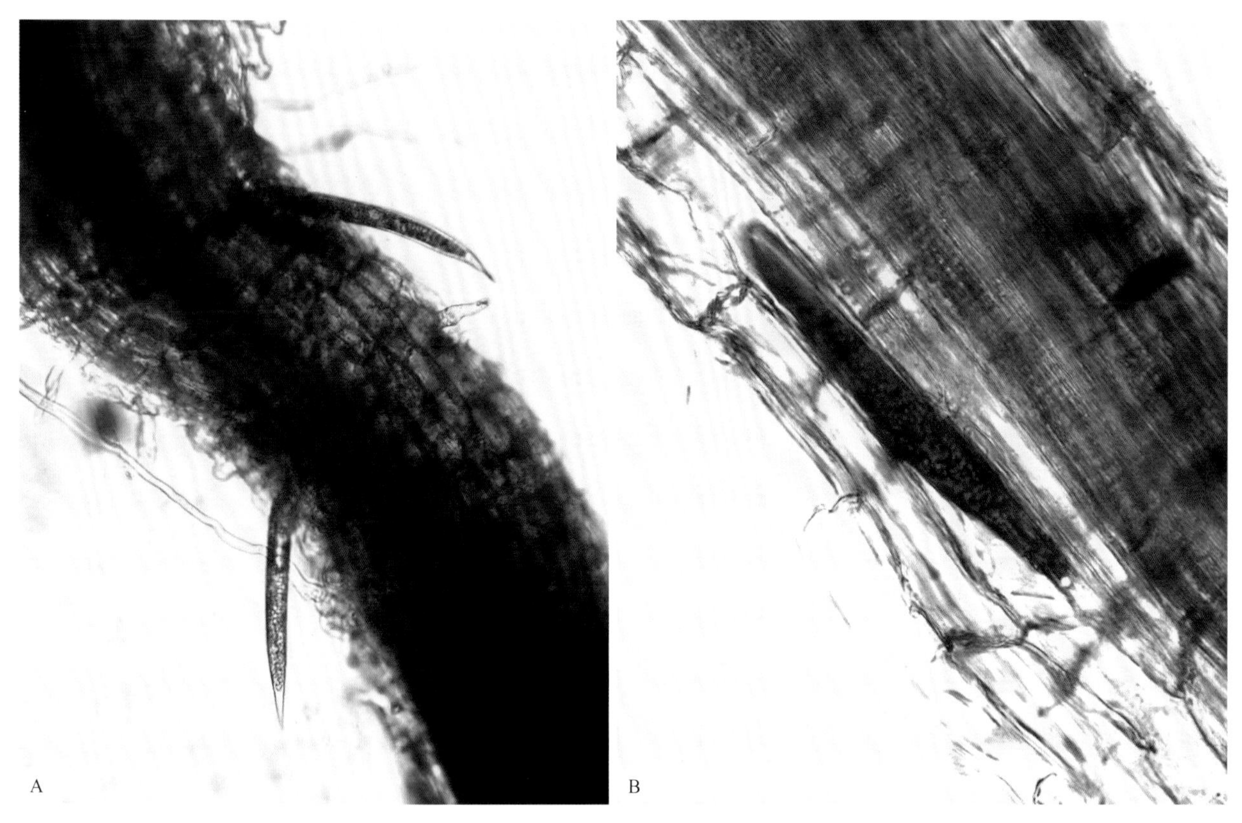

图5-18　*Heterodera avenae*二龄幼虫正在侵入小麦根尖（A），二龄幼虫侵入后固定取食（B）

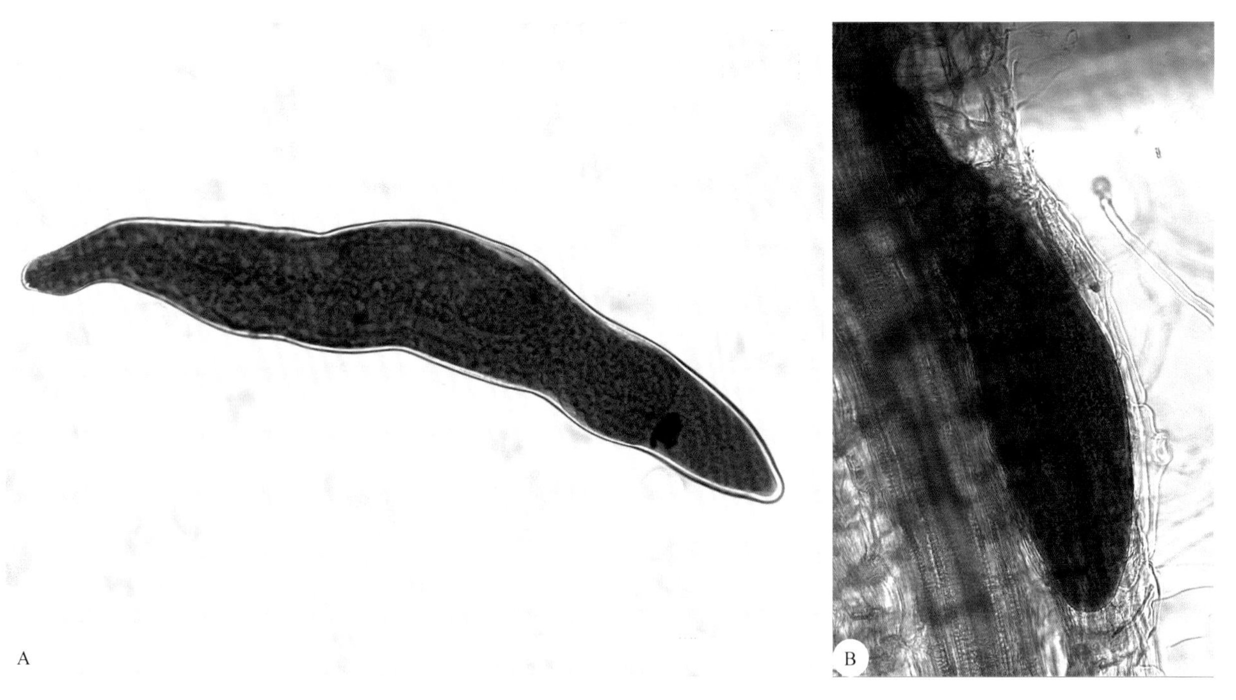

图5-19　*Heterodera avenae*二龄幼虫膨大成豆荚状

引致马铃薯金线虫病，是重要的国际检疫对象，在中国尚未发现。孢囊球形，金黄色；肛阴距60μm，幼虫口针较短，长约21μm；基部球圆形。孢囊皮层革质，不透明，内含大量肾形虫卵。翌年春季，卵孵化后产生二龄幼虫。二龄幼虫自根尖稍后部位侵入，仅头部插入中柱鞘细胞，虫体外露，定居取食，此后再经3次蜕皮，发育为成虫（图5-21）。雌虫老熟时颜色由白色变成黄色，体壁加厚，由膜质变为

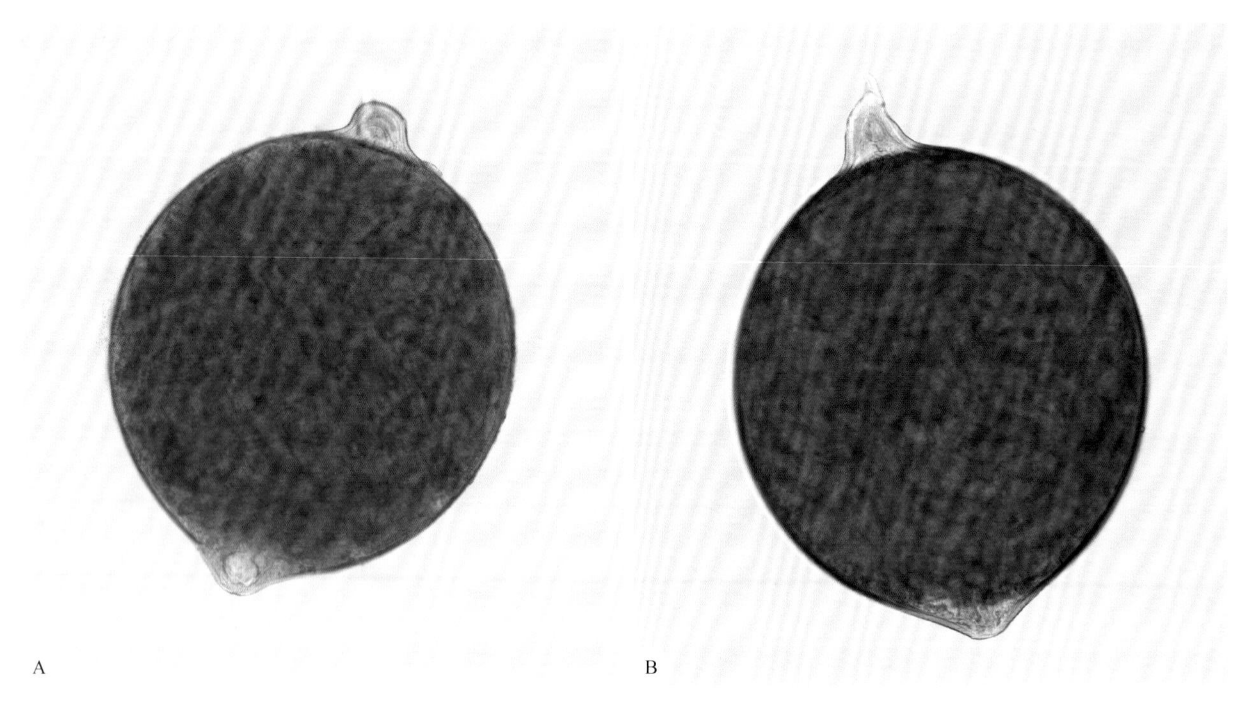

图5-20 *Heterodera glycines*雌虫背面形态（A）与侧面形态（B）

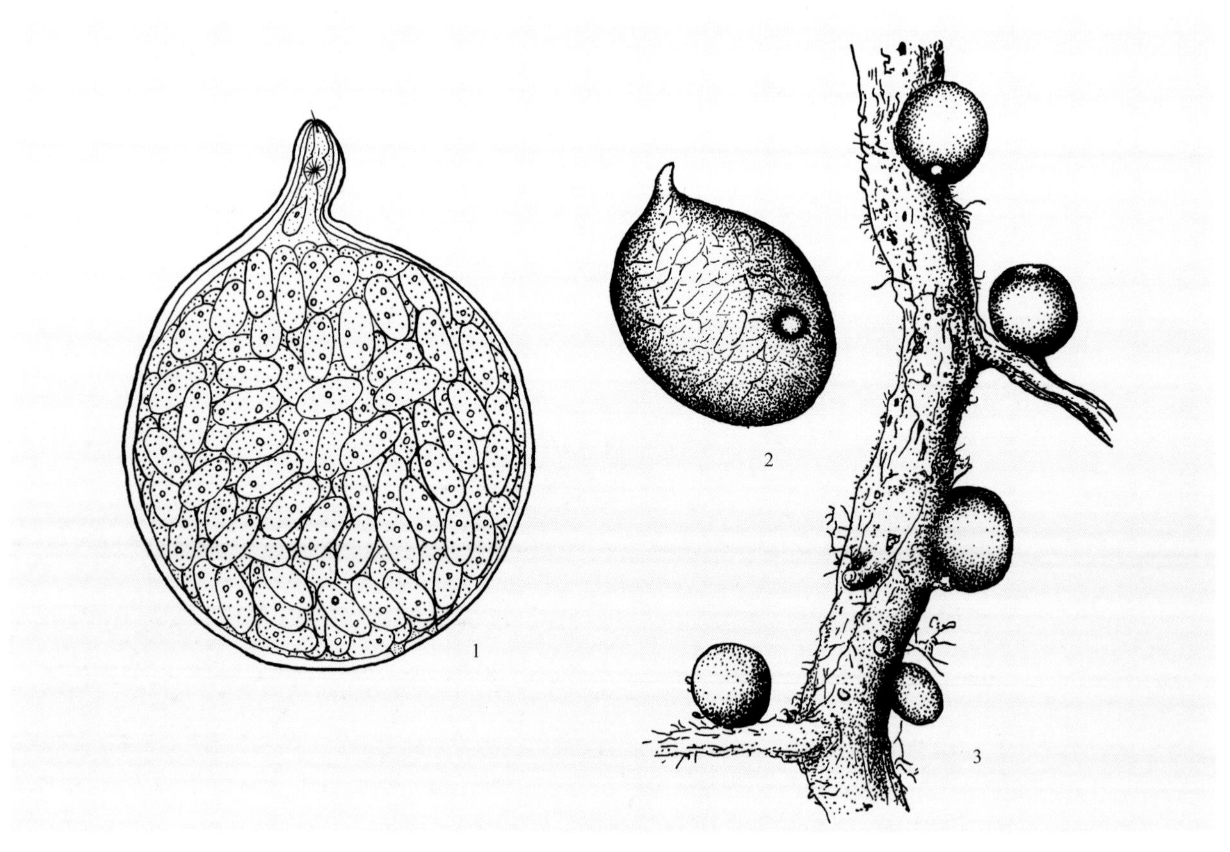

图5-21 *Globodera rostochiensis*形态模式图

1：成熟雌虫（孢囊）的透视；2：雌虫的腹面；3：在幼根上寄生的雌虫

革质，虫体死亡后变为孢囊，卵保存在孢囊内。1个孢囊内一般含卵200粒左右，最多可达500粒。

马铃薯金线虫东德模式标本（商鸿生，1997）测量的形态特征如下。

雌虫（*n*=25）：口针长=（22.9±1.2）μm，口针基部到背食道腺开口的距离=（5.7±0.9）μm，头基部宽=（5.2±0.7）μm，头顶到中食道球瓣门的距离=（73.2±14.6）μm，中食道球瓣门到排泄孔的距离=（65.2±20.2）μm，头顶到排泄孔的距离=（145.3±17.4）μm；中食道球平均直径=（30.0±2.8）μm；阴门区平均直径=（22.4±2.8）μm，阴门裂长=（9.7±1.9）μm，肛门到阴门区的距离=（60.0±40.1）μm，肛门—阴门的轴线上角质脊的数量=（21.6±3.5）个。

孢囊（*n*=25）：长（不包括颈）=（445±50）μm，宽=（382±61）μm，颈长=（104±19）μm，膜孔平均直径=（18.8±2.2）μm，肛门到膜孔的距离=（66.5±10.3）μm，Granek's比率=（3.6±0.8）μm。

雄虫（*n*=50）：体长=（4497±100）μm，排泄孔处体宽=（28.1±4.7）μm，头基部宽=（44.8±0.6）μm，头长=（68±0.3）μm，口针长=（25.8±0.9）μm，口针基部到背食道腺开口的距离=（5.3±0.9）μm，头顶至中食道球瓣门的距离=（98.5±7.4）μm，中食道球瓣门到排泄孔的距离=（73.8±9.0）μm，头顶至排泄孔的距离=（172.3±12）μm，尾长=（5.4±4.1）μm；肛门处体宽=（13.5±0.4）μm，沿轴线的交合刺长=（35.5±2.8）μm，引带长=（10.3±1.5）μm。

二龄幼虫（*n*=50）：体长=（468±20）μm，排泄孔处体宽=（18.3±0.5）μm，头基部宽=（9.9±0.4）μm，头长=（4.6±0.6）μm，口针长=（21.8±0.7）μm，口针基部到背食道腺导管的距离=（2.6±0.06）μm，头顶到中食道球瓣门的距离=（69.2±1.9）μm，中食道球瓣门到排泄孔的距离=（31.3±2.3）μm，头顶到排泄孔的距离=（100.5±2.4）μm；尾长=（43.9±11.6）μm；肛门处体宽=（11.4±0.6）μm，尾部透明区长=（26.5±1.8）μm。

6. 半穿刺线虫属 *Tylenchulus* Cobb

半内寄生，线虫仅头颈部刺入柑橘小根组织内，其余虫体暴露在外。雌虫长约0.4mm，后半部肥大，有卵囊，尾短；排泄孔位于虫体中后部，在阴门前12～19μm位置处；口针发育较好，有明显的基部球；卵排在排泄孔分泌的凝胶状卵囊中。雄虫细长，无抱片。该属线虫在世界各国为害柑橘类根系，中国尚未发现。

半穿刺线虫*Tylenchulus semipenetrans* Cobb，定居型、半内寄生。雄虫线形，体长169～337μm，体宽10～14μm，口针退化，有直立精巢1个，交合刺1对，无抱片，具引带。雌虫初龄线形，成熟后虫体后端肥大，前端尖细，口针刺入根皮后不再移动，虫体后端露在根外，膨大呈梨形；雌虫体长270～480μm，体宽93～118μm，口针长13～14μm，阴门斜向腹面尾前（图5-22）。为害柑橘根部，引致柑橘根线虫病。病根上形成大小不等的根瘤，新生根瘤乳白色，后变为黄褐色至黑褐色，根瘤多生在小根上，严重时产生次生根瘤和大量小根，致使根系盘结，形成大量须根团，最后病根腐烂，病树抗逆能力减弱，不耐干旱，对土壤中养分的吸收能力减弱，树冠枝梢短弱，叶片褪绿变小，最后落叶成秃枝，坐果率降低，果实小，产量低。

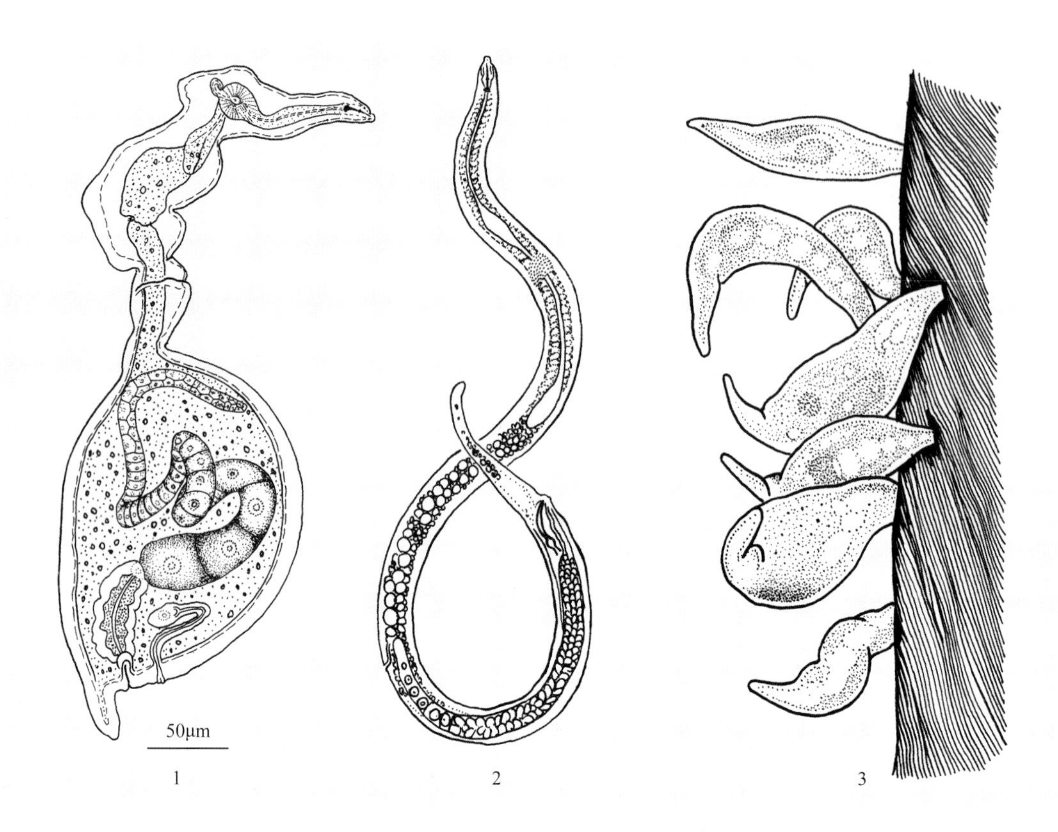

图5-22 *Tylenchulus semipenetrans*形态模式图

1：雌虫；2：雄虫；3：雌虫在柑橘根上的寄生状态

7. 短体线虫属*Pratylenchus* Filipjev

雌雄虫体同形，圆柱状，体小，细长。唇部有环纹，缢缩。角质膜薄，密生环状横纹。头架角质化。侧尾腺口开在尾长1/3或1/3以上处，肛门之后。口针发达，基部有3个基部球；中食道球球形或纺锤形，内有瓣，峡部为神经环横切；后食道部肥大呈耳状；卵巢1个，直生，后阴子宫囊退化；雌虫生殖孔位于虫体后半部，尾圆柱状；雄虫睾丸1个，抱片包裹尾端，交合刺成对（图5-23 ~ 图5-25）。

该属一部分是植物根部或地下茎部的内寄生线虫，在寄主植物组织内生存，当寄主植物的根腐烂后，便移栖于另一健根上，对寄主植物造成明显损害。

8. 滑刃线虫属*Aphelenchoides* Fischer

雌雄同形，蠕虫状，纤细。角质层细环状。口针细，短于20μm，基部球小或不明显。食道滑刃型。中食道球常≥3/4体宽，食道腺叶长，覆盖肠端。雌虫单卵巢，伸展或先端回折，阴门约在3/4体长处，后阴子宫囊形态多样。雄虫交合刺大，玫瑰刺状，无交合伞，缺引带，有2或3对尾乳突。雌虫、雄虫尾均呈锥形，端生尾尖突。该属有100多个种，大多数取食真菌，或寄生于昆虫，少数为害高等植物。

贝西滑刃线虫*Aphelenchoides besseyi* Christie，为害水稻，引致稻干尖线虫病。雌雄同形，雄虫细小，雌虫略大，在水中均能活动，静止时以头部为中心扭曲成盘状；口针强大；尾部尖端有4个刺状突起（图5-26）。

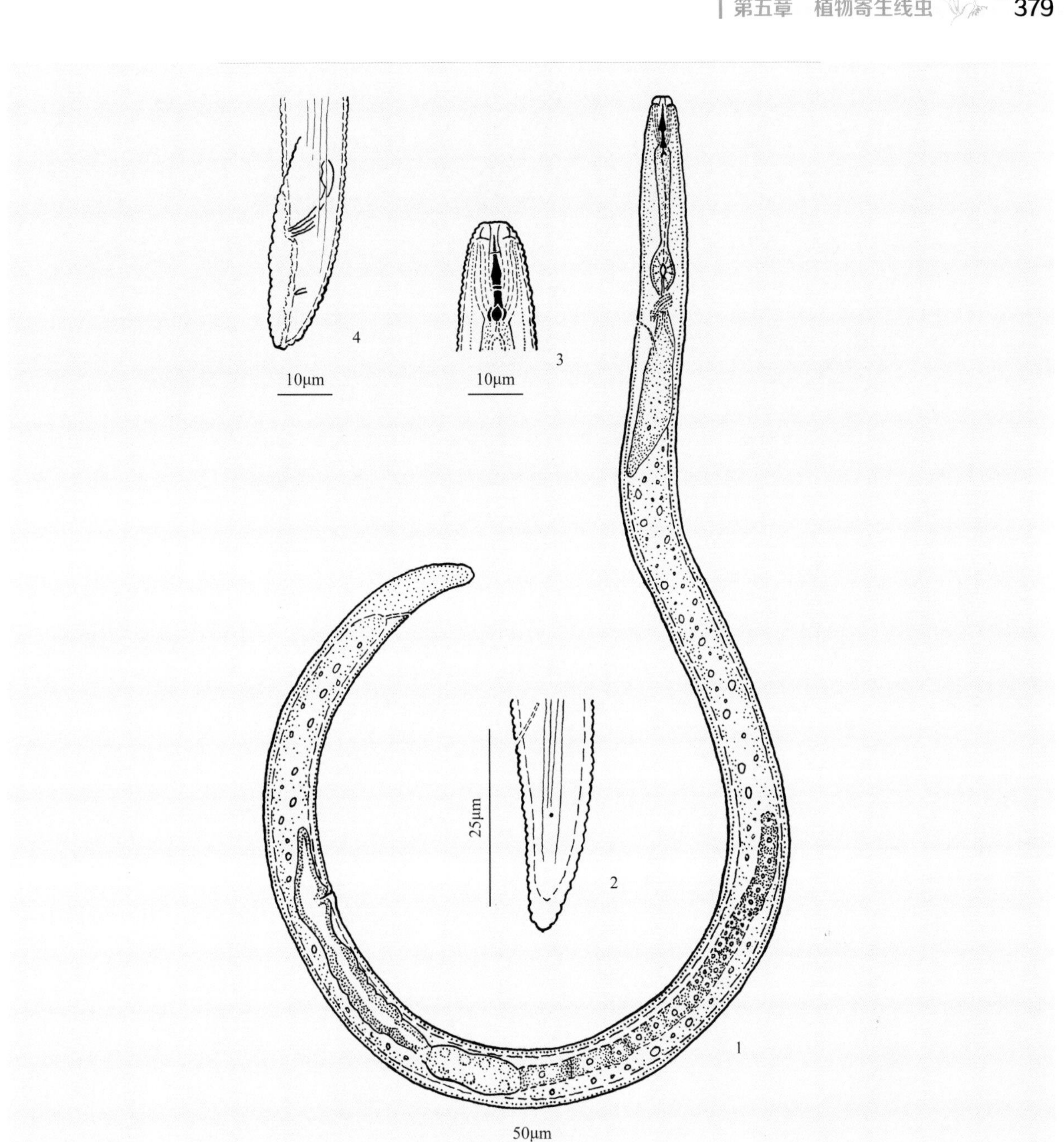

图5-23　*Pratylenchus*形态模式图

1：雌虫；2：雌虫尾部；3：雄虫头部；4：雄虫尾部

雌虫：虫体细长，体表环纹不清晰，虫体中部表皮环纹宽约0.9μm。唇区圆，无环纹，稍缢缩。口针锥体部急剧变尖，约占口针全长的45%，口针基杆在基部稍膨大，直径1.75μm。中食道球卵圆形，具有明显的瓣门，位于中部稍后的位置。食道腺向背面和亚背面延伸4～8个虫体宽度覆盖肠。神经环位于中食道球后约一个虫体宽度处。排泄孔通常位于神经环前缘。阴门横裂，具有稍突出的阴门唇。受精囊长卵形，内部充满精子。卵巢较短，不伸展到食道腺处，有2～4排卵母细胞。尾锥形，长为肛门处虫体宽度的3.5～5倍；尾末端具尾突。

雄虫：虫体细长，唇区、口针和食道腺与雌虫很相似；尾锥形，末端具2～4个尖突，有3对亚腹尾乳突，第一对在肛门处，第二对位于尾中部稍后，第三对位于尾的近末端。交合刺为典型的滑刃型，

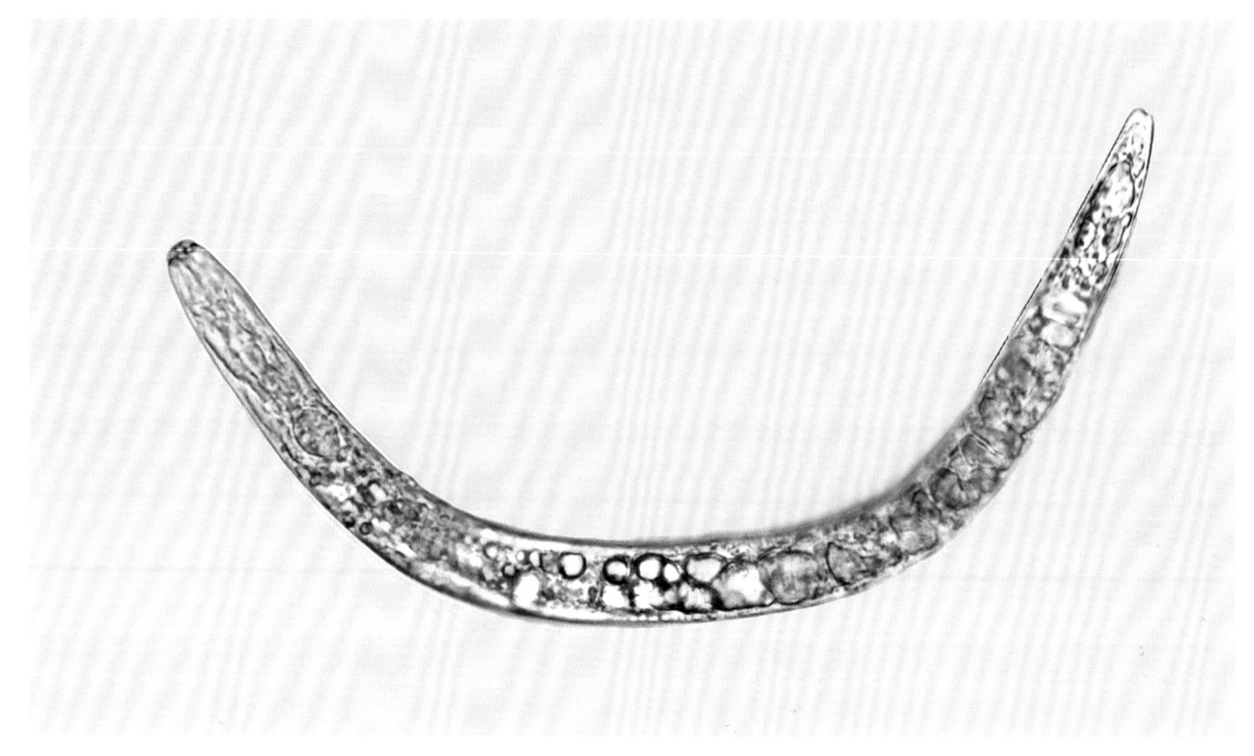

图5-24 *Pratylenchus* sp.雌虫

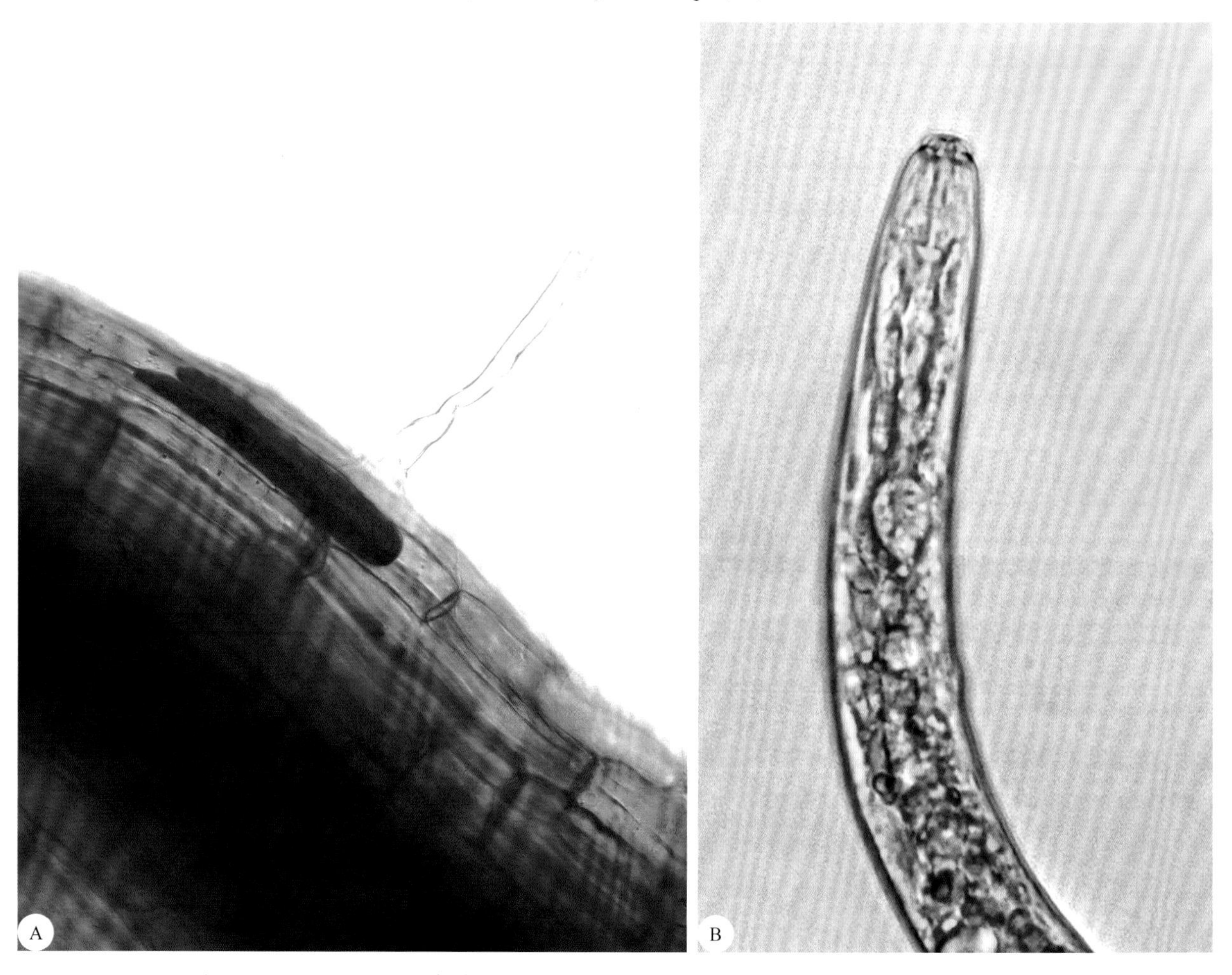

图5-25 *Pratylenchus* sp.侵染小麦根尖的幼虫（A），雌虫唇区、口针和中食道球（B）

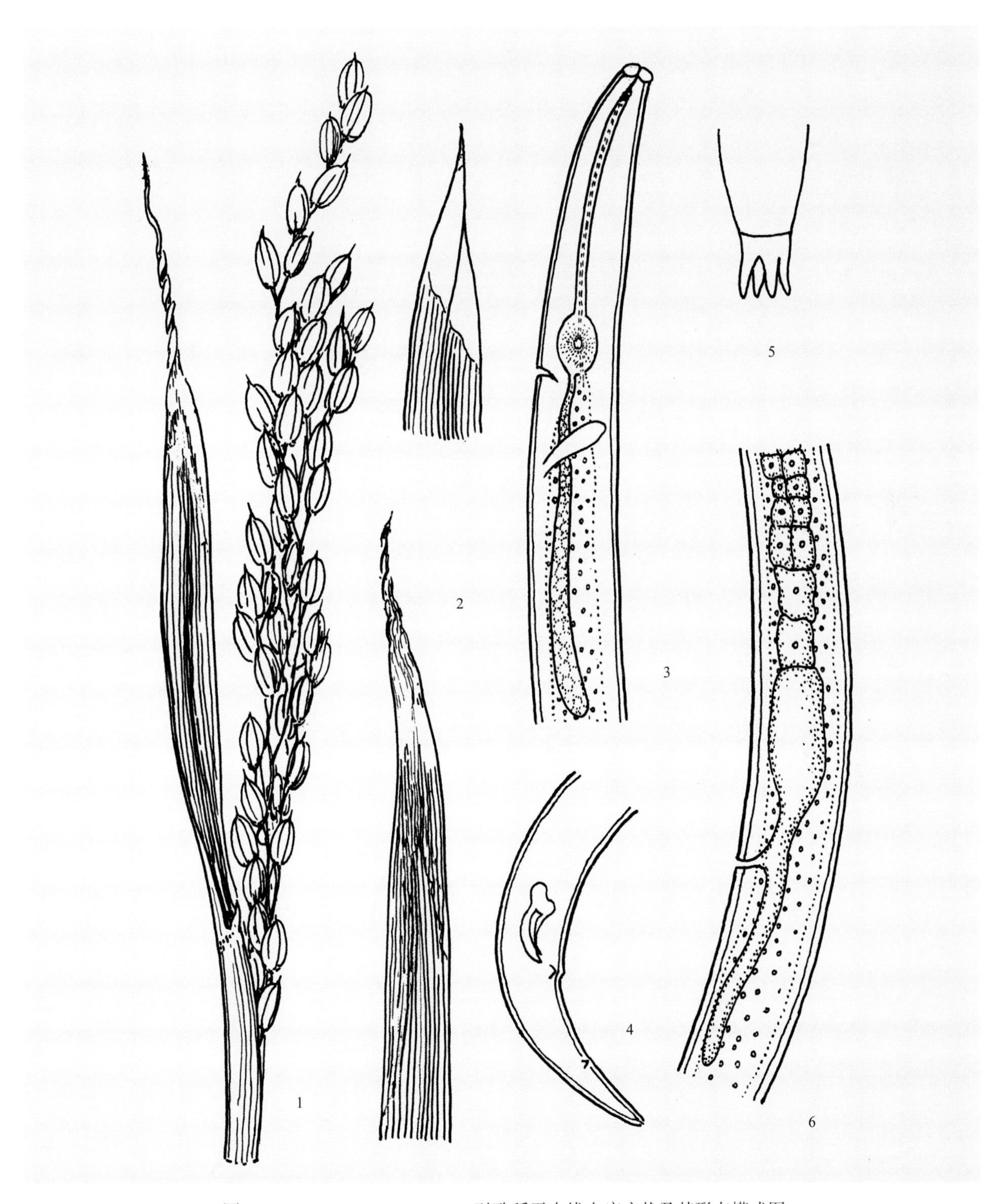

图5-26　*Aphelenchoides besseyi*引致稻干尖线虫病症状及其形态模式图

1：病株；2：病叶干尖症状；3：线虫前端；4：雄虫尾端；5：尾端的刺状突起；6：雌虫体后部

无顶尖和缘突，只有一个中等程度发达的腹面缘突，精巢单个，伸展。

线虫在谷粒内越冬，发芽时侵入幼芽，潜伏于叶鞘内，营体外寄生生活，幼穗形成期侵入穗部，在茸毛间大量集结，最后侵入颖壳内。耐寒冷，不耐高温。

第六章
寄生性植物

第一节　寄生性种子植物

植物大多数是自养型，自身具有叶绿素或其他色素，能通过光合作用合成自身所需要的有机物质。少数种子植物由于根系或者叶片退化，或缺乏足够的叶绿素而营寄生生活，故称为寄生性种子植物，重要的有菟丝子科、列当科、桑寄生科、旋花科、玄参科、樟科的一些植物。寄生性种子植物主要分布在热带地区，有些分布在温带地区，如菟丝子、桑寄生等；一些分布在比较干旱冷凉的高纬度或高海拔地区，如列当等。此外，还有少数低等的藻类植物也能寄生在高等植物上，引致藻斑病。

寄生性种子植物对寄主植物的危害因其寄生方式不同而有很大差异。列当、菟丝子与寄主植物争夺全部生活物质，对寄主植物危害最大，轻者引致寄主植物的萎蔫或者生活力衰退，提前落叶和产量下降，严重时造成绝收。桑寄生主要与寄主植物争夺水分和无机盐，但不争夺有机养分，对寄主植物的影响相对较小。

寄生性种子植物从寄主植物获取物质的方式和成分不尽相同，按照寄生性种子植物对寄主植物的依赖程度或者获取营养物质的不同，分为全寄生和半寄生两大类。从寄主植物获取自身所需全部生活物质的寄生方式称为全寄生，如列当、菟丝子等，它们的叶片退化，叶绿素消失，根系退化成吸盘，吸盘中的导管和筛管分别与寄主植物的导管和筛管相连，从寄主植物抢掠水分和有机营养等物质。从寄主植物获取水分的寄生方式称为半寄生或者“水寄生”。寄生性植物按照其寄主植物的部位不同也可以分为根寄生、茎（叶）寄生两类。列当、独脚金等寄生在寄主植物的根部，在地上部分与寄主植物分开，这种寄生就是典型的根寄生。菟丝子、无根藤、槲寄生等寄生在寄主植物的茎干、枝条或者叶片上，与寄主植物紧密结合在一起，这类寄生方式称为茎（叶）寄生。

寄生性种子植物对寄主植物有一定的选择性。玄参科独脚金属 *Striga* 中的亚洲独脚金 *S. asiatica* 寄生在甘蔗、高粱、玉米和陆生稻等作物的根部。桑寄生属 *Loranthus* 的桑寄生 *L. parasiticus* 多寄生于桃树、李树、杏树、柑橘、梨树、苹果、枣树、茶树、柳树等，以中国云南、贵州、四川等地比较常见。长江下游各省发生的毛叶桑寄生 *L. yadoriki* 主要寄生于樟树、油茶、芙蓉等。槲寄生 *Viscum coloratum* 和樟科的无根藤 *Cassytha filiformis* 多寄生在木本植物上。中国新疆等地的埃及列当 *Orobanche aegyptiaca* 主要寄生于哈密瓜，也能寄生于番茄、辣椒、烟草、马铃薯、向日葵等作物。中华菟丝子

Cuscuta chinensis 多寄生于一年生草本植物，日本菟丝子 *Cuscuta japonica* 的寄主为多年生木本植物。

寄生性种子植物都是以种子进行繁殖和传播，不同种类的传播动力和传播方式有很大差异。多数寄生性种子植物依靠风和鸟类进行传播，有的通过种子异地调运传播，这种传播方式是一种被动传播。此外，还有一些寄生性种子植物的种子成熟时，果实吸水膨胀开裂，将种子弹射出去进行传播，这种传播方式是主动传播。种子弹射的传播距离一般比较近，但有一些比较小且轻的种子弹射以后，可以随气流传播比较远的距离，如列当和独脚金的种子。

1. 菟丝子属 *Cuscuta* L.

菟丝子是菟丝子科菟丝子属植物的统称，也称“金线草”或“黄金藤”，是一年生草本植物，常常缠绕在木本或草本植物茎、叶上，接触处产生吸根与寄主植物建立寄生关系，营全寄生生活（图6-1～图6-3）。此外，菟丝子也是传播一些病害的媒介或中间寄主。

图6-1　菟丝子形态模式图

1：寄生于菊科植物的菟丝子；2：菟丝子缠绕寄主植物的局部放大；3：菟丝子的花；4：菟丝子的种子

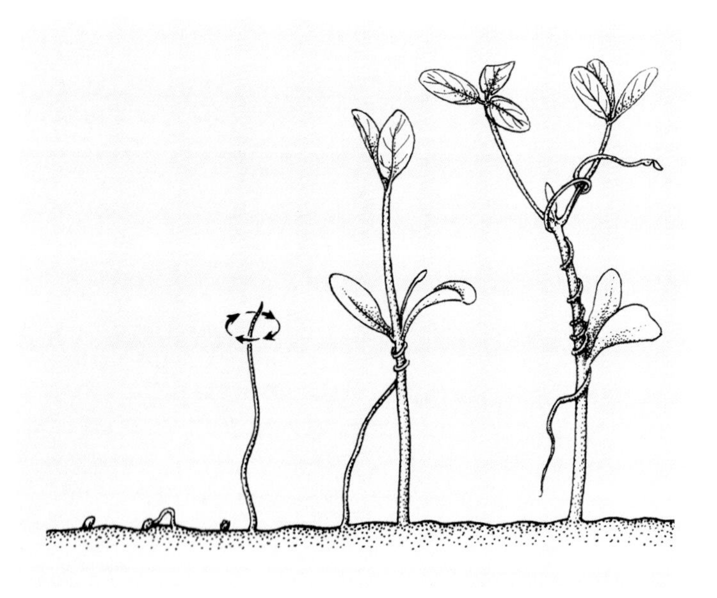

图6-2 菟丝子寄生过程模式图

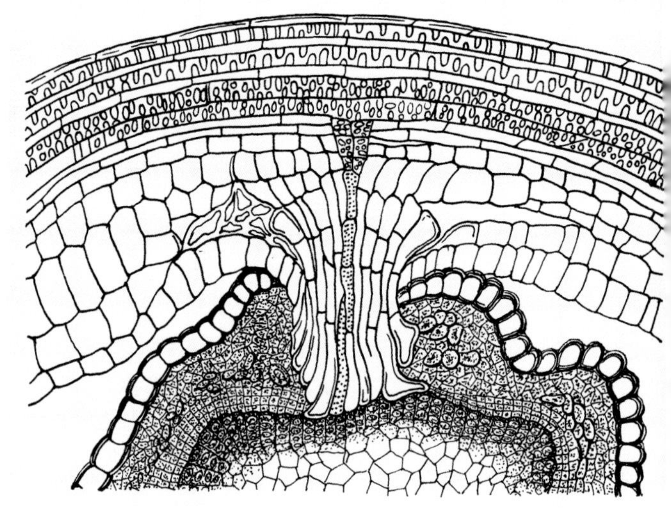

图6-3 菟丝子吸盘结构模式图

菟丝子的叶片退化为鳞片状，茎黄色或者略带红色，花小，白色或淡红色，簇生；蒴果开裂，种子2～4粒，种胚弯曲成线状，淡褐色；种子圆形或卵圆形，腹枝线明显，两侧常凹陷，1.4～1.6mm×0.9～1.1mm，表面灰棕色或黄棕色，微粗糙，种喙不明显，种皮坚硬，不易破碎。菟丝子喜高温湿润气候，对土壤要求不高，适应性较强。菟丝子种子小且多，一株菟丝子可以产生上万粒种子，种子寿命长，可以随作物种子调运远距离传播，许多国家把菟丝子列为检疫对象或者外来入侵物种。

中国常见的菟丝子有中华菟丝子*Cuscuta chinensis* Lam.、日本菟丝子*C. japonica* Choisy、南方菟丝子*C. australis* Br.、田野菟丝子*C. campestris* Yunck。菟丝子种子成熟后落入土壤中，翌年萌发，其萌发的时间基本与寄主植物生长期吻合。菟丝子萌发时种胚的一端形成无色或者黄白色的细丝状幼芽，以棍棒状的粗大部分固定在土粒上，种胚的另一端脱离种壳，呈细丝状在空中来回旋转，遇到合适的寄主植物就缠绕其上，在接触处形成吸盘并伸入寄主植物组织，吸盘的部分组织分化为导管和筛管，分别与寄主植物的导管和筛管相连，从寄主植物吸取营养物质。当菟丝子与寄主植物的寄生关系建立以后，菟丝子就和它的地下部分脱离。菟丝子从种子萌发出土到产生新的种子约90天，种子萌发不整齐，一般5～8天，甚至经历数月。菟丝子从出土到缠绕寄主植物大约需要3天，缠绕后与寄主植物建立寄生关系需要7天，至现蕾需要1个月以上，从现蕾到开花大约10天，自开花到种子成熟大约需要20天。最适宜菟丝子种子萌发的土壤温度为25℃，土壤相对含水量在80%以上。菟丝子种子在10℃以上就可以萌发，在20～30℃时，温度越高，萌芽率越高，萌芽速度越快。

1）日本菟丝子*Cuscuta japonica* Choisy茎肉质，多分枝，形似麻绳，直径1～2mm，黄白色至枯黄色或者略带紫红色，花序穗状，蒴果卵圆形或者椭圆形，有1或2粒种子。寄主多为多年生木本植物，如猕猴桃、苹果、梨树等（图6-4）。

图6-4　*Cuscuta japonica*花序（A）及其寄生于猕猴桃（B）和梨树（C）的状态

2）中华菟丝子*C. chinensis* Lam.与日本菟丝子形态相似，但其茎较细，直径1mm以下，黄色。柱头头状，蒴果球形，含种子2～4粒，种子较小。主要为害大豆，也能为害胡麻、花生、茴香、马铃薯等农作物，多寄生于一年生草本植物（图6-5）。

图6-5 *Cuscuta chinensis*果实（A）、花（B）及其田间为害状（C）

2. 列当属 *Orobanche* L.

全世界列当有15属约180种，主要分布在北温带。中国有9属40种和3变种，主要分布在西部地

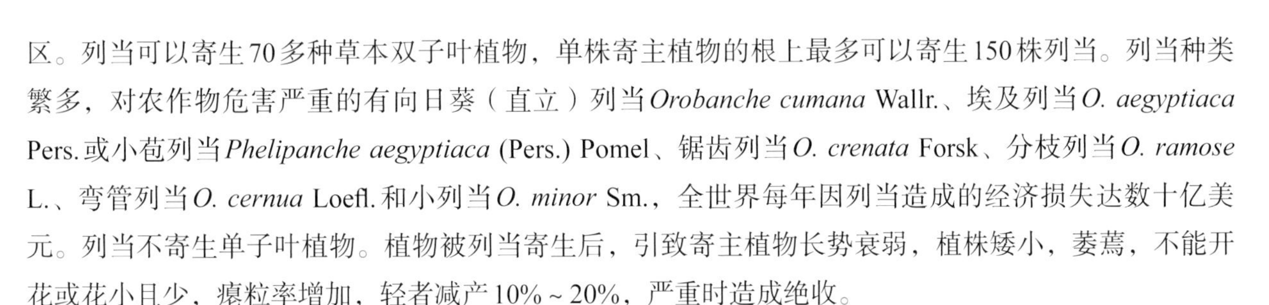
区。列当可以寄生70多种草本双子叶植物，单株寄主植物的根上最多可以寄生150株列当。列当种类繁多，对农作物危害严重的有向日葵（直立）列当*Orobanche cumana* Wallr.、埃及列当*O. aegyptiaca* Pers.或小苞列当*Phelipanche aegyptiaca* (Pers.) Pomel、锯齿列当*O. crenata* Forsk、分枝列当*O. ramose* L.、弯管列当*O. cernua* Loefl.和小列当*O. minor* Sm.，全世界每年因列当造成的经济损失达数十亿美元。列当不寄生单子叶植物。植物被列当寄生后，引致寄主植物长势衰弱，植株矮小，萎蔫，不能开花或花小且少，瘪粒率增加，轻者减产10%～20%，严重时造成绝收。

1）深蓝列当*Orobanche coerulescens* Steph.，二年生或者多年生草本植物，全寄生。寄生于寄主植物根部，寄主以豆科、菊科和葫芦科的植物为主。列当无真正的根，以吸盘吸附在寄主植物根的表面，以短须状次生吸器与寄主植物根系维管束相连，肉质嫩茎伸出地面，嫩茎被绒毛或者腺毛，浅黄色或紫褐色，高10～20cm，最高可达50cm，茎直立，不分枝，叶片退化呈卵状，披针形，长1.5～2cm，退化叶片螺旋状排列在茎上，两性花，穗状花序，花瓣联合成筒状，花冠左右对称，二唇形，白色或紫红色，也有黄色或者蓝紫色的，无叶绿素（图6-6）。每株茎有30～50朵花，最多80朵，每朵花结一个蒴果，蒴果卵状、长圆形或者圆柱形，长约1cm，纵裂，内有种子500～2000粒，每株可产生种子5万～10万粒，最多可达45万粒。种子卵形，直径0.2～0.5mm，黑褐色，坚硬，表面有网纹或者凹点。

图6-6　*Orobanche coerulescens*穗状花序（A）与花芽萌动（B）

2）直立列当*O. cumana* Wallr.，又称二色列当，茎直立，单生，肉质，直径约1cm，表面密被细毛，浅黄色至紫褐色，高30～40cm，穗状花序，花筒状，长10～20mm，每株茎上有20～40朵花，花冠筒部膨大，上部狭窄，曲膝状（图6-7A和B）。从嫩茎出土至开花约10天，从开花至结实约6天，

图6-7　*Orobanche cumana*花芽萌动（A）、穗状花序（B）及其为害向日葵症状（C）

从出土至种子成熟约60天，种子在土壤中可以存活5~10年。种子表面有纵条状皱纹。向日葵（直立）列当在北纬40°左右的地区分布较多，主要寄主植物有向日葵、烟草、番茄、红花等（图6-7C），在蚕豆、豌豆、胡萝卜、芹菜、瓜类、亚麻、苦艾的根上也能寄生。辣椒不是列当的寄主，但其根部的分泌物能诱发列当种子萌发，常常被作为“诱发植物”用于控制列当为害。

3. 独脚金属 *Striga* Lour.

独脚金为玄参科营半寄生生活的一年生草本植物，高6~25cm，全株粗糙，被硬毛；茎多呈四方形，有2条纵沟，不分枝或基部略有分枝；下部叶对生，上部互生，无柄，叶片线形或狭卵形，长5~12mm，宽1~2mm，最下部的叶常退化成鳞片状。花黄色或紫色，腋生或排成稀疏穗状花序（图6-8）；蒴果卵球形，长约3mm，背裂，种子椭圆形，金黄色，极小，表面有长条形网眼，长宽比为7∶1以上，网脊上有2排互生的突起，成熟后随风飞散，落入土中。种子在土壤中可以存活10~20年，一般休眠期1~2年，之后在寄主植物根系分泌物刺激下，当温度达到30~35℃时萌发，完成一个生长周期需要90~120天。独脚金在刚刚萌发的1个月内，在无寄主植物存在的情况下也能生长，1个月后如果仍然无法与寄主植物建立寄生关系就会死亡。独脚金虽然有叶绿素，可以进行光合作用制造一定的养分，但不能完全自给。寄主植物被独脚金寄生后，独脚金以根端瘤状突出的吸器寄生在寄主植物根系上，吸取寄主植物营养物质和水分，造成作物干枯死亡。玉米、高粱、甘蔗、水稻等被独脚金寄生后，养料和水分被大量掠夺，虽然土壤湿润，但受害作物仍似遭遇干旱一样，生长发育受阻，植株纤弱，即使下雨或灌溉也不能改善作物的生长状况，重者枯黄死亡。玉米被寄生后一般减产20%~60%，干旱年份损失更大，可能颗粒无收。非洲一些国家因独脚金危害而放弃了作物种植，荒芜了大量土地。独脚金大多分布在亚洲、非洲、大洋洲的热带和亚热带地区，主要寄主为禾本科植物，如玉米、水稻、高粱，以及苏丹草、画眉草等。少数也能寄生双子叶植物如番茄、菜豆、烟草、向日葵等。

图6-8　独脚金形态模式图

4. 无根藤属 *Cassytha* L.

无根藤是全寄生性杂草，缠绕性强，也被称为“无头草”，以吸盘状吸根吸附在寄主植物上，茎线形，绿色或绿褐色，与菟丝子有些相似，但菟丝子是黄褐色的丝状茎。无根藤的叶片退化成小鳞片；花小，两性，生于鳞片状苞片之间，穗状或者头状花序，花被筒陀螺状。蒴果，种子革质或者膜质，花期5~12个月。无根藤主要分布在热带和亚热带地区，澳大利亚北部最多。

第二节　寄生性藻类和地衣

一、寄生性藻类

寄生性藻类是一类可寄生在高等植物上营寄生生活的低等藻类，常见的寄生藻类多属于绿藻门的头孢藻属*Cephaleuros*和红点藻属*Rhodochytrium*，主要分布在热带和亚热带地区，寄生在番石榴、荔枝、咖啡、可可、柑橘、茶树的树干或叶片上，引致藻斑病或红锈病。植物的枝干和叶片被寄生后出现黄褐色斑点，逐渐向四周扩散，形成近圆形稍隆起的灰绿色至黄褐色病斑，表面呈天鹅绒状或纤维状，不光滑，边缘不整齐，直径2～20mm。发病后期，病斑表面光滑，色泽较深，常呈深褐色或棕褐色，当叶片藻斑较多时，常常引起大量落叶，削弱树势，减产。在野生植物上，尤其在热带丛林中，常见到藻类以半寄生或全寄生方式在植物枝条或叶片上生活，与植物竞争水分、无机盐和养分，造成不同程度的损失。有些藻类则与真菌中的一些子囊菌或者担子菌组成共生体，这些共生体在植物表面生存时，对寄主植物表皮有损伤作用，并为真菌侵染创造了有利条件，具有复合侵染的作用。

1. 红点藻属 *Rhodochytrium* Lagerheim

该属的寄主主要是锦葵科的玫瑰茄，引致叶瘤与矮化症状。

2. 头孢藻属 *Cephaleuros* Kunze

头孢藻的营养体是多层细胞组成的假薄壁组织状的细胞板，细胞内富含血红素，呈橘红色，气生，在圆盘状营养体（即叶状体）与寄主植物表皮之间有空腔，叶状体向下突起呈分枝状假根，在寄主植物细胞间蔓延，从寄主植物组织吸取营养物质和水分。寄主范围广，主要有茶树、柑橘、荔枝、龙眼、杧果、番石榴、咖啡、可可等，引致藻斑病。

变绿头孢藻 *Cephaleuros virescens* Kunze，寄生性绿藻，为害茶树，引致茶藻斑病。侵染中下部老叶，病叶两面初生黄褐色针头大小圆形病斑，放射状向四周扩展成圆形至不规则形大斑，灰绿色至黄褐色，生细条形毛毡状物，后期病斑圆形或近圆形，暗褐色，稍隆起，表面光滑，有纤维状纹理，边缘不整齐（图6-9A）。营养体为叶状体，由对称排列的细胞组成。细胞长形，从中央向四周辐射状延伸生长，病斑上的毛毡状物是病原藻的孢囊梗和孢子囊；孢囊梗叉状分枝，长270～450μm，顶端膨大，近圆形，生8～12个卵形孢子囊。孢子囊黄褐色，14.5～20.3μm×16.0～23.5μm，孢子囊遇水萌发，释放游动孢子（图6-9B）。游动孢子椭圆形，有2根鞭毛，无色，在水中可以游动。

二、地衣

地衣是一类真菌和藻类共生的特殊生物，能生活在各种环境中。地衣可以生长在岩石表面、树皮、

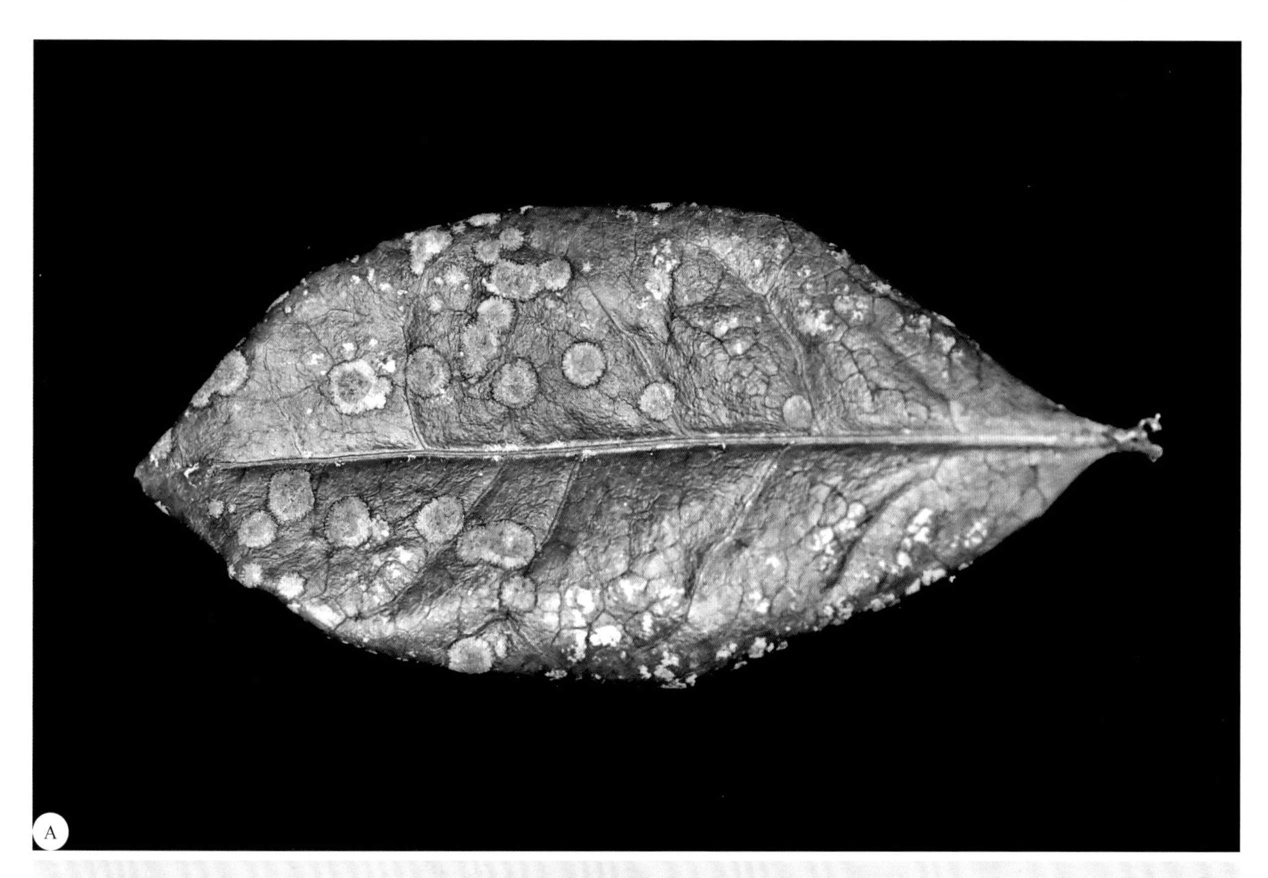

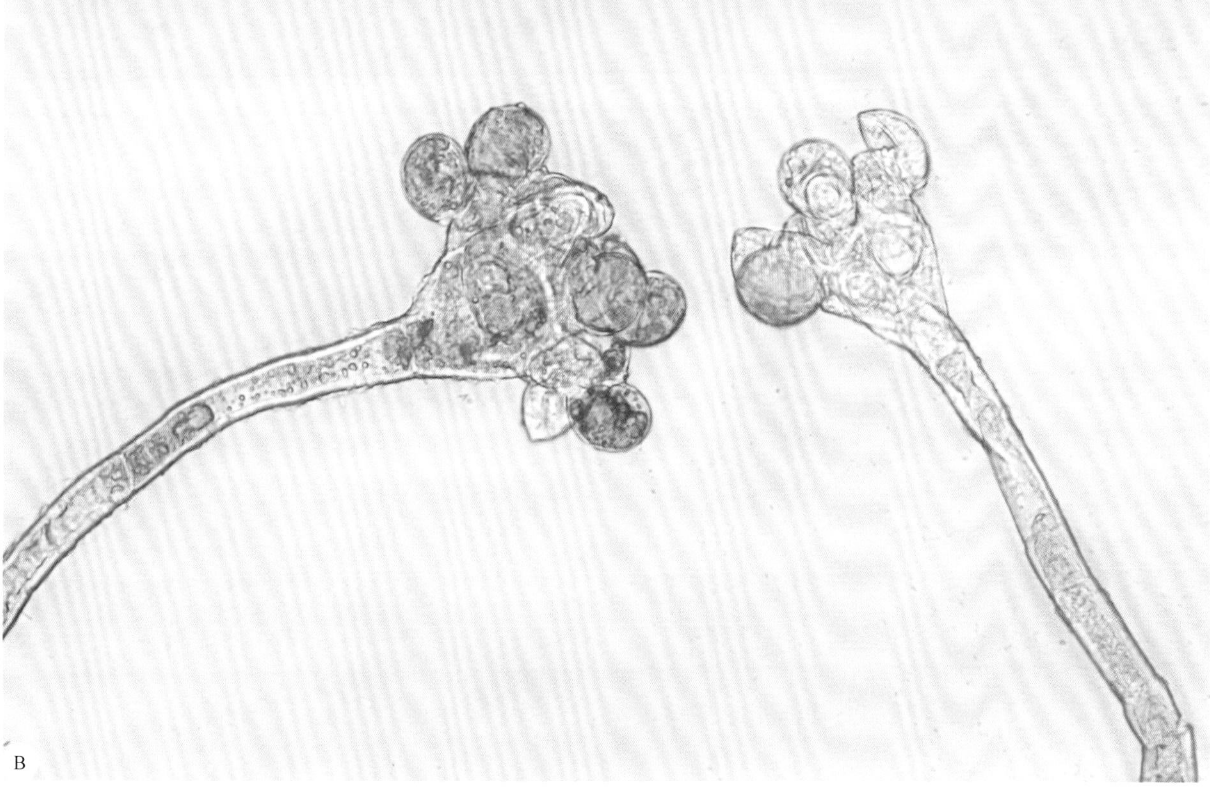

图6-9 *Cephaleuros virescens*引致茶藻斑病叶片症状（A）及其孢囊梗和孢子囊（B）

土壤或苔藓上，并在基物表面产生灰色、黄色、绿色、白色或褐色斑块。地衣中的真菌通常是子囊菌或担子菌，光合共生物为绿藻（主要为共球藻属*Trebouxia*）或蓝细菌（主要为念珠藻属*Nostoc*）。地衣体中藻、菌共生关系表现在：藻类进行光合作用，为地衣体制造有机养分；真菌菌丝吸收水分和无机盐，为藻类光合作用提供无机养料，从而构成了地衣和藻类之间的互利共生关系。若将地衣体中的藻类和真菌分别培养，藻类可以生活很长时间，真菌很快死亡，从而验证了地衣体中真菌依附于藻类生存。

根据地衣外部形态，可分为叶状地衣、枝状地衣、壳状地衣三类。①叶状地衣体扁平似树叶状，有上下表面之分，上表面是繁殖结构层，接近上表面的是一层光合共生物层，下表面有假根或其他附属结构，可以攀附在基物上（图6-10）。②枝状地衣形态似灌木状，通过一个附着点固定在基物上，其分枝为圆形或扁平状（图6-11）。枝状地衣的生长速度比壳状地衣和叶状地衣快，生于云杉、铁杉和冷杉树枝上的松萝属*Usnea*地衣，因地衣体大量悬覆在树枝上，导致树木大量死亡。③壳状地衣形态为壳状，生于基物表面或内部，与基物不分离，周围有菌丝形成的前地衣体。

图6-10　生于树干表面的叶状地衣形态（盘状结构为真菌子囊盘）

图6-11 生于树干表面的枝状地衣形态

1. 文字衣属 *Graphis* Adans.

地衣壳状，生于树皮表面或内部。子囊盘线盘型，单一或分枝，多数埋生于地衣组织内，或稍微突出于地衣体表面；子囊果黑色，炭质；子囊内含8个子囊孢子；子囊孢子无色，长纺锤形，四胞至多胞。

裂隙文字衣 *Graphis fissurata* Nakanishi et Harada，为害茶树，引致茶树地衣病。线形子囊盘明显突出于地衣体表，0.3 ~ 3.5mm × 0.2 ~ 0.3mm，通常弯曲状，不分枝或偶有简单分枝，盘缘可见。果壳唇炭化，黑色，幼时全缘，成熟时呈纵沟形裂纹，盘面下陷，无粉霜；子囊层厚度63 ~ 70μm，无色，侧丝线状，不分枝，顶部微膨大，子囊层基浅褐色，厚15.5 ~ 21.0μm；子囊内含6 ~ 8个子囊孢子；子囊孢子长梭状，两端钝圆，无色，透镜型6 ~ 8室，16.5 ~ 22.5μm × 4.5 ~ 6.0μm（图6-12）。壳状地衣体树皮生，浅灰褐色，光滑，具微弱光泽，均匀连续（图6-13）。

2. 蜈蚣衣属 *Physcia* (Schreb.) Michx., Fl. Bor.-Amer.

地衣体叶状，通常疏松地附着于基物上，上表面淡白色、淡灰色至暗褐色，有时披白色粉霜，髓

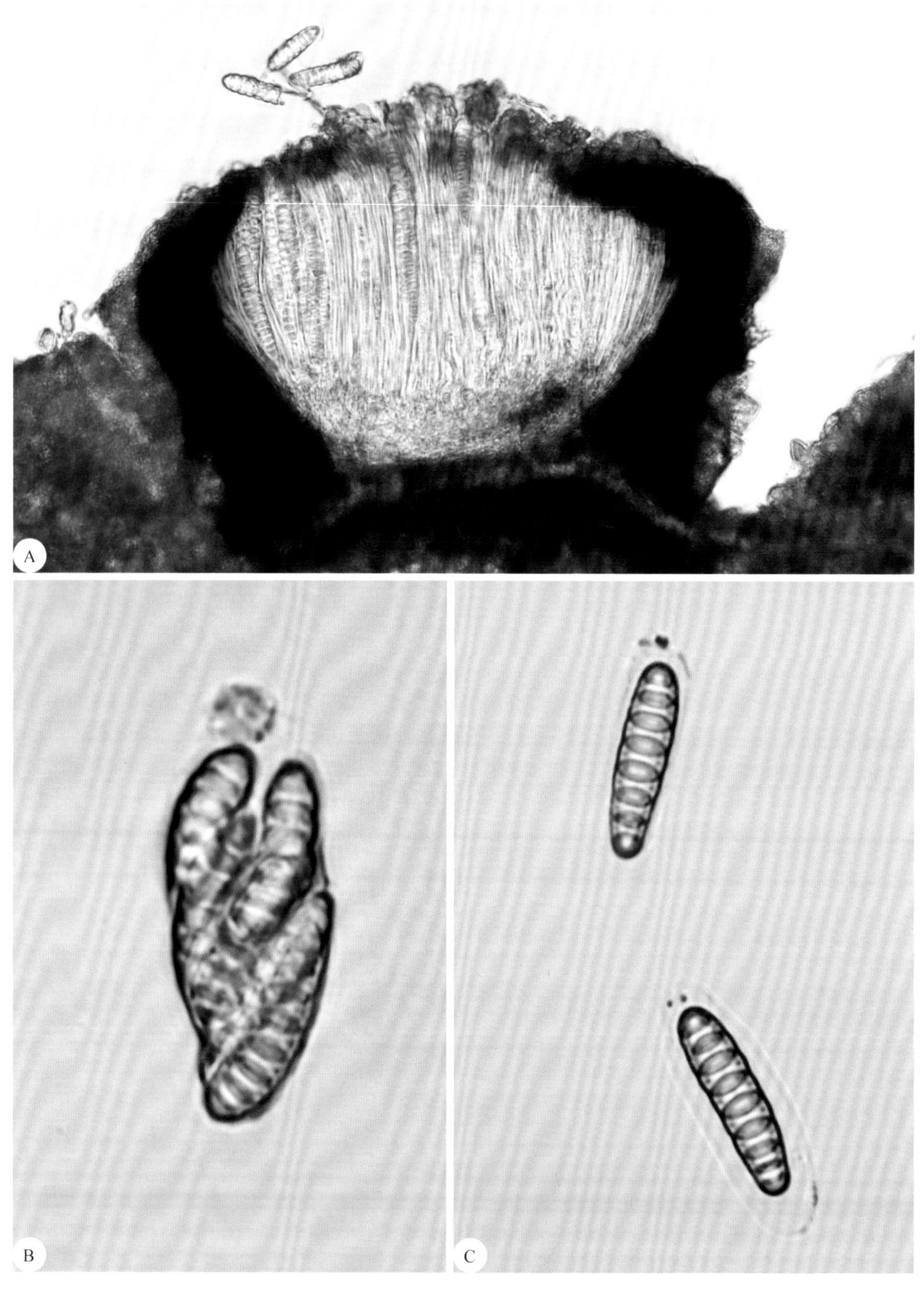

图6-12 *Graphis fissurata*子囊盘（A），子囊（B），子囊孢子（C）

层白色，下表面多为白色至淡褐色，假根灰白色、淡褐色至暗褐色，单一，不分枝。上皮层为假薄壁组织，下皮层多为疏丝组织，少数为假薄壁组织。子囊盘表面生，通常无柄，茶渍型，盘面红褐色至黑色，常披白色粉霜，盘缘通常较完整；子实层透明，无色至淡黄色，子实下层无色至淡黄色（图6-14）；子囊棍棒状，内含8个子囊孢子；子囊孢子双胞，褐色，*Physcia*型，某些种为*Pachysporaria*型。分生孢子器通常埋生于地衣体中，其孔口在地衣体表面，具暗褐色至黑色点状突起；分生孢子杆状，长4～10μm。

图6-13 *Graphis fissurata*引致茶树地衣病症状

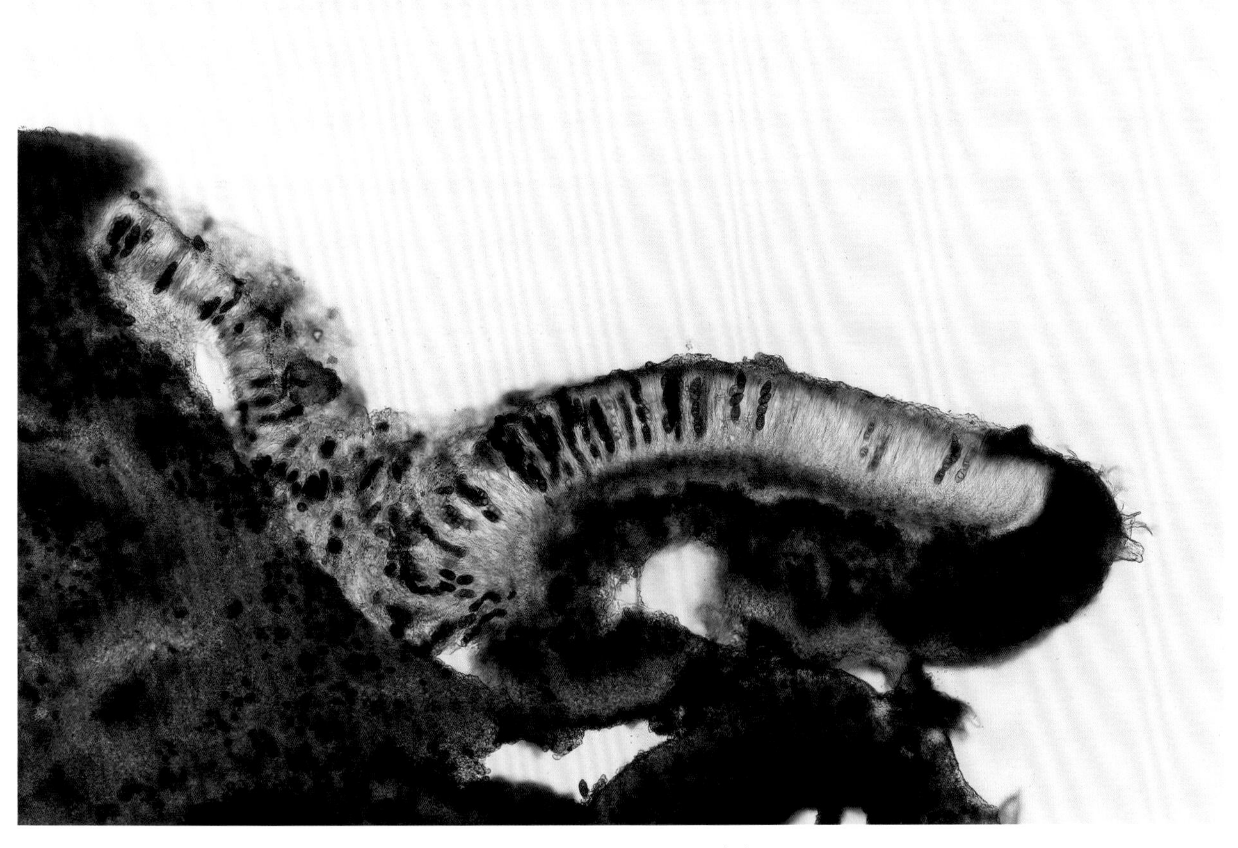

图6-14 *Physcia* sp.子囊盘

主要参考文献

蔡学清, 肖顺. 2021. 普通植物病理学实验指导. 2版. 北京: 科学出版社.

方中达. 1998. 植病研究方法. 3版. 北京: 中国农业出版社.

胡小平. 2017. 小麦赤霉病. 杨凌: 西北农林科技大学出版社.

胡小平, 杨家荣, 徐向明. 2011. 中国苹果黑星病. 北京: 中国农业出版社.

黄丽丽, 张管曲, 康振生, 等. 2001. 果树病害图鉴. 西安: 西安地图出版社.

贾泽峰, 魏江春. 2007. 中国文字衣属地衣新记录种. 菌物学报, 26(2): 186-189.

康振生, 黄丽丽, 李金玉. 1997. 植物病原真菌超微形态. 北京: 中国农业出版社.

李培琴. 2022. 普通植物病理学实践教程（双语）. 北京: 中国林业出版社.

李莹洁. 2007. 秦岭太白地区蜈蚣衣科地衣的研究. 济南: 山东师范大学硕士学位论文.

李玉. 2008a. 中国真菌志: 黏菌卷一　鹅绒菌目　刺轴菌目　无丝菌目　团毛菌目. 北京: 科学出版社.

李玉. 2008b. 中国真菌志: 黏菌卷二　绒泡菌目　发网菌目. 北京: 科学出版社.

李振岐, 曾士迈. 2002. 中国小麦锈病. 北京: 中国农业出版社.

刘维志. 2000. 植物病原线虫学. 北京: 中国农业出版社.

陆家云. 2001. 植物病原真菌学. 北京: 中国农业出版社.

齐祖同. 1997. 中国真菌志: 第五卷　曲霉属及其相关有性型. 北京: 科学出版社.

裘维藩. 1986. 英汉植物病理学词汇. 2版. 北京: 中国农业出版社.

商鸿生. 1997. 植物检疫学. 北京: 中国农业出版社.

商鸿生, 李修炼, 王凤葵, 等. 2004. 麦类作物病虫害诊断与防治原色图谱. 北京: 金盾出版社.

商鸿生, 王凤葵. 2009. 蔬菜植保员手册. 北京: 金盾出版社.

孙广宇, 康振生. 2022. 普通植物病理学实验与实习指导. 北京: 中国农业出版社.

王金生. 2000. 植物病原细菌学. 北京: 中国农业出版社.

王明霞, 杨继娟, 白应文, 等. 2011. 苜蓿来源的变黑轮枝菌及其致病性. 西北农业学报, 20(1): 165-169.

魏江春. 2016. 魏江春科学论文选集. 北京: 科学出版社.

谢联辉, 林奇英. 2004. 植物病毒学. 北京: 中国农业出版社.

许志刚. 2000. 普通植物病理学. 2版. 北京: 中国农业出版社.

许志刚. 2006. 拉汉–汉拉植物病原生物名称. 北京: 中国农业出版社.

严勇敢, 张管曲, 张荣. 2011. 蔬菜病害图鉴. 西安: 陕西科学技术出版社.

杨艳丽, 刘霞. 2019. 马铃薯病害. 北京: 科学出版社.

张吉光, 陈璐, 张管曲, 等. 2010. 黄瓜细菌性角斑病菌的分离与鉴定. 西北农业学报, 19(12): 183-187.

张天宇, 孙广宇. 2010. 中国真菌志: 第三十卷　蠕形分生孢子真菌. 北京: 科学出版社.

张天宇, 张敬泽, 陈伟群, 等. 2003. 中国真菌志: 第十六卷　链格孢属. 北京: 科学出版社.

张中义, 张陶. 2014. 中国真菌志: 第四十六卷　黑痣菌属. 北京: 科学出版社.

郑儒永, 余永年. 1987. 中国真菌志: 第一卷　白粉菌目. 北京: 科学出版社.

中国农业百科全书总编辑委员会植物病理学卷编辑委员会. 1996. 中国农业百科全书: 植物病理学卷. 北京: 中国农业出版社.

中国植物保护百科全书总编纂委员会植物病理卷编纂委员会. 2022. 中国植物保护百科全书: 植物病理卷. 北京: 中国林业出版社.

庄文颖. 2013. 中国真菌志: 第四十七卷　丛赤壳科　生赤壳科. 北京: 科学出版社.

Agrios GN. 1978. Plant Pathology. New York: Academic Press.

Ainsworth B. 1995. Dictionary of the Fungi. 8th ed. London: CAB International.

Ainsworth CC, Sparrow FK, Sussman AS. 1973. The Fungi: an Advanced Treatise. New York: Academic Press.

Bockus WW, Bowden RL, Hunger RM, et al. 2010. Compendium of Wheat Diseases and Pests. 3rd ed. St. Paul: APS Press.

Cartwright RD, Groth DE, Wamishe YA, et al. 2018. Compendium of Rice Diseases and Pests. 2nd ed. St. Paul: APS Press.

Harverson RM, Markell SG, Block CC, et al. 2016. Compendium of Sunflower Diseases and Pests. St. Paul: APS Press.

Jing R, Li HY, Hu XP, et al. 2018. *Verticillium* wilt caused by *Verticillium dahliae* and *V. nonalfalfae* in potato in Northern China. Plant Disease, 102(10): 1958-1964.

Stevenson WR, Loria R, Franc GD, et al. 2017. Compendium of Potato Diseases and Pests. 2nd ed. St. Paul: APS Press.

Sutton TB, Aldwinckle HS, Agnello AM, et al. 2014. Compendium of Apple and Pear Diseases and Pests. 2nd ed. St. Paul: APS Press.

Ziller WG. 1974. The Tree Rusts of Western Canada. Victoria: British Columbia Press.

附录 I 植物病害标本采集与制作

植物病害标本是经过整理而保持原形的实物样品，完整记载着植物发病以后的病理变化、症状特点以及为害程度等信息。标本经过处理可以长期保存，适合植物病害展览、示范、交流、交换、后续鉴定等工作。病害标本是弥补教程内容抽象空洞的重要手段，帮助学生对微观事物发生的抽象过程形成直观概念，夯实认知，增强记忆。合理使用病害标本，使教学实践环节不再受时空区域变化影响，无偏移地展示植物病害发生发展的真实状态。同时标本完整保持了病征形态、病状颜色和纹理等信息，也有利于研究人员后期重复检视，开展进一步研究工作。

在植物病害标本的采集和制作过程中，对植物病害症状的变化情况要特别关注，并进行详细记录。一种病害在发展过程中可以表现出典型症状，也可以形成非典型症状；有些病害在同一时期、植物的同一器官上同时产生多种症状类型（如苹果褐斑病）；有的病害在植物不同生长发育时期，或不同器官上表现出不同的症状类型（如谷子白发病）。除了即时分离培养的标本，其余标本经过制作之后也要保存起来，以备后续分离鉴定，或供教学科研使用，或供相关人员相互交流、交换。对于植物病理学研究工作者，大量采集和收藏病害标本是实验室建设一项重要的基础性工作。

一、采集及制作标本的用具

1. 采集夹

采集夹是野外临时收存标本的轻便夹子。由两片左右对称的网式栅状板组成，尺寸为42～44cm×30～34cm，栅状板用木条按适当间距进行网式排列固定制作，其上附有背带，在接近四角处，有长短可以调整的活动固定带或弹簧，以便采集过程中随标本逐渐增多时调节两个栅板之间的距离。

2. 采集箱

采集箱是临时收存果实等柔软多汁标本的箱子。由铁皮制成的扁圆箱，内侧较平，外侧较鼓，箱门设在外侧，箱上有背带。

3. 标本夹

标本夹是用来翻晒、压制标本的木夹。标本夹由两片对称的栅状板组成，每片栅状板由4～6根木片组成，木片间以适当间距排开，固定在2或3根厚实的方木条上，方木条的两端向外突出约10cm，作为绳子捆绑标本夹时的支持点，标本夹尺寸一般为42～44cm×30～34cm，或根据需要自行设计。

标本夹上应附带长约7m的一条绳子，最好是细麻绳。野外采集标本时，需要解开绳子，打开标本夹，压入标本后，再用绳子捆紧标本夹。

4. 标本瓶

标本瓶用于浸渍标本，由玻璃制成，以便陈列观察。其形状有圆的也有方的，大小可根据标本的大小选择。亦可用大的广口瓶代替。

5. 标本纸

标本纸用来吸收标本的水分，使标本逐渐干燥。一般用吸水性较好的草纸或麻纸作为标本纸。急需时旧报纸亦可代替，但因其上有油墨、吸水性较差。

6. 放大镜

采集标本时应带上10～20倍的放大镜，以便检查病菌的特征，识别病害。

采集标本时还应准备“标本采集记载本”和“标本采集标签”，并应根据采集场所和对象，同时准备好修枝剪、手锯、手铲、采集镐、小刀等采集工具。

二、采集标本的要求及注意事项

1. 采集标本的要求

1）症状具有典型性。每份标本上的病害种类必须单纯唯一，症状典型，不能出现污染或被杂菌二次附生，以便正确地鉴定和使用标本，使标本的内容与标签上的单一化名称完全一致。在一份标本上，不能有两种或两种以上的病害种类，假如一个标本体上的病类很多，就会相互污染混淆，影响鉴定结果。

2）症状具有完整性。有些病害还应注意采集不同阶段的症状标本，才能正确反映该种病害发生发展的真实情况，起到帮助人们正确识别和认识病害特征的作用。例如，小麦条锈病的症状在幼苗期和成株期是不完全一样的；棉花枯萎病幼苗期和成株期的症状也不相同；谷子白发病在不同时期和不同器官上的症状更是截然不同，形成所谓“灰背”“白发”“枪杆”“看谷佬”等各种症状。所以，完整采集植物在不同生育阶段所表现出的不同症状类型，对于正确识别病害非常重要。

3）真菌病害标本应采集有子实体的。不同病菌引致的病害不同，有些病害的症状表现出一定的相似性，使我们不易对其进行区别。对所有真菌病害来说，病原鉴定是确切诊断病害种类的唯一手段，如果标本上没有病菌子实体，则无法对病害种类做出快速、准确的判断和鉴定。

4）采集标本时应进行必要的信息记载。记载的主要内容有：寄主植物名称、发病情况、环境条件，以及采集时间、地点、采集人姓名等。为了记载方便，上述项目可以印刷成“采集记载本”，按采集顺序编号使用。

2. 采集标本的注意事项

1）对于不认识的寄主植物，应完整采集并保留枝、叶、花及果实等组织，以便鉴定寄主植物。

2）适于干制的标本，应随采随压于采集夹中，尤其对于容易卷缩的标本（如水稻叶片），更应注意立即压制，否则叶片失水卷缩后则无法展平。

3）对于腐烂的果实标本及柔软的肉质类标本，先以标本纸分别包裹，然后置于标本箱中，但标本箱中不能放太多，以免相互污染和挤坏标本。

4）黑粉病类标本由于病菌孢子量极大且易散落，应用纸袋分装，或者用纸包好后再置于采集夹或采集箱中，以免标本相互污染。

5）标本采集应具有一定的数量（10份以上），以便日后用于鉴定、保存和交换等。

三、标本的制作

（一）干标本的制作

通常所用的腊叶标本是经过压制的干标本。把适于压制的标本如植物的茎、叶以及去掉果肉的果皮等，分层压在标本夹中，放一层标本，不要重叠，放一层标本纸（每层3～5张）以吸收标本中的水分。每个标本夹的总厚度以3cm左右为宜，太厚不利于标本干燥，标本干燥愈快，保持颜色的效果愈好。保持干制标本质量，关键在于勤换纸、勤翻晒，特别是在高温高湿条件下标本夹内部的标本容易变色，甚至发霉，所以需要勤换纸。夏季，前3或4天每天换纸1或2次，以后每2或3天换纸一次；春秋季节可适当减少换纸次数，每次换上的纸都应该是晒干的纸，直至标本彻底干燥为止。在换纸时，特别是在第一次换纸时，由于标本已经变软、易于铺展，应趁早对标本进行仔细整理，使其保持自然平展状态，达到既美观又便于观察的要求。

压制干标本，除了自然干燥，必要时可在烘箱中进行烘干。将烘箱温度调节到35～50℃，进行快速干燥，但换纸要更勤，至少2h换纸一次。另外，对某些容易变色的叶片标本（如梨树叶）还可平放在有阳光照射的热砂中，使其迅速失水干燥，达到保持原色的目的。

（二）浸渍标本的制作及保色处理

植物多汁的果实、块茎、块根及多肉子囊菌和担子菌的子实体等标本，不适于干制，必须用浸渍法保存。常用的浸渍液及其用法如下。

1. 普通防腐型浸渍液

甲醛	50mL
乙醇（95%）	300mL
水	2000mL

只适用于防腐，没有保持原色的作用，该浸渍液也可以简化为5%甲醛溶液或70%乙醇溶液，70%乙醇溶液对于保存多肉子囊菌及鬼笔目的子实体甚为适宜。

2. 防腐及漂白浸渍液

亚硫酸（饱和溶液）	500mL
乙醇（95%）	500mL
水	4000mL

亚硫酸的饱和溶液就是SO_2的饱和水溶液。SO_2是由亚硫酸钠与硫酸混合后产生的气体，将此气体通入水中，至SO_2气体不再溶解为止，即制成饱和的亚硫酸溶液。

3. 保持绿色标本的浸渍液

（1）乙酸铜及甲醛液浸渍法

用50%乙酸溶液，溶解乙酸铜结晶至饱和程度（大约1000mL 50%乙酸加入15g乙酸铜即可达到饱和程度），然后将饱和液稀释3～4倍后使用。标本颜色浅者稀释倍数可大一些，颜色深者稀释倍数可小一些。

利用乙酸铜溶液处理标本分为热处理和冷处理两种方法。热处理法是将稀释后的乙酸铜溶液加热至沸腾，然后放入标本，标本的绿色初被漂去，经数分钟等绿色恢复至原来程度时，立即取出标本并用清水冲洗干净，保存于5%甲醛溶液中。由于热处理标本易使植物茎、叶变软，果实破裂，因此也可采用冷处理法，如小麦叶片、玉米叶片、棉花叶片等标本，以2～3倍的乙酸铜稀释液进行冷浸，经3h绿色褪去，再经72h又恢复至原来的绿色，然后取出并用清水冲净，保存于5%甲醛溶液中。

上述方法的原理是铜离子与叶绿素中镁离子的置换作用。所以，浸渍液经多次处理标本后，铜离子会逐渐减少，如要继续使用，应补充适量的乙酸铜，才能保持其保色的能力。

（2）硫酸铜及亚硫酸浸渍法

将标本在5%硫酸铜溶液中冷浸6～24h，当绿色恢复后，取出并用清水冲净，然后保存在亚硫酸溶液中（用含5%～6% SO_2的亚硫酸溶液45mL加水1000mL配成，或者将浓硫酸20mL加入1000mL水中，然后再加入亚硫酸钠16g配成亦可）。

另外，也可以采用3%硫酸铜溶液，加热至80℃，将绿色标本放入，标本由绿色慢慢变为褐色，之后再等其绿色恢复后，立即取出并用清水冲净，浸在5%甲醛溶液中，颜色经久不变。

4. 保持黄色和橘红色标本的浸渍液

亚硫酸是杏、梨、柿、黄苹果、柑橘、红辣椒等果实标本适宜的浸渍液。因为这些标本中主要含叶黄素和胡萝卜素，这两种色素存在于色粒中而不溶于水，因此可以用该浸渍液保存。但亚硫酸有漂白作用，标本可能被过度漂白，因此浓度一定要注意。

亚硫酸浸渍液的浓度一般用市售的亚硫酸（含5%～6% SO_2的水溶液）配成4%～10%的稀释液（4%～10%的溶液含SO_2为0.2%～0.5%）即可。

5. 保持红色标本的浸渍液

标本的大部分红色是由花青素形成的，花青素能溶于水和乙醇。因此，保存标本的红色是比较困难的。瓦查（Vacha）浸渍液能较好地保存标本的红色。配法如下。

硝酸亚钴	15g
氯化锡	10g
甲醛	25mL
水	2000mL

将洗净的标本完全浸没在上述溶液中，浸渍两周后，取出并保存在下列浸渍液中。

甲醛	10mL
乙醇（95%）	10mL
亚硫酸（饱和溶液）	30～50mL
水	1000mL

6. 保持真菌色素的浸渍液

真菌色素不溶于水中者，可采用以下两种浸渍液。

（1）硫酸锌-甲醛溶液

硫酸锌	25g

甲醛（40%）	10mL
水	1000mL

（2）乙酸汞-冰醋酸溶液

乙酸汞	10g
冰醋酸	5mL
水	1000mL

标本永久浸渍于上述溶液中，不必换用其他浸渍液。如果真菌色素溶于水，则可采用下述浸渍液。

乙酸汞	1g
中性乙酸铅	10g
冰醋酸	10mL
乙醇（95%）	1000mL

（三）标本瓶的封口

保存标本的浸渍液，多由具有挥发性的或易于氧化的试剂配成，因此必须密封瓶口，才能长久保持浸渍液的效用。

1. 临时封口法

取蜂蜡及松香各一份，分别熔化，然后混合，并加入少量的凡士林调成胶状物即成。或以明胶4份在水中浸数小时，将水滤去，加热熔化，拌入1份石蜡，熔化混合后成为胶状物，趁热使用。

2. 永久封口法

以酪胶及氢氧化钙各一份混合，然后加入水调成糊状，即可使用。或用明胶29g在水中浸数小时，将水滤去，加热熔化，再加入0.324g重铬酸钾，并加入适量的熟石膏使其呈糊状后使用。

四、标本的保存与邮寄

1. 标本的整理、归类及保存

制作好的标本，除保存在标本瓶中的浸渍标本外，绝大部分是干制的腊叶标本。在这些标本中，有一部分是采集者所熟悉的种类，在填写采集记载信息时就已经鉴定完毕，可以直接归类保存。另外一部分标本是采集者所不熟悉的，需要在实验室进行镜检，或进一步进行分离培养等研究工作后，方可鉴定定名，对于这部分标本，可按采集号、顺次临时储藏在一个标本柜中备用，边鉴定边归类。

保存腊叶标本，一般采用以下两种方法。①示范标本一般装在标本盒里（有玻璃面的硬质纸盒），主要用于教学示范及展览展示。制作盒装标本时，先在盒底放置樟脑球以防止虫蛀，然后在盒子中铺一层厚度适当的棉絮，在棉絮表面摆好标本，标本盒的左下角或右下角（位置应统一）放上标签说明，合上盖子，在标本盒的侧面中间各嵌入一枚大头针，固定标本盒。标本盒的长、宽、高一般以20cm×28cm×2～3cm为宜。②保存研究消耗性标本及教学实验的消耗性标本时，先将标本存放于普通油光纸袋内，然后将其置于牛皮纸袋或牛皮纸夹中，并在牛皮纸袋或牛皮纸夹面上贴上标签，标签项目包括寄主植物名称、病害名称、病原物学名、采集人、鉴定人、采集日期、采集号等内容。牛皮纸袋或牛皮纸夹的大小以40cm×30cm为宜。标本的存放一般可按寄主的种类归类排列，用于真菌分类研究的标本，则可按分类系统排列，归类存放。

标本应存放在专用标本柜中，标本柜应能防鼠，其内部结构以层式为好，各层以活动板相隔，每层放一种标本。标本柜的后壁内侧应留有间距，使上下贯通，以利于熏蒸杀虫时毒气上下流通。标本柜的最下面一层应做成抽屉式，以便盛放熏杀标本的药剂，标本室的防虫工作很重要，应定期普遍检查，发现标本害虫应彻底消灭。常用氯化苦等药剂进行熏蒸。

2. 标本目录的编制

编制标本目录的目的：一方面是通过编制目录可以使管理者心中有数，知道有多少号标本、有哪些标本；另一方面便于按目录查找标本。

标本目录可用卡片形式编制，一种标本一张卡片。采集到新的标本，可以在卡片盒中相应地增加一张卡片；某种标本损坏，或因教学用途被全部消耗，可以去掉该张卡片。卡片的排列可以采用两种方式：教学标本可按寄主类别如粮食作物病害、经济作物病害、薯类作物病害、果树病害、蔬菜病害、林木病害等排列保存，或以单一寄主如小麦病害、水稻病害、棉花病害等排列保存；研究真菌分类的标本，可按纲、目、科、属分类系统排列存放。卡片正面应设如下项目：寄主植物名称、病害名称、病原物学名、分类地位、分布地区等；卡片背面应印制标本的增减，以及出借情况等项目。随着计算机信息技术的发展，也可以采用条形码技术进行目录编制。

3. 标本的邮寄

在基层工作的农技人员，遇到某种植物病害不能确切诊断时，需要把标本邮寄给有关专业机构进行鉴定，但在实际工作中往往得不到预期的结果，其主要原因有两方面：一是所采集的标本不典型、不完全；二是没有病害发生发展情况的观察记载，使鉴定标本者难以准确判断。所以，邮寄的标本必须采集病害的系统典型症状，压干、压好，并且应详述该种植物病害的发生发展情况，同时邮寄标本者还应说明自己根据情况的分析，认为这种病害可能由哪些原因引起，以使鉴定标本者更全面地分析研判。

邮寄标本时，可将制好的标本夹在标本纸中，包上塑料薄膜（防潮）并将其夹在两块薄木板或纸板之间。对于新鲜的果实、块根、块茎等标本，可以利用保鲜盒邮寄。

附录Ⅱ 植物病理学制片技术

植物病理学制片技术是生物科学领域中一项重要的实验技术，根据研究材料的自然特性和研究目的，需要将研究材料切成具1或2层细胞的透明薄片，易于在显微镜下观察并获取研究材料清晰的结构图像信息。在植物病理学的科学研究工作中，常常要深入了解植物发病以后所形成的组织病变、病原物的形态和结构特征，以及受侵染植物与病原物之间的相互关系，需要将研究材料制成适当的玻片标本，在显微镜下进行观察研究或作为教学示范素材。常用的显微制片技术分为切片法和非切片法两类，前者包括徒手切片法、石蜡切片法、冰冻切片法、火棉胶切片法等技术，后者包括玻片整体封藏法、涂布法、压片法等。研究人员需要根据材料的特点和观察目的的不同，采用不同的制片方法。此处主要介绍徒手制片法和玻片整体封藏法。

一、徒手切片法

徒手切片法可以概括为挑、刮、拨、切和组织透明制片等技术。

1. 挑

针对基物表面生长的病原物分生孢子梗（孢囊梗）以及菌丝，先用一根尖细的拨针挑取少许目标材料，在保证选材典型的前提下，所取材料越少越好，然后置于载玻片的浮载剂中，同时用两根拨针将浮载剂内的菌丝团拨散至尽可能分散，以免材料互相重叠，影响观察效果，最后封片观察。另外，生于基物表面的真菌子实体，如白粉菌的闭囊果等，也可以用尖细的拨针先在水中蘸湿，然后挑取少许病原物置于浮载剂中，如果挑取材料较多，则用两根拨针将其拨散至分开状态，然后封片镜检。

2. 刮

对于病原体稀少，或用放大镜也不能清楚辨出霉层存在的病害标本，可采用三角刮刀（针端三角形，两侧具刃）刮取病原物制片。用三角刮刀的一刃，蘸浮载剂少许，在病部顺同一方向刮取2或3次，将刮得的目标物蘸在载玻片上的浮载剂中，制片观察。注意载玻片应擦拭洁净，浮载剂要尽可能少，否则少量的病原物在大滴的浮载剂中极易分散、漂流，在显微镜下难以寻找。

3. 拨

对于产生在植物皮层下或半埋于基物内的病原物子实体，如分生孢子器、分生孢子盘、子囊壳等，可将病原物连同寄主植物组织一同拨下，放入载玻片上的浮载剂中，用两支解剖针，一支稳定材料，另一支小心剥离病原物子实体，使子实体外露，然后制片，在显微镜下观察。

4. 切

观察植物的组织病变、病菌入侵过程和在寄主植物体内的扩展，以及埋于基物内的真菌子实体结构时，需要将这些材料切成具1或2层细胞的薄片，以便观察寄主植物组织发生的病变、病菌子实体的组织结构和颜色等。因此，徒手切片是植物病理学工作者必须熟练掌握的基本技术之一。

徒手切片的缺点是对于微小或过大的材料，以及柔软多汁、肉质及坚硬的材料不易切取，难以制成连续相关的系列切片。此外，切片的厚薄也很难保持一致，需要经过反复练习才能掌握。

徒手切片的刀具一般用锋利的双面剃须刀片，切比较坚硬的材料组织时，先将待切材料修整至合适的大小（长不超过7cm，厚度不小于2mm，宽不超过5mm），切片时以左手的食指和拇指捏住材料，使材料突出手指以上2～3mm，右手拿稳刀片，刀刃平贴材料，从前向后不断切割。注意刀口须与材料垂直，否则切面不正，影响效果。同时，双手不要紧靠身体，保持活动自如，利用臂力均匀顺沿刀口面连续切削，每切四五片后，将刀刃放入盛水的表面皿进行冲洗，收集切获材料，当切到具有足够数量的目标材料后，可在表面皿内挑选较薄的目标材料制片，进行显微观察。如果是临时观察，可用水做浮载剂制片镜检观察；若制作永久玻片，需要将观察材料在染色皿中进行固定、脱水、染色、透明等系列操作，然后封固保存。

对于质地柔软或较薄的材料，可以用通草、接骨木的茎髓作为“夹持物”进行固定，切片时，先将通草一端切平整，然后在平整面中心竖切一刀形成夹缝，将待切片材料夹在中间，手指捏紧通草并固定，然后切片，步骤方法同上。通草、接骨木的茎髓可到中药店购买，然后用95%乙醇浸泡至茎髓完全膨胀即可使用。莴苣、胡萝卜、马铃薯等也可用作“夹持物”，但因其含有大量淀粉粒，容易污染观察材料，可酌情使用。

5. 组织透明制片

为了观察病菌侵入寄主植物的完整过程以及寄主植物组织中菌丝、吸器、子实体等的生长状态，可以将上述组织进行透明处理，做成玻片进行镜检观察。

（1）乳酚油透明法

较嫩且薄的叶片，接种病菌后，在适宜的温湿度条件下培养一定时间（如生菜叶片接种炭疽病菌分生孢子悬浮液，放在培养皿中保湿，21℃下培养24h），取出，或在田间选取受侵染的叶片，浸在乳酚油棉蓝液内煮30min，进行透明处理和染色，镜检病菌侵染的途径和组织中的菌丝。

（2）水合氯醛透明法

水合氯醛是最常用的透明剂，效果很好。

1）透明病叶，可以观察病叶表面和内部的病菌，步骤如下。①固定：将小块叶片在95%乙醇与等量的冰醋酸混合液中固定24h；②透明：将固定后的材料移入饱和水合氯醛水溶液中（水合氯醛10g，水4mL），进行透明处理；③染色：组织透明后，取出并用水洗净，经苯胺蓝（0.1%～0.5%）水溶液染色；④封藏：甘油封藏，或经甘油脱水后，以甘油胶封藏。

2）观察枯叶表面和内部的病原菌，步骤如下。①透明：将枯叶在水合氯醛饱和水溶液中浸渍过夜（或浸至透明为止）；②脱色：将枯叶自水合氯醛中取出，清水漂洗数次，然后在10%氢氧化钾水溶液中浸数日，除去枯叶中的褐色素；③脱水：脱色后在清水中漂洗数次，移入95%乙醇浸3h，换2次，再在无水乙醇中浸3h，换1或2次，脱去水分；④封藏：脱水后的材料，用苯酚-松节油混合液（熔化的结晶苯酚40mL与松节油60mL混合）进一步透明处理，经二甲苯浸洗后，用加拿大胶封固。

3）显示叶片组织中的病菌吸器及菌丝体（如锈菌和白粉菌），步骤如下。

a. 小块叶片（如豆类锈病叶片）组织，放在水合氯醛饱和水溶液中，抽气除去组织中的气泡。浸数星期至数月，使其充分透明。

b. 染色：染料配法如下。

	甲配方	乙配方
2%酸性品红（70%乙醇液）	0.5mL	0.5mL
水合氯醛（饱和水溶液）	6.0mL	5.0mL
95%乙醇	4.0mL	3.0mL

锈菌初侵染时，用甲配方染色1～2h；侵染完成后，锈菌潜伏于老叶，再用乙配方染色3～4h。

c. 褪色：染色以后，移入水合氯醛饱和水溶液中褪色，待显出锈菌及寄主植物的清晰结构为止，然后在一滴水合氯醛饱和水溶液中镜检。寄主植物及锈菌的细胞壁、细胞核及吸器均应染成鲜红色。

d. 脱水：经85%乙醇及无水乙醇脱水。

e. 复染：用浓的三硝基苯酚-冬青油溶液复染。

f. 封固：用冬青油透明，再用加拿大胶封固。

（3）乳酚油-水合氯醛透明法

1）将小块标本或切片浸在乙醇、冰醋酸混合液中，除去叶绿素。

2）将标本移至玻片上，用1%酸性品红的乳酚油溶液染色。徐徐加热至起烟为止，倒去剩余的乳酚油，加入数滴不含染料的乳酚油，微微加热，以除去多余的染料。

3）移至水合氯醛饱和溶液中，使组织透明。

4）用水合氯醛饱和溶液作为浮载剂，用火漆或贴金油性胶水封边，即可永久保存。

（4）水合氯醛-苯酚透明法

将等量的水合氯醛结晶与苯酚结晶混合，徐徐加热熔化，叶片在该溶液中浸约20min，即呈透明状。

（5）吡啶透明法

将嫩病叶切成小块，在10～20mL吡啶中浸渍，并换吡啶数次，约经1h即透明。用乳酚油-甲基蓝染色，水洗或不经水洗，封藏在乳酚油内。小麦、玉米、棉花、菜豆、白菜、黄瓜、萝卜、烟草、番茄等用该方法透明效果好。

二、玻片整体封藏法

显微切片整体封藏是生物制片技术的最后环节，对显微切片进行科学合理的封装处理，可以保证观察材料得以长久保存，并且保持清晰完整的形态特征和组织结构，避免因长期存放使观察材料发生组织破裂和结构形变，以及载体材料和观察物之间因光线发生不同曲率折射而影响成像效果。影响显微切片封藏效果的主要因素是浮载剂和封藏技术的选择。

1.浮载剂

选择浮载剂时着重考虑观察材料保存期间是否会产生形变和碎裂，并要求光线在浮载剂和载玻片、盖玻片之间的折射率尽量接近或趋同。常用浮载剂如下。

（1）水

水是最常用的浮载剂，特别适用于观察分生孢子和游动孢子囊的萌发过程、分生孢子器释放孢子和细菌的游动情况。同时，以水作为浮载剂时不改变孢子的大小和形态，适用于进行孢子大小的测量。其缺点是水容易蒸发，只适用于短时间的观察，不能对切片进行长久保存。

（2）乳酚油

乳酚油是一种很方便的浮载剂，标本在乳酚油中不易干燥，乳酸和苯酚都有防腐作用，可以较长时间地保存标本，最大的缺点是促使标本膨胀，影响某些真菌孢子的大小，有时可以使孢子破裂，不宜用于测定孢子的大小。另外，其中所含的酸可溶解真菌的色素，使标本褪色。菌体中的脂类物质亦可溶于乳酚油，并在玻片上形成油滴。其成分如下。

乳酸	20mL
苯酚（加热熔化）	20mL
甘油	40mL
蒸馏水	20mL

在乳酚油中加入适当的染料，可兼有染色的作用。通常加入0.05%～1%苯胺蓝（或甲基蓝）或0.1%酸性品红，配成乳酚油染剂。苯胺蓝与酸性品红都是酸性染料，可染纤维质的细胞壁和使原生质着色，故可用于显示真菌孢子的隔膜。对于个体过小或无色的病菌，经染色后可以看得更加清晰。

采用乳酚油作为浮载剂制成的玻片标本封固比较困难，因为许多封固剂都和乳酚油发生化学反应。采用沃勒（Waller）封固剂可以克服这些缺点，配法是用等量的蜂蜡和达玛树胶（Dammar balsam），将蜂蜡放在玻璃或瓷制器皿中，用水浴法加热熔化（避免用高温），或将达玛树胶在铁罐中直接加热熔化（宜避免加热过度），然后将熔化的蜂蜡倒入熔化的达玛树胶中拌匀即成。为增大其与玻璃的粘附力，可加入少量胶水（不超过5%）。制成的封固剂储于铁罐中备用。封固标本时，用一个“L”形的铜棒或烙铁，在酒精灯火焰上烧热后，在盖玻片周围浇少许封固剂进行封固。封固后可以立即干燥。制成的玻片标本应平放，可以经久不坏。

（3）甘油胶

甘油胶既是浮载剂也是粘着剂，制成的玻片标本可以较长久地保存。其配方如下。

明胶（gelatin）	1份
蒸馏水	6份
甘油	7份

每100mL混合液中加石炭酸1g

配制时先将明胶放入水中，置于40～50℃温箱中使其全部熔化，再加入甘油，最后加入石炭酸，不断搅拌至完全均匀为止，然后在70～80℃水浴锅中用纱布过滤，并在此温度下静置6～12h，以除去其中的气泡，之后置于小瓶中备用。

用时先把待封藏的材料放在玻片中央，挑取甘油胶一小团放在材料上，以盖玻片斜靠在胶团上，在酒精灯上徐徐加热熔化，盖玻片即自动平贴倒伏，覆盖材料。对于干燥的标本，可以直接封藏，如有气泡，可稍微加热除去。对于新鲜的或含水分较多的标本，可先用甘油脱水，然后封藏。具体办法是将材料浸入10%甘油水溶液中（在器皿中或载玻片上），置于干燥器（其中储存无水氯化钙）或35～40℃干燥箱中，至甘油蒸发到纯甘油浓度，擦去玻片上多余的甘油，加入甘油胶封藏，制成的玻片平放十余日，盖玻片四周用火漆或加拿大胶封边，即能永久保存。

为了简便，也可采用希尔（Shear）浮载剂保存标本，成分如下。

乙酸钾（2%水溶液）	300mL
甘油	120mL
乙醇	180mL

将浮载剂滴在玻片上，放入标本，玻片微微加热，除去气泡，并蒸发掉大部分的浮载剂，趁热加入一小团甘油明胶，熔化后加盖玻片，平放数日，干燥后用加拿大胶或火漆封边，可永久保存。

真菌孢子、孢子梗和子实体的颜色是一些病原物分类的依据，制作玻片标本应尽量保存其原来的色泽。如需染色，则将菌丝或孢子经固定、水洗后，使用铁矾-苏木精或其他染色剂染色后，以甘油胶封藏、封固剂封边保存。

2. 封藏技术

（1）明胶苯酚乙酸封藏法

这种方法与火棉胶-甘油胶法相似，但使用比较方便，效果也比较好。浮载剂配方如下。

明胶	10g
苯酚（结晶）	28g
冰醋酸	28mL

将苯酚溶于冰醋酸中，加入明胶，不加热而任其溶化（约需2日），最后加入甘油10滴拌匀即成。配好后储藏于褐色玻璃瓶中备用，太干时可酌情加入冰醋酸稀释。特别适合保存干标本。用于保存新鲜的或含水分的标本时，材料可先在冰醋酸中浸数分钟脱水，而后加入该浮载剂封藏。干缩的菌丝和孢子放在该浮载剂中微微加热，可使之恢复原状。这种浮载剂还兼有封固剂的作用，24h后，盖玻片即可封固而无须再用封固剂。但为了增加玻片的美观和耐久性，仍可用前述沃勒封固剂或加拿大胶封边。

（2）火棉胶-甘油胶法或加拿大胶法

此法适用于封藏有色的菌物。在标本上加入火棉胶1滴，干缩后用镊子夹取火棉胶膜，放在玻片上。用乙醚-无水乙醇液洗去火棉胶，用甘油胶封藏菌物。

火棉胶的成分如下。

火棉胶	4g
无水乙醇	10mL
乙醚	32mL
蓖麻油	2mL
乳酸	2mL

乙醚-无水乙醇液的成分如下。

无水乙醇	10mL
乙醚	32mL

或采用斯蒂文（Stevens）修订的方法：在标本上加入几滴火棉胶液，但火棉胶液内无蓖麻油和乳酸。将火棉胶膜边卷起，取下并铺在玻片上，用无水乙醇脱水2次，加入二甲苯透明，不必溶解火棉胶而直接用二甲苯-加拿大胶封藏。此法最适合保藏锈菌的冬孢子等有色病原物。

（3）氧化二乙烯法

该法适用于封藏菌物的分生孢子梗和分生孢子等。用玻棒蘸少许加拿大胶，在玻片上筑起一个内径约1cm的圆圈，圈中滴无水氧化二乙烯1或2滴，用针挑取少许材料，放在圈内的氧化二乙烯中，必要时适量补充氧化二乙烯，使材料充分浸透，静置数分钟后，加大号盖玻片（每边2.2cm）轻压，用加拿大胶封固。制成的玻片标本应平放，使加拿大胶逐渐溶于氧化二乙烯中，并渐渐浸透标本，待干燥变硬后即成。这样制成的真菌子实体玻片标本不易变形，可以长期保存。

（4）菌落的封藏

此法要在玻璃培养皿中进行，先将病原物接种到PDA培养基或者其他培养基上。当菌落铺满培养皿并生长到皿壁时，或达到所需大小时，室温条件下使其干燥，再将培养皿连同培养物投入沸水中，融去琼脂，温水中冲洗干净，然后进行乙醇梯度脱水处理。当脱水至乙醇浓度95%时取出，投入含0.5%～1%酚番红（phenosafranin）或番红O（safranin O）的95%乙醇染液中染色数小时（时长依据染色对象通过试验确定），再用95%乙醇溶液洗去多余染液，脱水保藏；也可以用含1%结晶紫的95%乙醇溶液复染数分钟（通过试验确定时长），用95%乙醇溶液洗净，最后迅速脱水，用二甲苯透明处理，加拿大胶封固保存。生长稠密的菌落可以不染色，直接脱水保藏。

菌落或孢子还可以在乳酚油-甲基蓝或酸性品红内染色，微加热使颜色鲜明后，吸去或擦去多余染液，保藏在乳酚油内。玻片在40～45℃电热板上或干燥箱内烘48h，保藏剂干燥硬化，加拿大胶封藏，在盖玻片四周涂抹氯仿，于电热板上放几小时即成。

（5）线虫整体封藏法

线虫体外层有厚的角质层，不易渗透，因此不能保藏在树胶或明胶内，常用甘油封藏。步骤如下。

固定：在55～66℃的70%乙醇溶液或热水中迅速淹浸活线虫。收集沉落下来的线虫，挑取伸直的线虫，弃去弯曲的线虫。

脱水：经70%、80%、90%乙醇溶液逐步脱水，每级1～2h。转入无水乙醇中换2次。

甘浸：当完成脱水过程后，在线虫所在的无水乙醇（量要少）内，按每毫升10滴的量加入甘油，摇动，使甘油迅速散开，约24h后再加入甘油10～20滴，直到加入总量约为10mL为止。在干燥器或干燥箱内蒸发，甘油浓缩，大致需1周。如脱水适当，甘油透明的线虫不致收缩；如有收缩现象，应酌情增加脱水时的乙醇浓度等级。

封藏：在玻片上加入1滴含有线虫的甘油，加盖玻片，勿搅动线虫位置，待甘油到达盖玻片边沿时，用热的封固剂封闭。封闭时应留下一个角约1mm长的缺口不封闭，使受热膨胀的甘油流到玻片外，冷却后，用纱布蘸95%乙醇溶液，擦去溢出的甘油，再用热的封固剂封闭缺口。封固剂的配方如下。

诺耶（Noyev）封固剂：

松香	80g
无水羊毛脂	20g

混合熔化即成。

范特（Fant）封固剂：

无水羊毛脂	36g
硬松香	55g
加拿大胶	10g

混合熔化即成。

附录Ⅲ

植物病原菌人工接种方法

植物病原菌的人工接种方法是根据植物病害的传播方式和侵染途径设计的。植物病害的种类多，其传播方式和病原菌侵染途径也不完全相同，接种方法也有差异。

一、种传病害

1. 拌种法

拌种法即用病菌孢子粉拌种的接种方法，如小麦腥黑穗病、小麦秆黑粉病等最常用此法接种。接种时采用定量的病菌孢子粉在容器（如三角瓶）内，与一定量欲接种的种子混合搅拌均匀（密闭瓶振荡摇拌1～2min）即可。接菌量大小因病害种类不同而异，如接种小麦腥黑穗病的最适菌量为0.5%～2.0%，即每100g种子用0.5～2.0g厚垣孢子粉。按0.5%菌量接种时，每粒种子上可粘附3.5万～15万个病菌孢子。

2. 浸种法

浸种法即用孢子悬浮液浸种，如大麦坚黑穗病、棉花炭疽病等常用此法接种。接种有皮大麦坚黑穗病时可配成0.1%厚垣孢子悬浮液，种子放在小三角瓶中，加入适量的孢子悬浮液，不断摇荡，然后除去悬浮液，将种子移放在盛有吸水纸的培养皿中，室温培养24h，取出后放在小纸袋中，待其干燥后播种。接种棉花炭疽病可用培养后产生的分生孢子配制悬浮液浸种。对于在人工培养基上不易产生孢子的真菌，可用搅碎的菌丝配制悬浮液浸种。浸种过程中如能同时抽气则接种效果会更好。

3. 花期接种法

此法适用于在开花期侵入寄主植物的病菌，如大麦散黑穗病、小麦散黑穗病、麦类赤霉病、稻胡麻斑病等。接种大麦散黑穗病、小麦散黑穗病可在始花期至盛花期进行，用毛笔或镊子将孢子撒在雌蕊上，也可用吹风机将孢子吹到麦穗上接种。在接种时，可以剪去一部分内外颖，使它们与护颖相平，花器上端露出一小孔，方便孢子更好地进入花器内部。接种麦类赤霉病、稻胡麻斑病时，可在开花期用孢子液喷洒穗部或者采用单花滴注的方法。

4. 摇瓶接种法

先在小三角瓶中灭菌的麦粒上繁殖菌种，当麦粒上长满菌丝体后，取大麦种子25～100粒，经

70%乙醇表面消毒并用清水洗净后，放入三角瓶中，使菌丝体与种子接触，室温培养，每天摇瓶一次，防止麦粒聚结成块和大麦种子生根，4天后即可将大麦种子连同有病菌的麦粒混合播种。大麦条纹病等常用此法接种。

二、土传病害

1. 土壤接种法

此法是将人工培养的病菌或将带菌植物体（如病株）粉碎，播种前或播种时施入土壤，然后播种，如接种棉花黄萎病、棉花枯萎菌等常采用此法。秋季或春季将病株铡成碎段，或将纯化后的病菌接种在麦粒沙培养基上（麦：沙=1：2，先将麦粒在水中煮沸0.5h，再与沙混合均匀后装瓶，用121℃高压灭菌锅灭菌1h），置于24℃温箱内培养10天后，将培养的麦粒沙菌种均匀撒于土表（黄萎7.5kg/亩[①]、枯萎12.5kg/亩），结合旋地将其翻入土中。大田试验时，可将病菌先在麦粒沙上繁殖，然后再与麦麸培养土（5kg病菌麦粒沙培养物、15kg麦麸、100kg苜蓿地土壤）拌匀堆放，扩大繁殖，播种时顺沟施入土中效果更好。小面积试验或盆栽试验可用麦粒沙培养的病菌，按2%接菌量与无病土或消毒营养土混合后使用。

2. 蘸根接种法

接种移栽植物可采用此法。即在移苗时，将幼苗根部在病菌孢子液中浸过以后进行移植。例如，甘薯黑斑病菌的接种，将薯苗浸入孢子悬浮液1min，取出晾干后移栽。

3. 伤根接种法

此法是将移植铲或刀片在植株附近插入土壤中，造成植株根部部分损伤，然后将病菌孢子液或菌丝体悬浮液倒入伤处土壤中。

三、气流和雨水传播病害

1. 喷雾接种法

此法是应用比较广泛的接种方法。大部分叶斑病如小麦锈病、玉米大斑病、玉米小斑病、稻瘟病、梨黑星病等都可采用这种方法接种。具体过程是先配制病菌孢子悬浮液（小麦锈菌在显微镜物镜5倍视野下有50个孢子，玉米大斑病菌、玉米小斑病菌、稻瘟菌10～20个孢子），装入洁净的喷雾器喷雾接种，喷洒后在适宜温度下（小麦条锈病为9～13℃，玉米大斑病为28～30℃）保湿24h，然后将接种植物移入正常环境中生长。

孢子悬浮液配制方法：先在定量（如5mL）的蒸馏水中用移菌环移入孢子，使其浓度高于所需浓度，再依下式稀释。

$$\text{孢子悬浮液调整后的水量}=\frac{\text{调整前每视野孢子数}\times\text{调整前水量}}{\text{调整后每视野孢子数}}$$

① 1亩≈666.7m^2，后文同。

其中，每视野孢子数应以5个视野内的平均数计算。

用这种方法接种有蜡质层的叶片时，因水滴不易附着，喷洒前可用湿布或湿手指擦去蜡质层，或在悬浮液中加入适当的展布剂，如0.1%洗衣粉、肥皂液或吐温20。

2. 喷撒法

喷撒法是将病菌孢子粉喷撒在潮湿的植物表面（可在接种前先喷水保湿）。一般接种白粉菌和锈菌时均可采用此法。先将孢子粉用滑石粉（或者小麦面粉）稀释10倍并装入小喷粉器中，然后喷撒在预先喷湿的叶面；也可将稀释10倍的孢子粉装入大试管中，管口用双层纱布封住，然后将试管倒放，用手指轻轻弹动，使孢子粉撒落在预先喷湿的植物叶面，保湿24h后，移至适宜条件下培养。

3. 涂抹法

此法也是接种麦类锈病等常用的方法之一。先用手指或纱布蘸水摩擦叶片去蜡，并使叶表有一薄层水膜，然后用三角拨针、钝刃小刀或棉签蘸取孢子在叶片上涂抹，也可直接用手指蘸孢子涂抹，保湿24h后，移至适宜条件下培养。此法的优点是节省菌量，成功率高，在菌源少或进行较细致的研究时应用此法较好。

4. 注射法

注射法是用注射针将病菌的悬浮液注入寄主植物的生长点或幼嫩部位。用此法接种玉米黑粉病效果很好，在玉米芽鞘长至0.5 ~ 1.5cm高时由芽鞘顶端注射，于28 ~ 30℃条件下7 ~ 10天后即可发病，或在不同生育阶段，接种在玉米植株地上幼嫩部位。另外，也可用此法接种小麦条锈病、玉米大斑病（苗期自心叶处注入孢子液）、小麦赤霉病（单花注射）。

5. 创伤接种法

由伤口入侵引致果实、块根、块茎、枝干等腐烂的病害接种时可用此法，如甘薯黑斑病、马铃薯晚疫病、苹果炭疽病、苹果树腐烂病或梨树腐烂病等。先用70%乙醇消毒接种部位，再用灭菌针刺伤或用小刀切伤，滴上菌液或塞入病菌培养物，在适温下培养。

四、人工接种试验的观察和记载

做好接种试验的观察和记载工作非常重要。接种后应立即将人工接种的有关信息进行详细记载，如接种时间、地点、接种植物、品种、生育期、接种部位等；接种用菌种名称、来源、菌系或生理小种、菌种繁殖或培养方法（培养基、培养温度、培养时期）；孢子液浓度；接种步骤和方法；接种后的管理等。在试验过程中应加强管理，并注意观察和记载不同处理样品症状出现时间、症状变化、对寄主植物的影响等信息。人工接种试验完成后应及时进行分析和总结，根据需要进行重复或补充试验，全部完成后，应及时撰写试验报告。

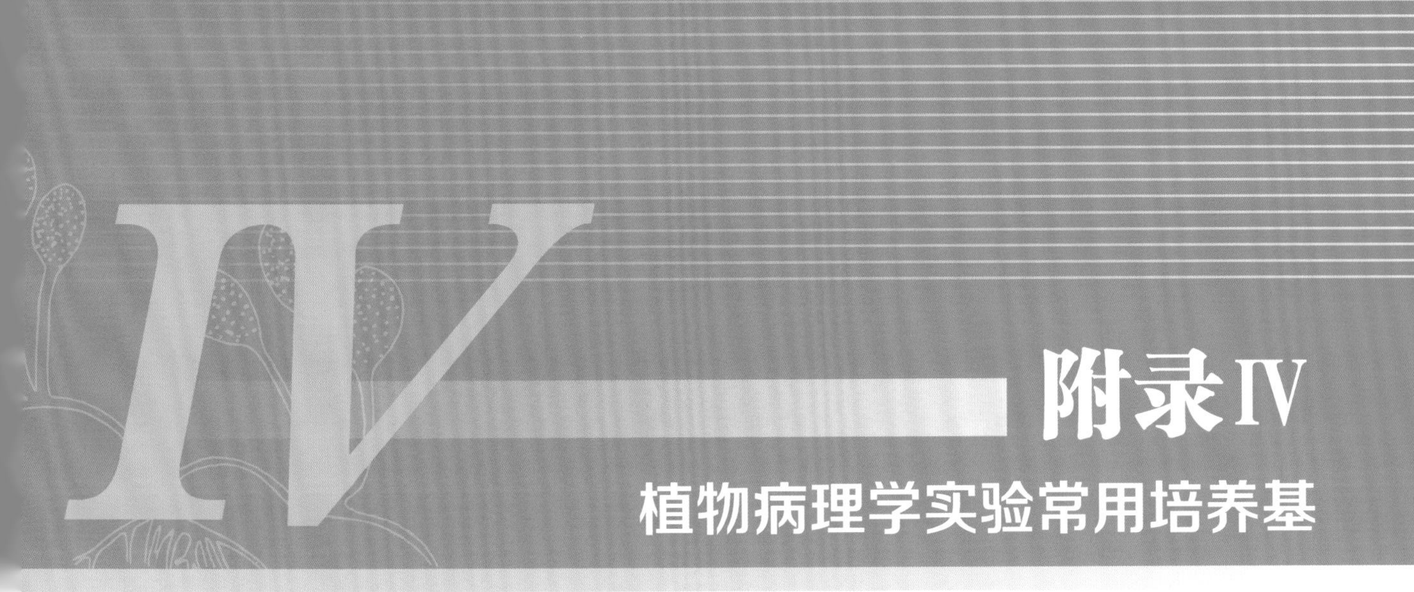

一、植物病原真菌或卵菌常用培养基

1. 马铃薯葡萄糖琼脂（PDA）培养基

配方：马铃薯（去皮）200g，葡萄糖20g，琼脂15～20g，水1000mL；自然pH。不加琼脂即配成马铃薯葡萄糖（PDB）培养液。

配制方法：将马铃薯洗净去皮，挖除芽眼（含生长素，会抑制微生物生长）后称量，切成小块，放入锅中，加水1000mL，煮沸30min；稍凉后用四层纱布过滤去渣，收集滤液；再向滤液中加入琼脂15～20g，加热熔化；然后加入葡萄糖，充分溶解后，最后加水定容至1000mL。分装于试管或三角瓶后，121℃高压蒸汽灭菌20min。

该培养基是植物病理学中最常用的培养基，主要用于植物病原真菌或卵菌的分离和培养，有时也用于植物病原细菌的培养。

2. 马铃薯蔗糖琼脂（PSA）培养基

配方：马铃薯（去皮）200g，蔗糖20g，琼脂15～20g，水1000mL；自然pH。

配制方法同PDA培养基，只是以蔗糖代替葡萄糖。

3. 燕麦琼脂培养基

配方：燕麦片30g，琼脂20～30g，水1000mL；自然pH。

配制方法：在1000mL水中加入燕麦片30g，煮沸1h；稍凉后用双层纱布过滤去渣，收集滤液；再向滤液中加入琼脂20～30g，加热熔化；最后加水定容至1000mL。分装于试管或三角瓶后，121℃高压蒸汽灭菌20min。

该培养基可以促使植物病原卵菌形成孢子囊和子实体，常用于分离、培养和诱导产生卵孢子。稻瘟病菌在其上也容易大量产孢。若加大琼脂的用量，可以维持培养基不致过分干燥，用于较长时间的培养，对促进孢子的产生非常有利。该培养基也适用于植物病原卵菌菌株的保存。

4. 玉米粉琼脂培养基

配方：玉米粉30g，琼脂15～20g，水1000mL；自然pH。

配制方法：在1000mL水中加入玉米粉30g，煮沸1h；稍凉后用双层纱布过滤去渣，收集滤液；再向滤液中加入琼脂15～20g，加热熔化；最后加水定容至1000mL。分装于试管或三角瓶后，121℃高压蒸汽灭菌20min。

该培养基常用于植物病原真菌菌种的保存，有些真菌能在该培养基上产生孢子和子实体，有些植物病原卵菌能在该培养基上形成有性态。

5. 麦芽膏琼脂培养基

配方：麦芽膏25g，琼脂15～20g，水1000mL；自然pH。

配制方法：在1000mL水中加入麦芽膏25g，加热搅拌，使之溶解；麦芽膏溶于水后加入琼脂15～20g，加热熔化；最后加水定容至1000mL。分装于试管或三角瓶后，121℃高压蒸汽灭菌20min。

该培养基常用于酵母菌、高等担子菌等真菌的分离和培养。

6. 胡萝卜琼脂培养基

配方：新鲜胡萝卜200g，琼脂15～20g，水1000mL；自然pH。

配制方法：新鲜胡萝卜去皮后称量，切成小片，加水500mL，用组织捣碎机捣碎约40s，用四层纱布过滤去渣，收集滤液，并将滤液补充水至1000mL；再加入琼脂15～20g，加热熔化；最后加水定容至1000mL。分装于试管或三角瓶后，121℃高压蒸汽灭菌20min。

该培养基较常用于多种疫霉的分离、培养和诱导产生卵孢子。

7. 植物组织及其煎汁培养基

许多植物材料如豆荚、茎秆、种子等放在试管中，加少量水以保持润湿，灭菌即可用作培养基。植物煎汁也是很好的培养基，可以满足一般微生物的营养需求，各种植物的煎汁都可用作培养液，加入琼脂后，即可制成固体培养基，如常用的马铃薯胡萝卜琼脂培养基、马铃薯斜面培养基等。该类培养基常用于一些难培养菌的分离和培养及其菌种保存。

（1）马铃薯胡萝卜琼脂（PCA）培养基

配方：马铃薯20g，胡萝卜20g，琼脂15～20g，水1000mL；自然pH。

配制方法：马铃薯和胡萝去皮后称量，切成小块，加水1000mL，煮沸30min，用纱布过滤去渣；再向滤液中加入琼脂，加热熔化；最后加水定容至1000mL。分装于试管或三角瓶后，121℃高压蒸汽灭菌20min。

（2）马铃薯斜面培养基

在植物组织培养基中，常用到马铃薯斜面培养基。

配制方法：用木塞打孔器切取直径比试管略小的柱状马铃薯块，用刀切成斜面；试管底加一小团脱脂棉，注入约1mL水，然后放入切成斜面的马铃薯条，121℃高压蒸汽灭菌20min。有些真菌（镰孢霉属）能在其上产生孢子；有些在琼脂培养基上不易生长的病原细菌，在马铃薯斜面培养基上生长很好。

8. 番茄琼脂培养基

配方：番茄汁200mL，碳酸钙4g，琼脂18～20g，水800mL；自然pH。

配制方法：取新鲜、成熟番茄果实，用自来水洗净后切成片，置于组织捣碎机中匀浆2min，经双层纱布过滤去掉种子和组织残余，滤液即为所制备的番茄汁。在800mL水中加入200mL番茄汁，搅拌均匀；再加入琼脂，加热熔化；最后加水定容至1000mL。分装于试管或三角瓶后，121℃高压蒸汽灭菌20min。碳酸钙应充分研磨，单独灭菌（160℃干热灭菌2h）。该培养基在装管、摆斜面或倒平板前按比例加入已灭菌的碳酸钙，并充分混匀即可。

该培养基较常用于多种疫霉的培养与产孢，也较适用于其他真菌产孢。

9. 大豆琼脂培养基

配方：大豆汁10mL，琼脂2g，水90mL；自然pH。

配制方法：称取60g干大豆种子，用水冲洗干净，浸泡过夜；与330mL水混合，用组织捣碎机破碎2min，经单层纱布过滤去渣，滤液即为所制备的大豆汁。在90mL水中加入10mL大豆汁，搅拌均匀；再加入2g琼脂，加热熔化；最后加水定容至100mL。分装于试管或三角瓶后，121℃高压蒸汽灭菌20min。

该培养基常用于多种疫霉的分离、培养和产孢。

10. 黑麦琼脂培养基

配方：黑麦50g，琼脂20g，水1000mL；自然pH。

配制方法：称取50g黑麦种子，在1000mL水中浸泡24～36h，用组织捣碎机破碎2min，经四层纱布过滤去渣，收集滤液；再向滤液中加入琼脂20g，加热熔化；最后加水定容至1000mL。分装于试管或三角瓶后，121℃高压蒸汽灭菌20min。

11. 利马豆琼脂培养基

配方：利马豆粉60g，琼脂20g，水1000mL；自然pH。

配制方法：称取利马豆粉60g，加水1000mL，在60℃下水浴1h，用双层纱布过滤去渣，收集滤液；再向滤液中加入琼脂20g，加热熔化；最后加水定容至1000mL。分装于试管或三角瓶后，121℃高压蒸汽灭菌20min。

该培养基适用于大多数疫霉的分离、培养、繁殖和保存，但不适用于马铃薯晚疫病菌的培养。该培养基在加热过程中会产生大量气体，因此灭菌前应充分煮沸。

12. V8汁琼脂培养基

该类培养基是以美国Campbell公司生产的罐装V8汁（以8种蔬菜为主要成分混合制成）为主要原料配制而成的。对于某些生长缓慢且不易产孢的尾孢属真菌，用该培养基可使其生长速度加快、易产孢。对于疫霉，因不同的实验要求，需要采用不同的配比，常见以下几种培养基。

1）10% V8培养基：V8汁10mL，水90mL，碳酸钙0.02g，琼脂2g；自然pH。该培养基常用于疫霉的分离、培养、保存、诱导孢子囊产生、交配型测定和产生卵孢子。

2）5% V8培养基：V8汁5mL，水90mL，碳酸钙0.02g，琼脂2g；自然pH。该培养基常用于疫霉的分离、培养和保存。

3）100% V8培养液：V8汁100mL，碳酸钙1g，琼脂2g；自然pH。该培养基主要用于诱导疫霉产生孢子囊。

13. 察氏（Czapek）培养基（或称蔗糖硝酸钠培养基）

配方：$NaNO_3$ 2g，K_2HPO_4 1g，KCl 0.5g，$MgSO_4 \cdot 7H_2O$ 0.5g，$FeSO_4$ 0.01g，蔗糖30g，琼脂15～20g，水1000mL；自然pH。

配制方法：在1000mL水中依次加入$NaNO_3$ 2g、K_2HPO_4 1g、KCl 0.5g、$MgSO_4 \cdot 7H_2O$ 0.5g、$FeSO_4$ 0.01g、蔗糖30g，搅拌溶解；再加入15～20g琼脂，加热熔化，最后加水定容至1000mL。分装于试管或三角瓶后，121℃高压蒸汽灭菌20min。为了减少沉淀，可将磷酸盐单独灭菌（160℃干热灭菌2h），等冷却后在无菌条件下再按比例加入培养基中。

这是一种组合培养基，常用于酵母菌或一些霉菌的分离和培养。

14. 理查德（Richard）培养基

配方：KNO_3 10g，KH_2PO_4 2.5g，$MgSO_4 \cdot 7H_2O$ 2.5g，$FeCl_3$ 0.02g，蔗糖50g，琼脂15～20g，水1000mL；自然pH。

配制方法：在900mL水中依次加入KNO_3 10g、KH_2PO_4 2.5g、$MgSO_4 \cdot 7H_2O$ 2.5g、$FeCl_3$ 0.02g、蔗糖50g；再加入15～18g琼脂，加热熔化；最后加水定容至1000mL。分装于试管或三角瓶后，121℃高压蒸汽灭菌20min。

该培养基可用于植物病原真菌的分离和培养，也可用于土壤真菌的分离和培养。

15. 水琼脂（WA）培养基

配方：琼脂10～17g，水1000mL；自然pH。

配制方法：在1000mL水中加入琼脂10～17g，加热熔化；再加水定容至1000mL。分装于试管或三角瓶后，121℃高压蒸汽灭菌20min。

该培养基主要用于植物病原真菌的单孢分离及孢子萌发培养。

二、植物病原细菌常用培养基

1. 营养琼脂（NA）培养基

配方：牛肉浸膏3g，蛋白胨5～10g，葡萄糖5～10g，酵母粉1g，琼脂15～20g，水1000mL；pH 7.0～7.2。不加琼脂即配成营养肉汤（NB）培养液。

配制方法：在1000mL水中依次加入牛肉浸膏3g、蛋白胨5～10g、葡萄糖5～10g、酵母粉1g，搅拌均匀；再加入琼脂15～20g，加热熔化；最后加水定容至1000mL，用NaOH调节pH至7.0～7.2。分装于试管或三角瓶后，121℃高压蒸汽灭菌20min。

这是培养植物病原细菌最常用的培养基，又称肉汤培养基。主要用于植物病原细菌的分离和培养，也可用于植物病原细菌的纯化和保存。

2. 牛肉膏蛋白胨培养基

配方：牛肉浸膏5g，蛋白胨10g，NaCl 5g，水1000mL；pH 7.2。加入15～20g琼脂即配成固体培养基，或加入3～5g琼脂可配成半固体培养基。

配制方法：在1000mL水中依次加入牛肉浸膏5g、蛋白胨10g、NaCl 5g，搅拌均匀；再加入琼脂15～20g，加热熔化；最后加水定容至1000mL，用NaOH调节pH至7.2。分装于试管或三角瓶后，121℃高压蒸汽灭菌20min。

该培养基是常用的植物病原细菌培养基，常用来代替NA培养基。除了用于植物病原细菌的培养，也可用于植物病原细菌的生理生化测定。

3. Luria-Bertani（LB）培养基

配方：酵母粉5g，胰蛋白胨10g，NaCl 10g，琼脂16～18g，水1000mL；pH 7.2～7.4。

配制方法：在1000mL水中依次加入酵母粉5g、胰蛋白胨10g、NaCl 10g，搅拌均匀；再加入琼脂15～20g，加热熔化；最后加水定容至1000mL，用NaOH调节pH至7.2～7.4。分装于试管或三角瓶后，121℃高压蒸汽灭菌20min。

该培养基营养比较全面，主要用于欧文氏菌、假单胞菌、黄单胞菌等植物病原细菌的分离、培养和保存。

4. 蛋白胨水培养基

配方：蛋白胨1g，NaCl 0.5g，水100mL；pH 7.2～7.4。

配制方法：在90mL 50～60℃温水中依次加入蛋白胨1g、NaCl 0.5g，搅拌均匀；再加入溴甲酚紫（1.6%水溶液），待呈紫色；然后加入糖、醇或KNO_3至终浓度为0.1%～0.2%（根据需要选择），使之溶解；最后加水定容至100mL，用NaOH调节pH至7.2～7.4。分装于试管后，将杜氏小管倒置放入试管中（观察实验中是否产气），121℃高压蒸汽灭菌20min。

该培养基主要用于植物病原细菌的糖或醇的发酵实验，也可用于植物病原细菌的硝酸盐还原实验。

5. 酵母浸膏葡萄糖碳酸钙（YDC）培养基

配方：酵母浸膏10g，葡萄糖20g，碳酸钙20g，琼脂15～20g，水1000mL；自然pH。

配制方法：在1000mL 50～60℃温水中依次加入酵母浸膏10g、葡萄糖20g，搅拌均匀；再加入琼脂15～20g，加热熔化；最后加水定容至1000mL。分装于试管或三角瓶后，121℃高压蒸汽灭菌20min。碳酸钙应充分研磨，单独灭菌（160℃干热灭菌2h）。培养基在装管、摆斜面或倒平板前再按比例加入已灭菌的碳酸钙，充分混匀，避免其快速沉淀。

6. 金氏B（KB）培养基

配方：蛋白胨20g，甘油10mL，$K_2HPO_4 \cdot 3H_2O$ 2.5g，$MgSO_4 \cdot 7H_2O$ 1.5g，琼脂15～20g，水1000mL；自然pH。

配制方法：在1000mL水中依次加入蛋白胨20g、甘油10mL、$K_2HPO_4 \cdot 3H_2O$ 2.5g、$MgSO_4 \cdot 7H_2O$ 1.5g，搅拌均匀；再加入琼脂15～20g，加热熔化；最后加水定容至1000mL。分装于试管或三角瓶后，121℃高压蒸汽灭菌20min。

该培养基主要用于分离、鉴定荧光假单胞菌。

7. D1培养基

配方：甘露醇15g，$MgSO_4 \cdot 7H_2O$ 0.2g，$NaNO_3$ 5g，LiCl 6g，K_2HPO_4 2g，溴麝香草酚蓝1%（*W/V*）溶液（溶于50%乙醇）10mL，琼脂15～20g，水1000mL；自然pH。

配制方法：在900mL 50～60℃温水中依次加入甘露醇15g、$MgSO_4 \cdot 7H_2O$ 0.2g、$NaNO_3$ 5g、LiCl 6g、K_2HPO_4 2g、溴麝香草酚蓝1%（*W/V*）溶液（溶于50%乙醇）10mL，搅拌均匀；再加入琼脂15～20g，加热熔化；最后加水定容至1000mL。分装于试管或三角瓶后，121℃高压蒸汽灭菌20min。

该培养基主要用于分离和培养土壤杆菌。

8. 柠檬酸钠培养基

配方：NaCl 5g，$MgSO_4 \cdot 7H_2O$ 0.2g，$NH_4H_2PO_4$ 1g，K_2HPO_4 1g，柠檬酸钠2g，琼脂20g，溴麝香草酚蓝1%（*W/V*）溶液（溶于50%乙醇）15mL，水1000mL；pH 6.8。

配制方法：在1000mL水中依次加入NaCl 5g、$MgSO_4 \cdot 7H_2O$ 0.2g、$NH_4H_2PO_4$ 1g、K_2HPO_4 1g、柠檬酸钠2g、溴麝香草酚蓝1%（*W/V*）溶液（溶于50%乙醇）15mL，搅拌均匀；再加入琼脂15～20g，加热熔化；最后加水定容至1000mL，用NaOH调节pH至6.8。分装于试管后，121℃高压蒸汽灭菌20min。接菌培养24～48h，如果柠檬酸钠被利用，则培养基变成蓝色。

9. 高糖培养基

配方：蔗糖160g，0.1%放线菌酮20mL，1%结晶紫（乙醇溶液）0.8mL，琼脂12g，水380mL；自然pH。

配制方法：在380mL水中依次加入蔗糖160g、0.1%放线菌酮20mL、1%结晶紫（乙醇溶液）0.8mL，搅拌均匀；再加入琼脂12g，加热熔化；最后加水定容至400mL。分装于试管或三角瓶后，121℃高压蒸汽灭菌20min。

该培养基主要用于梨火疫病病原菌的培养。

10. TTC培养基

配方：葡萄糖10g（或甘油5mL），酪朊水解物1g，蛋白胨10g，琼脂18g，水1000mL；自然pH。

配制方法：在1000mL水中依次加入葡萄糖10g（或甘油5mL）、酪朊水解物1g、蛋白胨10g，搅拌均匀；再加入琼脂18g，加热熔化；最后加水定容至1000mL。分装于试管或三角瓶后，121℃高压蒸汽灭菌20min。在倒培养皿前，每200mL培养基加1%的2,3,5-三苯基氯化四氮唑（TTC）溶液1mL（1%的TTC溶液经115℃高压蒸汽灭菌7～8min，置于低温暗处备用）。

11. SX培养基

配方：可溶性淀粉10g，甲基紫2B 1mL，牛肉浸膏1g，1%甲基绿2mL，NH_4Cl 5g，琼脂15～20g，水1000mL，pH 7.0～7.1。

配制方法：在900mL水中依次加入可溶性淀粉10g、甲基紫2B 1mL、牛肉浸膏1g、1%甲基绿2mL、NH_4Cl 5g，搅拌均匀；再加入琼脂15～20g，加热熔化；最后加水定容至1000mL，用NaOH调节pH至7.0～7.1。分装于试管或三角瓶后，121℃高压蒸汽灭菌20min。

该培养基主要用于植物病原细菌的培养。

三、植物寄生线虫常用培养基

1. 卵磷脂琼脂培养基

配方：$MgSO_4 \cdot 7H_2O$ 0.75g，K_2HPO_4 0.75g，NaCl 2.75g，KNO_3 3g，卵磷脂1g，酵母粉1g，蛋白胨2.5g，琼脂15～20g，水1000mL；pH 7.2。

配制方法：将1g卵磷脂溶解于2mL无水乙醇中后，加至900mL水中；然后依次加入$MgSO_4 \cdot 7H_2O$ 0.75g、K_2HPO_4 0.75g、NaCl 2.75g、KNO_3 3g，搅拌均匀；再加入琼脂15～20g，加热熔化；最后加水定容至1000mL，用NaOH调节pH至7.2。分装于试管或三角瓶后，121℃高压蒸汽灭菌20min。

一些兼性寄生的小杆属线虫和垫刃属线虫可以在此培养基上单独培养。

2. 麦芽膏琼脂培养基

配方：麦芽粉20g，琼脂20～30g，水1000mL；pH 7.2。

配制方法：在1000mL水中加入麦芽粉20g，用小火煮沸1h，用纱布过滤去渣，收集滤液；再向滤液中加入琼脂20～30g，加热熔化；最后加水定容至1000mL，用NaOH调节pH至7.2。分装于试管或三角瓶后，121℃高压蒸汽灭菌20min。

该培养基常用于小杆属线虫和一些植物寄生线虫的培养。接种线虫时，可在接种点旁放一些灭菌的马铃薯碎片。

3. 用真菌培养线虫

利用真菌培养线虫是人工繁殖植物寄生线虫的主要方法，培养线虫应用最多的真菌是灰葡萄孢。常用玉米粉琼脂培养基在24℃条件下培养灰葡萄孢，待玉米粉琼脂培养基平板上长满菌丝后，将线虫接入真菌平板培养，再在24℃条件下继续培养。松材线虫就常采用灰葡萄孢进行人工培养。

四、土壤微生物常用培养基

1. 高氏1号培养基（又称淀粉琼脂培养基）

配方：可溶性淀粉20g，K_2HPO_4 0.5g，$MgSO_4 \cdot 7H_2O$ 0.5g，KNO_3 1g，NaCl 0.5g，$FeSO_4$ 0.01g，琼脂20g，水1000mL；pH 7.2～7.4。

配制方法：在950mL水中加入可溶性淀粉20g，加热至沸腾，充分搅拌，然后依次加入K_2HPO_4 0.5g、$MgSO_4 \cdot 7H_2O$ 0.5g、KNO_3 1g、NaCl 0.5g、$FeSO_4$ 0.01g（待前一种药品溶解后，再加入第二种药品），加热至全部药品溶解；再加入琼脂20g，加热熔化；最后加水定容至1000mL，用NaOH调节pH至7.2～7.4。分装于试管或三角瓶后，121℃高压蒸汽灭菌20min。

该培养基常用于培养放线菌和一些土壤微生物。

2. 土壤浸出液琼脂培养基

配方：土壤1kg，琼脂15～20g，水2000mL；pH 7.0。

配制方法：在1000mL水中加入1kg土壤，充分搅拌，用双层滤纸过滤，收集土壤浸出液；取土壤浸出液100mL，加入15～20g琼脂，加热熔化；最后加水定容至1000mL，用NaOH调节pH至7.0。分装于试管或三角瓶后，121℃高压蒸汽灭菌20min。

该培养基可用于培养许多土壤微生物。

3. 玉米粉砂土培养基

配方：玉米粉1000g，洗净的砂1000g，水1500mL；自然pH。

配制方法：在1500mL水中依次加入玉米粉1000g、洗净的砂1000g，搅拌均匀；再在不加压的蒸锅中蒸1h，取出分成小块并装在玻璃瓶中，121℃高压蒸汽灭菌2h。

该培养基常用于土壤真菌的扩大繁殖。

4. 麦粒沙培养基

配方：小麦籽粒与沙子按照1∶1的比例混合。

配制方法：将饱满的小麦籽粒置于清水中浸泡24h后取出、沥干，再与沙子以1∶1的比例混合，充分搅拌后分装于8cm × 12cm（直径 × 高度）的罐头瓶中，用封口膜封口，121℃高压蒸汽灭菌40min。

该培养基常用于土传病原真菌的扩大繁殖。

植物病害中文名索引

F

G

H

J

K

L

M

N

P

Q

S

T

W

X

Y

Z

植物病原物中文名索引

D

E

F

G

H

N

O

P

Q

R

S

T

W

X

Y

植物病原物拉丁名索引

B

C

D

E

F

G

H

I

N

O

P

R

S

T